中国水利学会

2021 学术年会论文集

第三分册

中国水利学会 编

黄河水利出版社

·郑州·

内 容 提 要

本书是以"谋篇布局'十四五',助推新阶段水利高质量发展"为主题的中国水利学会2021学术年会论文合辑,积极围绕当年水利工作热点、难点、焦点和水利科技前沿问题,重点聚焦水资源短缺、水生态损害、水环境污染和洪涝灾害频繁等新老水问题,主要分为水资源、水生态、流域生态系统保护修复与综合治理、山洪灾害防御、地下水等板块,对促进我国水问题解决、推动水利科技创新、展示水利科技工作者才华和成果有重要意义。

本书可供广大水利科技工作者和大专院校师生交流学习和参考。

图书在版编目(CIP)数据

中国水利学会2021学术年会论文集:全五册/中国水利学会编. —郑州:黄河水利出版社,2021.12
ISBN 978-7-5509-3203-6

Ⅰ. ①中… Ⅱ. ①中… Ⅲ. ①水利建设-学术会议-文集 Ⅳ. ①TV-53

中国版本图书馆CIP数据核字(2021)第268079号

策划编辑:杨雯惠 电话:0371-66020903 E-mail:yangwenhui923@163.com

出 版 社:黄河水利出版社　　　　　　　　　　网址:www.yrcp.com
地址:河南省郑州市顺河路黄委会综合楼14层　　邮政编码:450003
发行单位:黄河水利出版社
发行部电话:0371-66026940、66020550、66028024、66022620(传真)
E-mail:hhslcbs@126.com
承印单位:广东虎彩云印刷有限公司
开本:787 mm×1 092 mm　1/16
印张:158.25(总)
字数:5 013千字(总)
版次:2021年12月第1版　　　　　　　印次:2021年12月第1次印刷

定价:720.00元(全五册)

前言 Preface

　　学术交流是学会立会之本。作为我国历史上第一个全国性水利学术团体，90年来，中国水利学会始终秉持"联络水利工程同志、研究水利学术、促进水利建设"的初心，团结广大水利科技工作者砥砺奋进、勇攀高峰，为我国治水事业发展提供了重要科技支撑。自2001年创立年会制度以来，中国水利学会认真贯彻党中央、国务院方针政策，落实水利部和中国科协决策部署，紧密围绕水利中心工作，针对当年水利工作热点、难点、焦点和水利科技前沿问题，邀请专家、代表和科技工作者展开深层次的交流研讨。中国水利学术年会已成为促进我国水问题解决、推动水利科技创新、展示水利科技工作者才华和成果的良好交流平台，为服务水利科技工作者、服务学会会员、推动水利学科建设与发展做出了积极贡献。

　　中国水利学会2021学术年会以习近平新时代中国特色社会主义思想为指导，认真贯彻落实"节水优先、空间均衡、系统治理、两手发力"的治水思路，以"谋篇布局'十四五'，助推新阶段水利高质量发展"为主题，聚焦水资源短缺、水生态损害、水环境污染等问题，共设16个分会场，分别为：山洪灾害防御分会场；水资源分会场；2021年中国水利学会流域发展战略专业委员会年会分会场；水生态分会场；智慧水利·数字孪生分会场；水利政策分会场；水利科普分会场；期刊分会场；检验检测分会场；水利工程教育专业认证分会场；地下水分会场；水力学与水利信息学分会场；粤港澳大湾区分会场；流域生态系统保护修复与综合治理暨第二届生态水工学学术论坛分会场；水平定向钻探分会场；国际分会场。

　　中国水利学会2021学术年会论文征集通知发出后，受到了广大会员和水利科技工作者的广泛关注，共收到来自有关政府部门、科研院所、大专院校、水利设计、施工、管理等单位科技工作者的论文600余篇。为保证本次学术年会入选论文的质量，各分会场积极组织相关领域的专家对稿件进行了评审，共评选出 377 篇主题相符、水平较高的论文入选论文集。本论文集共包括 5 册。

本论文集的汇总工作由中国水利学会学术交流与科普部牵头，各分会场积极协助，为论文集的出版做了大量的工作。论文集的编辑出版也得到了黄河水利出版社的大力支持和帮助，参与评审和编辑的专家和工作人员花费了大量时间，克服了时间紧、任务重等困难，付出了辛苦和汗水，在此一并表示感谢。同时，对所有应征投稿的科技工作者表示诚挚的谢意。

由于编辑出版论文集的工作量大、时间紧，且编者水平有限，不足之处，欢迎广大作者和读者批评指正。

中国水利学会

2021 年 12 月 20 日

目录 Contents

目 录

检验检测

坝体析出物分析和渗漏快速检测方法工程应用初探

蓝霄峰　梁剑宁　张来新

（珠江水利科学研究院，广东广州　510610）

摘　要： 大坝渗漏问题一直是国内外水利工作者关注的问题，而溶蚀对大坝的破坏，会直接导致渗漏的加剧，进而使大坝耐久性能降低。本文以锦江水库大坝析出物成分快速检测及渗漏安全问题为例，探讨此类工程安全快速检测的方案及分析判断，详细介绍了实用性强、速度快、可靠性高的物探化学综合法，该方法能快速准确地分析出坝体析出物产生和形成的渗漏通道，为进一步研究大坝耐久性及安全性问题和加固方案提供科学依据。

关键词： 检测；耐久性；析出物；渗漏

1　概述

江门市锦江水库位于恩平市大田镇境内潭江干流锦江河上游，坝址以上集雨面积 362 km²，水库设计水位（$P=1\%$）为 96.30 m，相应库容为 3.823 9 亿 m³；校核水位（$P=0.1\%$）为 98.35 m，相应库容为 4.18 亿 m³。正常水位 95.00 m，相应库容 3.58 亿 m³。

由于历史原因，大坝结构和组成成分很复杂。锦江水库大坝的建成分为三个时期：第 Ⅰ 期从 1958 年 11 月至 1960 年 9 月，混凝土砌大石砌至 55.0 m 高程，局部混凝土掺合了 10%~20% 烧黏土；第 Ⅱ 期从 1963 年至 1965 年浆砌石施工，上游侧单边加高了 10 m，砌至 65.0 m 高程；第 Ⅲ 期从 1970 年 7 月至 1972 年 9 月，混凝土砌块石砌至 72.0 m 高程，再改用砂浆砌块石砌至坝顶。近年来，坝体局部出现大量白色析出物，特别是坝体内一、二级廊道，可能对坝体安全稳定产生威胁，需分析析出物种类和渗流通道，为进一步研究提供依据。

2　物探检测

2.1　检测方法

采用物探方法查明堤坝隐患，具体方法包括自然电位法、探地雷达法，为初步确定堤坝隐患位置和后续研究提供依据。自然电位法原理为：当堤坝存在隐患时，水溶液在岩土体空隙、裂隙中流动，经过渗透过滤、扩散吸附等作用，形成大地表面的电位差异，通过电位观测仪获得测线上不同电位的分布及变化规律，可达到探测堤坝隐患的目的[1-3]。探地雷达是利用目标体及周围介质之间介电性差异而导致的电磁波的反射特性差异，来实现对目标体内部的构造和缺陷进行探测[4-5]。本次研究的浆砌石坝的溶蚀问题与坝体内的渗流场密切相关，采用两种物探法可以迅速探测坝体内的渗流通道，便于更准确判定坝体溶蚀位置。

2.2　检测结果

根据《水电水利工程物探规程》（DL/T 5010—2005）[6] 要求及现场条件，沿水库坝轴线方向平行布置 5 条纵测线，使用自然电位法（1 m 点距）、探地雷达法两种方法进行检测，如图 1 所示。

自然电位法物探结果如图 2、图 3 所示，可以看出，桩号 0~55 和 165~246 电位为 0~200 mV。桩号 55~165 电位为 0~−500 mV。桩号 140~170 电位出现无信号情况，主要原因是该部位为泄洪洞

作者简介：蓝霄峰（1976—），男，高级工程师，主要从事水利工程安全及水动力学研究。

进水口位置，坝体不连续。

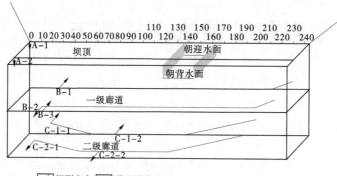

图 1　物探测线布置

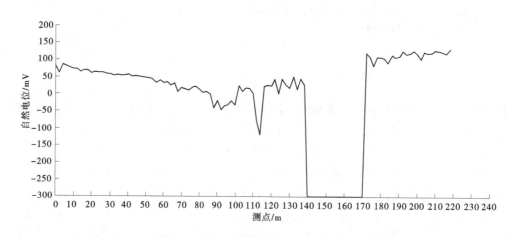

图 2　坝体内侧水中自然电位

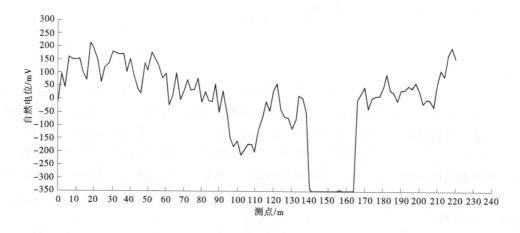

图 3　坝顶自然电位

探地雷达法物探结果见图 4~图 7，坝顶深度雷达反射信号强烈，幅值较高，一定区域内绕射波相互叠加。一级廊道隧道腰部绕射波相互叠加现象不明显，信号相对幅值变化相对较小。二级廊道局部出现电磁波幅值迅速衰减现象，相对幅值变化较大。

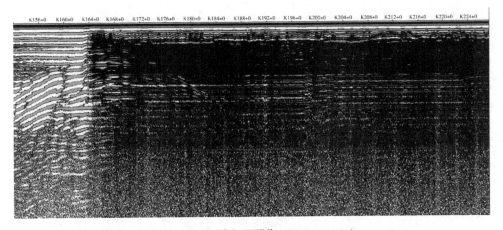

图4　A-1测线剖面图像（K154～K228）

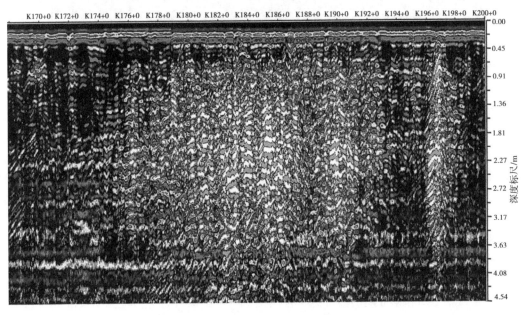

图5　C-1-2测线剖面图像（K168～K200）

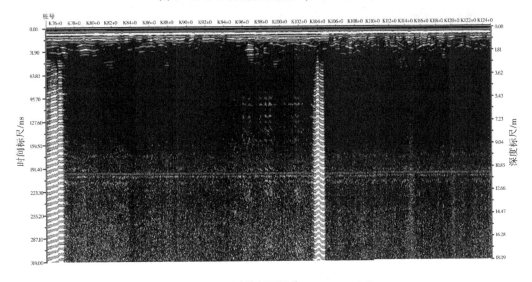

图6　C-1-2测线剖面图像（K75～K125）

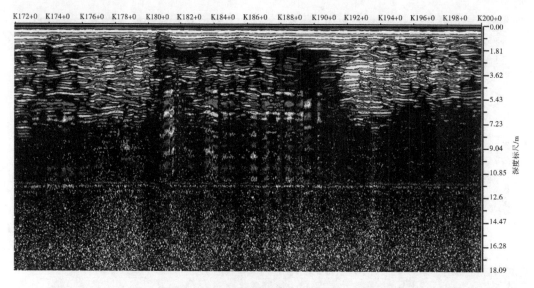

图 7   C-2-2 测线剖面图像（K166～K200）

2.3 特性解释

对于自然电位法，坝体渗水主要来自库水，渗水方向为库内往外流，渗水部位表现出自然电位为异常。可以推断出坝体存在明显渗漏现象，主要集中在左、右坝段部分，坝中段则相对较好，而左、右坝段部分又主要集中在工程施工衔接部位或基岩与坝的结合部位。电位出现无信号段为大坝泄洪洞位置。

从探地雷达法物探结果可以分析，坝顶 15 m 深度内未见大范围的松散或空洞。电站输水涵洞周边的坝体土质局部胶结稍差。一级廊道隧道腰部砌体基本完整，隧道各朝迎水面和背水面水平方向约 7 m 范围内坝体填充物比较均匀，背水面个别地段存在局部土质松散或不均。二级廊道砌体不规整，隧道体外充填物极不均匀，隧道各朝迎水面和背水面水平方向约 5 m 范围内坝体填充物材质及厚度变化大。推断隧道附近坝体内存在砂石部位既是水的富集地，也是水的流动通道。

根据检测结果及大坝结构和组成成分分析，电位出现无信号段位于大坝泄洪洞位置，自然电位异常出现于坝体建设第Ⅰ期和第Ⅱ期衔接部分，检测结果与基础资料吻合，检测结果准确可靠，可作为进一步分析的依据。

3 水样化学检测

3.1 检测结果

依据《岩土工程勘察规范》（GB 50021—2001）[7]，在库区、大坝上下游附近不同位置采取水样并分析，确定从坝体内析出物主要成分，并检测出各种成分的浓度。水样检测结果见表 1。

表 1 水样检测结果

位置	pH	总碱度（mg/L）	溶蚀性固形物/（mg/L）	游离 CO_2/（mg/L）	侵蚀 CO_2/（mg/L）	HCO_3^-/（mmol/L）	Ca^{2+}/（mg/L）	SO_4^{2-}/（mg/L）
库区	7.2	42.5	123	50.4	0.44	0.01	31.9	2.01
主坝上游	7.0	39.9	180	49.5	0.67	0.01	29.9	2.01
水库下游	10.7	37.5	26.0	21.9	0.23	0.00	31.9	2.01

3.2 水样检测结果分析

根据表 1 检测结果可以看出，水体变化有以下特点：

（1）库水基本呈弱碱性，坝体渗流水体 pH 值有所增高。

（2）水库游离二氧化碳含量相对较高，大于 15 mg/L。

（3）各采样结果显示 SO_4^{2-} 的各时段及各部位含量基本呈稳定状态，表明不存在硫酸盐侵蚀问题。

（4）坝体析出物经检测主要为钙质化合物，经分析，钙离子在库区与水库下游含量基本一致，而主坝上游和水库下游浓度有变化，表明侵蚀主要发生在大坝的内部，浆砌石砂浆被侵蚀形成了析出物。

4 检测结果与分析

根据物探结果可知，坝体存在明显潜水活动的范围主要集中在左、右坝段部分，坝中段则相对较好。左、右坝段部分又主要集中在工程施工的结合部位或基岩与坝的结合部位。

根据水样化学检测结果可知，水库水对浆砌石坝有中等溶出型分解腐蚀，同时具有中等侵蚀性 CO_2 复合型腐蚀性质。析出物主要为钙的化合物。

结合大坝材质构成可以推断，锦江水库坝体溶蚀问题成因为左、右坝段坝体渗流携带出大量砂浆中的钙离子，造成砂浆孔隙率增大，进一步加剧渗漏问题。

5 结语

上文介绍的自然电位法、探地雷达法和水样化学检测三种方法结合的综合分析法，各检测方法操作简单，检测速度快，可同步实施。同时具有准确性好、精度高、可靠性强、无损等特点。该综合方法可大量应用在大坝安全鉴定、安全加固、大坝维护等方面，能快速、高效、准确、无损地解决坝体损坏原因判断分析，对保障大坝全生命周期安全具有很高的应用价值。

参考文献

[1] 刘艳秋，徐洪苗，胡俊杰. 综合物探方法在水库堤坝隐患探测中的应用 [J]. 工程地球物理学报，2019（4）：546-551.

[2] 王杰，李国瑞. 综合物探方法在水库渗漏调查中的应用 [J]. 海河水利，2020（6）：41-43.

[3] 王晓萌. 综合物探方法在海塘隐患探测中的应用 [J]. 工程施工技术，2020（24）：143-144.

[4] 刘世奇，李钰. 基于 MATLAB 的探地雷达堤坝隐患探测仿真研究 [J]. 大坝与安全，2011（4）：53-56.

[5] 罗加荣. 某厂区地面塌陷区与地下水渗流路径综合调查与分析 [J]. 工程勘察，2021（4）：74-78.

[6] 水电水利工程物探规程：DL/T 5010—2005 [S].

[7] 岩土工程勘察规范：GB 50021—2001 [S].

水利水电工程混凝土与岩基结合部
质量检测方法初探

杨帅东[1]　杨冬鹏[2]　邓　恒[3]

（1. 珠江水利委员会珠江水利科学研究院，广东广州　510611；
2. 沈阳兴禹水利建设工程质量检测有限公司，辽宁沈阳　110000；
3. 广东华南水电高新技术开发有限公司，广东广州　510611）

摘　要：本文针对水利水电工程混凝土与岩基结合部质量检测方法应用进行探讨，介绍了雷达法、超声波法和钻心法检测原理及检测方法的应用，探讨了无损检测方法与微破损方法相结合综合评价的方法，可以有效地提高岩基结合部质量检测的准确性和可靠性，为水利水电工程建设质量评价提供技术支持。

关键词：水利水电工程；清基；混凝土与岩基结合部；质量检测方法

1　引言

　　水库坝体混凝土与基岩结合质量是影响坝体渗漏的重要因素，资料显示，我国已建成各类水库大坝9.8万座，多数水库大坝建于20世纪50~70年代，经过长期运行，有些水库大坝逐渐出现了坝基、坝体渗漏等质量问题，大坝的渗漏不仅影响工程效益的发挥，也直接影响工程的安全运行。根据国内外大坝失事原因的调查统计，因渗漏问题导致水库大坝失事的比例高达30%~40%，因此渗漏问题是影响大坝整体安全的重要因素[1]。此外，引调水工程中输水隧洞施工中清基不彻底会形成软弱夹层，在水应力作用下，底板产生裂缝，造成安全隐患。目前，在多种技术规范中，大多数规范要求在基础清理后对混凝土浇筑仓位进行查验，对实体清基情况开展检测的技术研究相对较少[2-4]。本文对水利水电工程混凝土与岩基结合部质量检测方法应用进行探讨，系统地介绍了无损检测方法与微破损方法相结合综合评价的方法，可以有效地检测岩基结合部质量，为水利水电工程建设质量评价提供技术支持。

2　检测方法

　　根据水利工程检测实践，用于输水工程混凝土垫层、大坝混凝土与基岩结合质量的检测方法主要有雷达检测法、表面超声波检测法和钻芯检测法等。

2.1　雷达检测法

　　雷达由主机、天线及配套软件等部分组成，工作原理是根据电磁波在介质中的传播特性，雷达以宽频带短脉冲的形式向介质内发射高频电磁波（MHz~GHz），当其遇到不均匀界面时会反射部分电磁波，其反射系数由介质的相对介电常数决定，通过对雷达主机所能接收的反射信号进行处理和图像解译，达到识别隐蔽目标物的目的，其工作原理如图1所示。

　　雷达测量前应检查主机、天线以及运行设备，采集参数设置无误，处于正常状态；测量时应保持天线与被检区域表面贴合，密切注意雷达图像的变化，对图像异常段做好记录；随时记录可能对测量

作者简介：杨帅东（1984—），男，高级工程师，主要从事水利工程监测与检测。

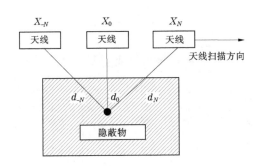

图1 雷达检测法原理

产生影响的物体（如渗水、电缆、铁架、预留洞室等）及其位置；检测完成后，应对数据进行回放检验，确保数据记录完整、信号清晰，对数据质量不满足要求的区域应及时进行重复检测，直至符合要求。

雷达检测时测线应覆盖被检区域，以纵测线为主，横测线为辅；测线间距不宜小于天线宽度；测线应布置在表面平缓且无电磁干扰的区域。采集方式应优先选用距离采集（连续采集），现场条件不足时可选用时间采集（连续采集），测线不连续也可选用点采集，记录时窗的选择应根据最大探测深度与上覆盖层的平均电磁波波速按式（1）计算：

$$T = K \frac{2H}{V} \tag{1}$$

式中：K 为折算系数，$1.3 \sim 1.5$；H 为雷达最大探测深度，m；V 为上覆层的电磁波平均波速，m/ns。

雷达检测数据处理时应结合具体数据特点，处理时应遵循压制干扰信号、突出有效信号的原则，确保信号不失真，有效提高信噪比；且可根据需要选取删除无用道、水平比例归一化、增益调整、地形校正、频率滤波、$f-k$ 倾角滤波、反褶积、偏移归位、空间滤波、点平均等处理方法[5]。雷达检测数据的解释应按由已知到未知、定性到定量的原则，首先通过现场记录和现场复核、筛选干扰异常，其次在原始图像上通过反射波波形及能量强度等特征判断、识别和筛选异常。

雷达检测作为工程检测的一项新技术，具有连续、无损、高效和高精度等优点，通过对反射信号进行处理和图像解释，达到识别与检测隐蔽地质体的目的，目前已在堤防隐患探测、道路无损检测、水工隧洞及大坝检测等领域有了广泛的应用[6]，该方法尤其适用于施工中的基础和洞室检测，并且在一般情况下能够给出满意的结果。但该方法也存在着局限性、多解性、片面性等不足。在地质条件和探测环境理想的情况下，通过地质雷达可采集到清晰、易于解释的雷达信号；但在条件较差的情况下，地质雷达在接收到信号的同时，也不可避免地接收到各种干扰信号。此外，由于地质雷达的多解性，如何把地下介质的电性特征准确地转换为地质情况，除了针对不同的工程情况选择合适的天线频率和工作参数外，还必须依赖检测人员的丰富经验，并结合实体验证加以判断。

2.2 表面超声波检测法

超声波检测的基本原理是利用超声波在混凝土中传播的参数变化来判定混凝土缺陷的。超声波在相对均匀混凝土中等距离传播时，声学参数具有相对稳定性，当混凝土中存在缺陷时，声波参数就会发生明显变化，即波速变慢、波幅变小、波形畸变等。故该方法是利用混凝土完好区和缺陷区声波传播参数来计算、判断的[7-8]。使用表面超声法检测混凝土与基础面之间的结合情况，通过对测得的波幅、波速、波形等参数的对比分析，得出超声波在混凝土中传播时的参数变化规律，并进行计算分析，以判断清基混凝土结合面质量情况。

图2所示单面平测法（采用厚度振动式换能器），将发射换能器 T 置于测试面耦合良好后在某一位置保持不动，再将接收换能器 R 按一定距离依次耦合在间距相同的测点上，读取相应的声时值 t_i，测距根据混凝土骨料最大粒径确定。

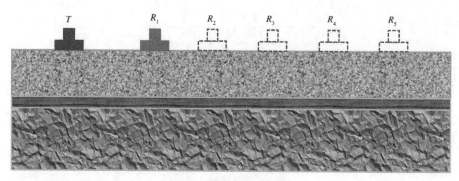

图 2　单面平测法示意图

表面超声波检测法数据处理方法如下：

（1）使用单面平测法在未知已浇筑混凝土层厚度时。此法的基本原理为当 T、R 换能器的间距较近时，脉冲波沿表面损伤层传播的时间最短，首先到达接收换能器，此时读取的声时值反映了表层混凝土的传播速度。当 T、R 换能器的间距较大时，脉冲波透过损伤层沿着夹层和基岩的时间短，此时读取的声时中大部分是反映夹层和基岩的传播速度。当 T、R 换能器的间距达到某一测距的 10 倍时，沿损伤层传播的脉冲波与经过两次角度沿未损伤混凝土传播的脉冲波同时到达接收换能器，此时便有下面的等式（2）：

$$\frac{l_0}{v_1} = \frac{2}{v_1}\sqrt{d_1^2 + x_1^2} + \frac{l_0 - 2x_1}{v_1} = \frac{2}{v_1}\sqrt{d_1^2 + x_1^2} + \frac{2}{v_2}\sqrt{d_2^2 + x_2^2} + \frac{l_0 - 2x_1 - 2x_2}{v_3} \tag{2}$$

式中：d_1、d_2 分别为表层混凝土和夹层的厚度；x_1、x_2 分别为超声波在表层混凝土和夹层中传播路径的水平投影；v_1、v_2、v_3 分别为混凝土、夹层和基岩的超声波声速；l_0 为声速突变点两换能器之间的间距。

经过计算整理后得到：

$$d_1 = \frac{l_0}{2}\sqrt{\frac{v_2 - v_1}{v_2 + v_1}} \tag{3}$$

$$d_2 = \frac{l_0 v_2 (v_3 - v_2 - 2v_1)\sqrt{v_3^2 - v_2^2}}{2(v_3^2 - v_2^2)(v_2 + v_1)} \tag{4}$$

检测后采用回归分析的方法，分别求出混凝土、夹层、基岩的测距与声时的回归直线方程：

$$l = a + bt \tag{5}$$

式中：l 为测点测距，mm；t 为声时；a、b 为回归系数。

（2）使用单面平测法在已准确知道浇筑混凝土厚度时。此法基本原理是超声波从一种固体介质入射到另一种固体介质时，在两种不同固体的分界面上会产生波的反射和折射。声阻抗率相差越大，则反射系数也越大，反射信号就越强。所以，只要能从直达波和反射波混杂的接收波中识别出反射波的叠加起始点，并测出反射波时长，即可由式（6）计算混凝土的厚度：

$$H = \frac{1}{2}\sqrt{(CT)^2 - L^2} \tag{6}$$

式中：H 为混凝土厚度；C 为混凝土中声速；T 为反射波走时；L 为两换能器间距。

表面超声波法作为无损检测技术，具有检测成本低、速度快、使用便捷等优点，该方法是根据超声脉冲在混凝土中传播的规律与混凝土的强度间存在一定关系的原理，通过测定超声脉冲的有关参数，然后依据测定的参数推断混凝土强度的一种检测方法。该方法可应用于检测混凝土强度，包括测定混凝土结构现在强度及用于强度发展、变化有关的检测，还可检测混凝土裂缝，探测混凝土基础内部缺陷（空洞、架空、疏松区）的部位及其大致范围，测定弹性参数等，目前这种技术手段应用于大坝建基面的开挖质量鉴定，帷幕、固结灌浆质量检测及混凝土质量检测，可以达到准确、简捷的效果。但该法在混凝土中的传播非常复杂，由于混凝土中含有石、砂等多种材质，而超声波在遇到这些障碍物后会发生反射、折射等现象，从而影响检测结果，故应选择合适的超声波探头及发射波的波长、频率等参数，使超声波在传播中遇到障碍物损失最小。此外，该方法只能测试混凝土表层的情况，对于存疑的检测区域内部，还需要通过钻孔取芯来验证结果。

2.3 钻芯检测法

钻心检测法是使用钻孔机在结合部直接抽取芯样进行抗压强度检测，是一种直观、可靠、准确的方法，但对结构混凝土造成局部损伤，是一种半破损的现场检测手段[9]。但该法对工程实体影响不大，因此工程中多采用钻芯检测法。钻芯检测法分为干钻和水钻，但由于采用水钻取芯产生水扰动，若混凝土与基岩浇筑时形成断层，造成层间存在较为明显的软弱夹层，软弱层是水钻取芯过程中水体冲刷产生的，还是施工清基不彻底产生的，无法证实，而使用接触面干钻技术避免了以上问题。图3为某水利水电工程中使用接触面干钻技术取出的芯样，反映出垫层混凝土与基岩之间存在软弱夹层，清晰明了，芯样无水扰动。

图3 采用接触面干钻技术的芯样照片

钻芯检测法适用于混凝土清基覆层厚度不大于50 cm，混凝土集料最大直径小于70 cm。钻取芯样的设备宜选择直径大于最大集料粒径2倍的钻头，钻头长度需大于混凝土复层厚度2倍以上。在待检测位置进行钻芯，钻芯前预估覆层混凝土厚度，为方便钻芯，可以先用水冷却钻头，在距混凝土与基岩接触面5 cm时，停止供水，采用干钻法继续进行钻芯，需要钻进基岩3 cm以上。钻芯使用双套管取芯技术，可避免对芯样的扰动，保证芯样的原始状态。钻芯完毕以后，记录钻孔情况，并通过芯样判断混凝土与基岩结合情况。

钻芯检测法是在混凝土基础上直接钻取芯样，将加工处理的芯样进行抗压强度试验，以确定实际抗压强度。该法检测混凝土基础的强度，具有直观、精度高等优点。由于该方法是直接从混凝土基础上取的试样，其测试结果能真实地反映基础的强度，因而更可靠、更准确。还可以直接观察局部基础的内部情况，如裂缝、内部缺陷等。此法不仅适用于混凝土抗压强度、抗冻和抗渗检测，而且适用于清基效果检测、混凝土浇筑质量检测（是否存在软弱层）。但该法是一种微破损的现场检测手段，且检测范围有限，因此取芯前应考虑到取芯对结构带来的影响，取得的试样要有质量代表性，且确保结构被取芯后仍有足够的安全度。同时芯样的抗压强度除受到钻机、锯切机等设备的质量和操作工艺的影响外，还受到芯样本身各种条件的影响，故应选择合适的取样设备和做好养护条件。

3 检测单元划分及检测数量

检测前应根据工程部位、地质情况、施工进度，将需要检测的基础结合部划分成多个检测单元。岩基结合部采用超声波和雷达法检测时，依据《水利水电工程物探规程》（SL 326—2005）规定，宜在开挖到位、全面清基后，在每个检测单元布置测线，测线宜为 5~10 m，点距 1~3 m。若采用表面超声波中钻孔或预埋管测试，检测孔应分组布置，每一单元宜根据岩层和构造情况布置多组钻孔，每组钻孔不少于 2 个，穿透孔宜为 2~5 m，钻孔宜深入设计高程 5 m 以下。

岩基结合部采用钻芯法检测时，结合本文无损检测内容，并依据《水工混凝土结构缺陷检测技术规程》（SL 713—2016）要求，结合部检测选用钻芯修正法，该法在检测单元内制取直径 100 mm 芯样试件数量不少于 6 个，小直径芯样试件的数量不应少于 9 个。

4 检测结果评定

4.1 雷达检测结果评定方法

密实评定：信号幅度较弱，甚至没有界面反射信号。

不密实评定：界面反射信号为强反射，同相轴不连续、错断、杂乱，一般区域化分布。

脱空评定：界面反射信号强，呈带状长条形或三角形分布，三振相明显，严重时有多次反射信号。

检测结束后应在异常明显位置进行打钻取芯验证，并根据反馈结果进一步改进雷达数据处理及解译工作。

4.2 表面超声波检测结果评定

由于混凝土本身的不均匀性，即使是没有缺陷的混凝土，测得的声时、波幅等参数值也在一定范围波动，且混凝土原材料品种、用量及混凝土的湿度和测距等都不同程度地影响着声学参数值。因此，不可能确定一个固定的临界指标作为判断缺陷的标准，一般都利用统计方法进行判别。一个测试部位的混凝土声时（或声速）、波幅及频率等声学参数的平均值和标准差应分别按式（7）、式（8）计算：

$$m_x = \frac{1}{n} \sum_{i=1}^{n} x_i \tag{7}$$

$$s_x = \sqrt{\left(\sum_{i=t}^{n} x_i^2 - n \cdot m_x^2 \right) / (n-1)} \tag{8}$$

式中：m_x、s_x 分别为某一声学参数的平均值和标准差；x_i 为第 i 点某一声学参数的测值；n 为参与统计的测点数。

4.3 钻芯检测结果评定

根据钻出芯样的特征，若层间结合比较紧密，宜在混凝土与岩石黏结处制样进行强度检测，以判断是否满足设计值。若层间存在夹层，则需描述夹层类别，并测量厚度。厚度测量时，以 3 次测值的平均值作为夹层厚度，测量结果精确至 1 mm。

5 结论及建议

5.1 结论

采用无损检测技术雷达检测法、表面超声波检测法与微破损检测技术钻芯检测法相结合，可以取长补短，应用于输水工程混凝土垫层、大坝混凝土与基岩结合质量的检测是十分适宜的，雷达检测法和表面超声检测法操作方便，能够快速对混凝土与岩基结合质量进行大范围的检测，找出缺陷区域，然后，针对缺陷区域用钻芯检测法进行检测验证，这种综合评判的方法，有效地提高了检测成果的准确性和可靠性。

5.2 建议

（1）对有疑问的混凝土与基础结合部应采用多种检测方法取长补短、相互应证，尽量避免出现漏判、误判。

（2）运用雷达检测法和表面超声波检测法等进行无损检测时，对基础结合部判别应当结合地质情况及清基施工情况，不能简单地依靠理论波形，还可与其他检测方法相结合，如钻芯和开挖验证。

（3）目前相关检测验收规范仅要求在混凝土浇筑施工前验仓查看，人为因素较大，无法验证浇筑后混凝土与基岩的结合情况，同时也缺少相关的清基检测规范文件，故应尽早将该项技术形成相关检测技术标准，为施工清基验收提供技术支撑。

（4）水利水电工程混凝土与岩基结合部质量检测方法仅运用于国内部分地区，要全面地完善评价该技术的作用，尚待更多的实践成果积累。

参考文献

［1］中华人民共和国水利部，中华人民共和国国家统计局．第一次全国水利普查公报［M］．北京：中国水利水电出版社，2013.

［2］浆砌石坝设计规范：SL 25—2006［S］.

［3］混凝土重力坝设计规范：SL 319—2005［S］.

［4］水利水电工程单元工程施工质量验收评定标准混凝土工程：SL 632—2012［S］.

［5］水利水电工程物探规程：SL 326—2005［S］.

［6］康富中，齐法琳．地质雷达在昆仑山隧道病害检测中的应用［J］．岩石力学与工程学报，2010，29（2）：3641-3646.

［7］李志强，周宗辉，徐东宇，等．基于超声波技术的混凝土无损检测［J］．水泥工程，2010（3）：72-75.

［8］吕列民，崔德密．超声法诊断混凝土损伤层厚度［J］．工业建筑，2005（2）：81-82，102.

［9］郭雨明．浅谈钻芯法在隧洞垫层施工质量检测中的应用［J］．黑龙江水利科技，2019，47（8）：158-160.

一种 GNSS 变形监测设备性能测试方法及应用

杨帅东[1] 邓 恒[2] 刘会宾[2]

(1. 珠江水利委员会珠江水利科学研究院，广东广州 510611；
2. 广东华南水电高新技术开发有限公司，广东广州 510611)

摘 要：本文结合大藤峡水利工程实例，探讨了 GNSS 变形监测设备性能测试方法。该方法分别从 GNSS 监测设备系统的准确性、灵敏性、可靠性三方面进行分析评估，并通过工程实例应用验证了 GNSS 监测设备能满足水利工程变形监测精度要求，对类似工程中仪器的选型和校准具有指导作用。

关键词：GNSS；变形监测；仪器比对；校验；水利工程

1 引言

GNSS 的全称是全球导航卫星系统（Global Navgation Satellite System），组成包含美国 GPS 系统、俄罗斯的 GLONASS 系统、欧洲的 Galileo 系统、中国的北斗系统（Compass）。如今最常用且最稳定的 GNSS 是美国的 GPS[1]。与传统的大地测量方法相比，GNSS 技术在成本与工效、误差控制、连续性、自动化等方面均有着明显优势[2]。利用 GNSS 技术建立连续高精度观测的 GNSS 自动化变形监测系统，不仅可以减轻烦琐的人工测量工作，还可以实时掌握变形监测体的形变规律，更好地反映其变形机制[3-6]。在建立 GNSS 变形监测系统时，就需要引进相应的 GNSS 设备，不同型号的 GNSS 设备其测量精度不同，对应厂家所宣称的标称精度以及用于现场时的测量精度都有待验证，因此在其用于实际工程前需要对 GNSS 设备开展精度校验。鉴于此，本文基于大藤峡水利工程监测实例，采用仪器比对的方法来对变形监测设备进行测试研究，测试方法对类似工程中仪器的选型和校准具有指导作用。

2 工程概况

大藤峡水利枢纽工程是国务院批准的珠江流域防洪控制性枢纽工程，也是珠江—西江经济带和西江亿吨黄金水道基础设施建设的标志性工程，工程等别为大（1）型Ⅰ等工程，水库总库容为 30.13 亿 m³。工程右岸坝肩边坡到坝基高度超过 100 m，其中坝顶以上高有 40 m，一旦失稳滑坡，在施工期及运行期对人员及大坝安全都将造成灾难性的后果。为了更好地了解右岸坝肩高边坡以及近坝塌滑体的情况，最大程度地降低其对主体工程的影响，在这两个区域设置表面位移自动化监测及预警系统。在 2 个监测区中间稳定山顶区域内布设 1 个基准点，编号为 JZ0。右岸上游坝肩边坡共计布设 2 个 GNSS 点，分别布设在 55 m 和 100 m 高程；右岸近坝塌滑体布设 2 个 GNSS 点，分别布置在 53 m 和 90 m 高程。基准站和各个监测点之间的高程均设置在 50 m 以内，基线长度均布设在 500 m 以内。

3 设备性能测试方法研究

本文是在建立 GNSS 实时监测系统后，对引进的 GNSS 接收机设备准确性、灵敏性、可靠性等性能开展测试方法的研究，主要内容如下：

（1）使用现场实地校验两种 GNSS 设备的实地监测精度，计算了不同处理时长、不同基线长度情况下两种型号设备的位移量观测结果，统计比较了两种设备的位移量测量中误差，给出了两套设备用

作者简介：杨帅东（1984—），男，高级工程师，主要从事水利工程监测与检测。

于现场时能够达到的测量精度，并给出了设备选型的建议。

（2）在理想的观测环境下，利用位移平台校验两种 GNSS 接收机设备自身的测量精度准确性和灵敏性，计算两种不同时长下 GNSS 设备与位移台移动量的差值，根据统计的测量中误差分析两种设备是否符合厂家给定的标称精度，同时确定两套设备是否满足规范要求，并最终从中选择一种型号的 GNSS 设备用于工程实际中。

4 GNSS 设备性能测试

为了能够实时监测大藤峡高边坡的变形情况，选用南方 MR1 型监测设备和 S10 型监测设备两种型号，设备参数如表 1 所示。为了验证两种设备是否符合监测精度需要，分别对其从准确性、灵敏性、可靠性三个方面分别进行测试。

表 1 GNSS 接收机型号

设备名称	型号	平面静态相对精度	高程静态相对精度	说明
南方 GNSS 接收机	MR1	（±2.5 mm+1×10⁻⁶）RMS	（±5.0 mm+1×10⁻⁶）RMS	一体式
	S10	（±2.5 mm+1×10⁻⁶）RMS	（±5.0 mm+1×10⁻⁶）RMS	分离式

4.1 设备准确性测试分析

对设备的精度准确性进行测试时，不同基线长度、不同处理时长情况其测量精度准确性都会不同，分别在不同基线长度、不同处理时长情况下对两种型号设备进行校验，其监测点分布如图 1 所示。

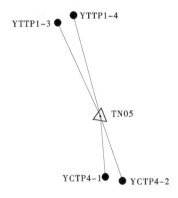

图 1 边坡监测点分布

测试时将两种监测设备分别安装在 TN05（基准点）、YTTP1-4（监测点）、YCTP4-2（监测点）三个已知点上，构成中长基线 TN05—YCTP4-2（260 m）、最长基线 TN05—YTTP4-4（395 m），每种设备连续观测 4 d 时间。由于测站均安置在观测墩的强制对中装置上，且时间跨度不大（共 8 d），在测前、测后使用徕卡 TM50 全站仪和水准仪观测了观测墩，认为在两种 GNSS 设备运行时期内观测墩无变化。数据处理均采用同一厂家相同类型的数据处理软件，分别计算两种设备 10 min、1 h、2 h、4 h、6 h、12 h、24 h 时段解，然后统计比较两种 GNSS 设备的测量中误差。

由图 2 与图 3 对比曲线反映出：①无论在基线长、短相同的解算时长情况下，S10 型 GNSS 接收机测量精度都要高于 MR1 型 GNSS 接收机的测量精度，同时基线长度与设备的测量精度成反比，解算时长与测量精度成正比。②在解算时长小于 12 h 的情况下，S10 型的 GNSS 接收机设备其测量精度要高于 MR1 型 GNSS 接收机的测量精度，尤其是在垂直位移方向的测量精度，S10 型的 GNSS 接收机设备更具有明显优势。但是在解算时长大于 12 h 以后，两者的测量精度在不断接近。③由于基线长度与测量精度成反比，因此用监测区的最长基线（395 m）去评价当前设备用于实际监测时的精度，S10 型 GNSS 接收机在 12 h 就能够达到水平方向优于 1 mm、垂直方向优于 2 mm 的精度，满足《混凝土坝安全监测技术规范》（SL 601—2013）中对于近坝岩体和高边坡中对位移测量中误差水平方向和垂直方向±2 mm 的要求；MR1 型 GNSS 接收机在 12 h 能够达到水平方向优于 2 mm、垂直方向优于 5 mm，其垂直方向的测量中误差无法满足规范要求，需要继续增加观测时段或者采取其他处理措施，才有可能满足规范中垂直方向位移测量中误差的要求，故 S10 型监测设备准确性较高。

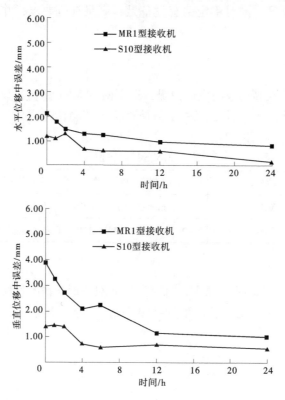

图 2 中长基线 TN05—YCTP4-1（260 m）垂直（水平）位移中误差对比曲线

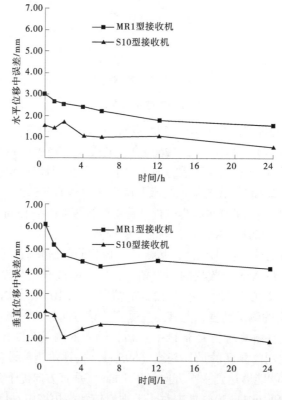

图 3 最长基线 TN05—YTTP4-4（395 m）垂直（水平）位移中误差对比曲线

4.2 设备灵敏性测试分析

为测试 GNSS 接收机南方 MR1 型和 S10 型两种设备数据采集的灵敏性，工程中采用了在 X、Y、Z 三个方向安装有千分尺的移动平台设备来实现对 GNSS 接收机的校验，如图 4 所示。位移平台在三个方向的位移精度可达到 0.01 mm。每个方向都可以单独移动，通过该方向上测微尺的精确读数控制移动量，达到精确模拟变形的目的。GNSS 用于变形监测精度能够达到毫米级，使用移动平台模拟位移变形，所测得的位移数据为参考值。

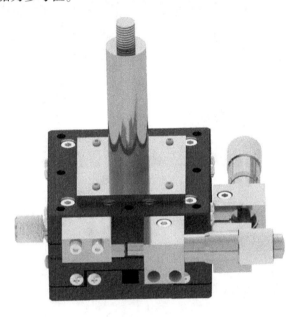

图 4　位移平台设备模型

为了保证移动台的移动值在亚毫米级精度的准确性，确保 GNSS 系统校验结果准确可靠，采用经过专业机构检定过的测距精度达 0.1 mm 的游标卡尺，对移动台三个方向的位移量分别进行测距比对，校验结果表明，移动台输出精度能够达到亚毫米级，满足 GNSS 变形监测精度要求达到毫米级的要求。GNSS 数据采集按照静态模式进行数据采集，两种型号接收机的具体移动方案和观测时间见表 2。

表 2　不同型号接收机位移平台移动量和观测时间

观测时间	MR1 型 GNSS 接收机位移平台移动量/mm			S10 型 GNSS 接收机位移平台移动量/mm		
	ΔX	ΔY	ΔZ	ΔX	ΔY	ΔZ
第一天	0.00	0.00	0.00	0.00	0.00	0.00
第二天	20.00	20.00	9.00	20.00	20.00	9.00
第三天	20.00	20.00	9.00	20.00	20.00	9.00

为了能够准确测试接收机设备自身的监测灵敏程度，本次模拟测试在现场选择了一个较为理想的场地进行，利用现场的两个稳定的监测基准点进行测试，在测前和测后使用徕卡 TM50 全站仪在附近基准点上对两个点进行极坐标观测比对，验证校验期间所使用的两个点的稳定性。选择 TB05 和 G1 两个稳定的基准点，两点平距为 118.796 m，高差为 3.006 m，校验时基准站上的接收机固定在 G1 观测墩的强制对中盘上始终保持不动，监测点的接收机放置在移动平台上，移动平台固定在 TB05 观测墩的强制对中盘上，如图 5 所示，两点周围环境空旷，无高大建筑物遮挡，观测环境较好，多路径效应较弱。

(a)G1基准点周围环境

(b)TB05监测点周围环境

图 5　现场监测设备测试环境

　　基准站和监测站使用相同型号的 GNSS 接收机，避免了由于接收机型号不同引起的相关误差。测试时监测点的接收机放置在移动平台上，随着平台进行移动。为了更直观地观测形变量情况，需要进行方向标定，利用 GNSS 接收机天线定向调整软件，将移动平台的 X、Y 轴方向定向为接收机的南北、东西方向，Z 轴导轨为高程（垂直）方向，这样移动的变形量可以很直观地在站心坐标系中表示出来。其校验过程如图 6 所示。

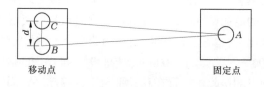

图 6　校验过程示意图

在移动平台移动前，经过 6~12 h 的数据定位，获得 A 点和 B 点的初始坐标。将监测点 B 点通过移动平台（X、Y、Z 方向）移动至 C 点，读出 X、Y、Z 三个方向移动的移动量，计算得到水平位移 d_0（X_0、Y_0）和垂直位移 Z_0。经过移动点上 GNSS 接收机的观测获得 C 点坐标，然后将 GNSS 接收机观测得到的水平位移 d_1（X_1、Y_1）和垂直位移 Z_1，与移动平台测得的水平位移值和垂直位移值相比较，以测试 GNSS 在水平方向和垂直方向上观测的准确性。

通过对 GNSS 采集的粗差数据剔除，然后利用中误差计算公式：$m = \pm\sqrt{\dfrac{[\Delta\Delta]}{n}}$，其中 n 为观测值个数，分别计算两种型号的接收机在不同时长的测量中误差，如表 3 所示。

表 3　两种设备中误差统计结果

时段长度	有效解数/个	接收机类型	测量中误差/mm			
			北方向	东方向	水平位移	垂直位移
10 mim	144	MR1 型	1.00	0.98	1.08	1.36
		S10 型	0.69	0.82	1.07	1.18
1 h	24	MR1 型	0.88	0.84	1.22	1.12
		S10 型	0.60	0.78	0.99	0.62
2 h	12	MR1 型	0.87	0.84	1.20	1.00
		S10 型	0.57	0.76	0.95	0.52
4 h	6	MR1 型	0.82	0.76	1.12	0.89
		S10 型	0.56	0.71	0.91	0.52
6 h	4	MR1 型	0.84	0.76	1.13	0.95
		S10 型	0.52	0.70	0.88	0.35
12 h	2	MR1 型	0.70	0.63	0.94	0.84
		S10 型	0.50	0.66	0.82	0.29
24 h	1	MR1 型	0.54	0.56	0.78	0.54
		S10 型	0.35	0.51	0.62	0.29

由表 3 与图 7 反映出：①南方 S10 型 GNSS 接收机比 MR1 接收机的测量精度和灵敏度更高，而且随着处理时长的增加，使用 S10 型 GNSS 接收机无论在水平方向还是垂直方向，其测量中误差的收敛性更为理想，更加稳定。②由于高程方向受到多种因素的影响，两种设备在水平方向的静态相对测量精度均符合厂家给定的标称精度 ±2.5 mm+1×10^{-6}，满足《土石坝安全监测技术规范》（SL 551—2012）中 GNSS 接收机标称精度不大于 ±3 mm+$D×10^{-6}$ 的要求，可以满足对滑坡边坡体的高精度监测要求。③垂直中误差在经过 6 h 的数据积累以后急剧下降，表明现场实际监测应用时，只要积累 6 h 以上的数据解算，就可以大幅提高垂直位移的监测精度和灵敏度，补充其高程方向的监测。

4.3　设备可靠性测试分析

GNSS 监测设备的可靠性是通过其现场实际连续运行情况进行测试评价的。在测试现场分别安装了监测设备之后，运行情况如下：①两种型号 GNSS 设备性能均稳定、可靠。在系统精度校验期间，

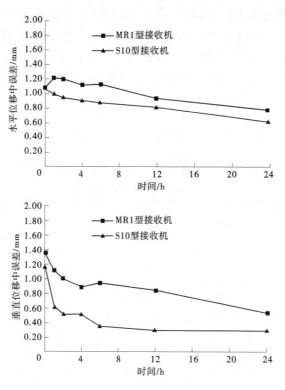

图 7　设备水平（垂直）位移中误差曲线

经 4 d 左右的连续运行，现场未发生 GNSS 接收机突然关机、GNSS 无法采集和存储、GNSS 网络突然中断等情况。②两种设备的数据存储均安全。现场的 GNSS 接收机设置的是 1 Hz 的高采样率，两种 GNSS 接收机均能够实现数据的实时存储，无原始丢失数据、数据损坏、数据无法导出情况发生，在数据安全性方面较好。

5　结语

通过在大藤峡水利工程边坡监测实例中对 GNSS 变形监测设备测试方法的研究，可以得出如下几点：

（1）通过在实地环境下对南方 MR1 型和 S10 型 GNSS 接收机进行分别测试，分析了两种型号设备在不同处理时长、不同基线长度下的测量精度，数据结果表明，S10 型接收机比 MR1 型接收机设备的测量精度准确性更高。

（2）使用三向位移平台在观测环境较为理想的情况下验证了两套接收机的测量灵敏性，两套设备在水平方向的静态相对测量精度均符合其厂家给定的标称精度，同时满足规范中的要求，且工程应用表明 S10 型接收机比 MR1 型接收机设备的测量灵敏性更高。

（3）通过对实地环境中测试的两套设备精度的运行情况分析，表明两套 GNSS 设备均具有可靠的稳定性。

（4）通过准确性、灵敏性、可靠性等三方面对 GNSS 变形监测设备性能在工程实例中全面的测试分析，验证了选用 GNSS 设备能满足水利工程变形监测精度要求，可对类似工程中监测设备的选型和校准具有指导作用。

参考文献

[1] 王川，杨姗姗，董泽荣．GNSS 监测系统在小湾拱坝安全监测中的应用 [J]．水电自动化与大坝监测，2013，37

（1）：63-67.

［2］程玉书，蔡冬梅，耿丽艳. HNGICS 在变形监测中应用的研究［J］. 测绘信息与工程，2010，35（2）：29-30.

［3］吴玉苗，李伟，王树东. GNSS 在变形监测中的应用研究［J］. 测绘与空间地理信息，2017，40（9）：91-93.

［4］王慧敏，罗忠行，肖映城，等. 基于 GNSS 技术的高速公路边坡自动化监测系统［J］. 中国地质灾害与防治学报，2020，31（6）：60-68.

［5］王宏晖，毛伟. GNSS 自动化监测技术在海堤监测应用的探索［J］. 水利建设与管理，2016（12）：73-76.

［6］廖文来，张君禄，杨光华，等. 郁南大堤 GNSS 变形监测数据解算与分析［J］. 广东水利水电，2015（3）：45-47.

广东地区河湖健康评价工作实践中的问题与对策

黄伟杰[1,2,3]　雷列辉[1,2,3]　王建国[1,2,3]　朱小平[1,2,3]　刘艺斯[1,2,3]

吴　倩[1,2,3]　郭　伟[1,2,3]　叶伟聪[1,2,3]　王金裕[1,2,3]　陈晓旋[1,2,3]　郭　芳[1,2,3]

（1. 珠江水利委员会珠江水利科学研究院，广东广州　510610；
2. 水利部珠江河口治理与保护重点实验室，广东广州　510610；
3. 广东省河湖生命健康工程技术研究中心，广东广州　510610）

摘　要： 河湖健康评价是河湖管理的基本依据，是编制"一河（湖）一策"方案的重要基础。广东省全面推行河长制工作领导小组办公室以水利部河长办印发的《河湖健康评价指南（试行）》为基础，编制了具有区域特点的《广东省2021年河湖健康评价技术指引》，指导省内各地开展河湖健康评价工作，为开展大江大河大湖大库生态治理与保护提供基础支撑。本文针对河湖健康评价工作实践中遇到的热点难点问题进行分析，在溯源探因基础上，进一步提出了对策及建议。

关键词： 河湖健康评价；一河（湖）一策；问题对策

河湖健康评价是河湖管理工作的重要内容，是编制"一河（湖）一策"方案的重要基础，也是检验各级河（湖）长制工作及河湖管理成效的重要依据。我国河湖健康评价研究及实践工作起步较晚、经验较少。在当前全面推行河（湖）长制背景下，高质量完成河湖健康评价，从"理论化"向"实用化"转变，强化评价成果应用，使其有效支撑河湖管理决策。

2021年5月，广东省全面推行河长制工作领导小组办公室以水利部河长办2020年8月印发的《河湖健康评价指南（试行）》为基础，编制了具有区域特点的《广东省2021年河湖健康评价技术指引》，指导省内各地开展河湖健康评价工作。

1　广东省2021年河湖健康评价工作背景及其地方特点

1.1　广东省2021年河湖健康评价工作背景

为建立突出广东特点、实操性强并能与广东省生态文明建设相适应的河湖健康评价指标体系，统筹推进全省2021年各地河湖健康评价工作，广东省河长办印发《广东省2021年河湖健康评价实施方案》《广东省2021年河湖健康评价技术指引》等文件，明确了技术路线和文件依据，并举办相应培训，强化了各地市水行政主管部门和各技术支撑单位的技术能力。随后，各地市纷纷积极谋划、加快推进2021年河湖健康评价工作，各技术支撑单位按照《广东省2021年河湖健康评价实施方案》《广东省2021年河湖健康评价技术指引》等文件要求，投入大量人力物力参与其中。

1.2　广东省2021年河湖健康评价工作具备的地方特点

广东省政府于2020年8月17日批复实施《广东万里碧道总体规划（2020—2035）》。碧道建设涵盖全面推进河湖水环境治理，实现河湖碧水清流；全面推进河湖生态保护与修复，构筑河川生态廊

基金项目： 国家科技基础研究专项基金（2019FY101900），国家自然科学基金（5170929、51809298）。

作者简介： 黄伟杰（1978—）男，硕士，高级工程师，主要研究方向为水利工程咨询、设计、水环境治理及水生态修复方面的技术研发。

通讯作者： 王建国（1986—），男，硕士，高级工程师，主要研究方向为河湖生态系统调查与诊断、水生生态保护与恢复。

道；全面推进防灾减灾体系建设，构建韧性安全水系；全面营造河湖水系主题特点，助推转型协调发展；全面提升河湖休闲惠民品质，打造特点魅力水岸在内的五大工作任务，是广东省在治水领域率先提出实现"两山"理论的广东方案，极具广东省地方特点。

广东省是南方水土流失较严重的省份之一，水土流失面积约 2.07 万 km^2，占全省国土面积的 11.5%。随着近 10 年来经济发展的加速，开发建设项目的逐渐增多，造成了许多新的人为水土流失，防治人为水土流失成为当前面临的一项重要任务[1]。

因此，《广东省 2021 年河湖健康评价技术指引》在《河湖健康评价指南（试行）》的基础上，在"社会服务功能"准则层中增设"碧道建设综合效益""流域水土保持率"两个指标层，指标类型为"备选指标"。同时，《广东省 2021 年河湖健康评价技术指引》进一步明确和细化各指标层的评价方法，并以提供案例分析的方式进行指引，大大增强了技术指导性。

2 河湖健康评价工作实践中的问题

2.1 评价指标体系的开放性可能引起评价结论的不确定性

评价指标体系的开放性，源于指标层中分为"必选指标"和"备选指标"。《广东省 2021 年河湖健康评价技术指引》中，省级河（湖）长管理的河湖原则上"备选指标"全选，市、县、乡级河（湖）长管理的河湖根据实际情况选择"备选指标"；有防洪、供水、岸线开发利用功能的河湖，防洪达标率、供水水量保障程度、河流（湖泊）集中式饮用水水源地水质达标率指标和岸线利用管理指数指标应为必选，有碧道建设任务的评价对象，碧道建设综合效益指标应为必选。

《广东省 2021 年河湖健康评价技术指引》未对河流纵向连通指数、水鸟状况等其他"备选指标"确定选择方法或选择原则，仅要求"按实际情况选择"，则可能导致同一个评价对象由于"备选指标"的选择方法或选择原则不同，制定出的评价指标体系就有所差别，各个不同的评价指标体系计算分析得出不同的赋分情况，甚至得出不同的河湖健康状况结论，使得评价结论存在不确定性。

《广东省 2021 年河湖健康评价技术指引》中，在制定"河流"的健康评价指标体系时，"盘"设有 2 个"备选指标"，"水"设有 2 个"备选指标"，"生物"设有 3 个"备选指标"，共可设置 36 种不同组合的健康评价指标体系；在制定"湖泊"的健康评价指标体系时，"盘"设有 1 个"备选指标"，"水"设有 2 个"备选指标"，"生物"设有 3 个"备选指标"，共可设置 24 种不同组合的健康评价指标体系。由于"社会服务功能"中的"备选指标"在某些情形下会成为"必选指标"，因此在计算不同组合的健康评价指标体系数量时未考虑"社会服务功能"可能存在的指标选取情况，如该准则层参与计算，则评价指标体系的开放性将更大，由此引起评价结论的不确定性也更突出。

2.2 指标层权重存在不确定性

指标层权重存在不确定性主要是不同的技术单位（人员）对指标层权重调整分配方法存在解读差异。

《广东省 2021 年河湖健康评价技术指引》中明确了各"准则层"及各"指标层"权重。"指标层"权重包含了"备选指标"权重，当某"备选指标"不被选择时，其对应的权重将按比例分配至该准则层内剩余的所有指标的权重中。但"准则层"中，"水"分为"水量""水质"两项，其下有各自的"指标层"，当其中的某"备选指标"不被选择时，该"备选指标"对应的权重应是分配到"水"下属剩余的所有指标的权重中或是对应的"水量"或"水质"下属剩余的所有指标的权重中，不同的技术单位（人员）解读存在差异，从而得出不同的权重和不同的赋分情况，甚至不同的河湖健康状况结论，使得评价结论产生不确定性。

2.3 "流域水土保持率"评价可操作性及实用性较低

"流域水土保持率"指标是《广东省 2021 年河湖健康评价技术指引》中为体现广东省地方特点而设置的指标层，但其数据获取方法为"评价河段（湖泊）区间汇水范围内土壤侵蚀强度轻度以下的现状面积，可依据省级、市级对评价河段（湖泊）所在地区的年度水土流失动态监测成果获得"，在实际工作过程中，该成果材料难以获取，可操作性较低。

"流域水土保持率"主要是反映水土流失问题的指标，而水土流失往往又是因为开发建设项目引起的，与评价的河段（湖泊）本身或其管理单位关联性较小，其评价结果实用性较低，对于后续指导"一河（湖）一策"方案编制工作的作用不大。

2.4 任务下达时统筹不足且未充分考虑技术问题

在河湖健康评价实践过程中发现，部分地区在下达各县（区）河湖健康评价工作任务时，往往以行政管理范围划分任务范围，出现同一条评价河段有不同的行政区域重复工作或评价河段左右岸划开，由不同的行政区域分别实施河湖健康评价工作的情况；下达的完成任务时间未充分考虑河湖健康评价工作时间需要，出现要求完成的时间早于技术标准规范中建议的监测评价月份的情况。（如《广东省 2021 年河湖健康评价技术指引》中"水质优劣程度"建议"至少在分别代表汛期和枯水期的 7 月和 11 月各测一次水质"，而部分地区下达的完成任务时间为"10 月前"。）

3 河湖健康评价工作实践中问题的对策建议

针对上述实践中遇到的问题，建议遵循河湖健康评价工作的科学性、实用性、可操作性三大原则，从以下几方面入手。

3.1 "备选指标"的选择应体现"不利原则"

河湖健康评价是河湖管理的重要内容，将为判定河湖健康状况、查找河湖问题、剖析"病因"、提出治理对策等提供重要依据。因此，河湖健康评价过程中应体现"不利原则"，在选择"按实际情况选择"的"备选指标"时，建议选择对赋分"不利"的"备选指标"，当拟选择的"备选指标"得分不低于 75 分时（此时对应的状态为"健康"），弃选该指标。

3.2 明确指标层权重分配

指标层权重的分配对评价河（湖）的河湖健康综合赋分影响较大，不同的指标层权重分配设置甚至可能得出不同的河湖健康"状态"结论。因此，针对"水"分为"水量""水质"两项"准则层"的情况，建议将"水量""水质"理解为"亚准则层"，其各自的权重为各自"指标层"中权重之和。当上述"亚准则层"某"备选指标"不被选择时，其对应的权重将按比例分配至该准则层内剩余的所有指标的权重中。

3.3 充分考虑指标层的设置

指标层新增的指标，除能体现广东省地方特点外，还应进一步考虑该指标的科学性、实用性、可操作性及其对于"一河（湖）一策"方案编制的指导性。

3.4 任务下达时系统统筹并充分考虑技术要求

出现同一条评价河段有不同的行政区域重复工作或评价河段左右岸划开，由不同的行政区域分别评价情况的，一般是跨县（区）的市管河道，为能科学评价河段健康状况，提出系统的治理对策，建议市管河道由市水行政主管部门或市河长办统筹开展工作。同时，建议上级主管部门下达任务前，充分考虑技术标准规范的要求，合理设置任务各阶段的时间节点。

4 结语

开展河湖健康评价工作对推动各地进一步深化落实河（湖）长制、强化河湖管理保护、维护河湖健康生命具有重要的现实意义，各地方行政主管部门及技术支撑单位应进一步熟悉评价内容、理解评价方法、掌握评价手段，高质量完成河湖健康评价，从"理论化"向"实用化"转变，强化评价成果应用，使其有效支撑河湖管理决策。

参考文献

[1] 耿海波. 广东省生产建设项目水土保持预防监督管理工作初探 [J]. 人民珠江, 2016, 37 (4): 109-111.

［2］李云，戴江玉，范子武，等．河湖健康内涵与管理关键问题应对［J］．中国水利，2020（6）：17-20.

［3］刘六宴，李云，王晓刚.《河湖健康评价指南（试行）》出台背景和目的意义［J］．中国水利，2020（20）：1-3.

［4］刘国庆，范子武，李春明，等．我国河湖健康评价经验与启示［J］．中国水利，2020（20）：14-16，19.

［5］赵科学，王立权，李铁男，等．关于河湖健康评估中指标赋分方法的优化［J］．水利科学与寒区工程，2021，4（2）：10-14.

浅析对比水泥品种对粉煤灰强度活性指数的影响

王 勇[1] 陈 良[2] 王卫光[1] 李海峰[1]

(1. 珠江水利委员会珠江水利科学研究院，广东广州 510610；
2. 广西大藤峡水利枢纽开发有限责任公司，广西桂平 537200)

摘 要：强度活性指数是粉煤灰品质检验的重要技术指标。由于试验标准对粉煤灰活性指数检测用的对比水泥没有严格规定，导致在实际生产过程中会使用不同品种的对比水泥。本文以大藤峡水利枢纽工程为例，选取三种不同对比水泥，分析水泥品种对粉煤灰强度活性指数的影响，试验结果表明：选取不同品种的对比水泥，粉煤灰强度活性指数差异明显。

关键词：粉煤灰；强度活性指数；对比水泥；影响

1 前言

粉煤灰强度活性指数是指对比水泥中未掺入粉煤灰的对比胶砂与按规范要求掺入一定比例被检验粉煤灰的试验胶砂在 28 d 龄期抗压强度之比。粉煤灰强度活性指数是评价粉煤灰理化性能是否合格的重要指标[1]，它对混凝土后期的热学性能、力学性能、变形性能、耐久性能等指标都有重要影响。

《用于水泥和混凝土中的粉煤灰》（GB/T 1596—2017）相较《用于水泥和混凝土中的粉煤灰》（GB/T 1596—2005），增加了粉煤灰强度活性指数指标的技术要求"F 类和 C 类粉煤灰的强度活性指数均不得小于 70%"。由于 GB/T 1596—2017 对粉煤灰强度活性指数检测所使用的对比水泥未做出严格规定，在大藤峡水利枢纽工程建设过程中，采用工程在用的普通硅酸盐水泥作为对比水泥检测粉煤灰强度活性指数，发现 II 级粉煤灰质量不够稳定，活性指数在 70% 上下波动，从而给工程施工带来较大困扰。为探明对比水泥品种对同一粉煤灰强度活性指数检测结果的影响，在满足规范要求的前提下，试验采用标准水泥和本工程在用的普通硅酸盐水泥、中热硅酸盐水泥作为对比水泥，分析不同水泥品种对粉煤灰强度活性指数的影响。

2 试验部分

2.1 试验方法

试验按照规范方法进行，对比水泥分别采用 GSB 14-1510 强度检验水泥标准样品、本工程中使用的鱼峰 P·MH 42.5 中热水泥及鱼峰 P·O 42.5 普通硅酸盐水泥三种。试验胶砂与对比胶砂 28 d 龄期抗压强度之比（以百分数表示）即为强度活性指数。

2.2 试验材料

（1）对比水泥。本试验采用的分别是 GSB 14-1510 强度检验水泥标准样品水泥、本工程中在用的鱼峰 P·MH 42.5 中热硅酸盐水泥及鱼峰 P·O 42.5 普通硅酸盐水泥。对比水泥物理力学性能检测结果见表 1。

从三种对比水泥的检测结果来看，三种水泥物理力学性能指标均满足相应标准规范技术要求，其中 28 d 胶砂抗压强度基本一致。

作者简介：王勇（1981—），男，高级工程师，研究方向为建筑材料试验、工程质量检测、水利工程质量监督与管理。

表 1 对比水泥物理力学性能检测结果汇总

对比水泥品种	比表面积/(m²/kg)	密度/(g/cm³)	烧失量/%	标稠/%	凝结时间/min		安定性（雷氏夹法）	抗折强度/MPa			抗压强度/MPa		
					初凝	终凝		3 d	7 d	28 d	3 d	7 d	28 d
中热水泥	312	3.24	0.75	24.0	128	198	1.0	4.7	6.5	8.9	20.0	29.2	56.2
GB/T 200—2017 要求	≥250	—	≤3.0	—	≥60	≤720	≤5.0	≥3.0	≥4.5	≥6.5	≥12.0	≥22.0	≥42.5
普硅水泥	354	3.08	3.62	25.6	128	175	0.5	5.5	—	9.3	26.2	—	57.5
GB/T 175—2017 要求	≥300	—	≤5.0	—	≥45	≤600	≤5.0	≥3.5	—	≥6.5	≥17.0	—	≥42.5
标准水泥	381	2.98	—	28.4	159	217	—	6.3	—	9.4	30.0	—	57.1
GSB 14-1510 要求	366~396	2.97~2.99	—	27.4~29.4	144~174	199~235	—	5.6~7.0	—	—	27.6~32.0	—	—

（2）粉煤灰。试验采用的粉煤灰为工程主体结构大批量使用的钦州Ⅱ级粉煤灰，随机选取 2020 年 6~10 月期间进场的 10 个批次（编号 A1~A10），粉煤灰除强度活性指数（采用鱼峰 P·O 42.5 作为对比水泥）略低外，其他技术指标符合《用于水泥和混凝土中的粉煤灰》（GB/T 1596—2017）要求。

（3）砂。试验所使用的砂为中国 ISO 标准砂，符合 GSB 08-1337 规定。

（4）水。试验所用的水为饮用水。

2.3 试验步骤

（1）胶砂配比按表 2 进行。

表 2 强度活性指数试验胶砂配比　　　　　　　　　　　　　　　　　单位：g

胶砂种类	对比水泥	试验样品		标准砂	水
		对比水泥	粉煤灰		
对比胶砂	450	—	—	1 350	225
试验胶砂	—	315	135	1 350	225

（2）将对比胶砂和试验胶砂分别按 GB/T 17671 规定进行搅拌、试件成型和养护。

（3）试件养护至 28 d，按 GB/T 17671 规定分别测定对比胶砂和试验胶砂的抗压强度。

2.4 试验结果

试验选取 3 个水泥品种对应 10 个批次粉煤灰强度活性指数的检测结果见表 3，统计分析见图 1。

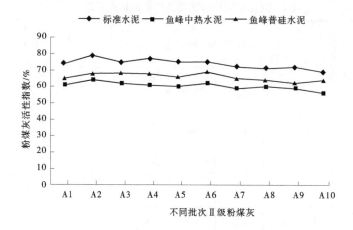

图 1　不同水泥检测钦州 II 级灰强度活性指数结果

表 3　不同水泥检测钦州 II 级灰强度活性指数结果

水泥品种	强度活性指数/%										
	A1	A2	A3	A4	A5	A6	A7	A8	A9	A10	平均值
标准水泥	74	79	75	77	75	75	72	71	72	69	74
鱼峰 P·MH 42.5	61	64	62	61	60	62	59	60	59	56	60
鱼峰 P·O 42.5	65	68	68	68	66	69	65	64	62	64	66

2.5　结果分析

（1）采用标准水泥比采用普通硅酸盐水泥测得的粉煤灰强度活性指数高，采用鱼峰普通硅酸盐水泥比采用鱼峰中热水泥测得的粉煤灰强度活性指数高。

（2）鱼峰 P·O 42.5 水泥品质符合 GB/T 1596—2017 粉煤灰强度活性指数检测用对比水泥要求，采用鱼峰 P·O 42.5 水泥比采用标准水泥测得的粉煤灰强度活性指数平均低 8%。

（3）鱼峰 P·MH 42.5 水泥品质符合 GB/T 1596—2017 粉煤灰强度活性指数检测用对比水泥要求，采用 P·MH 42.5 水泥比采用标准水泥测得的粉煤灰强度活性指数平均低 14%；采用鱼峰 P·MH 42.5 水泥比采用鱼峰 P·O 42.5 水泥测得的粉煤灰强度活性指数平均低 6%。

（4）采用三种不同品种水泥测得的粉煤灰强度活性指数差异较大，其主要原因可能是水泥中矿物成分比例不同，对钦州 II 级粉煤灰一定龄期内的活性激发效果不同。

3　结论

（1）在粉煤灰活性指数检测过程中，使用不同品种水泥作为对比水泥检测粉煤灰强度活性指数，检测结果存在较大差异。

（2）因 GB/T 1596—2017 中要求对比水泥"符合 GB 175 规定的强度等级 42.5 的硅酸盐水泥或普通硅酸盐水泥"，要求过于宽泛。工程建设过程中，检测单位为提高效率、节约检测成本，可能会使用工程在用的强度等级 42.5 的硅酸盐水泥作为对比水泥，但其品质不如标准水泥稳定，检测出的粉煤灰强度活性指数可能偏差较大。

（3）当工程中采用非标准水泥作为对比水泥检测出粉煤灰强度活性指数偏低时，可考虑采用标准水泥作为对比水泥进行验证试验。

（4）工程施工过程中，如无法保证采用标准水泥样品作为对比水泥检测粉煤灰活性指数，则应针对所使用的粉煤灰开展标准水泥与非标准水泥对比论证试验，明晰使用标准水泥和非标准水泥时的粉煤灰活性指数检测结果差异，必要时可建立两者结果关系曲线，以保证粉煤灰的品质检验结果科学有效。

参考文献

［1］江丽珍，朱文尚．GB/T 1596—2017《用于水泥和混凝土中的粉煤灰》新标准介绍［J］．水泥，2018（3）：55-58.

［2］中国国家标准化管理委员会．用于水泥和混凝土中的粉煤灰：GB/T 1596—2017［S］．北京：中国标准出版社，2017.

激光技术在黄河下游泥沙粒度分析中的应用

扈仕娥　杨明晖

（黄河水利委员会山东水文水资源局，山东济南　250100）

摘　要：半自动（全自动）型激光粒度分析仪应用于黄河下游泥沙粒度分析，结束了传统的筛析法与光电法相结合的分析方法，通过多年应用，充分验证了激光粒度分析仪操作便捷、性能稳定、重复性好、输出功能强大等优点，该方法有效地减轻了劳动强度，提高了工作效率，也提高了资料成果的准确性和时效性，具有推广应用价值。

关键词：激光技术；粒度分析；黄河下游；应用

1　前言

山东水文水资源局泥沙分析室承担着黄河下游高村、孙口、艾山、泺口、利津 5 个干流水文站和黄河三角洲生态补水泥沙样品的分析工作，主要分析项目有悬移质和河床质，每年分析沙样 4 000~5 000 个。该室自 20 世纪 50 年代以来，长期使用传统的粒度分析方法开展泥沙粒度分析工作，由于操作烦琐、耗时较长、精度低，越来越不能适应时代发展的需求，2004 年引进了英国马尔文半自动型激光粒度分析仪，替代了传统的筛析法与沉降法相结合的方法，降低了劳动强度，显著提升了工作效率，2020 年又引进了 YRCC.NKG-2800 型国产全自动激光粒度分析仪。

2　马尔文激光粒度仪的应用

2.1　测量原理

马尔文激光粒度仪是根据颗粒能使激光产生散射这一物理现象测试粒度分布的。由于激光具有很好的单色性和极强的方向性，所以在没有阻碍的无限空间中，激光将会照射到无穷远的地方，并且在传播过程中很少有发散的现象。米氏散射理论表明，当光束遇到颗粒阻挡时，一部分光将发生散射现象，散射光的传播方向将与主光束的传播方向形成一个夹角 θ，θ 角的大小与颗粒的大小有关，颗粒越大，产生的散射光的 θ 角就越小；颗粒越小，产生的散射光的 θ 角就越大。即小角度（θ）的散射光是由大颗粒引起的，大角度（θ_1）的散射光是由小颗粒引起的。研究表明，散射光的强度代表该粒径颗粒的数量。这样，测量不同角度上的散射光的强度，就可以得到样品的粒度分布[1]。

2.2　测量范围

马尔文激光粒度仪测量粒径范围为 0.02~2 000 μm，基本包括了黄河泥沙的各粒度级分布，尤其是黄河下游沙样粒度分析使用该仪器一次可以完成，无须几种方法的组合。

2.3　测量特点

（1）充分的搅拌功能。采用湿法分散技术，机械搅拌使样品均匀散开，超声高频震荡使团聚的颗粒充分分散，电磁循环泵使大小颗粒在整个循环系统中均匀分布，这样可以保证各粒径级样品测试的准确性。

（2）测试操作简便快捷。放入被测样品和分散剂，首先启动超声发生器使样品充分分散，然后启动循环泵把样品搅拌均匀。测试结果是以粒度分布数据表、分布曲线、体积平均粒径、D_{10}、D_{50}、

作者简介：扈仕娥（1964—），女，高级工程师，主要从事泥沙颗粒分析研究工作。

D_{90} 等方式显示，自动记录和打印。

（3）输出数据丰富直观。仪器的软件可以在各种计算机视窗平台上运行，具有操作简单直观的特点，不仅可对样品进行动态检测，而且具有很强的数据处理和输出功能，用户可以选择和设计最理想的表格和图形输出。

（4）具有 SOP 功能。SOP 功能是在软件的指导下完成设置和自动操作，消除人为误差和外部影响，实现了泥沙颗粒分析的全过程自动控制，在控制参数相同的情况下，可以保证上下游各泥沙室的颗粒分析具有一致性和可比性。

2.4 性能测试

（1）"标准粒子"检测。马尔文激光粒度仪配有 NIST "标准粒子"，按照《激光粒度分析仪投产应用技术规定》，每年对马尔文激光粒度仪进行"标准粒子"验证。具体步骤是：将整瓶"标准粒子"摇匀倒入样品分散池，待分散 30 s 后进行测量，取 10 次稳定测量值的均值作为测试结果，并计算出与真值的相对误差。多年验证结果的相对误差均在允许范围之内。表 1 为马尔文激光粒度仪多年标准粒子相对误差最大值。

表 1　马尔文激光粒度仪多年标准粒子相对误差最大值

参数		D_{10}	D_{50}	D_{90}
仪器标注值	上限值/μm	29.3	47.7	79.3
	标准值/μm	28.4	46.8	77.0
	下限值/μm	27.6	45.9	74.7
	最大允许相对误差/%	±6	±3	±6
多年相对误差（%）最大值		4.8	1.7	4.7

（2）重复性检测。仪器的稳定性测试也叫重复性检测，依据《河流泥沙颗粒分析规程》（SL 42—2010）的有关要求，每年对马尔文激光粒度仪进行重复性检测，选取具有代表性且特征组成稳定的细沙（$D_{50} \leq 0.025$ mm）、中沙（0.050 mm > D_{50} > 0.025 mm）、粗沙（$D_{50} \geq 0.050$ mm）各 1 个沙样进行试验，每个沙样备样应混合均匀、状态稳定，重复测试 20 次，计算各级小于某粒径体积百分数的标准差。多年试验结果细沙标准差的最大值为 0.9，中沙标准差的最大值为 1.1，粗沙标准差的最大值为 1.1，各级小于某粒径体积百分数的标准差均小于 2，满足规程要求。

（3）不同泥沙分析室测试同一样品。近年来，黄委水文局每年定期组织"盲样"测试，各分析室数据汇总至水文局，以验证各分析室的分析能力和不同分析室不同分析人员检测结果的一致性，多年测试结果均接近，充分验证了同一样品不同激光粒度仪数据分析的一致性。

2.5 应注意的事项

（1）样品制备完成后不宜放置太久，应尽快进行测试，防止颗粒聚集。分析时室内温度应与水温保持一致，避免样品池产生雾气，影响分析结果。

（2）取样误差是影响测量误差的主要原因，有时高达 30%。因此，在取样时，应将沙样充分搅拌均匀；对样品的浓度应加以控制，遮光度宜控制在 10% ~ 20%。沙量过少，成果缺少代表性；沙量过多，会引起多重散射。

（3）对仪器应严格按周期进行校准，并做好期间核查，以保证成果的准确性。

3　激光粒度分析技术再升级

基于 YRCC.NKG-2800 型国产全自动激光粒度分析仪的应用，利用收集的黄河干流 5 个基本水文站稳定且有代表性的粗、中、细沙样品，对其开展了准确性和稳定性等检测，均取得了较好的效果。同时，开展了马尔文激光粒度仪与国产全自动激光粒度仪测试数据的回归分析，以评估测试成果的一致性。

3.1 国产激光粒度仪准确性检验

YRCC.NKG-2800 激光粒度分析仪在出厂前已经用国标样品和工作标准样品经过严格的准确性验证，该仪器购置安装调试后又使用工作标准样品（主要成分是碳酸钙 $CaCO_3$）再次进行了准确性验证，验证结果见表 2。

表 2 YRCC.NKG-2800 激光粒度分析仪验证结果　　　　单位：μm

参数		D_{10}	D_{50}	D_{90}
标定样品（$CaCO_3$）	下限值	2.04	15.51	43.19
	标准值	2.34	17.01	46.69
	上限值	2.64	18.51	50.19
实测值		2.34	17.10	46.65
偏差		0.00	0.09	-0.04
结果状态		通过	通过	通过

3.2 国产激光粒度仪重复性检验

重复性检验选取具有代表性且特征组成稳定的细沙（$D_{50} \le 0.025$ mm）、中沙（0.050 mm$>D_{50}>$0.020 mm）、粗沙（$D_{50} \ge 0.050$ mm）各 1 个样品进行。每个沙样重复测试 20 次，计算各级小于某粒径体积百分数的标准差，细沙标准差最大值为 0.5，中沙标准差最大值为 0.2，粗沙标准差最大值为 0.3；各级小于某粒径体积百分数的最大标准差满足《河流泥沙颗粒分析规程》（SL 42—2010）的相关要求。标准差统计结果见表 3。

表 3 YRCC.NKG-2800 激光粒度分析仪重复性试验成果标准差统计

仪器名称	沙型	标准差										最大标准差
		粒径级/μm										
		2	4	8	16	31	62	125	250	500	1 000	
YRCC.NKG-2800 激光粒度分析仪	细	0.1	0.1	0.3	0.4	0.5	0.5	0.1	0.0	0.0	0.0	0.5
	中	0.0	0.0	0.0	0.0	0.1	0.1	0.2	0.0	0.0	0.0	0.2
	粗	0.0	0.0	0.0	0.0	0.1	0.1	0.3	0.0	0.0	0.0	0.3

3.3 马尔文激光粒度仪与国产激光粒度仪测试数据的相关性分析

选取 5 个干流水文站具有代表性且特征组成稳定的 25 个细沙（$D_{50} \le 0.025$ mm）、25 个中沙（0.050 mm$>D_{50}>$0.025 mm）、25 个粗沙（$D_{50} \ge 0.050$ mm）样品作为试验样品。对选取的 75 个样品过 1.0 mm 水筛，去除杂质并沉淀，分别用马尔文激光粒度仪和国产激光粒度仪进行泥沙粒度分析。将两个成果数据系列生成相关关系图，求出回归方程，再用公式 $y = Y \pm 3\sigma$ 计算二次多项式拟合方程曲线的外包线[2]，剔除外包线之外的相关点，形成级配成果相关图，如图 1 所示。

国产激光粒度仪颗粒级配分析数据 X 转换为马尔文激光粒度仪颗粒级配数据 Y 时采用求出的回归方程：$Y = -0.000\,2X^2 + X + 1.526\,5$，以解决资料成果的衔接问题。

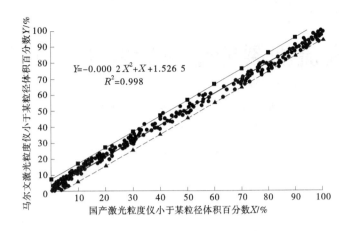

图 1 国产激光粒度仪与马尔文激光粒度仪级配成果相关图（过滤后）

4 结语

马尔文激光粒度仪在黄河下游泥沙颗粒分析中的应用，替代了传统的筛析法与沉降法相结合的方法，使分析人员从烦琐的劳动中解放出来，提高了成果的质量，提升了资料的时效性。国产激光粒度仪让泥沙颗粒分析技术再上新台阶，不仅简化了操作、提高了工作效率、减轻了劳动强度，也减少了人为因素对测试结果的影响，使结果更具可靠性和准确性。该仪器在使用中应定期进行校准、验证，使其处于标准状态，确保测试成果的质量。

参考文献

［1］英国马尔文仪器有限公司. 马尔文 MS2000 激光粒度分析仪使用手册［M］. 和瑞莉，李静，袁东良，等译. 郑州：黄河水利出版社，2001.
［2］河流泥沙颗粒分析规程：SL 42—2010［S］.

混凝土溢流坝裂缝修复后的检测及评价分析

黄锦峰[1] 吕 靓[2] 郭威威[1]

(1. 珠江水利委员会珠江水利科学研究院，广东广州 510611；
2. 中建四局深圳实业有限公司，广东广州 510665)

摘 要： 混凝土溢流坝出现裂缝的原因一般有混凝土材料和配合比、施工工艺及温控措施、结构与荷载等多方面。通常采取裂缝表面涂抹或开槽嵌缝、化学灌浆的方法来修复裂缝。重点分析化学灌浆修复裂缝后的检测方法。通过一系列检测和评价，判断溢流坝裂缝是否对工程安全和运行造成影响。

关键词： 混凝土溢流坝；裂缝修复；检测及评价

1 引言

水工混凝土裂缝按裂缝的特性（缝宽、缝长、缝深）分为表面裂缝、浅层裂缝、深层裂缝和贯穿裂缝，其中深层裂缝和贯穿裂缝会严重破坏水工混凝土结构的整体性和防渗性能，危及混凝土结构安全。

2 混凝土溢流坝裂缝成因

混凝土裂缝产生的原因是复杂的，一般有混凝土材料和配合比、施工工艺及温控措施、结构与荷载等多方面。

混凝土是由胶凝材料、粗骨料、细骨料、水按照不同的比例拌制而成的，混凝土所用原材料决定了混凝土的质量好坏。例如：水泥的品种、强度等级、均匀性不合理都会使混凝土产生裂缝；细骨料的细度模数偏小、有害物质含量偏大也会导致混凝土产生裂缝；粗骨料的强度、级配不合适会导致混凝土产生裂缝。混凝土配合比如果设计不合理，会导致混凝土出现裂缝，甚至出现严重的工程质量问题。

混凝土溢流坝施工工艺不合理、温控措施及养护措施不到位，容易产生裂缝。例如：混凝土溢流坝坝体浇筑方法不合理、浇筑质量差易产生裂缝，混凝土外露表面无保温措施、上下层混凝土浇筑间隔时间过长都会产生裂缝。

3 混凝土溢流坝裂缝处理方法

3.1 裂缝表面涂抹或开槽嵌缝

对混凝土溢流坝裂缝所在的部位，进行表面涂抹或开槽嵌缝。表面涂抹是指在裂缝表面涂刷密封涂料或防护砂浆，一般加玻纤布作加筋层，密封涂料采用聚氨酯或环氧树脂，防护砂浆一般采用聚合物砂浆。此方法操作简单，常用于对表面裂缝、浅层裂缝进行处理。

3.2 采用抗收缩化学灌浆

化学灌浆料可灌性好、强度高、无毒性，已在防水工程中普遍使用，遇水膨胀型的水溶性聚氨酯化学灌浆材料，其固结体具有抗收缩、遇水膨胀、弹性止水和在水中永久保持原形的特性，以及吸水

作者简介：黄锦峰（1985—），男，高级工程师，主要从事水利工程检测、项目管理等研究。

后再次膨胀止水的双重止水功能。聚氨酯在灌浆压力一次渗透扩散的条件下，遇水后自行分散、乳化、发泡，发生化学反应，形成不溶于水和不透水的凝胶体及 CO_2 气体。借助气体压力，浆液被进一步压进结构的空隙，完全充填密实裂缝等多孔性结构，形成二次渗透扩散，从而达到堵水止漏、补强加固的作用。采用抗收缩化学灌浆是混凝土溢流坝裂缝处理最常用的方法。

4 裂缝修复后的检测及评价

4.1 裂缝表面涂抹或开槽嵌缝后的检测

裂缝表面涂抹或开槽嵌缝后的检测方法一般采用观察、触摸，并检查施工记录的方式；粘贴封闭材料修补裂缝前，应复查裂缝两侧原构件表面打磨的质量是否合格，若已合格，应采用工业丙酮擦拭一遍；若粘贴纤维织物的施工工艺有底涂要求，应按规定配制和拌和底胶。拌和后的底胶，其色泽应均匀、黏度低、渗透性好，无结块，无尘土、水分和油烟的污染。

4.2 裂缝化学灌浆后的检测

检查溢流坝段裂缝经过化学灌浆施工处理后的质量状况，主要包括化学浆液是否充填满裂缝间隙、化学浆液与混凝土裂缝的胶结情况、化学灌浆后混凝土的抗渗性能以及完整混凝土与裂缝处理后的混凝土间波速的差异等。通常采取混凝土压水试验检测、声波透射法混凝土内部缺陷检测和混凝土钻芯法试验检测。压水试验检测化学灌浆后裂缝处混凝土的渗透参数，声波透射法试验检测化学灌浆后裂缝处混凝土的完整性及内部缺陷，钻芯法试验检测化学灌浆后裂缝处混凝土的芯样抗压强度、劈拉强度、填充浆液饱满程度以及浆液与混凝土的胶结情况。通过一系列的检测，判断裂缝对整个混凝土结构有无安全风险。

5 案例分析

××水利枢纽由拦河坝和发电厂房等建筑物组成；拦河坝为碾压混凝土重力坝，由左岸非溢流坝段、右岸非溢流坝段和溢流坝段组成。坝顶总长 255 m，坝顶高程 271.50 m，坝顶宽 7 m，最大坝高 90.5 m。左岸非溢流坝段长 93 m，右岸非溢流坝段长 123 m，左、右岸非溢流坝段坝体上游面 215.00 m 高程以上为铅直面，215.00 m 高程以下坝坡为 1∶0.2；坝体下游坝坡为 1∶0.75，起坡点高程 262 m，262 m 高程以上为铅直面。溢流坝段长 39 m，设计混凝土强度为 C15W6F50，透水率（Lu）小于 5 Lu。溢流坝段共布置 3 个带胸墙式表孔，表孔溢流堰采用实用堰，堰顶高程为 251.5 m，孔口尺寸为 9 m×12 m。溢流坝顶部设交通桥，桥面宽 6 m。

在××水利枢纽大坝溢流坝段发现一条顺水流方向的贯穿性裂缝，经项目各参建方讨论，决定主要采用化学灌浆方法对裂缝进行处理。化学灌浆技术要求如下：化学浆液充填满裂缝间隙，化学浆液与混凝土裂缝胶结良好，化学灌浆后混凝土的抗渗性能和抗压强度达到设计要求。化学灌浆施工完成后，采取混凝土压水试验检测、声波透射法混凝土内部缺陷检测和混凝土钻芯法试验检测，对经过化学灌浆施工处理后的溢流坝质量状况进行评估。

压水试验采用单点压水法，根据设计要求，压水试验的压力采用 0.3 MPa，压浆泵加压。在 246.5 m 高程平台处沿裂缝两侧各布置 4 个与地面成 60°夹角的斜孔钻进至坝体内并穿透裂缝，试验孔深为 6.5~9.5 m。本次压水试验检测结果如表 1 所示。

本次对××水利枢纽溢流坝段裂缝处理工程进行压水试验检测，共计检测 8 个孔，孔深为 6.50~9.50 m。8 个试验孔测得的透水率为 1.06~2.22 Lu，满足设计要求。

采用声波透射法来检测混凝土波速，在 246.5 m 高程平台处共布置 4 个声波检测孔。检测孔沿裂缝左岸、右岸方向各布置 2 个，平行于裂缝发育方向垂直钻进至坝体，孔深均为 25 m，采用两孔对测测读剖面波速，共计检测 6 个剖面。本次混凝土内部缺陷试验检测结果如表 2 所示。

表 1　压水试验检测结果

检测孔编号	试验段长度/m	压力/MPa	流量/L/min	透水率/Lu
Y-1#	6.00	0.32	2.31	1.20
Y-2#	6.00	0.34	2.48	1.22
Y-3#	6.00	0.31	4.21	2.22
Y-4#	6.00	0.33	2.43	1.23
Y-5#	9.00	0.34	2.31	1.13
Y-6#	9.00	0.30	2.21	1.23
Y-7#	9.00	0.34	4.20	1.37
Y-8#	9.00	0.35	3.33	1.06

表 2　混凝土内部缺陷试验检测结果

剖面	孔深/m	声速平均值/(km/s)	波幅平均值/dB
1—3	25.00	4.273	104.79
2—4	25.00	4.331	103.03
1—2	25.00	4.213	93.08
3—4	25.00	4.203	94.64
2—3	25.00	4.193	91.75
1—4	25.00	4.104	94.11

注： 除 1—3、2—4 剖面未穿裂缝外，其余 4 个剖面均穿透裂缝。

采用声波透射法进行混凝土内部缺陷检测，共计检测 6 个剖面。通过分析高程-波速（$H \sim V$）曲线图、高程-波幅（$H \sim A$）曲线图中的数据，化学灌浆处理后，跨缝混凝土（剖面 1—2、3—4、2—3、1—4）与附近未发现裂缝的完整混凝土（剖面 1—3、2—4）的波速差别较小，表明裂缝缝隙被化学浆液填充得较为密实，裂缝与混凝土的胶结较好，经化学灌浆处理后，裂缝处混凝土内部基本完整。

为检测裂缝中化学灌浆的充填情况以及跨裂缝混凝土芯样的抗压强度、劈拉强度，在 246.5 m 高程平台沿裂缝开裂方向，骑缝布置 4 个检查孔。钻孔深度根据现场实际情况确定，每隔 0.3 m 提取一次钻头，以检查钻孔是否经过裂缝。如提取的芯样未见裂缝，继续钻进至完整混凝土 0.5~1.0 m 后停止钻进。本次混凝土芯样抗压强度、劈拉强度试验检测结果如表 3 所示。

本次采用钻芯法对××水利枢纽溢流坝段裂缝处理工程进行混凝土抗压强度、劈拉强度检测，共计检测 4 个孔，抽取抗压、劈拉芯样各 8 组。钻取出来的芯样基本连续，胶结较好，骨料分布较均匀，断口基本吻合，局部芯样侧面有少量气孔，芯样均为短柱状。经检测，裂缝修补段混凝土芯样裂缝内浆体饱满充实，修补液浆体与混凝土胶结良好，芯样抗压均为内聚破坏。裂缝修补段混凝土芯样抗压强度为 18.9~21.7 MPa，满足 C15 的设计强度要求，劈拉强度为 0.72~1.01 MPa；无裂缝段混凝土芯样抗压强度为 18.2~22.1 MPa，满足 C15 的设计强度要求，劈拉强度为 1.07~1.24 MPa。通过灌浆后的检测，裂缝部位混凝土的各项指标均能满足设计要求，裂缝的处理是成功的，保证了混凝土溢流坝的结构安全。

表3 混凝土抗压强度、劈拉强度试验检测结果

孔号	孔深/m	设计混凝土强度/MPa	裂缝修补段芯样		无裂缝段芯样		裂缝修补段质量
			抗压强度/MPa	劈拉强度/MPa	抗压强度/MPa	劈拉强度/MPa	
Z-1#	4.20	C15	20.6	0.91	22.1	1.24	修补液浆体饱满充实且与混凝土胶结良好
Z-2#	5.00	C15	18.9	0.72	20.6	1.07	修补液浆体饱满充实且与混凝土胶结良好
Z-3#	2.10	C15	21.7	0.85	22.1	1.08	修补液浆体饱满充实且与混凝土胶结良好
Z-4#	4.00	C15	19.3	1.01	18.2	1.22	修补液浆体饱满充实且与混凝土胶结良好

注：芯样抗压均为内聚破坏。

参考文献

［1］王智阳．故县水库溢流坝泄洪闸闸墩裂缝分析及处理［J］．人民黄河，2012，34（9）：98-102.
［2］江庆鸿．灌洋水库混凝土重力坝防渗加固措施［J］．河南水利与南水北调，2021（9）：63-64.
［3］钟为延．水利大坝工程混凝土防渗加固措施研究［J］．珠江水运，2018（24）：107-108.
［4］李中田，王鹏，李鑫，等．丰满水电站防渗挂板沥青混凝土配合比解析及长期耐久性试验研究［J］．水利科学与寒区工程，2020，3（5）：163-166.
［5］韩会生，张彦东，李小平．大坝溢流坝段水平裂缝处理技术分析［J］．东北水利水电，2017（11）：23-24.

探地雷达在水利工程隐患探测中的应用

李姝昱　李延卓　李长征

（黄河水利委员会黄河水利科学研究院，河南郑州　450003）

摘　要：从探地雷达的工作原理出发，结合水利工程隐患探测应用实例，分析总结了裂缝、渗漏、脱空及孔洞的雷达图像特征，并对如何提高探地雷达对水利工程隐患识别的精度进行探讨，指出以后应进一步加强对主机结构、天线结构以及数据处理技术的研究。

关键词：探地雷达；水利工程；隐患探测

1　引言

新中国成立后，水利事业的建设取得了辉煌成就。截至 2019 年底，我国已建成 5 级及以上江河堤防 32.0 万 km，保护人口 6.4 亿人，保护耕地 4 200 万 hm^2；5 m^3/s 及以上的水闸 103 575 座，其中大型水闸 892 座；各类型水库 98 112 座，总库容 8 983 亿 $m^{3[1]}$。然而，随着水利工程的运行，自然灾害与人为因素会给工程安全运行留下隐患。2019 年，全国因洪涝损坏大中型水库 93 座、小型水库 845 座，其中有 4 座小（2）型水库垮坝，损坏堤防 31 198 处 8 558.38 km，其中有 889 处 69 km 堤防决口，损毁塘坝 18 158 座，损坏护岸 48 959 处、水闸 7 231 座、灌溉设施 126 255 处、水文测站 1 207 个、机电井 16 546 眼、机电泵站 3 948 座、水电站 631 座，水利设施直接经济损失 409.45 亿元[2]。

为保证水利工程的安全运行，隐患探测尤为重要。常见的钻探取样方式虽然能够直观地显示质量缺陷的具体情况，但会对建筑物造成损伤，存在效率低下、局限性强等缺点；且该法一般用于单个测点上的质量检查，难以全面评估整个水利工程的质量。随着科技的进步，探地雷达（Ground Penetrating Radar，GPR）的出现为水利工程隐患探测提供了一个很好的发展机会。作为高频电磁波探测技术的 GPR 方法是通过发射电磁波，利用媒介的介电常数对反射波的影响来探测媒介内部信息[3-4]，与传统的地球物理方法相比，探地雷达方法具有高分辨率、高效率、无损探测和结果直观等优点，近些年越来越多地被运用于水利工程隐患探测。

2　探地雷达工作原理

探地雷达是基于地下介质的电阻率、介电常数等电性参数的差异，利用高频电磁脉冲波的反射探测目的体及地质现象的一种物探手段。高频电磁波在介质中传播时，其路径、电磁场强度和波形将随所通过介质的电性特征及几何形态而变化，故通过对时域波形的采集、处理和分析，可确定地下界面或目标体的空间位置及结构。

电磁波在地下介质中传播的过程中，当遇到存在电性差异的地下地层或目标体时，便发生反射并返回地面，被接收天线所接收。它通过发射天线将高频电磁波以宽频带脉冲形式（通过天线 T）定向

基金项目：河南省自然科学基金资助（编号：202300410547）；国家重点研发计划：高聚物柔性防渗墙质量控制关键技术（2017YFC1501204）；黄河水利科学研究院基本科研业务费专项项目（HKY-JBYW-2021-10）；水利部堤防安全与病害防治工程技术研究中心开放课题基金资助项目（编号：DFZX202010）。

作者简介：李姝昱（1988—），女，硕士，高级工程师，主要从事工程安全监测及评价。

送入地下，经地下地层或目标体反射后返回地面，被另一天线 R 所接收。当电磁波在地下介质中的传播速度已知时，可根据测得的脉冲波旅行时间求出反射体的深度。电磁波在介质中传播时，其强度与波形将随所通过介质的电性及几何形态而变化。因此，根据脉冲波的旅行时间（亦称双程走时）、幅度及波形资料，可推断介质的结构。探地雷达探测原理见图 1。

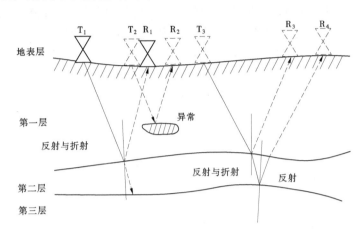

图 1 探地雷达探测原理

当介质的导电率很低时，近似计算电磁波传播的速度公式为：

$$v_i = \frac{c_0}{\sqrt{\varepsilon_i \mu_i}} \tag{1}$$

式中：v_i 为电磁波在第 i 层地层内的传播速度；c_0 为电磁波在真空中的传播速度（$c_0 = 0.3$ m/ns）；ε_i 为第 i 层地层的介电常数；μ_i 为第 i 层地层的磁导率。

ε_i 可利用已知值或测量获得，一般可利用已知目标体的反射时间求取，或根据钻孔揭示层位进行标定。实际工程中，由于工程环境和条件的不同，介电常数存在差异，可利用探地雷达反射波幅来推导出各结构层的介电常数。反射面上下层材料的介电常数与界面的反射系数 R 之间存在以下关系：

$$\sqrt{\varepsilon_{r(i)}} = \sqrt{\varepsilon_{r(i-1)}} \frac{1 + R_{i-1}(1 - R_{i-2}^2)}{1 - R_{i-1}(1 - R_{i-2}^2)} \tag{2}$$

式中：$\varepsilon_{r(i-1)}$、$\varepsilon_{r(i)}$ 分别为上层材料和下层材料的介电常数；R_{i-1} 为上层反射系数，它是反射波幅 A 与全反射波幅 A_m 的比；$1 - R^2$ 为上一层在反射过程的能量损失。表层面反射时，上层空气的介电常数为 1，忽略反射层能量损失，依次类推，可求出不同层的介电常数。

目标体深度 H 计算公式为：

$$H = v \frac{\Delta T}{2} \tag{3}$$

式中：v 为已测波速；ΔT 为已测雷达脉冲双程旅行时间。

3 探地雷达在隐患探测中的应用

水利工程主要涵盖堤防工程、水闸工程、水库工程和输（引）水工程等多个方面，这些工程在运行期间长时间处于干湿、动静交替的环境中，建筑物内部存在不同程度的质量隐患。常见的水利工程隐患主要包括裂缝、渗漏、脱空、孔洞等。在水利工程隐患探测方面，相比于浅层地震、地质地震映像及面波勘探，探地雷达具有效率高、不需震源的优点；相比于传统的电测深、中间梯度、四极、联剖、偶极、高密度电法等直流电法勘探，探地雷达具有效率和分辨率较高的特点。探地雷达所用的天线种类较多，在对不同隐患类型进行探测时，可以通过合理的天线选择和参数设置取得良好的效果[5]。

3.1 裂缝隐患探测

我国水利工程主要采用混凝土和土体作为建筑材料，混凝土结构中的裂缝按照形成原因不同可分为干缩裂缝、温度裂缝、层间缝和沉降缝等；在土体结构中，裂缝按照成因不同可分为干缩与冻融裂缝、变形裂缝、滑坡裂缝和水力劈裂裂缝等。裂缝的存在，尤其是贯穿性的裂缝，会对结构产生危害，严重影响结构的稳定性。裂缝中一般充满空气介质，与周围介质存在物性差异；且裂缝底部上下介质存在物性差异，甚至会出现"水平界面"异常。因此，采用雷达法对裂缝进行探测时，裂缝附近物性的差异会引起电磁波的反射，波形出现变异和不连续，从而可根据波形的异常来识别裂缝隐患。

对于宽度较窄的裂缝，雷达图像通常呈现出的特征为：同相轴连续性间断，波形振幅明显减小，高频成分增强部位基本与裂缝底部对应，裂缝底部存在一同相轴连续性较好的区间。对于由不均匀沉降引起的裂缝，其雷达图像特征有一定的倾向性，地下介质层位界面反映的雷达同相轴连续性较好，但存在起伏变化[6]。对于滑坡裂缝，其宽度通常较大，当电磁波经过宽缝时会产生多次较强的反射，并与下方的土层信号叠加，使得雷达图像出现同相轴波形的连续性间断；滑坡还造成底部土层产生较大的前移和隆起，同相轴波形会出现明显错位、上抬和移动；并且宽缝中充填较多松散、细粒的灰尘，降水等原因还会造成缝内含水量增高，使得裂缝深度以下土层波形信号紊乱，波形图中局部存在高频成分。图 2 为某水库大坝坝顶裂缝雷达探测图像，可以看出，裂缝所在区域雷达波形的同轴连续性中断，并含有相对高频的成分；同时，图中还存在有同相轴连续但与周围反射波明显不同的扰动裂隙区[7]。

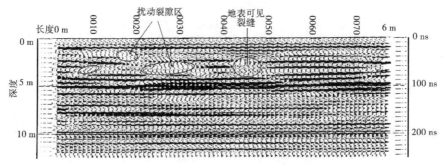

图 2　某水库大坝坝顶裂缝雷达探测图像

3.2 渗漏隐患探测

渗漏是水利工程的典型隐患之一，常发生在土体结构中或者混凝土与土体的交界面上。产生异常渗流的原因很多，比如基础部位的渗漏通常是由于强透水性的地基处理不当，基础未做防渗处理，或防渗设施失效；混凝土结构中的渗流可能是随着裂缝的发生发展，在水压力作用下逐渐形成渗漏通道；土体结构则是由于材料选择不当、夯压不密实或施工质量较差，大量土体被渗透水流带出而产生集中渗透破坏。空气的介电常数约为 1，土的介电常数一般为 $8\sim15$[8-9]，混凝土介电常数约为 6，水的介电常数相对较大，约为 80。因水与其他介质介电常数的差异，当基础内存在渗流时，雷达图像会呈现强反射的特征。采用探地雷达法对某水闸基础进行渗漏探测，图 3 为实测雷达图像，可以看出，在深度为 1.7 m 左右图像出现强反射特征。在强反射区的上面同相轴出现一定的扭曲、中断和缺失，这可能与基础内较小的孔洞、裂缝或者松散地带有关。但这并未影响强反射特征，可见强反射区介质的介电常数与其他区域相差较大，判断底板下存在渗流。

3.3 脱空隐患探测

当混凝土结构下方基础的防渗质量不过关或者地基存在裂隙时，渗透水流会对混凝土结构产生侵蚀并会将地基中的土体带出，使土石结合部之间形成一定大小的空隙，即脱空。空气的介电常数小于基础介质，当混凝土下方存在脱空时，探地雷达反射波在脱空位置能量较大，在雷达图上会呈现出强反射特征，反射信号也不再遵循反射波能量递减的规律，而是明显强于上部。对某水闸混凝土板进行

图3 某水闸底板渗漏雷达图像

探地雷达检测，由图4雷达探测图像可以看出，测线中部有一向下凹的弧形强反射区域；由图5可以看到，混凝土板下存在很大的脱空区，验证了探地雷达对脱空探测的可靠性。

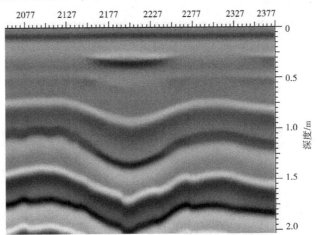

图4 脱空雷达图像

图5 混凝土板凿开图

3.4 孔洞隐患探测

　　土质堤坝由于碾压不实、库水浸透或动物危害等原因，存在孔洞隐患。这些孔洞隐患在很大程度上影响了水利工程结构的整体性，更加剧了渗透破坏的发展。由于孔洞所在区域的导电和介电性质均与周围介质存在着显著的差异，可利用雷达进行隐患的识别。某大堤运行多年，路面多处开裂，局部已出现了坍塌，怀疑存在孔洞。采用探地雷达法对其进行探测，见图6。怀疑孔洞区域雷达波形呈现出双曲线状的圆弧，同相轴在孔洞处杂乱无规则，连续性差。对怀疑孔洞区进行开挖，由图7可以看出，路面下存在孔洞，对照雷达图像，圆弧顶中心对应洞中心，圆弧顶深表示孔洞的埋深，验证了探地雷达对孔洞探测的可靠性。

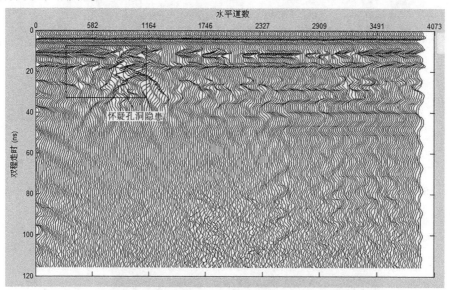

图6　孔洞雷达图像

图7　孔洞位置开挖图

4　结语

水利工程不同于常规的建筑物，长时间处于干湿、动静交替的环境中，原工程组成介质的电磁特性可能会在侵蚀、渗透等外界条件的作用下发生变化，从而影响探测结果的解释。水利工程探测介质的复杂性以及环境干扰的不确定性，还使得最终探测信息中包含很多不利信息的干扰，为准确进行隐患目标的辨识，应尽可能提高数据质量，消除噪声的干扰。目前商用雷达信号处理软件，不能够全面地、有针对性地考虑水利工程雷达信号的特点及噪声的类别，去噪方法较为单一。因此，应进一步提高软件的数据处理能力以及对探测目标自动辨识的能力，使其能够结合水利工程雷达信号的特点进行功能选择和二次开发。在提高探地雷达探测精度方面，使用组合式的天线进行探测并形成三维雷达图像是一个较有前景的方向。由于组合式天线各天线的频率不同，可在不同深度范围内进行数据和图像的优化，如高频天线信号形成浅层结构图像，低频天线信号形成深层结构图像。实时记录各组合天线的位置，将二维图像数据融合为三维图像数据，使物探工作者不仅能沿垂直方向，也可沿某一深度的水平方向进行雷达图像的切片分析，这样能够提高隐患的识别精度，方便对异常体类型的判断。此外，探地雷达硬件水平对工程探测的深度和分辨率有着基础性的作用。应加强对脉冲源技术、高效收发机和低噪声取样等技术的研究，来提高分辨率和探测效率；同时要改进探地雷达主机和天线的结构，以提高穿透力以及适应成像探测的要求。

探地雷达作为一种无损检测设备，具有方便、分辨率高、快捷、高效的特点，能够准确地圈定水利工程隐患的范围、规模和埋深，还可以协助查找和分析水利工程隐患产生的根本原因，为水利工程隐患的消除提供参考依据，保障工程安全。随着软硬件技术的不断改进和发展，探地雷达探测方法必将在水利工程中发挥更大的作用。

参考文献

[1] 中华人民共和国水利部. 2019 年全国水利发展统计公报 [R]. 北京：中国水力水电出版社，2020.

[2] 中华人民共和国水利部. 2019 年中国水旱灾害公报 [R].

[3] 李大心. 探地雷达方法与应用 [M]. 北京：地质出版社，1994.

[4] 张伟，李姝昱，张诗悦，等. 探地雷达在水利工程隐患探测中的应用 [J]. 水利与建筑工程学报，2011，9（1）：34-38.

[5] 梁国钱，吴信民，王文双，等. 探地雷达在水利工程中的应用现状及展望 [J]. 水利水电科技进展，2002，22（4）：63-64.

[6] 王国群. 不同成因地裂缝探地雷达图像特征 [J]. 物探与化探，2009，33（2）：345-349.

[7] 马国印. 地质雷达在水库震后病害检测中的应用 [J]. 甘肃水利水电技术，2007，43（1）：47-48.

[8] 王新静，赵艳玲，胡振琪，等. 不同水分条件下探地雷达电磁波波速估算方法与对比分析 [J]. 煤炭学报，2013，38：174-179.

[9] 赵贵章，闫永帅，闫亚景，等. 介质含水率与探地雷达电磁波特征参数关系 [J]. 灌溉排水学报，2020，39：85-89.

"3S" 技术在生态环境监测中的应用研究

李召旭[1,3]　黄伟杰[1,2,3]　王建国[1,2,3]　朱小平[1,3]　郭　伟[1]

吴　倩[1,3]　江　健[1,3]　黄鲲鹏[1,3]

(1. 珠江水利委员会珠江水利科学研究院，广东广州　510610；
2. 水利部珠江河口治理与保护重点实验室，广东广州　510610；
3. 广东省河湖生命健康工程技术研究中心，广东广州　510610)

摘　要：随着信息技术的进步，"3S" 技术得到长足发展。目前，"3S" 技术在生态环境监测中逐渐被广泛应用。本文对 "3S" 技术进行了简要介绍，探讨了 "3S" 技术在生态环境监测中的实际应用，对有关实际应用进行了简要解析，并对其未来发展前景进行了展望。

关键词："3S" 技术；生态环境监测；应用研究

1　前言

资源和环境是人类赖以生存与发展的物质基础。近年来，随着人类经济社会的发展，城市快速膨胀，资源过度开发，环境不断恶化，生态环境遭到严重破坏，环境保护和资源可持续利用面临严峻挑战，生态环境监测工作的重要性日益凸显。近年来，随着信息技术的发展，由遥感技术（RS）、地理信息系统（GIS）和全球定位系统（GPS）集成的 "3S" 技术已成为空间信息获取、管理、分析和应用的核心支撑技术，并广泛应用于资源与生态环境监测工作中，为环境保护工作提供了较大的帮助[1]。

2　"3S" 技术概述

"3S" 技术是遥感技术（Remote Sensing，RS）、地理信息系统（Geography Information Systems，GIS）和全球定位系统（Global Positioning Systems，GPS）的统称，是空间技术、传感器技术、卫星定位与导航技术和计算机技术、通信技术相结合，多学科高度集成的对空间信息进行采集、处理、管理、分析、表达、传播和应用的现代信息技术。

2.1　遥感技术

遥感技术（RS）是指在地面、空中和外层空间的各种平台上，利用各种传感器获取反映地表特征的各种数据，通过传输、变换和处理等，提取有用的信息，实验研究地物的空间形状、位置、大小、性质、变化及其周围环境的相互关系的综合技术[2]。该技术可实现对远距离探测目标进行识别，打破探测距离的限制，用于实时、快速地提供大面积地表物体及其环境的几何与地理信息和各种变化，能够更加高效地收集、储存并分析各种数据（见图1）。

2.2　地理信息系统

地理信息系统（GIS）是指在计算机硬件和软件系统的辅助作用下，对各种地理信息进行采集、

基金项目：国家科技基础研究专项基金（2019FY101900），国家自然科学基金（5170929、51809298），广西水工程材料与结构重点实验室资助课题（GXHRI-WEMS-2020-11）。

作者简介：李召旭（1975—），男，博士，高级工程师，主要研究方向为水生态环境监测与治理。

通讯作者：王建国（1986—），男，硕士，高级工程师，研究方向为河湖生态系统调查与诊断、水生生态保护与恢复。

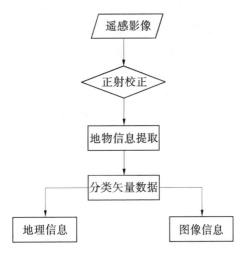

图 1　RS 技术数据处理流程

储存、分析的技术系统，如遥感图像数据、属性数据、空间定位数据，进行各种数据的综合处理和应用分析，实现对生态环境进行有效的动态监测。从应用的角度看，GIS 最重要的应用对象是与地理空间分布密切相关的地球资源与环境信息，是为资源与环境的信息管理、定量分析、综合评价与辅助决策服务的重要技术手段。

2.3　全球定位系统

全球定位系统（GPS）是指利用卫星导航和通信技术，发挥其覆盖范围广、精确度高、速度快、抗干扰能力强等优点，主要是实时、快速地提供目标的空间位置，对资源环境、交通道路施工以及车辆调度等实现移动定位监测。可以实现全天候的测试并且精确度高是该技术进行测量的主要特点，可以在任何天气状态下发挥监测功能，还能够灵活地进行移动定位。

3　"3S"技术在生态环境监测中的实际应用

生态环境监测是一项宏观与微观相结合的复杂的系统工程，涉及的空间和事件范围广，监测的对象包括农田、森林、草原、湿地、湖泊、海洋、气象、动植物等，对其数据收集和处理难度大[3]。传统的生态环境监测，评价技术方法应用范围小，只能解决局部生态环境监测和评价问题，很难大范围、适时地开展监测工作。近年来，随着信息技术的发展，"3S"技术已成为空间信息获取、管理、分析和应用中的核心支撑技术，被广泛应用于生态环境监测工作中，综合整体且准确完全的生态监测必须依赖"3S"技术。目前，"3S"技术在生态环境监测方面的技术优势越来越突显，逐渐成为大范围生态环境监测的重要技术手段。

3.1　RS 在生态环境监测中的应用

遥感技术是当代非常重要的科学技术，具备获取简单、周期短、价格低廉、多尺度、多层次、多分辨率、高分辨率乃至超高分辨率、光谱信息丰富、波段多、平台多样、易操作等其他技术无法比拟的优势，已成为生态监测的重要技术手段和方法。生态环境动态监测对基础信息的实时性、高效性有一定要求，遥感技术为其提供了基本保障。李粉玲等[4]和宋慧敏等[5]分别针对陕西省富县和陕西省渭河市基于两期中等分辨率的 Landsat 影像，利用主成分分析法进行生态环境状况监测。遥感为大尺度生态环境监测提供了基础数据保障。Wang 等[6]评估了中国三江平原 1992~2012 年期间由于土地覆盖变化而导致的多种生态系统功能的变化。随着经济和科技的发展，遥感生态监测向自动化、定量化方向发展。张朋涛[7]利用 PROSPECT 模型和 SAIL 模型对青海湖流域草地叶绿素含量进行遥感反演研究。

3.2　GIS 在生态环境监测中的应用

GIS 技术具有对海量数据进行采集、储存、管理、运算、分析、显示和描述的功能，是将遥感等多源数据进行有效整合和管理的关键性技术。该技术和计算机技术的迅速发展，为基于 GIS 技术的生态资源空间信息管理及可视化系统的实现提供了契机。梁瑞哲[8]基于 GIS 的山区生态资源空间信息管理及可视化的研究并实现系统的编制,在二、三维一体化的可视化平台下提供了丰富的图文并茂的数据图形查询系统功能;同时,为基层农林管理部门的管理提供决策服务。聂群海[9]以 ArcGIS 软件操作平台为载体,结合相关数学评价模型,以苏州市主城区为研究对象,建立了土地适宜性评价数据库,利用 GIS 技术和文献分析法、主成分分析法、限制性因素法、加权指数法和模型对研究区域的土地适宜性进行评价,从空间分布上对苏州农用地种植适宜性进行了具体分析。

3.3 GPS 在生态环境监测中的应用

监测对象空间和时间的变化特征是生态环境信息提取的要点之一。GPS 可以提供实时、全天候和全球性的导航、定位、定时服务,可获得指定点高精度的经度、维度和高程信息,能够满足定点和区域生态环境精准监测中实时、准确、高效提供信息的基本要求,为提高生态环境监测水平提供了关键性信息。周林丽[10]利用 GPS 技术对某黄土边坡进行变形监测,提高了变形监测的精度,实现对边坡的动态跟踪预测和变形预测,并制定出治理边坡存在问题的措施。

3.4 "3S"技术在生态环境监测中的综合应用

在生态环境监测中,GPS 主要实现监测目标的定点定位和边界提取;RS 主要用于监测目标和周围信息实时获取,及时更新 GIS 空间数据库;GIS 是"3S"技术的核心部分,对 RS 和 GPS 采集数据进行统筹管理、数据挖掘和空间分析。可见,RS、GIS 和 GPS 技术的高速发展使得三者不仅是单独的个体,其较强的互补性将三种独立技术中的有关部分有机集成,逐渐向一体化发展,成为密不可分的整体,实现对各种空间信息和环境信息快速、准确的收集、统计分析与更新。薛嵩嵩等[11]综合利用"3S"技术,分析了乌伦古河流域景观格局时空演变特征,并结合气象和社会经济数据,探讨了乌伦古河流域景观格局变化的驱动因素。朱卫红等[12]在"3S"技术支持下,获取了 4 个时期的景观格局指标数据,综合各种科学方法对各个时期的图们江流域湿地生态安全进行评价并预测了未来 40 年该地区的湿地生态安全,对推动"3S"集成技术在生态环境监测中的应用具有重要的理论和现实意义。

4 "3S"技术在生态环境监测中的主要应用解析

4.1 环境污染监测

将"3S"技术应用于环境污染监测,RS 可用于前期环境污染资料收集,GIS 可提供技术平台,将 RS 与 GIS 技术联合可编绘出清晰的城市大气、水环境污染源分布图,监测大气及水环境中的主要污染物及其空间分布。目前,我国大部分地区建立了环境基础数据库,并开发了环境地理信息系统、环境污染应急预警预报系统,为环境污染监测提供详细的环境空间数据信息。例如,利用"3S"技术开展大气污染监测,通过收集区域遥感图像,结合城市地面污染物监测数据,对城市热岛效应进行调查,分析确定具体的城市热源位置、分布区域范围和热岛强度等,并进行动态监测分析,从而监测出城市的热力分布规律及变化特点,依此制作出具体的大气污染源分布图、大气质量功能区划图等。其技术总路线分为图像处理、信息提取、外业调查、后处理、建库、数据分析和挖掘、成果整理等多个环节(见图 2)。

课题组所在珠江水利科学研究院是我国行业内最早开展水生态环境遥感技术研究的机构之一,经过近 30 多年的技术发展,已建立起珠江河口水体光谱数据库,对河口典型水体组分固有光学特性进行了研究及建模,研发了基于多源遥感数据的污染物、盐度、叶绿素等实用的水质遥感模型,探索了一套水生态环境遥感调查、监测和评估等技术业务流程(见图 3),可广泛地应用于近海、河、湖、库等水生态环境监测、资源保护及治理等领域。目前,已开展的研究有珠江河口海水表层盐度光学遥感反演研究、基于耦合干扰效应的珠三角地区水污染高分遥感技术研究(以广州市为例)、卫星遥感在咸潮业务化监测中的应用和珠江口水体组分的吸收特性分析等[13-16]。

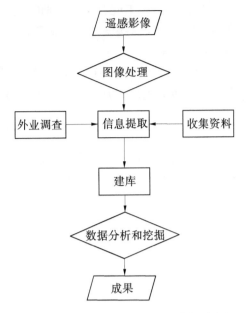

图2　基于"3S"技术环境污染监测流程

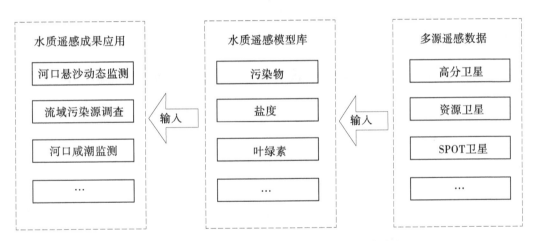

图3　珠科院"3S"技术环境污染监测技术业务流程

4.2　植被演化监测

植被是生态环境的重要组成部分，也是评价地表环境质量的重要指标。RS可以进行大范围植被的实时监测，通过不同时间段的植被监测结果比对人类诱导及自然环境影响产生的植被变化，并分析这种变化的原因和结果，为植被生态环境保护预测、评价和决策提供科学依据，从而实现区域资源开发和环境保护。GIS技术可对区域植被演化进行分析和监测，了解植被的动态演化进程，为相关部门决策提供服务。目前，"3S"技术广泛应用于植被演化监测，主要包括植被种类识别，植被类型、植物退化演替和植物生物量研究，以及植物季相节律研究等[17]。来永斌[18]采用"3S"技术对抚顺市森林为主的区域景观空间格局进行监测，分别获得了景观破碎度、景观中嵌块体等生态景观结构嵌块，并对区域景观空间结构和景观的稳定性进行评价，为后期的区域生态环境保护提供了现实指导。扶卿华等[19]利用MODIS遥感数据，基于归一化植被指数的像元二分模型原理，对广西植被覆盖进行遥感动态监测，分析了近十年来植被覆盖空间分布及变化规律，其研究成果可为区域生态建设和可持续发展提供科学依据。

4.3　土壤修复监测

将"3S"技术应用于土壤变化监测，主要是通过土壤水分、土壤沙漠化、盐碱化以及侵蚀等监测研究，分析土壤变化。借助于"3S"技术，对不同时期同一地点的土壤资源变化状况、土壤面积利用率等图像进行叠加、对比，准确分析出一定区域土壤环境质量潜在问题，对开展土壤环境质量整治提出针对性的建议，为生态环境建设及治理决策提供依据[20]。高云腾等[21]采用"3S"技术，对山东省南四湖地区2000~2005年的土地利用变化情况进行了动态监测，获得了该地区在21世纪初的6年时间里土地利用情况变化的信息，从而为南四湖地区生态系统未来的可持续发展提供了思路和依据。

4.4 生态灾害监测

"3S"技术可广泛应用于生态灾害监测。目前，国内有关部门正在尝试运用"3S"技术来实现对生态灾害的精确预报，预报措施重点针对多种多样的生态灾害[22]。例如，针对森林荒漠化以及病虫害等特殊现象而言，运用"3S"手段应当能够开展多层次的灾害监控。同时，上述监测方式还能够用来防控土地盐碱化、土地荒漠化、水土流失以及其他不良生态现象。通过运用实时性的生态灾害监控，可以为地方及时防控生态灾害提供决策参考或依据。

5 "3S"技术用于生态环境监测的展望

利用"3S"技术对生态环境进行监测，能够集监测与预测于一体，减少人力、物力及财力的投入，大大提高生态环境的监测水平，针对区域存在的潜在生态问题，提出科学合理的整治措施，从而改善生态环境的现状，使其对城市经济可持续发展做出巨大贡献，同时进一步推进城市现代化建设的进程。在未来的生态环境监测中，动态生态环境监测将成为生态环境监测的发展趋势，借助"3S"技术，建立生态环境动态监测模型，将定量表达、定量结果规划至每个具体空间位置，必可推进环境监测向更智能、更自动化方向发展，为解决环境污染、进行环境治理提供更准确可靠的依据。

参考文献

[1] 徐昌，王晓玉，王斌．3S技术及其在生态环境监测中的应用探析[J]．中国高新技术企业，2017（8）：120-121.

[2] 伍良旭．3S技术在生态环境监测中的应用[J]．科技创新与应用，2020（14）：29-30.

[3] 赵睿康，杨蕾．3S技术及其在生态环境监测中的应用解析[J]．科技视界，2019（2）：175-176.

[4] 李粉玲，常庆瑞，申健，等．黄土高原沟壑区生态环境状况遥感动态监测——以陕西省富县为例[J]．应用生态学报，2015，26（12）：3811-3817.

[5] 宋慧敏，薛亮．基于遥感生态指数模型的渭南市生态环境质量动态监测与分析[J]．应用生态学报，2016，27（12）：3913-3919.

[6] Wang Zongming, Mao Dehua, Li Lin, et al. Quantifying changes in multiple ecosystem services during 1992—2012 in the Sanjiang Plain of China [J]. Science of The total Environment，2015：514.

[7] 张朋涛．青海湖流域植被叶绿素含量遥感定量反演研究[D]．西宁：青海师范大学，2015.

[8] 梁瑞哲．山区生态资源空间信息管理及可视化[D]．唐山：华北理工大学，2019.

[9] 聂群海．基于GIS技术和主成分分析的苏州土地适宜性评价与应用[D]．苏州：苏州大学，2017.

[10] 周林丽．基于GPS的黄土边坡变形监测应用研究[D]．兰州：兰州理工大学，2011.

[11] 薛嵩嵩，高凡，何兵，等．1989—2017年乌伦古河流域景观格局及驱动力分析[J]．生态科学，2021，40（3）：33-41.

[12] 朱卫红，苗承玉，郑小军，等．基于3S技术的图们江流域湿地生态安全评价与预警研究[J]．生态学报，2014，34（6）：1379-1390.

[13] 何颖清，冯佑斌，扶卿华，等．珠江河口海水表层盐度光学遥感反演研究[J]．地理与地理信息科学，2020，36（6）：40-47.

[14] 广州市珠江科技新星专项"基于耦合干扰效应的珠三角地区水污染高分遥感技术研究——以广州市为例"．广州：珠江水利委员会珠江水利科学研究院，2016-08-18.

[15] 丁晓英，余顺超，杨健新，等．卫星遥感在咸潮业务化监测中的应用[C]//流域水循环与水安全——第十一届

中国水论坛论文集．北京：中国水利水电出版社，2013：6.

[16] 王珊珊，王永波，扶卿华，等．珠江口水体组分的吸收特性分析［J］．环境科学，2014，35（12）：4511-4521.

[17] 杨建波．3S 技术在生态环境监测中的应用分析［J］．中国资源综合利用，2019，37（5）：188-190.

[18] 来永斌．3S 技术在生态环境质量监测与评价中的应用［J］．环境保护科学，2007（4）：74-76.

[19] 扶卿华，喻丰华，余顺超，等．基于 MODIS 植被指数的广西区植被覆盖度动态分析［J］．数字技术与应用，2010（7）：171-172.

[20] 梁继超，阳国亮，王力峰．生态旅游区生态环境监测指标体系和监测方法——以广西花坪国家级自然保护区为例［J］．广西师范大学学报（哲学社会科学版），2008（3）：57-60.

[21] 高云腾，范玉顺，程传周．基于 3S 技术的生态环境监测评价——以南四湖地区为例［J］．甘肃科学学报，2013（4）：24-27.

[22] 韦振锋．3S 技术及其在生态环境监测中的应用［J］．南方农机，2018，49（10）：21.

科研院所非独立法人检验检测机构
存在的问题及发展对策

黄伟杰[1,2,3]　朱小平[1,3]　王建国[1,2,3]　雷列辉[1,3]
郭　伟[1,3]　吴　倩[1,3]　陈晓旋[1,3]　黄鲲鹏[1,3]

（1. 珠江水利委员会珠江水利科学研究院，广东广州　510610；
2. 水利部珠江河口治理与保护重点实验室，广东广州　510610；
3. 广东省河湖生命健康工程技术研究中心，广东广州　510610）

摘　要：为建设制造强国、质量强国，完善国家质量基础设施，国家出台了一系列有力的政策措施，不断加强对检验检测行业的引导和管理。在此新形势下，本文针对科研院所非独立法人检验检测机构这类相对特殊的机构详细阐述了其存在的问题及原因，并就如何推动这类检测机构健康发展提出了对策建议。

关键词：科研院所；非独立法人机构；问题；对策

检验检测是国家质量基础设施的重要组成部分，是国家重点支持发展的高技术服务业、科技服务业和生产性服务业。党的十九届五中全会提出，坚定不移建设制造强国、质量强国，完善国家质量基础设施；《国务院关于加强质量认证体系建设促进全面质量管理的意见》（国发〔2018〕3号）提出，要严格落实从业机构对检验检测结果的主体责任、对产品质量的连带责任，健全对参与检验检测活动从业人员的全过程责任追究机制；为了落实党中央、国务院的重大决策，回应社会各界对检验检测行业完善相应的监管规则的呼唤，市场监管总局于2021年4月8日制定公布了《检验检测机构监督管理办法》（以下简称《办法》）。《办法》立足于解决现阶段检验检测市场存在的主要问题，着眼于促进检验检测行业健康、有序发展，对压实从业机构主体责任、强化事中事后监管、严厉打击不实和虚假检验检测行为具有重要的现实意义[1]。

科研院所非独立法人检验检测机构作为检验检测行业一支重要的力量，在新的形势下保持规范、健康发展，积极发挥自身的技术创新优势，对促进检验检测行业高质量发展有着重要意义。

1　科研院所非独立法人检验检测机构概况

根据市场监管总局数据统计，2019年从事检验检测技术服务的具有独立法人资格的检验检测机构（法人单位）38 548家，占87.6%，非独立法人的机构（产业活动单位）5 459家，占12.4%。独立法人单位与非独立法人单位的比值由2013年的5.47∶1提高到2019年的7.06∶1[2]，科研院所非独立法人机构主要是生态环境部、水利部等部委下属科研院所内设的机构，占比小于12.4%。从发展趋势来看，今后的检验检测市场主体应主要以具有独立法人身份，能够独立承担民事责任的机构为

基金项目：国家科技基础研究专项基金（2019FY101900），国家自然科学基金（5170929、51809298），广西水工程材料与结构重点实验室资助课题（GXHRI-WEMS-2020-11）。

作者简介：黄伟杰（1978—）男，硕士，高级工程师，主要研究方向：水利工程咨询、设计、水环境治理及水生态修复方面的技术研发。

通讯作者：王建国（1986—），男，硕士，高级工程师，研究方向为河湖生态系统调查与诊断、水生生态保护与恢复。

主，大型科研院所内设部门等非法人单位独立对外开展检验检测服务的现象会逐步减少。

2 非独立法人检验检测机构存在的问题及原因分析

2.1 思想认识方面

思想认识方面的问题主要体现在两个方面：一是母体单位领导层，二是非独立法人检验检测机构管理层。

2.1.1 母体单位领导层

（1）对内部检验检测机构开展对外服务评估的重要性认识不足。

检验检测行业作为国家质量技术基础的重要组成部分，在促进产品质量提升、维护消费者权益方面发挥了关键性的作用[3]，既是高技术行业，同时也是生产性、科技型服务业。科研院所领导层在做出内部检验检测机构进入检验检测市场决策时，通常片面基于自身的技术、仪器设备、业内地位等具有相对优势的考虑，没有或很少从检验检测人才、业务规模、市场竞争等方面进行全面的调研分析和科学论证评估。结果，往往导致非独立法人检验检测机构业务规模小、经济效益差，使机构发展陷入恶性循环。

（2）对单位所在行业检验检测业务发展现状、前景缺乏整体认识。

科研院所因其业务重点在科研领域，对处于行业基础地位的检验检测业务，领导层一定程度上缺乏足够重视，对检验检测工作特有的性质和规律缺乏深刻理解，对本行业检验检测技术发展水平缺乏深入了解，对业务市场现状缺乏全面认识，对发展趋势和前景不能准确把握，导致不能从顶层设计方面对下属检验检测机构战略布局提供正确指导，为机构后续的运行、发展带来一系列不利影响。

（3）对检验检测机构独立运作的重要性认识不足。

检验检测机构作为科技型服务业机构，按照相关法律法规独立开展检测业务，既是资质认定管理办法的要求，也是检验检测服务行业的客观要求。虽然机构在申请资质认定时取得母体单位对其独立运作的授权，但母体单位的领导层潜意识将其视为下属机构，现实中没有给予其与独立运作相匹配的权利。特别是在人事权、财权方面，难以根据检验检测的发展形势及时做出正确的决策，给机构的运行和发展带来不利影响以及违规检测的风险。

2.1.2 非独立法人检验检测机构管理层

（1）对自身职责的重要性认识不足。

检验检测机构管理层对管理体系全权负责，没有管理层的强有力领导和推动、参与和支持，管理体系不可能会有效运行。科研院所非独立法人检验检测机构管理层一般都是由母体单位管理层领导兼职担任，限于专业和时间，对于检验检测机构管理层职能的重要性缺乏足够认识，表现到实际工作中，往往是管理职能下移，管理工作流于形式，没有真正起到管理层的作用，给机构抵御法律、质量责任等风险的能力造成负面影响。

（2）市场开拓意识不强。

非独立法人检验检测机构背靠母体单位，管理层一定程度存在着"官本位"和"等、靠、要"思想，体制内的"优越感"使得其市场开拓理念淡薄，缺少服务与危机意识，经营思路较难适应当前检测市场发展的需要[4]，致使检测项目来源单一且不稳定，难以形成规模效应，市场竞争力不足。

2.2 管理体制方面

2.2.1 业务定位不清

科研院所检验检测机构的设置初衷更多是为了各研究部门职责进行配合，定位一般为科研单位的技术支撑平台，虽然检验检测机构以非独立法人的形式通过资质认定，进入检测市场为社会提供检测服务，但是其职责仍然包含完成母体单位的科研检测任务。虽然鼓励并要求其参与市场竞争，但是长期的惯性和事业单位改革配套还未完善等原因，使得其面对市场，部门的功能定位不明确，这也是导致检测效率低下的主要原因。

随着我国检验检测业务的发展，检验检测项目的数量和要求也越来越高，这些业务客观上需要检测机构投入大部分的时间和资源，由于母体单位机制体制方面的种种限制，检验检测机构在人力、财力、物力等方面难以满足不断发展的社会需求。检验检测机构既肩负着繁重的科研检验检测任务，同时又必须参与到严峻的市场竞争当中，这使得大部分检验检测机构在竞争中颇感力不从心。有限的人员和繁重急迫的检测任务产生的矛盾，严重制约了服务的效率，限制了参与竞争的能力。与之形成对比的是第三方检测机构，其定位准确、目标明确，以市场为中心，心无旁骛、全力以赴，这也为其发展的好、快、强提供了坚实的基础。

2.2.2 人员管理不独立

由于科研院所非独立法人检验检测机构没有真正做到独立运作，加上业务定位不清，在人员管理方面，往往会出现"一套人马、两块牌子"的现象，检验检测机构下设的各专业检测室同时又可能是母体单位相应专业的研究部门，而员工的绩效考核、职务晋升往往由母体单位管理层主导。这种体制客观上造成员工在工作重心和精力投入方面偏向母体单位的工作，致使市场检验检测任务的检测效率和服务质量低下，甚至存在违规检测的风险。

2.2.3 缺乏有效的市场保障机制

由于非独立法人检验检测机构管理层"市场意识、服务意识、竞争意识"相对薄弱，致使未能建立有效的市场保障机制。主要表现在以下几方面：

（1）缺乏独立的市场业务营销团队。

非独立法人检验检测机构市场检测项目一般来源于两方面：一是母体单位计划经营部门联系介绍，二是机构通过公开投标所取得。缺乏相对独立的市场业务营销团队，不能及时了解行业检测市场的需求和发展，对于客户的需求和服务诉求难以及时跟进，产生的后果便是市场竞争力弱，客户流失率高。

（2）缺乏有效的激励机制。

受限于事业单位薪酬体制，科研院所非独立法人检验检测机构对于承担市场营销职能的相关人员在薪酬方面缺乏有效的激励机制，导致人员在市场拓展方面积极性不高，难以为机构规模化检测提供稳定的支撑。

3 新形势下实现高质量发展的对策建议

面对新的形势，科研院所及其非独立法人检验检测机构要强化主体责任意识，深化改革创新意识，制定实实在在的改革措施推动检验检测机构实现高质量发展。针对存在的问题，建议从以下几方面入手。

3.1 重新全面评估，持续深化改革

首先，科研院所要从自身优势及劣势、收益及风险、所在行业检验检测业务的市场规模及自身的服务能力等方面对检验检测机构对外提供检测服务的必要性重新进行全面论证。根据论证结果，做出是否继续开展对外检测服务的决策。

针对继续开展对外检测服务的选择，根据国家的监管要求，深化体制机制改革。笔者认为，非独立法人检验检测机构的出路有两条：其一，对于与母体单位相对独立程度高、市场开拓能力强的机构，可转变为母体单位下属企业，以独立法人进行运作；其二，对于母体单位相对独立程度低、市场开拓能力弱的机构，母体单位要从人事、财务等方面进行改革，使所属非独立法人检验检测机构实现真正的独立运作。同时，积极发挥自身优势，为检测机构提供支持，比如可以利用自己的研发能力，为检测机构检测技术能力的提高提供支持。

3.2 重新精准定位，树立市场意识

非独立法人检验检测机构需要明确自身在市场中的地位，树立不再专属母体单位，而应该将自身定位于为整个政府以及社会服务上。树立了这一理念之后，必须改变自身原有"等、靠、要"的旧

观念，主动投入市场，甚至建立自己的市场营销体系，学习其他第三方检验检测机构，通过投放广告、走访客户增加知名度。同时要开展服务标准化工作，力争确保服务质量，提高服务水平，做到业务先行，服务跟上，以增加客户的满意程度。

3.3 优化人力资源，促进人才增值

实现非独立法人检验检测机构的人力资源优化，首先用人和薪酬支付制度在一定框架之下取得一定的自主权，建立起有效的绩效考核制度和内部激励机制，才能使人的活力充分激发出来。一是要给予招录的自主权。按需招录，市场需要什么样的人才，就招录什么样的员工。二是给予薪酬的自主权。人力资源是检测机构的第一资源[5]，因此提高人力资源投入势在必行，员工创造什么样的效率，就支付相对应的薪水。其次，通过制定和实施人才结构的规划以及建立以市场为导向的绩效考核机制和与此挂钩的上升与激励机制，形成有效的内部人力资源体系。

3.4 坚持高质量发展，创立品牌影响力

作为提供无形产品的检验检测机构，品牌形象是客户对服务质量、机构信誉、购买风险的第一判断标准。科研院所非独立法人检验检测机构正确认识自身的优势所在，即"国家军"的地位，公信力比较强。这是其他性质的检验检测机构所不能够比拟的。

在树立品牌的过程中，非独立法人检验检测机构首先要扎扎实实守好传统的"金字招牌"，以优质的检测质量为依托，提升客户的信心，更加牢固地树立品牌；其次，机构要抓住行业快速发展的机遇，基于自身原有的优势，做专做精，成为所在领域的精品实验室；最后，在做好自身能力建设的同时，做好品牌的传播、推广以及维护工作，通过在服务密集区以各种渠道投放广告，以提高品牌的知名度，为检验检测品牌的市场拓展奠定宣传基础。此外，在市场服务过程中，时刻保持警惕，居安思危，不断进行品牌维护，不断满足市场和客户的需求。

4 结语

检验检测作为高端技术服务业，未来具有广阔的发展空间，在新的形势下，对于科研院所非独立法人检验检测机构来说，机遇与挑战并存。科研院所及其检验检测机构要认清形势，深化改革，发挥自身的技术资源优势，提高其商业服务理念和市场竞争力，为我国现代科技服务事业发展发挥更大作用。

参考文献

［1］国家市场监管总局．《检验检测机构监督管理办法》的解读［EB/OL］．［2021－05－12］．http：//gkml. samr. gov. cn/nsjg/xwxcs/202105/t20210512_ 329381. html.

［2］东方财富网．独立法人检验检测机构占主要比重与非独立法人比值提升［EB/OL］．［2020－09－08］．https：//baijiahao. baidu. com/s？id＝1677252630241249543&wfr＝spider&for＝pc.

［3］徐刚，常南．新形势下国有检验检测机构存在的问题及对策建议［J］．检测认证，2019（12）：198-201.

［4］邱中化，钱仲裘．国内外检测上市公司市场分析［J］．质量与认证，2018（10）：43-45.

［5］叶雅婷．检验检测事业单位市场化改革研究——以广西检验检疫技术中心为例［D/OL］．南宁：广西大学，2018；［2018－11－17］．https：//kns. cnki. net/kcms/detail/detail. aspx？dbcode＝CMFD&dbname＝CMFD201901&filename＝1019027584. nh&v＝3KH1IrskOE%25mmd2FM2A0HkI4uefb06HSEzMwmHKlcK2FJ7uX5b%25mmd2F1Hx5o4d3nbYWRGajtL.

新型原子吸收光谱仪石墨炉法测定微量元素的应用研究

索　赓　孟文琴

（黄河水利委员会三门峡库区水文水资源局，河南三门峡　472000）

摘　要： 黄河三门峡库区水环境监测中心引进了进口新型 AA900T 型原子吸收光谱仪，现已正式投入黄河水质监测中，采用石墨炉分光光度法（无火焰原子吸收分光光度法）测定水质中微量元素。依据《环境水质监测质量保证手册》、《水环境监测规范》（SL 219—2013）等技术要求对此仪器进行应用研究，通过近 4 年的试验，结果表明，该仪器具有快速、准确、可靠、灵敏度高、精密度好、基体干扰小、样品消耗量小、分析范围广等特点，在水质监测中具有较好的推广使用价值。

关键词： 原子吸收光谱仪；石墨炉分光光度法；微量元素；应用研究

随着水质监测的快速发展，一些新型进口快速测定仪应运而生。石墨炉分光光度法（无火焰原子吸收分光光度法）测定水质中微量元素同样改变了以往采用的国产原子吸收仪。黄河三门峡库区水环境监测中心引进了进口美国产新型 AA900T 原子吸收光谱仪，并已正式投入黄河水质监测中。现就此仪器测定微量铝元素应用研究主要过程简述如下。

1　原子吸收光谱法原理

原子吸收光谱法就是用待测元素的共振线波长的光（由原子光谱灯产生的共振发射线）照射游离的原子群，待测元素的基态原子吸收该波长的光后，跃迁到最低激发态。基态原子的浓度越大，吸收的光量越多。测量透过光的强度，反推出被吸收的光量，就能据此求得试样中元素的含量。亦即原子吸收光谱是指在蒸气相中的基态原子吸收该元素特征辐射光线而产生的吸收光谱。

2　原子吸收光谱仪结构及原子化过程

2.1　AA900T 型原子吸收光谱仪结构原理

原子吸收光谱仪由光源、原子化、分光、检测读出和微机系统组成。光源系统提供待测元素的特征辐射光谱；原子化系统将样品中的待测元素转化成自由原子；分光系统将待测元素的共振线分出；检测读出系统将光信号转换成电信号进而读出光密度（信号值）；微机系统用于处理数据、显示结果和存储数据，同时控制仪器，提高测量准确度和自动化程度。AA900T 型原子吸收光谱仪结构原理如图 1 所示。

2.2　石墨炉原子化过程

石墨炉高温原子化采取直接进样程序升温方式，原子化曲线是一条具有峰值的曲线。高温石墨炉原子化过程主要包括热解反应、还原反应、碳化物的生成反应。

3　试验内容

用 AA900T 型原子吸收光谱仪石墨炉分光光度法测定水质中微量铝元素，依据《生活饮用水标准

作者简介： 索赓（1988—），男，工程师，主要从事水文水资源调查研究及水质监测评价工作。

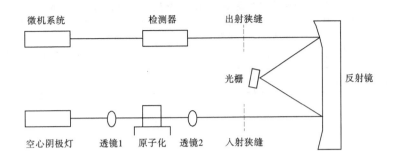

图1 AA900T型原子吸收光谱仪结构原理

检验方法》（GB/T 5750.6—2006）、《水环境监测规范》（SL 219—2013）等标准方法要求，从标准曲线的绘制、检出限的测定、精密度的检验、准确度的检验等方面进行应用研究，提出测试的最佳条件和得出可行性的结论。

3.1 试验（石墨炉分光光度法）原理

样品经适当处理后，注入石墨炉原子化器，铝离子在石墨管内高温原子化。铝的基态原子吸收来自铝空心阴极灯发射的共振线，其吸收强度在一定范围内与铝浓度成正比。按式（1）、式（2）计算：

$$Y = bx + a \tag{1}$$

式中：Y 为绘制标准曲线某点吸光度（信号值）；b 为绘制标准曲线的斜率；x 为绘制标准曲线横坐标上某点的浓度值，$\mu g/L$；a 为绘制标准曲线的截距。

$$\rho(Al，\mu g/L) = \frac{(Y - a)f}{b} \tag{2}$$

式中：ρ 为样品中被测元素的浓度值，$\mu g/L$；f 为样品稀释倍数；Y 为测得试样的吸光度（信号值）。

3.2 所用主要试剂

试验时所用试剂均为符合国家标准的分析纯试剂，试验用水均为新制备的超纯水。

（1）铝标准储备溶液。$\rho(Al) = 100.0$ mg/L。

（2）铝标准使用溶液。将铝标准储备溶液经过三级稀释，其浓度 $\rho(Al) = 0.100\ 0$ mg/L。

（3）基体改进剂。取硝酸镁 $Mg(NO_3)_2$ 优级纯 0.06 g、磷酸二氢铵 $[NH_4H_2PO_4]$ 优级纯 0.5 g，分别用超纯水溶解后，定容至 100 mL。

（4）过氧化氢溶液。$\omega(H_2O_2) = 30\%$（优级纯）。

（5）氢氟酸。$\rho_{20} = 1.188$ g/mL。

（6）氢氟酸溶液（1+1）。

3.3 所用主要仪器设备

（1）AA900T 型石墨炉原子吸收光谱仪。

（2）铝元素空心阴极灯。

（3）氩气钢瓶。

（4）石墨管（PE 公司原装进口）。

3.4 最佳测定条件选择

经过大量反复试验后，方能确定铝元素的最佳测定条件。AA900T 型原子吸收光谱仪石墨炉分光光度法测定铝的最佳测试条件如表1所示。

表 1　AA900T 型原子吸收光谱仪石墨炉分光光度法测定铝的最佳测试条件

元素	波长/nm	狭缝/nm	干燥温度/℃	干燥时间/s	灰化温度/℃	灰化时间/s	原子化温度/℃	原子化时间/s	清除温度/℃	清除时间/s
铝	309.3	0.8	110	31	580	30	1 500	5	2 450	4

3.5　标准曲线的绘制

根据试验原理，若要求得试样中被测元素的浓度，必须由绘制该元素的标准曲线求得。

根据 AA900T 型推荐条件，绘制铝元素标准曲线的最高点不能超过仪器规定的上限。绘制标准曲线时以浓度值为横坐标，以吸光度（仪器信号值）为纵坐标，每条曲线 6 个点，零点也参加回归。AA900T 型测定铝元素绘制标准曲线相关系数 r 均在 0.999 1~0.999 8，符合《水环境监测规范》（SL 219—2013）等技术规范要求。AA900T 型石墨炉分光光度法绘制铝元素标准曲线及其相关系数、回收率测定结果如表 2 所示。

表 2　AA900T 型石墨炉分光光度法绘制铝元素标准曲线及其相关系数、回收率测定结果

项目	标准溶液浓度/(μg/L)						标准曲线	相关系数	回收率/%
	0	10.0	20.0	30.0	40.0	50.0			
吸光度	0.001	0.019	0.041	0.060	0.081	0.101	$Y=0.002x-0.001$	$r=0.999\ 8$	90.5
	0.003	0.020	0.044	0.066	0.086	0.109	$Y=0.002x-0.002$	$r=0.999\ 3$	92.3
	0.001	0.020	0.047	0.071	0.097	0.119	$Y=0.002x-0.002$	$r=0.999\ 2$	94.5
	0.001	0.019	0.044	0.068	0.091	0.115	$Y=0.002x-0.003$	$r=0.999\ 2$	91.9
	0.001	0.019	0.041	0.060	0.081	0.101	$Y=0.002x-0.001$	$r=0.999\ 8$	102
	0.001	0.017	0.036	0.057	0.077	0.096	$Y=0.002x-0.002$	$r=0.999\ 3$	97.8
	0.001	0.016	0.035	0.056	0.071	0.090	$Y=0.002x-0.001$	$r=0.999\ 1$	96.3
	0.001	0.018	0.037	0.057	0.071	0.091	$Y=0.002x+0.000$	$r=0.999\ 2$	95.8
	0.003	0.029	0.064	0.094	0.131	0.163	$Y=0.003x-0.003$	$r=0.999\ 1$	98.9
	0.003	0.031	0.052	0.080	0.107	0.134	$Y=0.003x+0.000$	$r=0.999\ 4$	98.2
	0.001	0.035	0.061	0.091	0.128	0.158	$Y=0.003x+0.000$	$r=0.999\ 1$	101
	0.001	0.027	0.053	0.079	0.107	0.139	$Y=0.003x-0.002$	$r=0.999\ 2$	93.0

3.6　检出限（检测限）的测定

在 AA900T 型原子吸收光谱仪最佳测试条件下，绘制出合格的标准曲线后，测定元素检出限才是可信的。

检出限是指能以适当的置信度被检出的项目（元素）的最小浓度或最小量。当空白测定次数 n 少于 20 时，其检出限（检测限）按式（3）计算：

$$DL(\text{Al, } \mu g/L) = 2\sqrt{2}\,t_f s_{wb} \tag{3}$$

式中：$DL(\text{Al, }\mu g/L)$ 为铝元素检出限；f 为批内自由度，等于 $m(n-1)$，m 为重复测定次数，n 为平行测定次数；t_f 为显著性水平为 0.05（单侧）、自由度为 f 的 t 值，在此取 1.943；s_{wb} 为空白平行测

定（批内）标准偏差，μg/L。

据此计算，AA900T 型石墨炉分光光度法测定铝检出限为 4 μg/L（方法检出限，当取样体积为 20 μL 时，检出限为 10 μg/L）。经比较，测定值小于方法值。由此说明，应用此仪器测定铝元素各项条件、分析方法及操作过程是可行的。

3.7 精密度的检验

精密度是指用一特定的分析程序在受控条件下重复分析均一样品所得测定值的一致程度。它反映了分析方法或测量系统存在的随机误差的大小。通常用标准偏差表示精密度。

以水利部水环境监测评价研究中心提供的标样（编号为 205013），对铝元素测定结果的一致性进行检验。不同时间多次测定（重复性）结果平均值为 0.159 mg/L［标准值及不确定度：（0.156±0.014）mg/L］，标准偏差为 0.007 mg/L。由此看来，测定结果较接近真值，标准偏差亦较小，符合《水环境监测规范》（SL 219—2013）中的技术规定。说明采用 AA900T 型测定水质中铝元素系统误差较小，精密度很好，应用此仪器测定水质中的铝元素结果准确可靠。

3.8 准确度的检验

准确度是用一个特定的分析程度所获得的分析结果（单次测定值或重复测定的均值）与假定的或公认的真值之间符合程度的度量。一个分析方法或分析测量系统的准确度是反映该方法或该测量系统存在的系统误差和随机误差两者的综合指标，它决定着这个分析结果的可靠性。准确度的评价方法采用测量标准物质（样品）或用标准物质（样品）测定其回收率。

（1）回收率的测定。

AA900T 型石墨炉分光光度法多次测定铝元素回收平均值为 96.0%，符合相关规定中回收率要求（90%～110%）。AA900T 型石墨炉分光光度法绘制铝元素标准曲线及其相关系数、回收率测定结果如表 2 所示。

（2）标准物质（样品）的测定。

以水利部水环境监测评价研究中心提供的铝标样（编号为 205013），标准值及不确定度：（0.156±0.014）mg/L，进行平行性检验，取 6 份平行样测定 6 组数据，测定结果平均值为 0.160 mg/L，每组结果在允许范围之内，相对误差为 2.56%，也较小。由此说明，采用 AA900T 型原子吸收光谱仪测定水质铝元素可以提供准确、可靠的监测数据。

（3）水质样品的测定。

以水源地 8 号为代表样品进行测定，其测定结果分别为 0.026 mg/L、0.029 mg/L、0.030 mg/L、0.034 mg/L、0.025 mg/L、0.026 mg/L、0.029 mg/L、0.026 mg/L、0.030 mg/L、0.027 mg/L，平均值为 0.028 mg/L，标准偏差为 0.003 mg/L，相对标准偏差为 10.7%。各项指标均符合相关技术规定。其测定结果均已报至上级水行政主管部门，为开展水源地保护及水质状况调查提供科学、准确的成果依据。

4 结语

经过以上试验研究，用 AA900T 型原子吸收光谱仪，采用石墨炉分光光度法测定水质铝元素，该仪器具有快速、准确、可靠、灵敏度高、精密度好、基体干扰小、样品消耗量小、分析范围广等特点，在水质监测中具有很好的推广使用价值。

建议在今后的工作中，继续做好该仪器的应用研究。用此仪器开发分析水质中其他金属元素，如钼、钴、钒等，以使 AA900T 型原子吸收光谱仪在水质监测中发挥其最大化的作用。

参考文献

［1］水环境监测规范：SL 219—2013［S］．北京：中国水利水电出版社，2013.

［2］生活饮用水标准检验方法：GB 5750—2006［S］．北京：中国标准出版社，2007.

［3］李青山，李怡庭．水环境监测实用手册［M］．北京：中国水利水电出版社，2003.

［4］中国环境监测总站，环境水质监测质量保证手册编写组．环境水质监测质量保证手册［M］．北京：化学工业出版社，1984.

推动水利工程质量检测高质量发展的思考与建议
——以黄河流域为例

宋迎宾[1,2]　赵翔元[3]　蔡怀森[1,2]　王　萍[1,2]

(1. 黄河水利委员会黄河水利科学研究院，河南郑州　450003；

2. 水利部堤防安全与病害防治工程技术研究中心，河南郑州　450003；

3. 陕西省引汉济渭工程建设有限公司，陕西西安　710000)

摘　要： 以黄河流域在建重大水利工程为例，系统总结了当前大中型水利工程建设质量检测工作的内容，并结合近年来黄河流域水利工程质量检测工作实践经验及新时代水利行业强监管有关要求，分析了施工单位、监理单位、第三方检测单位在质量控制方面的职责与要求，从精简检测环节、完善制度措施、提高从业门槛、提升信息化水平等方面提出工作建议，以规范水利工程质量检测工作，推动水利工程建设高质量发展。

关键词： 水利工程；质量检测；实践；建议

1　引言

当前，随着国民经济的快速和高质量发展，对水资源的需求和重视程度越来越高，国内的大型水利工程建设项目也逐渐增多，其配套的输配水建筑的长度也越来越长，往往长达几百千米。大型水利工程大都具有点多、面广、战线长、专业多的特点，给建设管理工作带来了很大的难度[1]。作为建设单位，在工程建设期就必须提前考虑到工程建成后的运营成本和投资效益问题，而工程质量的好坏将直接影响到工程建成后的运行维护成本和收益。如何做好大型水利工程的建设管理工作，尤其是如何做到在降低建设管理成本和工程投资的同时还能使工程质量得以明显提高就成了建设单位研究的重点。

质量检测为检测工程质量提供量化指标，是水利工程建设质量管理工作的重要措施和手段，是工程质量检验、评定与验收的重要依据，为水利工程质量保驾护航。我国水利工程建设项目质量实行项目法人（建设单位）负责、监理单位控制、施工单位保证和政府监督相结合的质量管理体制，水利工程质量检测相应地分为施工单位自检、监理单位平行检测、项目法人委托抽检、竣工验收检测及质量监督飞检等检测环节，不同的检测环节被赋予不同的功能定位[2]。通过委托符合资质要求的第三方检测单位对工程关键部位及施工重要环节开展质量抽样检测，有助于发现潜在的质量问题，为质量控制提供客观、有效的数据支撑，提高质量控制的科学性和准确性。

本着高质量管理出效益的目的，通过公开招标选择具有独立法人资格，能够独立承担民事法律责任，与参建各方没有经济利益关系，且具有丰富经验的相关专业技术人员和先进的检测设备以及检测手段的第三方质量检测单位来辅助建设单位参与大型水利工程的建设管理就成为一种新的选择[3]。截至目前，全国共有280家单位取得水利工程质量检测单位甲级资质，其中26家单位取得岩土工程、

基金项目： 中央级公益性科研院所基本科研业务费专项（HKY-JBYW-2019-11）。

作者简介： 宋迎宾（1991—），男，工程师，主要从事新型水工建筑材料与结构性能研究。

混凝土工程、金属结构、机械电气和量测 5 个类别水利工程质量检测单位甲级资质[4]。现以黄河流域在建重大水利工程为例，对第三方质量检测在大型水利工程建设管理中的应用进行论述或探讨。

2 黄河流域在建重大水利工程

出于降低项目施工管理成本的考虑，施工单位投入的质量管理人员通常会偏少且专业水平不高，加之投入的检测设备和采用的检测手段不够先进，对一些关键工序（比如帷幕灌浆、压力钢管及闸门的焊缝质量检测）在质量检测中可能会出现检测精度不够、漏检和误判的情况，也就不能及时发现施工过程中存在的一些质量问题，会给今后的工程运行留下严重的质量和安全隐患，同时还会增加工程建成后的运行维护成本，进而降低工程运营收益[5]。

大型水利工程大都具有点多、面广、战线长、专业多的特点，但作为建设单位，不可能投入过多的人员去进行现场管理，加之建设单位的现场管理人员不一定都有类似专业的工程管理经验，因而更多地只能依靠监理单位的监督管控和施工单位的自控来进行工程质量管理。第三方质量检测单位的介入可以对监理单位和施工单位的质量管控效果进行检验，同时第三方质量检测单位能够根据合同文件规定科学合理地采用新的检测设备、检测技术和检测手段去发现施工过程中不易发现的质量问题，并能够客观、公平、公正地对下一步施工工艺和施工方法的改进给出合理化建议，以避免类似质量问题的再次出现，从根本上为下一步的运行安全排除质量和安全隐患。

根据《黄河防洪工程建设质量检测管理规定》（黄建管〔2011〕5 号）要求，工程竣工验收前，项目法人应按有关规程要求委托经备案的检测单位对黄河防洪工程建设质量进行检测，其抽检项目和数量由相应的质量监督机构确定[6]。承担黄河防洪工程施工单位自检或监理单位平行检测的检测单位，不得承担同一标段工程的质量验收抽检任务。

2.1 黑河黄藏寺水利枢纽工程质量检测项目

黄藏寺水利枢纽位于黑河上游东、西两岔交汇处以下 11 km 的黑河干流上。上距青海省祁连县城约 19 km，下距莺落峡水文站 80 km 左右。工程规模属于 II 等大（2）型。主要对建设过程中所需的材料、半成品料、中间产品、混凝土（含砂浆、水泥浆、碾压混凝土、常态混凝土）及填筑料（含料场相关试验）、防水等进行试验、检测，对混凝土、锚杆、锚索、喷射混凝土、灌浆等质量进行现场物理探测检测工作，对混凝土（含砂浆）配合比试验进行必要的试验及复核工作，对工程外观进行量测，对岩土工程进行检测，以及招标人委托的其他相关工作。

2.2 陕西东庄水利枢纽第三方检测项目

东庄水利枢纽工程位于泾河下游峡谷末端礼泉县叱干镇东庄村、淳化县车坞乡河段处，工程总投资 154.34 亿元，总库容 32.76 亿 m³，计划建设工期 95 个月。主要内容为：东庄水利枢纽主体工程实体以及用于工程的原材料、中间产品、金属结构和机电设备等进行的检查、测量、试验或者度量。

2.3 引汉济渭二期工程质量检测项目

引汉（江）济渭（河）工程是陕西省最大的水利工程，是国家 172 项节水供水重大水利工程之一，分为调水工程和输配水工程两大部分，承担着将调入陕西关中地区的优质汉江水输送至渭河两岸的西安、咸阳、渭南、杨凌 4 个重点城市、11 个县（市、区）、1 个工业园区以及西咸新区 5 座新城共 21 个受水对象的重要任务。二期工程由黄池沟配水枢纽、南干线工程、北干线工程三部分组成，全线采用封闭方式输水，由隧洞、倒虹、渡槽、箱涵及分退水设施组成。检测主要工作内容为：二期工程原材料、中间产品、金属结构和机电设备等进行的检查、测量、试验等。

3 施工、监理、第三方质量检测的质量控制

3.1 施工单位，把好施工质量检测"第一关口"

施工单位是工程建设的主体，工程质量如何，其具有重要的决定作用。在工程建设中，业主、监理、施工单位都会根据工作需要，设置不同的质量监督部门，以加强质量监督，保证工程质量。施工

单位是工程建设的主要承担者和责任人，其质量检测工作在工程质量形成中具有重要的地位和作用，是保证工程质量的"第一关口"[7]。在工程建设中，施工单位自检量占项目总检测量的 80% 以上，监理检测和项目法人（建设管理单位）检测则是在自检基础上按照特定比例进行抽检的，那么施工单位自检行为的不规范将直接影响项目检测工作的有序开展[8]。

结合工作实践，施工单位质检部门在具体操作中需要做好以下几方面工作：一是认真学习和掌握工程质量验收标准和要求。结合工程建设进度，提早编制工程质量检测程序和计划，并按照计划组织实施。二是深入施工现场，对原材料、配件等进行科学检测，保证原材料符合质量要求，同时对施工关键工序等进行重点监督，防止出现违规施工现象，保证施工过程科学、安全、规范。三是加强常态化检查，及时发现工程质量隐患，并出具整改清单，督促及时整改。四是定期对工程质量进行分析，针对普遍性问题和特殊性问题分别提出改进方案，并抓好落实。五是参加施工部门组织的工程质量分析会议，及时提出改进质量监督检测的意见和措施。六是及时收集工程隐蔽部位和分部、分项工程质量资料，确保各项资料详细完整。七是根据工程质量有关规定，加强原始报表的管理，确保相关数据准确完整。八是对工程质量的关键指标进行技术检测。针对施工对象的不同，区分具体情况，有针对性地检测相关事项[9]。九是认真填写质量监督检测工作有关报表，按时提交质检工作报告。

3.2 监理见证，明确职责，加强质量检测针对性

监理机构在见证取样环节，应充分起到见证作用，在与施工单位沟通后，规范见证人签字，见证试件、试样的取样和送样的过程等环节。监理人员增强责任心，加强对施工单位委托检测机构及自身委托检测机构出具的检测报告的复核工作，规范存档不合格报告工作。监理抽检费应由专项费用列支，避免减少抽检频次和检测项目等现象的发生[8]。监理机构对施工单位检测行为的检查避免流于形式，审查施工单位检测方案内容应全面，审查意见应具体。严格审核把关施工单位施工技术准备工作，督促施工单位按规范和合同要求提交工艺试验报告；规范开展旁站监理，规范、准确记录监理日记、旁站记录；及时发现并督促施工单位规范处理现场质量问题；监督质量缺陷的处理、检验及验收并及时记录等[10]。

3.3 用心用力，牢固树立"质量第一"的观念

目前，检测机构已经成为继建设单位、监理单位、勘察单位、设计单位、施工单位五方建设质量行为责任主体之后的第六方责任主体。检测机构作为工程建设过程的一个重要的责任主体，应会同施工、监理等单位共同承担施工材料、实体质量的质量风险责任。质量检测工作是一项非常精细、责任重大的技术工作，比较辛苦，质检人员不仅要具备较强的专业技术素养，而且要有良好的工作态度和责任心。要牢固树立"质量第一"的观念，以强烈的使命感做精、做深、做细、做实质检工作[7]。一是强化工作责任心。由于质检人员岗位特殊，对水利工程质量具有监督和控制性作用，如果工作人员责任心不强，不能从实际出发，坚持原则，就容易做出与工程质量相悖的质检行为和结论，就会失去质检工作的监督把关作用，二是提高专业技术能力。质检工作是保证工程质量的重要岗位，要求质检人员必须具备一定的检测素质和丰富的专业知识，如果没有扎实的专业知识，就很难做好质量检测工作，就会导致质量监督工作"关口"失守。三是以严谨务实的态度做好工作。质量检测工作标准高、要求严，事关工程质量大计。务必做到科学、细致、严谨、高效，严格执行工程质量相关标准，决不能随意降低工程质量标准和要求，否则就会为工程安全埋下隐患，甚至出现"豆腐渣"工程。总之，质量检测是保证工程质量的一项重要工作，具有很强科学性的系统工程，是保障工程质量的重要手段，保证工程质量，建设优质工程，使水利工程长期造福于民。

4 加强水利工程质量检测工作的建议

4.1 精简检测环节，增强项目法人质量管控力度

现行水利工程质量检测技术规程设置多个检测环节，同一项目理论上需要涉及数个检测单位，制度设计出发点虽好，但对参建单位质量管理水平潜在要求高，而对中小型水利工程项目而言，以项目

法人为首的参建单位履行质量管理的能力与规范要求仍存在不小差距，而有限的检测经费被拆分至不同的检测环节，降低了实力雄厚、责任心强的检测单位参与工程建设的可能性。建议参考住房和城乡建设部"由项目业主统一委托一家检测单位开展质量检测"的做法，修改现行水利工程概（估）算编制规定，将施工自检、监理单位平行检测、项目法人委托检测和验收检测等检测费用打捆单列，不再划分为不同检测阶段，统一由项目法人负责委托一家检测单位开展质量检测，增强项目法人质量管控力，落实水利工程质量管理项目法人负责制[2]。

4.2 完善制度措施，为检测单位履职创造条件

随着工程建设领域"放管服"改革的持续深化，可能影响市场公平竞争的一些区域性限制性规定被取消，在其他保障质量检测工作有效开展措施不完善的条件下，水利工程质量检测单位作为独立开展工作第三方的期望与事实上为被委托的中介服务单位存在矛盾，水利工程检测市场竞争日趋加剧，质量检测单位面对不同的委托单位，独立公正参与项目检测工作的平等地位无法保障，给检测结果的客观真实增添了不确定性。建议完善制度措施，为保障质量检测单位独立公正履职创造条件，维护检测市场的有序发展。

4.3 提高从业门槛，提升检测从业人员素质

检测从业人员的业务能力和自身素质直接影响检测工作的质量，建议参考交通运输部设置的"公路水运工程试验检验师"执业资格考试，重新设置水利工程质量检测员（师）执业资格替代考试或提出规范化培训要求，重视水利行业质量检测人才的引进、培养和管理，充分考虑不同专业类别和不同学历层次的相互配套，并加强岗前培训和继续教育培训，不断增强专业技术和职业道德水平，切实提高水利工程检测从业人员准入门槛和基本素质。

4.4 开发信息化平台，增强质量检测监管效率

随着监督项目越来越多，监督要求越来越严，过去凭借经验推进质量监督工作的方式难以适应新形势和新要求，要充分利用"让数据说话"的信息化质量监督、检测平台[2]。建议开发质量检测管理信息系统，实现检测过程可视、检测资料可追溯、检测报告可网上查询等功能，基层质量监督机构可随时掌握辖区质量检测活动开展情况，便于监控工程质量动态，改变当前水利工程质量检测管理信息化水平低、检测工作不透明及监督效率不高的局面。

5 结论

（1）在大型水利工程的建设管理过程中，引进第三方质量检测单位来对关键部位、关键工序和隐蔽工程开展质量检测，不仅能对监理单位和施工单位的质量管理工作起到很大的督促作用，还可以弥补建设单位现场管理人员、专业人员、检测设备和检测手段不足的缺点，在降低建设管理成本的同时，还能大大提高建设管理过程中的工程质量管理效果，使工程施工质量能得到有效保证，为后期工程的运行安全和发挥投资效益打下坚实的基础。

（2）水利工程质量检测工作是保障工程质量的重要关口，规范有序开展质量检测工作需要健全的体制、机制保驾护航[11]。今后仍需通过加强顶层设计，为基层水行政主管部门提供更多的便于执行的政策措施，切实提升日常监管效率，提高制度执行的刚性约束和对检测从业人员的严格管理，充分利用现有失信惩戒机制，加大对检测单位违规行为的打击处罚力度，对质量检测工作全面推行"双随机、一公开"抽查及"互联网+监管"模式，多措并举，保障水利工程质量检测工作规范有序开展。

（3）随着科技的不断进步，工程检测技术和检测设备也将变得越来越先进，将来第三方质量检测定能在大型水利工程的建设管理中发挥越来越大的作用。

参考文献

[1] 任明武. 第三方质量检测在大型水利工程建设管理中的应用探讨 [J]. 工程经济，2021，31（5）：25-29.

［2］张小川，杨友伟，邹静．加强水利工程质量检测工作的实践与建议——以涪陵区为例［J］．水利技术监督，2021
（2）：5-7.

［3］王彦鹏．水利工程原材料质量检测控制研究［J］．科技创新导报，2020，17（19）：43-45.

［4］张怀仁，郑莉，洪伟，等．水工金结行业质检检测现状分析及建议［J］．中国水利，2021（4）：52-55.

［5］任明武．第三方质量检测在大型水利工程建设管理中的应用探讨［J］．工程经济，2021，31（5）：25-29.

［6］庄晓瑞，荆琳．河南黄河防洪工程质量检测单位遴选招标研究与应用［J］．人民黄河，2021，43（S1）：36-37.

［7］王康．水利施工质量检测的途径与方法［J］．河北水利，2021（2）：19.

［8］吴亚斌．天津市水利工程质量检测管理现状分析及对策研究［J］．海河水利，2021（3）：65-67.

［9］张能良．水利工程中混凝土检测试验及其质量控制措施探讨［J］．科技创新导报，2020，17（18）：25-26.

［10］杨培仁．在建重大水利工程质量巡查的思考［J］．河南水利与南水北调，2021，50（5）：95-96.

［11］安天杭，杨铭洋．坚定不移贯彻水利改革发展总基调　推动水利工程建设高质量发展——访水利部水利工程建
设司司长王胜万［J］．中国水利，2020（24）：16-17.

检验检测机构能力建设的几点思考

郭威威

（珠江水利委员会珠江水利科学研究院，广东广州　510611）

摘　要：随着我国基础建设的快速发展，在工程建设和使用过程中，检验检测机构的技术服务不仅是对建筑单位自身信誉和品质的保障，也是对建筑工程使用者安全的保证。检验检测机构的检测能力是保证工程质量的基础，通过高站位的布局，高标准的机构场所建设，资质认定申请、资质认定评审和能力验证的全过程参与，技术人才的培养，机构设施的完善，重大工程项目建设的积极参与，从而不断提高检验检测机构的能力，促进和推动检验检测事业更好更快发展，从而保证水利工程建设质量。

关键词：检验检测；检测能力；质量

检验检测机构是工程建设、民生保障、经济发展的重要技术服务平台，加强检验检测机构的能力建设是非常迫切和必要的，随着国家对水资源的保护和高效利用，检验检测机构在大的发展环境下也在谋求能力和技术方面的长足发展。作为在流域检验检测机构工作多年的检验检测人员，针对如何建设检验检测机构的能力问题，以下是笔者的几点理解。

1　改革机构，从定位上提高检验检测能力

在改革的新阶段，随着政府职能的转变和事业单位改革，要求我们在履行好相关职责的同时，大力加强产业的科研能力建设。机构自身发展也需要培养科技创新能力，如果整个机构还是粗放式、片面追求业务量的扩展发展模式，这个机构就会被市场淘汰、被政府边缘化。检验检测机构在定位上向公共性、公益性、开发性、社会性转变，在功能上由单一检测向综合服务转变，在发展模式上由粗放式向集约式、由片面追求业务收入向注重社会效益转变。

要以高质量发展为目标，以为水利事业发展提供科学研究和技术支撑为职责，将检验检测机构建设成为国内一流的水利科研检验检测机构。

2　从机构的场所建设上提高检验检测能力

统一试验室建设标准，提高检验检测结果的客观性与准确性，发挥检验检测在控制工程质量和指导工程建设中的重要作用，检验检测机构的工地试验室选址和建设要从安全、环保、用房结构及使用寿命等方面考虑，要充分考虑机构的建设形式、交通和水电条件、最小占地面积、办公区、生活区、检验检测区、辅助设施区、绿化与休闲活动区、安保消防功能区及交通道路等。良好的检验检测区域环境、合理的机构场地布置，都会对检验检测工作能力提升提供基础支撑。

3　从机构的资质认定申请方面提高检验检测能力

检验检测机构的资质认定使检验检测机构的技术条件逐步改善，技术能力不断增加，开始走上规范化、法制化和科学化的发展轨道。资质认定申请对人员的能力、检验检测方法和程序、检验检测环境和设施等各个要素进行了全面管理和提升，检验检测机构应抓住资质认定申请的过程，让全员参与

作者简介：郭威威（1991—），男，工程师，主要从事水利工程质量检测工作。

进来，让检验检测人员对机构和各自的试验场所有一个系统的了解和学习。检验检测机构要谨防资质申请和日常检验检测工作"两张皮"，系统地建设机构的检测能力，全面覆盖检验检测机构管理诸环节，能够促进试验室内部质量控制和外部质量监管相结合、技术手段与行政手段相衔接，共同实现有效管理。

4 通过参加能力验证提高检验检测机构能力

能力验证是指利用机构间比对确定检验检测机构检验检测能力的活动，实际上是为确保检验检测机构维持较高的检验检测水平而对其能力进行考核、监督和确认的一种验证活动。

积极参加各个协会、各个机构的能力验证活动，通过能力验证活动来加强检验检测机构的管理水平，发现并找出检验检测机构自身与其他机构存在的差距，分析原因并及时采取纠正措施，解决能力验证中出现的问题，从而不断提高检验检测机构的能力和技术水平。

多参加能力验证活动，可以在社会上和客户中提高知名度与置信度，树立科学、准确、公正、权威的形象，增强检验检测机构的自身信心。

5 通过外部培训提高检验检测机构能力

检验检测行业是一个特殊的行业，不仅需要技术能力，同时需要崇高的职业道德和敬业精神。按照以"以需求为导向、以人才为基础"的决策部署，不断建立人才培养工作激励机制，逐步建立起一支适应科技创新发展需要的综合素质较高、结构日趋合理、配置相对科学的一流的科技人才队伍。未来对这支队伍还需要从理想、情怀、实干、创新上提要求，也就是从水利行业精神上提出更高的要求。

构筑人才培养的方法体系和制度体系。一是要确定业务技能重点和难点，有目标性地培训适用人才，可以有针对性地选派人员外出培训，回来后对其他工作人员进行轮流培训。以具体的项目研究、项目检测作为选人用人的载体，通过项目完成质量和效率来评价技术人员业务技能，选出实际操作能力强、业务精良的实用型人才。二是确定岗位技能要求，有条件的竞争上岗。开展技术大练兵、大比武和检测比对活动，注重在技术比武中发现人才，重点选出专业素质好、具有一定理论功底、技术水平较高的技能型人才。三是确定检测责任目标，有绩效性的考核评比。推行岗位责任制，科学定岗定人定责，实施绩效管理，通过高质量、高效率的管理来选人才。

6 指定专人负责质量控制、质量监督

检验检测机构可以设立质量控制和质量监督的岗位，让具有丰富检验检测工作经验的人员在机构的日常检验检测工作中进行质量控制和质量监督，可以是检验检测过程中的旁站；可以是检验检测报告的出具和审核的过程；可以是对检验检测人员试验前的指导和宣贯；可以是对合同监督、人员监督、检测评价、检测依据的监督；可以是对仪器设备的监督，标准物质的监督，样品管理的监督，设施环境的监督，记录、报告、计算的充分性和完整性的监督，不符合项纠正情况的监督，安全防护用品的监督。做到充分有效的质量控制和质量监督，可以确保检验检测机构、检验检测工作人员的能力不断提高。检验检测机构应重视质量控制和质量监督，并敦促落实各项工作，提高机构的整体管理质量和管理水平。

7 通过参与大型工程项目建设提高检验检测机构能力

随着水利建设步伐的加快，其对环境的影响日益加重，并随着水资源利用、水生态保护力度不断加大，水利工程建设进入了新的时期。现代水利水电工程建设中，新的用水需求、新的施工工艺、新的建设材料等都会涌现出新的技术标准和质量需求。这些将影响到检验检测的发展方向和检验检测技术路线。只有在实践中去学习和更新机构的检验检测能力，才能更适应市场和社会的需要。参与大型

工程的建设，可以系统、全面地提升检验检测人员的技术水平。检验检测机构参与大型工程建设，可以在实践中依托项目中所涉及的重点材料、重要的质量难点开展专项性的试验论证课题。通过大型工程中的特殊检测参数对机构检测能力进行扩项提升。

检验检测机构的能力需要系统、全面、有布局地去建设和提升，检验检测机构的检测能力逐步提高，有利于水利工程建设质量的进步，符合新时期高质量发展的要求，对地方经济和机构的效益都有着正面的积极意义。

参考文献

［1］胡丽云 . 检验机构提高自身检测能力的几点思考［J］. 城市建设理论研究（电子版），2011（21）：3.
［2］严宏剑 . 浅谈关于新形势下如何提高检验检测技术机构的竞争力［J］. 科技创新导报，2020（12）：246，248.

离子色谱法测定水中可溶性阳离子的不确定度评定

马丽萍　宋登洋

（黄河水利委员会宁蒙水文水资源局，内蒙古包头　014030）

摘　要：本文建立了评价离子色谱法测定水中可溶性阳离子不确定度的方法。通过创建数学模型，全面系统地剖析了影响离子色谱法测定水中可溶性阳离子不确定度的由来，并进行拟合评定。结果表明，该方法测定水中可溶性阳离子钾、钠、钙、镁的扩展不确定度分别为 0.052、0.12、0.082、0.088，不确定度均在合理控制范围内。该评定方法有较强的实用价值。

关键词：离子色谱法；阳离子；不确定度；可溶性

1　引言

随着当前检验检测行业的发展，利用测量不确定度分析水质测试结果的可靠性、准确性受到广泛关注[1]。不确定度的测量是对测量结果中的估计误差的衡量，并且是量化测量结果的质量与测量结果相关的参数[2]。测量不确定度在《检验检测机构资质认定能力评价检验检测机构通用要求》（RB/T 214—2017）中有明确规定[3]，对实际工作有着重要意义。经过剖析测量误差的来源，依据得到的不确定度分量奉献的大小指向性地开展实验，重点控制和减少影响测定不确定度的因素，尽量减少误差，提升准确度。目前，关于通过离子色谱法对无机阴离子的不确定度进行评价的研究较多，但是对阳离子的不确定度进行评价的分析研究较少。因此，本文依据标准、规范的要求[4-5]，利用离子色谱法对水中可溶性阳离子（K^+、Na^+、Ca^{2+}、Mg^{2+}）的不确定度进行研究分析、评定，以期为水中可溶性阳离子的不确定度评定提供依据，并为工作中如何提高准确性提供参考。

2　实验方法

2.1　主要仪器与试剂

离子色谱仪（ICS-1100 型，美国戴安公司）；CSRS 300 4MM 电导检测器；IonPac CS12A，250×4 mm 阳离子分离柱；IonPac CG12A，4×50 mm 阳离子保护柱；AL-204 型电子天平（范围 0.001 mg～220 g，准确度±0.000 1 mg）；优普超纯水器（UPR-Ⅰ型）；滤膜过滤器（0.45 μm）及微孔滤膜（0.45 μm）。

甲基磺酸：MSA，99%，赛默飞世尔科技有限公司。

钾、钠、镁、钙标准溶液：500 mg/L，国家环境保护部标准样品研究所。

2.2　标准溶液配制

从安瓿瓶中准确移取钾、钠、镁、钙标准溶液各 10.00 mL 分别置于 50 mL 容量瓶中，定容，并将其配置为标准储备溶液（浓度为 100.0 mg/L），再分别取各阳离子标准储备液稀释配制成 0.010 0 mg/L、0.050 0 mg/L、0.100 0 mg/L、0.500 0 mg/L、1.000 mg/L、2.000 mg/L、5.000 mg/L、10.00 mg/L 八个浓度水平的混合标准溶液。

2.3　样品前处理

用 0.45 μm 微孔滤膜对水样进行过滤，后直接分析。若水样浓度值超过阳离子线性范围，应进

作者简介：马丽萍（1989—），工程师，主要从事水环境监测与管理方面的工作。

行稀释，确保测定浓度值在线性范围内，再进样分析。

2.4 色谱条件

色谱柱：IonPac CS12A，250×4 mm 阳离子分离柱，IonPac CG12A，4×50 mm 阳离子保护柱（美国赛默飞世尔科技有限公司）；柱温：30.0 ℃；流动相：20.0 mmol/L MSA，流量 1.0 mL/min；电导池温度：35.0 ℃；进样量：25 μL；抑制器电流：59 mA。

3 数学模型

水样中阳离子的含量按式（1）计算：

$$C = MD + \varepsilon \tag{1}$$

式中：C 为样品中待测离子含量，mg/L；M 为经标准曲线上查询水样中待测离子的含量，mg/L；D 为样品的稀释倍数；ε 为误差项，其中 $\varepsilon = \sum \varepsilon_i$。

通过线性回归方程 $y = bM + a$ 获得阳离子浓度 M，其中：y 为峰面积；a 为回归方程截距；b 为回归方程斜率。

因此，数学模型为

$$C = \frac{y - a}{b}D + \sum \varepsilon_i \tag{2}$$

4 不确定度的来源

经数学模型的分析表明，离子色谱法测定水中阳离子的不确定度的主要来源是：
（1）样品测定重复性引入的不确定度 $U_{r(A)}$；
（2）标准储备液在配置过程中引入的相对不确定度 $U_{1(rel)}$；
（3）标准系列溶液在配置过程中引入的相对不确定度 $U_{2(rel)}$；
（4）最小二乘法拟合标准曲线引入的不确定度 $U_{3(rel)}$；
（5）被测样品进样体积定容引入的不确定度 $U_{4(rel)}$。

因采用 0.45 μm 微孔滤膜对水样进行过滤后直接进样分析，因此可不考虑样品前处理对不确定度的影响。

5 不确定度评定

5.1 样品测定重复性引入的不确定度

测量样品时，由重复性引起的不确定度可以体现在样品的进样量、标准系列的配置过程以及仪器操作的重复性，它们属于 A 类不确定度[6]。本研究重复测定样品 15 次（$n = 15$），结果服从正态分布，按式（3）~式（5）计算各阳离子的重复性测定不确定度 $U_{r(A)}$，其测定结果见表 1。

$$S_i = \sqrt{\frac{\sum_{i=1}^{n} \left[M_i - \overline{M} \right]^2}{n - 1}} \tag{3}$$

$$U_A = \frac{S_i}{\sqrt{n}} \tag{4}$$

$$U_{r(A)} = \frac{U_A}{\overline{M}} \tag{5}$$

式中：$\overline{M}$ 为待测离子含量，mg/L；S_i 为样品标准偏差；U_A 为 A 类不确定度。

表 1 重复性测定不确定度

项目	K^+	Na^+	Ca^{2+}	Mg^{2+}
平均值 $\overline{M}/(mg/L)$	2.629 1	55.191 1	58.839 0	23.277 7
标准偏差 S_i	0.032 3	0.943 6	0.199 2	0.396 0
U_A	0.008 3	0.243 6	0.051 4	0.102 2
$U_{r(A)}$	0.003 17	0.004 41	0.000 87	0.004 39

5.2 标准储备液在配置过程中引入的相对不确定度 $U_{1(rel)}$

（1）标准储备液定容过程引入的不确定度。

根据技术文件《常用玻璃量器检定规程》（JJG 196—2006）[5]，标准储备液配置使用 100 mL 容量瓶，并按矩形分布，$k = \sqrt{3}$，则 $U_{r1-钾} = \dfrac{0.10}{100 \times \sqrt{3}} = 0.000\ 58$；$U_{r1-钠} = U_{r1-钙} = U_{r1-镁} = 0.000\ 58$。

（2）溶液温度引入的相对不确定度。

为了确保数据的准确性，在配置时，使用空调将室内温度控制在 20~25 ℃，温度变化 $\Delta T = 5$ ℃，水的膨胀系数为 2.1×10^{-4} ℃$^{-1}$（玻璃的体积膨胀系数忽略不计），假设温度变化为矩形分布，$k = \sqrt{3}$，则 100 mL 容量瓶因温度引入的相对不确定度为[7]：$U_{r2-钾} = \dfrac{100 \times 5 \times 2.1 \times 10^{-4}}{100 \times \sqrt{3}} = 0.000\ 61$；同理，$U_{r2-钠} = U_{r2-钙} = U_{r2-镁} = 0.000\ 61$。

则标准储备溶液在配置过程中引入的相对不确定度分别是：

$$U_{1(rel)-钾} = \sqrt{U_{r1-钾}^2 + U_{r2-钾}^2} = 0.000\ 84$$
$$U_{1(rel)-钠} = U_{1(rel)-钙} = U_{1(rel)-镁} = 0.000\ 84$$

5.3 标准系列溶液在配置过程中引入的不确定度 $U_{2(rel)}$

（1）量具体积在配制过程中引入的相对不确定度。

在配制与稀释时，使用分度吸量管、单标线吸管及单标线容量瓶，根据 JJG 196—2006 的有关要求，呈矩形分布，$k = \sqrt{3}$，玻璃量具体积引起的不确定度见表 2。

表 2 玻璃量具体积引起的不确定度情况

玻璃量具（A 级）	容量允差/mL	计算公式	标准不确定度 U/mL	相对标准不确定度 u_r
1 mL 分度吸量管	±0.008		0.004 62	$u_{r3} = 0.004\ 62$
5 mL 分度吸量管	±0.025		0.014 43	$u_{r4} = 0.002\ 89$
5 mL 单标线吸管	±0.015	$u = \dfrac{容量允差}{\sqrt{3}}$	0.008 66	$u_{r5} = 0.001\ 73$
10 mL 单标线吸管	±0.020		0.011 55	$u_{r6} = 0.001\ 55$
50 mL 单标线容量瓶	±0.05	$u_r = \dfrac{容量允差}{\sqrt{3} \times 体积}$	0.028 87	$u_{r7} = 0.000\ 58$
100 mL 单标线容量瓶	±0.10		0.057 74	$u_{r8} = 0.000\ 58$

（2）温度引入的相对不确定度。

容量瓶和移液管在水温 20 ℃条件下校准，温度最大差值 $\Delta T = 5$ ℃，假定溶液温度变化为矩形分布，$k = \sqrt{3}$，水的膨胀系数为 2.1×10^{-4} ℃$^{-1}$，温度引起的标准储备液稀释过程中的不确定度见表 3。

表 3　温度引起的标准储备液稀释过程中的不确定度

玻璃量具（A级）	计算公式	标准不确定度 U/mL	相对标准不确定度 u_r
1 mL 分度吸量管		0.000 61	$u_{r9} = 0.000\ 606$
5 mL 分度吸量管	$u = \dfrac{\text{体积} \times \Delta T \times \text{水的膨胀系数}}{\sqrt{3}}$	0.003 03	$u_{r10} = 0.000\ 606$
5 mL 单标线吸量管		0.003 03	$u_{r11} = 0.000\ 606$
10 mL 单标线吸量管	$u_r = \dfrac{\text{体积} \times \Delta T \times \text{水的膨胀系数}}{\text{体积} \times \sqrt{3}}$	0.006 06	$u_{r12} = 0.000\ 606$
50 mL 单标线容量瓶		0.030 31	$u_{r13} = 0.000\ 606$
100 mL 单标线容量瓶		0.060 62	$u_{r14} = 0.000\ 606$

则在配置标准系列溶液期间引入的相对不确定度是：

$$U_{2(\text{rel})-\text{钾}} = \sqrt{u_{r3}^2 + u_{r4}^2 + u_{r5}^2 + u_{r6}^2 + u_{r7}^2 + u_{r8}^2 + u_{r9}^2 + u_{r10}^2 + u_{r11}^2 + u_{r12}^2 + u_{r13}^2 + u_{r14}^2} = 0.006\ 16$$

同理　　　　$$U_{2(\text{rel})-\text{钠}} = U_{2(\text{rel})-\text{钙}} = U_{2(\text{rel})-\text{镁}} = 0.006\ 16$$

5.4　最小二乘法拟合标准曲线引入的不确定度 $U_{3(\text{rel})}$

标准系列的 8 个浓度水平（0.01 mg/L、0.05 mg/L、0.10 mg/L、0.50 mg/L、1.00 mg/L、2.00 mg/L、5.00 mg/L、10.00 mg/L），$n=6$，测定结果见表 4。

表 4　最小二乘法拟合标准曲线引入的不确定度

阳离子	线性方程	相关系数	$U_{3(\text{rel})}$
Na^+	$Y = 0.255\ 8x + 0.018\ 1$	0.999 2	0.059 4
K^+	$Y = 0.159\ 9x - 0.001\ 9$	0.999 8	0.025 0
Mg^{2+}	$Y = 0.459\ 1x - 0.022\ 2$	0.998 7	0.043 2
Ca^{2+}	$Y = 0.273\ 9x + 0.002\ 6$	0.995 7	0.040 3

5.5　被测样品进样体积定容引入的不确定度 $U_{4(\text{rel})}$

本研究离子色谱采用 25 μL 的进样环，全自动进样器，预估产生偏差为 ±1 μL，按矩形分布，包含因子取 $k = \sqrt{3}$，则相对标准不确定度为 $U_{4(\text{rel})-\text{钠}} = U_{4(\text{rel})-\text{钙}} = U_{4(\text{rel})-\text{镁}} = U_{4(\text{rel})-\text{钾}} = \dfrac{1}{k \times V} = \dfrac{1}{\sqrt{3} \times 25} = 0.023\ 09$。

6　合成相对不确定度

合成相对不确定度按式（6）计算：

$$U_t = \sqrt{\sum_{i=1}^{n} u_{Ai}^2 + \sum_{j=1}^{m} u_{Bi}^2 + 2\sum_{i>j}^{mn} \rho_{ij}\sigma_i\sigma_j} \tag{6}$$

式中：u_{Ai} 为 A 类不确定度分量；u_{Bi} 为 B 类不确定度分量；$2\sum\limits_{i>j}^{mn} \rho_{ij}\sigma_i\sigma_j$ 为两个分量中任意分量的协方差，ρ_{ij} 为 A、B 两分量的相关系数（$-1 \leqslant \rho_{ij} \leqslant 1$）。

因各离子的不确定度分量相对独立，则 $\rho_{ij} = 0$，故：

$$U_{t-\text{钾}} = \sqrt{U_{r(A)-\text{钾}}^2 + U_{1(\text{rel})-\text{钾}}^2 + U_{2(\text{rel})-\text{钾}}^2 + U_{3(\text{rel})-\text{钾}}^2 + U_{4(\text{rel})-\text{钾}}^2} = 0.034\ 74$$

同理，$U_{t-\text{钠}} = 0.064\ 18$，$U_{t-\text{钙}} = 0.046\ 87$，$U_{t-\text{镁}} = 0.049\ 57$。

7　扩展不确定度与结果关系

根据正态分布的要求，P 取 95%，$k=2$[8]，各离子的相对扩展不确定度按式（7）计算，其结果汇总如表5所示。

$$U_y = U_t \times 2 \tag{7}$$

表5 扩展不确定度结果汇总

阳离子	Na^+	K^+	Mg^{2+}	Ca^{2+}
U_y	0.128 4	0.069 5	0.099 1	0.093 7

结合表1、表5，根据结果修约原则，当测定值大于1 mg/L时，保留3位有效数字，水中阳离子含量分别是：$M_{钾}$ =（2.63 ± 0.070）mg/L，$M_{钠}$ =（55.2 ± 0.13）mg/L，$M_{钙}$ =（58.8 ± 0.094）mg/L，$M_{镁}$ =（23.3 ± 0.099）mg/L。

8 结论

（1）利用离子色谱法测定水中各阳离子的不确定度均在合理控制范围内，小于2%。

（2）从上述不确定度的评定过程和各阳离子不确定度的计算结果可知，离子色谱法测定水中可溶性阳离子的过程中，对各阳离子不确定度影响最大的是被测样品的进样体积，其次是最小二乘法拟合标准曲线和标准系列溶液在配置过程中所引入的不确定度。

（3）在实验过程中，需加强标准系列各浓度水平的测量次数，减小因曲线拟合而带来的不确定度，本结论与张霞等[9]的研究结果基本一致。

参考文献

[1] 覃业贤. 原子荧光光度法测定水中砷的不确定度分析 [J]. 中国环境监测，2007，23（5）：24-26.

[2] 倪育才. 实用测量不确定度评定 [M]. 北京：中国计量出版社，2004.

[3] 检验检测机构资质认定能力评价检验检测机构通用要求：RB/T 214—2017 [S].

[4] 测量不确定度评定与表示：JJF 1059.1—2012 [S].

[5] 常用玻璃量器检定规程：JJG 196—2006 [S].

[6] 张文华，李玲，郑国华，等. 离子色谱法测定大气降水中甲酸和乙酸的不确定度研究 [J]. 计量与测试技术，2011，38（9）：61-63.

[7] 孙存云. 电感耦合等离子体发射光谱法测定原油中钙含量的不确定度评定 [J]. 云南化工，2018，45（5）：111-112.

[8] 韩丽娟，李智勇，李云峰. DS-IISB型自动闭口闪点仪测定车用柴油闭杯闪点的不确定度评定 [J]. 中国石油和化工标准与质量期刊，2018（20）：41-42.

[9] 张霞，许永，刘巍，等. 离子色谱法测定卷烟主流烟气中氨含量的不确定度评定 [J]. 化学分析计量，2011，20（4）：16-19.

基于三维声呐点云技术的某水闸水下结构检测

冯 露[1,2]

(1. 安徽省（水利部淮河水利委员会）水利科学研究院，安徽合肥 230000；
2. 安徽省建筑工程质量监督检测站，安徽合肥 230000)

摘 要：某水闸水下结构安全对于水闸工程、整个河道以及周边居民地的安全具有重要意义。在低可视度的水体环境中，传统水下结构安全检测的人工潜水探摸方式效率低下，因而为了提高效率，三维扫描声呐逐步应用于相关水下结构的安全检测中。本文以 BlueView BV5000 型三维扫描声呐对上海苏州河某水闸的水下结构实测数据为基础，经过滤波、测站拼接等处理过程，利用所得三维声呐点云对该水闸的水下结构进行安全评估。评估结果通过与人工探摸验证，证明三维扫描声呐在水下结构安全评估中的优越性，为后续运维保障提供数据基础。

关键词：三维声呐；点云；水下结构；某水闸；结构检测

1 引言

"十四五"时期，我国在基本建设领域加大了投资力度，水利水电行业也覆盖其内。随着水闸、大坝、水电站等涉水工程日益增多，其水下检测鉴定的需求也逐渐增多。以往的水利水电工程安全检测分水上部分和水下部分，水上部分检测技术已相对成熟，但水下部分检测还主要依靠潜水员水下探摸或排水后检测，检测效率及质量均不甚理想。近年来，部分专家学者利用水下机器人系统开展水下结构检测工作，取得了一定的成果，为水利水电工程水下检测技术开辟了新的方向[1]。

传统的水下结构检测方法主要通过潜水员的人工探摸方式，并辅以水下摄像方式进行确认。然而在浑浊的水下环境中，可视距离较短，人工工作难度较大，整个水下的结构检测效率较低，并且难以保证对整个水闸水下结构的全覆盖。

目前除人工探摸的方式外，水下测量的技术以声呐技术和机载激光测深的方式为主[2]。单波束[3]、多波束测深仪[4]主要实现对水下地形的获取，可以反映出水下结构的部分特征，但对垂直水面以下的部分难以直接观测。侧扫声呐[5]、前视声呐[6]可以实现对水下结构的观测，但是由于缺乏准确的位置信息，易造成误判，需要人工再次确认。而三维扫描声呐由于采用多波束测量技术，同时利用较高的频率实现厘米精度的位置观测，通过 360° 旋转实现全范围的测量，已成为水下结构探测与检验的重要手段之一。

本文以上海市某水闸为例，以三维声呐扫描技术对某水闸的水下结构实测点云数据为研究对象，经过对点云数据的滤波处理、测站拼接，形成了经过优化的点云数据，进而对该水闸水下结构的安全状况进行评估，同时以人工潜水探摸为验证方式对其评估结果进行验证。

2 工程概况

某水闸位于上海市苏州河河口，2006 年 8 月竣工。该工程防洪标准为千年一遇重现期，相应防御水位为 6.26 m，主体水工建筑物级别为 I 级，通航标准为 VI 航道，抗震标准按基本烈度 VII 度设防。对于该水闸的水上部分观测，通常以目视的方式进行，而对于长期处于浸泡、腐蚀及泥沙淤积等状况

作者简介：冯露（1986—），女，高级工程师，主要从事水利工程质量检测、工程管理方面工作。

下的水下结构，难以通过目视等方式发现问题，容易造成工程整体的安全隐患。

3　三维扫描声呐点云数据的采集与处理

声呐相较于其他设备，其本身在水中具有较强的传播能力，可在低能见度甚至零能见度的水下环境中开展勘测作业，因而可以通过利用高分辨率声波探测技术形成精细的水下三维图像点云数据，从而实现复杂水下结构和目标的准确探测。

3.1　点云测量原理介绍

水下三维扫描声呐基于多波束声呐的测量，基于相交的发射和接收波束阵列实现目标的测距与定位。再通过在水平方向以及竖直方向上 360° 旋转二维测量面阵的方式，实现对水下目标外形轮廓的完整三维坐标获取，最终得到水下目标的高分辨率点云数据模型，如图 1 所示。

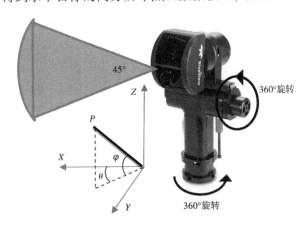

图 1　BlueView BV5000 三维扫描声呐的基本原理

对于所测的任意一点 P，其三维坐标可得

$$\left.\begin{array}{l} P_x = r\cos\varphi\cos\theta \\ P_y = r\cos\varphi\sin\theta \\ P_z = r\sin\varphi \end{array}\right\} \quad (1)$$

$$r = ct/2 \quad (2)$$

$$\varphi = \varphi_1 + \varphi_2 \quad (3)$$

式中：r 为声波传播的单程斜距；c 为声速；t 为往返传播时间；φ 为声线与 XY 面的夹角，即仪器竖直方向旋转角度 φ_1 和波束入射角 φ_2 之和；θ 为声线与 XZ 面的夹角，即仪器水平旋转角。

3.2　点云数据处理

三维扫描声呐经过水下定点安装之后，通过设备采集、点云获取、数据滤波、测站拼接等多个步骤形成某水闸水下结构三维模型，点云数据处理流程如图 2 所示。

3.2.1　数据的滤波

原始点云数据往往存在着很多噪声点，这些噪声包括来自水体中的物体及水面的反射（如水生动物、水草等），以及水底的多次反射等因素[10]。

对于水面回波，可以利用高程阈值进行剔除：

$$点剔除 = \begin{cases} 是 & z \geq 0 \\ 否 & z < 0 \end{cases} \quad (4)$$

式中：z 为 Z 轴坐标值，即对应高程。

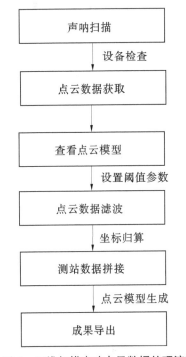

图 2　三维扫描声呐点云数据处理流程

对于水体中的噪声，可以利用测距的范围阈值进行剔除：

$$点剔除 = \begin{cases} 是 & r_{max} \geqslant r \geqslant r_{min} \\ 否 & r < r_{min} \parallel r > r_{max} \end{cases} \tag{5}$$

式中：r 为单程测量斜距；r_{min} 和 r_{max} 分别为设定的阈值最小与最大范围。

对于其他的噪声点，利用滑动高斯滤波的方式进行删除：

$$点剔除 = \begin{cases} 是 & r - \mu \leqslant 3\sigma \\ 否 & r - \mu > 3\sigma \end{cases} \tag{6}$$

式中：r 为单程测量斜距；μ 和 σ 分别为滑动窗口范围类斜距的平均值与中误差。

3.2.2 多测站数据的拼接

点云数据的配准与拼接是处理过程中另外一个关键步骤[13-14]。由于三维扫描声呐每个测站都采用了定点安装的方式，安装完之后设备通过水面控制点进行定位，确保获取每个测站的三维坐标。在此基础上，利用每个站点在工程坐标系下的三维坐标 (O_x, O_y, O_z)，便可以计算出每个测站点云任意一点 (P_x, P_y, P_z) 在统一的工程坐标系下的绝对坐标 (P'_x, P'_y, P'_z)，从而最终实现对全部测站点云的拼接。

$$\begin{bmatrix} P'_x \\ P'_y \\ P'_z \end{bmatrix} = \begin{bmatrix} P_x \\ P_y \\ P_z \end{bmatrix} + \begin{bmatrix} O_x \\ O_y \\ O_z \end{bmatrix} \tag{7}$$

4 某水闸实测数据采集与处理

4.1 BV5000 型三维扫描声呐简介

本次水下检测作业中使用的水下三维扫描声呐为 Blueview 公司的 BV5000 型三维扫描声呐。BV5000 型三维扫描声呐系统是美国 Teledye 公司开发的一款水下扫描探测三维声呐系统，该系统可生成高分辨率、360°全景的三维点云数据，可精确获取水下结构、物体等测量数据，并可以提供工程和测量图像，外形如图 3 所示。

图 3 BV5000 型三维扫描声呐系统

该设备是一款紧凑轻便的声呐系统，基于高频率的声波（工作频率为 1.35 MHz）和极低的波束间距（单脉冲采集 256 个波束，扇面开角 45°，波束间距仅 0.18°），实现了分辨率可达 1.5 cm 的高精度测距能力和更为精细的全覆盖能力。主要技术参数如表 1 所示。

表1 BV5000 三维扫描声呐系统主要技术参数

扫描扇区	45°×360°
距离分辨率	0.012 m
波速间距	0.18°
波束数	256
最大量程范围	30 m

4.2 某水闸点云数据的采集与处理

原始采集的点云数据存在较多噪声点，如图4（a）所示。对于不同噪声类型，依次按照式（4）~式（6）进行噪声剔除，最终滤波后的结果如图4（b）所示。

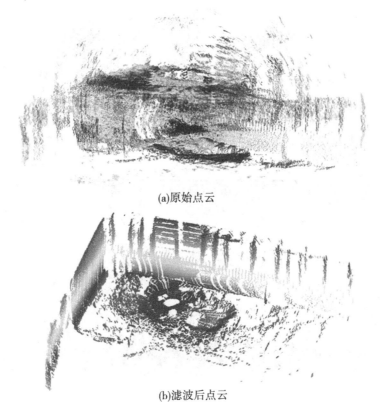

(a)原始点云

(b)滤波后点云

图4 滤波前后的单站点云数据

由于因为 BV5000 三维扫描声呐的最大扫描范围为 30 m，推荐范围 1~20 m，所以在总长 100 m 的某水闸实测中，需要通过多测站的连续观测实现对整个水下结构的全覆盖观测。

根据推荐范围和水闸工程结构特点，在实际检测过程中，一共通过 8 个测站实现对整个水闸水下结构的观测。每个测站的数据采集中，BV5000 声呐由定制支架底座支撑，并通过潜水员协助布放，来实现三维声呐系统水底定点安装。

定点安装之后，通过水面控制实现对于每个测站点的测量，得到每个测站点在工程坐标系下的坐标。再利用式（7）实现多测站三维扫描数据坐标归算，最终实现整个水下结构点云数据的拼接，如图5所示。

4.3 安全评估

利用三维扫描声呐进行某水闸水下结构全覆盖扫测作业后，经内业数据处理（包括滤波、拼接等），获得某水闸水下结构全覆盖的点云模型，并以此进行安全评估。

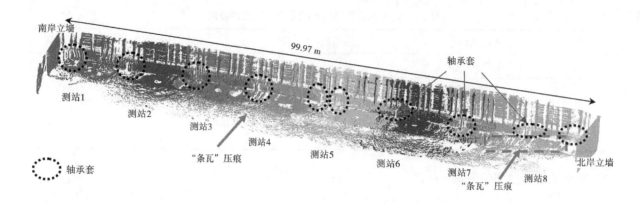

图 5　基于定点安装的 8 个测站点云数据的拼接

4.3.1　水下结构评估

如图 5 所示，通过对点云模型进行量测得到河道南、北两岸间水闸总长 99.97 m，可识别发现共 10 处轴承结构，相邻轴承影像间距量测距离与水闸设计资料相匹配。分析判断水闸水下轴承结构整体状态良好，未有明显损坏。同时，水闸南、北段河岸立墙完好，水下结构完整，均未见明显破坏性结构存在。

水闸南端与河道南侧立墙相接位置水底存在较明显的冲刷现象，冲坑规模约 6.5 m×7.5 m，底部相对周边地形最大冲刷高度约为 0.82 m，如图 6 所示。水闸北端水底同样有较明显冲刷现象，冲坑规模约 4.7 m×6.5 m，相对最大冲刷高度约为 0.57 m。

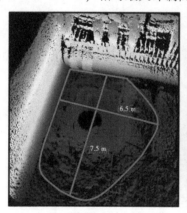
(a)冲坑规模

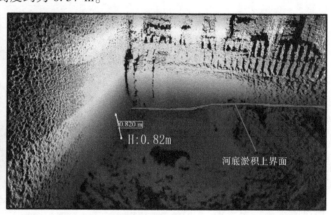
(b)冲刷高度

图 6　水闸南端水底冲刷规模与相对冲刷高度

4.3.2　淤积情况

河闸外侧河底水下淤积较明显，除水闸南、北两端部位，区段位置河底淤积上界面普遍已到达轴承与底轴连接部位高度，部分区域水底淤积层已蔓延至底轴中轴面处，如图 7（a）所示。

闸后河底多出位置水下扫面地形呈现较规则的"条瓦"状起伏，如图 7（b）所示。分析认为是河底淤积层较厚且较为松软，当水闸开闸平放时由水闸挤压河底淤积层所致。

5　结论与展望

三维声呐扫描技术在某水闸中实现了对大跨度水下结构的全覆盖检测，经过滤波、测站拼接等技术处理获取了三维点云数据，并给出评估结论。同时辅助人工探摸，验证了三维声呐扫描技术的可行性。本文通过项目实例验证了三维声呐扫描技术在水下建筑物检测中的优越性，可为后续水闸的运行管理提供翔实的数据基础。

由于三维声呐扫描系统只能检测 5 cm 级以上的缺陷，无法识别建筑物细小的裂缝、金属结构的

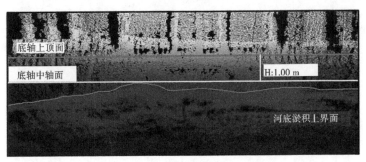

底轴上顶面

底轴中轴面 H:1.00 m

河底淤积上界面

(a)水底淤积层

(b)条瓦状压痕

图7 点云模型反映水底淤积情况

锈蚀与破损等细部问题,故拟设想配合水下摄像的方式解决细部结构的探伤评估。

参考文献

[1] 陈文伟,汪云祥,季永兴,等.苏州河某水闸工程综述[J].水利水电科技进展,2007,27(z1):1-4.

[2] 张家豪,周丰年,程和琴,等.多模态传感器系统在河槽边坡地貌测量中的应用[J].测绘通报,2018(3):102-107.

[3] 刘楚源.GPS-RTK技术配合数字化单波束测深仪在水下地形测量工程中的应用[J].建筑工程技术与设计,2017,31:181,160.

[4] 王晨,林杰.基于多波束测试系统对桥梁水下基础、河床检测方法研究[J].公路,2019,64(4):177-179.

[5] 张兴强,龙英胜,李有福.侧扫声呐技术在海上风电场施工中的应用[J].港口科技,2020(1):34-40.

[6] 吴丽媛,徐国华,余琨.基于前视声呐的成像与多目标特征提取[J].计算机工程与应用,2013,49(2):222-225.

[7] 郭树华,张震.三维声呐系统在水工建筑物水下结构检测中的应用[J].陕西水利,2020(4):12-14.

[8] 朱俊,张洪星.三维成像技术在大坝水下垂直结构面缺陷检测中的应用[J].水利技术监督,2018(5):47-50.

[9] FURUTONO T, OONO A. Maintenance Management and Inspection Using 3D Laser Scanner and 3D Multibeam Scanning Sonar[J]. Journal of the Robotics Society of Japan, 2016, 34(8):509-510.

[10] TSAI C M, LAI Y H, SUN Y D, et al. Multi-Dimensional Underwater Point Cloud Detection Based on Deep Learning[J]. Sensors, 2021, 21(3):884.

[11] CHEN H, SHEN J. Denoising of point cloud data for computer-aided design, engineering, and manufacturing[J]. Engineering with Computers, 2018, 34(3):523-541.

[12] 李炼,王蕾,刘刚,等.自适应移动盒子的机载LiDAR点云去噪算法[J].测绘科学,2016,41(4):144-147.

[13] 徐源强,高井祥,张丽,等.地面三维激光扫描的点云配准误差研究[J].大地测量与地球动力学,2011,31

（2）：129-132.

［14］张梅，文静华，张祖勋，等 . 基于欧氏距离测度的激光点云配准［J］. 测绘科学，2010，35（3）：5-8.

［15］时振伟，刘翔，张建峰，等 . 三维成像声呐 BV5000 在水下测绘领域中的应用［J］. 气象水文海洋仪器，2013，30（3）：48-52.

基于"互联网+"的水利工程质检业务管理系统

梁启斌　张　波　陈明敏

（珠江水利委员会珠江水利科学研究院，广东广州　510610）

摘　要：针对传统水利工程质检业务管理工作效率低下、文件传递不便、资源优化配置较弱等问题，利用"互联网+"技术，运用面向业务与管理的全过程管理和质量控制手段，构建集流程管理、设备管理、文件管理、标准管理、人员管理、合同管理于一体的水利工程质检系统，实现质量检测工作的信息化、标准化管理，提高质检管理水平及办公效率。

关键词：质量检测；信息化；业务管理

1　引言

随着水利工程质量检测业务的快速发展，传统质量检测业务管理的合同信息、委托单形成、检测任务书下达、安全技术交底、设备借用、报告编写、报告审核及批准等过程中均是检测人员用纸笔做记录[1-3]，文件传递周转不便、效率低下，存在因文字信息错漏造成的报告重做、延误等问题，不能满足水利工程质检信息化要求[4]。为了确保质量检测工作落到实处，国内很多学者开始研究建立基于互联网的检测业务管理系统。2016年洪侃等对浙江省水利工程质量安全检测系统平台进行开发研究[5]，2019年刘德晓等对水利工程质量检测管理系统的重要功能进行研发[6]，2020年郑旭明等基于大数据对水利工程质量检测系统进行设计[7]。

本文结合互联网技术和标准化管理要求，系统梳理了水利工程质量检测的工作内容和业务流程，提出了水利工程质量检测全生命周期的功能需求，并以此为基础，研发了水利工程质量检测业务管理系统，实现了水利工程质量检测数字化、规范化管理。

2　系统设计

2.1　设计思路

水利工程质量检测业务管理系统的设计思路如下：

（1）分析现有的业务流程。通过需求调研，分析水利工程质量检测业务工作的主要业务流程，提炼出业务功能需求。

（2）系统功能设计。以业务功能需求为基础，对系统功能进行详细设计。

（3）提出重点技术解决方案。分析整个系统功能实现所需要的重点技术，并提出针对性的解决方案，确保系统研发进度能按时按质完成。

（4）综合数据库设计。按照系统的功能和性能要求设计综合数据库，包括业务信息库、标准资料库、人员设备库、结果报告库等[8]。

（5）系统研发及功能实现。按照系统的功能和性能要求完成相应的研发任务。

2.2　业务流程分析

针对水利工程的质量检测工作，通过对检测单位的相关人员进行初步需求调研，围绕其业务流程进行分析并绘制业务流程图，见图1。

作者简介：梁启斌（1992—），男，工程师，主要从事水利信息化及智慧水利工作。

（1）首先是合同签订后录入合同信息，根据合同信息及工程进展，由委托方填写委托单。

（2）检测单位接受委托后，按照委托单的内容，由相应负责人下发检测任务书。

（3）检测人员根据接到的检测任务书内容领取检测任务并接受安全技术交底，然后借用检测设备并进行登记。

（4）检测人员到现场检测后，记录现场数据并上传至系统。

（5）报告编写人根据检测记录编写检测报告。

（6）检测报告编写完成后，提交给审核人进行审核。审核人审核完成后，把审核结果返回给报告编写人，报告编写人根据审核结果修改报告；若审核通过，则报告编写人把检测报告提交至报告批准人。

（7）报告批准人审批完成后，把审批结果返回给报告编写人，报告编写人根据审批结果修改报告；若审批通过，系统则自动生成报告。

（8）最后报告下载打印，填写用章登记表和发送登记表后，盖章并寄给委托方。

2.3 系统结构

系统采用服务化的架构进行设计，有效降低各业务子系统之间的耦合，为系统高效、安全、稳定运行提供了保障。服务化的架构设计也为数据共享和业务协同提供了便捷。系统软件开发采用基于 .NET 的技术框架，以三层架构（表现层—逻辑层—数据层）为基础[9]，保证系统的可靠性、可扩展性与可管理性，采用 SQL server 关系型数据库存储数据[10]，保证数据存储的安全性与可管理性。系统界面设计采用扁平化风格，人机交互方便简洁，可实现数据的可视化操作。

主要的功能模块包括检测流程、工作登记、设备台账、文件管理、标准管理、人员管理、合同信息和系统设置等功能，系统结构见图2。

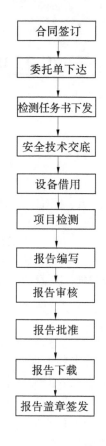

图 1 业务流程

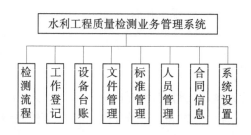

图 2 系统结构

3 功能设计

3.1 检测流程

检测流程主要包括委托单、检测任务书、安全技术交底记录表、设备借用、报告编写、报告审核、报告批准、检测报告审核表及报告下载等功能，业务功能贯穿了整个工程质量检测工作。通过信息化技术，让工程质量检测工作各个环节的资料和记录都实现了数字化，使查询、统计的效率大大提升，也降低出现文字错漏的概率，节省了大量的人力物力，使检测过程更加规范化。

3.2 报告编写

报告编写功能实现了检测报告在线编写。能自动关联委托单、检测任务书中的各项相关内容，填充至检测报告中，节约报告编写人手工录入的时间。此模块通过富文本编辑器，可以实现图片、表格插入和编辑功能，为报告编写的排版优化提供强大的功能支撑，报告编写界面见图3。

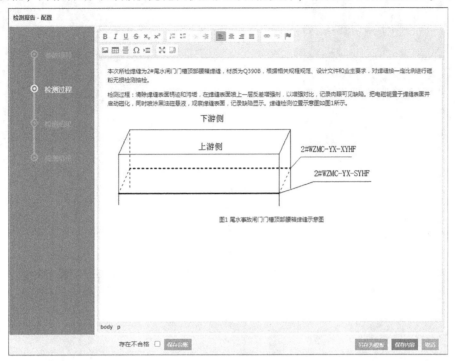

图3　报告编写界面展示

3.3　工作登记

工作登记主要包括工作登记表、用章登记表、发送登记表、异常通知单和不合格台账等功能模块。工作登记表主要记录每次检测工作的内容及报告成果信息；用章登记表主要记录检测报告盖章的信息，包括检测报告编号、签发日期、报告页数、盖章数量和接收单位等内容；发送登记表主要记录检测报告发送的信息，包括检测报告编号、报告页数、发送人、接收人、发送日期、发送方式及详情等内容；异常通知单主要记录检测过程中出现的异常情况；而不合格台账则是对异常信息进行统计。以上的各种工作台账，可以根据条件进行检索，并且能将检索结果导出，减少以往人工翻查纸质台账的环节，提高了检测人员的工作效率。

3.4　设备台账

设备台账功能可以对实验室的仪器设备进行管理。水利工程质量检测参数项目繁多，且对应使用的仪器设备数量具有一定的规模，设备的维护、送检、新增、停用、借用和归还等操作都可通过系统进行登记管理。只需几步简单的操作，就能查询到所需仪器设备的使用状况，不仅为检测人员提供了便利，也提高了设备管理人员管理设备的效率。设备台账界面见图4。

3.5　人员参数设备配置

人员参数设备配置功能可以通过简单的操作配置，把检测员、检测设备和检测参数三者关联起来，通过选择检测参数，系统就能对应筛选出匹配的设备和拥有相关资格证书的检测员，既减少了人工逐一核对的时间，也避免了人为疏忽导致的错漏。人员参数设备配置界面见图5。

3.6　基础信息管理

基础信息管理包括文件管理、标准管理、人员管理、合同信息、委托方管理等基础模块。用来协助检测人员对日常的业务信息进行管理，提供常规的信息检索和录入功能。与以往通过电子文档和纸质文档的记录方式相比，利用互联网技术，业务信息流转更高效、更规范，人机交互的操作更便捷，大大减轻了检测人员和管理人员维护数据的工作负担。

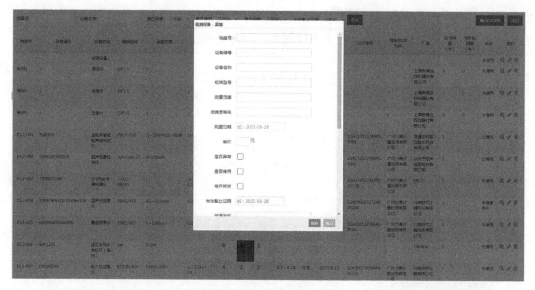

图 4　设备台账界面展示

图 5　人员参数设备配置界面展示

4　关键技术

4.1　面向服务体系结构（SOA）技术

面向服务的体系结构（SOA）将应用程序的不同功能单元（称为服务）通过这些服务之间定义良好的接口和契约联系起来。接口是采用中立的方式进行定义的，它应该独立于实现服务的硬件平台、操作系统和编程语言。这使得构建在各种这样的系统中的服务可以以一种统一和通用的方式进行交互。

水利工程质量检测业务管理系统就是采用 SOA 技术进行规划、设计、开发、集成，简化了使用服务的过程，对系统的升级和维护过程进行了优化，为系统后续的升级提供更灵活、个性化的方案。

4.2　基于 ASpose.word 的 Word 文件编辑技术

Word 文件是目前主流的电子文档格式，在各种业务管理系统的开发中，经常使用到该格式。水利工程质量检测业务管理系统中，多处功能涉及 Word 格式。ASpose.word 是一个.NET 类库，可以使得应用程序处理大量的文件任务，且支持 Doc、Docx、RTF、HTML、OpenDocument、PDF、XPS、EPUB 和其他格式。可以通过调用 ASpose.word 的工具类，在程序后台实现 Word 文档的自动编辑、生成表单和报告等功能，而且能转换成 PDF 文件，在浏览器进行文档的预览。

5 结语

伴随着当今经济技术的不断发展，水利工程质量检测的流程化、数字化和智能化将是未来的发展趋势。"水利工程质量检测业务管理系统"依据国家、水利部及相关行业标准，结合实验室具体的相关业务工作，实现了数字化办公，能保证工程质量检测的客观性、真实性和高效性。随着检测工作需求的不断变化，未来结合物联网和大数据技术，对系统进行升级完善，并与相应监管机构的系统实现对接，便于监管机构进行质量监督工作，使系统能更好地为水利工程实体质量检测工作服务。

参考文献

[1] 畅军. 水利工程质量检测存在的问题与思考 [J]. 工程技术研究, 2019, 4 (5)：244-245.

[2] 王军强, 关键. 水利工程质量检测存在的问题与思考 [J]. 工程技术研究, 2018, 4 (6)：137-138.

[3] 刘奇, 李健. 水利工程质量检测过程存在问题的思考 [J]. 智能城市, 2017, 3 (7)：194.

[4] 汪魁峰, 张欣, 宋立元. 水利工程质量检测管理系统的研发与应用 [J]. 吉林水利, 2018 (12)：44-47.

[5] 洪侃, 刘刚. 浙江省水利工程质量安全检测系统平台的开发研究 [J]. 黑龙江水利科技, 2016, 44 (10)：29-32.

[6] 刘德晓, 陆耿. 水利工程质量检测管理系统的研发与应用 [J]. 居舍, 2019 (12)：132.

[7] 郑旭明, 刘东晓, 谭柏贤, 等. 基于大数据的水利工程质量检测系统设计 [J]. 项目管理技术, 2020, 18 (9)：47-52.

[8] 邓智文, 何鑫星, 李冲, 等. 信息化质检系统数据库设计 [J]. 测绘科学, 2017, 42 (9)：169-174.

[9] 国家测绘地理信息局, 规划财务司. 测绘地理信息部门信息化建设指导意见 [G]. 北京：国家测绘地理信息局, 2014.

[10] 赵龙, 王小军, 杨珍, 等. 信息化质检业务管理系统的设计与实现 [J]. 测绘与空间地理信息, 2020, 43 (5)：65-69.

某水电站钢岔管水压试验应力监测

关　磊[1,2]　余鹏翔[1]　邱丛威[1]　陈韶哲[3]

(1. 水利部产品质量标准研究所，浙江杭州　310024；
2. 水利部杭州机械设计研究所，浙江杭州　310024；
3. 中国葛洲坝集团机械船舶有限公司，湖北宜昌　443007)

摘　要： 本文以某水电站钢岔管水压试验应力监测为实例，介绍了应力监测的方法和工作程序，运用可靠的创新技术实现了在最高水压力 13.36 MPa 工况下，钢岔管内壁应力监测信号的采集。试验表明，随着水压的升高，钢岔管内壁测点应力值普遍高于同一部位外壁测点应力值，当水压达到 10 MPa 时，应力值的线性斜率开始变小，材料或焊缝内部存在的残余应力逐步得到消除，尖状缺陷逐步得到钝化，这说明水压试验压力值要高于设计压力值才能达到水压试验的目的。上述结论可供试验相关单位参考借鉴。

关键词： 钢岔管；应力监测；水压试验；有限元

1　概述

水压试验是水电站制造安装过程中的重要节点之一，主要作用是检验钢岔管的制作和焊接施工质量，验证结构的可靠性[1]，部分消除钢岔管的峰值应力，使尖状缺陷钝化，防止缺陷扩张，保证钢岔管安全运行[2]。

某水电站是一座高水头、长隧洞引水式水电工程，根据相关标准和设计要求，对该水电站钢岔管进行水压试验，试验压力按 1.25 倍设计压力（10.69 MPa）确定为 13.36 MPa，该压力值是我国同强度级别钢岔管水压试验压力之最。

本次采用 1#、2# 钢岔管联合打压的方式进行，试验时，将两岔管的主管对接，支管与闷头对接，形成密闭容器。整个岔管水平自由卧放在多个鞍形支架上，岔管底点离地 600 mm，支架焊接在整体钢板上，有足够的刚性。

水压试验采用重复逐级加载的方式缓慢增压，以削减加工工艺引起的部分残余应力，使结构局部应力得到调整、均化并趋于稳定，使测试数据能反映岔管的弹性状况。水压试验过程中，加载速度以不大于 0.05 MPa/min 进行[3]。水压试验分为两个阶段，即预压试验和正式水压试验，预压试验过程为：0 MPa—升压至 2.0 MPa，稳压 30 min—卸压至 0 MPa。稳压时，对岔管焊缝、试验管路进行检查，应无渗水和其他异常情况，正式水压试验过程如图 1 所示。

2　应力监测点位置的确定

应力监测点位置是根据工程实际情况，并结合有限元计算成果来确定的，在水压试验压力 13.36 MPa 工况下钢岔管的应力分布云图如图 2、图 3 所示。

应力监测的重点部位为钝角区、肋板旁管壁区和月牙肋[4-5]。管壁测点在内、外壁对应布置，以测试膜应力和局部弯曲应力，月牙肋板测点布置在内缘和外缘的侧面。根据岔管结构上下对称特性，

基金项目： 中央级科学事业单位修缮购置专项子课题（项目编号：126216319000180002）。
作者简介： 关磊（1980—），男，高级工程师，主要从事水利水电工程产品质量检测技术研究工作。

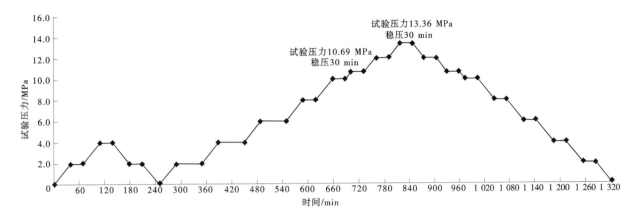

图 1　水压试验过程曲线

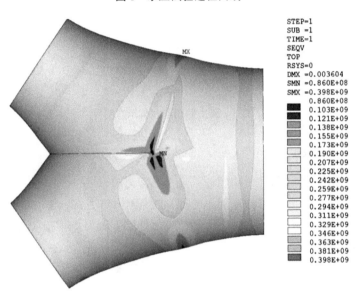

图 2　水压力 13.36 MPa 工况下管壁应力云图

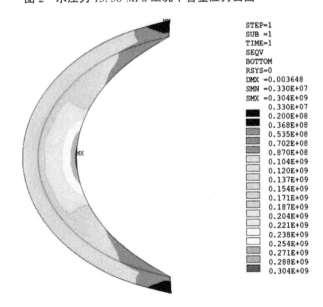

图 3　水压力 13.36 MPa 工况下月牙肋应力云图

测点集中布置在岔管的下半部分。应力状况比较明确的部位按环向和轴向布置双向直角应变计，复杂部位布置三向直角应变计。应力监测点布置示意图如图 4 所示，钢岔管内外壁共布置应力测点数 20 个，其中 3 个三向应变计测点、7 个双向应变计测点，内外壁对称布置。月牙肋内缘布置 2 个单向应变计测点，外缘布置 1 个单向片测点。

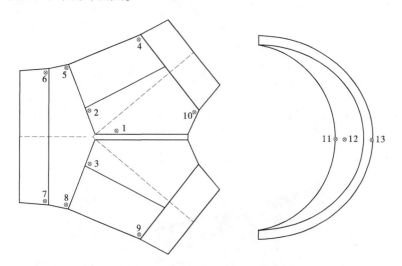

图 4　应力监测点布置示意图

3　监测应力控制值的确定

钢岔管材质 XG800CF，管壁和月牙肋屈服强度分别不小于 670 MPa（50 mm≤δ<80 mm）和 650 MPa（120 mm≤δ<150 mm），抗拉强度分别不小于 859 MPa（50 mm≤δ<80 mm）和 868 MPa（120 mm≤δ<150 mm）。根据文献［6］规定的钢管允许应力计算方法得出管壁应力控制值为 425 MPa，月牙肋应力控制值为 414 MPa。

4　监测过程

本次应用电测法［7］和传感器信号无线传输技术［8］进行应力监测，并对内部测试信号线的接头连接和信号线从管壁内部引出的技术难题进行了创新［9-10］。在预压试验结束后，水压力为 0 MPa 时仪器调零，应力监测与水压试验同步进行，实时监测采集数据，任何一点的监测应力值不应超过应力控制值，否则停止加压。

5　监测成果

薄壁圆筒承受内压时，其环向应力是轴向应力的 2 倍［11］，因篇幅限值，本文只讨论 1# 钢岔管在水压试验升压过程中各双向应变计测点的环向应力值，水压试验应力监测数据如表 1 所示，监测数据分析如下：

（1）表中各测点应力值随内水压力的升高而增大，基本呈线性变化。图 5 为管壁典型测点 8 的内外壁应力变化曲线，由图 5 中曲线可以看出，随着水压的升高，内壁测点 N8 的线性斜率逐步大于外壁测点 W8 的线性斜率，也就是说，水压越高，内壁测点应力要高于同一部位外壁测点应力，因此内壁应力监测点的布置很有必要，尤其是用于监测水压试验结构安全状况。图 6 为月牙肋测点应力变化曲线，由图 5 中曲线可以看出，越是靠近月牙肋内边缘，其应力值越大，符合工程实际的受力状况。

（2）由图 5 和图 6 可以看出，在水压达到 10 MPa 时，测点应力的线性斜率开始变小，材料或焊缝内部存在的残余应力逐步得到消除或尖状缺陷逐步得到钝化，这说明水压试验压力值要高于设计压力值（10.69 MPa）才能达到水压试验的目的。

（3）管壁监测点最大应力值出现在水压试验水压力 13.36 MPa，位于腰线位置测点 8 处，应力值为 407.6 MPa，小于管壁应力控制值；月牙肋监测点最大应力值出现在水压试验水压力 13.36 MPa，位于月牙肋内缘侧面测点 11 处，应力值为 275.9 MPa，小于月牙肋应力控制值。

表 1　水压试验应力监测结果

测点号	水压力/MPa												
	0.00	2.00	4.00	2.00	0.00	2.00	4.00	6.00	8.00	10.00	10.69	12.00	13.36
	应力值/MPa												
N1	0	38.1	77.8	39.7	2.0	37.7	75.9	114.7	153.6	192.6	206.0	231.7	258.6
W1	0	37.7	76.3	38.8	1.9	36.9	74.9	112.7	150.1	187.5	200.3	224.8	250.2
N2	0	37.8	77.0	39.3	2.3	37.2	74.9	112.7	150.7	188.8	201.8	226.8	252.8
W2	0	22.0	45.2	23.4	2.0	21.3	43.8	66.9	90.6	114.5	122.7	138.6	155.2
N3	0	36.7	74.0	36.7	1.3	35.6	72.6	109.9	147.6	185.4	198.5	223.4	248.7
W3	0	30.4	62.7	32.1	0.0	29.6	61.1	94.2	127.6	161.9	173.9	198.1	223.4
N4	0	40.3	80.2	39.8	0.0	38.9	79.9	110.5	153.8	196.5	211.2	236.8	263.4
W4	0	30.3	61.4	30.2	0.2	30.1	61.3	92.9	124.4	156.2	167.1	188.1	209.9
N5	0	58.8	118.9	59.0	0.4	58.3	118.8	180.1	241.1	302.5	323.6	364.1	407.2
W5	0	52.0	105.8	52.8	1.0	50.9	104.3	158.1	212.3	267.0	285.9	322.1	360.8
N6	0	44.2	90.0	44.6	0.0	43.5	89.4	136.1	183.3	231.2	247.9	279.8	313.8
W6	0	47.6	96.5	47.1	2.2	46.8	94.5	142.6	190.7	239.2	255.8	287.7	321.7
N7	0	48.8	98.4	49.2	0.9	48.0	97.1	147.3	197.3	247.5	264.8	298.0	333.4
W7	0	42.4	86.9	43.6	1.9	41.7	85.3	129.8	174.9	220.6	236.4	266.8	299.2
N8	0	59.7	102.7	60.3	0.8	58.7	119.2	180.5	241.7	302.9	324.0	364.4	407.6
W8	0	51.9	105.7	52.8	1.4	51.3	104.7	158.8	213.3	268.2	287.3	323.7	363.1
N9	0	39.3	79.2	39.5	0.0	38.8	78.7	118.6	158.2	197.5	211.0	236.7	263.3
W9	0	29.5	60.2	29.9	0.9	29.1	59.6	90.7	122.1	154.0	165.1	186.3	208.5
N10	0	35.2	71.4	35.6	0.7	35.0	70.9	107.3	143.8	180.5	193.1	217.3	242.8
W10	0	37.1	75.3	38.0	1.3	36.5	74.2	111.8	149.5	187.3	200.3	225.1	251.1
N11	0	34.0	75.5	41.0	0.2	35.1	75.9	119.7	164.5	209.2	218.7	249.4	275.9
N12	0	36.2	73.6	37.3	1.4	35.5	72.2	109.0	146.1	183.5	196.4	221.0	246.7
W13	0	21.1	42.6	21.2	0.3	20.8	42.8	64.4	86.1	108.0	115.4	129.8	144.7

注：表中测点号表述含义为：字母"N"表示为内部测点，字母"W"表示外部测点。

6　与有限元计算结果的比较

本次有限元计算了设计压力 10.69 MPa 和试验压力 13.36 MPa 两个工况，以下对两个工况下的计算值和监测值进行比较。岔管为对称结构，选取管壁测点 1、2、4、5、6、10 和月牙肋测点 11、12、13 共计 9 个测点进行分析，为使比较结果具有实际价值和科学意义，本次通过测量各测点的坐标，根据该坐标在有限元计算模型上取点，读取该点的应力值，该分析结果如表 2 所示。

由表 2 中数据可以看出，监测值和计算值的最大相对误差 15.38%，总体吻合性较好。误差可能由计算时的约束和实际约束有一定差异所致，也与钢岔管焊缝内部存在残余应力、计算水压和实际水压有一定的差异有关。

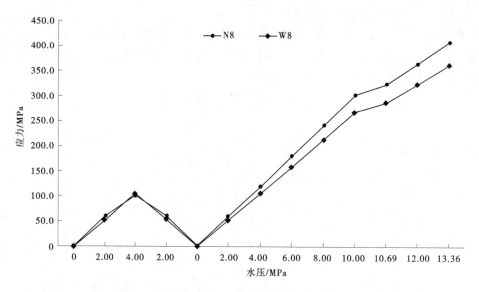

图 5 典型管壁测点 8 的内外壁应力变化曲线

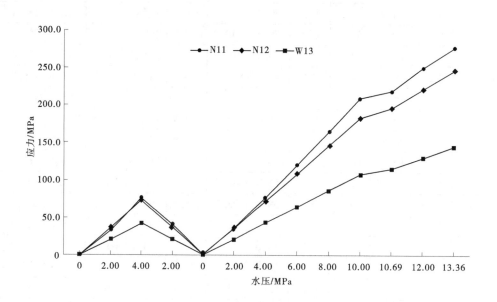

图 6 月牙肋测点应力变化曲线

表 2 应力监测值与有限元计算值的比较

测点号	水压力/MPa					
	10.69			13.36		
	监测值/MPa	计算值/MPa	相对误差/%	监测值/MPa	计算值/MPa	相对误差/%
N1	206.0	189.0	8.99	258.6	247.0	4.70
W1	200.3	178.0	12.53	250.2	236.0	6.02
N2	201.8	222.0	9.10	252.8	264.0	4.24
W2	122.7	145.0	15.38	155.2	158.0	1.77
N4	211.2	224.0	5.71	263.4	276.0	4.57

续表 2

测点号	水压力/MPa					
	10.69			13.36		
	监测值/MPa	计算值/MPa	相对误差/%	监测值/MPa	计算值/MPa	相对误差/%
W4	167.1	172.0	2.85	209.9	201.0	4.43
N5	323.6	353.0	8.33	407.2	398.0	2.31
W5	285.9	279.0	2.47	360.8	357.0	1.06
N6	247.9	276.0	10.18	313.8	320.0	1.94
W6	255.8	261.0	1.99	321.7	329.0	2.22
N10	193.1	205.0	5.80	242.8	251.0	3.27
W10	200.3	175.0	14.46	251.1	262.0	4.16
N11	218.7	246.0	11.10	275.9	304.0	9.24
N12	196.4	204.0	3.73	246.7	254.0	2.87
W13	115.4	109.0	5.87	144.7	156.0	7.24

7 结论

在试验过程中随着水压的升高，钢岔管内壁测点应力要高于同一部位外壁测点应力，因此内壁应力监测点的布置很有必要，尤其是用于监测水压试验结构安全状况。在水压达到 10 MPa 时，应力的线性斜率开始变小，材料或焊缝内部存在的残余应力逐步得到消除或尖状缺陷逐步得到钝化，这说明水压试验压力值要高于设计压力值才能达到水压试验的目的。

本次水压试验最大水压力为 13.36 MPa，是同强度级别电站钢岔管水压试验压力之最，本次应力监测各项创新方法可靠，施工工序合理，数据采集齐全。应力监测及时动态地反映了各部位的应力状态，各测点的应力分量值均小于应力控制值，水压试验进行顺利，钢岔管结构安全可靠，达到设计目标和要求。

参考文献

[1] 伍鹤皋，汪艳青，苏凯，等. 内加强月牙肋钢岔管水压试验 [J]. 武汉大学学报（工学版），2008，41（5）：35-39.

[2] 胡木生，张伟平，靳红泽，等. 水电站压力钢管岔管水压试验应力测试 [J]. 水力发电学报，2010，29（4）：184-188.

[3] 中华人民共和国国家发展和改革委员会. 水电水利工程压力钢管制造安装及验收规范：DL/T 5017—2007 [S]. 北京：中国电力出版社，2007.

[4] 赵瑞存，孟江波，陈丽芬. 某高水头电站地下埋藏式钢岔管体型结构优化 [J]. 人民长江，2017，48（增2）：145-147.

[5] 姚敏杰，高雅芬. 洪屏抽水蓄能电站内加强月牙肋钢岔管原型水压试验研究 [J]. 水力发电，2016，42（6）：92-94.

[6] 中华人民共和国水利部. 水电站压力钢管设计规范：SL 281—2003 [S]. 北京：中国水利水电出版社，2003.

[7] 谢崇扬，祁英明，关磊，等. 糯扎渡电站蜗壳水压试验应力测试 [J]. 小水电，2011，161（5）：34-38.

［8］胡康军，刘冰洁，关磊，等．基于无线传感器网络的蜗壳水压试验应力测试［J］．人民长江，2013，44（4）：63-65，98.

［9］关磊，丁鹏，岳高峰，等．一种高压水环境下的测试信号线连接接头结构［P］．中国专利：ZL2020200441607，2020-01-09.

［10］关磊，岳高峰，林光辉，等．一种高压容器内无腐蚀液态环境下的测试信号线引出装置［P］．中国专利：ZL2020201261368，2020-01-19.

［11］孙训芳，方孝淑，关来泰，等．材料力学［M］．北京：高等教育出版社，2019.

蟠龙电站软弱岩石填筑面板堆石坝的试验研究

乔 国 李 林 王晓阳

（中国水利水电第一工程局有限公司勘测设计院，吉林吉林市 132200）

摘 要： 软岩作为堆石材料而形成的挡水（大坝）建筑物，逐渐成为现阶段筑坝材料的明智选择。它使建造师们加深了对面板堆石坝施工工艺控制的探索。随着施工技术的提升，以往追求高强度岩石作为填筑材料的传统施工方式，存在着资源浪费和环保问题，因此利用软岩则成为建造师们不可回避的现实问题。本文通过对重庆蟠龙抽水蓄能电站工程两种开挖软岩作为坝体填筑材料的试验研究，通过现场碾压、沉降及渗透等多项试验，证明砂质泥岩石作为主要堆石区填筑料是可行的。

关键词： 软岩；面板堆石坝；碾压；试验研究

1 引言

利用碎石土、堆石料作为水工建筑物施工的优点是工期短、材料利用率高、工程投资低、相对坝基条件要求低。而水工建筑物现场施工（坝基开挖、厂洞及边坡开挖等）均有大量的土石料存在，为更好地提高材料利用效率，优先就近采用当地筑坝材料成为建设不可回避的现实问题。与此同时，土石坝体近几十年在世界各地得到了广泛应用，现存国内的 9 万余座各类坝型中，土石坝占总数九成以上，而面板堆石坝作为其安全经济的重要类型，近几十年来得到快速发展。

从目前发表的相关资料来看，利用软岩或近软岩的填筑面板堆石坝的工程较少，主要原因如下：①工程设计为保证面板堆石坝的安全稳定性，需充分考虑其变形特点和结构分区；②对于填筑材料的物理力学特性考量（主要指标包括岩石比重、抗压强度、渗透系数、软化系数、岩性分类等），以体现填筑材料多样性应用作为土石坝的重要特征，达到经济合理性的目标。

随着现代工程技术的提升，填筑材料范围不断拓宽，为充分利用软岩或近软岩作为坝体材料的可行性提供了条件。截至目前，利用软岩修筑堆石坝的项目有贵州天生桥一级水电站和董箐、江西大坳、四川甘孜卡基娃、江苏溧阳上库等多个水利水电项目，相关施工技术也渐趋成熟，不仅有利于就近取材和材料再利用，更有利于节约工程投资和推进建设进度。

2 工程概况

重庆蟠龙抽水蓄能电站位于重庆市綦江区中峰镇境内。电站装机规模为 1 200 MW，主要承担重庆电力系统的调峰、填谷、调频、调相和事故紧急备用等任务。电站由上水库、输水系统、地下厂房系统、下水库及地面开关站等建筑物组成。上、下水库之间的水平距离为 1 880 m，距高比为 4.39。地下厂房内安装 4 台单机容量为 300 MW 的混流可逆式水泵水轮机组，电站额定水头 428.00 m，设计年发电利用小时数 1 670 h，设计年发峰荷电量 20.04 亿 kW·h，年抽水利用小时数 2 227 h，年抽水耗用低谷电量 26.72 亿 kW·h。

上水库正常蓄水位为 995.50 m，相应库容 1 038.36 万 m³，死水位为 981.00 m，相应库容 332.46

作者简介：乔国（1973—），男，工程师，主要从事水利工程运行管理工作。

万 m³，调节库容 705.90 万 m³。上水库包括 1 座主坝和 2 座副坝，均为钢筋混凝土面板堆石坝。坝体填筑料包括堆石料、排水料、过渡料、垫层料、反滤料、接坡料等，其中上水库主坝设计填筑工程量约为 28.5 万 m³，大环沟副坝设计填筑工程量约为 7.6 万 m³，小环沟副坝设计填筑工程量约为 6.1 万 m³，主、副坝坝体结构设计填筑总量为 42.1 万 m³。目前建设工期处于主体工程施工期阶段。

3 工程地质及岩石特性

3.1 工程地质

蟠龙工程区域主要位于四川东部—重庆地区三叠纪海相红层区，岩性大致可划分出两部分，西部以碎屑岩相为主，东部以碳酸盐岩相为主，分界呈现通江—南充—重庆—宜宾走向。

主坝坝址区出露地层为白垩系上统夹关组第二段第 2~4 层（K_{2j}^{2-2} ~ K_{2j}^{2-4}）；坝基为第 2 层（K_{2j}^{2-2}）紫红色厚至巨厚层中、细粒砂岩，顶部为泥岩、粉砂岩。岩体风化以面状风化为主，左岸坡裸露强风化岩石，仅山顶为全风化，全风化带下限埋深 0~7.2 m，强风化带下限埋深 4.0~19.1 m，局部陡坎部位达 41.0 m；右岸全风化带下限埋深 0~12 m，强风化带下限埋深 4.0~28 m；沟底一般无全风化岩体，强风化带下限埋深 2.5~3.5 m。白垩系上统夹关组（K_{2j}），岩性为紫红色砾岩、含砾砂岩、中细粒砂岩、粉砂岩、泥质粉砂岩、泥岩，主要出露在高程 500.00 m 以上。两者以夹关组底部分布较稳定的砾岩标志层分界，呈平行不整合接触。第四系地层有残坡积物、崩积物、洪冲积物及崩积与冲积混合堆积物，厚度为 1.0~9.6 m。

3.2 岩石特性

按照岩石单轴饱和抗压强度等级划分，对不大于 30 MPa 的一类松散、破碎、软弱的岩石统称软质岩石，包括岩性软化和风化的岩石，其代表性岩石有泥岩、页岩、黏土岩、泥质砂岩、千枚岩及强度低的风化岩等。根据以上定义，工程所在地区岩石属于软岩范畴。其力学特性指标主要有以下几个方面：

（1）级配。软岩料经干湿循环后，其表现出颗粒破碎、细化，细颗粒（<5 mm）含量增加，抗压强度低，软化系数小等特点，难以达到常规面板堆石坝对主堆石级配要求（<5 mm 颗粒含量不超过 20%，<0.075 mm 颗粒含量不超过 5%）。

（2）密度。软岩颗粒易被压碎挤紧，其堆石体的孔隙率较低，经振动压实后密度则较高。主要是由于颗粒自身抗压强度低，受较高接触作用力后，造成破碎解体，形成细小颗粒，而细小颗粒利用其空隙填充能力，逐渐提升到较高密实度，已达到较高密度。细颗粒含量提升后，较硬岩相比，软岩风化料抗剪强度出现偏低现象。

（3）压实性。软岩料对含水率较为敏感，当含水率适宜时，其颗粒表面形成具有一定润滑作用的表面水膜，降低表面摩擦阻力，从而便于压实。因此，相较硬岩料，其有类似于土的压实特性，即存在最优含水率和最大干密度。

（4）压缩性。软岩料压缩主要与其母岩强度、初始级配、饱和情况有关。软岩经干湿循环后，岩块软化，抗压强度明显降低，在外来垂直作用力逐渐增大的条件下，逐渐发生物理解体，逐步形成颗粒嵌入，沉降顺势产生，不易突发刚性破坏，压缩模量较硬岩相差不大。

（5）渗透性。软岩料渗透性主要体现在其渗透系数一般较小，主要取决于干密度和细颗粒（<5 mm）含量。经压实作用后，其颗粒破碎较烈，细颗粒增多，填筑上层形成不易透水的板结面，造成渗透系数偏小。

蟠龙电站的溢洪道、泄洪洞及主厂房料场开挖的软岩石渣料作为大坝主体堆石体填筑施工。经对下水库开挖料场进行取样，样品岩石特性呈现两种颜色：①泥质砂岩表面泛红，无明显节理，分化程度不高，易破碎；②砂质泥岩呈咖啡色，且成形节理清晰分明，较坚硬（见图1）。

(a)砂质泥岩(咖啡色)

(b)泥质砂岩(表层泛红)

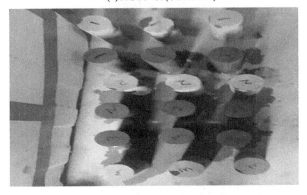

(c)经钻芯后样品

(d)经切割后样品

图 1　岩石样品

4 工程设计要求

4.1 工程设计指标

坝体填筑材料设计主要指标见表 1。

表 1 坝体填筑材料设计主要指标

类别	最大粒径/mm	饱和抗压强度/MPa	干密度/(t/m³)	孔隙率/%	渗透系数/(cm/s)	说明
接坡料	300	≥40	≥2.10	—	>1×10⁻³～1×10⁻²	—
堆石料	800	≥20	≥2.08	≤18	>1×10⁻³	—
排水料（砂岩）	800	≥45	≥2.08	≤22	>1×10⁻²～1×10⁻¹	—
排水料（灰岩）	800	≥50	≥2.08	≤22	≥1×10⁻¹	—
过渡料	300	—	≥2.10	≤18～20	≥1×10⁻²	—
垫层料	80	—	≥2.20	≤16～18	1×10⁻³～1×10⁻²	—
特殊垫层料	40	—	≥2.20	≤17～19	1×10⁻³～1×10⁻²	—
排水棱体	1 000	≥45	—	—	≥1×10⁻¹	最小粒径 300 mm

4.2 坝体设计分区

坝体分区主要根据堆石体的稳定作为主要考量指标，兼顾对料源强度特性、渗透性、压缩性、施工便捷性和经济合理性等要求进行分区，以应力应变计算分析，确保坝体各建设期的沉降量和面板应力在允许范围内，尽量考虑软岩布置范围，以达到最大限度利用软岩材料和就近取料。图 2 为上水库主坝典型剖面。

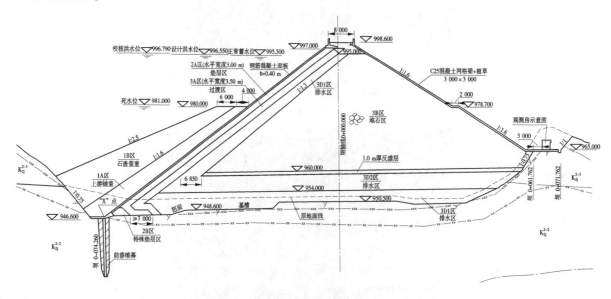

图 2 上水库主坝典型剖面

根据现有建成的混凝土面板堆石坝，利用软岩料填筑不同部位，分为以下三种情况：①用于坝体下游干燥区，即现有较多采用方式；②设置于坝体的中间部位，类似于"金包银"类型；③用于坝主体，在上游面板垫层下及坝底部设置硬岩排水层，而其下游及上部填筑软岩料，本工程主要是用于坝主体填筑（堆石区）。

常规面板堆石坝填筑控制标准按照规范要求，主堆石料孔隙率一般控制在20%~25%，次堆石料孔隙率控制在23%~25%，而根据现有已建工程经验，软岩堆石料为弥补其强度较低的缺陷，孔隙率则相对偏低。

因此，需对不同分区的堆石料、过渡层料等进行现场碾压试验，研究影响压实的各种因素与碾压参数间的关系，以利于料源物理力学性能的确定、现场碾压和压实标准的控制，以及科学的施工管理。

5 现场碾压试验

蟠龙面板坝在软岩上坝填筑施工前，利用现有现场施工条件和场地，进行前期现场填筑碾压试验，场地选址在料源渣场位置，场地尺寸为21 m×50 m，碾压试验料源主要选用下水库库底开挖砂质泥岩料与泥质砂岩料，碾压方式主要采取进退错距法，以分别取得对不同区域填筑材料进行级配分析、铺料方式、铺料厚度、振动碾型号（重量）、碾压遍数、行驶速度、铺料过程中加水量、压实厚度、碾压前后级配、渗透系数、压实后的孔隙率、干密度等试验成果，从而验证其二次利用作为坝体堆石区填筑堆石料的可行性。

现场碾压试验主要包括颗粒级配分析、施工碾压参数（干密度、孔隙率及碾压遍数）、现场渗透系数、现场碾压沉降量等试验。

下水库库底开挖料饱和抗压强度为31.5~45.0 MPa，其试验结果见表2（试验组数为36组），排水料设计要求值大于45.0 MPa，接坡料设计要求值大于40.0 MPa，难以具备全面满足需要。因此，需对其试验参数进行进一步验证。

表2 现场碾压试验结果

岩石组别	抗压强度值（气干）/MPa			抗压强度值（饱和）/MPa			软化系数
	最大值	最小值	平均值	最大值	最小值	平均值	
砂质泥岩	46.8	28.2	40.7	42.1	16.8	25.7	0.62
泥质砂岩	41.2	26.6	36.4	37.3	15.7	26.9	0.74

5.1 现场工序

试验步骤：测量放样→料样运输→铺料、整平→网格布设→洒水→碾压→沉降观测→成果整理。

碾压机具技术参数如表3所示。

表3 碾压机具技术参数

料源	碾压机具	设备型号	自重/kg	名义振幅/mm	振动频率/Hz	激振力/kN	碾宽/m
下水库库底开挖料	26 t 振动碾	XS263J	26 000	1.9/0.95	27/32	405/290	2.17

网格布设：将碾压试验场按垂直中心线方向分为三个试验区，每一试验区为7 m×30 m，拟定铺筑厚度和含水率范围内石料，振动碾平行于中心线方向碾压。同一铺料厚度、同一范围内的含水率、不同碾压遍数的试验组作为一个试验组合（见图3）。

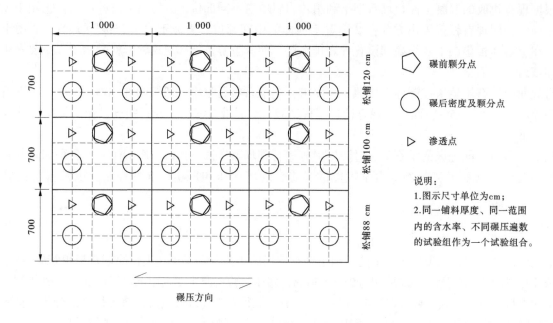

图 3　碾压试验单元分区及测点布置示意图

洒水：在整平后的土体中选取土样，测试其风干土的含水率。同时统计本碾压条带的填筑方量（m³）/吨（t），然后按式（1）计算施工控制含水率，采用洒水车进行洒水湿润，待土体表面呈现潮湿状态即可进行碾压。

按下式计算施工控制洒水量：

$$W_w = W + 0.01 \times \omega_0 \times 0.01(\omega - \omega_0) \tag{1}$$

式中：W_w 为每碾压层所需加水量，t；W 为每碾压层土的质量，t；ω 为试验配制含水率（%）；ω_0 为干土含水率（%）。

碾压：采用进退错距法进行碾压，碾压方向沿试验区的轴线方向进行，试验段摊铺好整平后由振动碾先无振动碾压 2 遍，然后进行振压，行驶速度为低挡（控制在 2.0 km/h 为宜），进退错距法碾压，振动碾错距搭接宽度>20 cm。

沉降观测：每条带观测不少于 12 个点，每层填料前，进行基底高程加密测量，相对高差<3~5 mm。待料松铺经粗平、细平、精平后，在填料表面预定位置埋设钢板，采用人工方法使其稳定，同时对全部测点进行编号，用全站仪对每层填料基础面及其表面埋设钢板进行观测，各单元的网格测点以编号为显著标记，测出经振动碾碾压 2、4、6、8、10 遍后的压缩沉降量，进而计算压缩沉降率，绘制碾压遍数与沉降量的关系曲线。

5.2　颗粒级配分析试验

对碾压前的填筑料含水率与颗粒级配进行取样试验，含水率宜控制在 3%~5%（与室内击实试验结果 5.3%相符）范围内。

碾压前，首先进行颗粒级配分析试验，同时绘制颗粒级配曲线［见图 4（a）和图 5（a）］，再按现场碾压试验方案，经松铺 80~120 cm，设计遍数碾压后，进行碾后颗粒级配分析，绘制颗粒级配曲线［见图 4（b）~（d）和图 5（b）~（d）］。根据机具振动频率和碾压过程实测影响范围，选定松铺厚度 88 cm 为宜。

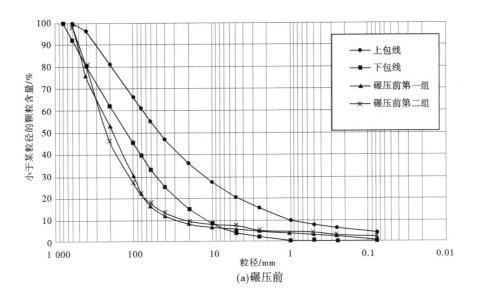

(a)碾压前

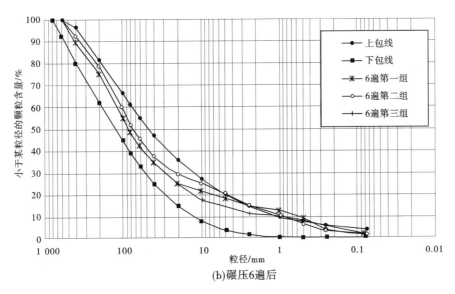

(b)碾压6遍后

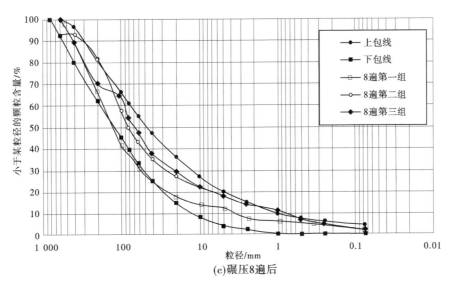

(c)碾压8遍后

图4　砂质泥岩碾压前后颗粒级配曲线

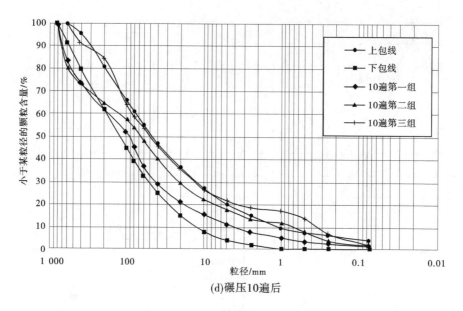

(d)碾压10遍后

续图4

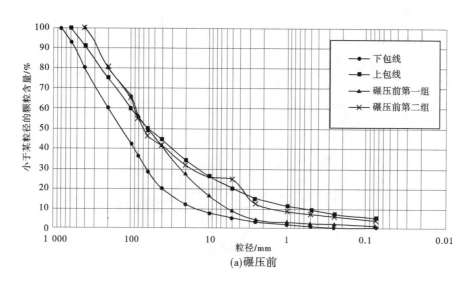

(a)碾压前

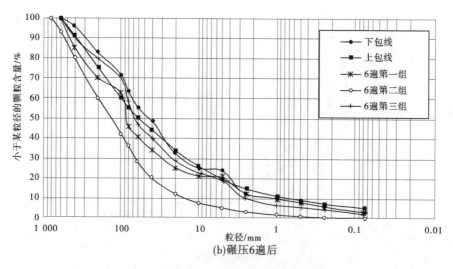

(b)碾压6遍后

图 5　泥质砂岩碾压前后颗粒级配曲线

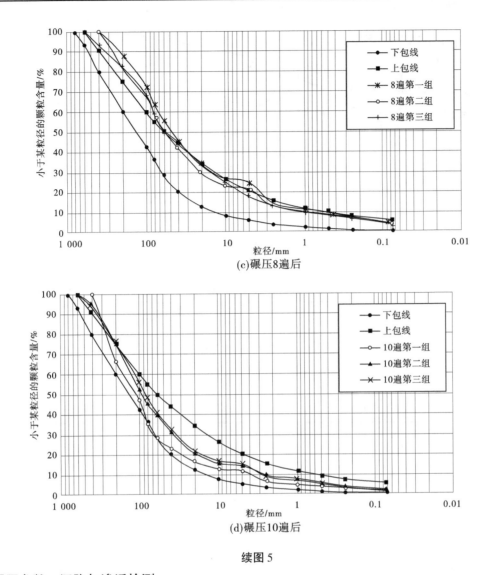

(c)碾压8遍后

(d)碾压10遍后

续图5

5.3 碾压参数、沉降与渗透检测

下水库库底渣料场（砂质泥岩与泥质砂岩）碾压后干密度、孔隙率与碾压遍数的关系见图6，碾压后沉降率、渗透系数与碾压遍数的关系见图7，碾压沉降数据见表4。

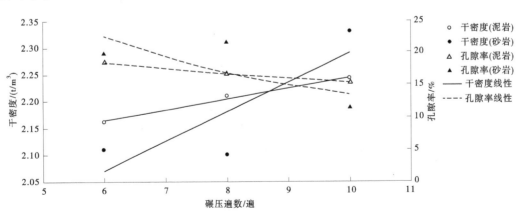

图6 碾压后干密度、孔隙率与碾压遍数的关系

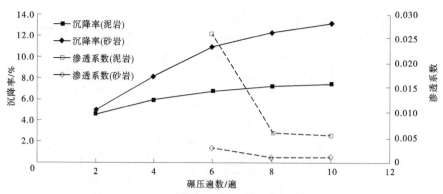

图 7 碾压后沉降率、渗透系数与碾压遍数的关系

表 4 碾压沉降数据

类别	项目	碾压遍数					累计值
		2	4	6	8	10	
泥岩	沉降量/mm	40	12	7	4	2	66
	沉降率/%	4.55	1.36	0.80	0.45	0.23	7.50
砂岩	沉降量/mm	42.87	28.62	24.64	12.01	7.28	115.42
	沉降率/%	4.87	3.25	2.80	1.36	0.83	13.12

注：此表沉降量和沉降率为分计值。

6 结语

对下水库底开挖料（砂质泥岩与泥质砂岩）经摊铺 88 cm（松铺）、含水率 3%～5%、XS263J 振动碾（26 t），先无振碾压 2 遍，待表面平稳后，再振碾 2、4、6、8、10 遍，试验数据分析结果如下：

（1）从颗粒分析试验结果可知，软岩经碾压前后级配连续，级配较好，不均匀系数（C_u）范围为 43.6～61.3，曲率系数（C_c）范围为 4～9，压实干密度最小值为 2.10 t/m³，孔隙率范围为 11.6%～21.9%。压实沉降率随碾压遍数增加而增加。碾压 8～10 遍级配较为合理。其中砂质泥岩碾压超过 8 遍后，增长趋势变缓，故以碾压 8 遍为宜；泥质砂岩碾压前后级配曲线变化不大，均在上包线附近分布。

（2）从碾压参数试验结果可知，砂质泥岩料碾压 6、8、10 遍后干密度均大于设计要求（>2.08 t/m³），8～10 遍后孔隙率与渗透系数满足设计要求（≤18%，>1×10⁻³ cm/s）。且随着碾压遍数的增加，干密度逐渐增大，孔隙率逐渐变小，渗透系数逐渐变小。考虑到经济性，以碾压 8 遍为宜；泥质砂岩料经碾压 6、8 遍后干密度均存在不合格点，碾压 10 遍后其干密度与孔隙率方能满足设计要求（>2.08 t/m³，≤22%），但渗透系数均不满足设计要求（>1×10⁻²～1×10⁻¹），泥质砂岩料随着碾压遍数的增加，干密度逐渐增大，孔隙率逐渐变小，渗透系数逐渐减小。

（3）从碾压试验沉降观测数据可知，砂质泥岩料随碾压遍数的增加，其沉降率逐渐降低，在碾压 6 遍后趋于稳定，在碾压 8 遍后石料平均厚度为 79.7 cm（接近 80 cm）；泥质砂岩的沉降率也呈现逐渐降低，碾压 8 遍后趋于稳定，碾压 10 遍后石料平均厚度为 76.5 cm（接近 80 cm）。

综上分析，对以上两种软岩的现场检测可知，在同等施工条件下，下水库底开挖料中的砂质泥岩从颗粒级配分布、碾后干密度及孔隙率、渗透系数等方面都较泥质砂岩更符合设计要求。

其通过对生产性试验成果分析，得出如下结论：①填料于暂存料场装车时应采用反铲进行立采装车，以尽可能地避免填料产生分离。②卸料时设置专人指挥，避免填料出现二次分离，尽可能地使用反铲配合推土机进行粗平，以保证铺料均匀。③碾压方式采用平行于坝轴线方向、碾距搭接宽度大于20 cm。先进行无振动碾压两遍，然后进行振动碾压 8～10 遍。④进行干密度、含水率、级配筛分、渗透系数及孔隙率的试验与计算。⑤施工控制含水率 3%～5%，经 XS263J 振动碾（26 t），以不大于2 km/h 的行驶速度强振振动碾压 8 遍后，各项压实指标能够满足设计要求。

参考文献

［1］汤洪洁. 软岩筑混凝土面板堆石坝关键技术［J］. 水利规划与设计，2014（5）：37-40.
［2］李宁博，邵剑南，徐艳杰. 软岩作为面板堆石坝填筑料的探讨［J］. 水利规划与设计，2017（11）：155-156.
［3］陈慧君，廖大勇. 金峰水库沥青混凝土心墙软岩堆石坝设计［J］. 水利规划与设计，2016（15）：81-83.
［4］邓华锋，周美玲，李建林，等. 水–岩作用下红层软岩力学特性劣化规律研究［J］. 岩石力学与工程学报，2016，35（2）：3481-3491.

检验检测机构内审易忽视的问题与改进建议

宋小艳　李　琳　盛春花　徐　红　刘　彧

（中国水利水电科学研究院，北京　100038）

摘　要：随着检验检测机构资质认定工作的不断成熟，内部审核工作在管理体系持续改进方面的作用愈加重要。本文结合水利检验检测机构的内部审核实践，梳理了内审的流程，归纳了内审在策划、编制内审检查表、开展首次会议、审核领导层、召开末次会议、制定改进措施等 6 个方面容易忽视的问题，并提出相应的改进建议，为检验检测机构的内审有效性和实效性提供借鉴。

关键词：检验检测机构；内部审核；改进

随着《检验检测机构资质认定管理办法》和《检验检测机构资质认定监督管理办法》于 2021 年发布，检验检测机构资质认定工作不断发展成熟，同时也对机构建立和保持管理体系提出了更高的要求。在机构内部开展的内部审核工作是评价管理体系的适宜性、充分性、有效性的直接方式，它可以用来确保管理体系符合策划安排以及标准、法律法规和其他要求，保证管理体系得到有效实施与保持，满足方针和目标要求，为其持续改进提供依据。本文结合水利检验检测机构的内部审核实践，浅谈内审中容易忽视的问题及其改进建议。

1　内审流程

内部审核是在检验检测机构内部开展的用于证实其管理体系及涉及的组织、人员、设施设备、场所环境等符合机构管理体系运行要求[1]，并且能实现持续改进的必要手段。内审主要是在组织内部开展查漏补缺、发现问题，并能实现及时、有效的改进，通俗来讲，内审是自我批评和自我反省的过程。内审是迎接外部审核的一项重要基础，同时内审结果也是管理评审的重要输入信息。

检验检测机构按照《检验检测机构资质认定能力评价　检验检测机构通用要求》（RB/T 214—2017）中条款 4.5.12 编制形成《内部审核程序》，并以此开展内审工作。内审的流程遵循国际先进的 PDCA 循环原理，包括内审策划、实施、检查、改进的全过程，如图 1 所示。

内部审核工作的开展受到多方面的影响，包括机构领导层（最高管理者、技术负责人、质量负责人等）的重视和参与、内审员队伍的能力和素质、受审核部门的接受程度、机构管理和技术人员的体系意识等。因此，在开展内审时，应特别关注在内审策划、现场审核等各环节容易忽视的且影响内审目的实现的问题。

2　内审中容易忽视的问题

2.1　内审的策划

检验检测机构按照 RB/T 2014 标准要求，至少每年开展一次内审工作，内审的策划应包括审核目的、审核依据、审核范围、审核组成员及分工[2]、审核时间、审核安排、内审要求等内容。但有些机构每年开展内审工作都流于形式，主要是为了应付外审和延续证书。有的每年采用同样的内审计

作者简介：宋小艳（1989—），女，硕士，工程师，主要从事标准化、资质认定、质量管理工作。

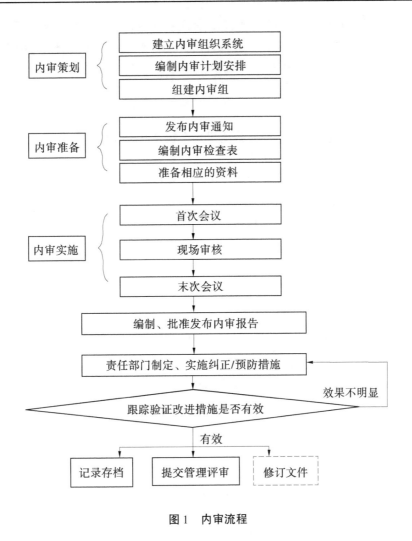

图 1 内审流程

划，仅更改参与人员，每年带不同的内审员去受审核部门联络一下感情；有的只是修改内审分工，每年的内审员都大致相同，也不制定审核重点，许多内审员对此驾轻就熟，只需要走走过场，简单地修改内审记录即可交差；有的机构甚至是编造一套内审记录。这样的形式主义会导致机构对管理体系的相关工作更加敷衍和反感。

2.2 内审检查表

内审检查表是内审员进行现场审核的重要工具，会直接影响内审员的审核能力[3]，没有统一的格式，一般只要能够满足审核过程即可，主要包括标准条款号、审核内容、审核方式、审核记录（问题及问题的程度、好的做法等）。在内审开始前，必须保证检查表的审核内容能够覆盖受审核部门的全部过程要素。一份好的检查表能够帮助内审员完善现场审核，提高内审的效果和效率。检查表内容的多少取决于受审核部门的职责和业务范围。在实际工作中，很多检验检测机构的检查表多年不变，或者很多部门都采用一模一样的检查表，这都使得内审员在填写内审记录时无法下笔，从而导致内审工作大打折扣。

2.3 首次会议

首次会议标志着现场审核活动的正式开始，会议的时间一般控制在半个小时左右，由内审组长主持并宣布审核目的、准则、范围、内审组成员及分工等，各部门确认日程安排，再由最高管理者强调内审的一些基本要求。参加人员包括领导层、各部门负责人和内审员。检验检测机构可根据参加人员对内审的熟悉程度进行适当调整。因为时间较短，首次会议很容易变成走过场，有的参会人员完成签到就离场，甚至有机构直接口头通知，并不进行首次会议。实际上，首次会议是内审中非常重要的一项日程，通过召开首次会议，可以大大提高内审的实效性，最大程度争取到受审核部门的理解和配合。

2.4 审核领导层

内审工作是全员参与的过程，很多检验检测机构在提及管理体系时都会表示领导层不重视，没有参加或者部分参加内审工作。确实，最高管理者、质量负责人、技术负责人等对标准条款可能不如内审员或专职的体系管理人员熟悉，但这绝不代表他们不懂体系运行。往往是体系运行人员或内审组没有将发现的问题和内审的成果及时向领导层汇报，导致领导层对内审工作缺乏足够的理解，毕竟内审并不像检验检测过程一样能产生实际的效益。实际上，很多的检验检测机构都找不到好的途径或者方式方法来审核领导层，甚至有的内审组表示不会审核领导层，因此在内审安排时忽视了审核领导层。

2.5 末次会议

末次会议是整个内审活动的总结，一般由内审组长主持，参加人员同首次会议，也可以适当增加受审核的有关人员。会议主要内容除了包括重申审核目的、范围等，最重要的是将审核发现的问题和不符合项向领导层、受审核部门等进行汇报，并由领导层提出改进措施、完成期限和完成要求等。因内审员来自机构内部，内审的参与方（内审员与受审核方）很难做到保持独立性和公正性[4]。往往在现场审核时可以准确、具体地提出不符合项或其他问题，但在末次会议上就考虑面子等因素，无法客观、公正地反映内审的结果，导致出现内审虎头蛇尾的情况，进而加剧了领导层和技术人员对内审形式主义的印象。

2.6 改进措施

内审员在审核中发现不符合项后，一般会根据问题的严重程度出具"纠正/预防措施记录表"，受审核部门需要对不符合项出现的原因进行分析，提出纠正/预防措施，经当事人确认、负责人认可，组织实施纠正/预防措施。在规定时间内完成不符合项的整改后，需经部门负责人对措施完成情况进行确认，再由内审员及时对措施实施的结果进行验证。实际上，受审核部门对不符合项分析的原因多数是不注意、不认真、不知道、不小心，无法切中要害地找到不符合项出现的真正原因，整改就会出现反复，受审核部门也会因此产生厌烦和畏难情绪，导致在内审中越来越难开具不符合项，内审工作也会出现更多推诿的情况。

3 改进建议

3.1 完善内审的策划

内审策划的详细程度应能够反映审核的范围和复杂程度，以及实现内审目标的不确定因素，编制时应考虑抽样、内审组成、内审能力及对受审核方的风险等。内审的策划还应有针对性，除了每年审核都必须要检查的人员、场所、仪器等内容，还应针对机构内不同的部门、不同的业务制定审核重点，根据审核重点修订内审检查表，减小"两张皮"的情况。一方面，可以在日常工作中注意收集历年内审发现的不符合项和有关问题，着重对以往发现的问题进行跟踪，对反复出现的问题重点审核；另一方面，每年可以选择一个难点或方向进行重点突破，如仪器设备的操作环境、合格供方的选择、检测证书的差错等容易忽视的问题。

3.2 科学编制内审检查表

在编制内审检查表前，首先需要对机构的体系文件、规章制度进行必要的了解，再根据受审核部门的特点及其独有的文件、规定、人员、设备等情况分析审核重点和确定抽样的范围，最后再依据审核条款确定审核内容。所以，内审检查表绝不是一成不变或者千篇一律的。一份好的检查表，可以减少条款遗漏，使内审井然有序地开展。在现场审核时，内审员不必一味按照检查表的内容进行审核，如发现有缺失的内容，可以对检查表进行适当的补充和调整。另外，内审员也完全没有必要按照检查表的内容照本宣科，把审核变成"一问一答"的形式，要根据现场情况，适时地采取最有效的方式（观察、查看记录等）获得所需的信息。

3.3 合理利用首次会议

为了保证内审工作的顺利开展，首次会议的气氛应正式、融洽和透明。需要注意的是，内审首次会议的目的是所有参与内审的各相关方对审核的安排达成一致，并不仅仅是一个领导层讲话的场合。通过把领导层、各部门负责人和内审员集中起来，一是履行内审的既定程序，确认内审策划的各项环节；二是可以加深各部门负责人对管理体系的理解和认同；三是还可以通过会议对内审员进行统一的培训，可以为内审员编制《内审重点、要求及注意事项》，并在首次会议上进行宣贯，保证内审员能够采用统一的口径和标尺进行审核，保证内审质量。

3.4 采用恰当的方式审核领导层

审核领导层前，需要与领导层进行充分的沟通，向其表明审核的必要性和重要性。通过观察内审的开展情况，及时对审核领导层的时间和审核人员进行协调，确保审核领导层能达到预期的目的。领导层审核的问题可以分为综合类、管理类和专业类的问题，不必拘泥于检查表的固定内容，也不必采用提问的问题，可以罗列出必须由领导层回复的问题和需与领导层沟通的问题，通过沟通或询问的形式，完成审核的目的，也可以有针对性地汇报内审工作及成效，进一步获得领导层的支持和理解。应特别注意的是，应选派有代表性（管理类和技术类）、能力强（沟通能力和业务能力）、能够保持不卑不亢态度的内审员参与审核领导层。

3.5 增强对末次会议的重视

末次会议是现场审核的结论性会议，会议前的准备工作应做到充分、准确。内审组要认真地对内审过程进行汇总、分析和评价，发现的问题应追溯到具体的原始记录，对于可能影响审核结论的情况也应进行充分的考虑。另外，在实际工作中，要注意不符合项的可接受程度，可以采用"各受审核部门问题一览表"的形式，由内审组长进行统一的宣读。有的时候在内审中出现的一些争议问题也可以在末次会议上确定和解决。末次会议在机构内部既是对管理体系的再次交流和宣贯，又是与领导层的进一步沟通，甚至如果能够采用合适的方式，可以用来"审核"领导层。还应该注意的是，在末次会议上，要对不符合项提出明确的整改要求，以及整改完成的时间要求。

3.6 确保整改措施整改到位

不符合项可能发生在管理体系和检测活动的各个环节，检验检测机构通常会编制《纠正措施和预防措施控制程序》来完成不符合项的整改。针对不符合项整改出现的困难，首先要完善内审员对不符合事实的描述，应依据机构体系文件、法律法规、方法标准等，客观、具体、翔实地描述时间、地点、人员、文件编号、设备编号、检测报告编号等，经内审员和受审方双方（当场签字）确认。其次，不符合原因和改进措施也不应仅停留在表面，如果是规章制度不健全，应制定相应的规定，并尽快组织宣贯；如果是有相应的规定但没有执行，应组织相关人员开展专题培训，确保规定"应知应会"；如果是对规定的理解和执行不到位，除进行培训外，还应对培训效果进行考核；如果是人员态度或意识的问题，应制定相应的惩罚措施……检验检测机构应正确理解内审中提出的不符合项，举一反三，达到改进的目的。

4 结语

内部审核工作是检验检测机构内部开展的依据标准发现不符合事实，并通过改进措施实现不符合项的整改及杜绝或消除不符合项的方式，它的关键是发现问题并改进。因此，在内审工作中，一定要采取合适的方式与领导层进行沟通，提高全员参与的积极性，选择个人素质高、管理或技术能力强的内审员，通过完善内审的策划和编制符合实际的检查表减少形式主义，合理利用内审中召开的首、末次会议并进行管理体系的宣贯，保持公正、独立的态度进行现场审核，避免矛盾冲突，本着实事求是的原则，依据标准条款查找问题，受审核部门以主动认真的精神深入分析原因并完成问题的整改，参与内审的各方共同协作，保证内审工作的有效性和实效性，实现检验检测机构的自我完善和持续改进。

参考文献

［1］李淑贞．检验检测机构开展内部审核工作探讨［J］.水利技术监督，2016，24（6）：1-2.

［2］亢秀杰．提高检测实验室内审工作质量的途径［J］.中国纤检，2014（13）：60-61.

［3］魏瑞娜．如何做好综合检验检测机构质量管理体系内部审核工作［J］.科技创新导报，2019（32）：165-167.

［4］马晶．浅谈内审员在检验检测机构中的作用［J］.农业科技与信息，2017（9）：117-118.

潘、大水库水质变化趋势分析及保护对策探讨

刘思宇 刘容君

（水利部海委引滦工程管理局，河北迁西 064309）

摘 要： 潘家口、大黑汀水库是天津市、唐山市重要的水源地，承担着提供两地工业、农业、城市生活用水的重任，2016 年国家启动潘、大水库网箱养鱼全面清理，清理后水质明显改善，但仍然存在水库水质不稳定、蓝藻水华暴发等亟待解决的问题。为加强水源地保护，提升引滦水质，以潘大水库现状为切入点，对影响潘、大水库水生态环境的问题进行调研，并提出了有针对性的保护对策。

关键词： 潘家口水库；大黑汀水库；趋势分析；保护对策

1 潘、大水库水质情况分析

2000 年以前，潘、大水库水质为Ⅲ类（总氮不参评），随着网箱养鱼量的不断增加，潘、大水库水质呈现出逐年下降的趋势，网箱养鱼清理前，潘、大水库各断面水质基本为Ⅴ类或劣Ⅴ类，水体中总磷、总氮浓度逐年升高，水体富营养化程度逐年上升。

2017 年网箱养鱼清理后，潘、大水库水质改善明显，透明度大幅度提高，水质呈好转趋势，水生态环境明显改善，潘、大水库当年 10 月水质恢复到地表水Ⅲ类水标准，2018 年潘、大水库全年Ⅲ类水达标率达到 41.7%，2019 年潘、大水库Ⅲ类水达标率达到 50%、75%，2020 年潘、大水库Ⅲ类水达标率达到 75%、83.3%。说明网箱养鱼清理对改善潘、大水库的水生态环境有非常重要的作用。但由于受到各种因素的影响，水质极不稳定，2019 年、2020 年总氮、总磷的年度变化趋势显示，潘、大水库在冬春季水质仍然不能满足地表水Ⅲ类水标准。

2 潘、大水库水质变化规律分析

根据潘、大水库水质特征，选择总氮、总磷参数，对潘家口坝上和大黑汀坝上两个监测断面进行分析。

2.1 年度变化规律趋势分析

从图 1 中趋势可以看出，潘、大水库总氮浓度呈现出逐年上升的变化趋势，特别是 2000 年以后总氮浓度升高的趋势非常明显。2018 年后总氮浓度开始下降。

潘、大水库总磷随年度变化的趋势与总氮相类似，呈现出逐年升高的趋势（见图 2），2016 年，年均值达到最高点。2016 年后，随着网箱养鱼的全面清理，总磷浓度开始逐年下降。

2.2 2020 年内水质变化规律分析

2020 年内，潘、大水库总氮浓度基本呈现出汛期低于非汛期的趋势（见图 3）。

潘、大水库 2020 年内总磷浓度下降趋势不明显（见图 4），其中 8 月洒河流域有两次较大降雨过程，形成的洪峰入库，对水库底泥的冲刷，促使水库底泥的氮、磷释放，导致 9 月总磷浓度升高。另外，冬春季总磷浓度明显高于其他月份，这和水库底泥总磷释放是分不开的。

3 网箱养鱼清理前后总磷、总氮、高锰酸盐指数对比分析

河北省于 2016 年 10 月开始全面清理网箱，截至 2017 年 5 月底，潘、大水库共清理网箱 7 万多

作者简介： 刘思宇（1991—），女，工程师，主要从事水利工程水质监测工作。

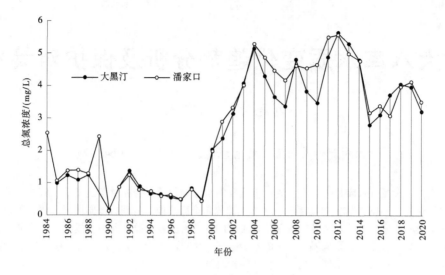

图 1　1984~2020 年潘、大水库总氮变化

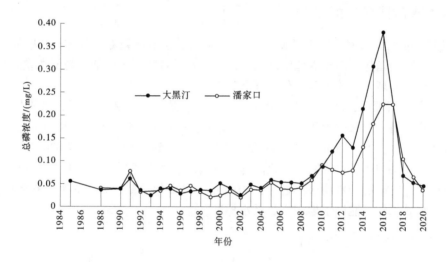

图 2　1984~2020 年潘、大水库总磷变化

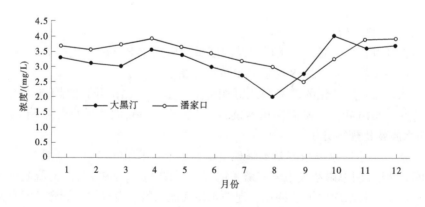

图 3　2020 年潘、大水库总氮年内趋势

个，网箱清理后水质明显好转。自 2016~2017 年网箱清理后，潘家口、大黑汀水库水体中总氮含量大部分月份同比增长较大，这与潘、大水库网箱养鱼饵料和鱼类粪便形成的底泥中氮的不断释放有关，经试验，潘、大水库底泥中总氮的释放通量为 68 mg/(m² · d)。但总氮升高较快的 2019 年非汛期，潘、大水库的总氮浓度反而整体下降，潘、大水库总氮浓度开始呈下降的趋势。2018~2020 年，

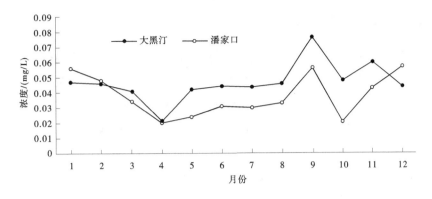

图 4   2020 年潘、大水库总磷年内趋势

总磷、高锰酸盐指数等主要污染物的浓度有显著下降的趋势见图 5、图 6，水质明显得到改善，说明网箱养鱼清理对潘、大水库的水生态环境改善有较明显的效果。

但由于受到网箱养鱼饵料残余和鱼类粪便的影响，氮、磷物质持续从底泥中向水体释放，造成潘、大水库藻类增殖，致使 2017～2020 年连续 4 年大面积暴发蓝藻。蓝藻暴发已经成为潘、大水库新的环境问题。

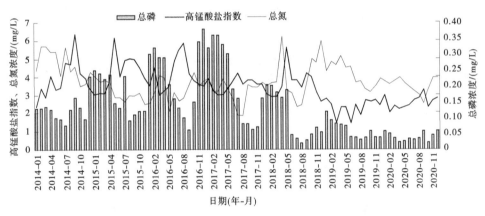

图 5   2014～2020 年潘家口总磷、高锰酸盐指数、总氮趋势

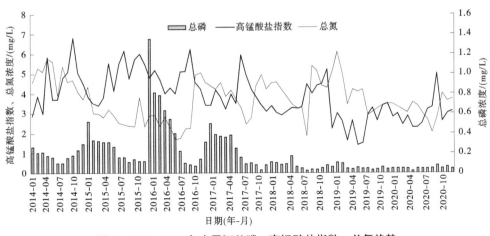

图 6   2014～2020 年大黑汀总磷、高锰酸盐指数、总氮趋势

4 潘、大水库污染来源分析

潘家口水库的外源主要包括滦河上游、柳河、瀑河和库周；大黑汀水库的外源主要包括上游水库调水、洒河和库周。内源方面，两个水库底泥释放特征具有相似性：底泥是氨氮的"源"、硝态氮和总氮的"汇"、总磷的"源"。潘家口和大黑汀水库的平均氨氮释放通量分别为 3.48 mg/（m² · d）和 9.65 mg/（m² · d），总磷释放通量分别为 2.76 mg/（m² · d）和 3.74 mg/（m² · d）。大黑汀水库底泥氨氮和总磷释放通量绝对值均高于潘家口水库，但由于其水库库容较小，释放量却明显小于潘家口水库。潘家口和大黑汀水库的硝态氮通量分别为 -53.57 mg/（m² · d）和 -50.63 mg/（m² · d）。同时，潘家口水库底泥的总磷含量和大黑汀水库底泥的总氮含量呈现逐渐减少的趋势，潘家口水库底泥总氮逐渐减少，大黑汀水库底泥总磷变化较小。

另有研究成果表明，对于潘家口水库，网箱养鱼取缔前，饵料投放（氮 50%、磷 67%）和滦河来水（氮 40%、磷 28%）是其氮、磷的主要来源，潘家口水库受网箱养鱼影响较大。网箱取缔后，总氮入库量明显减少，滦河来水（72%）成为潘家口水库主要氮来源，内源（34%）和滦河来水（48%）是潘家口水库主要磷来源。

对于大黑汀水库，网箱养鱼取缔前，饵料投放（氮 25%、磷 39%）和上游潘家口水库调水（氮 58%、磷 57%）是大黑汀水库氮、磷的主要来源，上游调水对大黑汀水库的水质影响较为明显。网箱养鱼取缔后，2018 年总氮入库负荷量明显减少，潘家口水库调水（85%）依然是氮的主要来源，内源（23%）和上游水库调水（65%）是大黑汀水库磷的主要来源。

由此可知，网箱养鱼清理前后，潘、大水库污染贡献率有明显的变化，总磷负荷的贡献，由网箱养鱼占首位逐渐转化为面源为主、库区内源（底泥溶出）占比较大的新格局，污染负荷来源比例见图 7~图 10。

采用数学模型进行估算表明，就总磷而言，潘、大水库由于饵料和鱼类粪便形成的底泥的污染贡献率分别为 30%、23% 左右，底泥的贡献不容忽视。

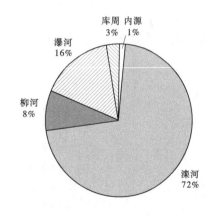

图 7　2018 年潘家口水库总氮负荷来源比例

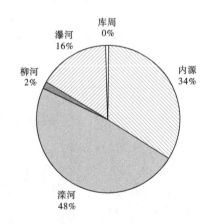

图 8　2018 年潘家口水库总磷负荷来源比例

5 加强潘、大水库水生态保护的几点建议

潘、大水库作为津唐地区重要的饮用水源地，运行 40 年来一直没有出台一部针对潘、大水库保护的法律法规，建议尽快制定水源地保护管理办法，划定水源地保护区，建立潘、大水源地保护机

构，依法保护潘、大水库水源地，这在今后一段时间内仍是重中之重。

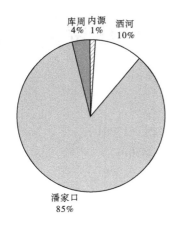

图9 2018年大黑汀水库总氮负荷来源比例

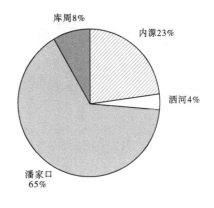

图10 2018年大黑汀水库总磷负荷来源比例

网箱养鱼清理后，原有水生态平衡被打破，水库滤食性鱼类资源锐减，水库蓝藻水华暴发频繁，应尽快实施潘、大水库增殖放流，增加水库滤食性鱼类资源量，建立新的生态平衡系统，抑制蓝藻水华暴发。同时，必须加大水库渔业执法力度，坚决打击滥捕滥捞、新建网箱等行为，建立正常的渔业生产秩序，使增殖放流成为水生态环境保护的重要抓手。

为全面消除潘、大水库冬春季水质不达标（Ⅲ类水标准）现状，要组织相关的科研院所进行研究、筛选，制定可行的底泥采取治理措施，并争取列入国家基建项目建设。

潘、大水库水上旅游问题带来的污染由来已久，水库管理部门要建立健全与地方政府的联合执法机制，加大巡查力度，及时发现问题并向地方政府通报，切实保护潘、大水库水生态环境。

淮河临淮岗工程膨胀土物理力学性质试验研究

占世斌[1]　张胜军[2]　周蕙娴[2]

（1. 长江水利委员会长江工程建设局，湖北武汉　430010；
2. 水利部长江勘测技术研究所，湖北武汉　430011）

摘　要：我国膨胀岩土广布，常用于公路、铁路路基及渠道填筑形成膨胀土边坡，而膨胀土用于坝体填筑的工程少见。本文为研究淮河临淮岗工程坝体裂缝成因，对坝体土进行了物理化学组分试验分析、不同压力下的力学性质试验分析、水力学试验及不同掺灰比情况下的改性土试验。试验和分析结果表明，坝体填土的黏土矿物中蒙脱石和蒙伊混层含量高，具弱膨胀性和较强的收缩特性，是坝体裂缝发育的根本原因；培厚的弱膨胀土，掺石灰4%与8%时，工程性质无明显区别，考虑施工拌和因素与工程安全等问题，推荐膨胀土改性时掺6%的石灰。

关键词：临淮岗工程；膨胀土；加固处理

1　淮河临淮岗工程概况

我国膨胀岩土分布广泛，目前发现中国膨胀土分布有630县，主要分布在北纬22°～30°、东经100°～120°的范围内。为节约建设投资，在膨胀土地区进行的工程建设常需利用膨胀土进行填筑。目前，膨胀土多用于公路、铁路路基及渠道渠坡填筑形成膨胀土边坡，如襄荆高速公路荆门段路堤膨胀土边坡长约21 km，南昆铁路广西田东和百色盆地的路堤膨胀土边坡共长约42 km，南水北调中线工程干渠涉及的膨胀岩土渠坡长约340 km，而膨胀土用于坝体填筑的工程较少，相应的研究也少见。

安徽霍丘淮河临淮岗工程土坝为1962年建成的均质坝，是临淮岗洪水控制工程，主坝长7.7 km，最大坝高17 m，南副坝长10.3 km，最大坝高10 m，坝体有多处纵横裂缝，最宽可达6 cm。为探明裂缝成因机制，需对坝体填筑土基本物理力学性质进行试验研究。在此基础上，研究坝体稳定问题与适宜的处理措施。

2　坝体填筑土物理力学性质研究

2.1　物质组成

临淮岗工程筑坝坝体土的颗粒粒径>0.075 mm 的占5%、0.075～0.005 mm 的占53%、<0.005 mm 的占42%、<0.002 mm 的占30%；矿物成分中，粒状矿物石英为25%～30%、长石为5%～10%，黏土矿物中，蒙脱石和蒙伊混层含量为30%左右、伊利石为15%～20%、高岭石为5%～12%；化学成分主要是 SiO_2、Al_2O_3、Fe_2O_3 三种氧化物，占总量的85%以上，阳离子交换量为24.36～32.40 cmol/kg，比表面积为208～312 m^2/g，pH 值为8.18～8.65，有机质含量为4.38～11.69 g/kg，胶结物中游离 SiO_2 含量为3.03～4.47 g/kg，游离 Al_2O_3 含量为6.30～11.10 g/kg，游离 Fe_2O_3 含量为11.87～21.31 g/kg。

2.2　胀缩特性

对筑坝的土料进行自由膨胀率试验，其 δ_{ef} 均值为53%，具弱膨胀性。根据膨胀土施工情况，配制5种不同状态的击实样进行胀缩试验：①最优含水率 w_{op}（21.3%），最大干重度 γ_{dmax}（16.5

作者简介：占世斌（1965—），男，硕士，高级工程师，主要从事水利水电勘察及建设管理工作。

kN/m³）；②最优含水率、最大干重度乘以 0.97 的压实系数；③最优含水率、最大干重度乘以 0.94；④较最优含水率高 2%时的相应干重度乘以 0.94；⑤较最优含水率低 2%时的相应干重度乘以 0.94。其中①样是标准状态，②和③样是考虑到施工压实不足时的情况，④和⑤样是考虑到现场施工时含水率有所变化的可能情况，试验压力为 0 kPa、25 kPa、50 kPa、75 kPa、100 kPa、150 kPa、200 kPa、250 kPa、300 kPa 时，试验表明，①至⑤状态下无荷载膨胀率 δ_e 平均分别为 3.42%、3.60%、3.85%、3.06%、8.23%，而且压力增大到 50 kPa 后，膨胀率显著减少，50 kPa 压力下的膨胀率 δ_{ep} 平均分别为 0.77%、0.88%、1.02%、0.15%、0.85%，平均减小 85%。击实样的膨胀力为 40 ~ 85 kPa。收缩试验表明，体缩率为 15% ~ 16%，线缩率为 3% ~ 4%，缩限为 9% ~ 11%。该类土具有较强的收缩特性。

2.3 抗剪强度

2.3.1 直剪试验

膨胀土原状样在 $w = 21\% \sim 24\%$、$\gamma_d = 15.6$ kN/m³ 的状态下，低应力（压力为 25 kPa、50 kPa、75 kPa、100 kPa）下的强度参数平均值 $c = 29$ kPa，$\varphi = 20.1°$；常规压力（压力为 100 kPa、200 kPa、300 kPa、400 kPa）下 $c = 37$ kPa，$\varphi = 18.5°$。可以看出，低压力下的 φ 角一般高于常规应力下的 φ 角，而 c 值则较高，低压应力下的抗剪强度相对较低。

为了探讨土坝在浸润曲线上下的强度变化趋势，对两种不同状态的试样进行饱和固结快剪与非饱和固结快剪的对比试验。试验表明，在压力为 100 kPa、200 kPa、300 kPa、400 kPa 时，第一种状态 $w = 21.3\%$、$\gamma_d = 16.5$ kN/m³，饱和后的 c 值降低 22%，φ 值降低 5%；第二种状态 $w = 21.3\%$，$\gamma_d = 15.5$ kN/m³，c 值降低 48%，φ 值降低 9%。

为研究膨胀土的膨胀作用对强度的影响，采用同一击实土样，一种直接进行未饱和快剪，另一种在使其充分吸水膨胀后再进行快剪试验。试验成果表明，在低压力下，当 $w = 21.3\%$、$\gamma_d = 16.5$ kN/m³ 时，吸水膨胀后 c 值降低 67%，φ 值降低 33%；不同状态的试样，膨胀作用对强度的影响不同，在较低含水率 $w = 19.3\%$ 的条件下，膨胀作用对强度的影响最大。

2.3.2 应力-应变关系的三轴试验

邓肯-张模型 8 个参数的试验成果见表 1。

表 1 邓肯-张模型参数试验值

序号	试验条件	$w/\%$	$\gamma_d/$ (kN/m³)	$c/$kPa	$\varphi/(°)$	n	k	R_f	F	G	D
1	CU	21.3	16.5	59	19.0	0.35	357	0.97	0	0.48	0
2	CU	21.3	16.5	40	17.0	0.35	357	0.97	0	0.48	0
3	CU	21.3	15.5	6	16.0	0.32	333	0.97	0	0.48	0
4	CU	21.3	15.5	9	16.0	0.39	255	0.96	0	0.48	0
5	CU	22.2	15.8	36	17.0	0.45	222	0.99	0	0.48	0
6	CD	21.3	16.5	26	22.0	0.35	264	0.93	0.084	0.200	0.050
7	CD	21.3	16.5	23	23.5	0.34	263	0.94	0.069	0.320	0.022
8	CD	21.3	15.5	21	20.0	0.27	210	0.99	0.059	0.320	0.030
9	CD	22.2	15.8	13	24.0	0.22	112	0.89	0.065	0.220	0.050

沈珠江模型主要有 k、n、c、φ、R_f、K_u、C_d、d、R_d 等 9 个参数，其主要参数试验成果汇总见表 2。

表 2　沈珠江模型主要参数试验值

状态	含水率 $w/\%$	干重度 $\gamma_d/$ (kN/m^3)	试验参数 k	卸荷参数 k_u	剪胀比 R_d	最大体应变 $C_d/\%$	幂次 D	凝聚力 c/kPa	内摩擦角 $\varphi/(°)$	破坏比 R_f
1	21.3	16.5	265	284	0.34	1.14	1.07	24	22.7	0.93
2	21.3	15.5	220	265	0.43	1.90	0.95	21	20.0	0.99
3	22.2	15.8	112	274	0.27	0.86	1.15	13	24.0	0.89

2.4　先期固结压力

为了确定坝基土的围压 σ_3，进行了先期固结压力 P_c 试验，取原状样进行垂直加压，压力为 25 kPa、50 kPa、100 kPa、200 kPa、400 kPa、800 kPa，试验结果如图 1 所示，由于初始孔隙比不同及其他因素，试验的 P_c 结果相差较大，可选取 $P_c = 100$ kPa 作为下文中数值分析的围压。

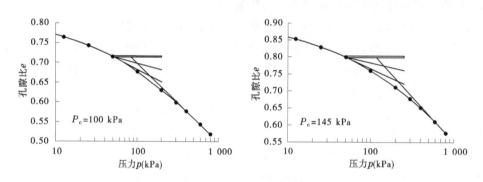

图 1　先期固结压力的确定

2.5　渗透变形

渗透变形试验做了 2 组，试验结果表明，第 1 组渗透破坏坡降 $I_p = 6.84$，破坏后渗透系数 $k = 0.87$ cm/s；第 2 组渗透破坏坡降 $I_p = 7.08$，$k = 2.0$ cm/s，两个试样的破坏形式均属管涌–流土型。

3　坝体培厚土料试验研究

3.1　填筑标准试验

工程区为膨胀土地区，外购满足要求的天然建材费用昂贵，需论证膨胀土的改良改性问题。试验时，根据不同状态下填土的膨胀性和强度特性，分析确定坝体培厚的填筑土含水率宜为 21%~22%，干重度宜取最大干重度乘以 0.97~0.94 的压实系数，即 15.5~16.0 kN/m³。

3.2　膨胀土掺石灰

将分解破碎的石灰按石灰和土的质量比 4∶100、6∶100、8∶100 加入过 5 mm 筛的风干土中，搅拌均匀，然后配成 21.3% 的含水率并夯实到干重度 16.5 kN/m³、16.0 kN/m³、15.5 kN/m³，进行膨胀率、膨胀力、饱和固结快剪试验，试验成果如表 3、表 4 所示。

可以看出，灰土膨胀势大为降低，在无荷载下，膨胀率 $\delta_e < 0.1\%$，膨胀力 $P_e = 8.4$ kPa；抗剪强度明显提高，$c = 182$ kPa，$\varphi = 41.3°$，与同状态下膨胀土饱和固结快剪相比，c 提高 4.6 倍，φ 提高 3.1 倍；掺石灰 4% 与 8% 比较，灰土的工程性质无明显区别，考虑施工拌和因素影响与工程安全问题，建议膨胀土性改良时可掺 6% 的石灰。

表 3　临淮岗膨胀土掺石灰击实样的膨胀率与膨胀力

石灰含量/%	$\gamma_d/(kN/m^3)$	$w_o/\%$	$w_1/\%$	e_0	$\delta_{ep}/\%$	P_e/kPa
4.0	16.5	21.0	22.3	0.637	0.085	11
	16.0	21.0	22.9	0.692	0.075	8
	15.5	21.0	23.3	0.735	0.055	7
8.0	16.5	20.9	23.6	0.643	0.081	9
	16.0	20.9	24.1	0.690	0.065	8
	15.5	20.9	24.6	0.744	0.052	7

注：w_o 为试前含水率；w_1 为试后含水率；e_0 为试前孔隙比。

表 4　临淮岗膨胀土掺石灰击实样的抗剪强度

石灰含量/%	$w/\%$	$\gamma_d/(kN/m^3)$	饱和固结快剪		与膨胀土饱和固结快剪比值	
			c/kPa	$\varphi/(°)$	c/c（未掺）	φ/φ（未掺）
4.0	21.3	16.5	222	42.2	3.7	3.1
		16.0	130	41.5	3.8	3.1
		15.5	135	38.7	4.5	2.9
6.0	21.3	16.5	202	43.0	3.4	3.2
		16.0	185	41.2	5.4	3.1
		15.5	180	39.5	5.8	3.0
8.0	21.3	16.5	202	43.0	3.4	3.2
		16.0	212	42.0	6.2	3.2
		15.5	176	41.2	5.7	3.1

4　结论

临淮岗工程筑坝坝体土细颗粒含量大，黏土矿物中蒙脱石和蒙伊混层含量高，具弱膨胀性和较强的收缩特性，是坝体裂缝发育的根本原因；不同情况下的力学试验表明，不同状态的试样，膨胀作用对强度的影响不同，对坝体稳定也有着直接影响；渗透变形试验表明其破坏形式为管涌-流土型；采用邓肯-张模型和沈珠江模型都表明，坝体整体处于稳定状态，在坝顶或坝坡的局部部位出现拉应力，沿上游坡浅部的安全系数低，不能满足稳定要求，需进行培厚填筑处理；灰土膨胀势大为降低，无荷载膨胀率 $\delta_e < 0.1\%$，膨胀力 $P_e = 8.4$ kPa；抗剪强度明显提高，$c = 182$ kPa，$\varphi = 41.3°$，与同状态下膨胀土饱和固结快剪相比，φ 提高 3.1 倍，c 提高 4.6 倍；掺石灰 4% 与 8% 比较，灰土的工程性质无明显区别，考虑施工拌和因素影响与工程安全问题，建议膨胀土性改良时可掺 6% 的石灰。

参考文献

［1］蔡耀军. 膨胀土渠坡破坏机理及处理措施研究［J］. 人民长江，2011，42（22）：5-9.

［2］包承纲. 南水北调中线工程膨胀土渠坡稳定问题及对策［J］. 人民长江，2003，34（5）：4-6.

［3］张春燕，赵峰. 弱膨胀土筑堤碾压试验研究［J］. 人民长江，2011，42（16）：80-82，88.

［4］王明甫，程钰. 石灰改性膨胀土强度的室内试验研究［J］. 人民长江，2010，41（6）：71-73，77.

［5］卢再华，陈正汉. 膨胀土干湿循环胀缩裂隙演化的 CT 试验研究［J］. 岩土力学，2002，23（4）：417-422.

［6］边加敏. 压实弱膨胀土变形干湿循环效应试验研究［J］. 长江科学院院报，2017，34（9）：127-131，136.

［7］曾召田，吕海波. 膨胀土干湿循环效应及其对边坡稳定性的影响［J］. 工程地质学报，2012，20（6）：934-939.

［8］林友军，薛丽皎. 石灰–粉煤灰改良汉中膨胀土试验研究［M］. 陕西理工学院学报，2010，26（1）：36-38.

［9］蔡耀军，阳云华，等. 南水北调中线膨胀土工程地质［M］. 武汉：长江出版社，2016.

［10］土工试验方法标准：GB/T 50123—2019［S］. 北京：中国计划出版社，2019.

基于 DIC 技术的混凝土早期收缩开裂测试方法

喻　林[1]　杨若然[1]　刘春超[1]

（河海大学力学与材料学院，江苏南京　210098）

摘　要： 采用传统接触式和非接触式数字图像相关法（DIC）测试了混凝土的早期干缩性能。通过对比 DIC 技术与传统测试方法在基本原理及试验上的区别，研究了两种纤维混凝土早期干燥收缩非均匀变形过程。结果表明，传统接触式测试和非接触式 DIC 技术对两种单掺纤维混凝土的试验，均可证明纤维的掺入可减缓混凝土早期干燥收缩开裂；DIC 技术可从应力应变角度准确直观说明单掺玻璃纤维早期抗干燥收缩和抗裂性能更佳。

关键词： DIC 技术；平板法；混凝土；收缩开裂；非均匀变形

1　引言

混凝土的早期收缩开裂，是导致混凝土早期裂缝最常见的原因[1-3]。传统测试混凝土收缩的方法一般分为接触式和非接触式[4]。其中固定接触式是最为常用的方法[5]，其优点在于可随时读数，但对于早期强度不高的混凝土，所测变形不够精准。在测试混凝土的早期开裂时，一般采用平板法[6]，因试件所受约束作用不完全且不均匀，使得试验结果无明显规律，难以对混凝土的开裂进行准确合理的评价[7-8]。

随着科技的进步，数字图像相关法（Digital Image Correlation，DIC）[9-10] 作为一种非接触式测量方法应运而生。此方法不仅精度和灵敏度高[11]，而且能获得全场三维位移分布，通过与扫描电镜等图像采集设备相结合，可以进行宏观、细观甚至微观尺度的变形计算[12]。近年来，有许多学者将 DIC 技术应用于混凝土的收缩开裂过程研究。例如：高建新等[13] 最早将 DIC 技术应用于混凝土自身体积变形及裂缝扩展测试；Zhao 等[14] 利用 DIC 技术研究了混凝土因塑性收缩而引起的开裂情况以及开裂全过程；Srikar 等[15] 将 DIC 技术应用于高温后混凝土的应变测试和裂缝开展过程的监测。

本文采用传统接触式与 DIC 非接触式光学测试方法对普通混凝土、玻璃纤维和聚丙烯纤维混凝土的早期收缩开裂性能进行测试比对，以验证 DIC 技术的可行性与可靠性。

2　试验方案

2.1　原材料及配合比

原材料：水泥采用 P. O 42.5 级水泥；砂为机制砂，细度模数 3.1，表观密度 2 720 kg/m[3]；粗骨料级配为 5~25 mm 连续粒级，表观密度 2 710 kg/m[3]；粉煤灰采用 F 类 I 级粉煤灰，矿粉为 S95 矿粉，化学组成见表 1；减水剂为 JDY-8H 聚羧酸高性能减水剂；拌和用水采用自来水；纤维为长 15 mm 的玻璃纤维和聚丙烯纤维，性能参数见表 2。混凝土强度等级为 C30，根据《普通混凝土配合比设计规程》（JGJ 55—2011）进行配合比计算，水胶比 0.37，控制坍落度为（160±20）mm。本文以基准配合比混凝土的开裂情况为基准组，按 0.05%、0.1%、0.15%（体积比）掺入玻璃纤维和聚丙烯纤维，混凝土配合比见表 3。

作者简介： 喻林（1972—），男，副教授，主要研究方向为水工新材料、工程质量检测、安全鉴定等。

表1　粉煤灰及矿粉化学组成

%

组成	SiO_2	Al_2O_3	Fe_2O_3	CaO	MgO	SO_3	Na_2O	K_2O	烧失量
粉煤灰	50.8	28.1	6.2	3.7	1.2	0.8	1.2	0.6	7.9
矿粉	33.98	15.22	0.62	36.91	9.27	1.81	0.39	0.41	1.24

表2　纤维性能参数

名称	长度/mm	原丝直径/μm	密度/(g/cm³)	弹性模量/MPa	抗拉强度/MPa	断裂伸长率/%	软化点/℃
玻璃纤维	15	10	2.6	80 000	1 800	2.4	860
聚丙烯纤维	15	32.7	0.91	4 240	469	28.4	169

表3　混凝土配合比

单位：kg/m³

编号	水泥	粉煤灰	矿粉	机制砂	石子	水	玻璃纤维	聚丙烯纤维	减水剂
JZ	306	61	41	748	1 120	150	0	0	8.0
F1&P1	306	61	41	748	1 120	150	1.2	0.45	8.0
F2&P2	306	61	41	748	1 120	150	2.4	0.9	8.0
F3&P3	306	61	41	748	1 120	150	3.6	1.35	8.0

2.2　测试方法

2.2.1　传统接触法

（1）参考《水工混凝土试验规程》（SL/T 352—2020）的相关规定，对混凝土试件进行干燥收缩性能和平板法抗开裂性能试验。每组成型 3 个试件（规格为 100 mm×100 mm×515 mm 的棱柱体），成型后进行标准养护，3 d 时测定其初始长度，按照设计龄期测试长度变化值，计算干燥收缩率。

（2）采用平板法测试混凝土的早期抗裂性能，试件尺寸为 800 mm×600 mm×100 mm。在（24±0.5）h 时测试抗裂指标，以总开裂面积 A_f 评价其抗裂性能。观测仪器为 MG10085-1A 100X 读数显微镜（见图 1），试件成型见图 2。

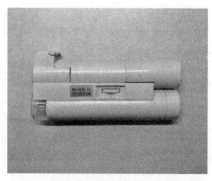

图1　读数显微镜

图2　平板法试件成型

2.2.2 DIC 技术

采用 DIC 光测方法对混凝土表面应变进行测试与计算，实时监测混凝土的非均匀应变。

（1）设备组成及测试步骤。

设备组成：

①图像采集系统。由组装在横向支架上的两台型号相同的相机组成，选用 Nikon IF Aspherical MACRO（1：2）φ72 非球面镜头。

②分析处理系统。由 PC 及图像传感器组成，用于对采集到的图像进行分析并处理，选用 Point-Grey CCD 图像传感器，分辨率为 2 448×2 048 pixel。

③照明系统。由 LED 补光灯组成，在光学测试的过程中，保证镜头中光照充足及拍摄视野完整。

3D-DIC 测量系统装置硬件示意图如图 3 所示。

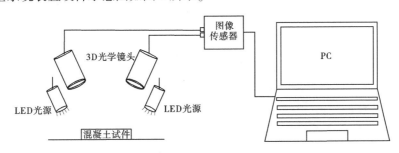

图 3　3D-DIC 测量系统装置硬件示意图

试验步骤：

①从标准养护室中取出试件后进行制斑并放到 3D-DIC 系统测试区域，试验环境为：温度（20±2）℃，相对湿度（60±5）%，试件与照相机光轴保持垂直。

②通过 PC 设置每 3 min 自动拍照 1 次，获得 1~7 d 混凝土表面散斑图，通过 DIC 技术计算全场应变场，获得应变云图。

（2）试验基本原理。

DIC 是一种测量物体表面全场变形的光学技术。测试过程中，系统收集散斑图中的全部特征点，并将其定义为坐标原点，将待测区域不断拆分，形成许许多多的子区域。在整体的待测图像中，各区域的灰度有所区别，利用不同灰度值代表各子区域，依靠 DIC 技术对比混凝土干燥收缩前后的图片，根据子区域追踪前后位移变化，以获得子区域坐标原点的相对位移。按照以上方法，将区域内其他全部像素点进行同时计算，综合所得数据获得区域内的总位移场。

在参考图像中，选择某个像素点 $P（x_0，y_0）$，并将此点定义为原点，选择长和宽皆为（2M+1）pixel 的正方形作为目标子区域，并确定该子区域在试件变形后图像中的位置，$P（x_0，y_0）$ 表示变形前位置，$P'（x_0'，y_0'）$ 对应变形后位置（见图 4），然后在目标图像中进行相关公式的代入计算。将目标子区域原点和参考子区域原点在平面坐标系的两个方向的坐标作差，所得结果就是待求点 $P（x_0，y_0）$ 的位移矢量 u 和 v，即 $P'（x_0'，y_0'）=（x_0+u，y_0+v）$，最后通过计算每个网格节点的位移得到全场位移。

为了保证变形后照片观测子区 $P'（x_0'，y_0'）$ 与 $P（x_0，y_0）$ 相对应，需对变形前后子区灰度的相关性进行分析，利用函数"零值归一化互相关标准"，按式（1）、式（2）和式（3）计算：

$$\vec{f} = \frac{1}{(2m+1)^2} \sum_{i=-M}^{M} \sum_{j=-M}^{M} f(x_i, y_i) \tag{1}$$

$$\vec{g} = \frac{1}{(2m+1)^2} \sum_{i=-M}^{M} \sum_{j=-M}^{M} g(x_i+u, y_i+v) \tag{2}$$

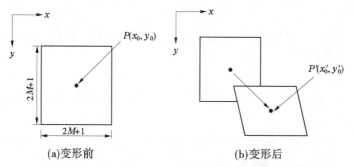

(a)变形前　　　　　　　　(b)变形后

图 4　试件变形前后目标图像子区域示意图

$$C(u,\ v) = \frac{\sum\limits_{i=1}^{M} \left[f(x_i,\ y_i) - \vec{f} \right] \left[g(x_i + u,\ y_i + v) - \vec{g} \right]}{\sqrt{\sum\limits_{i=1}^{M} \left[f(x_i,\ y_i) - \vec{f} \right]^2} \sqrt{\left[g(x_i + u,\ y_i + v) - \vec{g} \right]^2}} \qquad (3)$$

式中：m 为散斑数量；i 为序列数；$f(x_i,\ y_i)$ 为试件收缩前某一区域灰度；u 为 x 轴上位移；v 为 y 轴上位移；$g(x_i+u,\ y_i+v)$ 为试件收缩后所对应区域灰度。

在平面应变状态分析中的 ε_x、ε_y、ε_{xy}、ε_{yx} 相当于应力状态中的 σ_x、σ_y、τ_{xy}、τ_{yx}，任意一点的应变都会有一个主方向，沿此主方向不存在切应变而只存在正应变，且三向垂直，此方向上的应变称为主应变。根据数值大小区分最大、最小主应变，其中，最大主应变 e_1 和最小主应变 e_2 按式（4）和式（5）分别计算：

$$e_1 = \frac{\varepsilon_x + \varepsilon_y}{2} + \sqrt{\left(\frac{\varepsilon_x - \varepsilon_y}{2}\right)^2 + (\varepsilon_{xy})^2} \qquad (4)$$

$$e_2 = \frac{\varepsilon_x + \varepsilon_y}{2} - \sqrt{\left(\frac{\varepsilon_x - \varepsilon_y}{2}\right)^2 + (\varepsilon_{xy})^2} \qquad (5)$$

式中：e_1 为最大主应变；e_2 为最小主应变；ε_x 为 x 轴上的应变；ε_y 为 y 轴上的应变；ε_{xy} 为 xy 平面上的应变。

其中最大、最小主应变分别与最大主应力 σ_1 和最小主应力 σ_2 相互对应。

（3）试件表面散斑。

运用 DIC 技术测试混凝土表面非均匀变形时，试件须经过散斑才能够获得相应的应变场。散斑是一个信息载体，通过散斑的变化来计算出混凝土的变形情况，同时须保证散斑覆盖的随机性与均匀性。常用的方法是采用喷漆的方式制作人工散斑，预处理散斑前后对比见图 5。

(a)制斑前　　　　　　　　(b)制斑后

图 5　预处理散斑前后对比

3　试验结果与分析

3.1　传统接触法测试结果

对干燥养护条件下混凝土 1 d、3 d 和 7 d 干燥收缩率和 1~7 d 开裂总面积进行测试，试验结果如

图6、图7所示。

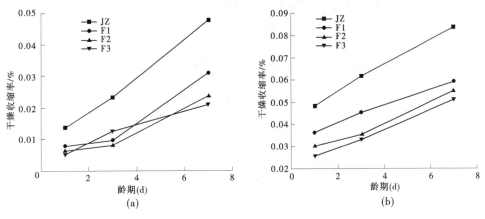

图6 纤维对混凝土早期收缩率的影响

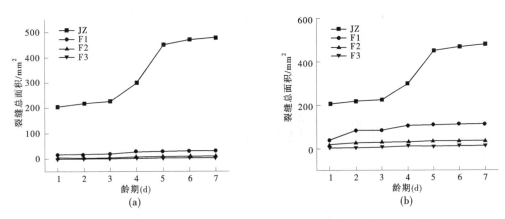

图7 纤维对混凝土早期抗裂性能的影响

从图6可以看出，单掺玻璃纤维的体积掺量由0.05%变化到0.15%的过程中，3个时间节点的干燥收缩率均较基准组出现了明显的降低。纤维对混凝土干燥收缩在前7 d均有明显的抑制作用，以单掺玻璃纤维效果最佳。纤维在混凝土基体中形成了无序的网状结构体系，这种体系会阻挡基体水分的散失，同时可以改善混凝土的内部孔结构，约束了内部胶凝材料的干燥收缩变形，降低其收缩应力。

从图7可以看出，当纤维体积掺量从0.05%增加到0.15%时，混凝土抗裂性能随龄期的增加呈上升趋势，裂缝总面积较基准组减小96.9%。这是因为纤维在水泥砂浆中呈三维乱向分布，降低了骨料的下沉幅度，改善了砂浆离析现象，能够很好地延缓混凝土表面的开裂。另外，纤维的掺入可以抵消部分胶凝材料的内应力，提高了基体的抗拉强度。

3.2 基于DIC技术测试结果

3.2.1 混凝土最大主应变

采用DIC技术测试分别得到基准混凝土和纤维混凝土1~7 d最大主应变云图，如图8和图9所示。

从图8可以看出，基准混凝土最大主应变宽度范围为$-1.41~0.28$ με（负应变代表收缩应变，正应变代表拉伸应变），收缩应变和拉伸应变虽然分布不均匀，但位置基本固定。

对于收缩应变而言，颜色越偏向紫色、越深，则应变越大。在混凝土的早期干燥收缩过程中，随着龄期的增加，局部区域的干燥收缩应变增大，直至呈现大面积紫色，整体表面云图逐渐均匀。应变的发展是渐进累积的过程，较大的砂浆收缩使得混凝土内部产生了微裂缝，出现表面开裂的趋势。

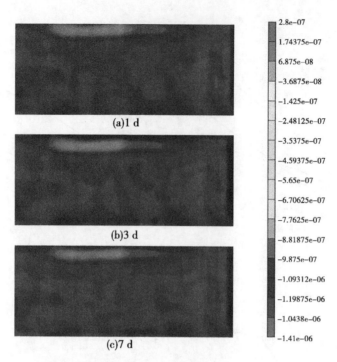

图 8　基准混凝土 1~7 d 干燥变形最大主应变云图

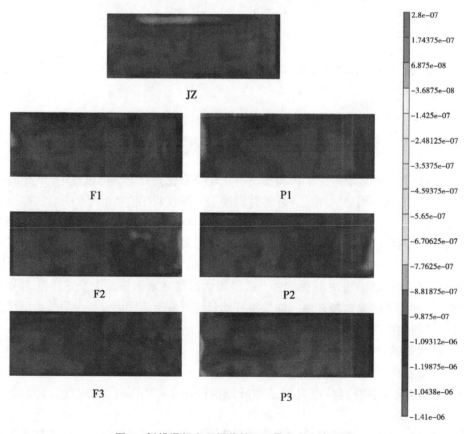

图 9　纤维混凝土干燥收缩 7 d 最大主应变云图

从图 9 可以看出，当纤维的体积掺量从 0.05% 到 0.15% 变化时，其 7 d 的最大主应变云图代表收缩应变的紫色区域越来越分散且面积呈递减的趋势。整体表面云图逐渐均匀，表明收缩应变区主要位于砂浆区域，随着纤维的增加，混凝土的表面应变越来越小。

3.2.2 混凝土最小主应变

同样采用DIC技术测试分别得到基准混凝土和纤维混凝土1～7 d最小主应变云图，如图10和图11所示。

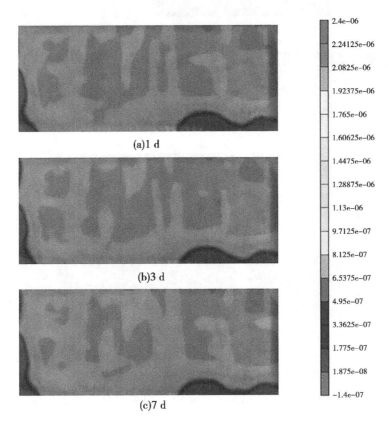

(a)1 d

(b)3 d

(c)7 d

图10 基准混凝土1～7 d干燥变形最小主应变云图

图中红色区域代表正向收缩应变，紫色区域代表负向拉伸应变，其中收缩应变较小的黄、绿色区域较为普遍也相对均匀，而应变较大的红色区域相对分散。随着龄期的增加，红色区域更为明显、集中，且红色区域均位于粗骨料之间砂浆区域的中部。由图10可以发现，第二主应变图中出现了代表较大收缩应变的红色区域，在混凝土全场干燥非均匀变形的过程中，最小主应变宽度范围为−0.14～2.4 $\mu\varepsilon$，与最大主应变类似，混凝土内部同时存在分布不均匀但位置基本固定的收缩应变以及拉伸应变。

从图11可以看出，当纤维的体积掺量从0%到0.15%变化时，其7 d的最大主应变云图代表尚未发生收缩变形的砂浆红色区域越来越分散，且面积呈递减的趋势。混凝土中的骨料会约束砂浆的收缩，粗骨料周围砂浆受到的约束较大，使得其干燥收缩较小，而远离粗骨料边缘的砂浆干燥收缩较大。但粗骨料体积较大时，粗骨料间的胶凝材料包裹层厚度会不断降低，砂浆区域所受的粗骨料约束不断增大，导致黄、绿色区域增多，代表收缩应变较大的红色区域随之减少。而随着纤维掺量的增加，代表着收缩应力深红色区域和代表着负向拉伸应变的紫色区域面积都在减少甚至消失，收缩应变较小的黄、绿色区域较为普遍也相对均匀，从而减小了混凝土开裂的风险。

4 结论

（1）传统接触式测试方法，可从数据角度显示出基准组混凝土及单掺纤维混凝土在干燥收缩率和裂缝总面积上的变化，但测试结果存在主观性判断误差。

（2）采用DIC光测技术测试混凝土表面应变的变化趋势与传统接触式方法测试结果变化趋势基本一致，可用于混凝土的早期收缩应变变形研究。

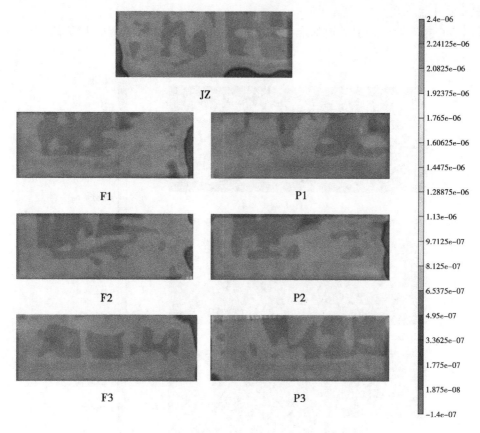

图 11　单掺纤维混凝土干燥收缩 7 d 最小主应变云图

（3）在混凝土中单掺玻璃纤维和聚丙烯纤维，可改善混凝土早期应力应变状态，降低混凝土的表面主应变，且以单掺玻璃纤维效果更佳。

参考文献

［1］胡曙光，吴革森．防治水泥混凝土路面早期开裂的研究［J］．公路交通科技（应用技术版），2009，5（9）：15-17.

［2］刘雪，郭远臣，王雪，等．混凝土裂缝成因研究进展［J］．硅酸盐通报，2018，37（7）：2173-2178.

［3］张勇，李明，刘永胜，等．高温入模条件下侧墙结构混凝土早期收缩裂缝控制技术研究［J］．混凝土与水泥制品，2020（3）：15-18，23.

［4］普通混凝土长期性能和耐久性能试验方法标准：GB/T 50082—2009［S］.

［5］水工混凝土试验规程：SL/T 352—2020［S］.

［6］曹立学，郭君华，张磊，等．混凝土早期抗裂性能测试方法综述［J］．硅酸盐通报，2020，39（10）：3078-3089.

［7］罗宏，吕乐阳，崔宏志．混凝土早期抗裂性评估方法及研究进展［C］//中冶建筑研究总院有限公司，2020 年工业建筑学术交流会论文集（上册）．中冶建筑研究总院有限公司，工业建筑杂志社，2020：8.

［8］王景贤，赵珏，崔强，等．混凝土收缩和开裂试验方法研究进展［J］．工程质量，2020，38（12）：68-72.

［9］Sutton M A, Mcneill S R, Helm J D, et al. Advances in two-dimensional and three-dimensional computer vision［J］. Topics Appl Phys, 2000, 77: 323-372.

［10］Sutton M A, Wolters W, Peters W, et al. Deter mination of displacements using an improved digital correlation method［J］. Image Vis Comput, 1983（1）：133-139.

［11］陈州，杜新喜，张慎，等．基于数字图像相关技术测量刨花板材料力学参数［J］．工程力学，2020，37（12）：68-77.

［12］李彦豪．数字图像相关方法（DIC）在材料力学实验中的应用研究［D］．厦门：厦门大学，2019.

［13］高建新，周辛庚，章玮宝，等．用数字图像法测量砼成形早期的变形特性［J］．实验力学，1996，11：334-338.

［14］Zhao P, Attila M, Michelle R, et al. Using digital image correlation to evaluate plastic shrinkage cracking in cement－based materials ［J］. Construction and Building Materials, 2018, 182：108-117.

［15］Srikar G, Anand G, Prakash S S. A Study on residual compression behavior of structural fiber reinforced concrete exposed to moderate temperature using digital image correlation ［J］. International Journal of Concrete Structures & Materials，2016，10：75-85.

"水中高锰酸盐指数的测定"能力验证项目分析

万晓红 李 昆 吴文强 吴艳春 金玉嫣 甘 霖

（中国水利水电科学研究院，北京 100038）

摘 要：检验检测能力是水质监测机构的基本能力，是为科学研究、行业管理、政府决策出具科学、准确、公正数据的基础。本文从能力验证获得的数据、评价结果、检测能力和检测技术等几个方面，对检验检测机构能力验证"水中高锰酸盐指数的测定"项目进行全面分析，结果发现水利系统水质监测机构具有较好的高锰酸盐指数检测能力，可为我国水资源的有效管理提供科学、有效的数据支持。同时，也对高锰酸盐指数检测过程中可能存在的影响因素进行了分析，为水质监测机构检测能力的进一步提升提供技术支撑。

关键词：检验检测；能力验证；高锰酸盐指数

1 研究背景

水资源是人类日常生活和社会不断发展的必要能源，我们不仅需要数量充足的生产生活用水，还对水资源的质量和安全有着较高的要求。因此，水质监测在水资源管理过程中是必要的，其重要性不可忽视。检验检测能力是水质监测机构的基本能力，是为科学研究、行业管理、政府决策出具科学、准确、公正数据的基础。了解和提升水质监测机构的检测能力，也是行业管理的重要职责。

高锰酸盐指数是水质监测中一项重要的监测指标，可在一定程度上反映地表水、地下水和饮用水的水质污染状况。因此，提高对高锰酸盐指数测定的检测能力，对水资源管理部门及时准确了解区域江河湖库污染、地下水污染潜在风险、饮用水水质等具有重要意义。选择水中高锰酸盐指数的测定进行全国检验检测机构能力验证，旨在了解水利系统水质监测机构以及国内其他行业检验检测机构水中高锰酸盐指数检测能力的整体水平，识别和掌握水利系统水质监测机构与其他行业检验检测机构间存在的差异，加强水利系统水质监测能力和质量管理水平。

2 研究内容

本次能力验证项目依据《合格评定能力验证的通用要求》（GB/T 27043—2012）［等同采用《合格评定能力验证的通用要求》（ISO/IEC 17043—2010）］、《检验检测机构能力验证实施办法》、《利用实验室间比对进行能力验证的统计方法》（ISO 13528：2015）、《化学量测量比对技术规范》（JJF 1117.1—2012）、《标准物质定值的通用原则及统计学原理》（JJF 1343—2012）、《能力验证结果的统计处理和能力评价指南》（CNAS—GL002：2018）和《能力验证样品均匀性和稳定性评价指南》（CNAS—GL003：2018）的要求，随机向全国 970 家检验检测机构发放不同浓度的样品 970 对，经过限定时间的检测，收集检测结果，并对结果数据进行统计、分析和评价，进而对检验检测机构相关能力进行分析。

作者简介：万晓红（1978—），女，正高级工程师，主要从事水生态环境研究、水质监测质量管理及标准化研究。

3 数据结果分析

3.1 检测结果分析

能力验证样品的指定值是能力评价的重要基础，项目组将收到的近 2 000 个数据进行分组统计分析，以获得本次能力验证样品的指定值。

项目组在技术分析剔除异常值的基础上，绘制数据的结果分布图，见图 1~图 4。结果分布图表明，本次能力验证回收的结果总体单峰特征明显，近似对称或对称，可以采用迭代稳健统计方式进行数据处理。

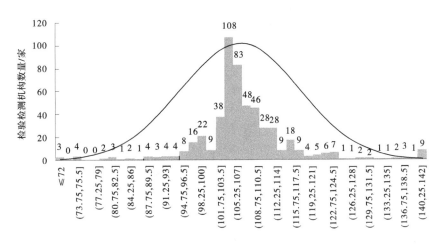

图 1　样品 1 检测结果统计直方图

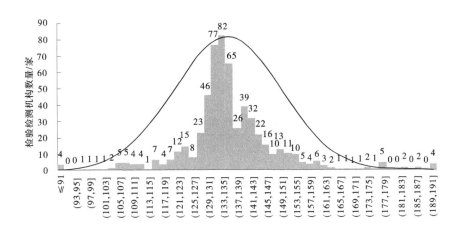

图 2　样品 2 检测结果统计直方图

3.2 检测结果的统计

本次能力验证共有 970 家检验检测机构报名参加检测，在规定期限内，除机构代码为 1260 的实验室因疫情未能提交结果，剩余的 969 家机构均按照要求反馈了检测结果。其中机构代码为 1191、2053、2084、2108、2123、2175、2204、2205、2246、2280、2293、2324、2329、2334、3030 共 15 家机构没有按照作业指导书要求报送结果，为异常数据，在进行结果统计时将其结果予以剔除，各浓度水平样品参与统计结果见表 1。

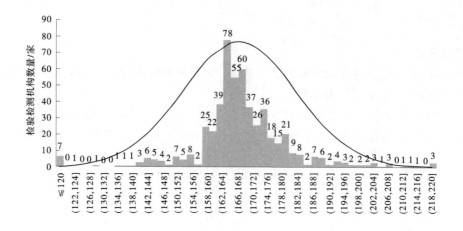

图 3 样品 3 检测结果统计直方图

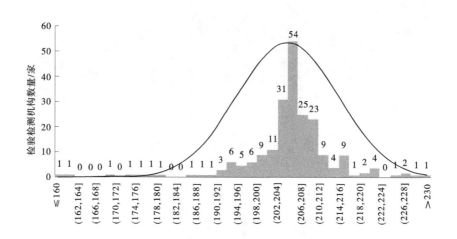

图 4 样品 4 检测结果统计直方图

表 1 各浓度水平样品参与统计结果

序号	项目	样品 1	样品 2	样品 3	样品 4
1	反馈结果机构数/家	556	603	557	222
2	剔除数据机构数/家	8	9	9	4
3	参加统计机构数/家	548	594	548	218
4	稳健平均值/(mg/L)	107	136	170	206
5	稳健标准差/(mg/L)	6.40	9.20	9.18	5.62
6	最小值/(mg/L)	56.8	69.5	63.2	141
7	最大值/(mg/L)	190	216	242	235
8	极差/(mg/L)	133	147	179	94

3.3 指定值的确定

依据《利用实验室间比对进行能力验证的统计方法》（ISO 13528：2015），将各检验检测机构检测结果进行汇总，在专业判断剔除异常值后制作检测结果的分布图，图形呈近似对称或对称单峰分布，故可采用国际比较通用的迭代稳健统计技术进行分析，即采用迭代稳健统计分析方法获得结果的稳健平均值和标准差的稳健值，充分减少极端结果对结果稳健平均值和标准偏差稳健值的影响。根据专家评议，确定各浓度水平样品的稳健平均值为本次考核该样品的指定值，见表2。

表2 能力验证样品指定值信息

项目	样品1	样品2	样品3	样品4	基体
高锰酸盐指数/（mg/L）	107	136	170	206	H_2O

注：表中样品浓度为安瓿瓶中浓度。

4 评价结果分析

4.1 单个样品能力评价

本次能力验证的能力评价方法采用《地下水环境监测技术规范》（HJ/T 164—2004）中给出的高锰酸盐指数实验室间准确度范围（见表3），即百分相对差 $D\% = (x-X)/X×100$，这里 x 是参加者的结果值，X 为指定值，当结果满足 $|D\%| ≤20\%$ 时，结果为满意；当结果满足 $|D\%| >20\%$ 时，结果为不满意。

表3 准确度范围

项目	样品含量范围/（mg/L）	实验室间准确度/%	适用的监测分析方法
高锰酸盐指数	>2.0	≤20	酸性法、碱性法

4.2 双样综合能力评价

本次能力验证采用双样分组设计，检验检测机构最终能力评价结果采用综合评价方法，即当两个样品的评价结果均满足 $|D| ≤20\%$ 时，结果为满意；当两个样品的任一评价结果满足 $|D| >20\%$ 时，结果为不满意。经综合评价，结果满意的机构共885家，占参加机构总数的91.3%；结果不满意的机构84家，占参加机构总数的8.7%。水利系统水质监测机构共312家参加，满意机构306家，不满意机构6家，满意率98.1%，明显高于整体满意率。

5 行业检测能力分析

本次能力验证参加的检验检测机构主要涉及水利、供排水、环境监测、疾控、质检、海关等多行业，还有第三方监测公司和科研院所的检测机构。通过对满意率的分析，发现水利系统监测机构不满意率最低，为1.9%，由此可见，水利行业的检测机构相对其他行业，其整体检测能力较强，检测水平较高，这与水利行业多年的水质监测质量管理工作是分不开的。

从2010年至今，水利部陆续印发关于加强水质监测质量管理的相关文件和制度，如《关于加强水质监测质量管理工作的通知》（水文〔2010〕169号）、《水质监测质量管理监督检查考核评定办法》等七项制度（水文质〔2011〕8号）、《水质监测质量管理监督检查考核评定办法》等七项制度（2015年修订版）（水文质〔2015〕101号）、《关于开展2017年度水质监测质量管理工作的通知》（水文质〔2017〕18号）、《关于进一步确保水质监测数据质量问题的通知》（办水文〔2017〕197号）、《关于印发2018年水质监测质量管理监督检查实施方案和水利系统水质监测能力验证方案的通知》（水文质函〔2018〕12号）、《水利部水文司关于做好水质监测质量与安全管理工作的通知》（水文质函〔2019〕14号）、《水利部办公厅关于开展2019年水利系统水质监测能力验证工作的通知》

（办水文〔2019〕77 号）等，在规范和统一管理制度与方法的基础上，采用分级管理的形式，对各级水质监测机构检测质量进行严格管理和定期评比，保证了检测质量和监测水平的不断提高。

水利系统分别在 1991 年、2011 年、2014 年、2017 年和 2020 年以质控考核和能力验证的形式对水中高锰酸盐指数进行了测定，测定合格率和参加机构数见表 4。

表 4　水利系统历年考核情况一览表

序号	考核时间	评价内容	高锰酸盐指数	参加实验室数
1	1991 年	浓度值/(mg/L)	2.03	152 个
		合格率/%	87	
2	2011 年	浓度值/(mg/L)	2.23~3.04	220 个
		合格率/%	87	
3	2014 年	浓度值/(mg/L)	2.20~4.63	288 个
		合格率/%	96	
4	2017 年	浓度值/(mg/L)	1.44~3.11	297 个
		合格率/%	91	
5	2020 年	浓度值/(mg/L)	2.14~4.12	312 个
		合格率/%	98	

从表 4 中可以看出，水利系统通过多年的能力建设，使得水质监测实验室数量呈现上升趋势，由 20 世纪 90 年代的 152 个增加到 312 个，数量增加 1 倍多。注重实验室建设的同时，也不断加强人员检测能力的锻炼，多次举办全国性考核与能力验证工作，使得水利系统水质监测能力不断提高，就高锰酸盐指数测定这一项的合格率由 87% 提高到现在的 98%，为水利系统水质监测奠定了坚实的基础。

6　检测技术分析

水中高锰酸盐指数的测定作为水质监测中开展频次较高的检测项目，大部分涉水检测实验室都具备此项目的检测能力。但从本次能力验证的反馈结果可以看出，此项目影响检测结果的因素较多，在有效反馈结果数据的检验检测机构中，有 7.2% 的机构存在问题，本次出现不满意结果的原因可能来自以下几个方面。

6.1　实验条件的影响分析

高锰酸盐指数是反映水中有机污染物和可氧化性无机污染物的常用指标。但高锰酸钾并不能氧化样品中的全部可氧化污染物，高锰酸盐指数仅能反映在一定实验条件下样品中的可氧化污染物的含量。因此，高锰酸盐指数的测定属于条件实验，测得的结果与实验条件密切相关，一旦实验条件发生变化，所测得的高锰酸盐指数就可能变化。实验条件包括取样量、$KMnO_4$ 标准溶液浓度、水浴条件、空白值、滴定过程控制等[1-3]。

6.1.1　取样量的影响

取样量过小，$KMnO_4$ 的量相对较大，将使测定结果偏高；取样量过大，反应液体系的氧化能力不足，将使测定结果偏低。根据标准要求，样品量以加热氧化后残留的 $KMnO_4$ 为其加入量的 1/2 ~ 1/3 为宜。在实际测定时，对于需要稀释的样品，取样量应按照回滴过量 $Na_2C_2O_4$ 标准溶液时消耗的

$KMnO_4$ 标准溶液的体积在 3~6 mL 确定，即样品高锰酸盐指数应在 2.0~4.0 mg/L，这样既能保证反应体系中有足够的氧化能力，又能减少滴定误差。

6.1.2 $KMnO_4$ 标准溶液浓度的影响

$KMnO_4$ 标准溶液的浓度对空白值、K 值和样品测定结果影响非常大。当其浓度过低时，会增加滴定量，使滴定时间过长，体系温度过低，可能会使反应进行不完全，结果偏低；当其浓度过高时，在空白实验中，加入的 $Na_2C_2O_4$ 标准溶液不能完全还原剩余的 $KMnO_4$，溶液的颜色仍呈紫红色，无法进行回滴；此外，$KMnO_4$ 标准溶液浓度较高时，不利于滴定终点的掌握，容易造成滴定过量，导致误差增大。

6.1.3 水浴加热条件的影响

水浴加热条件主要包括水浴加热时间和温度、水浴液面高度。水浴加热时间和温度能直接影响氧化还原反应的最终效果，若水浴加热时间不足，将会导致反应不充分，使测得的高锰酸盐指数偏低；反之，若水浴加热时间过长，将会使测得的高锰酸盐指数偏高。当出现水温低于沸点时，可通过适当延长水浴加热时间来进行修正。同时，实际操作时还应根据水浴锅功率、散热情况、室温等实际情况合理调整水浴加热时间。

对于水浴液面高度，主要控制两个方面：一是水浴液面应高于样品溶液液面，防止加热过程中样品反应体系受热不均；二是需要考虑整个实验过程中由于蒸发损失导致的水浴液面下降。因此，水面高度应按照样品数量和整个实验时间留有一定的裕量，保证水浴液面的高度。

6.1.4 空白试验的影响

高锰酸盐指数的计算一种是直接测定法，采用不稀释的公式；当高锰酸盐指数较大时，样品需要稀释，采用稀释公式。采用稀释公式的目的主要是减去稀释水的空白值，从而减少测定误差。实际水样分析时，可按照是否稀释代入相应的公式进行计算；同样，在分析高锰酸盐指数标准物质时，也应根据证书要求代入相应的公式进行计算。

6.1.5 滴定过程的影响

（1）滴定温度的影响。$Na_2C_2O_4$ 在高于 90 ℃ 时会发生分解，因此样品从水浴锅取出后不能立即加入 $Na_2C_2O_4$，应稍微冷却 10~20 s 后再加入 $Na_2C_2O_4$ 标准溶液，此时溶液的温度一般在 80 ℃ 左右，方可进行滴定操作。

（2）滴定速度的影响。一般分析项目的滴定操作应遵循"成滴不成线"的原则，滴定速度越慢越有利于反应充分进行。但对于高锰酸盐指数的测定，$KMnO_4$ 与 $Na_2C_2O_4$ 的反应在 60~80 ℃ 的温度范围内才能正常进行；若反应温度低于 60 ℃，则反应速度进行缓慢，影响定量。因此，滴定操作时间不宜过长，须在 2 min 内完成。

6.2 标准物质的影响

标准物质和标准溶液是定量检测的基准，标准物质和标准溶液失效、不准确或配置方法不规范都将导致检测结果离群或可疑。标准物质的计量溯源性非常重要，应使用有效期内且按要求保存的有证标准物质；同时在配制基准溶液时，应考虑基准标准物质的纯度、操作的正确规范性、可能的污染来源、配制量具和仪器的精度及其计量溯源性、计算的正确性等影响。因此，在使用标准物质时，一定要严格按照标准物质的证书要求使用，从而保证标准物质的可靠性和可溯源性。

6.3 对作业指导书的理解

参加本次能力验证的大部分检验检测机构能够正确理解作业指导书，但也有部分机构理解不到位，如上报数据没按要求上报稀释前浓度，有效位数没按要求填写，导致上报结果被作为异常值直接剔除；报出结果审核不严，导致结果报告单和原始记录不一致，进而影响数据结果的正确性。

参考文献

［1］姜明新，冯新华，陈成勇，等．高锰酸盐指数自动测定仪测定水中高锰酸盐指数［J］．科技创新与应用，2020（29）：120-121．

［2］杨静，宗超，张园，等．影响高锰酸盐指数测定的关键因素［J］．检验检疫学刊，2020（3）：59-61．

［3］宋大英．影响高锰酸盐指数测定的因素探讨［J］．江西化工，2020（4）：110-111．

论生态环境监测的可追溯性管理

余明星　朱圣清　张　琦　袁　琳　蒋　静

（生态环境部长江流域生态环境监督管理局生态环境监测与科学研究中心，湖北武汉　430010）

摘　要：随着 2017 年《关于深化环境监测改革 提高环境监测数据质量的意见》出台，监测可追溯性成为市场监管部门和生态环境主管部门重点监督内容。本文分析了生态环境监测可追溯性的有关要求，通过可追溯性管理工作实例，介绍了生态环境监测过程中任务管理、采样管理、样品管理、检测分析管理、监测报告管理等关键环节的可追溯性控制要点，总结了可追溯性管理在事前预防和事后控制、加强质量管理、细化数据审核、提高质量意识、减少违规风险等方面的作用，为生态环境监测机构切实提高生态环境监测数据质量，加强监测质量管理，提供可供借鉴的参考。

关键词：可追溯性；生态环境监测；质量管理

1　引言

生态环境监测是生态环境保护的基础，是生态文明建设的重要支撑[1]，被形象地比喻为"耳目""尺子""顶梁柱"[2-3]。生态环境监测数据是监测工作最直观的"产品"，为客观评价环境质量状况、反映污染治理成效、实施环境管理与决策等提供基本依据[4]。此外，监测数据作为环境管理、环境执法、环境税征收、环境污染纠纷与生态补偿等的重要证据，是否具有可追溯性，将直接影响环境管理、决策和执法结果[5]。自 2017 年中共中央办公厅和国务院办公厅出台《关于深化环境监测改革 提高环境监测数据质量的意见》以来，各级各类生态环境监测机构越来越重视监测工作质量管理，国家市场监管部门和生态环境主管部门严厉打击数据造假、数据不实等问题，加大数据"真、准、全"保障力度，并将监测可追溯性作为重点监督内容[6-8]。新时期加强生态环境监测可追溯性管理，保障全面、准确、客观、真实地获取监测数据，具有十分重要的作用和意义。

在保证监测数据准确、客观、真实方面，国家或行业已出台了较为完备的法规、规范或要求；但在生态环境监测数据可追溯方面，还存在着标准规范不健全、做法认识不统一等问题[5]。对于什么是可追溯性，怎样开展可追溯性控制，加强可追溯性管理有什么作用等问题，还有待深入探讨。本文通过对国家和行业生态环境监测可追溯性要求的政策文件和技术规范研究，结合工作实际，对上述问题展开探讨，为有效开展监测可追溯性管理，确保监测数据"真、准、全"，进一步推动监测质量管理工作完善发展，提供可供借鉴的参考经验。

2　生态环境监测的可追溯性有关要求

2.1　可追溯性的概念

"可追溯性"是追溯制度建设中的一个基础性概念，它是利用已记录的标识追溯产品的历史、应用情况、所处场所或类似产品或活动的能力。可追溯性（Traceability），最早是由国际标准化组织质量管理和质量保证技术委员会（TC176）在 1986 年制定的《品质 术语》（ISO 8402：1986）标准中被定义：通过记录的标识追溯某个实体的历史、用途或位置的能力[9]。这里的"实体"可以是一项活动或过程、一项产品、一个机构或一个人。《质量管理体系 基础和术语》（ISO 9000：2015）和

作者简介：余明星（1982—），男，高级工程师，研究方向为水生态环境监测与评价。

《质量管理体系 基础和术语》（GB/T 19000—2016）将可追溯性均定义为：追溯客体的历史、应用情况或所处位置的能力[10-11]。其中客体是指可感知或可想象到的任何事物，可能是物质的、非物质的或想象的，例如产品、服务、过程、人员、组织、体系、资源等[10]。可追溯性在产品制造、食品农产品管理等方面应用较为广泛[12-14]。在生态环境监测领域，可追溯性近些年逐步被提及，缘于对生态环境监测数据可追溯性的重视（2.2 节详细论述）。廖德兵等定义了生态环境数据可追溯性，指出生态环境监测机构通过完备的记录和标识，实现对国家标准、标准物质和监测分析现场状况的回溯与再现[5]。由此可见，可追溯性渗透到事物或行为活动的各个方面，通过有效的记录和标识手段，实现对事物行为过程的倒查。可追溯性能够反映一个过程可追查的范围和程度，十分适合生态环境监测全过程的管控，有效保障监测数据质量。

2.2 可追溯性有关要求

2.2.1 政策文件管理要求

自 2017 年以来，国家有关部门连续出台加强生态环境监测管理的文件、通知、办法等，对监测可追溯性在管理层面也提出了有关要求，主要如下：

（1）2017 年 9 月，中共中央办公厅、国务院办公厅印发《关于深化环境监测改革 提高环境监测数据质量的意见》，提出准确界定环境监测机构数据质量责任，建立"谁出数谁负责、谁签字谁负责"的责任追溯制度[4]。

（2）2018 年 5 月，生态环境部、国家市场监督管理总局联合印发《关于加强生态环境监测机构监督管理工作的通知》，提出建立责任追溯制度，对监测原始记录和报告归档留存，保证其具有可追溯性[15]。

（3）2019 年起，国家市场监督管理总局每年均联合生态环境部等部委，开展取得 CMA 资质的检验检测机构监督抽查工作，将检验检测结果与原始数据不一致，且无法溯源的情况作为重点检查内容[6-8]。

（4）2021 年 4 月，国家市场监督管理总局公布《检验监测机构监督管理办法》，要求检验检测机构不得出具不实检验检测报告或虚假检验检测报告[16]，该办法从禁止行为的角度，提出不实检测报告四个方面缺乏可追溯性的情况以及虚假报告五个方面不可追溯的情况。

2.2.2 标准规范技术要求

2018 年 11 月，国家市场监督管理总局和生态环境部联合发布《检验检测机构资质认定 生态环境监测机构评审准则补充要求》，提出生态环境监测机构应建立防范和惩治弄虚作假行为的制度和措施，确保其出具的监测数据准确、客观、真实、可追溯[17]。这是第一个从生态环境监测可追溯性技术层面提出的行业指导规范，对监测工作可追溯性提出若干具体技术要求，如表 1 所示。

表 1 《检验检测机构资质认定 生态环境监测机构评审准则补充要求》对监测可追溯性的技术要求

条款号	条款核心内容	可追溯性要求分析
第五条	生态环境监测机构应建立防范和惩治弄虚作假行为的制度和措施，确保其出具的监测数据准确、客观、真实、可追溯	可追溯的原则性要求：提出监测工作出具的数据要准确、客观、真实、可追溯，防范弄虚作假
第十六条	保证记录信息的充分性、原始性和规范性，能够再现监测全过程，所有对记录的更改（包括电子记录）实现全程留痕。仪器设备直接输出的数据和谱图，保证可追溯和可读取，以防止记录丢失、失效或篡改	监测工作各环节可追溯要求：包括样品采集、现场测试、样品运输和保存、样品制备、分析测试等监测全过程技术活动；要求原始数据和谱图记录可追溯，修改可追溯
第十七条	生态环境监测机构对于方法验证或方法确认应做到过程可追溯	方法验证和确认工作可追溯要求：对过程及结果形成报告，并附全程的原始记录

条款号	条款核心内容	可追溯性要求分析
第十八条	使用实验室信息管理系统（LIMS）时，能实现系统对这类记录的追溯	对 LIMS 系统记录的监测活动可追溯要求：对于系统无法直接采集的数据，应以纸质或电子介质的形式予以完整保存；对系统的任何变更在实施前应得到批准；有条件时，系统需采取异地备份的保护措施
第十九条	开展现场测试或采样时，保证现场测试或采样过程客观、真实和可追溯	采样和现场监测活动可追溯要求：使用地理信息定位、照相或录音录像等辅助手段，保证根据任务要求的计划，到达监测点位按照规范开展采样、按照分析方法开展现场项目分析等工作
第二十条	环境样品在制备、前处理和分析过程中注意保持样品标识的可追溯性	样品管理可追溯要求：应根据相关监测标准或技术规范要求，保证样品保存、运输和制备等过程性状稳定，分区存放，有明显标识，收样时，应对样品的时效性、完整性和保存条件进行检查和记录，样品偏离情况应注明
第二十三条	生态环境监测档案在保证安全性、完整性和可追溯的前提下，可使用电子介质存储的报告和记录代替纸质文本存档	监测档案可追溯要求：档案的保存期限应满足生态环境监测领域相关法律法规和技术文件的规定，监测任务合同（委托书/任务单）、原始记录及报告审核记录等与监测任务相关的其他资料，应与监测报告一起归档，保证监测项目成果可追溯

3 生态环境监测的可追溯性管理工作实例

随着国家对生态环境监测行为和监测数据可追溯性要求的逐步提高，在监测机构内部建立监测可追溯性质量管理工作模式十分必要。结合近年来出台的有关规章制度、标准规范和指导意见[4, 16-19]，以及 2019 年以来市场监管总局联合生态环境部开展的专项监督检查所体现的政策导向要求[6-8]，笔者所在的环境监测机构从监测工作全过程角度出发，遵循生态环境监测质量管理体系要求，重点从人员、仪器、方法、环境条件、样品、物料、检测过程等要素，针对可追溯性管控目的，建立了生态环境监测关键过程可追溯性管理要点管控体系，主要对生态环境监测主业务流程从任务管理、采样管理、样品管理、检测分析管理、监测报告管理五个方面开展可追溯性管控，基本覆盖表 1 中提到的对监测可追溯的相关技术要求。以下对本机构如何开展生态监测工作关键环节的可追溯性管理做出简要介绍。这些措施对保障监测工作可追溯性起到较好作用，主要可追溯关键控制环节和可追溯记录控制清单见表 2。

表 2　生态环境监测可追溯性控制关键环节

可追溯性类型	可追溯性控制事项	可追溯性记录资料
任务管理	合同评审、合同签订、任务下达、进度监督	合同评审单；合同（委托检测协议书）；监测计划；任务下达通知单；任务节点完成情况表；督办记录
采样管理	现场采样、现场分析	采样记录单；现场仪器校准和使用记录；现场监测记录；带有位置和时间信息的采样断面照片

续表 2

可追溯性类型	可追溯性控制事项	可追溯性记录资料
样品管理	样品登记、样品编码、样品分发、样品留存和处置、质控样下达、质控样管理	样品登记单；样品编码表、送样单；样品分发记录表；样品处置记录表；质控任务单；质控标液出入库、发放领取记录
检测分析管理	前处理与检测、标准溶液和试剂配置、仪器使用、原始图谱图表记录、原始报告汇集审核	原始报告记录；人员资质、分析方法、仪器设备、时效性审查结果表；资料提交审查结果表；标准溶液配制记录单；试剂使用记录本；仪器使用记录；仪器原始图谱图表；原始报告汇总审核单；各环节过程记录
监测报告管理	报告编制、合规性审核、报告签发、报告存档、报告发送、报告解释	报告编制技术审核表；报告编制登记表；原始资料扫描电子版；合规性审核报告；报告归档登记表；报告发送记录表；客户反馈意见处理表

3.1 任务管理

任务管理起始于监测工作的承接，服务于整个监测运转周期，是明确客户要求并推动各阶段工作顺利实施的重要环节，重点从任务合同评审和签订、任务下达、进度控制等方面加强可追溯性管理。主要做法如下：

（1）严格合同评审和合同签订。确保资源条件始终满足规范化开展监测工作要求，同时保证监测工作内容有据可查、可追溯。

（2）完整下达任务。要求每个监测任务由项目负责人填写任务通知单，制订监测计划，并向管理部门报备，明确分工、时限等要求，确保监测工作有计划可追溯。

（3）及时监督进度。管理部门在重要时间节点适时督办并记录进展情况，对滞后情况及时追溯原因，推动解决。各环节通过合同评审单、合同协议、监测计划、任务通知单、进度检查和督办表等记录文件进行任务管理的可追溯记录控制。

3.2 采样管理

采样管理是监测工作实质性开展的第一步，包括现场采样和现场监测等工作，主要从采样和现场监测的操作规范性、记录有效性等方面加强可追溯性管理。主要做法如下：

（1）加强多媒体记录。对采样断面拍摄带有经纬度、地点、时间等信息的照片，录制样品采集、固定、保存、运输、现场检测各环节视频，并妥善留存备查，保证现场情况能可视化复现和直观追溯。

（2）规范现场记录。按照采样记录单，如实、清晰、完整记录现场环境、仪器校准和实际测值，不得补记、追记和重抄，确保采样和现场检测关键步骤记录完整、真实，可追溯性强。各环节通过采样记录单、现场仪器使用记录、照片视频等记录文件进行采样和现场监测管理的可追溯记录控制。

3.3 样品管理

样品管理是实现现场和室内工作转换的关键环节，包括样品登记、编码转换、样品分发、留存和处置、质控样下达和管理等工作，主要从样品交接、编码、出入库、留样和处置的操作与记录规范性、完整性等方面加强可追溯性管理。主要做法如下：

（1）强化样品交接和编码登记。收样需依据采样记录单或客户送样单，完整记录交接时间、交接人和交接数量等信息，及时做好现场号码的编码转换登记工作，保证样品编号的唯一性，可追溯到样品来源信息。

（2）规范做好样品内部流转管理。样品出入库、留样、处置以及质控样下达各环节记录需及时、完整，确保样品生命周期可追溯。各环节通过样品登记单、编码表、出入库单、处置记录表、质控任务单等记录文件进行样品管理的可追溯记录控制。

3.4 检测分析管理

检测分析管理是监测工作的核心主体内容，包括前处理和检测、标准溶液和试剂配制、仪器使用和原始图谱图表管理、原始报告编制和汇集审核等工作，重点从检测分析操作和原始报告编制审核的规范性、全面性、真实性等方面加强可追溯性管理。主要做法如下：

（1）限定在资质认定范围内规范检测。在检测时效范围内，按照证书附表方法，由取得上岗证书的人员，操作检定校准合格的仪器，不得超范围，保证检测条件可追溯。

（2）重视溶液和试剂配制。及时、完整、规范记录标准溶液配制过程，有序登记试剂出入库、发放和领取情况，保证检测物料使用可追溯。

（3）强化仪器使用和记录管理。及时、完整、有序记录仪器开关机和运行状态，导出仪器图谱或图表并打印纸质存档，保证仪器使用过程可追溯。各环节通过原始报告、人员方法仪器时效审核表、溶液配制单、试剂使用记录本、仪器使用记录表、图谱图表等记录文件进行检测分析管理的可追溯记录控制。

3.5 监测报告管理

监测报告管理是监测工作的最后环节，是最终成果产出的重要保障，包括报告编制、合规性审核、报告签发、存档、发送、解释等工作，重点从报告编制、审核、签发、内外流转等方面以及记录的规范性、完整性等方面加强可追溯性管理。主要做法如下：

（1）加强报告资料预审。报告编制前，记录资料交接时间、交接人员和质量情况，保证报告编制资料可追溯；合规性审查小组，审查人员、方法、仪器、时效和原始资料的正确性、规范性，评估采样、分析等过程的可追溯性。

（2）严格报告审核和签发。授权签字人最终审核和签发监测报告，重点审查是否超范围出具检测报告，数据是否合理，是否满足合同要求，是否出具资质认定报告，把控监测报告内容和技术要求可追溯。

（3）规范报告流转。综合管理部门及时做好签发报告的登记和复印工作，正确加盖印章，妥善寄出报告并确认送达；监测报告和成套的原始资料一并纸质存档，还需扫描并电子化存档，以保证报告成果管理可追溯。各环节通过报告登记表、报告技术审核表、报告发送记录、报告归档登记表等记录文件进行报告管理的可追溯记录控制。

4 生态环境监测的可追溯性管理作用探讨

4.1 事前预防和事后控制

通过明确环境监测可追溯性具体要求，细化环境监测各关键环节、重点要点，可以有效提升监测工作按规范化流程执行的力度，起到事前预防的作用；同时按照具体事项检查对照，可以进一步加强监督，加强关键环节的自查，及时发现和弥补监测工作不规范的漏洞或缺失，做到事后有效控制。

4.2 加强质量管理的手段

环境监测质量管理涉及的方面非常多，控制关键节点十分必要。通过对近些年环境监测质量提出的新要求，特别是监测数据可追溯性方面要求的制度建设，补齐短板弱项，可以进一步促进监测工作质量提升，加强可追溯性管控，成为强化质量管理的有效手段和抓手。

4.3 细化数据审核的依据

如何有效审核数据，及时发现监测过程中的问题，全面真实准确反映环境状况，需要行之有效的数据审核标准。对数据报告的可追溯性要求，细化了数据审核要点，可以有效提高数据审核质量，为高效、全面审核监测数据提供针对性的依据。

4.4 提高质量意识的途径

建立可追溯性的观念，强调可追溯性的重要作用和意义，可以强化监测人员和管理人员将被动地执行监测质量管理各项规定变成主动开展质量管控的自觉行为，是进一步增强提高质量生命线的底线意识的有效途径。

4.5 减少违规风险的办法

随着环境监测市场的开放，市场监管部门和生态环境主管部门为确保监测数据质量，进一步倒逼环境监测机构严格执行环境监测行业准入和运行要求，过去的不规范监测行为可能会面临惩处和整改。加强可追溯性自我管理，将问题发现在内部并有效及时解决，可以降低违规风险，实现检验检测机构的良性发展。

5 结语

可追溯性管理是提高生态环境监测质量管理的重要内容，对保障监测数据"真、准、全"，防范监测数据弄虚作假具有重要意义。环境监测机构应充分认识加强可追溯性管理对提升监测数据质量的作用，尽早建立适合自身机构的可追溯管理流程和方式，强化可追溯性要求，促进监测数据可追溯，从而进一步完善监测质量管理体系，有效促进生态监测工作质量持续稳步提升，为政府管理部门开展生态环境保护和治理，促进经济绿色可持续发展提供坚强的技术支撑。

参考文献

［1］国务院办公厅. 关于印发生态环境监测网络建设方案的通知（国办发〔2015〕56 号）［EB/OL］.（2015-08-12）［2021-09-23］. http：//www. gov. cn/zhengce/content/2015-08/12/content_ 10078. ht m.

［2］柴文琦. 发挥内涵作用，提高监测效能［J］. 环境监测管理与技术，1990，2（2）：6-9.

［3］柏仇勇，陈传忠，赵岑. 找准定位 科学布局 抓住关键 确保环境监测改革取得扎实成效［J］. 中国环境监测，2017，33（5）：1-6.

［4］新华社. 中共中央办公厅 国务院办公厅印发《关于深化环境监测改革 提高环境监测数据质量的意见》［EB/OL］.（2017-09-21）［2021-09-23］. http：//www. gov. cn/zhengce/2017/09/21/content_ 5226683. htm.

［5］廖德兵，李具康. 实现生态环境监测数据可追溯性的常见问题及对策初探［J］. 环境保护，2019，47（15）：17-20.

［6］国家认监委. 关于组织开展 2019 年度检验检测机构监督抽查工作的通知［EB/OL］.（2019-06-05）［2021-09-23］. http：//www. cnca. gov. cn/zw/tz/tz2019/202007/t20200714_ 59600. shtml.

［7］市场监管总局 自然资源部 生态环境部 国家药监局. 关于组织开展 2020 年度检验检测机构监督抽查工作的通知（国市监检测〔2020〕75 号）［EB/OL］.（2020-06-28）［2021-09-23］. http：// www. sa mr. gov. cn/rkjcs/tzgg/202006/t20200628_ 317427. html.

［8］国家市场监督管理总局 自然资源部 生态环境部 水利部 国家药监局. 关于组织开展 2021 年度检验检测机构监督抽查工作的通知（国市监检测发〔2021〕33 号）［EB/OL］.（2021-05-31）［2021-09-23］. http：//www. gov. cn/zhengce/zhengceku/2021-06/03/content_ 5615360. htm.

［9］品质 术语：ISO8402：1986［S］.

［10］质量管理体系 基础和术语：ISO 9000：2015［S］.

［11］质量管理体系 基础和术语：GB/T 19000—2016［S］.

［12］路琨，赵涛. 制造型企业产品可追溯性的研究与实现［J］. 组合机床与自动化加工技术，2006（5）：100-102.

［13］管恩平，张艺兵. 部分国家食品可追溯性管理实施研究［J］. 中国食品卫生杂志，2006（5）：449-452.

［14］杨信廷，钱建平，孙传恒，等. 农产品及食品质量安全追溯系统关键技术研究进展［J］. 农业机械学报，2014，45（11）：212-222.

［15］生态环境部 国家市场监督管理总局. 关于加强生态环境监测机构监督管理工作的通知（环监测〔2018〕45 号）［EB/OL］.（2018-05-31）［2021-09-23］. https：// www. mee. gov. cn/gkml/sthjbgw/sthjbwj/

201806/ t20180606_ 442638. htm.

［16］国家市场监督管理总局. 检验检测机构监督管理办法（39号令）［EB/OL］.（2018-05-31）［2021-09-23］. http：//gkml. samr. gov. cn/nsjg/fgs/202104/t20210423_ 328131. html.

［17］市场监管总局 生态环境部. 关于印发《检验检测机构资质认定 生态环境监测机构评审补充要求》的通知（国市监检测〔2018〕245号）［EB/OL］.（2019-01-02）［2021-09-23］. http：//gkml. samr. gov. cn/nsjg/ bgt/ 201901/ t20190102_ 279629. html.

［18］检验检测机构资质认定能力评价 检验检测机构通用要求：RBT 214—2017［S］.

［19］国家市场监督管理总局. 检验检测机构资质认定管理办法（总局令第163号令）［EB/OL］.（2021-04-02）［2021-09-23］. http：//gk ml. sa mr. gov. cn/nsjg/fgs/202104/t20210422_ 328103. html.

东非地区火山灰检测与应用技术研究

周官封 秦明昌

（中国水利水电第十一工程局有限公司，河南郑州 450001）

摘　要： 本文以东非地区火山灰为研究对象，不仅检测了火山灰自身属性，而且对火山灰的标准稠度用水量、凝结时间、需水量比、活性指数进行了检测，分析了不同火山灰掺量对上述性能的影响，然后对火山灰在某水电站的应用进行了研究，并就火山灰使用掺量进行一系列试验。试验结果表明，火山灰具有胶凝作用和较高的需水量比，且 28 d 强度活性指数较低；火山灰可用于胶凝砂砾石围堰、碾压混凝土，可少量使用于常态混凝土，并确定了其在不同混凝土中的适宜掺量，减少了其作为矿物掺合料的不利影响，保证了混凝土施工质量，推动了当地火山灰资源的开发利用。

关键词： 火山灰；标准稠度用水量；凝结时间；需水量比；活性指数；水电站；应用

1　前言

建筑行业的发展离不开当地原材料的供应，在东非地区，有丰富的火山灰资源，火山灰具有胶凝材料的特性，在常温状态下，可与水发生反应，生成具有水硬性胶凝能力的水化物[1-2]。天然的火山灰材料经过磨细加工，即可投入使用。因此，火山灰在东非地区产量充足、价格低廉，作为矿物掺合料用于混凝土中，在保证工程质量的同时，可有效降低工程成本，缓解资源消耗，减少环境污染等[3]。

东非地区某水电站位于鲁富吉河上，主要由碾压混凝土重力坝、导流洞、开关站、引水发电洞、发电厂房等结构物组成。该水电站最大坝高 131 m，包含碾压混凝土约 160 万 m^3、常态混凝土约 40 万 m^3。鉴于该地区工业基础较为落后，传统的矿物掺合料如粉煤灰、矿渣粉等严重匮乏[4]，无法满足工程建设需要，经过实地考察调研，确定使用当地的磨细火山灰作为矿物掺合料，缓解工程施工对传统矿物掺合料的需求。

2　试验用原材料

火山灰作为矿物掺合料，在对其进行原材料检测时，需用到水、水泥、标准砂等，在作为矿物掺合料用于混凝土中时，需要用到砂石骨料、外加剂等。这些原材料中，水为经过净化的河水，密度取 1.0 g/cm^3，经过对水的 pH 值、不溶物、氯化物、硫酸盐等的检测，其质量符合 ASTM 的相关要求，可作为拌和用水使用。

水泥选择当地 Twiga 公司生产的 I 型和 II 型 Portland 水泥，按照 ASTM 标准对水泥进行检测与评定，主要检测密度、细度、烧失量、标准稠度用水量、凝结时间、胶砂强度、比表面积、安定性等，经检测合格的产品方可投入使用。

砂石骨料为水电站附近的采石场开采所得，对砂、小石（4.75~19.0 mm）、中石（19.0~37.5 mm）、大石（37.5~63.0 mm）进行物理、力学、化学性能的检测，检测结果均符合 ASTM 的技术要求，并对不同粒径的骨料进行单粒级与合成级配的筛分试验，确定合成级配中，二级配小石、中石的

作者简介： 周官封（1991—），男，硕士，工程师，主要从事水利工程试验检测工作。

质量比为 60：40，三级配小石、中石、大石的质量比为 35：45：20。

外加剂使用的有聚羧酸高性能减水剂、萘系高效减水剂、缓凝剂，其性能分别符合 ASTM C494 中 Type G、Type F、Type B 的技术要求。

3 火山灰性能检测

火山灰使用当地 Mbeya 生产的天然磨细火山灰，检测主要依据 ASTM 的相关标准进行，首先对火山灰进行自身属性的检测，检测结果如表 1 所示。

表 1 火山灰属性检测结果

检测项目	密度/（g/cm³）	安定性（沸煮法）/mm	细度/%	烧失量/%
火山灰	2.54	0.5	25	7.1
ASTM C311 Type N	—	—	≤34	≤10.0

3.1 标准稠度用水量和凝结时间

为充分研究火山灰对用水量的影响，首先进行水泥标准稠度用水量和凝结时间的检测，然后参照水泥标准稠度用水量的方法，使用火山灰替代部分水泥，拌制混合浆液，以水泥检测标准法中维卡仪试杆沉入浆并距底板 6±1 mm 的浆液为标准稠度浆液，其拌和用水量为该浆液的标准稠度用水量，按胶凝材料质量百分比计，并对所得标准稠度浆液进行凝结时间的检测。在检测中，火山灰掺量采用 20%、30%、40% 进行试验，检测结果如表 2 所示。

表 2 混合浆液标准稠度用水量和凝结时间检测结果

胶凝材料		火山灰掺量/%	材料用量/g			试杆距底板/mm	浆液标准稠度用水量/%	凝结时间/min	
水泥	火山灰		水泥	火山灰	水			初凝	终凝
Twiga Ⅱ型	Mbeya	0	500	0	136	6	27.2	143	247
		20	400	100	145	7	29.0	127	237
		30	350	150	154	7	30.8	120	235
		40	300	200	166	5	33.2	118	219
Twiga Ⅰ型	Mbeya	0	500	0	138	6	29.8	114	225
		20	400	100	149	6	29.8	110	196
		30	350	150	160	5	32.0	101	196
		40	300	200	168	6	33.6	98	187

从浆液标准稠度用水量结果可以看出，随着火山灰掺量的增加，浆液用水量呈增大趋势。从凝结时间可以看出，在用水量增加，水胶比增大的情况下，随着火山灰掺量的增加，浆液凝结时间缩短。使用 Twiga Ⅱ型水泥和 40% 掺量的 Mbeya 火山灰，初凝时间缩短 17.5%，终凝时间缩短 11.3%；使用 Twiga Ⅰ型水泥和 40% 掺量 Mbeya 火山灰，初凝时间缩短 14.0%，终凝时间缩短 16.9%。使用其他掺量的火山灰，初凝时间、终凝时间均有不同程度的缩短，证明火山灰具有一定的促凝作用，在使用火山灰进行混凝土生产时，应充分考虑促凝对混凝土工作性能的影响。

3.2 需水量比

火山灰的需水量比参照中国行业标准 DL/T 5055 中粉煤灰的需水量比进行试验，选择 30%的火山灰掺量，用水量按达到水泥砂浆流动度的±2 mm 控制，试验结果如表 3 所示。

表 3　火山灰需水量比检测结果

材料名称		胶砂种类	材料用量/g				流动度/mm	需水量比/%
水泥	火山灰		水泥	火山灰	标准砂	水		
Twiga Ⅱ型	—	对比胶砂	250	0	750	135	155	—
	Mbeya	试验胶砂	175	75	750	165	157	122.2
Twiga Ⅰ型	—	对比胶砂	250	0	750	149	156	—
	Mbeya	试验胶砂	175	75	750	154	158	103.4

从上述结果可以看出，Ⅰ型水泥胶砂用水量明显高于Ⅱ型水泥，在胶砂中加入火山灰，均导致砂浆用水量的增加，且使用Ⅱ型水泥时，用水量增加较为明显。因此，在火山灰和Ⅰ型或Ⅱ型水泥作为胶凝材料使用时，需考虑需水量比对混凝土性能的影响。

3.3 活性指数

为检验火山灰对强度的影响，取火山灰掺量 20%、30%、40%进行胶砂试验，计算火山灰强度活性指数。活性指数检测中采用美国标准砂，并参考 ASTM C311-04 进行。检测结果如表 4 所示。

表 4　火山灰强度活性指数检测

胶凝材料		火山灰掺量/%	材料用量/g				抗压强度/MPa			强度活性指数/%		
水泥	火山灰		水泥	火山灰	水	砂	3 d	7 d	28 d	3 d	7 d	28 d
Twiga Ⅱ型		0	500	—	242	1 375	12.6	22.4	30.9	—	—	—
	Mbeya	20	400	100	242	1 375	12.1	17.6	26.8	96.0	78.6	86.7
		30	350	150	242	1 375	11.7	17.2	25.3	92.9	76.8	81.9
		40	300	200	242	1 375	6.8	15.5	22.2	54.0	69.2	71.8
Twiga Ⅰ型		0	500	—	242	1 375	15.2	26.1	32.6	—	—	—
	Mbeya	20	400	100	242	1 375	13.5	21.4	30.0	88.8	82.0	92.0
		30	350	150	242	1 375	9.7	19.8	27.8	63.8	75.9	85.3
		40	300	200	242	1 375	9.2	19.4	25.2	60.5	74.3	77.3

为减少水胶比对胶砂强度的影响，本次研究中，用水量保持一致，并在规范的基础上，增加了 3 d 强度活性指数的检测。从以上结果可以看出，总体上看，随着火山灰掺量的增加，胶砂抗压强度呈现下降的趋势，火山灰掺量大于 30%后，强度活性指数明显减小；使用Ⅰ型水泥的胶砂强度普遍要高于相同火山灰掺量的Ⅱ型水泥胶砂强度。

4　火山灰的应用

通过上述对火山灰性能的检测，火山灰可作为矿物掺合料用于工程建设中，但在使用过程中，应通过试验确定火山灰的掺量，并充分考虑火山灰对用水量的影响、促凝效果及对强度的影响。

4.1 胶凝砂砾石围堰

本项目上游过水围堰采用胶凝砂砾石材料（缩写：CSG）施工，CSG 设计强度为 90 d 龄期达到 5 MPa，通过 ACI 214 计算得试验室内配制强度为 8.0 MPa，施工所用的砂子为未经水洗的人工砂，骨料使用粒径为 4.75~19.0 mm 的小石与粒径为 19.0~300 mm 的颚破料，水泥使用 Twiga Ⅱ 型水泥，火山灰使用上述检测的火山灰，水直接使用河水，为保证 CSG 的工作性能，使用一定量的萘系高效减水剂及缓凝剂。

在 CSG 配合比设计过程中，固定水胶比和用水量，选择火山灰掺量范围为 30%~75%，每间隔 5% 取一火山灰掺量，在此过程中，通过调整减水剂和缓凝剂掺量控制 VB 值和凝结时间，使混凝土拌合物状态保持一致，最终确定 60% 火山灰掺量不仅满足配制强度要求，而且经济性较高，为火山灰最佳使用掺量。在 CSG 生产过程中，取样成型 150 mm³ 的试块进行抗压强度试验，检测强度分布在 5.6~9.3 MPa 范围内，平均强度为 6.8 MPa，符合设计要求。

4.2 碾压混凝土

碾压混凝土广泛应用于水电站建设中，在配合比设计时，多使用高掺粉煤灰达到降低绝热温升和成本的目的。本项目由于无法使用粉煤灰，所以碾压混凝土使用火山灰作为矿物掺合料，来取得类似于粉煤灰的效果。碾压混凝土强度设计等级为 C15，龄期为 365 d。通过固定水胶比和用水量确定火山灰掺量为 50% 时，能够得到质量可靠、经济可行的碾压混凝土配合比。通过使用火山灰和粉煤灰作为矿物掺合料的碾压混凝土检测结果对比，两种矿物掺合料均符合设计要求，但使用火山灰时，火山灰最佳掺量小于粉煤灰，粉煤灰掺量为 65% 时，即可达到火山灰 50% 掺量的强度；碾压混凝土缓凝剂的用量较使用粉煤灰时增加 1 倍左右，且减水剂用量增加 0.3% 左右。由此可看出，火山灰在碾压混凝土中使用时，需要更多的外加剂改善混凝土的工作性能，以保证混凝土施工质量。

4.3 常态混凝土

本工程涉及的常态混凝土坍落度为 30~70 mm、120~160 mm、180~220 mm，强度等级从 C15 至 C40，龄期为 28 d。在进行常态混凝土配合比设计时，使用 10%~40% 的火山灰降低胶凝材料的水化热，以降低混凝土裂缝发生的风险。由于火山灰的特性，在常态混凝土配合比设计时，需充分考虑混凝土的坍落度损失，保证混凝土的施工性能。经拌和，当火山灰掺量超过 15% 后，混凝土半小时后坍落度损失可达到 50 mm，严重影响混凝土的可施工性能。因此，在配合比设计中，泵送混凝土不考虑使用火山灰，流动性混凝土和塑性混凝土可使用 15% 掺量以内的火山灰。由此可见，火山灰在常态混凝土中的使用因混凝土工作性能而有一定的限制。

5 结论

本文参考混凝土配合比设计所需的原材料性能，对火山灰进行了检测，首先检测了火山灰的自身属性，然后参照水泥试验方法，进行水泥火山灰混合浆液标准稠度用水量和凝结时间的检测，证明火山灰具有一定的促凝作用，且在一定范围内，火山灰掺量越高，促凝效果越明显；然后参照粉煤灰试验方法，检测了火山灰需水量比，证明火山灰的使用会提高用水量；最后，进行了火山灰的强度活性指数检测，试验结果显示，火山灰胶砂强度随掺量的增加，28 d 内强度增长缓慢，强度活性指数降低。通过上述试验，了解了火山灰的特性，为火山灰的使用提供了依据。

本文在对火山灰检测的基础上，对火山灰的应用进行了研究，在考虑火山灰需水量、促凝效果、强度的影响下，介绍了火山灰在胶凝砂砾石（CSG）围堰、碾压混凝土、常态混凝土中的应用情况，提出了火山灰在不同混凝土中的掺量选择范围，确保了混凝土拌合物工作性能，为保证混凝土施工质量，合理控制施工成本，充分利用当地资源，并践行环境保护理念，打下了坚实的基础。

参考文献

［1］李立，关青锋，刘金国，等. 肯尼亚天然火山灰质材料对水泥水化性能的影响［J］. 混凝土，2020（11）：83-88.

［2］元强，杨珍珍，史才军，等. 天然火山灰在水泥基材料中的应用基础［J］. 硅酸盐学报，2020，39（8）：2379-2392.

［3］高增龙. 火山灰作为矿物掺合料对混凝土性能影响的研究［D］. 西安：西安理工大学，2018.

［4］王倩倩. 天然火山灰质材料在高性能混凝土中的应用技术［J］. 混凝土与水泥制品，2020（6）：103.

涉水工程冻融破坏预防及修补技术应用研究

张 勇 王 敬 孙小虎

（山东省水利工程试验中心有限公司，山东济南 250220）

摘 要：涉水工程由于长期或间歇性地与水接触，随季节变化受水的冻胀破坏比较普遍，尤其是在我国北方，成为工程持续正常发挥效益的关键因素。故提高混凝土的抗冻融能力对降低冻胀破坏对运行工程的损坏、减小工程运行的质量安全隐患尤为关键。

关键词：水利工程冻融；冻胀危害预防；缺陷修补

工程的冻融破坏分为两种情况：一种是低温季节（日平均气温连续 5 d 稳定在 5 ℃以下或最低气温连续 5 d 在-3 ℃以下）施工过程中的冻融破坏；另一种是完工交付后的工程实体处在冻融环境下的破坏。两者一定要区分清楚。

1 混凝土早期受冻

1.1 早期受冻临界条件

混凝土的抗冻性随龄期的增长而提高，因龄期越长水泥水化越充分，混凝土的强度越高，抗膨胀能力越强，这对混凝土的早期受冻尤为重要。

低温季节施工混凝土的早期受冻临界强度应满足以下要求：

（1）当受冻期无外来水分时，抗冻等级≤F150 的大体积混凝土抗压强度应大于 5.0 MPa，抗冻等级≥F200 的大体积混凝土抗压强度不应低于 7.0 MPa，结构混凝土不应低于设计强度的85%[1]。

（2）当受冻期可能存在外来水分时，大体积混凝土和结构混凝土均不应低于设计强度的85%[1]。

1.2 早期受冻防范措施

（1）混凝土骨料加热。骨料加热宜采用蒸汽排管法，粗骨料也可直接用蒸汽加热，但不应影响骨料的含水率[1]。

（2）加热拌和用水。采用热水拌和时拌和时间应适当延长，通过室内拌和试验，热水拌和时间是常温拌和时间的 1.4~1.6 倍时，两者的拌和效果基本相当，热水温度不宜超过 60 ℃[1]。

（3）添加早强剂、防冻剂、引气剂。防冻剂可起到避免拌合物结冰的目的，从而避免水结冰对早期水泥水化反应的影响；添加早强剂提高了混凝土的早期强度，进而提高早期混凝土的受冻能力，而添加引气剂虽然未提高混凝土的早期强度，但在混凝土内部形成微型气泡，能有效阻隔外部水分侵入，从而减轻混凝土的冻胀破坏。

在 0 ℃环境下，通过对掺加不同类型外加剂的混凝土和不添加外加剂的基准混凝土进行 3 d 和 7 d 混凝土抗压强度试验，数据详见表 1。

通过试验数据分析，添加防冻剂和早强剂均不同程度地提高了混凝土在低温环境下的早期强度。

（4）仓面清理。宜用喷洒温水配合热风枪或机械方法，或采用蒸汽枪，并在入仓前测量仓面温度达到 3 ℃。

材料的加热、输送、储存和混凝土的拌和、运输浇筑设备设施和浇筑仓面，均应根据气候条件进行热工计算[1]。

作者简介：张勇（1985—），男，工程师，主要从事水利工程质量检测工作。

表1 添加不同外加剂对混凝土早期抗压强度的影响对比

不同龄期抗压强度 混凝土类型	C30 基准混凝土	C30 混凝土 （掺加早强剂）	混凝土 C30 （掺加引气剂，4.0%）	C30 混凝土 （掺加防冻剂）
3 d 抗压强度/MPa	9.3	14.6	10.1	10.9
7 d 抗压强度/MPa	18.8	25.1	20.4	21.7

（5）保温养护。采用保温模板，保温材料应使用不宜吸潮的材料，且材料的强度应满足混凝土表面不变形的要求；采用暖棚保温，每 4 h 至少测量 1 次，以距离混凝土面 50 cm 的温度为准，取四边角和中心温度的平均数为暖棚内气温值[1]。

2 结构实体冻融

2.1 结构实体冻融破坏特征

结构实体的冻融是指工程实体在温和地区、严寒和寒冷地区，受冬季寒冷和夏季气温高的循环交替影响，工程常年处在结冰、融化的循环中，常年累月对混凝土的结构产生破坏，从而对工程安全运行产生危害，轻则脱皮、露石，重则混凝土酥碎粉末化，起不到任何的承载、受力作用，存在严重的安全隐患。

2.2 提高结构实体抗冻性能的措施

（1）对于有抗冻要求的混凝土，应掺加引气剂，拌合物的含气量应控制在 3.5%～5.5%，低温季节施工时可适当增加，但不应超过 7%[1]。

通过对混凝土抗冻试验进行对比得出，含气量 4.3% 的混凝土比含气量 1.2% 的混凝土抗冻等级至少提高 50 个冻融循环，证明引气剂对提高混凝土的冻融效果明显。

（2）适当提高混凝土的抗压强度。对不同强度的每批混凝土制作 1 组抗压试件和 1 组抗冻试件，并分别进行抗压强度和抗冻性能试验。试验研究表明，在一定范围内，混凝土抗压强度与抗冻等级成一定近似正比例关系，说明混凝土的强度越大，混凝土越密实，进而减少外部水分的侵入，从而减轻内部冻胀破坏。不同强度的混凝土冻融关系曲线见图 1。

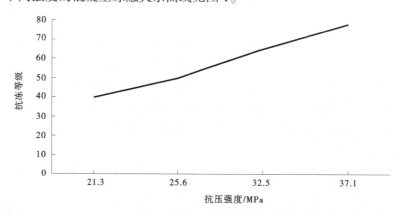

图 1 混凝土抗压强度和抗冻等级关系曲线

（3）在接触水部位混凝土表面涂刷防水涂料，在混凝土表面阻断水分侵入。大量的工程实践及室内试验证明，在混凝土表面涂刷防水涂料并保证涂层完好的情况下，能显著提高混凝土的抗冻等级和抗腐蚀性能。通过快冻法检测不同状态条件的混凝土冻融结果对比如表 2 所示。

表 2 不同条件的混凝土抗冻融循环结果

冻融循环	C25 混凝土不加引气减水剂（含气量 1.2%）	C25 混凝土加引气减水剂（含气量 4.3%）	C25 混凝土不加引气减水剂表面涂丙乳砂浆
50	尺寸完整，表面轻微剥蚀，混凝土表面大量细小颗粒脱落	尺寸完整，无明显变化，混凝土表面少量细小颗粒脱落	尺寸完整，无明显变化，涂层完好
75	尺寸基本完整，表面剥蚀明显；大量细小颗粒脱落并伴有少量大颗粒脱落	尺寸完整，无明显变化，混凝土表面细小颗粒脱落增多	尺寸完整，无明显变化，涂层完好
100	尺寸基本完整，表面严重剥蚀；大量大颗粒脱落，试件断裂破坏	尺寸完整，轻微剥蚀，混凝土表面少量大颗粒脱落	尺寸完整，无明显变化，涂层完好
125	—	尺寸基本完整，表面剥蚀明显，混凝土表面少量大颗粒脱落	尺寸完整，无明显变化，涂层局部损坏，未露混凝土
150	—	尺寸基本完整，表面剥蚀严重，混凝土表面大量大颗粒脱落	尺寸完整，无明显变化，涂层局部损坏，外漏混凝土完好
175	—	试件断裂破坏	尺寸基本完整，涂层大部分损坏，混凝土表面大量细小颗粒脱落
200	—	—	尺寸基本完整，涂层大部分损坏，混凝土表面大颗粒脱落
冻融试验结束时的照片			

3 冻融破坏的处理措施探讨

发生冻融破坏的混凝土应在天气转暖后进行处理，具体处理措施应根据破坏部位的结构尺寸和使用要求制订合理的处理方案，影响到结构受力或重要结构部位应报原设计单位进行审核。

（1）对于大体积混凝土的表面冻融破坏，应先将冻融破坏的表层混凝土剔除，直到露出坚硬混凝土面，然后采用 25~50 MPa 高压水冲毛机或低压水、风砂枪、刷毛机及人工凿毛等方法进行毛面处理。如冻融破坏厚度较薄，可采用高强细石混凝土或丙乳砂浆等材料进行修补；如冻融破坏部位厚度较厚，应重新浇筑与原设计强度等级相同或高于原强度等级的混凝土。

（2）对于截面尺寸较小的受力构件，应商设计单位按原荷载计算尺寸拆除重浇，保证结构的受力不受影响。

（3）对于不具备拆除条件的或拆除成本较高，混凝土本身结构承载没有问题的混凝土，可通过在混凝土表面涂刷防水涂层的方式进行处理，以增加混凝土的耐久性能。

4 结语

对于水利工程建筑物，长期与水接触，尤其是在北方城市，一年四季气温变化显著，温度在零下几十摄氏度到零上三四十摄氏度范围内波动，涉水混凝土受温度变化冻融剥蚀现象较为明显，如何修复提高在建和已建完涉水工程的混凝土抗冻性能，对于保证工程的质量与安全、延长工程的耐久性起到关键性的作用，促进水利工程投资项目发挥更好的经济效益和社会效益。

参考文献

[1] 水工混凝土施工规范：SL 677—2014 [S].

检验检测机构开展新项目要点探析

吴　娟[1,2]　边红娟[1,2]　曲柏兵[1]

（1. 珠江水利委员会珠江水利科学研究院，广东广州　510610；

2. 水利部珠江河口海岸工程技术研究中心，广东广州　510610）

摘　要： 随着检验检测市场的蓬勃发展，对各检验检测机构的检验检测能力要求更高、更全面。检验检测机构急需通过开展新项目，提升自身检验检测能力，以具备更好的市场竞争力。本文通过对开展新检验检测项目要点的探讨分析，总结新项目的策划、实施及评审等过程所需的准备工作，为检验检测机构开展资质认定扩项工作提供参考。

关键词： 新项目；检验检测能力；资质认定；扩项

随着社会的进步和发展，人们对使用的产品或服务及各种建筑工程的质量、安全、环境保护、健康水平等方面的要求不断提高，使我国检验检测的市场需求也与日俱增[1]。在政府和市场双重推动之下，涌现出一大批规模大、水平高、能力强的检验检测品牌，根据国家市场监管总局数据，截至2020年底，我国已有检验检测机构达48 919家，检验检测市场竞争日益激烈。

拥有经资质认定部门批准的检验检测能力是检验检测机构开展业务的基础，也是扩大经营范围、提高市场竞争力的关键。而目前许多检验检测机构存在规模小、能力弱、技术服务水平低等问题，成为其在激烈的市场竞争中稳步发展的绊脚石，甚至导致机构不适应市场发展而被淘汰。因此，检验检测机构需不断加强技术能力建设，提升自身检验检测能力，根据自身实际情况和市场发展趋势，积极开展新项目。

1　引言

根据国家市场监管总局《检验检测机构资质认定管理办法》（总局令第163号）修正案规定，资质认定是指市场监督管理部门依照法律、行政法规规定，对向社会出具具有证明作用的数据、结果的检验检测机构的基本条件和技术能力是否符合法定要求实施的评价许可。

因此，如何做好技术能力准备，怎样开展新项目，才能符合要求并顺利通过审核，是检验检测机构一直关注的问题。虽然已有《检验检测机构资质认定能力评价检验检测机构 通用要求》（RB/T 214—2017）（简称《通用要求》）条款要求[2]，但实际需要准备的工作内容不系统、不具体，往往存在策划安排不完善、人员能力不充足、设备配置不合理、方法验证不准确等问题。笔者结合多年的检验检测机构管理经验和多次的扩项准备经历，梳理资质认定评审要求，围绕"人、机、料、法、环、测"[3]，探索总结检验检测机构开展新项目的要点，推进新项目开展的可行性、科学性、有效性[4]。

2　开展新项目要点

2.1　开展新项目的策划

编制策划书是开展新项目的首要环节。检验检测机构技术负责人根据检验检测市场发展趋势、委托方要求或业务发展提出建议，结合本机构业务开展的需要及所具备的能力，提出开展新检测项目的建议。经认可后，技术负责人考虑新检测项目的特点和复杂程度，组织编写"开展新检测项目策划书"，并报机构负责人批准。策划书应考虑以下内容：

（1）开展该项目检测的市场需求和发展趋势。

（2）开展该项目的技术要求和发展趋势。

（3）检测人员是否已确定，是否要重新进行培训。

（4）已经具备的仪器设备、标准物质等条件及需要引进的仪器设备、标准物质和需求。

（5）检测室环境条件等是否已达到要求。

（6）实施计划的编制要求。

（7）是否需要增加检测标准、检测方法，编制新的作业指导和新的记录表。

（8）涉及的国家法律、法规、标准等的适用性。

（9）总的经费投入预算。

（10）新检测项目投入运转的时间进度。

（11）拟扩项项目（参数）数量统计表。

2.2 开展新项目实施计划的编制与实施

2.2.1 开展新项目实施计划的编制

策划书获批后，由开展新项目的检测室根据策划结果编制"开展新检测项目实施计划表"初稿。实施计划至少应包含以下内容，格式如表 1 所示：

（1）具体检测项目（或检测参数）名称、检测内容和要求。

（2）阶段顺序及涉及的人员、检测室和仪器设备。

（3）每项内容执行的依据（标准、检测方法、程序文件、作业指导书和记录表格等）。

（4）检测难点/关键点/监督点。

（5）检测方法适用性评价。

（6）人员培训安排、检测结果的评价方式（比对、能力验证等）、监督安排。

（7）可能涉及的资源等。

表 1　开展新检测项目实施计划表

序号	类别	项目/参数		检测标准		文件编制			设备	人员培训			备注
		序号	名称	名称/编号	适用性评价人	作业指导书编制人	原始记录表格编制人	检测报告格式编制人	名称/规格型号	人员	结果评价方式	监督安排	

"开展新检测项目实施计划表"初稿形成后，检验检测机构质量负责人组织召开由技术负责人、检测室负责人、新项目负责人及有关人员参加的实施计划讨论会。经讨论后，最终确定"开展新检测项目实施计划表"。

2.2.2 开展新项目实施计划的实施

开展新检测项目实施计划确定后，检验检测机构从人、机、料、法、环、测等方面实施计划，做好准备工作。

（1）人员准备。

人员做好培训、具备检测能力是开展新项目工作的重点。培训形式可参加专门培训机构培训、学习同行已有能力机构或本机构内部组织培训，培训内容包括新检测项目有关的理论知识和实践操作培训。

培训前，做好人员培训计划，包括培训内容、主训人/部门、培训时间、参加人员（培训对象/范围）、培训地点、培训方式及考核方式等。培训时，按计划做好检测准备、执行标准或方法的理解、检测难点/关键点/监督点、样品制备、仪器设备的操作、环境控制、检测记录的内容、计算评价检测结果、出具检测报告等检测过程和环节质量控制，并多次模拟操作，直至熟练掌握整个检测过程。同时，采取人员比对、设备比对、能力验证等不同方式评价检测结果，其间应安排质量监督员适时进行监督。培训后，通过实际操作考核、机构内外部质量控制结果、内外部审核、不符合工作的识别、利益相关方的投诉、人员监督评价和管理评审等多种方式对培训活动的有效性进行评价，确保检测人员具备新项目的检测能力。

（2）仪器设备准备。

配置合适的仪器设备是开展新项目的必备。根据新检测项目及检测标准要求，向评价合格的供方购买符合要求的仪器设备，经安装调试验收后，做好仪器设备的检定校准、建档、管理等工作，确保购置仪器设备满足开展新项目的要求。另外，对于大型、精密或复杂的仪器设备，还需对使用人员进行专门的仪器操作培训。

（3）样品准备。

开展新项目就是对某个类别产品的某个参数进行检测，不仅有运送至实验室检测的样品，还有需携带仪器设备进行现场检测的实体样品。开展新项目前，根据检测参数的不同，准备好所需样品，其数量需满足操作培训及现场评审使用，质量上需确保采集、运输、制备后符合要求。

（4）检测方法准备。

选择适用的检测方法是开展新项目的关键。检测方法有国际标准、国家标准、行业标准、地方标准、团体标准及企业标准等，机构可根据业务类型和资源配置情况选择所需的现行有效标准。

开展新项目时，需对检测参数用到的各标准方法进行验证，也就是对标准的人员、设备、环境等方面进行适用性评价。如采用非标准方法，需对非标准方法进行确认评审。同时，组织人员对所用标准方法进行培训，将各标准方法对应检测参数涉及的检测难点、关键点以及是否需针对哪些环节编制作业指导书等内容汇总，填写"开展新检验检测项目-检验检测方法难点/关键点/监督点培训表"，格式如表2所示。

表2　开展新检测项目检测方法难点/关键点/监督点培训表

序号	类别	项目/参数		依据的标准名称/编号	依据的标准（方法）内				检测难点/关键点/监督点	备注
		序号	名称		所在页码	所在章节号名称	所在章节参数名称	所用仪器/准确度等级要求		

（5）环境准备。

开展新项目需配备满足相关法律法规、标准或技术规范要求的场所环境。不同的检测参数，检测场所的环境要求也不同，应考虑满足法律法规和安全要求、技术规范和标准要求、特殊或精密仪器设备要求、样品要求及操作人员本身的要求。机构根据需购置检测环境控制设施，定期记录监控环境情况；配备安全防护装备或设施，定期检查其有效性，确保检测环境条件满足要求。

此外，机构应根据新开展检测项目需要，对相关的作业指导书、原始记录表格及检测报告格式等文件进行编制/修订，并发布实施。

根据开展新检测项目实施计划实施完成后，编制"开展新检测项目实施计划完成情况"，对实施情况进行总结，格式如表3所示。

表3　开展新检测项目实施计划完成情况表

序号	类别	项目/参数		检测标准		文件编制			设备		人员培训					备注
		序号	名称	标准名称/编号	适用性评价表编号	作业指导书名称/编号	原始记录名称/编号	检测报告格式名称/编号	名称/规格型号	有效日期	人员	培训日期	报告编号	结果评价方式/次数	监督情况	
完成情况统计	1. 共对＿＿＿类＿＿＿项参数（其中，＿小类＿项，＿小类＿项…）开展了扩项工作。 2. 涉及检测标准＿＿＿项，（是否）均进行了适用性评价，并明确了检测难点/关键点/监督点。 3. 作业文件编制情况： （1）作业指导书＿个，名称及编号： （2）原始记录表格＿个，名称及编号： （3）检测报告格式＿个，名称及编号： 4. 共涉及＿＿＿台/套仪器设备，其中＿＿＿台/套为新购置，全部计量设备（是否）完成检定/校准，其中计量器具的量值溯源（验证）（是否）明确、可靠。 5. 检测的环境条件及设施（是否）已进行配套建设，是否已满足检测要求。 6. 共组织＿＿＿名检测人员，参加＿＿＿次操作培训，出具检测报告＿＿＿份，其中开展了＿次（类型）比对和能力验证活动，对＿人次进行了监督，目前人员配备（是否）满足检测要求，人员的培训工作（是否）已完成，能否熟练、规范操作，＿＿＿人具备上岗资格和能力。															

2.3　开展新项目的评审

开展新项目实施完成并总结后，由检验检测机构负责人主持，技术负责人、质量负责人、检测室负责人、新项目负责人等人员参加，对开展的新检测项目有关证明材料进行评审。评审内容至少包括以下几个方面：

（1）检测目的、范围是否恰当、明确。

（2）涉及的法律法规是否恰当、明确。

（3）检测方法标准、作业文件是否适当、完备可用，操作程序是否正确，是否对检测方法均进行了适用性评价，并明确了检测难点/关键点/监督点。

（4）仪器设备是否完成检定和检验，其中计量器具的量值溯源（验证）是否明确、可靠。

（5）检测的环境条件及设施、供应服务等是否得到保障。

（6）检测人员配备是否满足检测要求，人员的培训工作是否已完成，能否熟练、规范操作，上岗人员是否已确定，是否具备应有的资格和能力。

评审完成后，根据评审结果编写"新检测项目评审报告"，格式如表4所示，报检验检测机构负责人批准。

2.4　开展新项目的审批

在确认新项目准备内容达到预期要求，评审报告批准后，可向资质认定部门提出正式的扩项申请，并做好迎审准备工作。经现场评审通过、资质认定部门批准后，方可正式开展新项目的检测业务。

表4　新检测项目评审报告

评审项目	
评审日期	
参加评审人员	
评审内容	（1）检测目的、范围是否恰当、明确。　□是 □否 （2）涉及的法律法规是否恰当、明确。　□是 □否 （3）检测方法标准、作业文件是否适当、完备可用，操作程序是否正确，是否对检测方法均进行了适用性评价，并明确了检测难点/关键点/监督点。□是 □否 （4）仪器设备是否完成检定和确认，其中计量器具的量值溯源（验证）是否明确、可靠。□是 □否 （5）检测的环境条件及设施、供应服务等是否得到保障。□是 □否 （6）检测人员配备是否满足检测要求，人员的培训工作是否已完成，能否熟练、规范操作，上岗人员是否已确定，是否具备应有的资格和能力。□是 □否
评审结论	

3　结语

新项目的开展是一个策划、实施、评审、批准的过程，检验检测机构应把握新项目开展的要点，从人员、设备、样品、方法、环境等多方面入手，科学、有效地做好各个过程的准备工作，顺利通过评审，获得开展新项目的技术能力，在激烈的竞争中立于不败之地。

参考文献

［1］尹燕山，王学利. 新形势下提升检验检测实验室能力水平的几点建议［J］. 中国纤检，2020（2-3）：77-78.
［2］检验检测机构资质认定能力评价 检验检测机构通用要求：RB/T 214—2017［S］.
［3］国家认证认可监督管理委员会，北京国实检测技术研究院. 检验检测机构资质认定评审员教程［M］. 北京：中国质检出版社，中国标准出版社，2018.
［4］靳乃宁. 科学有效推进检验检测机构开展新项目［J］. 中国计量，2017（9）：111-112.

仪器设备计量溯源过程及结果的有效确认

任海平　　张铁财

（南水北调中线干线工程建设管理局河南分局，河南郑州　450008）

摘　要： 仪器设备计量溯源及结果有效确认是实验室管理的重要环节，是确保检测结果准确有效的前提。本文通过对计量溯源机构的资质能力、关键量值、溯源途径、计量器具、标准方法、计量溯源结果等方面进行有效确认，确保仪器设备满足检测使用的要求。

关键词： 仪器设备；计量溯源结果；确认

检验检测实验室的设备和设施（包括检验检测活动所必需并影响结果的仪器、软件、测量标准、标准物质、参考数据、试剂、消耗品、辅助设备或相应组合装置）[1] 涵盖的领域众多，并非所有设备都需要进行计量溯源。用于出具检验检测结果的、对于抽样结果的准确性或有效性产生影响的、或是要求进行计量溯源的，包括用于测量环境条件的辅助设备都应实施检定或校准。

根据实验室制定的检定/校准计划，由具备资质的计量机构出具计量溯源结果[2]，即检定/校准证书或报告。被校准仪器是否能投入使用，需要检测人员根据检定/校准证书或报告提供的数据进行确认，确认包含了以下几个方面。

1　对计量溯源机构的资质、能力的确认

对计量溯源机构的资质、能力的确认，应该在仪器设备送去检定/校准前完成。在拿到检定/校准证书后，也可以做必要的核对。

国内承担计量溯源工作的有两类机构：一类是由国家依法设置授权的法定计量技术机构，也就是地方县级以上计量所或政府授权计量站等；另一类是由政府授权的或中国合格评定国家认可委员会认可的校准实验室（CNAS）。这两类机构授权的资质证书所记载的检定/校准机构名称、政府计量授权序号、实验室认可序号等信息均可以进行查询。在政府授权机构的官方网站，中国合格评定国家认可委员会认可的校准机构的相关资料，已经全部在网上公开，可以直接下载相关资料。对于国外校准机构出具的校准证书，同样可以根据证书的信息确认其是否得到该国的法律授权或认可，或获得国际组织认可。

中国计量科学研究院也于 1999 年在巴黎与世界上 38 个国家签署了《国家计量标准和国家计量院签发的测量与校准证书互认协议》，由这些国家计量院签发的证书以及溯源到国家基准的证书也是相互认可的。同时，包括中国在内世界上已经有几十个国家与国际实验室认可合作组织签署了《ILAC-MRA 国际互认标识许可协议》，凡是带有 ILAC-MRA 标识的证书，在协议国之间都可以得到相互承认。通过确认确保计量溯源工作合法（具备资质的机构）、合理（自下而上的溯源）和可靠（有技术能力）。

对获取证书规范性和完整性的进行确认，是否发有授权/认可号：法定的计量检定机构（地方县以上计量所或政府部门授权的计量站等），出具的证书上应有授权证书号，如国（法）计 2019××××××，如果检定机构未提供，则该证书无效。国家实验室认可委认可的校准实验室，出具的校准证书上应有认可标识和证书号，如 CNAS 校准实验室认可章 CNAS L××××，如果校准上无 CNAS 标识，则该证书

作者简介：任海平（1981—），男，高级工程师，主要从事南水北调中线工程水质监测和水质保护管理工作。

无效（见图1）。

校 准 证 书

图1　校准证书所含标识

检查是否在授权/认可范围内。法定的计量检定机构应在授权范围内出具检定证书，认可的校准实验室应在认可范围内出具校准报告或证书。由于授权/认可范围是动态变化的，在证书确认时应重新核查。

2　对计量溯源关键值的确认

检验检测机构应依据技术标准、检测方法、合同、顾客要求等确定计量溯源的要求，对于所需的参数、关键量值和关键量程予以明确，计量要求的参数可包括但不限于[2]：①最大允许误差或扩展不确定度；②测量范围；③量程；④分辨力；⑤稳定性；⑥环境条件。

3　对计量溯源途径的确认

检验检测机构一般涉及的领域较多，所具有的仪器设备类型也不同，应根据需求选择仪器设备溯源途径：

（1）对列入国家强制检定管理范围的，应按照计量检定规程实行强制检定。

（2）由政府有关部门授权的校准机构或通过 CNAS 认可的校准机构。

（3）对于非强制检定的仪器设备，检验检测机构有能力进行内部校准，并满足内部校准要求的，可进行内部校准。

采取内部校准的方式时，检验检测机构应确保[1]：①校准设备的标准满足计量溯源的要求；②限于非强制检定的设备；③实施内部校准的人员经培训和授权；④环境和设施满足校准方法的要求；⑤优先采用标准方法，非标准方法使用前应经过确认；⑥进行测量不确定度评定；⑦可不出具内部校准证书，但应对校准结果予以汇总；⑧质量控制和监督应覆盖内部校准工作。

4　对计量溯源中采用的标准仪器、技术方法的确认

根据检定/校准证书，保证在计量溯源工作中用作参考标准的计量器具的型号、计量特性以及技术方法，确认其计量特性、技术方法满足预期的要求。

对于检定，按照《国家计量检定系统表编写规则》（JJF 1104—2018）的规定，作为参考标准的测量仪器的不确定度与被检定仪器的最大允许误差之比要小于1:3，只要按照检定规程的要求进行检定工作，在评定被检定仪器时，可以不考虑由于参考标准的测量不确定度的影响。

对于校准，如果校准工作是参照检定规程或依据国家的校准规范，则校准方法所产生的测量不确定度的影响已经经过了评审，并记载在检定规程、校准规范上。由于校准工作允许用其他有根据的方法，所以由机构编写的校准方法也可使用，这些方法应满足计量溯源的要求并经过确认。

5　计量溯源结果确认

计量溯源结果的确认是工作的核心内容。首先要清楚，根据结果确认计量仪器是否符合其说明书规定的计量特性，与根据结果确认计量仪器是否符合预期的工作要求是两个不同的概念。

预期的工作要求指的是检测仪器的计量特性满足检测工作的要求。检测仪器的计量特性则是仪器说明书中所规定的具体指标，如测量领域、量程、最大允许误差、测量不确定度等。如某项检测工作要求使用的声级计应具备 50～140 dB（A）的量程。按照上述测量工作要求，购置 1 台测量范围为50～150 dB（A）的声级计完全能满足测量工作的预期要求。而如果购置的是测量范围为 50～130 dB

（A）的声级计，即使这台仪器完全符合其说明书要求，送检后的结论为"合格"，但对于这项测量工作而言，它也是不满足使用要求的。

检定是查明和确认测量仪器符合法定要求的活动，它包括检查、加标记和/或出具检定证书[3]（定义 9.17）。多数检测人员只要看到检定证书必然的反应就是"合格"，就认为是满足使用要求的。须知，即使是检定证书上给出"合格"的结论，从技术角度来讲，说明这个仪器本身的计量特性符合该仪器设计指标的要求。仪器设备是否适用于具体测量工作的要求，仍需检测人员根据情况加以确认，就像上面所提到的例子那样。

校准是在规定条件下的操作，校准证书报告的是技术操作的数据结果，包含了具体的示值和不确定度。被校准仪器是否适用于其开展的检测任务，则需要检测人员根据校准数据和实际工作需要进行确认。尤其是针对那些功能较多、量程大、作为本单位参考标准的计量仪器，更应该结合具体承担测量工作的要求，对校准证书上给出的数据和测量不确定度进行有效的确认。必要时还需和校准机构进行沟通，以确保经过校准的仪器符合预期的测量要求和工作用途。

以某生化培养箱为例，填写相应的确认记录，如表 1 所示，确认记录说明如下：

表 1　仪器设备检定/校准确认表

检定/校准性质	例行检定□/校准☑		调整后检定□/校准□		维修后检定□/校准□	
仪器设备名称	生化培养箱	规格型号	＊＊＊＊	仪器设备编号		＊＊＊＊
生产厂家	＊＊＊＊	检定/校准日期	＊＊＊＊	检定/校准证书编号		＊＊＊＊
证书报告确认内容					符合情况	
1. 有授权文件的标识					☑符合 □不符合	
2. 证书/报告具有计量溯源信息					☑符合 □为符合	
3. 有检定/校准的技术依据					☑符合 □不符合	
4. 仪器名称与证书/报告的符合性					☑符合 □不符合	
5. 仪器型号与证书/报告的符合性					☑符合 □不符合	
6. 仪器编号与证书/报告的符合性					☑符合 □不符合	
检定/校准确认结果	检定/校准参数		使用要求			
	校准温度：36.0 ℃ 温度偏差： $\Delta t_d = +0.60$ ℃ 温度波动度： $\Delta t_f = \pm 0.50$ ℃/30 min		《生活饮用水标准检验方法 微生物指标》GB/T 5750.12—2006 规定："主要校准参数：校准点：36 ℃；要求：±1 ℃"			
	☑满足　　　　　　□不满足（原因：　　　　　　　　　　） 处理结果： □限制使用（范围：　　　　　　　　　　　） □降级使用（由　　　　　　降为　　　　　　） □申请修理　　　　□申请报废					
在本次检定/校准周期内需要引用的修正值或修正因子	☞直接引用本次校准值，具体为： ☑有修正值，具体为：-0.6 ℃，即将设备温度设定为 35.4 ℃ ☞有修正因子，具体为： ☞无修正因子或修正值					
确认人：＊＊＊				＊＊＊＊年＊＊月＊＊日		
技术负责人意见： 　　该设备满足使用要求，准予投入使用。 　　　　　　　　　　　　　　　　　　　　　　　　　　　　＊＊＊＊年＊＊月＊＊日						

用于生活饮用水中"总大肠菌群"测定的生化培养箱,依据《生活饮用水标准检验方法 微生物指标》(GB/T 5750.12—2006)的要求确定校准需求为:"主要校准参数:校准点:36 ℃;要求:±1 ℃"。获取校准证书后,负责该项目的检测人员对校准证书进行了核查。证书规范性和完整性检查结果是:证书上有认可标识和编号,查询机构现行有效的 CNAS 证书在其校准的范围内,证书中有校准依据、不确定度和有溯源性信息。主要技术性校准结果是:"校准点:36 ℃;偏差:+0.60 ℃;温度波动度:±0.50 ℃"。与校准需求相比较,有对 36 ℃进行校准,温度偏差是+0.60 ℃,测定温度比设定温度高 0.6 ℃,因此需要修正。修正后将设备设定在 35.4 ℃,可以满足 GB/T 5750.12—2006规定的±1 ℃。校准证书确认的结论是:"根据检测要求和校准结果,要对设备进行修正,修正值:−0.6 ℃"。

6　结语

对仪器设备检定/校准证书进行有效确认,是确保量值准确可靠的重要措施,可以降低检测工作的风险,有效提高设备的管理水平。检定/校准证书确认的结论,直接决定设备能否投入检测活动,一旦确认结论出现问题,会导致检测数据的错误,严重的会导致检测结论的错误,导致无法挽回的损失。检定/校准证书的有效确认,是仪器设备管理最重要的一个环节,是检测结果正确与否的前置条件,对实验室日常运行有着至关重要的意义。

参考文献

[1] 国家认证认可监督管理委员会,北京国实检测技术研究院. 检验检测机构资质认定评审员教程 [M]. 北京:中国质检出版社,中国标准出版社,2018.
[2] 检测实验室仪器设备计量溯源结果确认指南:RB/T 039—2020 [S].
[3] 通用计量术语及定义技术规范:JJF 1001—2018 [S].

云贵高原水库甲烷检测与影响因素分析

张盼伟 赵晓辉 吴文强 李 昆 郎 杭

（中国水利水电科学研究院，北京 100038）

摘 要：甲烷在自然界的分布非常广泛，是天然气、沼气、坑气等的主要成分。自然界中的甲烷主要是在产甲烷菌的作用下产生的。产甲烷菌产生甲烷需要在厌氧的条件下进行，通常产甲烷菌的生物量在离地表一定深度、厌氧条件好且可利用碳源充分时达到最大。甲烷细菌是专性厌氧的，对温度、pH 值、氧化还原电位、溶解氧等水文要素及有毒物质等具有很高的敏感性。通过监测我国云贵高原某电站水库水质各水文要素及温室气体（甲烷、CO_2）释放通量，探究水文情势对水库温室气体释放的影响，以期为我国水电站安全运行及"双碳"目标实现提供数据支持。

关键词：云贵高原；水库；甲烷；影响因素

1 研究区概况

本研究选取云南省某水电站水库为研究对象，该水电站位于云南省昆明市境内，为普渡河下游河段水电规划电站中的一级，该水电站以单一发电为开发任务，无防洪、灌溉、航运、供水等其他综合利用要求。该电站水库为Ⅱ等大（2）型工程，正常蓄水位 998.00 m，相应库容 1.62 亿 m^3。枢纽工程由拦河坝、左岸溢洪道、左岸泄洪冲沙（兼放空）洞、右岸泄洪（兼导流）洞、左岸引水隧洞、调压室、压力管道、地面主副厂房及开关站等建筑物组成。

2 样品采集

在电站水库库区坝前、泄洪冲沙洞前、库中、库区上游等位置布设样品采样点。首先使用便携式声呐探深仪（型号：SM-5）测量采样点位水深，并在采样点水面下 0.5 m、水深 1/2 处、库底上部 1~2 m 处、沉积物上层 0~0.2 m 处采集各分层水样，并现场监测各分层水样水温、溶解氧、pH 值、电导率、氧化还原电位等指标。

在电站水库库区坝前、泄洪冲沙洞前、库中、库区上游等位置布设气体样品采样点，将采集的表层沉积物样品放置在密闭的采样桶中，现场使用便携式红外气体监测仪（TY-6030P）对各个采样点采集的表层淤泥进行现场产气监测实验，监测各采样点淤泥中甲烷及二氧化碳释放情况。

3 温室气体检测结果

3.1 野外在线检测结果

现场采集该水电站库区泄洪冲沙洞前、坝前、库中、库区上游各采样点淤泥，将通量箱密封覆盖在淤泥上，通过晃动淤泥模拟扰动状态下各采样点淤泥气体释放，现场使用便携式红外气体分析仪对淤泥产气成分及含量进行检测，每个采样点均检测 5 min，检测结果见表 1，根据各采样点气体浓度检测结果，可计算出甲烷与 CO_2 各自占比，见表 2。

由野外在线检测结果可知，在扰动条件下，库区各采样点淤泥均释放甲烷与其伴生气体 CO_2。各实测点位甲烷的释放量为：库中>泄洪冲沙洞前>库区上游>坝前；CO_2 的释放量为：库中>库区上游>

作者简介：张盼伟（1987—），男，工程师，主要从事水环境中有毒污染物迁移转化研究。

坝前>泄洪冲沙洞前。

表 1　淤泥产气原位检测结果

取样位置	扰动状态	
	甲烷/（mg/m³）	CO₂/（mg/m³）
泄洪冲沙洞前	18 642	7 660
坝前	13 857	8 839
库中	28 499	13 553
库区上游	17 857	9 035

表 2　淤泥产气（CH₄、CO₂）现场检测体积比测算结果

取样位置	扰动状态	
	甲烷体积占比/%	CO₂体积占比/%
泄洪冲沙洞前	70.9	29.1
坝前	61.1	38.9
库中	67.8	32.2
库区上游	66.4	33.6

注：由于淤泥样品释放主要释放气体的主要成分为甲烷与CO₂，此外还有少量的氢、硫化氢、一氧化碳等气体，本表结果只将淤泥释放主要成分甲烷与CO₂进行计算。

由各采样点淤泥产甲烷与CO₂的浓度，计算各采样点甲烷与CO₂的体积占比，泄洪冲沙洞前甲烷与CO₂的占比约为71：29，坝前为61：39，库中约为68：32，库区上游约为66：34。

3.2　实验室内检测结果

现场采集该水电站库区泄洪冲沙洞前、坝前、库中、库区上游各采样点淤泥释放气体于洁净的气袋中，带回实验室应用气相色谱法对甲烷与硫化氢气体进行检测，检测结果见表3。

表 3　淤泥产气（甲烷、硫化氢）测算结果

取样位置	甲烷浓度/（mg/m³）		硫化氢浓度/（mg/m³）	
	静态释放	扰动释放	静态释放	扰动释放
泄洪冲沙洞前	$3.4×10^3$	$6.61×10^3$	0.086	0.1
坝前	545	$2.12×10^4$	0.095	0.095
库中	—	$2.22×10^4$	—	0.39
库区上游	48.6	$1.28×10^4$	0.03	0.09

从检测结果可知，在静态释放条件下，坝前、库中及库区上游采样点淤泥甲烷释放呈现出从洞前到库区上游逐渐增加的趋势，硫化氢气体释放与其趋势基本一致。扰动释放条件下，坝前、库中、库区上游各采样点甲烷释放变化不大，硫化氢气体释放与其趋势基本一致。

4　甲烷释放影响因素分析

4.1　碳氮比（TOC/TN）

水库沉积物的 C/N 比在一定程度上可以体现沉积物中有机质来源的差异性（蔡金榜等，2007）。C/N 越低，表示有机质主要来自内源，包括水体中营养盐沉积、浮游生物排泄物和尸体的沉积等；C/N 越高，则表示有机物主要来自外源性输入，包括自然和人类活动产生的污染物。

根据 Meyers 等研究，细菌的 TOC/TN 比为 2.6～4.3；水生动物植物（尸体、粪便等）的 TOC/TN 比为 7.7～10.1，而陆生动植物的 TOC/TN 比大于 20（Meyers et al.，1999）。由图 1 可知，泄洪冲沙洞前、坝前、库中与库区上游表层淤泥（0～10 cm）的 TOC/TN 值介于 4.7～10.3，表明该电站水库从上游至坝前各采样点淤泥中碳、氮、磷等营养物质均来自库区水生动植物的尸体或粪便，其受陆源动植物的输入影响较小。由检测数据可知，库区上游各层沉积物 TOC/TN 比较其他三个采样点高，说明容易降解的细小颗粒物会随水流作用向下游聚集。

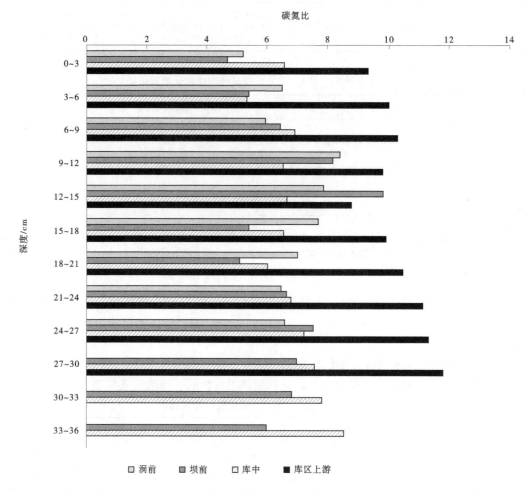

图 1　各采样点不同深度淤泥碳氮比结果

4.2　温度

温度是水环境中影响甲烷释放的最重要的因素，这是由于产甲烷菌对温度的改变有很高的敏感度。它主要是制约有机质的分解、调节参与甲烷产生的微生物活性，同时对甲烷的再氧化起着至关重要的作用。从对温度的适应性上来说，产甲烷菌主要可以分为四大类，分别为嗜冷产甲烷菌、嗜温产甲烷菌、嗜热产甲烷菌和极端嗜热产甲烷菌。甲烷的产生过程是在常温下就可以发生的，当温度范围为 30～40 ℃时最有利于甲烷的产生，这也是嗜温产甲烷菌最适宜的生存温度。当温度低于 25 ℃时，在嗜冷产甲烷菌的作用下，CO_2 或 H_2 经过微生物的作用形成乙酸，然后生成甲烷；在温度较低时（低于 20 ℃），嗜冷产甲烷菌还可以利用甲基类化合物作为底物生产甲烷，不过其产甲烷速率非常缓慢。当温度在 15 ℃以下时，则不适宜产甲烷菌的生长，20 ℃时甲烷的释放速率为 15 ℃时的 5 倍（杨光，2008）。有研究表明，15 ℃是云南地区产甲烷菌活动的起始温度，20 ℃为产甲烷菌活跃的启动温度（董明华，2016）。由现场监测库区淤泥表层上覆水温度数据看，泄洪冲沙洞前、坝前、库中采样点淤泥上覆水温度均低于 20 ℃，较不利于产甲烷菌的活动。现场监测水体分层温度见图 2。

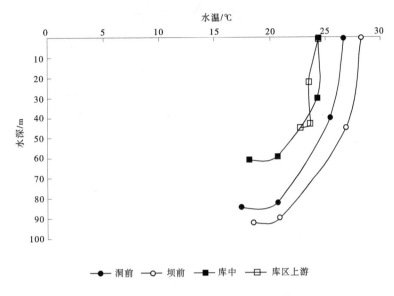

图2　各采样点水体温度纵向分布

4.3　溶解氧

研究表明，产甲烷基质在不同含氧量和环境条件下表现出一定的差异（Tong et al.，2015）。在有氧环境下，好氧微生物活动能够大大消耗产甲烷的基质，从而降低甲烷的产量（张坚超等，2015；翟俊等，2017）。甲烷的有氧代谢主要表现为氧化甲烷，而厌氧代谢同时存在甲烷产生和甲烷厌氧氧化。因此，氧的含量也是影响淤泥产甲烷的重要条件。

水体中溶解氧含量对水生生物的新陈代谢及地球化学元素的循环起重要作用，水体环境的有氧和缺氧状态直接决定了水中有机物的降解。从该电站库区水体表层、中层、底层溶解氧的含量来看（见图3），水中溶解氧含量呈现为：底层<中层<表层。在沉积物处于缺氧情况下，沉积物中存储的碳大部分是以甲烷和 CO_2 这两种形态释放到大气中；而当沉积物和水中的溶解氧浓度高时，则多以 CO_2 单一形态释放出来（程炳红等，2012）。从与淤泥密切相关的上覆水看（见表4），泄洪冲沙洞前、坝前、库中与库区上游各采样点溶解氧含量范围在 2.32～5.46 mg/L，大部分处于低溶解氧或中溶解氧状态，且随着水深的增加，溶解氧的含量在不断降低，氧气的存在较不利于产甲烷菌的活动，进而影响库区淤泥甲烷的释放。

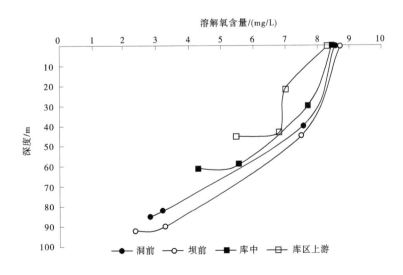

图3　各采样点溶解氧变化趋势

表 4 各采样点上覆水溶解氧含量

取样位置	溶解氧/（mg/L）	水深/m
泄洪冲沙洞前	2.78	85
坝前	2.32	92
库中	4.26	61
库区上游	5.46	45

4.4 氧化还原电位

氧化还原电位是影响甲烷排放的最重要的因素之一。实验研究表明（王娟，2008），当沉积物或水体氧化还原电位低于 $-150 \sim -160$ mV 时，产甲烷菌开始明显活动，它们利用 CO_2、H_2 或分解乙酸等生成甲烷。当氧化还原电位从 -200 mV 降低到 -300 mV 时，甲烷产量增加 10 倍，排放量增加 17 倍。从现场对与沉积物联系最为紧密的上覆水监测数据可知（见表 5），洞前、坝前、库中与库区上游采样点上覆水氧化还原电位范围在 $55 \sim 88$ mV，在此种氧化还原电位条件下，对淤泥中产甲烷菌活动不会有明显的促进作用。

表 5 各采样点上覆水氧化还原电位

取样位置	氧化还原电位/mV	水深/m
泄洪冲沙洞前	88	85
坝前	54	92
库中	56	61
库区上游	73	45

4.5 pH 值

pH 值也是影响甲烷排放的一个重要因子，这是因为 pH 值是影响微生物代谢过程中的重要因素。沉积物或土壤 pH 值的微小变化可显著改变甲烷的排放量。有研究表明（马托，2005），产甲烷菌只能生活在 $pH = 6 \sim 8$ 的较窄范围内，在酸性条件下，有机质的分解速率比在中性或稍碱性环境下慢得多，产甲烷菌活性也受到明显抑制，当 $pH = 8$ 时，产甲烷速率达到最大。由库区各采样点与沉积物关系最为紧密的上覆水 pH 值监测结果可知（见表 6），各采样点上覆水 pH 值在 $7.20 \sim 7.76$，pH 值条件适于产甲烷菌的活动。

表 6 各采样点上覆水 pH 值

取样位置	pH 值	水深/m
泄洪冲沙洞前	7.33	85
坝前	7.20	92
库中	7.25	61
库区上游	7.76	45

5 结语

（1）根据现场气体监测与实验室气体成分分析结果，可以判定库区淤泥具有一定的甲烷产气能力，产甲烷能力总体表现为：库中>泄洪冲沙洞前>坝前。

（2）根据本次各采样点水质监测结果可知，该电站库区底淤泥具备甲烷释放的基质/底物条件，但是通过对库底上覆水体 pH 值、溶解氧、温度、氧化还原电位和沉积物碳氮比等指标的检测结果分析表明，该电站库区库底各水文生境条件对甲烷的释放没有明显的促进作用。

（3）由于本次监测采样点较少、监测频次较少，云贵高原水库库底淤泥甲烷释放与各水文要素的相关关系还需进一步研究。

参考文献

［1］丁维新，蔡祖聪. 氮肥对土壤氧化甲烷的影响研究［J］. 中国生态农业学报，2003，11（2）：50-53.

［2］蔡金榜，李文奇，刘娜，等. 洋河水库底泥污染特征性研究［J］. 农业环境科学学报，2007，26（3）：892-893.

［3］Meyers P A, Lallier-Verges E. Lacustrine sedimentary organic matter records of Late Quaternary paleoclimates［J］. Journal of Paleolimnology, 1999, 21（3）：345-372.

［4］杨光. 低温对沼气菌群产气能力的影响以及产甲烷菌的分离［D］. 杨凌：西北农林科技大学，2008.

［5］董明华. 云南沼气发酵生态系统的原核生物群落时空动态研究［D］. 昆明：云南大学，2016.

［6］Tong C, She C X, Yang P, et al. Weak correlation between methaneproduction and abundance of methanogens across three brackishmarsh zones in the Min River Estuary, China［J］. Estuaries and Coasts, 2015, 38（6）：1872-1884.

［7］张坚超，徐镱钦，陆雅海. 陆地生态系统甲烷产生和氧化过程的微生物机理［J］. 生态学报，2015，35（20）：6592-6603.

［8］王娟. 养殖区底质中甲烷的排放及其影响因素的研究［D］. 青岛：中国海洋大学，2008.

［9］马托，马红瑞，杜占鹏，等. 硫化物在厌氧污泥中的分布和对产甲烷菌活性的抑制作用［J］. 环境化学，2005，24（5）：550-553.

"水管家"模式:大数据技术在水环境监测中大放异彩

董莹雪[1]　张广萍[2]

(1. 安徽省六安水文水资源局,安徽六安　237000;
2. 安徽省水环境监测中心,安徽合肥　230022)

摘　要: 本文旨在介绍一种新的"水管家"模式。该模式针对特定流域、区域或城市,提出特有的系统监测方案,全面统筹水环境监测领域规划设计、运维、管理等业务,突出大数据技术的前端优势,结构严密完整,实施便捷简单,功能显著,已有成功应用实例,适合广泛地推广应用。

关键词: "水管家"模式;水环境监测;大数据技术;水生态价值实现

1　"水管家"模式简介

水是生命之源,水环境监测、水污染治理、水生态修复、水资源保护、水安全体系,构成了水环境综合监测的方方面面。"水管家"模式融合了水环境的科学监测、综合治理和水生态产品价值实现三大板块,既包括对水环境的全面监测、修复优化,又包括水生态价值的实现与创新。

"水管家"模式是大数据技术在水环境监测中完美应用的典型案例。它是指:某流域、某区域或某城市,水环境综合监测的一体化管家,系统考虑供排水一体及"厂-网-河"的有机联动,建立全面的信息化管理平台,实现智能监测、智能调度、智能预警。

"水管家"模式以水环境监测、水环境综合治理、水生态价值实现为中心目标,以水生态环境的第三方托管为实现途径,对某流域、某区域或某城市的水生态环境进行系统诊断、系统谋划、系统治理,从而实现真正意义上的水生态环境的根本改善,具有较强的创新性和多功能性。

"水管家"模式的亮点在于:融合了科学治理,加强了水生态监测的部分,从监测、数据分析、问题诊断到监管都提供了智慧化支持,建立"全要素、全周期、一体化、一站式"全托管服务模式,真正实现了一体化管理。

2　"水管家"模式的优点

2.1　"114"的框架结构,严密完整

"水管家"模式由"一张网""一张图""四中心"的"114"结构组成。

"一张网"是指水环境监测感知网络,即通过地表水、地下水和遥感监测相结合,人工监测和自动监测相结合,驻站监测和移动监测相结合,形成水环境智能感知体系,为大数据分析提供数据,实现对自然、社会水循环过程的实时、精确监控。

"一张图"是指基于 BIM+GIS 的可视三维系统,涵盖流域地理信息、三维城市实景信息和工程项目三维模型,实现管网运行监测数据的实时展示,各水质、压力、流量监测点位置的集中展示。

"四中心"是指智慧感知中心、水务应用中心、决策支持中心和展示宣传中心,实现以下功能:

作者简介: 董莹雪(1985—),女,硕士研究生,工程师,主要从事水文与水生态监测工作。

对排水户、管网、调蓄池、泵站、污水处理厂的实时信息采集；自动报警、问题排查、巡检、运维等功能；借助云计算、人工智能、数值模拟等大数据技术，建设水量水质联合调度、水土流失预测、内涝预测等模型，构建"智慧大脑"，为决策提供依据；利用大数据技术搭建公共数据服务的终端平台，为社会各界提供大数据服务。

2.2 仅三步就能实施成功，简单便捷

要实现"水管家"模式，仅需三个步骤：第一步，签订"水管家"协议，明确合作目标、合作范围和验收监管方式；第二步，组建"水管家"公司，作为具体实施平台，在政府指导和监督下，开展受托管理、项目经营和产业链经营管理；第三步，以"水管家"公司为运行平台，全面开展受托业务，实现水环境一体化管理目标。

2.3 功能显著，实现"五个一体化"

"水管家"模式的实施，必须坚持系统化管理，而不是碎片化管理，要始终把水环境治理与水生态价值实现紧密结合，贯穿整个实施过程。"水管家"模式成功实施后，收效显著，主要体现在"五个一体化"，具体包括"供排雨废循"一体化、"厂网河湖岸"一体化、"山水林田湖草"一体化、水环境监测与大众服务一体化、水生态产品建设与价值实现一体化。"五个一体化"坚持系统谋划、管理，真正把水环境监测、水环境治理与水生态产品价值实现有机结合。

3 "水管家"模式的应用实例

如今"水管家"模式已成功应用于安徽省芜湖、六安两市的水环境综合管理体系当中。

在安徽省芜湖市，之前部分老城区的排水仍然采用雨污合流制，尚未实现雨污分流。"水管家"模式实施后，通过新建管网、雨污分流、扩建提标污水处理厂等措施，消除了85%的污水收集空白区域和66%的雨污合流区域，同时将城区的污水处理能力提升到58万t/d，系统解决了污水收集和污水处理的短板问题。受益于"水管家"模式，芜湖市内的全部黑臭水体都通过了国家环保验收。

安徽省六安市的城区有十几条内河，之前都存在不同程度的"黑臭"问题，一直是当地水环境治理的难题。采用"水管家"模式后，将内河河道、污水处理厂、市政及小区管网改造、入河排污口全部纳入管理，通过厂网完善、河道清淤、河岸治理、水生态重建维护等措施，全面消除城区黑臭水体，使内河的水环境重焕生机。

4 实施"水管家"模式的难点

4.1 水环境数据监测感知有难度

对水环境状况的全面监测感知，要同时对源头、管网、泵站、污水厂和排污口开展统一监测，还要涵盖各个暗涵和调蓄池，要根据污水收集处置流程、管网污水运行调度关系、管网拓扑关系，详细明确各关键节点的具体监测需求，在设计、实施和维护上都有不小的难度。

4.2 水环境数据信息化有难度

水环境数据类型繁多，不仅涵盖了水域水系、生态岸线等自然数据，行政区划、土地类型等社会数据，还有自来水厂、污水处理厂、排涝泵站、污水提升泵站等管网数据，要同时联通数个数据信息平台，在各种数据的联动共享上有一定的难度。此外，水环境情况瞬息万变，实时监测数据更新较快，数据量较大。数据信息化不仅要对原始数据进行梳理、校核和录入，还要计算、分析、建议预测模型等，在大量数据的计算分析上有不小的难度。

4.3 水生态价值的实现有难度

在"水管家"模式的实施过程中，要兼顾实现水环境的水生态价值，就必须构建综合治理新体系，必须统筹考虑水环境、水生态、水资源、水安全、水文化、岸线之间的有机联系，必须坚持保护优先、合理利用，必须建立水生态环境保护者受益、使用者付费、破坏者赔偿的导向机制，在多方合作下共同探索由政府主导的可持续的水生态价值实现途径。此外，还必须坚持以水生态环境保护为基

本前提，必须坚持以水环境资源变宝、水资源循环变宝、水生态科技变宝为理念，必须融合水环境治理与水生态产业共同推进发展。因此，在政策设计和技术创新层面，水生态价值的实现有不小的难度。

5 "水管家"模式的推广前景

"水管家"模式全面推广后，将持续助力地方政府推进水环境监测、水环境治理和水生态价值的实现，为绿色高质量发展提供有力支撑。

过去，某些项目采用碎片化的治理方案，难以见到系统成效。而现在，"水管家"模式采用统一监测、统一规划、统一运维的方案，全面统筹水环境监测领域规划设计、运维、管理等业务，针对特定流域、区域或城市，提出特有的系统监测方案，为地方政府定制水环境监测网络。

未来，"水管家"模式在原有监测机构"多对多"的格局之下，不仅能够针对监测内容和范围，更好地建立沟通协调机制，还能以问题为导向，更好地探索监测新技术，更快地集成业界监测力量，形成更强的监测产业发展合力。

综上所述，"水管家"模式正以全新的姿态，突出大数据技术的前端优势，在水环境监测领域大放异彩。

NB-IoT 技术在我国水环境监测领域的应用分析

张广萍[1]　董莹雪[2]

（1. 安徽省水环境监测中心，安徽合肥　230022；
2. 安徽省六安水文水资源局，安徽六安　237000）

摘　要：NB-IoT 即窄带物联网技术，具有范围广、功耗低、连接多、成本低的特点。通过搭建水环境自动监测平台、智能无线传感平台和远程综合测控平台，能够实现水环境指标参数采集、数据传输、监测成果展示等功能，在智能水表、智能管网监测系统中已有成功应用案例，值得进一步推广、研究。

关键词：NB-IoT 技术；水环境监测；智能水表；智能管网监测系统

1　NB-IoT 技术简介

NB-IoT 的全称是 Narrow Band Internet of Things，即窄带物联网技术。当下，NB-IoT 技术无疑是无线传输领域最具生命力的技术之一。在实际运用中，NB-IoT 技术能有效地降低网络部署的成本，延长电池寿命。当前，NB-IoT 技术广泛应用于智能家居、智慧医疗和车联网中。

近几年，大数据技术逐渐应用到水环境监测中来。水环境在线监测设备通常采用 GSM 技术、GPRS 技术、RS-485 通信网络、RS-232 通信接口等，将采集的监测数据传输至远程服务器存储。但 4G 模块、GPRS 模块、Wi-Fi 模块存在功耗大或者组网困难的问题，不仅布线复杂，而且实时性较差，维护困难，无法满足大范围监测的要求。

将 NB-IoT 技术应用到水环境监测系统中，包括 NB-IoT 通信、电源、主控芯片和传感器等主要模块，其中传感器模块是关键所在。通过使用温度、电导率、TOC、pH 值、浊度等指标的传感器，对水环境数据进行采集，然后上传到 NB-IoT 数据平台，经服务器计算分析后将监测结果展示出来，从而实现对水环境状况的实时监测。

2　NB-IoT 技术的 4 个优点

NB-IoT 技术具有 4 个优点：①范围广。与传统技术相比，在相同频段下，NB-IoT 技术具有超过传统技术 100 倍增益的覆盖能力。②功耗低。在有限的电量下，使用 NB-IoT 技术可使相关终端模块的待机时间达到 10 年。③连接多。NB-IoT 技术具备海量连接能力，一个扇区能支持 10 万个连接。④成本低。通过降低终端宽带、降低编码器复杂程度、单天线、半双工、简化协议栈等方法，可以将单个连接模块的成本降低至 5 美元以下。

3　我国水环境监测情况简介

我国是世界上水资源最缺乏的国家之一，人均水量不足 2 400 m^3，仅为世界人均水量的 1/4，全球排名第 110 位，是全球 13 个贫水国家之一。当前，我国有 100 多个城市严重缺水，每年缺水量达 60 多亿 m^3，同时还存在着较为严重的水资源浪费现象，水资源重复利用率也需要大幅度提高。在全

作者简介：张广萍（1966—），女，高级工程师，主要承担水环境与水生态监测分析评价工作。

国大范围建设智慧城市的过程中，加强水环境监测，是水资源合理开发、科学利用的前提和基础。

当前我国的水环境监测工作，主要分为实验室检测、自动监测站监测和移动监测三种方式，多地都已经能够完成在水源地、河道、湖泊水库、工业排污口等处的水样采集、登记送检、实验分析和数据发布工作。但是大多采用人工操作的方式，这样就使得某些地理位置偏僻、地势险峻或者已遭受严重污染的监测点，人工采样的工作难以进行。而应用了 NB-IoT 技术的水环境监测方案，由于 NB-IoT 技术信号覆盖广，可以轻易到达无线信号覆盖不了的区域，比如人迹罕至的水源地等，从而使得采样工作便于开展。同时，NB-IoT 技术支持海量连接，可以实现数量更多、分布更密的监控点布设，更加精准细致地监测水环境动态。此外，NB-IoT 技术功耗较低，可以在有限的电量下，使监测终端提供更长时间的工作支持。因此，基于 NB-IoT 技术，对水环境进行在线监测，可以更精准地开展水环境数据的采集、记录和分析工作，更方便地实现饮水安全，打造更优质的水生态环境，值得进一步推广、研究。

4 实际应用中要搭建的三个基础平台

将 NB-IoT 技术应用于水环境监测，开展水环境数据的采集、记录和分析工作，至少需要搭建三个基础平台，即水环境自动监测平台、智能无线传感平台和远程综合测控平台。

4.1 水环境自动监测平台

即在各个监测点布设自动采样和监测设备，以及应对汛期、洪水及污染事故的应急自动采样、监测设备，通过 NB-Iot 技术将所有监测点的设备连接起来，搭建水环境自动检测平台。

4.2 智能无线传感平台

监测数据采集完成后，通过智能无线传感平台的 NB-IoT 无线传输模块，传送至远程服务器保存。当监测大范围的水域环境时，智能无线传感平台可以采用群组投放的模式，以获取局部或整个水域的水环境状况。

4.3 远程综合测控平台

该平台包括监测数据接收、远程操作指令下发、数据实时展示三项主要功能。NB-IoT 模块通过 TCP 协议与远程综合测控平台建立连接，将数据传输至远程综合测控平台。远程综合测控平台接收管网终端监测数据，将监测成果以图表形式呈现给用户，远程下发操作指令。

5 NB-IoT 技术的应用实例

当前，NB-IoT 技术在水环境监测中较成功的应用案例有两个：智能水表和智能管网监测系统。

在北京、上海、深圳等地，NB-IoT 技术广泛应用于智能水表中。智能水表是指：在不方便布线的情况下，如老旧小区、别墅、农村等分散居民点，应用 NB-IoT 技术，通过网络实现数据抄读、上传，在管理中心进行数据分析后，再下发指令到智能终端，执行远程控制、在线收费等操作。智能水表实时收集居民的用水数据，可迅速传输到 NB-IoT 终端平台，尤其在用水高峰时段，数据采集频率可达到每 30 min 一次，每天汇总的数据总量达到 100 Byte，实现了水表的精确计量、及时传输和大容量存储等新特性。

在深圳，一些乡镇的污水处理站相继安装了 NB-IoT 智能管网监测系统。智能管网监测系统是指：在管网传感器上应用 NB-IoT 技术，实现对管网流量、压力、水质等的实时监测，实现远程设备管理，解决了传统传感器安装分散、取电难、防水要求高的难题。智能管网监测系统中 NB-IoT 模块的主要功能，是建立监控模块与数据采集模块之间的远程通信连接，充分利用了 NB-IoT 技术覆盖面广、穿透力强的特点，使监测系统的信号发送、传输、接收高效且稳定。此外，借助于 NB-IoT 网络，管网监测数据可以直接发送到手机上，工作人员通过手机 APP 就能实时掌握管网的详细情况。若发现异常，能够迅速准确定位，及时开展维修，以最快的速度排除故障。

6 结语

综上所述，将 NB-IoT 技术应用于水环境监测领域，通过三大基础平台，实现水环境指标参数采集、数据传输、监测成果展示的功能，不仅能对水环境进行全面准确的分析，还可以定位水环境不合格或突变区域，对水环境突发事件进行预警。我们应该不断探索，推进 NB-IoT 技术在水环境监测中的应用和发展。

参考文献

［1］冯艳红，张文婷，周铸，等. NB－IoT 的水环境在线监测关键技术探讨［J］. 皮革制作与环保科技，2021，2（13）：68-69.

［2］杜春赛. 基于 NB-IoT 模块的水环境监测系统研究与设计［D］. 南京：东南大学，2019.

一种应用于岩石微应变测量装置的设计及分析

仰明尉　何　娇

（水利部长江勘测技术研究所，湖北武汉　430034）

摘　要：本文介绍了一种测量岩石微小变形装置的设计原理，该装置采用二次杠杆原理，减小了试样失稳破坏时产生的过大变形，起到了测量时防止超行程的限位功能。通过有限元仿真进行结构优化，验证了该装置的有效性和可行性。

关键词：微应变测量；应变片；有限元分析

1　引言

岩石的弹性模量、变形模量及泊松比是岩土工程中比较重要的设计参数。根据目前岩石试验规范，测量岩石的弹性模量、变形模量及泊松比主要是通过刚性压力试验机得出。岩石在压力机上受载破坏主要分为两种形式：稳定破坏和失稳破坏。对于受载岩石系统，其能量转化大致分为能量输入、能量积聚、能量耗散、能量释放 4 个过程，外界输入的能量主要包括机械能（外力所做的功）和环境温度带来的热能，主要为机械能；输入的能量一部分以弹性变形能的形式积聚在岩石内，是可逆的，卸载时可以释放出来，另一部分以塑性变形能、损伤能（主要为表面能）等的形式耗散掉，是不可逆的，同时亦有少量以摩擦热能等的形式释放到外界；当弹性变形能存储到一定极限，超过岩石系统所能负载的极值，便会使岩石破裂失稳，并向外界释放，释放的能量转化为岩块动能、摩擦热能、各种辐射能等[3]。

为得到岩石弹性模量、变形模量及泊松比等参数，需要测得岩石受压时的力值和变形，其中试样的力值由压力传感器测得，轴向变形由千分尺或位移传感器测得，横向变形由贴在试样上的电阻应变片测得。电阻应变片（简称应变片）是由敏感栅、基底、覆盖层及引出线组成的[1]，其原理是被测试件在外力载荷条件下发生形变，形变会传递到粘贴在试件上的应变片上，应变片的敏感栅也随之变形，致使其电阻值发生变化，此电阻值的变化与构件表面微小变形成比例[2]，测量电路输出应变片电阻变化产生的信号，经放大电路放大后，由指示仪表或记录仪器指示或记录。

目前，将应变片贴在试样上的传统方法主要有两方面缺点：一是受应变片大小及粘贴位置限制，一个应变片只能测定试样表面一个点沿某一个方向的应变，不能进行全域性的测量；二是部分硬质岩石失稳破坏时可能产生岩爆或者瞬间弹射破坏[4]。当试样变形量超过电阻应变片测量范围时，会破坏电阻应变片。因此，需要设计一种新型岩石微小变形的测量装置。

2　结构设计

该装置的主要原理是采用二次杠杆，减小了试样由于失稳破坏时产生的变形量，实现了试样变形超过测量范围也不会损坏应变片。为此达到了防止超行程的限位功能，保证应变片安全。

2.1　技术方案

该装置采用链条围绕试样圆周，用两端的调节螺钉调节固定引伸计，链条中间装有可以伸缩的弹簧，保证试样变形前、后均使该装置能固定在试样上面。测量点的变化是由两根杠杆传递，如图 1 所

作者简介：仰明尉（1989—），男，硕士研究生，研究方向为岩土工程试验理论与应用。

示，右边一根杠杆固定在引伸计外壳上，一端与试样接触。左边一根杠杆铰接在外壳上的固定柱上，杠杆随试样变形发生转动，将试样的圆形变形量转换为长度，并按照杠杆比例减短，撬动固定在引伸计上的悬臂梁，使悬臂梁产生变形，改变了贴装在悬臂梁上的电阻应变片电阻值，输出变化的电信号。

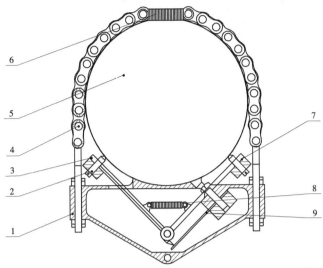

1—装置外壳；2—调节螺钉；3—左杠杆；4—不锈钢链条；5—试样；
6—小型圆柱弹簧；7—右杠杆；8—小型圆柱弹簧；9—悬臂梁。

图1　结构示意图

2.2　技术分析

该装置适用于直径为 50 mm 的标准尺寸的试验样品，将图 1 结构示意图简化，如图 2 所示，若试样破坏时产生了较大的横向变形，左杠杆移动位置超过了 B 点，这时左杠杆的 C 点移动到 C' 点，左杠杆与悬臂梁脱离接触，避免了过大的变形损坏悬臂梁上的电阻应变片。

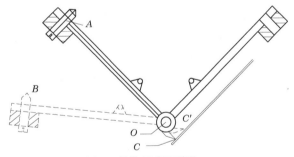

图2　结构示意图简化

2.3　结构优化

一般情况下岩石的横向变形不超过直径的 4%，即直径为 50 mm 的标准尺寸试样横向变形最大约 2 mm，借助有限元软件，对该装置的悬臂梁厚度进行结构优化，使其既能有一定范围的形变，又不超过材料的弹性应变范围。

根据设计图，悬臂梁最右端固定，AO 点长度为 30 mm，假设岩样最大横向变形为 2 mm，即 AO 转动约 0.067 弧度，OC 同样转动约 0.067 弧度。从图 2 可以看出，当 OC 转动到与悬臂梁垂直时，即 OC 转动 0.25 弧度，悬臂梁变形最大。将图 2 受力结构简化如图 3 所示。

根据弹性力学，悬臂梁的挠曲线方程为：

$$\omega(x) = \frac{F_p \cdot x^2}{6EI}(3L - x) \tag{1}$$

在 D 点处的挠度为：

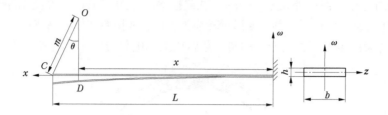

图3 受力结构简化图

$$\omega_D = m(1 - \cos\theta) \tag{2}$$

$$x = L - m \cdot \sin\theta \tag{3}$$

其中：$\theta = 0.25$。

将式（2）和式（3）代入式（1）可得，在 D 点处悬臂梁受到的力 F_p 为：

$$F_p = \frac{6EI \cdot m(1 - \cos\theta)}{(L - m \cdot \sin\theta)^2 \cdot (2L + m \cdot \sin\theta)} \tag{4}$$

悬臂梁在右侧固定端受到的弯矩最大，最大弯矩为：

$$M_{max} = \frac{6EI \cdot m(1 - \cos\theta)}{(L - m \cdot \sin\theta) \cdot (2L + m \cdot \sin\theta)} \tag{5}$$

最大拉应力位于固定端，其值为：

$$\sigma_{max} = \frac{3E \cdot m(1 - \cos\theta) \cdot h}{(L - m \cdot \sin\theta) \cdot (2L + m \cdot \sin\theta)} \tag{6}$$

从式（6）可以看出，当 θ 值和 m 值一定时，h 越大，即固定端的拉应力越大；当 θ 值和 h 值一定时，m 值越大，即 OC 长度越长，固定端的拉应力越大。

从式（2）可以看出，悬臂梁的弯曲变形与 OC 长度成正比，为保证贴在悬臂梁上的电阻应变片有较大的灵敏度，OC 长度不宜过短；同时，受加工条件限制，悬臂梁的厚度也不宜过薄，因此选择合适的 OC 长度和悬臂梁厚度是该设计的关键。

在针对弹性受力装置的设计时，材料的许用应力选择应根据弹性极限为基础，然而弹性极限只能保证材料最大应力在不超过该值时，其应变是线性变化的，为保证装置至少有 10^7 可重复使用性，许用应力应取弹性极限的 2/3 以下[5]。该悬臂梁设计采用 0Cr18Ni9 不锈钢材质，查规范可知，常温下许用应力为 137 MPa[6]，因此该悬臂梁的许用应力应小于 91.3 MPa。

根据以上分析，假设悬臂梁的厚度分别为 0.2 mm、0.4 mm、0.6 mm、0.8 mm、1 mm，OC 长度分别为 3.0 mm、4.0 mm、5.0 mm、6.0 mm、7.0 mm，弹性模量为 203 GPa；通过式（6），计算出最大拉应力，如表1所示。

表1 不同厚度与 OC 长度的最大拉应力值　　　　　　单位：MPa

OC 长度/ mm	悬臂梁厚度/mm				
	0.2	0.4	0.6	0.8	1.0
3.0	17.91	35.83	53.74	71.66	89.57
4.0	24.07	48.14	72.21	96.29	120.36
5.0	30.33	60.66	90.99	121.32	151.65
6.0	36.70	73.40	110.09	146.79	183.49
7.0	43.18	86.36	129.54	172.72	215.90

从表 1 可以看出，臂梁的厚度和 OC 长度分别为 0.4 mm、6.0 mm 和 0.4 mm、7.0 mm 时最大拉应力接近设计的许用应力；考虑到更长的使用寿命，最大拉应力与许用应力有一定的安全裕度，采用臂梁的厚度为 0.4 mm，OC 长度为 6 mm 的设计是合适的。将该设计方案用有限元软件 ABAQUS 进行分析，在悬臂梁 1/8、2/8、3/8、4/8、5/8 处设置 5 个观察点，仿真结构如图 4 所示。

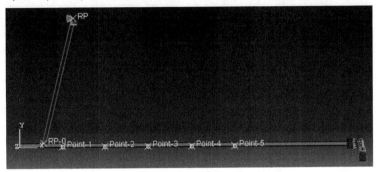

图 4　仿真结构示意图

悬臂梁的最右端固定，左杠杆 OC 部分由于刚度远大于悬臂梁，可简化为刚体，当 OC 转动 0.25 弧度时，悬臂梁变形最大，最大主应力云图如图 5 所示，最大主应力为 80.47 MPa，接近表 1 中的计算值。

图 5　最大主应力云图

图 6 为悬臂梁上 5 个观察点时间历程与位移关系图，从图 6 中可以看出，越靠近悬臂梁固定端，其位移变化越小；反之，则越大。

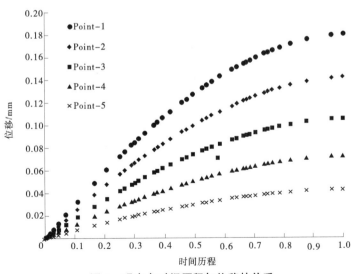

图 6　观察点时间历程与位移的关系

假设一般岩石样品试验最大横向变形 2 mm，则试验中 *OC* 转动约 0.067 弧度，即 5 个观察点的时间历程为 0.067/0.25≈0.27（*OC* 转动 0.25 弧度的时间历程=1）。取图 6 中曲线时间历程 0 至 0.27 部分数据进行拟合，拟合结果如表 2 和图 7 所示。

表 2　拟合结果

观察点	拟合结果	相关性 R^2
Point-1	$0.289\ 2x-0.000\ 3$	0.999 2
Point-2	$0.226\ 6x-0.000\ 3$	0.999 2
Point-3	$0.167\ 7x-0.000\ 2$	0.999 2
Point-4	$0.114\ 2x-0.000\ 1$	0.999 2
Point-5	$0.067\ 5x-0.000\ 01$	0.999 3

注：x 值为时间。

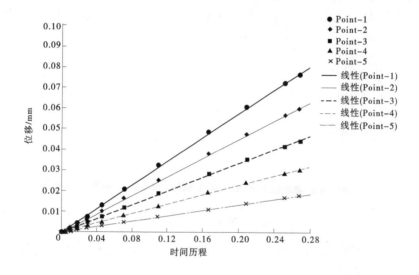

图 7　拟合结果

从表 2 可见，悬臂梁的变形与岩石样品试验的变形呈良好的线性关系，观察点 1 位置对测量值缩小倍数最低，观察点 5 位置对测量值缩小倍数最高。因此，当被测试样变形较大时，应变片应粘贴在靠近固定端区域，以保护应变片；当被测试样变形较小时，应变片应粘贴在靠近自由端区域，提高灵敏度。通过标定装置标定粘贴在悬臂梁上的应变片，即可测量试验中岩石的横向变形。

3　结论

本文介绍了一种应用于岩石微应变测量装置的设计原理，并借助仿真软件对该装置进行了结构优化，验证了其具有良好的线性关系和稳定的可重复性，以及该装置用于高精度测量微应变的可行性。

参考文献

[1] 夏祁寒. 应变片测试原理及在实际工程中的应用 [J]. 山西建筑, 2008（28）：99-100.

[2] 余航, 舒安庆, 丁克勤. 电阻应变片敏感栅栅丝尺寸对测量精度影响的研究 [J]. 中国仪器仪表, 2021（4）：71-75.

［3］张志镇，高峰. 单轴压缩下岩石能量演化的非线性特性研究［J］. 岩石力学与工程学报，2012，31（6）：1198-1207.

［4］宋小飞，张百胜，林雪瑶，等. 砂岩单轴加载破坏能量演化规律研究［J］. 煤炭工程，2021，53（9）：132-137.

［5］胡克，张泽林. 弹性材料的弹性特性及在设计中的应用［J］. 仪器制造，1976（4）：7.

［6］压力容器 第2部分-材料：GB 150.2—2011［S］.

超声波检测奥氏体不锈钢对接焊缝质量的探讨

吉祥豪　刘　涛　吕浩萍　李穗宁　梁立波

(珠江水利委员会珠江水利科学研究院，广东广州　510610)

摘　要： 本文针对奥氏体不锈钢晶粒粗大和各向异性的特点，致使超声波产生明显的散射、信噪比低等问题，采用精准比对调校的双晶纵波斜探头，开展了超声波检测奥氏体不锈钢对接焊缝质量的应用，检测结果与射线方法进行比较分析，误差不大于 2 mm，符合检测技术标准要求。

关键词： 奥氏体不锈钢；双晶纵波斜探头；仪器调校；超声波检测

1　引言

某抽水蓄能电站的水轮机组埋管采用材质为 304 的奥氏体不锈钢，部分埋管工作压力大于 8 MPa，埋管焊缝的质量关系着水泵水轮机组工作安全的可靠性。根据设计的技术要求，对于工作压力大于 8 MPa 的管道对接焊缝，除进行强度耐压试验外，还应进行不低于 5% 的 TOFD 或 RT 探伤抽样检查，但是由于受埋管材质、构件结构及施工环境的限制，两种方法均不适用。因此，改用超声波检测方法，通过选用双晶纵波斜探头，经过专门的调校并验证可靠后，对埋管焊缝实施内部质量的检测，取得了可靠的成果。

2　超声波检测金属焊缝的原理

超声波探伤就是利用超声波在均匀介质中传播时，遇到介质中的缺陷会发生反射、折射、散射和衰减，这些声学参数的变化，可以分析判定缺陷所在的位置和性质。因此，人们通过一定的方式使仪器声源产生的超声波进入金属焊缝内部，超声波在焊缝内部传播时与焊缝材料及其中的缺陷相互作用，使得其传播方向和特性被改变，改变后的超声波被接收仪器接收、处理和分析，根据接收的超声波特征，评价金属焊缝本身及其内部是否存在缺陷及缺陷的特性。

3　奥氏体不锈钢的组织结构特性及对超声波的影响

3.1　奥氏体不锈钢的组织结构特性

奥氏体不锈钢焊接接头组织与铁素体碳钢焊接接头相比有很多不同点，奥氏体焊缝组织凝固时不会发生相变，并且常温下以柱状奥氏体颗粒存在。主要有以下特点：①晶粒粗大；②组织呈现柱状晶粒且各向异性；③焊缝组织与母材存在明显的异质界面，在熔合面处组织变化特别明显；④奥氏体不锈钢的焊缝组织受焊接工艺及规范的影响很大。

3.2　奥氏体不锈钢对超声波的影响

奥氏体不锈钢焊缝组织对超声波的影响主要体现在以下几个方面：

（1）粗大晶粒的影响。随着超声波的不断传播，能量会逐渐衰减，其能量的衰减与焊缝组织内部晶粒的直径和波长的比值有关，当晶粒直径与波长比值接近 1/10 时，超声波就会产生明显的声散射现象；当晶粒直径与波长比值接近 1/2 时，声散射会剧增[6]。不锈钢内部组织晶粒粗大，晶粒半径

作者简介： 吉祥豪（1994—），男，助理工程师，检测研究技术员，主要从事水利工程无损检测工作及研究。

与波长比值也较大，有严重的声散射现象，杂乱的散射回波会导致缺陷检出率很低。

（2）各向异性的影响。超声波在各向异性的介质传播过程中，声衰减值和声速大小都受到波束方向与晶轴之间夹角的影响。当波束方向与晶轴夹角在45°~49°时，衰减值最小，声速最大，在0°和90°时，衰减值最大，声速最小。除此之外，超声波在各向异性介质传播时，超声波能量的传输方向与首波阵面不垂直，会使超声波波束扭曲，严重影响超声波的检测准确性。

（3）异质界面的影响。奥氏体不锈钢的焊缝熔合面与基体组织差异显著，当超声波入射到熔合面时会发生反射、折射和波形转换[6]，产生伪显示，很容易误判缺陷。此外，焊缝内部晶粒间的界面反射回波叠加累积后也会产生伪信号，对超声波检测缺陷的检出率影响大。

4 超声波检测探头的选择及调校

由于奥氏体不锈钢组织的特点，超声波能量的衰减程度与焊缝内部晶粒的直径、波长的比值和频率的高低有关，在检测时，因为纵波波长比横波波长大，对声能的衰减较小。另外，频率越低，声能衰减越小，所以理论上选择低频纵波检测，可以提高不锈钢焊缝的检测信噪比[6]，提高缺陷的检出率。

4.1 超声波检测探头的选择

根据 NB/T 47013.3—2015 附录 I 的建议，考虑到双晶探头具有聚焦声束的作用，发射能量比较集中、信噪比高等优点，便于发现焊缝中的近表面缺陷。因此，选用双晶纵波斜探头、纵波直探头作为辅助探头。

4.2 超声波检测探头的调校

双晶纵波斜探头的调校，需要选择数字超声波探伤仪、定制的对比试块、标准试块等器材。主要是对双晶纵波斜探头的零点、前沿及 K 值进行调校并绘制距离-波幅曲线，以此对焊缝进行检测。

4.2.1 检测仪器

采用数字超声波探伤仪，型号 HS616e，仪器主要性能指标满足水平线性误差≤1%、垂直线性误差≤5%、动态范围≥26 dB。

对仪器与探头组合性能要求：选择的超声波检测仪器与选用的探头相匹配，以便获得最佳灵敏度和信噪比。声束通过母材和通过焊接接头分别测绘的两条距离-波幅曲线间距一般宜小于 10 dB。扫查灵敏度应使检测范围内最大声程处反射体回波高度达到20%以上，信噪比应达到2：1[4]。

4.2.2 试块

（1）对比试块。

要求对比试块的材料与被检材料相同，试块的中部设置一条对接焊缝，该焊接接头的坡口形式应与被检对接焊接接头相似，并采用同样的焊接工艺制成[4]，利用对比试块上的人工缺欠绘制距离-波幅曲线。对比试块的形状和尺寸如图1所示。

（2）标准试块。

标准试块选用常规的 CSK-IA 试块，利用标准试块调校双晶纵波斜探头的零点和 K 值，其形状和尺寸如图2所示。

（3）模拟试块。

模拟试块是为了检验经过调校后的仪器使用双晶纵波斜探头检测的缺陷与经射线检测出的缺陷的对比误差，模拟试块与对比试块材料相同，并采用一样的焊接工艺制成，带有确定的人工缺陷。模拟试块的形状尺寸如图3所示，模拟试块的缺欠位置如表1所示。

4.2.3 纵波斜探头零点、前沿的调节

按照调校常规横波斜探头零点调节的方法，可选择按照声程、深度或者水平距离调节探伤时基线[2]。零点调节前，先用直探头测出纵波在 CSK-IA 试块上的声速 C_{L1}，同样方法测出纵波在不锈钢对比试块上的声速 C_L，测试完成后分别记录纵波声速值，再换上双晶纵波斜探头，在数字超声波测

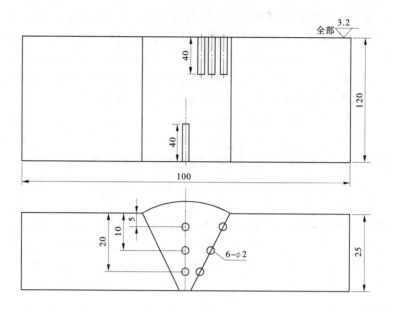

图 1 对比试块

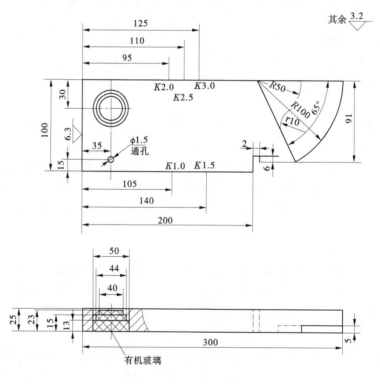

图 2 CSK-IA 标准试块

试仪上输入已测定的不锈钢纵波声速值，在 CSK-IA 试块上找到 R100 圆弧上的最高波，适当调节增益，使最高波能在面板上正常显示，调节探头零点，使 R100 圆弧上的最高波指示声程为 100 mm，此时用钢板尺测量探头前端至 R100 圆弧的距离，记录数据，这样双晶纵波斜探头的零点、前沿调节完成[2]。反复试验 3 次，探头前沿取平均值并记录。确定了探头零点和声速后，扫描时基线也就确定了，可按深度 1∶1 调节时基线，即最大探测深度就为 100 mm，在实际检测中，可按深度 2∶1 进行扫描比例的调节，即最大探测深度为 50 mm[2]。

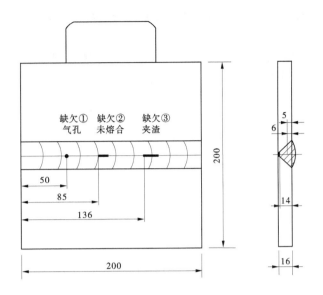

图3 模拟试块

表1 检测结果对比

缺欠编号	检测方法	板厚/mm	材质	坡口形式	缺欠位置/mm	缺欠长度/mm	缺欠深度/mm	缺欠波高SL+dB	缺欠波幅区域
①	UT	16	304	V	51	4	6	−4	Ⅱ
①	RT	16	304	V	50	5	—	—	—
②	UT	16	304	V	84	10	13.2	+13	Ⅲ
②	RT	16	304	V	85	11	—	—	—
③	UT	16	304	V	138	13	7	+8	Ⅲ
③	RT	16	304	V	136	15	—	—	—

4.2.4 纵波斜探头 K 值的调校

可按常规横波斜探头 K 值的测定方法在 CKS-IA 试块上测出 K_1 值，为了使测定更准确，可以重复测定3次后取平均值，然后根据纵波在两个不同试块中的声速，根据超声波折射定律计算出双晶纵波斜探头在对比试块中的 K 值，并将其输入仪器中。可根据式（1）~式（3）计算出 K 值。

$$K_1 = \tan\beta_{L1} \tag{1}$$

式中：K_1 为双晶纵波斜探头在 CKS-IA 试块中的 K 值；β_{L1} 为纵波在 CKS-IA 试块中的折射角。

$$\frac{C_{L1}}{\sin\beta_{L1}} = \frac{C_L}{\sin\beta} \tag{2}$$

式中：C_{L1} 为纵波在标准试块 CKS-IA 中的声速；C_L 为纵波在不锈钢对比试块中的声速；β 为纵波在不锈钢对比试块中的折射角。

$$K = \tan\beta \tag{3}$$

式中：K 为双晶纵波斜探头在不锈钢试块中的 K 值。

4.2.5 距离-波幅曲线的绘制

距离-波幅曲线由选定的探头、仪器组合在自制的对比试块上实测数据绘制，在焊缝两侧进行检测时，用焊缝中心的横孔制作距离-波幅曲线确定灵敏度和评定。评定线至定量线以下区域为Ⅰ区，定量线至判废线以下区域为Ⅱ区，判废线及以上区域为Ⅲ区[4]。各线的灵敏度设置为[4]：判废线

RL，$\phi_2 \times 40+3$ dB；定量线 SL，$\phi_2 \times 40-2$ dB；评定线 EL，$\phi_2 \times 40-8$ dB。

4.2.6 参考线的绘制

为了比较焊接接头与母材的差异，可使声束只经过母材区域，利用熔合区横孔绘制参考线（见图 4），若参考线比距离-波幅曲线高 10 dB，可考虑更换探头。

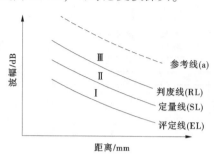

图 4　距离-波幅曲线

5　超声波与射线法检测成果的对比分析

5.1　对模拟试块检测成果的对比分析

利用调校好的仪器及探头对带有人工缺陷的模拟试块进行超声波检测，检测结果与模拟试块采用射线检测的缺陷结果进行对比，其中结果对比相差最大的一组缺陷是③，③利用超声波（UT）检测出的结果缺欠长度 13 mm，同一个位置经 RT 检测出的缺欠长度是 15 mm 的夹渣，射线检测 RT 和超声波检测 UT 两种方法检测出的结果对比相差 2 mm，另外两组编号①和②缺欠长度相差在 1 mm，得出结果显示，使用超声波检测的误差不超过 2 mm，检测结果满足要求，具体检测数据对比如表 2 所示。

5.2　对管道对接焊缝检测成果的对比分析

经调校及试验验证后的双晶纵波斜探头用于某抽水蓄能电站蜗壳均压管（工作压力 11.0 MPa）对接焊缝的检测工作中，检测发现一个缺欠超标，经碳刨后与超声波检测的缺欠长度比较误差 0.9 mm，深度误差相差 2 mm，检测结果准确可靠，具体检测结果如表 2 所示。

表 2　蜗壳均压管对接焊缝的检测结果

缺欠编号	检测方法	板厚/mm	材质	坡口形式	检测长度/mm	缺欠长度/mm	缺欠深度/mm	缺欠波高SL+dB	缺欠波幅区域	缺陷性质
1	UT	16	304	V	500	12	8.9	7	Ⅲ	非平面型
1	碳刨	16	304	V	500	14	9.8	—	—	夹渣

6　结语

本文利用超声波检测奥氏体不锈钢焊缝，通过检测探头的专门调校，超声波检测结果与射线检测、碳刨结果进行对比分析，得出超声波检测结果的可靠性，值得推广应用。在应用中应关注双晶纵波斜探头在奥氏体不锈钢的声速、零点及探头前沿距离、探头入射角的调校。本次所使用的试块是CSK-IA，调校时要注意纵波在 CSK-IA 与在不锈钢自制对比试块的声速差别，如有条件，建议可以根据 CSK-IA 的形状自制一个奥氏体不锈钢的标准试块，这样进行试验对比分析更便捷一些。

参考文献

［1］张鹰，张延丰，雷毅. 奥氏体不锈钢焊缝的超声波检测方法研究［J］. 无损检测，2006，28（3）：119-122.

［2］邹斌，柴军辉，黄辉，等. 承压设备奥氏体不锈钢对接焊缝超声检测的仪器调校［J］. 化工装备技术，2010，31（4）：44.

［3］邓军明，张东生，卢锦祥. 2205 双相不锈钢焊缝的超声检测应用［J］. 公路交通技术，2020，36（5）：104-110.

［4］承压设备无损检测 第 3 部分：超声检测：NB/T 47013.3—2015［S］.

［5］彭志珍，陶于春，任尚坤. 基于不锈钢焊缝缺陷的无损检测研究进展［J］. 焊管，2018，41（4）：6-11.

［6］宋鹏，曹素红，曹玉库，等. 奥氏体不锈钢焊缝超声检测国内研究进展［J］. 科技风，2016（24）：91.

穿堤涵闸土石接合部渗透破坏影响因素研究

李　娜[1,2]　张　斌[3]　马　敬[4]　常芳芳[1,2]

（1. 黄河水利委员会黄河水利科学研究院，河南郑州　450003；
2. 水利部堤防安全与病害防治工程技术研究中心，河南郑州　450003；
3. 黄河水利委员会河湖保护与建设运行安全中心，河南郑州　450003；
4. 内蒙古自治区黄河三盛公水利枢纽管理中心，内蒙古磴口　015200）

摘　要：为研究土石接合部接触冲刷渗透破坏影响因素，通过自行设计的接触试验装置，开展了 45 种组合
试验。根据试验结果，分析了土体性质、填筑质量及水力比降等因素对接触冲刷破坏的影响规律，
并利用非线性回归分析，得到了稳定时间、破坏时间的数学模型，考虑了黏聚力、填筑质量及水
力比降的影响。研究成果完善了土石接合部接触冲刷渗透破坏室内试验测试方法，为土石接合部
渗透破坏检测及修复技术的提升奠定了基础。

关键词：土石接合部；渗透破坏；接触冲刷；试验研究

1　引言

　　穿堤涵闸土石接合部是堤防防洪的薄弱环节，常发生接触冲刷渗透破坏进而引起堤防险情。其出
险的根本原因在于混凝土与土体之间存在着变形不一致或施工振捣不密实而导致接合部土体密实度发
生了变化，易在高水头作用下发生接触冲刷渗透破坏直至坍塌而溃坝，且这种破坏初始过程大多隐于
工程内部，发展迅速，难以抢护，因而土石接合部的渗透破坏具有隐蔽性、突发性和灾难性的特点。
例如，2016 年长江干堤 50 处险情，与穿堤建筑物相关的有 6 处[1]；2019 年 8 月，湘赣两省长江支流
堤防 9 处决堤和溃坝险情中，有 1 处是在超标准洪水作用下穿堤钢管周围土体发生接触冲刷，形成涌
水通道[2]；黄河上已发现部分涵闸存在侧壁渗水、洞身裂缝等问题，堤防土石接合部也是黄河防洪
防守抢险的重点和难点。因此，接触冲刷问题越来越引起工程师和学者们的重视。

　　然而在工程渗流问题中，接触冲刷的研究人们大多集中在无黏性土层之间[3]、砂砾石层与黏土
层之间[4]，以及堤坝与其防渗体的破坏问题。例如：针对土质防渗体和基岩的渗透破坏问题，通过
自行设计的试验装置研究了渗透系数的变化与颗粒孔隙之间的规律[5]及接触带裂隙开度、土体性
质、土体密度对接触冲刷的影响[6-7]；针对防渗墙与堤坝接触面的渗透破坏，通过试验研究了防渗墙
对于阻止渗流通道贯通作用机制[8-10]；对于穿坝涵管接触面渗透破坏，解全一等[11]设计了土与结构
接触面渗流破坏试验装置，开展了穿坝涵管接触面渗流破坏试验，研究了破坏过程中接触面变形、渗
流流速的变化规律，但未考虑接合部缺陷的影响作用。由此可见，土体与刚性建筑物间接触冲刷渗透
破坏与土体性质、土体密度、接触带状态等因素密切相关。但目前研究主要集中在较高水位的堤坝与
防渗体的接触冲刷，对于作用水头相对较低的穿堤涵闸接触面渗透破坏研究较少，采用的试验装置多

基金项目：国家自然科学基金（42041006-04）；黄河水利科学研究院中央级公益性科研院所基本科研业务费专项
（HKY-JBYW-2020-02）。

作者简介：李娜（1982—），女，硕士，高级工程师，主要从事水闸安全评价、结构数值计算及土的渗透特性试验等
研究。

根据不同工程背景自制且为圆形。而穿堤涵闸多为方涵，且接合部由于其特殊的结构形式，施工时填土与建筑物接触带难以压实，在闸体不均匀沉降作用下易产生裂隙。因此，需统筹各因素影响并针对具体特点开展穿堤涵闸接合部渗透破坏相关问题研究。

本文探讨了土石接合部接触冲刷渗透破坏室内试验测试方法，并在穿堤涵闸土石接合部接触冲刷渗透破坏试验基础上，深入分析了土体性质、接触带填筑质量、水力比降等因素对稳定时间、破坏时间的影响规律，并建立相应的数学模型。研究成果深化了对土石接合部渗透破坏规律的认识，为土石接合部渗透破坏检测及修复技术的提升奠定了基础。

2 渗透破坏试验测试

2.1 试验装置

根据实际工程现场情况，穿堤涵闸多为方涵，接触冲刷试验装置相应设计为箱式结构（见图1），模拟涵闸侧墙与两侧填土间填筑不密实情况下的接触冲刷破坏问题。为便于试验现象观察，箱体为透明有机玻璃，壁厚8 mm，内部尺寸为150 mm×200 mm×200 mm。接触冲刷试验装置上、下游侧边缘均为厚20 mm钢板，钢板与有机玻璃箱体之间设置厚12 mm的硅胶防水圈，顶杆用于紧固有机玻璃箱体和上、下游侧，在紧固螺栓和顶杆作用下钢板与有机玻璃箱体之间密闭防水。为使上游水流均匀平稳，底部设孔径φ1.5 mm的带孔金属透水板。另外，试验时的供水设备包括吊桶和提升架来控制水头大小，并在吊桶上接溢水管道，为试样提供较高的稳定进口水头。

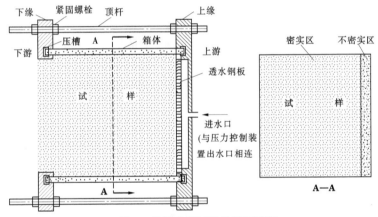

图1 接触冲刷试验装置示意图

2.2 试验组合

2.2.1 土体试样

黄河堤防堤身代表性土体黏粒含量介于15%~30%占多数，少数黏粒含量为10%左右。结合黄河堤防土体实际特点，分别选取了3种土体的填筑条件：A类试样，黏粒含量4.6%，最优含水率15.53%，最大干密度1.81 g/cm³。

B类试样，黏粒含量12.3%，最优含水率15.8%，最大干密度1.69 g/cm³。

C类试样，黏粒含量22.1%，最优含水率13.7%，最大干密度1.72 g/cm³。

2.2.2 压实度

黏性土土堤的填筑标准压实度不应小于0.95，因此土样密实区压实度设定为0.95，不密实区压实度分别按0.75、0.80、0.85考虑，不密实区宽度为50 mm。

2.2.3 水力比降

上游作用水头分别为4 m、2 m、1 m、0.7 m和0.5 m，相应的平均水力比降J分别为20、10、5、3.5和2.5（为方便计算，暂不考虑渗径的沿程变化，L近似为试样水平向距离，H为上游水位与试样进口位置高度差，计算公式仍为$J=H/L$）。

2.3 试验步骤

试验主要研究不同黏粒含量土体与刚性建筑物接触时渗透水流通过接触面是否发生接触冲刷渗透破坏，模拟闸前水位骤升、骤降时止水破坏情况下侧墙与两侧填土不密实的最不利工况。主要试验步骤如下：

（1）装填试样。仪器底部是稳流区，底部透水钢板上铺设一层土工布，一是使得水流平稳均匀进入试样，二是防止土料细颗粒堵塞过水孔。除观测面外的其余三面均匀涂抹一层膨润土护壁，以防水流沿边壁集中渗漏。根据计算出密实区和接触带不密实区所需土体质量及铺土高度分层装样。

（2）试验过程。制样后，将试验装置平放进行试验。将上游水头调整至预定高度，利用上下水头差和渗径，得出上下游平均水力比降 J。通过观察并记录主要试验现象，并对初始析出土体细颗粒进行颗分试验。

3 试验成果及其分析

土石接合部冲刷试验共包含了 45 种试验组合，每种组合试验，开展 1~2 组平行试验，对试验实测成果进行分析整理。从试验现象可看出，土石接合部接触冲刷试验过程可分为 3 个阶段：

（1）从初始施加水头到下游有清水渗出阶段称之为初始渗流阶段，这一阶段持续时间相对较长，记为稳定时间 t。

（2）从试样渗流量增大到试样渗漏通道形成阶段称为管涌形成发展阶段，这一阶段持续时间称为破坏时间 t_1。

（3）从通道贯通至接触带土体冲刷称之为冲蚀发展阶段。这一阶段，随着渗漏通道的形成，在水流的持续作用下，大量土体颗粒从渗漏通道口涌出，接触带土体被淘空，土体整体发生冲蚀破坏。但土体的破坏时间与水力比降及土体性质密切相关，对于黏粒含量较小的 A 类土体，在不密实区压实度为 0.85、水力比降 0.5 时未发生接触冲刷破坏，在不密实区压实度为 0.85、水力比降为 4 时，试样整体失稳。各土体试样稳定时间、破坏时间与水力比降的关系见图 2 和图 3 所示。

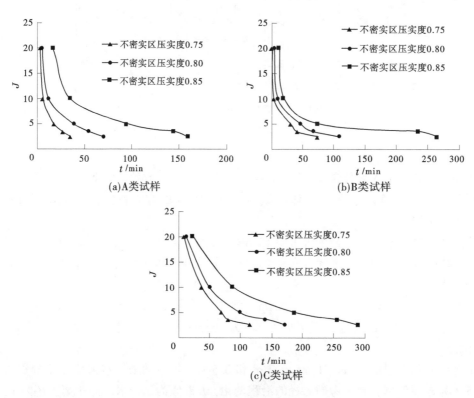

(a)A类试样　　　　(b)B类试样

(c)C类试样

图 2　稳定时间变化曲线

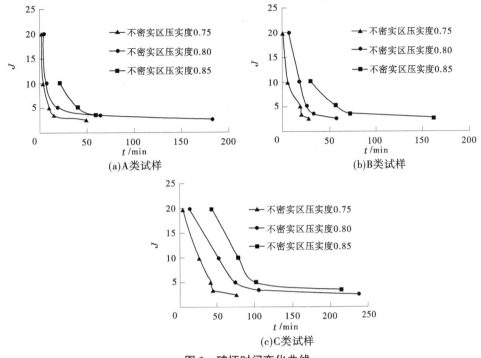

图3 破坏时间变化曲线

3.1 接触冲刷渗透破坏与土体性质的关系

土体性质对接触冲刷影响较大。基于上述试验成果，对于不同性质黏粒含量土体，其接触冲刷渗透破坏具有以下特性：在水力比降及不密实区压实度一定的情况下，对于不同黏粒含量土体，土体黏粒含量越大，试样稳定时间及破坏时间越长，土体抗冲刷能力较强，例如，在水力比降为5，不密实区压实度分别为0.75、0.80和0.85时，黏粒含量为12.3%的土体较黏粒含量为4.6%的土体分别提高了90%、25%和39%。土体黏粒含量越大，其抗渗性能越强，在上游水压不大或短时间作用的情况下较难发生渗透破坏，上游水流也较难传递过来，致使试验后期渗透破坏前土体颗粒析出时间持续较长，析出土体黏粒也较多。

3.2 接触冲刷渗透破坏与填筑质量的关系

从试验现象来看，在土石接合部存在一定缺陷情况下，在上游较大水力比降作用下，易发生接触冲刷渗透破坏，与工程实际较为一致。对于同种土体，不密实区压实度越大，土体稳定时间越长，抗冲刷能力也越强。

3.3 接触冲刷渗透破坏与水力比降的关系

相同试验条件下，水力比降越大，试样稳定时间及破坏时间越短。然而，不同土体试样稳定时间随上游比降的变化规律也具有离散性，例如，不密实区压实度0.75、水力比降20时，黏粒含量4.6%、12.3%、22.6%土体稳定时间分别为3 min、0.5 min和8 min。同样条件下，黏粒含量4.6%土体反而较黏粒含量12.3%土体稳定时间长。这种现象在不密实区压实度0.85情况下，表现得更为明显。究其原因是因试样尺寸相对较小，受人为制样影响，造成试验结果不太规律。这一不规律性也反映了土体接触冲刷受不利因素影响的随机性。

4 接触冲刷数学模型

在土石接合部接触带存在不密实区缺陷情况下，接触冲刷渗透破坏受土体性质、填筑质量、水力比降等多因素的影响，且各因素的影响表现为较为复杂的非线性关系。通过多元非线性回归分析，建立各因素对接触冲刷渗透破坏影响的数学模型。模型建立的步骤如下：

（1）先建立不密实区压实度 w、J 和 t（或 t_1）的多元回归相关关系 t' 或 $t'_1 = f_1\ (w,\ J)$。

（2）通过非线性回归分析，建立 t（或 t_1）与 $f\ (w,\ J)$ 模型构造的 t' 的关系模型 $t = F\ (t')$［或 t'_1 的关系模型 $t_1 = F\ (t'_1)$］，并通过显著性检验。

4.1 稳定时间与各因素关系的数学模型

对不同土体的稳定时间 t 进行回归分析，考虑 t 随 w 或 J 的变化规律，为消除量纲，取 t/T 为纵坐标（$T = 1$ min），在对比分析的基础上，考虑最优数学模型为：

$$t/T = k\mathrm{e}^{At'/T} = k\mathrm{e}^{A(aw+bJ+c)}$$

式中：k、A、a、b、c 为待求的回归常数。通过非线性回归分析，可得到函数拟合结果见图 4~图 6。

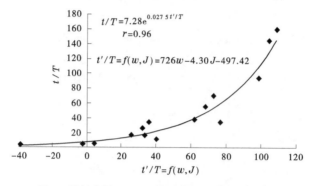

图 4　黏粒含量 4.6% 土体稳定时间曲线拟合结果

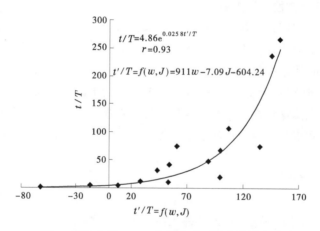

图 5　黏粒含量 12.3% 土体稳定时间曲线拟合结果

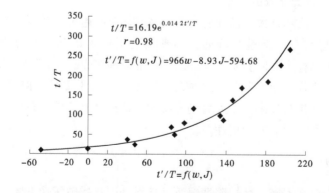

图 6　黏粒含量 22.6% 土体稳定时间曲线拟合结果

其中，数学模型中的无量纲回归系数 k、A、a、b、c 及显著性检验系数如表1所示，相关系数均大于显著性检验系数，回归方程通过显著性检验。各系数与黏聚力呈现出一定的关系，随着土体黏聚力的增加，系数 k、c 先减小后增大，系数 A、b 依次减小，而系数 a 则呈依次增大的趋势。

表1　无量纲回归系数及显著性检验系数

黏聚力 C/kPa	k	A	a	b	c	相关系数 r
5.7	7.28	0.027 5	726	−4.30	−497.42	0.96
10.2	4.86	0.025 8	911	−7.09	−604.24	0.93
17.8	16.19	0.014 2	966	−8.93	−594.68	0.98

4.2　破坏时间与各因素关系的数学模型

对不同土体的破坏时间 t_1 进行回归分析，在对比分析的基础上，考虑最优数学模型为：

$$t_1/T = k' e^{A' t_1'/T} = k' e^{A'(a'w + b'J + c')}$$

式中：k'、A'、a'、b'、c' 为待求的回归常数。通过非线性回归分析，可得到函数拟合结果见图7~图9。

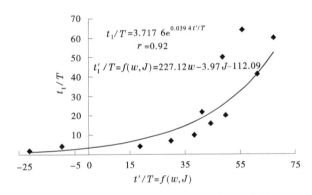

图7　黏粒含量4.6%土体破坏时间曲线拟合结果

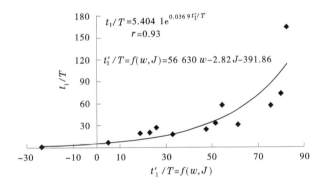

图8　黏粒含量12.3%土体破坏时间曲线拟合结果

其中数学模型中的无量纲回归系数 k'、A'、a'、b'、c' 及显著性检验系数如表2所示，相关系数均大于显著性检验系数，回归方程通过显著性检验。

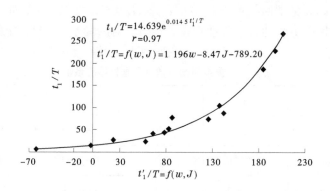

图 9 黏粒含量 22.6% 土体破坏时间曲线拟合结果

表 2 无量纲回归系数及显著性检验系数

黏聚力 C/kPa	k'	A'	a'	b'	c'	相关系数 r
5.7	3.717	0.039 4	227.12	−3.97	−112.09	0.92
10.2	5.404	0.036 9	556.30	−2.82	−391.86	0.93
17.8	14.639	0.014 5	1 196	−8.47	−789.20	0.97

5 结论

本文通过自行设计的接触试验装置，探讨了土石接合部接触冲刷渗透破坏室内试验测试方法，并开展了不同性质土体在不同试验条件下的室内接触冲刷渗透试验，考虑了土体性质、填筑质量及水力比降的影响，主要得到以下成果：

（1）深入分析了土体性质、填筑质量及水力比降等因素对接触冲刷的影响规律。在上游较大水力比降的长时间作用下，土石接合部较易发生接触冲刷渗透破坏；在相同的试验条件下，土体黏粒含量越大、接触带压实度越大，土体稳定时间越长，其抗冲刷能力也越强。水力比降较小时，稳定时间主要受不密实区填筑压实质量影响；随着水力比降的逐渐增大，土体性质影响作用逐渐显现。尤其是在土体试样破坏后，土体性质的影响作用表现得更为明显。

（2）利用非线性回归分析，得到了稳定时间及破坏时间的数学模型，考虑了黏聚力、不密实压实度、水力比降的影响。

参考文献

［1］黄先龙，王文科，褚明华，等. "2016·7" 长江中下游洪水干堤险情分析及启示 ［J］. 中国防汛抗旱，2016，26（5）：47-49.

［2］张家发，丁金华，张伟，等. 论堤防管涌的危急性及其分类的意义 ［J］. 长江科学院院报，2019，36（10）：1-10.

［3］刘杰. 无黏性土层之间渗流接触冲刷机理实验研究 ［J］. 水利水电科技进展，2011，31（3）：27-30.

［4］陈建生，刘建刚，焦月红. 接触冲刷发展过程模拟研究 ［J］. 中国工程科学，2003，5（7）：33-39.

［5］刘杰，缪良绢. 小浪底水库坝基防渗墙与心墙接触渗流控制试验研究 ［J］. 人民黄河，1993（5）：19-22.

［6］王春磊，皇甫泽华. 土石坝窄心墙接触冲刷技术研究与坝基帷幕灌浆处理 ［J］. 地下空间与工程学报，2018（4）：92-95.

［7］詹美礼，闫萍，尹江珊，等. 不同轴压下悬挂式防渗墙堤基渗透坡降试验［J］. 水利水电科技进展，2016，36（3）：36-40，46.

［8］毛昶熙，段祥宝，蔡金傍，等. 悬挂式防渗墙控制管涌发展的试验研究［J］. 水利学报，2005，36（1）：42-50.

［9］邵生俊，杨春鸣. 粗粒土泥浆护壁防渗墙的抗渗设计方法研究［J］. 水利学报，2015，46（SI）：46-53.

［10］Xie Q，Liu J，Han B. et al. Experimental investigation of interfacial erosion on culvert−soil interface in earth dams［J］. Soils and Foundation，2019，59（3）：671-686.

水电站地下硐室氡浓度检测分析与氡污染防护

闫凯鑫　蒋才洋　杜　松

（中国电建集团贵阳勘测设计研究院有限公司，贵州贵阳　550081）

摘　要： 氡是一种天然放射性气体，在自然界中普遍存在，是人体受到天然辐射剂量的重要来源。一般情况下，地下建筑中氡浓度大于地面建筑，水电站从前期勘探到后期运行中的地下硐室氡浓度往往较高，本文以藏区某水电站的前期勘探平硐为例，分析地下硐室中氡浓度的影响因素，并以此提出水电站地下硐室氡防护切实可行的措施。

关键词： 氡浓度；氡防护；地下硐室；水电站

1　引言

氡（Rn）是一种天然放射性气体，为铀元素衰变系列的放射性元素，在自然界中普遍存在，是人体受到天然辐射剂量的主要来源，氡还是除吸烟外诱发肺癌的第二大因素[1]。氡主要来源于土壤和岩石中的铀元素，一般情况下，地下建筑中氡浓度大于地面建筑，封闭环境中氡浓度大于开阔环境中。水电站的地下硐室多为相对封闭环境，氡浓度要远远高于地面等开阔处，开展水电站地下硐室氡浓度影响因素的分析研究对氡气的防护具有十分重要的意义。

2　氡的基本性质与危害

2.1　氡的基本性质

常温下氡是一种无色无味的气体，在水中的溶解度系数为[2]：

$$\alpha = \frac{C_{Rn水}}{C_{Rn空气}} \tag{1}$$

式中：$C_{Rn水}$ 为水中的氡浓度；$C_{Rn空气}$ 为空气中的氡浓度。

氡在水中的溶解度系数与水温的关系如式（2）所示：

$$\alpha = 0.105\,7 + 0.405e^{-0.050\,2t} \tag{2}$$

氡在水中的溶解系数随温度升高而降低，20 ℃时氡气在水中的溶解系数为0.252，水中氡浓度约为空气中氡浓度的1/4（见表1）。

自然界中有3个天然放射性系列，即铀系、钍系和锕系，在三系衰变过程中，除氡的三种同位素在常温常压下为气态外，其余产物均为固态。氡的三种同位素中 ^{222}Rn 的半衰期较长，为3.82天；其次为 ^{220}Rn，半衰期为54.5 s；^{219}Rn 的半衰期最短，仅为3.96 s。^{219}Rn 和 ^{220}Rn 在空气中含量极少，我们所说的氡主要指 ^{222}Rn，通常把 ^{222}Rn 的短半衰期子体 ^{218}Po、^{214}Pb、^{214}Bi 称为氡子体。

2.2　氡的危害

氡对人体的伤害是十分隐蔽的，因为氡在常温下为无色无味的气体，即使氡浓度较高也难以察觉。另外，氡对人体的伤害以辐射为主，在短期内是难以察觉的。氡对人体的损害以内照射为主，氡的衰变主要为 α 衰变，α 粒子的体积较大，电离能力强，穿透能力弱，在空气中仅能传播几厘米，只

作者简介： 闫凯鑫（1994—），男，助理工程师，主要从事水电物探工作。

要一张纸或者皮肤就能挡住，小剂量下很难从外部对人的身体造成损伤。但是当人在呼吸时，氡气及氡子体被吸入肺部，氡子体和空气中的微小颗粒结合形成气溶胶黏附在呼吸道和肺部，其衰变产生的 α 粒子可直接对肺部细胞造成损害。

表 1　氡在水中的溶解度系数

水温/℃	溶解度系数	水温/℃	溶解度系数
0	0.510	50	0.140
5	0.420	60	0.127
10	0.350	70	0.118
20	0.252	80	0.112
30	0.200	90	0.109
40	0.160	100	0.107

3　氡浓度影响因素

对于水电站的地下硐室，影响氡浓度的因素主要有 3 个：一是该区域岩石的放射性核素含量，岩石的放射性核素含量越高，该地区的氡浓度背景值越高[3]。二是构造的发育情况，地下硐室的构造越发育，氡浓度越高。由于构造的存在，一方面地下岩石由封闭状态转为开放状态，为氡气的运移提供了通道；另一方面地下水在构造流动的过程中，会不断汇集岩石中的放射性元素，从而导致构造中的氡含量较高。三是空气的流通情况，如果硐室内部的空气和大气交换较困难或基本不交换，氡气会在封闭环境中不断聚集，达到一个较高的水平[4-6]。

以藏区某水电站的勘探平硐为例，分析地下硐室氡浓度的影响因素。该水电站所处区域岩性单一，主要为中—细粒角闪黑云石英闪长岩，在水电站的 2 个勘探平硐（PDzc1、PDzc2）及附近的 2 个铁路横洞中进行氡浓度测试（PDzc2 桩号 0 m 处距山体表面 82 m），以调查平硐中氡浓度水平，并对氡浓度变化规律进行分析。

本次氡浓度测量采用 FYCDY 便携式测氡仪，该仪器以闪烁室法为基础，用气泵将含氡的气体吸入闪烁室，氡及子体发射的 α 粒子使闪烁室内的 ZnS（Ag）涂层发光，光电倍增管再把这种光信号变成电脉冲，单位时间内的脉冲数与氡浓度成正比，从而确定空气中氡的浓度。根据《公共地下建筑及地热水应用中氡的放射防护要求》（WS/T 668—2019），地下建筑平均氡浓度的参考水平为 400 Bq/m³。

平硐中测点间距为 20 m，铁路横洞中测点间距为 50 m，每个测点进行 3 次测量，取平均值作为最终结果，测量结果见表 2。

图 1、图 2 分别为平硐 PDzc1、PDzc2 中氡浓度随桩号变化图，结合表 2，分析可得：

（1）在勘探平硐中，氡气的运动主要为扩散作用，较慢的消散速度导致氡浓度较高。由图 1、图 2 可以看出，洞口处氡浓度接近背景水平，随桩号的增加氡浓度整体呈上升趋势，氡浓度首先急剧上升，到达一定距离后，氡浓度逐渐趋于平稳，但仍呈上升趋势。这是因为平硐仅通过洞口和外界联通，内部空气基本不流动，氡气只能通过扩散的方式从高浓度的地方向低浓度的地方移动。靠近洞口的地方扩散作用强烈，氡浓度变化较快，随着距离的增加，扩散作用逐渐变弱，氡浓度趋于平稳。仅通过扩散作用氡气很难向外排出，这是勘探平硐氡浓度较高的原因之一。

（2）构造的发育会显著提高地下硐室的氡浓度。平硐 PDzc1、PDzc2 相距较近，岩性基本一致，对比两平硐氡浓度发现，当氡浓度趋于平稳时，PDzc2 中的氡浓度要显著高于 PDzc1，这是因为在 PDzc2 桩号 20 m 的位置发育一条宽大的张开型裂隙，有较大水流流出。一方面，构造中聚集了较多的放射性物质，水流会将放射性物质带入平硐中，使平硐整体氡浓度上升；另一方面，构造为氡气运移提供了良好的通道，岩石析出的氡气可以通过构造进入平硐中。且 PDzc2 桩号 20 m 处氡浓度为一极大值点，进一步说明了部分氡气通过该构造进入平硐并向两边扩散的现象。

表 2 各测点氡浓度

平硐编号	桩号/m	氡浓度/（Bq/m³）	平硐编号	桩号/m	氡浓度/（Bq/m³）
PDzc1	0	50	PDzc1	260	15 878
PDzc1	20	5 863	PDzc2	0	21 445
PDzc1	40	6 312	PDzc2	20	23 891
PDzc1	60	11 554	PDzc2	40	22 590
PDzc1	80	11 098	PDzc2	60	23 030
PDzc1	100	12 498	PDzc2	80	24 429
PDzc1	120	12 673	PDzc2	97	24 514
PDzc1	140	13 379	横洞 1	50	111
PDzc1	160	11 796	横洞 1	100	344
PDzc1	180	13 575	横洞 1	150	122
PDzc1	200	13 836	横洞 2	50	97
PDzc1	220	13 627	横洞 2	100	148
PDzc1	240	14 589	横洞 2	150	210

注：该区域氡浓度本底值为 36 Bq/m³。

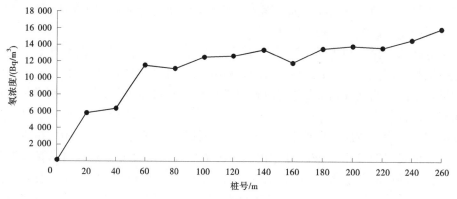

图 1 PDzc1 各测点氡浓度

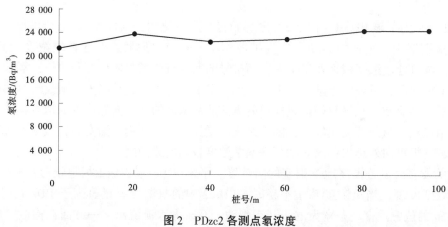

图 2 PDzc2 各测点氡浓度

（3）阻断运移通道和加强空气流通可以有效降低氡浓度。铁路横洞与平硐 PDzc1、PDzc2 距离较近，不存在岩性的差异，但是观察测量结果发现铁路横洞的氡浓度基本接近背景浓度，平硐中的氡浓度要远远高于铁路横洞。其原因在于勘探平硐开挖后未经任何处理，原岩裸露，而铁路横洞进行了混凝土喷护，且空气流通要优于平硐。喷射混凝土将岩石与地下硐室隔离，有效阻断了氡气的进入通道，加上铁路横洞中空气较为流通，少量通过混凝土空隙或缺陷部位进入横洞中的氡气也可以及时排出，避免了氡气的逐渐积累。

4 氡污染防护措施

对于水电站地下硐室的氡防护，可以从以下三个方面进行：

（1）降低地下硐室中的氡浓度。

降低地下硐室中的氡浓度是氡气防护应采取的主要措施。结合氡浓度的影响因素，降低水电站地下硐室的氡浓度主要有消除或远离氡源、阻断氡的运移通道、加速氡的消散三种措施。远离氡源需要在水电站选址时避开高氡浓度地区，成本高昂，且只能从整体上降低氡浓度，一般不采取该措施降低氡浓度。

阻断氡的运移通道指的是防止氡进入地下硐室或让氡气进入速度降低。如果硐室完全封闭，当硐室内氡达到一定浓度时，氡进入的速度与自然衰变的速度相同，形成一种平衡状态，氡进入的速度越低，达到平衡状态时的氡浓度越低。通常采取的方式是对硐室进行混凝土喷护或建立衬砌，但是通常喷混及衬砌由于裂缝、孔隙的存在不能彻底防止氡进入到硐室内部，只能极大程度地降低氡的进入速度。

加速氡的消散指的是加强硐室内部与外界空气的交换。氡从岩石表面析出的速度较慢，达到一定的浓度需要缓慢累积，建立良好的通风措施可以尽快排出硐室内的氡，是降低氡浓度最经济有效的措施。

（2）减少氡对人体的伤害。

氡对人体的伤害以体内照射为主，减少氡对人体的伤害可以采用佩戴防氡口罩的方式减少氡气及其子体的进入。

（3）定期检测氡浓度。

根据《公共地下建筑及地热水应用中氡的放射防护要求》（WS/T 668—2019），当地下建筑氡浓度在 400～1 000 Bq/m³ 时，应于测量结束后的 3 个月内进行跟踪测量，氡浓度大于 1 000 Bq/m³ 时，应于测量结束后的 1 个月内进行跟踪测量。且应对氡浓度进行长期监测，定期检测氡浓度，防止氡浓度发生突变。

综上所述，结合工程实际，对于水电站地下厂房等永久性或半永久性硐室，可以采用建立衬砌、辅助通风的方式控制氡浓度，并应定期检测氡浓度；对于勘探平硐等非永久性硐室，因为不会有人员长期在内部工作，可以采用在人员进入前进行通风，并给工作人员配备防氡口罩的方式进行氡防护。

5 结论

通过本文分析，可以得出以下几点结论：

（1）在勘探平硐中氡气的运动主要为扩散作用，较慢的消散速度导致氡浓度较高。

（2）构造的发育会显著提高地下硐室的氡浓度。

（3）阻断运移通道和加强空气流通可以有效降低氡浓度。

（4）对于水电站地下厂房等永久性或半永久性硐室，可以采用建立衬砌、辅助通风的方式控制氡浓度，并对氡浓度定期进行检测；对于勘探平硐等非永久性硐室，可以采用在人员进入前进行通风，并给工作人员配备防氡口罩的方式进行氡防护。

参考文献

［1］李晓燕. 中国地下工程氡污染及其健康危害评价［D］. 中国科学院研究生院（地球化学研究所），2005.

［2］李连山，唐泉，刘茹佳，等. 氡在不同闪烁液中的溶解度系数研究［J］. 核电子学与探测技术，2015，35（1）：106-110.

［3］胡恭任，于瑞莲. 闽东南土壤岩石中天然放射性核素水平调查研究［J］. 环境科学与技术，2002（3）：16-18，49-50.

［4］王燕. 中国地下工程氡污染健康影响与防护研究［D］. 中国科学院研究生院（地球化学研究所），2005.

［5］张书成. 住宅中氡浓度的影响因素［J］. 地质与勘探，1996（6）：43-44.

［6］沈玉妹，彭煜民，叶芷言，等. 水电站地下厂房最小新风量分析［J］. 暖通空调，2020，50（4）：58-64，74.

水质监测实验室仪器智能化管理系统开发与应用

车淑红　　胡忠霞

（黄河中游水环境监测中心，山西晋中　030600）

摘　要： 本文针对水质监测实验室管理的特点，基于 B/S 和 C/S 混合结构，采用 SQL Server 2012 技术平台，开发了实验室智能化管理系统，将实验室管理、运行等与用户权限相关联，实现了实验室仪器设备、化学试剂与标准物质的智能管理，实时监控仪器设备运行状态，智能记录仪器设备使用和维护情况；同时设计了智能提醒模块，实现了气瓶气压、仪器维护、化学试剂、标准物质库存智能提醒等功能，为水质实验室高效科学运行管理提供了良好的技术支撑。

关键词： 实验室管理；数据结构；开放性

1　前言

　　实验室日常管理的主要任务就是对各种实验项目进行管理[1]，实验室的仪器设备管理、化学试剂与标准物质管理信息量大而杂，涉及岗位、人员众多，处理流程烦琐，一直是实验室管理的难点[2]。传统的仪器设备管理因种种原因，仅停留在设备状态的管理和设备数量的统计，没有涉及过程管理这个难点，将仪器设备作为一个孤立对象来管理，是一种静态的被动管理模式[3]。目前，水质监测实验室管理主要存在以下问题：①管理手段落后，工作效率低。②分析人员调动频繁，新上岗人员对仪器设备的使用、维护等操作规程不熟悉，无法快速规范使用仪器进行分析，导致工作效率低。原有的实验室管理模式已远远不能满足实际需要。因此，开发先进的、开放式的实验室智能管理系统，建立规范化、信息化管理模式已成为实验室面临的一项紧迫而重要的任务。

2　系统开发的关键技术与平台

　　实验室信息管理系统既要满足客户端—服务器（Client/Server）二级用户，即实验室管理人员所需的数据处理与事务处理功能，又要满足浏览器—Web 服务器—数据库服务器（Browser/Server）三级用户，即实验室管理人员、分析人员等需要的信息浏览、查询、上传、记录等功能[4]。总体技术采用 C 语言进行编程，使用 B/S 和 C/S 模块进行功能开发，并编写适合实验室需要的管理功能。服务器端使用 Win2000 Server 网络平台，中心数据库采用 SQL Server 2012。实验室智能化管理系统具有仪器设备运行管理、化学试剂与标准物质管理、报警提醒等功能。

3　管理系统的设计与实现

　　实验室信息管理系统充分利用了可视化开发环境和所支持的面向对象的应用程序开发方法[5]。数据库统一保存在服务器端，提高数据的共享程度和应用程序的执行速度。在这种模式中，管理人员和操作人员能十分简便地监控仪器设备的运行和物料的运转情况，大大减轻了管理人员的工作量，提高了实验室体系运行的高效性。根据系统所要实现的功能以及用户的状况需求，建立水质监测实验室智能化管理系统。C/S 结构的软件，包括仪器设备管理及化学试剂和标准物质管理功能。B/S 结构的

作者简介：车淑红（1978—），女，高级工程师，主要从事水环境监测工作。

软件,主要实现仪器设备管理和智能提醒两大功能。

B/S 结构用浏览器打开网页就可以直接操作,实现各项管理功能,简单便捷;但由于化学试剂、标准物质管理需要用到汇总计算的功能,而 C/S 结构的软件实现汇总相对方便,所以以单机版的程序 C/S 结构包括了仪器设备管理与化学试剂、标准物质管理。

3.1 C/S 结构软件模块设计

实验室内部的客户端采用暂存数据库管理系统,通过 C/S 模式访问中心数据库,能够实现增、删、改、查询等各种操作,并可以打印各种报表,输出各种文档。C/S 软件结构设计为 7 个模块,分别为仪器设备管理、仪器维护管理、仪器使用管理、化学试剂管理、标准物质管理、操作规程规范、系统设置管理(见图 1)。

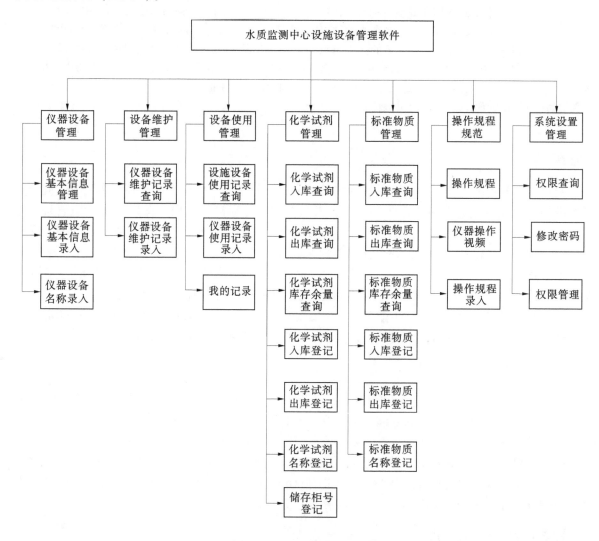

图 1 C/S 结构软件结构设计

(1)仪器设备管理。该模块设计了仪器设备基本信息管理、仪器设备基本信息录入和仪器设备名称录入三个内容。包括对仪器设备名称、型号、出厂编号等基本信息的浏览,相关人员获得权限后可通过新增、保存、删除等功能对仪器基本信息和仪器设备名称进行录入,并可生成仪器专属二维码张贴于仪器表面,可随时扫码查阅仪器基本信息及受控状态,实现了仪器设备的智能化管理。

(2)仪器维护管理。操作人员通过检索可清晰看到仪器维护日期、维护内容及维护期限等仪器维护记录信息,可以检索维护记录小于任意天数的维护记录,也可以检索到期但未进行维护的仪器信息,以及到期但已经进行维护处理的维护信息。相关人员获得权限后,可通过新增、保存、删除等功能对仪器维护信息进行录入。

（3）仪器使用管理。操作人员可检索所需仪器的使用记录表，获得权限后，可通过新增、保存、删除等功能对仪器使用信息进行录入。同时可查询当前登录软件的使用人的所有仪器使用记录。

（4）化学试剂管理。操作人员可对化学试剂入库、出库及库存余量查询，获得权限后方可对化学试剂入库、出库、名称和储存柜号进行登记。该模块可辅助财务核算与分析，便于定期和不定期编制物质供需计划，降低库存，减少浪费。

（5）标准物质管理。操作人员可对标准物质入库、出库及库存余量查询，获得权限后方可对标准物质入库、出库、名称和储存柜号进行登记。该模块便于为管理人员提供数据，减少浪费。

（6）操作规程规范。通过目录查看仪器的使用、维护规程和仪器操作视频，可作为上岗操作培训指南，便于新上岗人员能够快速规范地使用仪器进行分析，加强了仪器操作人员对仪器设备的规范使用，提高了仪器设备的使用率。操作人员获得权限后方可进行操作规程录入。

（7）系统设置管理。首先管理人员录入姓名，并设置登录密码进行注册成功后，即可在软件页面进行登录。系统管理员根据分工不同进行权限分配，勾选相应工作的管理表示具备该项权限，方可在软件中进行操作，若没有权限，则不能进行对应的管理工作。管理人员登录系统后可随时修改密码。该模块的设计提高了管理效率，杜绝了无权限者随意更改相关内容的可能，为高效管理仪器设备提供了技术保障。

3.2 B/S 结构软件模块设计

一般情况下，实验室的仪器设备管理工作主要由仪器设备管理员负责，包括所有仪器设备的检定和维护，工作量巨大。为了方便使用，软件结构采用 B/S 结构，所有仪器设备操作人员都可以通过网页浏览器使用本软件进行查看，只有经过相应权限的授权才能进行仪器设备的使用和维护登记录入。B/S 结构软件包括 8 个模块，分别为首页、设备管理、设备维护、设备使用管理、操作规程、相关下载、仪器操作视频、系统管理。

3.3 智能监控设计

智能监控的功能采用 B/S 结构来实现，主要功能包括气瓶智能监控模块，仪器设备维护智能提醒模块，化学试剂、标准物质库存智能提醒模块。

（1）气瓶智能监控模块。高压气瓶监控的原理是根据气瓶原始气量及流量实现气瓶实时监控，在仪器与其所连接的气瓶启动的同时，开始按照设定的流量和时间记录气瓶气量的使用情况。当气瓶气量低于 0.2 MPa 时开启提醒；当气瓶气量低于 0.1 MPa 时软件自动报警。气瓶气压监控模块的设计有利于及时提醒仪器使用人员提前更换气瓶，从而保障仪器正常运行。

（2）仪器设备维护智能提醒模块。根据仪器设备维护记录中的下次维护时限，当接近维护时限时开启提醒，以确保仪器在维护周期内使用，从而保证质量体系的有效运行。

（3）化学试剂、标准物质库存智能提醒模块。该模块实现了试剂在线实时监控。当化学试剂、标准物质库存数量为 2 支时开启提醒，库存数量为 1 支时报警，避免试剂库存为零，影响正常水质分析工作的现象发生，同时也大大减轻了管理员的工作量，实现了试剂智能化管理。

4 结论

基于 B/S 和 C/S 结构设计的实验室智能化管理系统，搭建了水质实验室仪器设备管理、化学试剂和标准物质管理、提醒报警智能化管理平台，告别了实验室对仪器设备、化学试剂和标准物质的人工管理模式，强化了仪器设备使用的规范，提高了实验室管理效率，保障了实验室管理体系的有效运行。

参考文献

［1］彭瑞东，毛灵涛，鞠杨. 实验室数据库管理的设计与实现［J］. 实验技术与管理，2004，21（2）：172-177.

［2］陈烽，陈蓉，王跟成．设计模式在区域综合管网中的应用研究［J］．计算机技术与发展，2015（4）：193-196.

［3］张松，陈志刚．基于 C/S 与 B/S 混合架构的开放机房管理系统设计及实现［J］．实验室研究与探索，2004，23（2）：19-21.

［4］姜真杰，程军．高校人力资源管理信息系统的设计［J］．浙江林学院学报，2003，20（1）：98-101.

［5］王云，曾令波．国家重点实验室基于 WEB 的管理信息系统的架构设计［J］．四川工业学院学报，2002，21（4）：58-60.

黄河省界总有机碳与化学需氧量相关性
研究取得新进展

白淑娟　许正彪

（黄河水利委员会三门峡库区水文水资源局，河南三门峡　472000）

摘　要：随着社会经济的发展，水资源保护内涵日趋丰富，监测范围逐步拓展到地表水、地下水、饮用水水源地、在线自动监测等领域。本文通过对黄河省界河段水体中化学需氧量（COD_{Cr}）和总有机碳（TOC）之间关系进行理论分析进行了试验研究，TOC 采用黄河省界水质自动监测站在线仪器（TOC）进行测试，化学需氧量（COD_{Cr}）采用国标法测定，对监测结果加以统计分析并进行线性回归。研究得出，黄河省界水体成分组成稳定的前提下，黄河水体 TOC 与 COD_{Cr} 具有一定的相关性，在一定条件下可由测定的 TOC 值推算出 COD_{Cr} 值，黄河省界水体 TOC 值可直接作为在线监测有机污染物的综合评价指标，该成果可以推广应用到黄河流域水质自动监测站和实验室国标法测定 TOC 监测技术中。

关键词：黄河省界；在线监测；相关性；TOC；COD_{Cr}

1　黄河生态环境

黄河生态系统是一个有机整体，水生态环境要下大气力推进治理，以促进河流生态健康，提高生物多样性。黄河水少沙多、水沙关系不协调，成为黄河复杂难治理的症结所在。当前我国水资源面临的形势十分严峻，随着整个国民经济的快速发展，水资源短缺、水污染严重、水生态环境恶化等问题日益突出，已成为制约我国经济社会可持续发展的主要瓶颈之一。伴随社会经济的发展，水资源保护内涵日趋丰富，水资源保护监测内容也从单一的水质监测扩展为水量、水质和水生态综合监测，监测范围逐步拓展到地表水、饮用水水源地、入河排污口、地下水、在线自动监测等领域。

黄河省界潼关断面位于晋、陕、豫三省交界处，是国家重点水质站和重要的省界水体监测断面，同时，也是国家重要的水文站以及三门峡水库入库控制站，其水质情况的实时监测掌握对黄河中下游城市供水安全、水量调度、水污染事件预防和应急处置，具有极其重要的意义。

黄河省界断面水体有机物的污染不容忽视，这些有机物成分复杂，来源各异，难以一一测定其成分。目前，体现水体有机物污染程度的综合指标有 COD_{Cr}、COD_{Mn}、BOD_5、TOC 等，其中 COD_{Cr}、COD_{Mn}、BOD_5 等指标只表示水体中有机物的相对含量，TOC 指标是以碳的含量表示水体中有机物总量的综合指标，比 COD_{Cr}、COD_{Mn}、BOD_5 能够更直观地体现有机物的总量和污染程度。因此，利用 TOC 指标表示水中有机污染物是十分重要的。

1.1　水体中有机物的来源及危害

1.1.1　水体中有机物来源

水中的有机污染物除来自生活污水、工业废水、废渣等的点污染源外，农田退水的面污染，以及城市污水处理厂的出水、污泥、垃圾场沥滤水也是普遍而重要的来源，同时大气降水也是不可忽视的

作者简介：白淑娟（1965—），女，主要从事水文水资源监测、水资源评价及水文水资源基础理论研究。

又一来源。因为大气降水既洗涤了空气中的有机化学微粒，又冲刷了地面的污染物，最终以径流形式排入水体。如果水中的有机物含量比较少，那么其消耗掉的氧就容易从溶解的空气中获得补充，如此就可以使水生态系统的循环得以保持，否则将会破坏水生态环境。

另外一个原因是，由于黄河流域泥沙本身含有相当数量的黏土矿物和有机、无机胶体，可吸附种类繁多的污染物，因而在某种程度上具有净化水体的效应。但泥沙又作为污染物和污染物的载体随环境的改变而释放出被吸附的有机物，在输送过程中达到一种动态平衡，因而在甲地表现为净化水体的作用，在乙地又表现为对水环境造成污染的作用。

1.1.2 水体中有机污染物危害

当排入水体的有机污染物含量较高，水体中氧气供应不足，会使氧化作用停止，形成厌氧反应，使得水中的溶解氧被大量消耗，产生各种还原性气体，这些气体导致水中动植物难以存活，引起有机物的厌氧发酵，使水体逐渐变浑变黑，产生恶臭，毒害水生生物，严重地污染了城市水体的生态环境。有机物易在生物体内累积，并通过各种渠道危及人类，当有机物在人体内的浓度超过阈值进一步增加时，生物体无法维持正常代谢功能而导致死亡。所以，对有机物的污染必须引起水环境管理部门的高度重视。

1.2 水体中有机物的表征方法

目前，我们衡量有机物污染程度的标准是用生化需氧量 BOD_5 和化学需氧量 COD 来间接表示的，它们并不像重金属和无机离子那样有明确的测定对象。

1.2.1 生化需氧量表征

生化需氧量（BOD_5）是表征自然净化作用的一种方法，即当有机物流入自然水体的时候，它们被水中的好氧微生物分解，由于在进行这种分解时，微生物的繁殖、呼吸作用要消耗溶解氧，测定这种溶解氧的消耗量进而推定有机物的含量。

1.2.2 化学需氧量表征

化学需氧量（COD）是指水样在规定条件下用氧化剂处理时，其溶解性或悬浮性物质消耗该氧化剂的量，通常以氧的浓度（mg/L）表示水中还原性污染物，作为有机污染的综合指标，同时也是反映水体有机污染程度的一个重要环境参数。在测定 COD 的过程中，根据所使用氧化剂的种类，可分为高锰酸钾法（COD_{Mn}）和重铬酸钾法（COD_{Cr}）。重铬酸钾法的氧化率达 90%左右，高锰酸钾法的氧化率一般在 40%左右，随着黄河水质的污染逐年加重，有些污染参数如 COD_{Mn}，由于其方法所限，对污染的反映并不是十分敏感，已不能完全表征水体的污染状况。

化学需氧量（COD_{Cr}）作为表征有机污染物含量的指标已经得到广泛的应用，随着我国污染物排放总量控制制度以及河长制的实施，有机污染物的综合监测指标的在线自动监测尤为重要。但是以国家标准方法为测试原理的在线 COD_{Cr} 自动监测仪器在实际应用中存在测量时间较长、操作维护复杂以及容易引起二次污染等问题。为了更好地落实总量控制制度，亟待采用其他准确、安全、方便的测试指标的测定值通过换算转换成 COD_{Cr} 值。

1.2.3 总有机碳表征

总有机碳（TOC）是指水和废水中溶解性和悬浮性有机物中所含有机碳的总和，它是以碳的含量表示水体中有机物总量的综合指标。我国在污水排放控制中也采用 TOC 指标，且 TOC 在线仪器对水样氧化比较彻底，操作和维护简便，不产生二次污染，能够满足连续在线监测的实际需要。同时它与有机物的存在状态无关，测定中能将无机碳扣除或补偿。

1.3 测定方法

在 TOC 和 COD_{Cr} 的相关性研究中，我们用 EZ-TOC 在线分析仪测定 TOC。采用硫酸-重铬酸钾氧化加热回流方法测定 COD_{Cr}。

2 TOC 和 COD$_{Cr}$ 测定原理

2.1 EZ-TOC 在线分析仪的工作原理

待测水样由 SAMPLE IN 口被仪器内部的蠕动进样源泵吸入，然后由进样泵连续将其中的一部分样品输送，与来自酸泵的稀磷酸混合送入无机碳去除净化柱，其余部分由 SAMPLE OUT 口排出仪器。在无机碳去除净化柱中，无机碳被转化为二氧化碳，通过载气喷射曝气被去除并排出系统。去除掉无机碳的样品被有机样品泵输送到紫外反应器中，在其中与来自氧化剂泵的浓过硫酸钠及载气混合并一起被加热到 75 ℃ 进行反应。有机碳化合物在反应器中与紫外光、载气、升温后的过硫酸钠相互作用，被氧化成为 CO_2。CO_2 气流离开反应器后流经气液分离装置，然后进入增强型的非分散性红外检测器，测量出 CO_2 的浓度，即可确定水样中 TOC 的含量。

2.2 化学需氧量测定原理

在强酸性溶液中，准确加入过量的重铬酸钾标准溶液，经加热回流，将水样中还原性物质（主要是有机物）氧化，过量的重铬酸钾以试亚铁灵作指示剂，用硫酸亚铁铵标准溶液回滴，根据所消耗的重铬酸钾标准溶液量来计算水样化学需氧量。

2.3 总有机碳与化学需氧量相关关系

TOC 是以碳的含量表示水体中的有机物总量的综合指标，一切有机物都是由有机碳组成的，水中有机物在氧化时释放出的碳与氧结合生成 CO_2，测定生成的 CO_2 的含量。化学需氧量（COD$_{Cr}$）是间接测定水中有机物的方法。TOC 比 COD$_{Cr}$ 和 BOD$_5$ 更能确切表示水中有机污染物的总量，它比 COD$_{Cr}$、BOD$_5$ 更能全面地反映有机物的污染状况，因此 TOC 是直接测量水中有机污染物较好的方法，可以作为评价水体有机物污染程度的较为理想的测定方法。

3 TOC 和 COD$_{Cr}$ 相关性试验

采取不同时段的黄河水，用 EZ-TOC 在线分析仪测定 TOC，同时用微波消解法测定 COD$_{Cr}$。用最小二乘法建立 TOC 和 COD$_{Cr}$ 检测值两变量存在的关系。经过计算，TOC 和 COD$_{Cr}$ 测定值之间存在下列关系：$Y = 3.691X - 1.126$，即 COD$_{Cr} = 3.691\text{TOC} - 1.126$，相关系数 $R = 0.891\,1$（见图 1、图 2）。

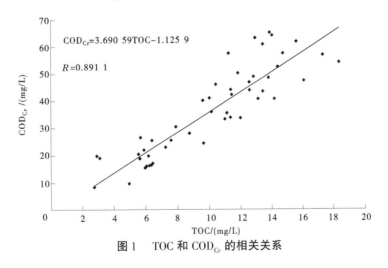

图 1　TOC 和 COD$_{Cr}$ 的相关关系

4 回归直线的相关性检验

$$s(xx) = \sum_{i=1}^{n}(x_i - \bar{x})^2 = 768.96$$

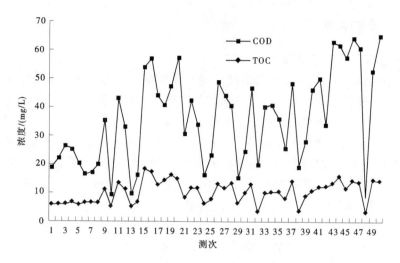

图 2　TOC 和 COD_{Cr} 的变化趋势

$$s(yy) = \sum_{i=1}^{n} (y_i - \bar{y})^2 = 13\ 189.\ 15$$

$$s(xy) = x_i y_i - \frac{1}{n} \sum_{i=1}^{n} x_i \sum_{i=1}^{n} y_i = 2\ 837.\ 925$$

$$r = \frac{s(xy)}{\sqrt{s(xx) s(yy)}} = 0.\ 891\ 1$$

$n = 50$，$f = n - 2 = 48$，若 $\alpha = 0.\ 001$。

查相关系数的临界值 r_α 表得：$r_{0.\ 001} = 0.\ 443\ 3$。

$r \gg r_{0.\ 001}$，故 TOC 与 COD_{Cr} 线性关系非常显著。

5　回归直线的精密度检验

回归直线的精密度是指实验点围绕回归直线的离散程度。这种离散性是由除 X 对 Y 的线性影响之外的一切其他因素（包括 X 对 Y 的非线性影响与实验误差）引起的，它可用剩余标准差 S_E 来表征。

$$S_E = \sqrt{\frac{1}{n-2} \sum_{i=1}^{n} (y_i - \hat{y}_i)^2} = 7.\ 521\ 5$$

对于给定的 X 值，Y 值落在以回归方程计算的 Y 值为中心的 $\pm 2 S_E$ 区间的概率为 95.4%，即在全部的测定值中，大约有 95% 的实验点落在两条直线 $Y = 3.\ 690\ 6X - 17.\ 294\ 8$ 和 $Y = 3.\ 690\ 6X + 13.\ 917\ 1$ 所夹的区间内。很显然 S_E 越小，当给定一个 X 值，由回归方程和回归直线预测的 Y 值就越精确，如图 3 所示。

6　回归直线的截距检验

$$t = \frac{a - a_0}{S_E \sqrt{\frac{1}{n} + \frac{\bar{x}^2}{s(xx)}}} = \frac{-1.\ 125\ 9 - 0}{7.\ 521\ 5 \sqrt{\frac{1}{50} + \frac{10.\ 03^2}{768.\ 926\ 8}}} = -0.\ 014\ 9$$

查 t 表得：$t_{0.\ 05(48)} = 2.\ 000$，$|t| < t_{0.\ 05(48)}$，故可认为校准曲线的截距与 0 无显著性差异。

总之，TOC 和 COD_{Cr} 检测值两变量的相关性检验表明，两变量线性关系非常显著，TOC 和 COD_{Cr} 测定值之间存在下列关系：$Y = 3.\ 691X - 1.\ 126$，即 $COD_{Cr} = 3.\ 691TOC - 1.\ 126$，相关系数 $R = 0.\ 891\ 1$，对

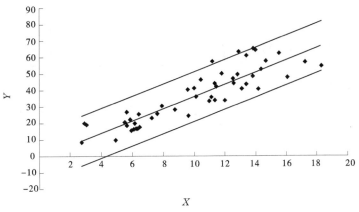

图 3 回归直线的精密度

于给定的 X 值，Y 值落在以回归方程计算的 Y 值为中心的 $\pm 2S_E$ 区间的概率为 95.4%，其直线方程达到较高的精密度，且曲线的截距与 0 无显著性差异。

因此，TOC 和 COD_{Cr} 检测值在水体成分基本稳定的前提下相关关系良好。但对于同一断面，河流水量的丰、枯不同、组成明显差异的水体要进一步对回归方程进行率定，以使二者之间的相关性更接近实际。在水样中有机物成分稳定的情况下，其 TOC 与 COD_{Cr} 存在一定的相关关系。因此，当确定相关系数后，可将水体中的 TOC 换算成 COD_{Cr} 对水体进行评价。

7 用 TOC 反映水体中的有机物污染状况，具有较高的实用价值

COD_{Cr} 采用加热回流重铬酸钾消解-氧化还原滴定法测得 COD_{Cr} 的值，加热回流时间 2 h 以上。而 EZ-TOC 在线分析仪是采用紫外促进型过硫酸钠氧化，非扩散型红外检测的方法监测水体中的总有机碳含量。TOC 测定结果的精密度、准确度均比 COD_{Cr} 的高，测定时间短且更能直接表示水中有机物的总量。在实际测定中，由于 TOC 与 COD_{Cr} 的氧化率不同，二者并不一定成正比，但对于同一类水而言，TOC 与 COD_{Cr} 呈很好的相关性，水质越稳定，二者的相关性越好。

8 结语

（1）在黄河流域水中 TOC 与 COD_{Cr} 具有较好的相关性，且非常显著，其相关系数为 0.891 1，两者回归方程为：$COD_{Cr} = 3.691TOC - 1.126$。

（2）TOC 和 COD_{Cr} 的相关性局限在水体成分基本稳定的前提下，对于同一断面，河流水量的丰、枯不同，组成明显差异的水体要进一步对回归方程进行率定，以使二者之间的相关性更接近实际。

（3）由于 TOC 的测定时间短，且精密度和准确度比较高，所以用于水体水质有机物污染的预测有着非常重要的意义。

参考文献

[1] 水环境分析方法标准工作手册（上册）[S]. 国家环境保护局科技标准司，1998.

[2] 水环境监测规范：SL 219—2013 [S].

[3] 水和废水监测分析方法 [M]. 4 版. 北京：中国环境科学出版社，2002.

[4] 中国环境监测总站. 环境水质监测质量保证手册 [M]. 北京：化学工业出版社，1984.

[5] 邓勃. 数理统计方法在分析测试中的应用 [M]. 北京：化学工业出版社，1984.

智能化水文仪器检定技术研究

高　伟[1]　窦英伟[1]　姜松燕[1]　郑　源[2]　马新强[1]

（1. 山东省水文中心，山东济南　261031；
2. 河海大学智能感知技术创新研究院，山东潍坊　261199）

摘　要：针对当前水文仪器检定中量程小、精度低、智能化程度低、人工因素对检定结果影响大等问题，以及雷达波、超声波等新型水位仪器和 ADCP 等新型流速流量仪器检测技术及装备欠缺的现状，基于光学、图像识别、三维仿真、微小变量控制和精准定位等技术，通过方法创新、技术攻坚、系统集成等方式，开展了流速、水位、雨量等监测仪器智能化检定技术研究。

关键词：智能化；水文仪器检定

1　研究背景

目前，国内流速检定装置大部分始建于 20 世纪 80 年代以前，只能进行常规转子式流速仪的检定，已出现设备陈旧老化、故障频发等问题，检定范围局限于 0.01～5.0 m/s，速度精度不能满足国内外各种新型流速类仪器的检定要求；水利系统只有 1 套浮子式水位检定装置，建于 20 世纪 90 年代，精度较低，不能满足雷达、超声波和气泡等水位计的检定要求；水利行业尚未建立雨量检定装置。水利系统目前使用的流速、水位、雨量等监测仪器大部分存在未经检定就投入使用的现象，数据准确性和可靠性无法保障，使用过程中缺乏计量监督。

《水文条例》明确规定"水文监测所使用的计量器具应当依法经检定合格"，水文仪器检定是保障水文监测数据准确性、可靠性和权威性的重要基础性工作。近年来，国家加大水利建设投资力度，水文仪器检定需求剧增，并且随着声光电技术在流速、水位测量上的应用，传统的检测技术在精度和量程上已无法满足检定需求，主要表现为：①部分新技术缺乏检定方法和装置；②传统检定装置的精度还难以满足声学、光学等新型仪器对于检定精度的要求；③检定过程人工主观性强、随机误差大、检测效率低。因此，亟待研发高精度、自动化和智能化的水文仪器检定技术。

2　研究内容

研究内容主要包括流速测深检定技术、水位检定技术、雨量检定技术、水文仪器检定业务管理系统等。其中，流速测深检定技术采用多电机同步驱动的数字控制交流伺服系统，利用集成控制、远程测量、三维仿真等技术，通过定位控制和脉冲输出，精确控制伺服电机的进给速度，提高了检定准确度。水位检定技术采用高精度滑轨和斜齿轮传动方式，在伺服电机和减速机配合下对垂直运动精准控制，同时采用动态图像识别软件实时采集水位液面和铟钢尺刻度图像，提高了水位检定的分辨力和准确度。雨量检定技术基于质量测量、体积换算原理，通过准确测量和精密控制供水器出水质量和时间，实现对雨量测量仪器的量值传递。水文仪器检定业务管理系统采用 ExtJS、数据库、计算机网络、数据采集等技术，实现了全流程标准化管理。研究技术路线如图 1 所示。

作者简介：高伟（1974—），男，高级工程师，主要从事水量计量工作。

3 主要创新点

创新点1：创建了高精度伺服电机控制和光电编码相耦合的多伺服电机联动系统，流速检测范围从常规0.01～5.0 m/s提高到0.001～10.0 m/s，有效扩大了流速检定量程。

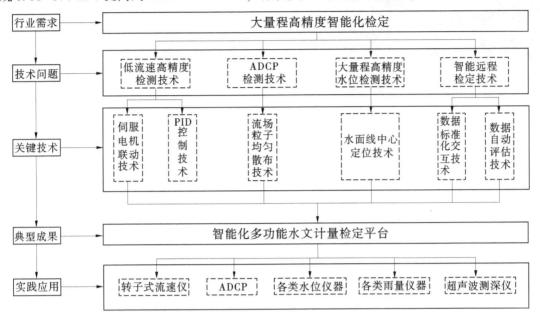

图1 技术路线

传统直线明槽流速检定装置（见图2）根据转子式流速仪检定要求设计，多采用自推进技术，长距离在轨运动时受钢轨连接处平整度、车轮打滑等因素影响，检定速度超过4 m/s后误差将超过3%，检定精度和流速范围不能满足新型高精度流速类仪器检定要求，严重制约了我国水文仪器检定工作的开展。

基于光电伺服和EtherCAT总线技术，创建了高精度伺服电机控制和光电编码相耦合的多伺服电机联动系统（见图3），实现了自主冗余运动控制，利用光电编码技术实时在线监测伺服电机状态，多机互换替补，解决了因电机运动丢步导致的运动偏差问题，有效保障了微距控制精度和低速蠕动流控制精度。针对快速长距离匀速运动精度低的难题，优化了PID反馈控制，基于智能学习创建了振动识别、滑动控制等在线监测技术，确保了检测主装置实现高速条件下的匀速运动。大幅拓展了流速检定范围和精度，实现了蠕动流和高速水流测量仪器的检定，流速检定范围由0.01～5.0 m/s提高到0.001～10.0 m/s；优化运行过程中检定车身抖动问题，最大振幅由5 mm减小至1.5 mm（见图4、图5），满足了新型高精度仪器对于车速稳定性的检定要求。

创新点2：研发了动水位自动追踪和水面线快速识别技术，解决了传统钢钢尺水位检定方法精度差、效率低的问题，将各类水位计检定分辨率由毫米级提高到0.1毫米级。

传统水位检定主要采用人工注水至预定水位，目测读取标准值与被检仪器示值进行比对，检定过程由人工主导，干扰因素多、检测效率低。钢钢尺分辨率最小为1 mm，导致测量数据的分辨率最小为1 mm，无法满足高精度水位计测量精度的要求。因此，人工读数方式难以满足水位测量新技术检定需求。

根据仪器型号自动匹配检定方案，自动追踪并记录水位变化情况，检定过程无须人工参与。通过高清工业相机提高空间分辨率，实时采集水位图像（见图6）；利用最优化阈值分割算法，对图像进行自动阈值分割，精确提取水面线图像信息（见图7）；基于边缘检测和轮廓提取技术，准确定位水面线中心点（见图8）。同时利用图像标定技术，将图像中1 mm高度10等分，从而使分辨率达到0.1 mm。研制的全自动水位检定技术改变了传统的人工加水、目测读数、手动记录的检定方式，实

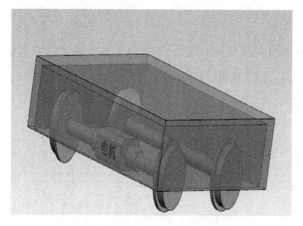

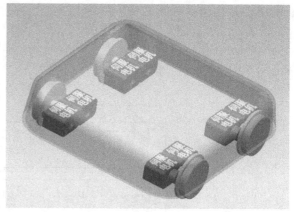

传统装置存在电机丢步、车轮打滑问题

图 2   传统直线明槽流速检定装置   图 3   多伺服电机联动

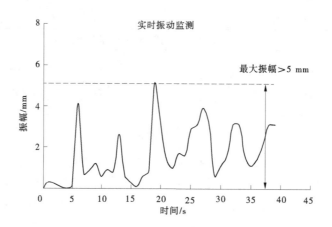

图 4   传统装置控制效果

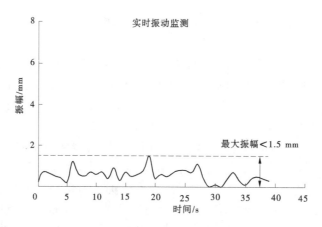

图 5   多伺服电机联动控制效果

现了检定过程的全自动化，检测效率得到了极大的提高，分辨率提升了 10 倍，大幅提高了测量数据的准确性。

创新点 3：研发了气液混合型微纳米气泡自动散布装置，克服了 ADCP 检测过程中粒子均匀性和跟随性差的难题，实现了 ADCP 的实验室检定检测。

  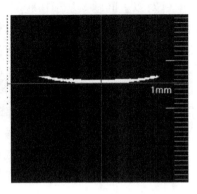

图 6　水面线　　　　　图 7　最优化阈值分割　　　　图 8　水面线中心定位

ADCP 是水文领域应用最广泛、仪器集成度最高的集流速、地形、流量于一体的新型测量仪器，我国每年从国外大量引进各种频率的 ADCP，采购额超亿元，但是国内尚未开展模拟现场环境的实验室检测方法研究，没有任何一家质检机构能够对 ADCP 的计量性能进行评估，严重影响了数据采集的准确性。

研制了气液混合型微纳米气泡发生装置（见图 9），发明了气泡自动散布装置和方法，首次应用于流速检定技术中，生成了具有尺寸小、均匀度高、比表面积大、扩散慢等显著优点的微纳米气泡，有效保障了超声波信号反射需求。ADCP 测量数据受水体粒子浓度、跟随性等因素影响非常大，传统流速检定水槽中，粒子浓度、跟随性、稳定性难以保证，严重影响了 ADCP 测量数据质量。在配备气液混合型微纳米气泡发生装置的流速检定水槽中，在充分曝气的状态下，水中反射粒子浓度及稳定性大大提升，ADCP 信噪比由 5.6 提升至 30.4，实现了 ADCP 计量性能的实验室检测（见图 10）。

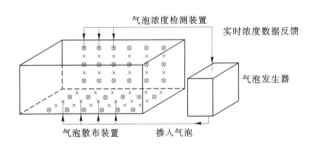

图 9　气泡发生自动散布装置结构

图 10　ADCP 现场检测

创新点 4：研发了集实时控制、图像监控、远程测量和三维仿真于一体的自动化分布式检定平台，实现了仪器检定控制的标准化和智能化。

传统检定装置（见图 1）依靠人工进行检测环境评估、数据采集和数据分析，自动化程度低。检测过程缺乏环境参数的实时监测，如室温、水温、湿度、大气压力、振动等环境因素，数据采集存在错记、漏记风险，数据分析受人的主观性影响大，导致检测结果复现性和溯源性差。另外，检测效率极低，如 1 台转子式流速仪的检测时间就超过 2 h。

针对以上问题，基于物联网+大数据技术、远程测量等技术，创建了多传感器监测系统。检定平台本地软件采用 ASG 三维图形开发技术，实现检定车在三维系统下的运行状态实时模拟功能和可视化仿真（见图 12），利用 3D 建模技术，直观、准确展示检测全过程。通过对检定车状态、环境参数、仪器状态实时监控，实现检测过程自动化管理，保证连续作业。检测过程可自动分析评价数据质量，实时反馈，形成决策，适时进行相应调整。提高了检测工作的智能化和标准化，排除了人工影响因素，实现了检测过程无人值守，降低了操作人员的工作强度，检测效率提升 5 倍以上。通过日常大数据记录与分析，提高了仪器检测的复现性和溯源性，形成了有效的检定评价依据，并可及时发现设备问题，评估设备隐患。智能化检定系统功能如图 13 所示。

图 11　流速检定装置　　　　　　　　　　　图 12　三维仿真效果

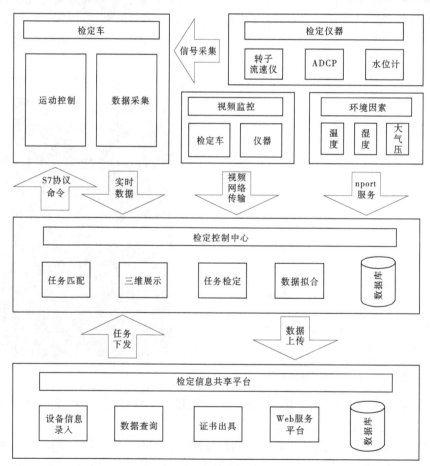

图 13　智能化检定系统功能

4　后期技术发展思考

4.1　紧跟新技术发展，扩展检定范围

近年来，随着图像处理、信息技术的快速发展，雷达测流和图像测流等基于表面流速的测流技术也得到了迅速发展，虽然目前该类测流技术还不成熟，但作为水文仪器组成的一部分，检定技术需要紧跟新技术发展潮流，并做好相应技术储备。

进一步扩展检定范围，特别是泥沙参量，为流域综合管理提供技术支撑。如含沙量、地形、起动流速、沉速、粒径、形态等涉沙参量是河床演变分析、航道整治、岸线防护等研究的主要参量，目前缺乏技术研究相关装置，需要进一步发展相应检定技术。

4.2　提升检定过程水流虚拟展示能力

随着立体投影、三维计算机图形等技术的快速发展，模拟并展示一个完全沉浸式的虚拟环境，将实体模型试验成果实时虚拟再现于 3D 环境，直观展示检定过程。该技术涉及专业面更广，且水流三维运动模拟难度较大，目前还有大量关键技术问题有待研究。

苏州河河口水闸液压式启闭机安全检测发现运行问题之分析诊断及处理对策研究

许 可[1] 姚 亮[2]

（1. 上海市堤防泵闸建设运行中心，上海 200000；
2. 安徽省（水利部淮河水利委员会）水利科学研究院，安徽蚌埠 230000）

摘 要：本文就苏州河河口水闸液压式启闭机在安全检测中发现的管接头处漏油、油压力值变化幅度范围较大、运行纠偏时有异常尖叫噪声、闭门力接近设计额定值等问题，对可能引起上述问题的液压系统平衡保压、同步控制和运行纠偏等方面进行了研究和分析诊断，指出了液压系统管路阀件渗漏和油缸渗漏是液压系统除了本身设计因素外造成平衡保压和同步问题的主要可能原因。根据分析诊断的研究成果，制定了液压系统及其密封维护等安全启闭运行问题处理对策。

关键词：液压系统；密封维护；平衡保压；同步控制；运行纠偏；分析诊断；处理对策

1 概述

苏州河河口水闸工程规模为 I 等 I 级，采用液压式翻板闸门，门叶由底轴直接驱动旋转，转角范围 0°~90°，全关闭时，门叶呈直状；全开时，门叶向外江侧卧倒呈水平状。在左右两岸机房内共布置四缸液压启闭机，闭门力为 4×4 000 kN，持住力为 4×6 300 kN。上海市堤防（泵闸）设施管理处于 2013 年和 2019 年分别委托"上海勘测设计研究院"和安徽省（水利部淮河水利委员会）水利科学研究院对该水闸进行了安全鉴定。通过安全检测，发现该闸的液压启闭机存在以下主要问题：

（1）南岸液压启闭机。部分液压元件管接头液压油渗漏现象；运行纠偏时液压泵站有异常尖叫噪声；闭门运行时，系统压力（12.5~22.0 MPa）和有杆腔压力（12.0~22.0 MPa）变化幅度范围较大；油箱上部干燥剂已经失效。

（2）北岸液压启闭机。部分液压元件管接头液压油渗漏现象；闭门运行时，闭门力基本接近设计值；油箱上部干燥剂已经失效。

针对上述安全检测中发现的问题，上海市堤防（泵闸）设施管理处苏州河河口水闸管理所组织包括安全检测单位在内的相关单位对该闸液压启闭机进行了液压系统油压力变化及密封维护、运行纠偏同步控制、平衡保压等问题诊断及处理方法研究，并针对安全检测发现的问题制订了针对性处理方案。

2 液压启闭机平衡保压问题分析诊断及处理对策研究

2.1 平衡保压问题分析诊断

平衡保压问题的研究，目的是提高运行部件的平稳性，保证液压缸活塞杆可在任一位置锁止，防止其在自身重力作用下自行下滑，造成系统工作不可靠。

作者简介：许可（1987—），男，高级工程师，主要从事上海市重大水利工程建设、市属堤防泵闸运行及相关技术研究。

液压系统设计时，采取在一些执行元件（液压缸或者液压马达）回油路上串联能产生一定背压效果的液压元件，实现启闭机运行中的平衡保压要求，这种液压回路称为平衡回路。但在平衡回路实际的使用过程中，问题原因往往在于液压阀本身结构上的，或者液压阀配合使用不够合理。平衡回路常见问题有以下几个方面：

（1）在启动、停止以及运动换向时，容易造成液压冲击，导致液压缸运动不平稳，液压元件易损坏。

（2）液压缸活塞杆不能可靠地锁紧使重物停留在某一指定的地方，可能造成一些运动部件在自重作用下下滑，超速运行而发生事故。

（3）液压阀不能正常开启，时开时关，导致液压缸运动不平稳，出现平衡回路中常见的点头（爬升）现象。

（4）平衡回路采用的液压阀过多，管路复杂，成本较高。

（5）功率损耗大。

对于任何一种平衡回路，评价它的优劣性的重要指标主要有：该回路运动平稳，能在规定的时间内将负载可靠地锁紧在某一位置—即锁紧可靠性，功率损耗小，当负载需要运行时，平衡元件能可靠地开启并维持开启状态。

除液压系统本身设计因素外，液压系统阀件渗油、油缸渗漏等也会带来无法保压的问题。一般情况下，磨损、裂纹、压力过大、密封不好等都可造成液压系统渗漏，主要表现是闸门自坠，当闸门被提起后，无法实现自锁，出现明显下滑。这时系统的某一部分一定出现了渗漏，引发这种状况的原因主要有两个可能：一是活塞密封圈损坏，导致缸内两个腔之间串油，油缸前端的密封圈出现损坏，导致液压油严重外泄；二是阀件被污物卡住或是阀件本身出现了缺陷。

油缸渗漏又可以分为内渗漏和外渗漏两种。内渗是指油液从高压腔流向低压腔的渗漏，由于是在油缸内发生的渗漏，所以内渗漏不会造成液压油的损耗，但会对既定的控制动作造成影响，直至引起系统问题。外渗漏发生在液压系统和外部环境之间，相对于内渗漏而言，外渗漏危害显而易见。不仅会导致系统压力不足进而使整个液压系统发生问题，流到自然环境中的油液还会污染环境并存在引发火灾的隐患。

2.2 平衡保压问题处理对策

2.2.1 液压系统选型改造设计优化

经过对不同结构的平衡控制回路分析比较，了解其适用性和优劣之处，如采用单向节流阀和液控单向阀组成的平衡回路，虽可以保证负载长时间被锁紧，但其容易出现液控单向阀不能正常开启现象；或者采用外控外泄式液控单向阀，但其管路变得复杂。在液压启闭机系统设计中，结合实际运行工况的需要进行优化，就能得到一套结构简单、锁紧性能好、工作可靠、功率损耗小的平衡回路解决方案。目前，外控锥阀式平衡阀有着诸多的优点，现水利工程采用内控锥阀式平衡阀的平衡回路较为普遍。

2.2.2 自动控制

闸门长时间全开时，为防止因液压系统泄漏引起闸门下沉而影响运行，在工作回路中设置闸门下沉自动回升功能。当闸门从开启位置下滑，下滑量达某一限值时，行程控制装置指令工作油泵启动，使门复位，同时发出报警信号；若工作泵出现问题，控制系统将自动切换至备用泵启动，同时发出报警信号；若备用油泵电动机组或液压系统出现问题，闸门复位失败，向值班室发出紧急报警信号。

2.2.3 安装和检修维护

由于液压系统设备在受到系统压力的作用时，油封必然承受一定的压力，如果密封性能不好，就会出现漏油现象。在安装、运行过程中的检查、维护方面需要注意以下几点：

（1）做好活塞杆维护，保护不被外力冲击受到损伤，表面清洁并不能出现锈蚀；如果表面粗糙，光洁度差，活塞杆表面镀铬质量差，表面不平整。

（2）油封配合不密实，油封质量唇口几何形状不合格，唇边卷毛，撕裂，应更换油封并检验其材质、几何尺寸。

（3）压盖螺丝不紧，部件之间的安装间隙不符合要求。

（4）液压系统清洁度的影响，由于控制阀内部油道为铸造成型，附着于内部的粘沙等由于压力油等其他因素的作用使之脱落而造成液压系统受污染。同时油箱、管路焊渣、液压缸内部飞边与毛刺等也是造成液压系统受污染的因素。液压系统受污染后，造成活塞杆与油封之间摩损加剧，密封失效从而被击穿而串油。

（5）液压油的影响，液压油清洁度差污染颗粒、活塞杆与油封之间的间隙很小，会造成密封环内孔磨损、划伤，致使二次密封压力油进入低压区（骨架油封处），从而造成油封被击穿。应对液压油进行定期过滤或更换新抗磨液压油。液压油黏度下降、变质后，油液变稀，在高压状态下，通过密封间隙的泄漏量增加。

3 液压启闭机同步控制问题分析诊断及处理对策研究

3.1 液压启闭机两液压缸不同步的原因分析诊断

近年来，由于液压启闭机不可替代的优越性和随着液压技术的迅速发展，尤其是现代控制理论和计算机的发展，液压启闭机在水利水电工程中的运用更加广泛。实用情况表明，双吊点液压启闭机的同步控制问题，仍然是困扰启闭机发展的亟待解决的问题之一。若在双吊点液压启闭机闸门启闭过程中，两液压缸的同步偏差过大，会导致闸门倾斜，侧水封磨损加剧，水封性能差，甚至会导致闸门卡死、吊点脱落等重大事故。双吊点液压启闭机两液压缸的同步精度直接影响着液压启闭机的整体性能，研究分析液压启闭机两液压缸运行不同步的原因及怎样控制两液压缸同步运行，对于液压启闭机的发展具有重大的意义。液压启闭机两液压缸不同步，一部分是由于液压启闭机系统本身所导致的，有以下几个可能因素：

（1）同步控制回路采用4个调速阀分成两组，分别单独完成两液压缸活塞杆的伸出、缩回运动速度调整，但调节调速阀开口的程度不同。

（2）平衡保压回路采用液控单向阀保压，但液控单向阀的开启速度和开启程度不同，导致进入或流出液压缸的液压油量不同。

（3）采用两只液压泵分别对两只液压缸供油，但两液压泵输出排量不同。

（4）由于制造精度及液压缸密封不同，两液压缸内泄漏及摩擦阻力不同。

（5）系统两管路和阀体的泄漏量及阻力不同，由于从液压站到两只液压缸的管路长度不同，每条管路所用的管接头数目不一，导致进入两只液压缸回路的沿程阻力及泄漏量不一样。

（6）纠偏回路液压阀开口程度过大，例如，当一只液压缸活塞杆运行速度过慢而需要补油时，但纠偏回路液压阀开口程度过大，补油量过多，导致这一液压缸较另一液压缸运行速度快。

3.2 同步控制处理对策

3.2.1 液压系统选型改造设计优化

双吊点液压启闭机是一台对两液压缸同步精度要求非常高的大流量液压系统，其两液压缸同步精度直接影响着液压启闭机的整体性能，故双吊点液压启闭机的同步控制回路设计尤其重要。经过对同步控制回路方案的分析比较，设计出一种结合开环与闭环同步控制特点的新型同步方式：采用分流集流阀实现初同步控制，再辅以旁路放油纠偏来实现较精确的同步。

液压油经分流集流阀自动分成流量相等的两股，分别流入两液压缸，保证两液压缸活塞杆的运动速度大致相同；在两液压缸活塞杆上装有位移传感器，位移传感器的输出信号反馈到电控系统，当两液压缸的同步位置误差到达误差允许的上限时，旁路纠偏回路电磁铁动作，把运行超前的液压缸的液压油放一部分回油箱，直到两液压缸的同步误差小于规定值时，电磁换向阀停止工作；在旁路纠偏回路设计中采用节流阀控制放油速度的大小，节流阀开口大小预先调好，应避免开口过大而导致这一液压缸放油过多、另一液压缸运动超前。这种回路同步精度高、结构紧凑，采用放油式同步控制避免出现纠偏失灵现象，可靠性好，电控系统设计简单。

3.2.2 应用自动化纠偏系统

自动纠偏是在集控、现地自动运行状态下，把闸门开度仪检测到的闸门左右开度值送到 PLC，与设定的偏差值进行比较，得到纠偏命令，通过比例放大板自动调节左右电磁阀，实现双缸同步运行。闸门纠偏电气控制系统，是由现地控制装置 PLC 控制比例阀（或节流阀），调节注入油缸中的流量，从而达到控制闸门启闭速度的目的。开度仪通过测得的油缸行程反馈给 PLC。对于双缸液压启闭机，配有两个开度仪，即可以测得左右油缸活塞杆的行程，并将数据输入 PLC 中进行处理，一旦左右油缸中活塞杆的行程之差超过设定值，则判定左右油缸出现了偏差，需要进行纠偏，PLC 输出信号控制比例阀（或节流阀），调整左右油缸的流量，从而使左右油缸的活塞杆运动速率保持一致，闸门保持水平启闭。

一般情况下，双缸液压启闭机水闸纠偏系统根据水闸安全运行的控制要求，设定的液压泄水闸纠偏运行模式如下：按闸门左右两端高度偏差（ΔH）的控制范围，设置纠偏启动偏差值 ΔH_1、纠偏结束偏差值 ΔH_2、停闸纠偏偏差值 ΔH_3 和停机处理偏差值 ΔH_4 这 4 个控制性偏差值。

闸门运行时，当闸门左右两端高度偏差达到纠偏启动偏差值 ΔH_1 时，监控系统启动纠偏机构进行纠偏，在闸门启闭运行的同时，使闸门左右两端高度偏差缩小，待闸门左右两端高度偏差小于纠偏结束偏差值 ΔH_2 时，即自行停止纠偏，闸门继续启闭运行；但是若启动闸门纠偏后，由于某种原因，闸门左右两端高度偏差没有缩小，甚至进一步增大，达到停闸纠偏偏差值 ΔH_3 时，监控系统停止闸门启闭，保持纠偏机构继续执行纠偏来缩小闸门左右两端高度偏差。如果偏差渐渐缩小，当小于停闸纠偏偏差值 ΔH_3 时，恢复闸门启闭动作，并继续执行纠偏，直到小于纠偏结束偏差值 ΔH_2。若停闸纠偏后，纠偏机构仍无法缩小左右两端高度偏差，当闸门左右两端偏差达到停机处理偏差 ΔH_4 时，监控系统会发出停机命令，并报警，待监控人员处理问题。

双缸液压启闭机闸门纠偏系统电气自动化的实现，能满足现代水利工程"无人值班（或少人职守）、远程监控"的模式要求，提高了工作效率，为水利工程在汛期的安全运行提供了强有力的保障。

3.2.3 制造、安装过程中质量控制

在制造、安装方面，影响双缸液压启闭机同步的原因还包括：

（1）在液压系统安装的过程中，应按照规范进行管道等通路的清洗和注油循环，一旦管道中残留杂质，则在闸门的启闭过程中，会造成闸门抖动，更严重的会引起比例阀失控。

（2）在闸门的安装过程中，控制闸门支铰、支臂和门轨、导向等安装精度，如果闸门的重心位置有所偏移，也会使得闸门两端运动不同步。

4 液压启闭机运行管理问题的维护处理方案

液压启闭机如果日常运行维护不当或不及时，则问题率会大大提高，可靠性、安全性自然会降低，甚至会引发水闸工程运行事故。因此，制订合理的液压启闭机技术维护方案进行科学维护，是十分必要和重要的工作。

针对安全检测发现的问题，通过上面若干课题的研究，以排查解决安全检测中发现的问题为目的，制订了该闸液压启闭机在运行和维护管理方面的处理方案。

4.1 密封维护

液压启闭机运行维护的重点对象之一就是密封。密封的失效会造成油液泄漏、环境污染、效率降低，影响系统安全和正常运行，如液压缸下腔活塞杆密封失效，液压油大量外泄，闸门开启后会迅速下滑无法锁定，某运行多年的节制闸每年都会发生几次这样的问题。

（1）正确运行液压启闭机，避免人为因素可能给密封带来的破坏。闸门启闭切换动作要经过停止，以减少液压冲击；避免主、备液压泵同时工作，人为突然加大系统流量；不要随意调高系统压力或使液压启闭机超负荷运行等。

（2）确保系统清洁，减少密封的污染磨损。液压油的污染会加剧密封的磨损和老化；反之，密封的磨损和老化又会使得液压油的污染、劣化加速。这些对液压启闭机系统都不利。

（3）维护时要注意方法与安装精度。在安装活塞杆唇形密封圈时，可先用胶布将活塞杆端螺纹缠绕包裹起来，避免维护时螺纹刮伤密封；在活塞杆表面涂抹润滑油脂或工作用液压油，以减小安装阻力。又如在拆卸安装密封时，要采用合适的或专用的工器具，避免乱敲重打，拆卸下来的密封最好进行编号，以利于事后进行研究分析。如果运行维护时发现活塞杆密封有单侧严重挤压磨损现象，应及时调整、校正液压缸等的安装偏差。

（4）妥善保管好密封备件。密封在保存时要避免放在阳光直射、潮湿以及空气流通的地方，要避开热源和酸、碱工作环境，在自由状态下短期（一般不宜超过 2 年）保存，否则会缩短密封实际使用寿命，增加密封的日常维护工作量。

4.2 启闭机活塞杆维护

从活塞杆在运行期间表现出的锈蚀现象：不经常使用的比频繁使用的更容易锈蚀，同一根活塞杆运行时进入油缸的部位鲜有锈蚀，长期不能进入油缸暴露在外的活塞杆部分容易产生锈蚀。

（1）运行管理期间可采取外部可伸缩杆套进行保护，目前保护套形式、材质等，市场上没有定型产品，保护套形式和材质以能够起到防尘、防雨、防酸等作用为佳，并定期查看对保护套的保护效果。

（2）对便于进行经常性维护的活塞杆，应定期擦拭、涂抹保护油，保持活塞杆表面清洁，防止有害粉尘、雨、酸物质沾染后侵蚀活塞杆。

4.3 液压油维护

液压油是液压启闭机系统的工作介质，起着能量传递、转换和控制的作用，同时还起着润滑、防腐等作用。70%~80%的液压系统问题是由液压油的污染造成的，通过维护保持液压油的清洁是液压启闭机可靠工作的关键。

（1）注意过滤防污染。大量研究表明，油液中颗粒污染物引起的污染磨损是引起液压元件失效的主要原因。为此，除了设置精度恰当、结构适合的过滤器，还要定期清洗滤网滤芯，使其有效控制油液中的颗粒污染物；另外，每年至少在汛前汛后要对整个系统的液压油各进行一次全面过滤。

（2）多方位维护确保液压油清洁。如通过维护保证液压缸下腔活塞杆密封及其外侧防尘圈工作可靠，从而有效阻止活塞杆表面的粉尘、水等杂物进入系统内；定期用软布蘸机油擦拭活塞杆表面，减少尘污入侵系统的机会，还能延缓腐蚀、减小密封磨损；或在外露活塞杆的表面安装一个伸缩自如的防尘、防水密封套加以保护。又如保持油箱上通气孔空气滤清器有效，非封闭油箱注意不要放在潮湿的地方，禁止不同牌号的液压油混合使用，加油时必须经过高精度过滤器的严格过滤等。

（3）及时更换液压油。为监测系统内液压油的性能变化，需定期取样检验。液压油的取样应在系统正在运行或刚刚停止工作时进行，取样的位置宜在油箱中间液压油紊乱区。当化验发现液压油品质已不符合要求时，必须及时更换，否则受损的将会是整个液压启闭机。目前，水利行业还没有具体的液压油换油指标，可参照石油化工部门制定的相关指标结合水闸工作实际制定（见表1）。

（4）及时补充液压油。由于系统泄漏、维修等原因，系统油量会不断减少，为保证系统的正常运行和油液自身的循环冷却，需及时补充液压油。

4.4 定期清洗液压启闭机系统

（1）合理确定液压启闭机系统清洁度。目标清洁度定得过高，会增加运行成本，过低则对降低问题率作用不大，还使维修费用增加。通常我们应着眼于延长元件的寿命和降低系统问题率，先综合考虑液压元件的污染敏感度以及液压启闭机的工作强度等因素，选定对油液清洁度要求最高的液压元件的清洁度作为液压启闭机的目标清洁度，再根据其停机的损失、对可靠性的要求、工作温度、环境污染情况等因素进行最终确定。一般液压启闭机系统清洁度等级为ISO440616/13～19/16。

表1　矿物油型液压油换油标准

主要项目	换油标准
外观	不透明，混浊
密度/（kg/m³）	超过±50的范围
闪点/（℃，开口）	超过±60的范围
运动黏度/（mm²/s）	变化率超过±10%的范围
色度增加（与新油比）	超过2号
中和值/（mgKOH/g）	降低超过35%或增加超过0.4
含水量（重量）	超过0.03%
污染等级	ISO440618/15～20/17

（2）液压启闭机长期使用后，油液中的部分脏物会逐渐积聚在管道的弯曲部位和液压元件油路的流通腔内，沉淀在油箱底部等地方，为达到液压启闭机系统目标清洁度，仅定期过滤液压油还是不够的，必须定期全面清洗液压启闭机系统。考虑到清洗工作量较大，以及水闸运行的实际情况，不可能也没有必要每年都对系统进行全面清洗，一般可安排与更换液压油同时进行。清洗之前应卸下精密元件并用管道短接；冲洗流量应为系统预期流量的2～2.5倍，不能用系统工作泵作为冲洗泵；每次只冲洗1个支路（一孔液压缸及其相关管路），从最靠近冲洗泵的回路开始逐孔依次进行；要选用与所用流量匹配的、精度较高的过滤器；如有可能，最好采用辅助冲洗油箱，以避免污染物滞留在系统油箱中。在清洗过程中，应每隔一定时间从系统取样液进行污染分析与评定，直到达到目标清洁度。另外，还需拆洗液压阀、过滤器，清洗油箱等，清洗时最好用绸布或乙烯树脂海绵，清洗用油最好用热的专用清洗油或工作油。

4.5　定期更换油箱上部干燥剂

针对安全检测中发现的南北两岸液压启闭机油箱上部干燥剂已经失效的情况，加强平时的观察与维护管理，定期更换油箱上部干燥剂。

5　结语

苏州河河口水闸液压式启闭机在安全检测中发现的液压系统油压力变化及密封维护、运行纠偏同步控制、平衡保压等问题，是液压式启闭机运行过程中较易出现且难以彻底解决的问题。研究该闸液压系统的安全检测结果发现，除液压系统本身设计因素外，管路系统和阀件渗漏、油缸渗漏等常会带来两液压缸无法保压和不同步等问题。本文对液压系统平衡保压及同步控制的问题机制分析和可能原因探讨，指明了液压系统维护处理和解决问题应考虑的方向和范围，对制订液压系统的安装和检修维护、密封维护、活塞杆维护、液压油维护、定期清洗液压启闭机系统、应用自动化纠偏系统、保压自动控制等安全启闭运行措施，具有指导作用和借鉴价值。

参考文献

[1] 水工钢闸门和启闭机安全检测技术规程：SL 101—2014 ［S］.

[2] 水利水电工程启闭机制造安装及验收规范：SL 381—2007 ［S］.

[3] 泵站技术管理规程：GB/T 30948—2014 ［S］.

[4] 姚亮，李向东，蒋洪伟，等. 水利工程液压启闭机应用 ［M］. 北京：中国水利水电出版社，2018.

原子吸收石墨炉法测定黄河水中铅参数优化研究

白淑娟　杨　帅

（黄河水利委员会三门峡库区水文水资源局，河南三门峡　472000）

摘　要： 黄河由于水体泥沙含量高而闻名于世，也较一般水体更为复杂。泥沙既是黄河水体中大量污染物的主要携带体，进入水体的众多污染物绝大部分又会被黄河泥沙所吸附，二者相互作用，对水质和水生态环境影响非常显著。铅，作为水体重金属中具有代表性的检测项目，如何科学、准确、有效地检测黄河水体中铅元素的含量，是我们关注和研究的目标。本文通过大量试验研究，利用原子吸收石墨炉法对仪器条件设置进行合理优化，以及调整和改进基体改进剂的量，得出具有灵敏度高、选择性好、应用简便的测定黄河水体铅元素较为科学的检测方法。使原子吸收石墨炉法测定铅项目的准确度、精密度得到显著提高，通过线性检验，各项技术指标均能满足相关技术规定，其检测结果能够较准确地反映黄河水体中的铅含量。

关键词： 原子吸收石墨炉法；黄河水体；优化；研究

1　概述

铅的毒性很大，易溶于水，是一种对人体健康危害很大的重金属元素，是环境中重要的有毒污染物。铅对人体具有累积性和持久性损害，会因慢性累积而对人体器官造成不可逆转的损伤。世界卫生组织（WTO）发布的《饮用水水质标准》中铅的含量不得超过 0.01 mg/L，摄入过量会影响人体健康，引起多种疾病。测定金属铅有多种检测方法，铅在黄河水体中的含量不高，属于微量存在，而黄河水体由于含沙量大，较一般水体更为复杂，如何科学、准确、有效地检测黄河水体中铅元素的含量，以及使用灵敏度更高的方法进行有效检测是我们关注和研究的主要内容。

1.1　研究内容

测定地表水中铅的国标分析方法为直接火焰原子吸收分光光度法 GB 7475—87 或双硫腙分光光度法 GB 7470—87，没有原子吸收石墨炉法，而国标《生活饮用水标准检验方法》（GB/T 5750.6—2006）为原子吸收石墨炉法。而《生活饮用水标准检验方法》规定该方法适用于测定生活饮用水及其水源水中的铅。黄河水体比较复杂，需要研究适应于黄河高含沙水体铅的测定方法和高含沙量水体样品前处理方法，以及优化《生活饮用水标准检验方法》（GB/T 5750.6—2006）给定的仪器设置条件。为了能够更加科学、准确、有效地检测黄河水体中的铅含量这一技术空白，本文采用原子吸收石墨炉法测定黄河水中的铅，从检出限、准确度、精密度以及线性检验等方面评判各技术指标是否能够满足相关技术规定进行了试验研究。

1.2　检测方法

地表水测定铅的分析方法是 GB 7475—87 直接火焰原子吸收分光光度法，该方法铅的检出限为 0.2 mg/L，而《地表水环境质量标准》（GB 3838—2002）中铅的 Ⅲ 类水标准为 0.05 mg/L，Ⅴ 类水标准为 0.1 mg/L。由此可以看出，火焰原子吸收分光光度法适用于测定水中铅含量较高的水体，若用直接火焰原子吸收分光光度法，不能够准确地反映黄河水体中铅的含量。黄河水体铅含量较低，原子

作者简介：白淑娟（1965—），女，主要从事水文水资源监测、水资源评价及水文水资源基础理论研究。

吸收石墨炉法测定水中的铅，最低检测质量浓度为 2.5 μg/L，能够满足黄河水体铅含量的测定。

1.3　石墨炉原子吸收分光光度法测定原理

样品经处理后注入石墨炉原子化器，金属离子在石墨炉内经原子化高温蒸发解离为原子蒸气，待测元素的基态原子吸收来自同种元素空心阴极灯发出的共振线，其吸收强度在一定范围内与金属浓度成正比，符合郎珀-比尔定律。

2　仪器参数设置

原子吸收石墨炉法仪器条件的设置是测定结果准确度的关键技术。在使用石墨炉原子吸收测定法进行测试铅项目时，对仪器给出推荐参数基础上进行大量试验，找出适应于测定黄河水中铅最佳自动进样针位置、灰化温度、灰化时间、原子化温度和原子化时间。

2.1　石墨炉自动进样器最佳进样针位置的选择

石墨炉自动进样针的位置直接影响到测定结果的准确度。进样针过低或过高的深度都会使测定信号的灵密度和重复性变差，一个合适的进样针高度应使得一滴样品溶液在到达石墨管壁的瞬间能做到"顶天立地"，如果进样管太高，会使溶液"跌落"下来，致使样品溶液由于"溅射"而损失；如果进样管位置太低，则样品溶液会"漫过"进样管的最前端，在随后的进样管抬起时"沾有"一些溶液，造成溶液的损失。

以测定黄河水体中铅为例进行试验，当设定测定铅项目灰化温度为 580 ℃时，加入 5 μL 1%磷酸二氢铵和0.6%硝酸镁混合液的基体改进剂，其他条件不变，将从环境保护部标准样品研究所购买的铅标准物质（GSBZ-50009）稀释40倍后使用，使进样针头位置分别在 5/10、7/10、9/10 等分处进行测定，测定结果见表1。

表1　不同位置进样针的测定值

标样号	5/10 等分/（mg/L）	7/10 等分/（mg/L）	9/10 等分/（mg/L）
标准样品	0.98	1.02	1.21
	0.96	1.06	1.24
	0.87	1.02	1.22
	0.86	1.04	1.27
	0.92	1.03	1.21
	0.99	1.07	1.13
均值	0.93	1.04	1.21
真值及不确定度/（mg/L）	1.02±0.04		

从铅标准物质的测定数据来看，自动进样针位置在 5/10 等分处往往使得测定值偏低；进样针位置在 7/10 等分处时，测定结果合格；而进样针位置在 9/10 等分处时，往往使得测定值偏高；自动进样器的进样针位置偏低容易使针碰到石墨管壁，使管壁的涂层脱落。因此，石墨炉自动进样器的进样针位置在 7/10 等分处时，为仪器检测的最佳测定针位。

2.2　灰化温度及时间的选择

灰化温度的高低对于石墨炉原子吸收测定的数值有重大影响。灰化温度取决于基体的性质，在保证不损失被测元素的前提下，尽量选用较高的灰化温度，通常是根据吸光度随灰化温度的变化曲线来优选灰化温度，选择达到最大吸收信号的最高温度作为灰化温度。通过反复试验得出：铅在不加基体改进剂时，当进样量为 20.00 μL，最佳灰化温度为 580 ℃，灰化时间 30 s；加入 5 μL 的基体改进剂时，最佳灰化温度为 850 ℃，灰化时间 30 s。

2.3 原子化温度及时间的选择

同种元素在同一台仪器上测定，原子化温度不同，其吸光度的大小和峰形也不一样。选择合适的原子化温度和灰化温度在石墨炉原子吸收法检测过程中极其重要。原子化温度的选择原则是：选择达到最大吸收信号的最低温度作为原子化温度，这样可以延长石墨管的使用寿命，我们在 1 500~2 100 ℃进行原子化最佳温度的选择试验，经过反复测试，得出原子化温度达到 1 650 ℃时信号值最大，考虑到石墨管的使用寿命，选择原子化温度在 1 600 ℃为测定黄河水体中铅的最佳原子化温度。

原子化时间是以保证完全原子化为标准，一般在 3~5 s。如果原子化时间太短，没有完全蒸发的待测元素会残存于石墨管中而产生记忆效应，经过大量的试验，得出测定铅的最佳原子化时间为 3 s。

2.4 基体改进剂的作用

以标准加入曲线与标准曲线斜率比之值愈接近 1，则基体干扰愈小为原则，确定基体改进剂的加入量。分别做了两批试样进行比较，纯水时斜率比为 0.74、0.65、0.71，有基体改进剂存在时斜率比为 0.94、0.99、0.97。以上结果表明，有基体改进剂存在时减少了样品中的基体干扰。

2.5 基体改进剂的加入量

根据黄河含沙量的不同研究出测定铅项目加入基体改进剂的量，即铅灰化温度 850 ℃，加 5 μL 1%磷酸二氢铵和 0.6%硝酸镁混合液，其他条件不变，测定环境保护部标准样品研究所铅标准物质（GSBZ-50009），稀释 40 倍后使用，测定 6 组数据均值为 1.03 mg/L，铅标准样品标准值及不确定度为（mg/L）1.02±0.04，质控样的均值合格。

3 试验部分

3.1 精密度偏性试验结果

根据前期试验得出各项仪器设置参数条件，进行精密度偏性试验分析。本试验将自动取样针调整在 7/10 位置，每个样品加入 5 μL 基体改进剂混合液，灰化温度设置为 850 ℃，原子化时间设置为 3 s，每天分别测定一批 $0.1C$（4.00 μg/L）标准溶液、$0.9C$（36.0 μg/L）标准溶液、标准样品、天然水样和天然加标水样，均进行平行样测定，连测 10 d 共 10 批次，扣除空白试验的吸光度后，分别计算其溶液的含量值、铅 F 值，进行批内、批间变异分析。

3.2 标准曲线相关性检验

绘制的曲线是连续 10 d 各测点的平均值绘制的曲线，曲线的相关系数为 0.999 0>0.999，截距为 −0.002<0.005，斜率 0.002，均符合《水环境监测规范》（SL 219—2013）中的技术规定，截距和回归方程检验均合格。

3.3 回收率检验

通过加基体改进剂测定天然水样加标回收率，本试验 10 次的平均回收率为 103%，每批测定的回收率在 90%~109%，经回收率检验合格。

3.4 检出限的测定

通过空白试验计算空白批内的标准差，铅国标方法的最低检出限为 0.002 5 mg/L，试验得出铅的检出限为 0.001 3 mg/L，本次精密度试验的检出限低于方法的检出限，说明本方法是可行的。

3.5 变异显著性检验（F 检验）

通过 $0.1C$、$0.9C$、天然水样、加标水样溶液的测定，批内和批间变异性经 $F_{0.05}$ 检验，均小于 $F_{(9,10)0.05} = 3.02$，说明批内和批间变异均无显著性差异。

3.6 总标准差检验

各标准溶液的总标准差（St）均小于各自的指标检出限（W），说明总标准差合格。

3.7 质控图的绘制

使用环境保护部标准样品研究所水质铅标准样品，经稀释 40 倍后每天测定一批，连续测定 10 批，测定值为 0.990~1.06 mg/L，20 组数据均值为 1.03 mg/L，铅标样真值及不确定度为

（mg/L）：1.02±0.04，所测标准样品合格，并用 20 组数据绘制了质控图，见表 2。

表 2　铅质量控制图

单位	黄河水利委员会三门峡库区水文水资源局					分析项目	铅		分析人员	白淑娟
分析方法	原子吸收石墨炉法					浓度单位	mg/L		分析时间	2019 年 12 月
n	1	2	3	4	5	6	7	8	9	10
x	1.02	1.02	1.06	1.06	1.06	1.02	1.06	1.02	1.01	0.99
n	11	12	13	14	15	16	17	18	19	20
x	1.06	1.04	1.02	1.03	1.02	1.02	1.06	1.02	0.99	0.99
质控图：							平均值：1.029		$S = 0.024\ 55$	

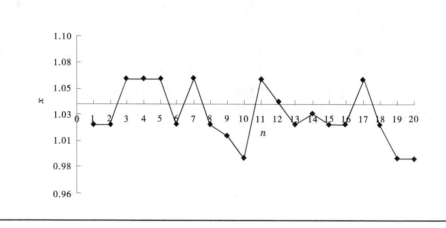

从质控图上看，使用原子吸收石墨炉法测定铅得到的 20 组数绘制的质控曲线图显示：没有连续的 7 个点位于中心线的同侧，也没有连续的 7 个点逐渐上升或下降；落入上、下辅助线范围内的点数占总点数的 85%，已超过技术规范中 68% 的要求；根据测定结果绘制的 20 个点均落在上下控制限内，说明此次试验没有失控现象。

3.8　精密度偏性试验结论

经检验该试验方法有可靠的精密度和准确度。得出的最优化仪器条件设置为：自动进样针进入石墨管 7/10 等分位置，进样体积为 20.00 μL 时，加入 5 μL 基体改进剂，设置灰化温度为 850 ℃，灰化时间为 30 s，原子化温度为 1 600 ℃，原子化时间为 3 s 的石墨炉原子吸收法，用于高含沙量的黄河水体中铅的测定是可行的（见表 3）。

表 3　优化后测定铅的仪器参数

元素	基体改进剂加入量	干燥温度/℃	干燥时间/s	灰化温度/℃	灰化时间/s	原子化温度/℃	原子化时间/s
Pb	—			580	30	1 600	3
	5 μL 1% 磷酸二氢铵+0.6% 硝酸镁			850	30	1 600	3

4　结论与展望

经大量试验测试，掌握并优化了自动进样针的位置、灰化温度、灰化时间、原子化温度、原子化时间等仪器条件设置，特别是对黄河不同含沙量加入一定基体改进剂的调整和改进，使原子吸收石墨炉法测定水体中铅项目的准确度、精密度得到了显著提高，测定所得的结果也能够较准确地反映黄河水体中的铅含量。由此也可以将该优化方法推广到石墨炉原子吸收检测中的其他元素。该方法设定简单，对比直观，可以较为简便地对待测元素进行方法优化，且优化后的灰化温度及原子化温度可以使检测更加准确，待测元素的灵敏度得到显著提高。

参考文献

［1］张扬祖. 原子吸收光谱分析应用基础［M］. 上海：华东理工大学出版社，2007.

［2］PE-AA600/700/800 原子吸收光谱仪快速操作手册.

［3］PE-AA700/800 原子吸收光谱仪简明操作手册.

［4］水环境监测规范：SL 219—2013［S］.

［5］中国环境监测总站编制. 环境水质监测质量保证手册.

水工混凝土抗冲磨性能试验及评价方法

蔡新华[1,2]　何　真[1,2]　曹　露[1,2]

(1. 武汉大学，湖北武汉　430072；2. 武汉大学工程检测中心，湖北武汉　430072)

摘　要：本文介绍了水工抗冲磨混凝土及水工抗冲磨材料的国内外研究进展，论述了当前国内外普遍使用的混凝土抗冲磨试验及评价方法，分析了不同试验方法的优缺点与适用条件，对水工抗冲磨材料的研发与水工混凝土抗冲磨试验有所启示。

关键词：混凝土；抗冲磨性能；试验方法；评价指标

1　引言

近 30 年来，是中国水利水电工程建设的高峰期，许多大型水利水电工程相继建设与运行，尤其是兴建了一批高水头大型水电工程，其中坝高超过 100 m 以上的高水头泄水建筑物逐渐增多[1]。由于高水头，流速大，或者砂石含量较高，水工建筑物在一些部位会产生严重的空蚀、磨损或冲击等单一工况或多种工况联合破坏情况。高速水流、含沙水流、含沙高速水流、推移质水流等复杂工况条件下，水工建筑物过流面混凝土遭受冲刷、磨蚀、气蚀破坏，一直是水利水电工程建设和运行过程中的一个疑难问题。为提高大型水利水电工程的使用寿命，保障其运行安全可靠，要求过流面混凝土应具有高的抗冲、耐磨能力。本文针对水工抗冲磨材料研发进展及水工混凝土抗冲磨试验和评价方法进行了总结与分析。

2　水工抗冲磨混凝土及其他冲磨材料研究进展

从目前的研究来看，水泥基材料（如混凝土）仍然是现阶段工程建设领域广泛使用的抗冲耐磨材料。下面对各种常用抗冲磨材料研究进展情况作简述，包括各类抗冲磨混凝土和其他有机类抗冲磨材料。

2.1　硅粉混凝土

硅粉混凝土可以提高建筑物的抗冲击能力，由试验结果表明，掺硅粉 10% 的混凝土其抗冲击能力为普通混凝土的 1.43 倍，掺硅粉 15% 的混凝土其抗冲击能力为普通混凝土的 2.2 ~ 5.3 倍[2-5]。早在 1985 年，我国就开始进行高强硅粉混凝土的研究，并先后在龙羊峡、大伙房、葛洲坝、映秀湾、水口、五强溪、东风、二滩等多个工程中进行应用，效果良好。小浪底工程也成功地设计和应用了掺硅粉的抗冲磨混凝土。

2.2　纤维混凝土

纤维混凝土是将短而细，且具有抗拉强度高、极限拉伸率大、抗碱性强等性能良好的纤维均匀地分散在混凝土中形成的一种新型建筑材料，纤维的加入将抑制混凝土早期塑性裂缝的产生，并限制外力作用下水泥基材料中裂缝的扩展，减少了冷缩和干缩，同时，高强混凝土改善了抗拉、抗弯、抗冲击及韧性等性能，对混凝土抗渗、抗冻等耐久性也有极大的促进作用。三峡二期左岸导流明渠和左岸

基金项目：基于水泥基材料微结构参数的高性能抗冲磨混凝土设计与调控（51579195）。

作者简介：蔡新华（1980—），男，副教授，主要从事水工混凝土耐久性机制与性能评价、新型水工材料制备与应用。

临时船闸、葛洲坝水利枢纽工程、映秀湾水电站、江西大港水电站、贵州乌江渡水电站等工程均采用了钢纤维硅粉混凝土，使用效果良好[6-8]。

2.3 铁钢砂混凝土

铁钢砂在混凝土中主要代替普通的砂石骨料，它的耐磨性能远好于天然河砂和人工砂，是通过提高混凝土"骨架"的抗冲耐磨强度从而提高混凝土的抗冲耐磨强度[9-12]。铁钢砂混凝土已应用在丹江口、葛洲坝等水利工程中，均取得了良好的效果。铁钢砂混凝土具有良好的抗冲耐磨性，但由于铁钢砂的密度大，在混凝土拌和时易产生离析，水泥用量较大时，也易产生收缩变形。

2.4 有机高分子抗冲磨涂层材料

为缓解泄水建筑物过流面混凝土的抗冲磨和气蚀破坏问题，一方面可以研究高性能的抗冲磨混凝土；另一方面可以采用新型有机高分子抗冲磨涂层材料，利用这种材料的高强度和高韧性来提高混凝土的抗冲磨性能。近年来，有机高分子抗冲磨涂层材料层出不穷，其中美国率先开发出的喷涂聚脲弹性体技术（SPUA）以其优异的抗冲磨、耐老化性能和成熟的施工性能得到国内外的广泛关注，成为目前使用最广泛的有机高分子抗冲磨涂层材料。

2.5 环氧树脂砂浆

环氧树脂砂浆是常用的水工混凝土抗冲磨防护和修补材料，试验结果表明，环氧树脂砂浆磨合期磨损较大，稳定器磨损较小，最终趋于稳定，通过水下钢球法测得 216 h 的抗冲磨强度高达 1 090.03 h/（kg/m²）[13]。水性环氧树脂继承了传统环氧树脂的一些优点，具有与底材的附着力较高、耐化学腐蚀性能好等，同时，克服了传统环氧树脂的缺陷。水性环氧树脂成为代替传统环氧树脂的最佳材料，具有良好的应用前景。目前，由于水性环氧树脂的开发起步较晚，在水利工程中的应用研究较少。

2.6 铸石

铸石是辉绿岩、玄武岩等天然岩石或工业废渣如化铁炉渣等制成的工业材料。其力学性能较天然岩石有显著提高，具有优异的抗冲磨性能。由于铸石是脆性材料，直接使用铸石板作为泄水建筑物耐冲磨材料时，其易被含推移质的高速水流整体冲走。因此，在泄水建筑物上直接使用铸石板为抗冲耐磨材料受到了限制。铸石配制的混凝土既保留了铸石耐磨性能，又克服了使用铸石板易被高速水流冲掉等缺点[14-15]。

3 水工混凝土抗冲磨性能试验方法及评价指标

3.1 水下钢球法

水下钢球法是目前国内外混凝土抗冲磨试验的主要评估方法。试验仪由机架、电磁调速电机、滑轮工作台、试样容器、水流搅拌器、试验成型筒等组成，试验时在圆柱体试验容器内放入 $\phi 300 \times 100$ mm 的标准样品，启动装置，搅拌桨开始转动，试件表面的钢球 [$d=$（25.4±0.1）mm 的 10 粒，$d=$（19.1±0.1）mm 的 35 粒，$d=$（12.7±0.1）mm 的 25 粒] 不断滚动和跳动，对混凝土试件表面造成磨损。试验机叶轮转速为 1 200 r/min 的情况下，混凝土试件表面的近底流速为 1.8 m/s。试验时间为 72 h，每 12 h 称一次试件，质量损失为 M_T[17-19]。

混凝土试件的抗冲磨强度按式（1）计算：

$$f_a = \frac{TA}{M_T} \tag{1}$$

式中：f_a 为抗冲磨强度，即单位面积上被磨损单位质量所需的时间，h/（kg/m²）；T 为试验累计时间，h；A 为试件受冲磨面积，m²；M_T 为经 T 时段冲磨后，试件损失的累计质量，kg。

磨损率按式（2）计算：

$$L = \frac{M_1 - M_2}{M_1} \tag{2}$$

式中：L 为磨损率（%）；M_1 为试验前试件质量，kg；M_2 为试验后试件质量，kg。

水下钢球法用于反映水工混凝土试件表面的抗冲磨强度，试验过程简单，周期短，试验仪器小，成本较低，所得出的试验结果稳定，能准确反映不同混凝土材料的抗冲磨性能。然而，与实际水流速度相比，水下钢球法中近底流速 1.8 m/s 过小，难以反映实际状况下混凝土过流面的磨损情况。现行的试验对 C40 以上的混凝土磨蚀深度较低，试验误差较大。

3.2 圆环法

圆环法又名冲刷仪法，可用于评价路面、地板和混凝土公路，水利工程如隧道、大坝溢洪道，或那些常受到摩擦的物体表面的抗冲磨性能。试件一般为外圆锥形的圆环试件，叶轮外圆周转速为 14.3 m/s。给定转动流速，设定试验冲磨时间进行冲磨试验，一般重复试验 4 次，在试件饱和面干状态下称取试件质量，按式（3）计算混凝土抗冲磨强度[19]。

混凝土抗含砂水流冲刷的指标以抗冲磨强度或磨损率表示，冲磨强度与磨损率按式（3）计算：

$$f_a = \frac{TA}{\sum \Delta M} \tag{3}$$

式中：f_a 为抗冲磨强度，即单位面积上被冲磨单位质量所需的时间，h/(kg/m^2)；$\sum \Delta M$ 为 4 次冲磨试件累计冲磨量，kg；T 为试件累计冲磨时间，h；A 为试件冲刷面积，m^2；D 为试件内径，m；H 为试件内环高，m。

圆环法优点是试验简单，结果可靠度高，多次重复后数据稳定；缺点是试验条件比较单一，无法模拟水工建筑物在水下的冲磨情况，而且试验的冲磨速度无法达到实际的高速水流的冲磨特征，同时该方法所用的试件尺寸过小，也是缺陷之一。

3.3 风砂枪法

风砂枪法是基于喷砂产生磨损的原理，该装置主要由空压机、冷干机、抗冲磨试验工作室、除尘设备、磨料提升系统、沙斗、自动行走装置等部件构成。风砂枪装置是在沙斗中加入磨料，通过压缩空气形成高速含砂气流，对试件表面造成切削和磨损。该方法可以通过压力阀控制冲击速率，改变喷嘴与喷头方向以适应不同的冲磨角度，同时也可直接控制磨料量，得到不同的混凝土抗冲磨试验环境。试验结果处理如下：

（1）每个级段的冲磨耗砂量以及磨损率。

单块试件在此阶段的耗砂量：

$$m_i = \frac{M_i}{3} \tag{4}$$

试件每次冲磨磨损率：

$$L_i(\alpha) = \frac{G_1 - G_2}{m_i} \tag{5}$$

累计磨损率：

$$L_0(\alpha) = \frac{\sum_{i=1}^{n}(G_1 - G_2)_i}{\sum_{i=1}^{n} m_i} \tag{6}$$

以每组试块的磨损率平均值作为这组试件的累计磨损率。

稳定磨损率：

$L_0(\alpha)$ = 稳定磨损阶段试件的磨损量/稳定磨损阶段的耗砂量

以单组三块试件稳定阶段的磨损率平均值作为这组试件的稳定磨损率。

（2）抗冲磨强度。

$$f_a = \frac{T\rho_c A}{L(\alpha)M} \tag{7}$$

式中：f_a 为抗冲磨强度，h/cm；T 为平均冲磨历时，h；ρ_c 为混凝土密度，g/cm³；A 为试件受冲磨面积，225 cm²；M 为平均冲磨砂量，kg；$L(\alpha)$ 为冲磨磨损率，g/kg，分别取 $L_0(\alpha)$ 或 $L_S(\alpha)$。

风砂枪试验法可以用来测量不同磨料砂，在冲磨角、砂速不同的条件下冲磨试件的磨损率，能有效地模拟抗冲磨混凝土在实际工况条件下的磨损情况。但试验条件下磨粒的速度和空气流速有较大差异，造成试验结果的不准确性。

3.4 旋转磨耗法

旋转磨耗法主要用于交通工程领域，在《公路工程水泥及水泥混凝土试验规程》（JTG E30—2005）中，"水泥胶砂耐磨性试验方法" 和 "水泥混凝土耐磨性试验方法" 作为行业标准，美国材料试验协会以 ASTM C944-80 作为旋转磨耗法的标准方法。试验用混凝土试件为 150 mm 立方块或 ϕ 150 mm 的取芯试样，每组 3 个试样[20]。

试验结果计算：每一试件单位面积的磨损量按式（8）进行计算，精确至 0.001 kg/m²：

$$G = \frac{m_1 - m_2}{0.012\ 5} \tag{8}$$

式中：G 为单位面积的磨损量，kg/m²；m_1 为试件的原始质量，kg；m_2 为试件磨损后的质量，kg；0.012 5 为试件的磨损面积，m²。

旋转磨耗法主要用于公路路桥磨损面材料的检测，具有试验速度快、试件磨损情况可比性的特点，可以正确反映不同水泥、灰水比、龄期等因素对水泥胶砂和混凝土抗磨性能的影响。

3.5 其他试验方法

除了以上常用的混凝土抗冲磨试验方法外，很多研究者针对高速含沙水流在泄水建筑物混凝土面层冲蚀磨损特点，自行设计了很多其他的试验仪器，这些方法各有侧重。Gurpreet Singh 等通过将水和砂混合后离心得到水砂混合物，然后将混合物对混凝土进行冲磨试验，其评价方法也是采用质量损失试验，主要用于对掺聚丙烯纤维混凝土抵抗挟沙水流冲刷试验[21]。台湾 H. Hocheng 等通过改进风砂枪法，将试件置于水中，喷射过程在水中进行，调整试件改变冲磨角，入射速率通过圆形喷射模型与喷射距离进行估算，这种试验方法能很好地模拟水下环境混凝土冲磨特点[22]。

4 水工混凝土抗冲磨性能评价存在的问题及展望

水工泄水建筑物抗冲磨试验方法很多，各有优缺点。但由于试验原理和条件不同，同一批试样采用不同的试验方法可能会得出不同的结果，因此为了更好地评价材料的抗冲磨性能，常使用几种不同的试验方法对试件进行抗冲磨对比，得出的结论更加准确。水下钢球法主要模拟含推移质环境下泄水建筑物的抗冲磨性能，试验方法简单，试验周期短，是目前使用的最主要的方法；圆环法成果稳定，重现性好，对于比较不同混凝土抗冲磨材料性能结果可靠；风砂枪法可以通过改变磨料沙、冲磨角度以及冲磨速度比较不同材料的抗冲磨性能。尽管目前抗冲磨试验方法很多，现行水工混凝土抗冲磨试验方法不能真实地反映高速水流挟带的泥沙和碎石，仍存在很多亟待解决的问题：①水下钢球法中介质速度较小，钢球形貌单一，级配不合理，磨损效果不显著，有待改进。②圆环法很难真实反映水工混凝土在水下冲磨的复杂环境和破坏特征，该方法试件的尺寸太小。③风砂枪法中磨粒和气流流速差异很大，导致喷头处磨粒速度过小，与水利水电工程中高水头、大流速的实际情况相悖。④旋转磨耗法主要用于公路工程水泥及水泥混凝土试验，与水工混凝土所处磨耗环境相差较大，试验结果的准确性难以保证。⑤当前使用试验方法自动化程度低，与实际情况相比数据可靠性差，人工操作过程繁复。

综合上述不同水工抗冲磨混凝土的试验方法，各自优缺点以及可以改进的地方，抗冲磨试验方法作为水工混凝土抗冲耐磨性能的主要评价手段，其发展与抗冲磨混凝土材料研究同等重要，为了更好地模拟水工混凝土在水下的冲磨情况，可以结合水下钢球法和风砂枪法，风砂枪装置的喷头置于水中，将磨料改成不同直径的钢球，钢球从喷头高速喷出，对混凝土试件造成不同角度的切削和冲击磨损。

参考文献

[1] 练继建，杨敏，等. 高坝泄流工程 [M]. 北京：中国水利水电出版社，2008.

[2] 支拴喜，陈尧隆，季日成. 由硅粉混凝土应用中存在的问题论高速水流护面材料选择的原则与要求 [J]. 水力发电学报，2005，24 (6)：45-49.

[3] El·zbieta Horszczaruk. Abrasion resistance of high-strength concrete in hydraulic structures [J]. Wear, 2005, 259：62-69.

[4] Yu-Wen Liu. Improving the abrasion resistance of hydraulic-concrete containing surface crack by adding silica fume [J]. Construction and Building Materials, 2007, 21：972-977.

[5] 杨坪，彭振斌. 硅粉在混凝土中的应用探讨 [J]. 混凝土，2002 (1)：11-14.

[6] 刘卫东，林瑜，钟海荣，等. 抗冲刷磨蚀混凝土的耐磨损试验研究 [J]. 工程力学，2011，28 (S)：157-161.

[7] 谢祥明，余青山，胡磊. 聚丙烯纤维改善混凝土抗冲磨性能的试验研究 [J]. 重庆建筑大学学报，2008，30 (3)：134-138.

[8] 张业勤，周浪，蔡胜华. 彭水水电站抗冲耐磨混凝土配合比设计与性能试验研究 [J]. 四川水力发电，2008，27 (增刊)：74-77.

[9] 黄国兴，陈改新. 水工混凝土建筑物修补技术及应用 [M]. 北京：中国水利水电出版社，1998.

[10] 吴文伦，李砚青，张其军. 铁钢砂抗冲磨材料在水利工程中的应用 [J]. 山西水利科技，1995 (11)：81-83.

[11] 侯俊国. 铁钢砂混凝土抗冲耐磨性能研究 [J]. 水电工程研究，1996 (2)：26-31.

[12] 李光伟. 骨料对混凝土抗冲磨性能的影响 [J]. 水电工程研究，1998 (3)：20-24.

[13] 张振忠，汪在芹，陈亮，等. 改性环氧砂浆抗冲磨材料性能研究 [J]. 水力发电，2016，42 (6)：95-98.

[14] 廖碧娥，白福来. 铸石混凝土耐冲磨性能的试验研究 [J]. 武汉大学学报（工学版），1984 (4)：109-115.

[15] 廖碧娥，白福来. 铸石混凝土的性能及其在泄水建筑物中的应用 [J]. 水利水电技术，1993 (4)：6-8.

[16] 黄微波，胡晓，徐菲，等. 水工混凝土抗冲耐磨防护技术研究进展 [J]. 水利水电技术，2014，45 (2)：61-63.

[17] ASTM C1138 Standard Test Method for Abrasion Resistance of Concrete (Underwater Method) [S].

[18] 水工建筑物抗冲磨防空蚀混凝土技术规范：DL/T 5207—2005 [S].

[19] 水工混凝土试验规程：SL 352—2020 [S].

[20] 公路工程水泥及水泥混凝土试验规程：JTG E30—2005 [S].

[21] Gurpreet Singh, Rafat Siddique. Abrasion resistance and strength properties of concrete containing waste foundry sand (WFS) [J]. Construction and Building Materials, 2012, 28：421-426.

[22] Hocheng H, Weng C H. Hydraulic erosion of concrete by a submerged jet [J]. Journal of Materials Engineering and Performance, 2002, 11 (3)：256-261.

丹江口水库沉积物重金属污染特征及生态风险评价

刘云兵　朱圣清　杨　妍　张一弛　周　正　陈　杰*

（生态环境部长江流域生态环境监督管理局生态环境监测与科学研究中心，湖北武汉　430010）

摘　要：为研究丹江口水库沉积物重金属的污染水平及生态风险，调查分析了丹江口沉积物中 As、Cu、Pb、Cd、Mn、Ni、Co、Mo、Sn、Sb、V 和 Ag 等 12 种元素含量，并参照 Hakanson 潜在生态风险危害指数法对其进行评价。结果显示，丹江口水库沉积物重金属生态风险总体处于低风险水平，污水处理厂和排污口附近沉积物重金属生态风险高于库区、库湾和河口等区域，说明点源污染是沉积物重金属污染的重要来源之一。毒性较强的 Cd 全部处于低污染水平。Ag 未检出，Mo 的检出率仅为 8.8%，其余 10 种重金属检出率均超过 50%，其中 Mn、V、Ni、Cu、Pb、Co、As、Cd 等 8 种金属的检出率为 100%，平均含量分别为 790 mg/kg、121 mg/kg、63.0 mg/kg、42 mg/kg、31 mg/kg、18.7 mg/kg、8.37 mg/kg 和 0.09 mg/kg。重金属空间分布差异大，污染来源复杂，Ni、Co 和 V 可能有相同的污染来源。此外，值得注意的是，库区沉积物中 Sb 的含量明显高于库湾等其他区域，应引起关注。

关键词：丹江口；沉积物；重金属；风险评价

丹江口水库是南水北调中线工程水源地，其生态环境的保护是南水北调中线工程成败的关键。目前，关于丹江口库区的研究主要集中在水资源[1]、水质[2-5] 等方面，对库区生态环境的研究相对较少。沉积物是湖库生态系统的重要组成部分，重金属在环境中普遍存在，具有高稳定性、难降解性、可累积性和毒性等特点，且极易吸附在悬浮颗粒表面沉降到水体底部。富集在沉积物中的重金属可通过物理、化学、生物途径再次释放到水体形成二次污染。近年来，沉积物中重金属风险评价也越来越引起了国内外学者关注[6-9]。不同学者对丹江口水源区沉积物重金属污染的研究结论也不尽相同[10-14]。本文以丹江口水源区为研究对象，调查了沉积物中 12 种重金属含量，并对沉积物重金属潜在生态风险进行了初步评价。

1　材料与方法

1.1　样品采集与处理

2013 年 10~11 月，用抓斗式采泥器在丹江口水库一共采集了 68 个沉积物表层样品，4 ℃冷藏保存，带回实验室后，自然风干，挑出杂物后研磨过 160 目尼龙筛备用。采样点分布见图 1。

As 的检测采用原子荧光（GB/T 22105.2—2008），Cu、Pb、Cd、Mn、Ni、Co、Mo、Sn、Sb、V 和 Ag 的检测采用 ICP-AES 或 ICP-MS（SL 394—2007）。为保障检测质量，所有金属都进行了标准样品检测和平行样测定，所有标准样品检测结果均为合格，平行样的相对偏差均控制在 15% 以内。检测的准确度和精密度均符合要求。

1.2　沉积物生态风险评价方法

利用 Hakanson 潜在生态风险危害指数法进行沉积物重金属生态风险评价，该方法是目前沉积物重金属生态风险评价应用较为广泛的方法，计算公式如下：

单个重金属的潜在风险指数

作者简介：刘云兵（1982—），男，高级工程师，主要从事水环境监测与评估。

通讯作者：陈杰（1987—），本科，工程师，主要研究方向为环境监测与评估。

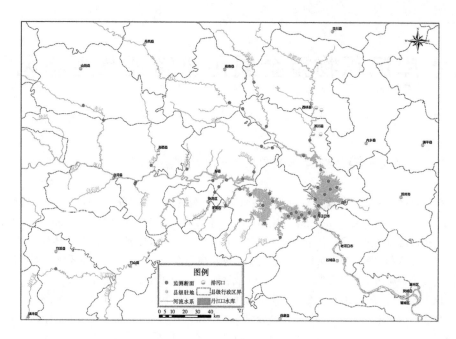

图 1　采样点分布

$$C_f^i = C_D^i / C_R^i$$

$$E_r^i = T_r^i C_f^i$$

多种重金属潜在生态风险指数

$$RI = \sum_{i=1}^{n} E_r^i$$

式中：C_f^i 为第 i 种金属的污染系数；C_D^i 为沉积物中第 i 种金属的实测含量；C_R^i 为第 i 种金属的背景值；E_r^i 为第 i 种金属的生态风险系数；T_r^i 为第 i 种金属的毒性系数；RI 为沉积物重金属的生态风险危害指数。

重金属背景值的选择直接影响污染程度和潜在生态风险指数的评价，本次参与评价的重金属背景值选用赵丽[11] 等的研究成果，本次参与评价的重金属背景值和单个金属的毒性系数见表 1。重金属污染程度和潜在生态风险指数划分标准见表 2。

表 1　沉积物重金属背景值及计算潜在生态风险指数的毒性系数

重金属	Ni	Cu	As	Cd	Pb
背景值/（mg/kg）	34.00	32.13	10.46	0.7	27.11
毒性系数	5	5	10	30	5

表 2　重金属污染程度及潜在生态风险等级划分标准

C_f^i		RI	
程度分级	阈值区间	程度分级	阈值区间
低污染	$C_f^i < 1$	低风险	$RI < 150$
中等污染	$1 \leqslant C_f^i < 3$	中风险	$150 \leqslant RI < 300$
较高污染	$3 \leqslant C_f^i < 6$	高风险	$300 \leqslant RI < 600$
很高污染	$C_f^i \geqslant 6$	很高风险	$600 \leqslant RI < 1\,200$
		极高风险	$RI \geqslant 1\,200$

1.3 数据处理

实验数据采用 Excel2010、SPSS22.0、origin2018 进行统计分析和绘图。

2 结果与分析

2.1 重金属含量

Ag 在水源区未检出，Mo 仅在污水处理厂和排污口沉积物中有检出，检出率为 8.8%，Sb 和 Sn 的检出率分别为 57.3% 和 73.5%，其余 8 种金属的检出率均为 100%。这 8 种金属平均含量从大到小依次为 Mn、V、Ni、Cu、Pb、Co、As 和 Cd，值分别为 790 mg/kg、121 mg/kg、63.0 mg/kg、42 mg/kg、31 mg/kg、18.7 mg/kg、8.37 mg/kg 和 0.09 mg/kg。总体上看，重金属空间分布异质性较大，除 Ag 外，其余 11 种重金属变异系数为 39.8%～213.5%，平均值为 76.6%，Pb 的变异系数最高。丹江口水库沉积物重金属含量见表 3。

表 3　丹江口水库沉积物重金属含量　　　　　　　　　　　　单位：mg/kg

重金属	最小值	最大值	平均值	中位数	标准偏差	变异系数/%	检出率/%
As	1.68	49.1	8.37	7.06	6.19	74.0	100
Cu	4	189	42	41	31	73.9	100
Pb	1	560	31	23	67	213.5	100
Cd	0.01	0.46	0.09	0.08	0.06	73.0	100
Mn	121	3 212	790	741	462	58.5	100
Ni	10.0	242	63.0	61.9	29.4	46.7	100
Co	7.6	35.4	18.7	19.9	5.5	29.7	100
Mo	<2.5	9.5	1.6	1.3	1.3	81.8	8.8
Sn	<2.0	9.0	2.8	2.9	1.6	54.5	73.5
Sb	<1.0	19.2	3.8	3.1	3.7	96.7	57.3
V	37.0	240	121	126	48.3	39.8	100
Ag	<5.0	<5.0	<5.0	<5.0	—	—	—

对库内断面、库湾、入库河流河口、污水处理厂及入河排污口附近的沉积物重金属含量进行了比较（见图 2），污水处理厂及入河排污口附近水系沉积物中 Cu、Cd、Mo 的含量明显高于其他区域，Co 和 V 的含量低于其他区域，说明 Cu、Cd、Mo 的含量受人类排污影响明显，Co 和 V 的污染主要来源于其他污染源。值得注意的是，库内沉积物 Sb 的含量要明显高于其他区域。

2.2 沉积物重金属生态风险指数评价结果

2.2.1 沉积物重金属污染程度评价结果

由表 4 可知，Cd 全部为低污染水平，其余重金属以低污染和中等污染为主。重金属污染程度排序依次为 Ni>Cu>Pb>As>Cd，污染系数平均值分别为 1.9、1.2、0.9、0.8 和 0.1。

2.2.2 多种重金属潜在生态风险指数评价结果

丹江口表层沉积物中，Ni、Cu、As、Cd 和 Pb 等 5 种重金属的 RI 值在 9.5～155.5，平均值为 33.3，丹江口水库沉积物重金属风险总体处于低风险水平，这一结果与赵丽[11] 等的研究结果基本一致。除泗河污水处理厂外，其余采样点沉积物生态风险指数均处于低风险水平，泗河污水处理厂沉积物重金属生态风险为中风险，Pb 是泗河污水处理厂沉积物污水处理厂重金属生态风险的主要贡献者。

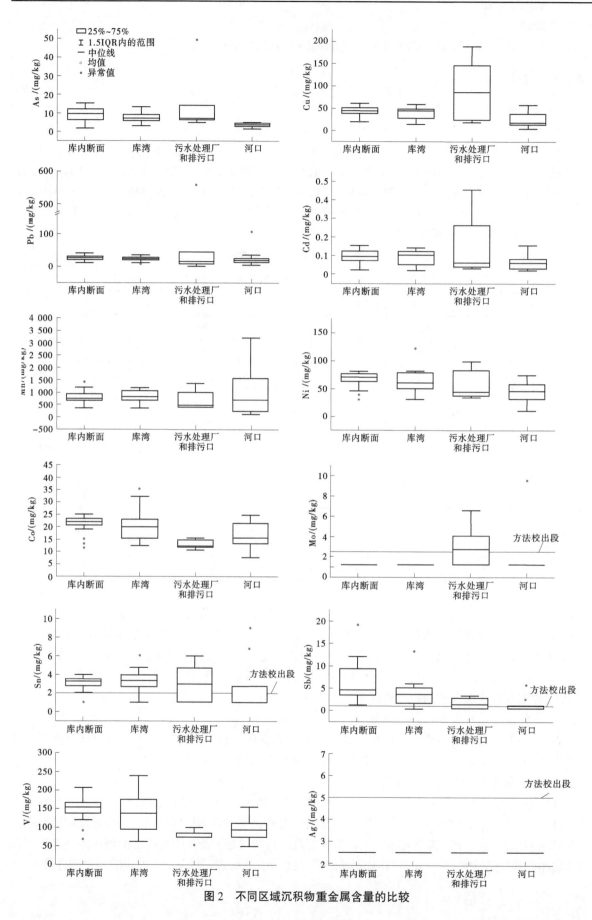

图 2　不同区域沉积物重金属含量的比较

污染最为严重的区域集中在污水处理厂和排污口。污水处理厂和排污口附近沉积物 RI 为 19.3~155.5，平均值为59.6。库内和库湾的生态风险无明显差别，RI 值分别为 18.0~44.3 和 20.2~42.1，平均值分别为 34.1 和 31.2。河口沉积物潜在生态风险最低，RI 为 9.5~47.6，平均值为 22。说明点源污染是造成沉积物重金属污染加重、生态风险增加的重要原因。

表4　沉积物污染程度评价统计结果　　　　　　　　　　　　　　%

污染等级	Ni	Cu	As	Cd	Pb
低污染	11.8	39.7	73.5	100	70.6
中等污染	85.3	55.9	25.0	0	26.5
较高污染	1.5	4.4	1.5	0	1.5
很高污染	1.5	0	0	0	1.5

2.2.3　重金属来源分析

选择库区、库湾和河口沉积物进行重金属来源分析。因为 Ag 全部未检出，选取剩余的 11 种重金属进行主成分分析（见图 3），结果显示，KMO 检验结果为 0.628，Bartlett 球形检验统计量的 sig<0.001，检验结果表明可以做主成分分析。由表 5 可知，特征值大于 1 的 3 个主成分累计方差贡献率为 72.7%，未达到 80% 的水平，说明重金属间存在一定的相关性，但相关性不强；第一主成分的贡献率为 37.8%，其中 Ni、Co 和 V 在第一主成分上有较高载荷。相关性分析结果表明，Ni、Co 和 V 之间存在极显著强相关关系，相关系数大于 0.76（$p<0.01$）（见表 6），表明 Ni、Co 和 V 可能有相同的污染来源。

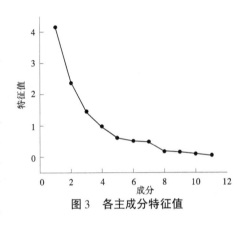

图3　各主成分特征值

表5　重金属主成分分析结果

重金属	PC1	PC2	PC3
As	0.718	−0.120	−0.288
Cu	0.462	0.770	−0.216
Pb	0.196	0.806	0.319
Cd	0.335	0.630	−0.114
Mn	−0.121	0.712	−0.020
Ni	0.962	−0.166	0.029
Co	0.875	−0.142	0.190
Mo	−0.032	−0.206	0.830
Sn	0.668	0.101	0.631
Sb	0.627	−0.271	−0.222
V	0.857	−0.200	−0.199
系数	4.161	2.374	1.458
累计方差贡献	37.827	59.407	72.659
方差贡献	37.827	21.58	13.25

表6　表沉积物重金属间相关性分析

重金属	As	Cu	Pb	Cd	Mn	Ni	Co	Mo	Sn	Sb	V
As	1										
Cu	0.306*	1									
Pb	−0.032	0.557**	1								
Cd	0.111	0.743**	0.378**	1							
Mn	−0.125	0.375**	0.495**	0.143	1						
Ni	0.675**	0.280*	0.093	0.157	−0.204	1					
Co	0.451**	0.239	0.100	0.205	−0.197	0.892**	1				
Mo	−0.155	−0.252	−0.066	−0.012	−0.183	−0.030	0.122	1			
Sn	0.319*	0.216	0.468**	0.063	0.023	0.655**	0.614**	0.350*	1		
Sb	0.424**	0.108	−0.107	0.044	−0.183	0.617**	0.490**	−0.126	0.266	1	
V	0.649**	0.267	−0.123	0.206	−0.173	0.848**	0.755**	−0.130	0.409**	0.478**	1

注：**$p<0.01$；*$p<0.05$。

3　结论

（1）丹江口沉积物重金属污染种类较多。检测的 12 种重金属中，Ag 未检出，Mo 的检出率仅为 8.8%，其余 10 种金属检出率均超过 50%，其中 Mn、V、Ni、Cu、Pb、Co、As、Cd 等 8 种金属的检出率为 100%，平均含量分别为 790 mg/kg、121 mg/kg、63.0 mg/kg、42 mg/kg、31 mg/kg、18.7 mg/kg、8.37 mg/kg 和 0.09 mg/kg。

（2）利用 Handason 潜在生态风险指数法对丹江口沉积物进行评价，结果表明，丹江口水库沉积物重金属生态风险总体处于低风险水平，污水处理厂和排污口附近沉积物重金属生态风险高于库区、库湾和河口等区域，说明点源污染是沉积物重金属污染的重要来源之一。

（3）沉积物重金属污染来源复杂，Ni、Co 和 V 可能有相同的污染来源。

参考文献

[1] 彭安帮，马涛，刘九夫，等. 考虑生态补水目标的丹江口水库供水调度研究 [J]. 水文，2021，41（3）：82-87.

[2] 李思悦，张全发. 运用水质指数法评价南水北调中线水源地丹江口水库水质 [J]. 环境科学研究，2008（3）：61-68.

[3] 郭永彬，王焰新. 汉江中下游水质模拟与预测——QUAL2K 模型的应用 [J]. 安全与环境工程，2003（1）：4-7.

[4] 张敏，邵美玲，蔡庆华，等. 丹江口水库大型底栖动物群落结构及其水质生物学评价 [J]. 湖泊科学，2010，22（2）：281-290.

[5] 雷沛. 丹江口库区及上游污染源解析和典型支流及库湾水质风险特征研究 [D]. 武汉：武汉理工大学，2012.

[6] 汤向宸，林陶，夏品华，等. 贵州草海湿地不同水位梯度沉积物中汞、砷形态分布及风险评价 [J]. 湖泊科学，2020，32（1）：100-110.

[7] 王海，王春霞，王子健. 太湖表层沉积物中重金属的形态分析 [J]. 环境化学，2002（5）：430-435.

[8] Kalani N, Riazi B, Karbassi A, et al. Measurement and Ecological Risk Assessment of Heavy Metals Accumulated in Sediment and Water Collected From Gomishan International Wetland, Iran. [J]. Water Sci Technol, 2021, 84（6）：1498-1508.

［9］ Luo M，Yu H，Liu Q，et al. Effect of River-lake Connectivity on Heavy Metal Diffusion and Source Identification of Heavy Metals in the Middle and Lower Reaches of the Yangtze River ［J］. J Hazard Mater, 2021, 416：125818.

［10］ 李佳璐，姜霞，王书航，等. 丹江口水库沉积物重金属形态分布特征及其迁移能力 ［J］. 中国环境科学，2016，36（4）：1207-1217.

［11］ 赵丽，王雯雯，姜霞，等. 丹江口水库沉积物重金属背景值的确定及潜在生态风险评估 ［J］. 环境科学，2016，37（6）：2113-2120.

［12］ 强小燕. 丹江口库区新增淹没区农田土壤重金属风险评估 ［D］. 武汉：华中农业大学，2015.

［13］ 雷沛，张洪，单保庆. 丹江口水库典型库湾及支流沉积物重金属污染分析及生态风险评价 ［J］. 长江流域资源与环境，2013，22（1）：110-117.

［14］ 罗哲，许仕荣，卢少勇. 丹江口水库表层沉积物重金属污染特征及风险评价 ［J］. 湖南师范大学自然科学学报，2021，44（3）：1-8，17.

新型浸渍防护涂料用于增强混凝土
抗冻性能试验研究

肖　阳　王德库　马智法　隋　伟　孟　昕

（中水东北勘测设计研究有限责任公司，吉林长春　130061）

摘　要：混凝土作为多孔结构的工程材料，在环境、温度及应力等因素作用下，外界水分或有害物质易侵入到混凝土内部，经冻融循环产生静水压力、渗透压力或冻胀压力，当有害应力超过混凝土所能承受的极限应力时，结构将产生损伤甚至破坏，严重影响混凝土的耐久性能。文中提出一种增强混凝土抗冻性能的浸渍型防护涂料，该涂料涂刷于施工现场同条件养护的混凝土试件表面后，将混凝土抗冻等级（快冻）由 F100 提高至 F275 以上，经 60 次单面冻融循环（盐冻）后，混凝土试件单位测试面积剥落物总质量仅为 727.2 g/m²，显著改善混凝土的抗冻性能，可为混凝土抗冻性能设计及修补加固提供技术参考。

关键词：混凝土；抗冻性能；防护涂料；浸渍型

1　引言

我国幅员辽阔，"三北"地区及西南高山高原地区的重要混凝土工程大部分都在经受不同程度的冻融破坏[1]，尤其是寒冷地区及干湿交替环境中的混凝土结构，如大坝、桥梁、涵洞、码头等。冻融破坏俨然已成为上述地区混凝土结构服役期间的最不利因素，严重影响结构的耐久性能，产生巨大的安全隐患和经济损失，给工程建设带来巨大挑战。

近些年，混凝土结构的冻融破坏逐渐成为关注的重点。混凝土的冻融破坏一般是由水结冰产生的渗透压力或静水压力等有害因素所致[2]，当渗透压力或静水压力超过混凝土承受的极限应力时，结构将产生损伤甚至破坏，冻融破坏可能由一次冻融循环产生，也可能是冻融反复作用的结果。混凝土冻融破坏的工程实例如图1、图2所示。

2　混凝土抗冻性能设计思路

混凝土抗冻性能的设计思路主要可概括为"混凝土配合比的优化设计"及"防护材料的选择与应用"，前者着重于混凝土自身组分的比选、优化及复配，主要发生于混凝土的设计阶段；后者倾向于表面防护材料与混凝土的复合应用，其可发生于混凝土的设计阶段，也可用于工程的修补加固。综合分析现阶段混凝土抗冻性能的研究现状，将增强混凝土抗冻性能的主要技术手段概括如下：

（1）掺用引气剂和减水剂。引气剂的掺入主要是在混凝土中引入有利的微小气泡，缓解水结冰而产生的渗透压力或者静水压力，进而提高混凝土的抗冻性能；减水剂的掺入可以改善混凝土的和易性能，使得混凝土的结构更加密实。

（2）掺入矿物掺合料。适当选用矿物掺合料，改善混凝土的和易性，降低混凝土界面过渡区内的氢氧化钙含量，"三重效应"改善界面结构，从而改善混凝土的各项性能。

作者简介：肖阳（1990—），男，工程师，主要从事水利工程质量检测、修补加固新材料研发相关工作。

图1　某水利工程边墙水位变化区混凝土冻融破坏

图2　某桥墩混凝土冻融破坏

（3）配合比优化设计，改善结构密实度。①提高水泥石密实度，优化胶凝材料配合比；②提高混凝土密实度，适量掺入矿物掺合料，优化混凝土各组分配比，改善孔隙结构，使得混凝土结构的整体密实度提升。

（4）表面防护材料的选择与应用。表面防护材料的应用，在一定程度上会封闭混凝土表面的有害孔隙，进而阻断水或者其他杂质的渗透通路，进而改善混凝土的抗冻性能。

对于增强混凝土抗冻性能，引气剂、减水剂、矿物掺合料的应用技术已较为普遍，混凝土配合比的优化设计手段已较为成熟，而表面防护材料的应用正逐渐成为热点。现阶段，常用的混凝土表面防护材料有聚脲涂料、环氧涂料，其工程应用各有优缺点，概述如下：

（1）聚脲涂料。聚脲防护涂料的性能优异，其涂刷于混凝土表面后，可显著改善混凝土的抗冻、抗渗等耐久性能，但聚脲与混凝土的结合通常为物理黏结，为涂料与基材凹凸面的物理咬合和氢键的吸附连接，这种结合方式一般会在混凝土与涂料的结合面处形成薄弱区域，严重影响防护涂料的使用年限和混凝土结构的耐久性能，聚脲防护涂料涂刷于混凝土结构表面一般5~10年或更短时间就可能出现空鼓、沾污、变色等状况，严重影响防护效果。

（2）环氧涂料。环氧基防护涂料涂刷于混凝土表面后，可改善混凝土的抗冻、抗渗、抗腐蚀等性能，但其作用效果的发挥受固化剂影响很大，同时，环氧基材料作用于混凝土表面时一般也会形成一层薄膜，使用一定年限后，环氧基防护涂料将会脱落，进而使得混凝土结构的耐久性能下降。

聚脲涂料、环氧涂料的"成膜特点"严重限制了其应用效果的发挥。随着表面防护材料研究的逐渐深入，近年来，浸渍型涂料逐渐走进了人们的视野。浸渍型防护涂料作用效果的发挥有多种原理，其一般可通过混凝土内部与表层连通的孔隙渗入到混凝土的内部，阻断渗透通路，部分浸渍型防护涂料还可与混凝土中的部分物质发生化学反应，改善混凝土的结构，进而增强混凝土的抗冻性能。

相对于聚脲、环氧等"成膜型"涂料，浸渍型防护涂料与混凝土的结合效果更好，其可与混凝土结合成整体，不易脱落，实用耐久。不同类型的浸渍型防护涂料作用效果的发挥受其组分影响很大，大部分浸渍型涂料仅有阻断渗透通路的效果，对混凝土抗冻性能的改善效果一般。本文提出一种浸渍型防护涂料，其可渗入混凝土内部，与水泥水化产物发生络合反应生成针须状络合物，改善混凝土的孔结构、界面结构，降低毛细孔的孔径效应，进而增强混凝土的抗冻性能。

3 浸渍型防护涂料的应用试验

试验研究采用一种新型浸渍型混凝土防护涂料涂刷于混凝土表面，试样为某工程施工现场同条件养护的混凝土试块，试验内容有混凝土抗冻试验（快冻法）、混凝土抗冻试验（盐冻法）、微观结构试验，试验参考的主要标准为《水工混凝土试验规程》（SL 352—2006）、《普通混凝土长期性能和耐久性能试验方法标准》（GB/T 50082—2009），试验所采用的混凝土试件均为标准尺寸。

3.1 混凝土抗冻试验（快冻法）

试验研究开展混凝土抗冻试验（快冻法）2 组，每组 3 个混凝土试件，其中 1 组涂刷浸渍型防护涂料，另 1 组不涂刷。抗冻试验（快冻法）过程中测定经历不同冻融循环次数混凝土试件的质量损失率、相对动弹性模量，试验结果如表 1 所示，试件的质量损失率随冻融循环次数（快冻法）的变化关系如图 3 所示，试件的相对动弹性模量随冻融循环次数（快冻法）的变化关系如图 4 所示。

表 1 抗冻试验（快冻法）成果

冻融循环次数	涂刷浸渍涂料混凝土	未涂刷浸渍涂料混凝土
	质量损失率/%—相对动弹性模量/%	质量损失率/%—相对动弹性模量/%
0	0.00—100.0	0.00—100.0
50	0.06—98.8	0.86—93.0
75	0.15—96.3	1.68—78.6
100	0.26—93.9	3.09—66.3
125	0.31—91.6	5.07—52.9
150	0.44—89.3	
175	0.55—87.1	
200	0.65—84.9	
225	0.76—82.8	
250	0.85—80.7	
275	0.91—78.7	

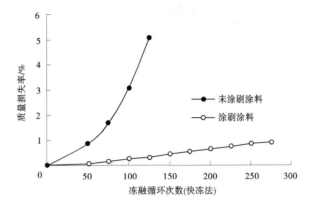

图 3　质量损失率随冻融循环次数的变化关系（快冻法）

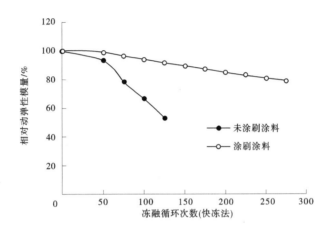

图 4　相对动弹性模量随冻融循环次数的变化关系（快冻法）

由图 3、图 4 可以看出，随着冻融循环次数的增加，无论是否涂刷涂料，混凝土的质量损失率均逐渐增加，相对动弹性模量均逐渐减小；在冻融循环次数相同的条件下，涂刷涂料混凝土的质量损失率明显低于未涂刷涂料混凝土，同时涂刷涂料混凝土的相对动弹性模量也明显高于未涂刷涂料混凝土。

综合分析表 1、图 3 及图 4 可知，未涂刷浸渍型防护涂料混凝土的抗冻等级仅达到 F100，而涂刷浸渍型防护涂料的混凝土试件经 275 次冻融循环后质量损失率仅为 0.91%，其相对动弹性模量也仍有 78.7%。由此可见，该浸渍型防护涂料显著增强了混凝土的抗冻性能。

3.2　混凝土抗冻试验（盐冻法）

试验研究开展混凝土抗冻试验（盐冻法）2 组，每组 6 个混凝土试件，其中 1 组涂刷浸渍型防护涂料，另 1 组不涂刷。抗冻试验（盐冻法）过程中测定经历不同冻融循环次数混凝土试件的单位测试面积剥落物总质量，试验结果如表 2 所示，试件的单位测试面积剥落物总质量随冻融循环次数（盐冻法）的变化关系如图 5 所示。

由图 5 可以看出，随着冻融循环次数（盐冻）的增加，无论是否涂刷涂料，混凝土的单位测试面积剥落物总质量均逐渐增加，且未涂刷涂料混凝土的单位测试面积剥落物总质量的增长速率也明显高于涂刷涂料混凝土的；在冻融循环次数（盐冻）相同的条件下，涂刷涂料混凝土的单位测试面积剥落物总质量明显低于未涂刷涂料混凝土。

表 2　抗冻试验（盐冻法）成果

冻融次数	单位测试面积剥落物总质量/（g/m²）	
	未涂刷浸渍涂料混凝土	涂刷浸渍涂料混凝土
0	0.0	0.0
4	86.0	61.3
8	528.9	155.6
12	956.1	246.0
16	1 219.8	346.3
20	1 449.2	436.2
24	1 778.0	497.2
28		541.4
36		577.6
44		606.3
48		636.2
56		672.5
60		727.2

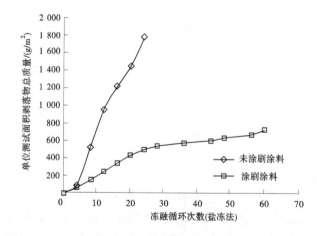

图 5　单位测试面积剥落物总质量随冻融循环次数的变化关系（盐冻法）

综合表 2、图 5 可以看出，未涂刷浸渍涂料的混凝土试件经 24 次盐冻循环后，单位测试面积剥落物总质量已达到 1 778.0 g/m²，高于 1 500.0 g/m²，结合《普通混凝土长期性能和耐久性能试验方法标准》（GB/T 50082—2009）要求，试验停止；涂刷浸渍涂料的混凝土经 60 次盐冻循环后，单位测试面积剥落物总质量仅为 727.2 g/m²，同时，随着冻融循环次数的增加，该组混凝土试件单位测试面积剥落物总质量的增长率增长幅度也较小。由此可见，该浸渍型防护涂料可显著增强混凝土的抗盐冻性能。

3.3 微观结构试验

混凝土的宏观性能与其微观结构息息相关，为探究该浸渍型防护涂料增强混凝土抗冻性能的机制，采用扫描电镜对混凝土试件的表层微观结构进行了观测，未涂刷与涂刷浸渍型防护涂料混凝土的表层电子显微结构如图6、图7所示。

图6　未涂刷浸渍型防护涂料混凝土微观结构

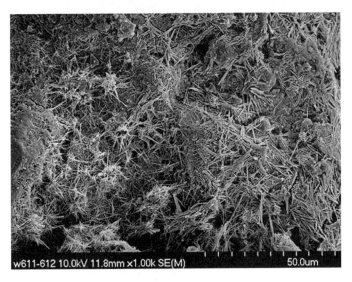

图7　涂刷浸渍型防护涂料混凝土微观结构

图6为未涂刷浸渍型防护涂料混凝土的微观结构，图7为涂刷浸渍型防护涂料、同配比、同组分混凝土的微观结构，综合对比、分析图6、图7可知，该浸渍型防护涂料可渗入混凝土内部，其主要成分与水泥水化产物发生反应生成针须状络合物，有效改善混凝土的孔隙结构、界面结构，使得混凝土结构更加密实、孔隙率更低，进一步阻断以水为载体的酸、碱、盐、CO_2 等介质对混凝土的侵蚀通路，显著提高混凝土的抗溶蚀能力，在优化混凝土结构的同时降低混凝土的吸水率，进而提高混凝土的抗冻性能。同时，该浸渍型防护涂料作用效果的发挥为"反应型原理"，其可与混凝土结合成整体，进而更好地适应混凝土的变形，不存在弹性模量匹配问题。

4　结论与展望

（1）本文提出了一种增强混凝土抗冻性能的浸渍型防护涂料，该涂料涂刷于混凝土表面后，将混凝土的抗冻等级（快冻）由F100提高至F275以上，经60次单面冻融循环（盐冻）后，混凝土试件单位测试面积剥落物总质量仅为 727.2 g/m²，显著改善混凝土的抗冻性能，可为混凝土抗冻性能的设计及修补加固提供技术参考。

（2）该浸渍型防护涂料作用效果的发挥为"反应型原理"，其主要成分与水泥水化产物发生反应生成针须状络合物，有效改善混凝土的孔隙结构、界面结构，同时其可与混凝土结合成整体，进而更好地适应混凝土的变形，不存在弹性模量匹配问题。

（3）表面防护涂料的应用研究已成为热点，但表面防护涂料与混凝土的复合应用仍存在许多问题，如整体性、长期性能等，因此有必要陆续开展防护材料的改性研究、防护材料的施工工法研究等相关项目，目的在于研制出与混凝土结合效果更好、性能更优异的高性能防护材料或与工程特性相匹配的施工工法，将防护涂料的作用效果发挥到最佳，为混凝土的设计、施工及修补加固提供技术参考。

参考文献

［1］宇晓，张莹秋，袁书成，等. 混凝土抗冻耐久性能研究进展［J］. 混凝土，2017（4）：15-20.

［2］金山，孙立君，邵晓峰. 混凝土冻融破坏机理分析及寿命预测［J］. 内蒙古公路与运输，2020（2）：33-35.

关于塑料管材拉伸试验中试样截面面积
计算方法的探讨

黎杰海[1] 孙文娟[1,2] 李海峰[1,2]

(1. 珠江水利委员会珠江水利科学研究院，广东广州 510610；
2. 水利部珠江河口海岸工程技术研究中心，广东广州 510610)

摘　要： 材料力学性能试验是检验塑料管材产品质量的重要手段，拉伸试验是材料强度和塑性指标检验的常用方法。塑料管材拉伸强度试验受多种因素的影响，其中试样截面面积的测量及计算方法就是重要的影响因素之一。本文基于数理统计方法，对塑料管材拉伸试样截面面积采用不同的计算方法与拉伸强度计算结果进行分析探讨，提出了塑料管材拉伸试验中试样截面面积合理的取值方法。

关键词： 塑料管材；截面积；数理统计；拉伸强度

1　引言

拉伸性能是塑料管材重要的力学性能指标，直接体现了塑料管产品的强度和韧性，反映了塑料管材产品的最终质量[1]。其中，拉伸强度是通过拉伸试验起始拉伸到断裂过程中的最大拉伸力和试样原始截面面积之比来计算的，影响拉伸强度试验结果准确性的因素除材料固有属性外，主要有试样的制备方式、试样的尺寸、试样的截面面积、试验仪器设备和夹持方法、试验环境温度湿度及拉伸速率等。在《热塑性塑料管材 拉伸性能测定 第1部分试验方法总则》（GB/T 8804.1—2003）中，明确塑料管材拉伸试验过程中应测量试样标距间中部的宽度和最小厚度，计算试样最小截面面积[2]。本文基于数理统计方法，对塑料管材拉伸试样截面面积采用不同的计算方法与拉伸强度计算结果影响进行分析探讨，以提出塑料管材拉伸试验中试样截面面积合理的取值方法。

2　试验方法

2.1　试样制备

按照《热塑性塑料管材 拉伸性能测定 第2部分：硬聚氯乙烯（PVC-U）、氯化聚氯乙烯（PVC-C）和高抗冲聚氯乙烯（PVC-HI）管材》（GB/T 8804.2—2003）和《热塑性塑料管材 拉伸性能测定 第3部分：聚烯烃管材》（GB/T 8804.3—2003）中类型2的要求制作试样，每种材料制取试样10个，试样具体信息见表1。

表1　试样信息

序号	材料规格及种类	编号	厚度/mm	数量/个
1	PVC S8 SDR17 PN1.6 d_n 75 标称厚度 4.5	1~10	4.5	10
2	PE S8 SDR17 PE80 d_n 75 标称厚度 4.5	11~20	4.5	10

作者简介：黎杰海（1991—），男，工程师，主要从事水工新材料及新技术研究和水利工程质量检测工作。

2.2 试验设备

使用微机控制电子万能试验机采集试验力值,测量范围为 0~5 kN,精度为 1 级;采用数显游标卡尺测量试样截面尺寸,测量范围为 0~200 mm,精度为 0.01 mm。

2.3 原始截面面积及对应拉伸强度计算方案

原始截面面积与对应拉伸强度按以下几种方法计算:

(1) 标准方法计算的最小截面面积 A_0。在标距中间选取 1 点测量试样的宽度,再测量标距内的最小厚度,计算出该截面面积 A_0;通过试样拉断过程中的最大力 F,计算出拉伸强度 σ_0。

(2) 面积的平均值 A_1。在标距两端及中间选取 3 点测量试样的宽度和厚度,分别计算 3 点的截面面积,再求截面面积的平均值 A_1;通过试样拉断过程中的最大力 F,计算出拉伸强度 σ_1。

(3) 宽度平均值及厚度平均值的乘积 A_2。在标距两端及中间选取 3 点测量试样的宽度和厚度,分别计算 3 点宽度和厚度的平均值,再计算宽度平均值和厚度平均值的面积 A_2;通过试样拉断过程中的最大力 F,计算出拉伸强度 σ_2。

(4) 面积的最小值 A_3。在标距两端及中间选取 3 点测量试样的宽度和厚度,分别计算 3 点的截面面积,选取截面面积最小值 A_3;通过试样拉断过程中的最大力 F,计算出拉伸强度 σ_3。

(5) 采用试样名义宽度时面积的平均值 A_4。名义宽度为 6.0 mm 的试样,在标距两端及中间选取 3 点测量试样的厚度,采用试样的名义宽度分别计算 3 点的截面面积,再求截面面积的平均值 A_4;通过试样拉断过程中的最大力 F,计算出拉伸强度 σ_4。

(6) 试样宽度公差接近极限时的截面面积的平均值 A_5。名义宽度为 6.0 mm 的试样,在标距两端及中间选取 3 点测量试样的厚度,假设试样在标距部分内,宽度公差恰好等于 0.4 mm,分别计算 3 点的截面面积,再求截面面积的平均值 A_5;通过试样拉断过程中的最大力 F,计算出拉伸强度 σ_5。

(7) 试样标距中间的截面面积 A_6。通过测量标距中间的宽度和厚度计算试样的原始截面面积;通过试样拉断过程中的最大力 F,计算出拉伸强度 σ_6。

2.4 试验方法

根据 2.3 中所列 7 种方案分别进行试样尺寸测量及截面面积计算,再按照 GB/T 8804.1—2003、GB/T 8804.2—2003、GB/T 8804.3—2003 的方法进行拉伸试验,记录拉伸试验最大力值,按照不同截面面积计算方法计算出相对应的拉伸强度值。

3 试验结果与讨论

3.1 试样原始截面面积与对应的抗拉强度计算结果

试样原始截面面积计算平均值及拉伸强度试验结果见表 2 和表 3。

表 2 拉伸试样原始截面面积均值

种类	标距一端/mm		标距中间/mm		最小厚度/mm	标距另一端/mm		A_0/mm^2	A_1/mm^2	A_2/mm^2	A_3/mm^2	A_4/mm^2	A_5/mm^2	A_6/mm^2
	宽度	厚度	宽度	厚度		宽度	厚度							
1	6.08	4.62	6.04	4.65	4.55	6.05	4.58	27.482	27.962	27.962	27.709	27.700	29.547	28.086
2	6.02	4.61	6.03	4.59	4.52	6.06	4.66	27.256	27.890	27.890	27.678	27.720	29.568	27.678
3	6.04	4.59	6.05	4.66	4.53	6.02	4.71	27.407	28.090	28.091	27.724	27.920	29.781	28.193
4	6.03	4.63	6.03	4.72	4.61	6.02	4.68	27.798	28.185	28.185	27.919	28.060	29.931	28.462
5	6.03	4.59	6.02	4.68	4.54	6.05	4.69	27.331	28.075	28.075	27.678	27.920	29.781	28.174

续表2

种类	标距一端/mm		标距中间/mm		最小厚度/mm	标距另一端/mm		A_0/mm²	A_1/mm²	A_2/mm²	A_3/mm²	A_4/mm²	A_5/mm²	A_6/mm²
	宽度	厚度	宽度	厚度		宽度	厚度							
6	6.02	4.63	6.03	4.63	4.56	6.01	4.66	27.497	27.933	27.933	27.873	27.840	29.696	27.919
7	6.05	4.52	6.05	4.55	4.52	6.04	4.55	27.346	27.452	27.452	27.346	27.240	29.056	27.528
8	6.02	4.65	6.03	4.56	4.50	6.02	4.62	27.135	27.767	27.768	27.497	27.660	29.504	27.497
9	6.03	4.68	6.03	4.69	4.59	6.02	4.65	27.678	28.165	28.165	27.993	28.040	29.909	28.281
10	6.02	4.63	6.01	4.65	4.55	6.01	4.62	27.346	27.862	27.862	27.766	27.800	29.653	27.947
11	6.03	4.69	6.02	4.64	4.61	6.02	4.62	27.752	28.009	28.009	27.812	27.900	29.760	27.933
12	6.03	4.71	6.01	4.72	4.63	6.00	4.68	27.826	28.283	28.283	28.080	28.220	30.101	28.367
13	6.04	4.68	6.03	4.65	4.52	6.03	4.62	27.256	28.055	28.055	27.859	27.900	29.760	28.040
14	6.08	4.52	6.05	4.71	4.52	6.04	4.73	27.346	28.182	28.184	27.482	27.920	29.781	28.496
15	6.03	4.73	6.04	4.72	4.61	6.02	4.70	27.844	28.442	28.442	28.294	28.300	30.187	28.509
16	6.05	4.66	6.04	4.63	4.50	6.02	4.62	27.18	27.990	27.990	27.812	27.820	29.675	27.965
17	6.06	4.58	6.03	4.63	4.52	6.02	4.63	27.256	27.849	27.849	27.755	27.680	29.525	27.919
18	6.03	4.69	6.02	4.66	4.58	6.03	4.66	27.572	28.145	28.145	28.053	28.020	29.888	28.053
19	6.03	4.72	6.01	4.70	4.63	6.02	4.71	27.826	28.354	28.354	28.247	28.260	30.144	28.247
20	6.02	4.70	6.05	4.68	4.61	6.04	4.68	27.891	28.292	28.292	28.267	28.120	29.995	28.314

表3 拉伸试样拉伸强度测试及差值结果

试样编号	最大力/N	σ_0/MPa	σ_1/MPa	σ_2/MPa	σ_3/MPa	σ_4/MPa	σ_5/MPa	σ_6/MPa	$\|\sigma_1-\sigma_0\|$/MPa	$\|\sigma_2-\sigma_0\|$/MPa	$\|\sigma_3-\sigma_0\|$/MPa	$\|\sigma_4-\sigma_0\|$/MPa	$\|\sigma_5-\sigma_0\|$/MPa	$\|\sigma_6-\sigma_0\|$/MPa
1	681.6	24.80	24.38	24.38	24.60	24.61	23.07	24.27	0.43	0.43	0.20	0.20	1.73	0.53
2	708.9	26.01	25.42	25.42	25.61	25.57	23.98	25.61	0.59	0.59	0.40	0.44	2.03	0.40
3	655.4	23.91	23.33	23.33	23.64	23.47	22.01	23.25	0.58	0.58	0.27	0.44	1.91	0.67
4	712.3	25.62	25.27	25.27	25.51	25.38	23.80	25.03	0.35	0.35	0.11	0.24	1.83	0.60
5	706.2	25.84	25.15	25.15	25.51	25.29	23.71	25.07	0.68	0.68	0.32	0.55	2.13	0.77
6	692.6	25.19	24.80	24.80	24.85	24.88	23.32	24.81	0.39	0.39	0.34	0.31	1.87	0.38
7	705.6	25.80	25.70	25.70	25.80	25.90	24.28	25.63	0.10	0.10	0.00	0.10	1.52	0.17

续表 3

试样编号	最大力/N	σ_0/MPa	σ_1/MPa	σ_2/MPa	σ_3/MPa	σ_4/MPa	σ_5/MPa	σ_6/MPa	$\lvert\sigma_1-\sigma_0\rvert$/MPa	$\lvert\sigma_2-\sigma_0\rvert$/MPa	$\lvert\sigma_3-\sigma_0\rvert$/MPa	$\lvert\sigma_4-\sigma_0\rvert$/MPa	$\lvert\sigma_5-\sigma_0\rvert$/MPa	$\lvert\sigma_6-\sigma_0\rvert$/MPa
8	711.4	26.22	25.62	25.62	25.87	25.72	24.11	25.87	0.60	0.60	0.35	0.50	2.11	0.35
9	685.3	24.76	24.33	24.33	24.48	24.44	22.91	24.23	0.43	0.43	0.28	0.32	1.85	0.53
10	589.6	21.56	21.16	21.16	21.23	21.21	19.88	21.10	0.40	0.40	0.33	0.35	1.68	0.46
11	568.0	20.47	20.28	20.28	20.42	20.36	19.09	20.33	0.19	0.19	0.04	0.11	1.38	0.13
12	546.9	19.65	19.34	19.34	19.48	19.38	18.17	19.28	0.32	0.32	0.18	0.27	1.49	0.37
13	563.8	20.69	20.10	20.10	20.24	20.21	18.94	20.11	0.59	0.59	0.45	0.48	1.74	0.58
14	589.3	21.55	20.91	20.91	21.44	21.11	19.79	20.68	0.64	0.64	0.11	0.44	1.76	0.87
15	592.1	21.26	20.82	20.82	20.93	20.92	19.61	20.77	0.45	0.45	0.34	0.34	1.65	0.50
16	568.8	20.93	20.32	20.32	20.45	20.45	19.17	20.34	0.61	0.61	0.48	0.48	1.76	0.59
17	564.2	20.70	20.26	20.26	20.33	20.38	19.11	20.21	0.44	0.44	0.37	0.32	1.59	0.49
18	569.4	20.65	20.23	20.23	20.30	20.32	19.05	20.30	0.42	0.42	0.35	0.33	1.60	0.35
19	559.1	20.09	19.72	19.72	19.79	19.78	18.55	19.79	0.37	0.37	0.30	0.31	1.55	0.30
20	568.9	20.40	20.11	20.11	20.13	20.23	18.97	20.09	0.29	0.29	0.27	0.17	1.43	0.30

3.2 试验结果分析

本次选取 20 个试样，对于不同种类材料，采用不同截面面积的计算方法得到的原始截面面积，如图 1 所示，分析可见试样宽度公差接近极限时的截面面积的平均值 A_5 与其他截面面积结果差异较大；面积的平均值 A_1 和宽厚度平均值的乘积 A_2 结果重合，每个计算方法均与标准的计算方法（中部宽度与最小厚度乘积）的最小截面积存在差异；根据每个计算方法得到的截面面积计算拉伸强度，如图 2 所示。

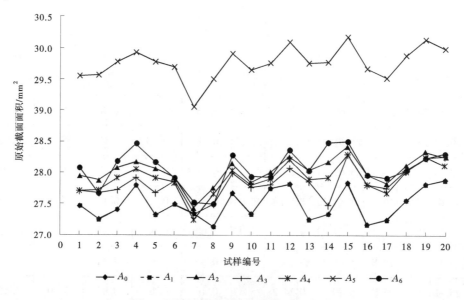

图 1 不同计算方法计算截面面积结果

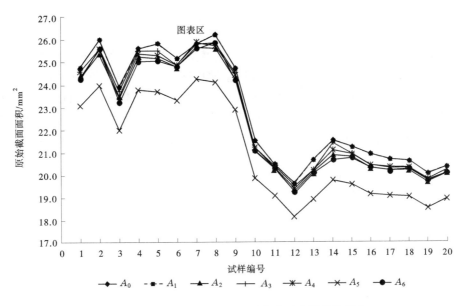

图2　两种材料不同截面面积计算方法所得拉伸强度

分析图2和表3可知，采用面积的平均值A_1和宽度厚度平均值的乘积A_2计算得出的σ_1和σ_2差值为0，σ_5与σ_0的差值远大于σ_1、σ_2、σ_3、σ_4、σ_6与σ_0的差值。采用标准方法计算的最小截面面积A_0的拉伸强度σ_0都比σ_1、σ_2、σ_3、σ_4、σ_6的结果值略高，采用试样宽度公差接近极限时的截面面积的平均值A_5计算得出的拉伸强度σ_5比σ_0、σ_1、σ_2、σ_3、σ_4、σ_6的结果值都小。

为了分析不同横截面面积计算方法得到的拉伸强度是否存在显著性差异，将表2中不同原始截面面积计算方法所得到的拉伸强度进行F检验和t检验，结果见表4。采用宽度及厚度平均值的乘积A_2及面积平均值A_1计算的抗拉强度结果重合，采用面积的平均值A_1、宽厚度平均值的乘积A_2、面积最小值A_3、试样名义宽度时面积的平均值A_4及试样标距中间时的原始截面面积A_6计算的抗拉强度与标准方法计算的最小截面面积A_0计算的抗拉强度无显著差异。而采用A_5计算的抗拉强度与采用A_0计算的抗拉强度存在极显著性差异。

表4　拉伸强度的F检验和t检验统计

材料类别	项目	σ_0	σ_1/σ_2	σ_0	σ_3	σ_0	σ_4	σ_0	σ_5	σ_0	σ_6
PVC	均值	24.971	24.516	24.971	24.710	24.971	24.647	24.971	23.107	24.971	24.487
	标准差	1.319	1.312	1.319	1.340	1.319	1.335	1.319	1.253	1.319	1.354
	F	0.988		0.962		0.971		0.881		0.938	
	t	0.472		0.682		0.611		0.007		0.452	
PE	均值	20.639	20.209	20.639	20.351	20.639	20.314	20.639	19.045	20.639	20.190
	标准差	0.517	0.436	0.517	0.517	0.517	0.469	0.517	0.439	0.517	0.404
	F	0.620		0.999		0.778		0.632		0.476	
	t	0.073		0.253		0.179		0.000		0.055	

4　结论及建议

（1）对于 PVC 和 PE 塑料管材拉伸试样，通过宽度及厚度平均值的乘积、面积平均值、面积最小值、试样标距中间时的原始截面面积、试样宽度公差接近极限时的截面面积或采用试样名义宽度时测量截面面积与 GB/T 8804.1—2003、GB/T 8804.2—2003、GB/T 8804.3—2003 中要求的拉伸试样的中部宽度和最小厚度计算最小截面面积计算得到的拉伸强度无显著性差异，但采用试样宽度公差接近极限时的截面面积与标准中要求的中部宽度和最小厚度计算最小截面面积计算得到的拉伸强度存在极显著性差异。

（2）在形状公差良好的情况下，对于不同种塑料材料，采用宽厚度平均值的乘积、面积平均值、面积最小值、试样标距中间时的原始截面面积或采用试样名义宽度时测量截面面积所计算的抗拉强度无显著差异。

（3）由于塑料管材拉伸试验结果受样品加工水平影响较大，最终断裂位置大部分位于最小截面面积（最小厚度和最小宽度乘积）处，建议相应标准中考虑标距间最小宽度及最小厚度的乘积来计算截面面积的方法来计算样品的拉伸强度，而非仅考虑最小厚度的影响。

参考文献

［1］张晓华．塑料管材拉伸性能测定分析［J］．标准实践，2018（2）：45-49．

［2］中华人民共和国国家质量监督检验检疫总局，热塑性塑料管材 拉伸性能测定 第 1 部分试验方法总则：GB/T 8804.1—2003［S］．

基于深度学习技术的浮游藻类智能监测系统开发

段春建¹　任海平¹　朱子晗¹　姬　灵¹　孔德刚¹　曹桂英¹　胡　圣²

(1. 南水北调中线干线工程建设管理局河南分局，河南郑州　450000；
2. 生态环境部长江流域生态环境监督管理局生态环境监测与科学研究中心，湖北武汉　430010)

摘　要：水环境是人类赖以生存的自然条件，与工业、农业和公共健康紧密相联。浮游藻类对环境变化敏感，因此能够从浮游藻类群落的变化推测水质的变化，从而反映水生态环境状况，然而这离不开对于藻类的准确鉴定和识别。传统的藻类鉴定工作是在光学显微镜下对浮游藻类逐一进行鉴定计数，此类工作不仅耗时，而且严重依赖专业的分类学知识。本研究构建了一套新的藻类鉴定识别系统，该系统基于深度学习框架，能够进行多个目标的准确识别和计数。通过使用大量不同藻类进行深度学习训练，结果表明，系统能准确识别多种藻类，在藻类的识别和鉴定上具有广阔的前景。

关键词：深度学习；监测系统；藻类鉴定；水环境质量

1　引言

水环境质量在现代农业、工业、公共健康和安全方面起着至关重要的作用，恶劣的水环境条件会引起生态系统的紊乱，进而影响人们的生产生活。在水体生态环境中，藻类是淡水生态系统的主要初级生产者，它们对水环境变化敏感，藻类种类和数量等特征可以用于反映水体的水质状况[1]；同时，藻类群落也会对水质造成影响，例如藻类水华会严重破坏生态系统的平衡[2]。因此，浮游藻类成为水体的重要生物指标，被广泛用于水体监测及生态系统评价[3]，而这一过程离不开对浮游藻类的准确鉴定和计数。

传统的藻类鉴定工作主要依靠生物学家在显微镜下观察其细胞或者群体形态，但是藻类形态多样，有单细胞、群体和丝状等多种类型，每种类型又具有不同的细胞特征或群体组成方式，准确的藻类鉴定工作不仅需要丰富的藻类分类学知识，而且依赖实验人员长久积累的鉴定经验[4]。浮游藻类的计数需要实验人员在显微镜下对所有藻类物种的细胞进行准确鉴定，在此基础上对各类物种进行统计。不同藻类物种的细胞大小差异巨大，很多藻类甚至直径小于 10 μm，如常见浮游藻类麦可藻的直径仅在 2 μm 左右，依靠实验人员对藻细胞进行逐一计数不仅耗时，而且极易出现误差。浮游藻类监测在水质监测中占据着重要的地位，但传统的、基于人工的藻类显微观察法又具有种种限制和不足，因而需要开发快捷、高效且准确的藻类在线监测技术，以实现藻类监测工作的标准化，用于浮游藻类群落的常规监测和应急监测，从而快速和准确地掌握水体中浮游藻类群落的变化情况，为水生态环境管理和保护提供支撑。

近年来，深度学习技术快速发展[5]，该技术中的神经网络模型在相似场景下的目标追踪、识别和图像分类上展现出了广阔的前景[6]。这使得将深度学习技术用于藻类图像识别，并建立高效准确的藻类智能识别计数系统成为可能。本研究中，首先开发了藻类自动进样系统，用于水体样品的自动化取样；在此基础上，开发了藻类智能识别系统，该系统能够自动化地对水体样品进行扫描拍摄，同时基于多目标检测的神经网络技术开发出了藻类智能识别模型，能智能且快速地进行各种藻类的鉴定

作者简介：段春建（1981—），男，工程师，硕士研究生，主要从事水利工程运行及水质监测管理工作。

计数；其次，通过使用大量的浮游藻类样品进行神经网络模型的训练，以提高藻类智能识别和计数的准确率；最后集成各模块，从而开发形成藻类在线智能监测系统，实现藻类的智能化识别与计数。采用野外采集的浮游藻类样品进行实验，比较了人工显微镜观察的结果以及智能监测系统的鉴定结果，发现本研究开发的系统不仅在浮游藻类的鉴定和计数上具有更显著的优势，而且能节省藻类监测的人力成本，提高藻类监测的工作效率。

2 浮游藻类智能监测系统设计

2.1 浮游藻类智能监测系统框架

浮游藻类智能监测系统主要由藻类自动进样系统、数字显微影像扫描系统和藻类智能识别软件构成。各部分构成如图1所示。

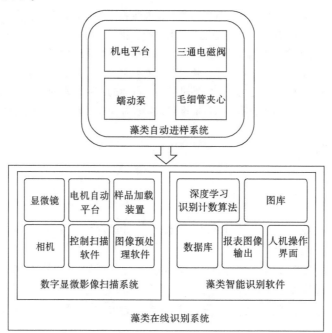

图 1 浮游藻类智能监测系统组成结构示意图

首先，开发藻类自动进样系统，使用多路毛细管作为液体样品流动的介质；使用机电平台作为液体样品移动的动力；利用蠕动泵和电磁阀控制液体样品的移动和流速；使用三通电磁阀选择将液体或空气泵入毛细管从而实现自动进样或者自动冲洗功能的切换。

其次，开发藻类在线识别系统，此部分包括硬件和软件两个部分。硬件部分通过使用样品加载装置加载藻类自动进样系统的样品；电机自动平台控制显微镜在 XYZ 轴上的移动；相机用于拍摄藻类形态照片；控制扫描软件和图像预处理软件则对拍摄的藻类照片进行处理。软件部分包括深度学习识别计数算法，用于藻类形态的鉴定和计数；图库和数据库为智能识别系统提供基础训练数据；报表图像输出用于结果的输出；人机操作界面用于整个识别系统的人机交互。

最后，将上述部分进行有机组合，形成浮游藻类智能监测系统，从而具有浮游藻类的自动进样、自动识别、自动计数等功能。

2.2 基于深度学习的浮游藻类识别计数算法

在浮游藻类智能监测系统中，最重要的是对显微镜扫描完成的图片进行准确的藻类识别和计数。针对图像中藻类品种进行识别，在计算机视觉领域中主要通过传统机器学习和深度学习两种技术实现，本项目拟采用深度学习，主要基于以下几个优点：

（1）准确率更高。在 ImageNet 数据集上使用不同方法统计图像分类准确性，与传统机器学习相比，深度卷积神经网络（CNN）的 top-5 error 远低于经典机器学习方法。

（2）特征处理更便捷。特征处理是将领域知识放入特征提取器里，减少数据复杂度并优化学习算法工作模式的过程。特征可以表现为像素值、形状、纹理、位置和方向等。传统机器学习算法性能大多依赖提取特征的准确度，因而需要复杂的特征工程：首先在数据集上执行深度探索性数据分析，然后进行简单的降维处理，最后必须仔细选择最佳功能以传递给机器学习算法。深度学习尝试从数据中直接获取高等级特征，从而削减了对每一个问题设计特征提取器的工作，只需将数据直接传递到网络，即可实现良好的性能。

（3）性能时效性更高。预先训练的图像分类网络通常用作对象检测和分割网络的特征提取前端。将这些预先训练的网络用作前端，可以减轻整个模型的训练，有助于在更短的时间内实现更高的性能。

本项目拟采用深度学习的目标检测方法为端到端，主要考虑到软件系统是获取显微镜扫描后的图片，直接进行藻类识别计数，对于目标检测算法的实时性有一定的要求，具体拟采用 YOLOv3 作为微藻识别的算法，原因在于 YOLOv3 在保持其一贯的检测速度快的特点前提下，将 FPN 引入到框架中，使得性能又较其他算法有所提升[7]。

为满足深度学习模型训练的要求，首先基于 CUDA[8]、cuDNN[9]、OpenCV[10]、Keras[11] 和 Tensorflow[11] 等软件进化深度学习环境的配置，然后使用 YOLOv3 训练模型步骤，如图 2 所示。首先，使用 YOLOv3 读取训练集浮游藻类图片和标注文件，解析标注文件，计算模型在训练集和验证集上的损失并进行迭代训练；其次，对训练过程中的损失函数值进行可视化，根据可视化结果，调整训练模型参数，进行模型优化；最后，保存最优模型权重值并进行模型验证测试，根据测试结果，调整浮游藻类数据集，开展模型的进一步优化训练。

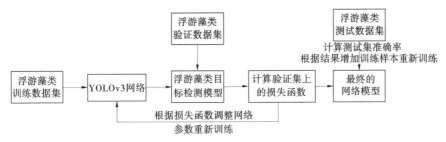

图 2　YOLOv3 数据集训练模型示意图

2.3　浮游藻类智能监测系统运行步骤

在集成了藻类自动进样系统、数字显微影像扫描系统和藻类智能识别软件等部分后，浮游藻类智能监测系统整体完成图如图 3 所示，其运行步骤如图 4 所示。

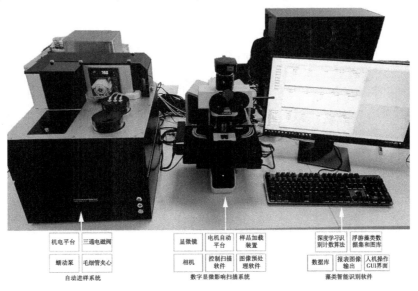

图 3　浮游藻类智能监测系统

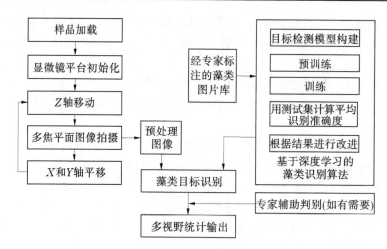

图 4　浮游藻类智能监测系统运行步骤

首先，自动进样系统对待测样品进行自动化取样和载入，在待测样品载入后，通过计算机图形界面的操作，系统自动进行显微镜平台的初始化，并将镜头移动到第一个视野处。通过自动控制载物台 Z 轴的移动，在多个焦平面对样品进行拍摄获取图像信息。图像处理软件将这些图像进行优化和合并，输出合并后的图像供识别软件进行识别。

藻类智能识别软件首先需要进行深度学习的训练，通过大量专家标注的浮游藻类图谱库进行反复优化，以提高识别的准确率。在保证藻类智能识别软件能够准确识别各类藻类后，使用该软件对图像处理软件提供的浮游藻类图像进行识别和计数。随后数字显微影像扫描系统自动控制载物台 X 轴和 Y 轴移动进入下一个视野，重复以上 Z 轴移动、多焦平面图像拍摄、处理和识别等过程，然后进入下一个视野，重复上述步骤，直到所有视野识别计数完毕，最后识别软件进行各种藻类的统计。

3　浮游藻类智能监测系统检测结果验证

测试过程中准备了南水北调中线总干渠 5 个样点的水样，对自 2014 年总干渠通水以来出现较为频繁的小环藻、脆杆藻、针杆藻、舟形藻、桥湾藻、曲壳藻、栅藻进行计数。实验人员首先使用显微镜观察的方法对每个样点各群体在样品中的占比情况进行计数并记录；然后使用浮游藻类智能监测系统对上述指标进行计数并记录。数值记录见表 1。

表 1　藻类显微镜镜检结果与系统自动识别结果对比　　　　　　　　　　　　　　%

样品	小环藻		脆杆藻		针杆藻		舟形藻		桥湾藻		曲壳藻		栅藻	
	镜检	机检	镜检	机检	镜检	机检	镜检	机检	镜检	机检	镜检	机检	镜检	机检
样品 1	20	26	40	23	2	20	3	7	2	8	2	10	6	3
样品 2	24	38	41	19	1	12	2	14	3	4	3	5	4	6
样品 3	23	24	35	36	2	4	3	6	2	10	2	5	5	12
样品 4	36	27	17	44	0	11	1	5	1	4	1	3	7	4
样品 5	21	22	35	31	1	22	1	4	2	12	5	5	0	7

对于小环藻、脆杆藻、曲壳藻和栅藻，使用秩和检验比较镜检和机检结果，发现差异不显著（P 值均大于 0.05），说明本研究设计的浮游藻类智能监测系统在部分藻类的鉴定计数上与人工观察结果基本一致。而对于针杆藻、舟形藻和桥湾藻，机检识别并鉴定出了更多的藻类，使用秩和检验比较镜

检和机检结果发现差异显著（*P*值均小于0.05），说明开发的智能监测系统在部分藻类的计数上具有更显著的优势。同时，得益于自动化的进样系统、自动识别模块，本系统可以快速地对大批量的样品进行准确鉴定识别，可以实现实时在线监测，这种优势是传统的显微观察法无法达到的。

本系统仍有待完善之处，对于鉴定过程中出现的陌生藻类，尚不能快速识别，藻类智能识别软件需要不断地进行深度学习并持续更新后台浮游藻类图谱库，以提高识别的准确率。

4　结语

本研究将深度学习技术运用于藻类图像识别，并建立了高效准确的藻类智能识别计数系统，与传统的显微观察法相比，本研究所提出的基于深度学习的藻类在线智能监测系统不仅能够快速高效地对藻类进行鉴定，而且依靠深度学习的框架保证了鉴定的准确性，大大节约了藻类分类鉴定的人力成本。本系统将进一步完善，使用更多的藻类数据对深度学习框架进行训练，以实现对我国各水体浮游藻类的实时在线监控，准确地鉴定识别藻类群落，掌握其变化的趋势，方便管控相关水体的环境质量。

参考文献

［1］王丙莲，杨艳，张利群，等. 水质监测中藻类植物的应用研究进展［J］. 山东科学，2007，20（1）：54-58.

［2］陈识文，毛涛，袁科平，等. 水华治理方法研究进展［J］. 长江大学学报，2014，11（35）：69-73.

［3］严如玉，高桂青，杨军飞，等. 浮游藻类淡水生态环境评价应用现状［J］. 人民珠江，2020，41（8）：111-116，138.

［4］Hugerth L, Andersson A. Analysing Microbial Community Composition through Amplicon Sequencing：From Sampling to Hypothesis Testing［J］. Frontiers in Microbiology，2017（8）：1561.

［5］胡越，罗东阳，花奎，等. 关于深度学习的综述与讨论［J］. 智能系统学报，2019，14（1）：1-19.

［6］孙雨萌. 深度学习在计算机视觉分析中的应用分析［J］. 中国新通信，2018，20（23）：169-171.

［7］REDMON J，FARHADI A. YOLOv3：An Incremental Improvement［J］. arXiv，2018，arXiv：1804.02767.

［8］BAKHODA A，YUAN G，FUNG W，et al. Analyzing CUDA Workloads Using a Detailed GPU Simulator［C］//International Symposium on Performance Analysis of Systems and Software：IEEE，2009：163-174.

［9］CHETLUR S，WOOLLEY C，VANDERMERSCH P，et al. cuDNN：Efficient Primitives for Deep Learning［J］. Computer Science，2014，arXiv：1-9.

［10］CULJAK I，ABRAM D，PRIBANIC T，et al. A Brief Introduction to OpenCV［C］// International Convention on Information and Communication Technology：Electronics and Microelectronics，2012：1725-1730.

［11］DOUGLASS M. Hands-on Machine Learning with Scikit-Learn，Keras，and Tensorflow［M］. 2nd edition. O'Reilly Media，2019：600.

聚丙烯与聚酯长丝针刺土工布耐久性能的研究

方远远　　张鹏程

（上海勘测设计研究院有限公司，上海　200434）

摘　要： 对聚丙烯和聚酯长丝针刺无纺布进行抗热氧化、耐光老化、耐酸碱试验，以强度、材料形貌、结晶结构、分子结构的变化评估了两种材料的耐久性能。结果表明，聚丙烯长丝针刺土工布在热氧化和光老化后结晶结构和分子结构严重受损，强度几乎完全损失；在酸处理和碱处理后晶粒规整性提高，强度提高。聚酯长丝针刺土工布在热氧化、光老化和酸处理后结构没有损伤或损伤小；碱处理后纤维表面发生了明显水解，强度显著下降。

关键词： 聚丙烯；聚酯；土工布；耐久性；老化

土工布是由纤维材料经过织造或非织造工艺制成的纺织品，具有加强和保护土体的作用[1]。我国土工布的开发起步较晚，但发展迅速，不同材料、结构的土工布层出不穷，已广泛应用在交通、矿山、水利、环保等工程领域[2-3]。长丝针刺土工布作为其中的代表，拉伸强度高、延伸性好、水力学性能优良，占据土工布市场产量的 30% 以上[4]。长丝针刺土工布是由高聚物切片经纺丝成网、针刺加固制成的[5-6]，常用的原料有聚丙烯（PP）和聚酯（PET）[7-8]。由于长丝针刺土工布的应用环境多复杂且恶劣，耐久性能的评价受到了广泛关注。

我国已建立起土工布耐老化、耐氧化、耐化学等耐久性能的相关标准。此外，一些文献也通过力学性能表征了聚酯和聚丙烯长丝针刺土工布的耐久性能[9-10]。但这些试验和标准中对于纤维微观结构的变化和材料的失效机制研究较少，不能全面地评估两种材料的耐久性能。基于此，本文通过耐久性试验评估聚丙烯和聚酯长丝针刺无纺布的抗热氧化、耐光老化、耐酸碱性能，并讨论了材料形貌、结晶结构、分子结构的变化。

1　试验部分

1.1　材料

聚丙烯长丝针刺土工布，面密度 400 g/m^2；聚酯长丝针刺土工布，面密度 400 g/m^2（天鼎丰控股有限公司提供）。

1.2　样品制备

在聚丙烯和聚酯长丝针刺土工布的纵、横方向上取试样，每块试样的尺寸为 300 mm×50 mm。

1.3　试验方法

参考相关标准对聚丙烯和聚酯长丝针刺土工布进行耐久性试验，试验方法和试样的编号见表 1，试验步骤如下。将未处理的试样作为对照组，断裂强力标记为 100%。

按照标准 GB/T 17631—1998 进行土工布的抗热氧化试验。取两种材料的纵、横向试样各 5 块。烘箱温度设置为 110 ℃，将试样悬挂在烘箱内部，热老化 14 d 后取出。

作者简介： 方远远（1985—），女，高级工程师，主要从事土工合成材料测试和研究工作。

表1 试验方法和试样编号

试验方法	试样编号	
	聚丙烯长丝针刺土工布	聚酯长丝针刺土工布
无处理对照	PP	PET
抗热氧化	PP-O_2	PET-O_2
耐光老化	PP-UV	PET-UV
酸处理	PP-H^+	PET-H^+
碱处理	PP-OH^-	PET-OH^-

按照标准 GB/T 16422.3—2014 进行土工布的耐光老化试验。取两种材料的纵、横向试样各5块。将试样放置于QUV紫外老化试验箱中，在波长313 nm、辐照度0.71 W/（m^2·nm）的荧光紫外灯下暴露，96 h后取出。

按照标准 GB/T 17632—1998 进行土工布的耐酸碱试验。取两种材料的纵、横向试样各10块，每块尺寸为300 mm×50 mm。分别将试样浸没于0.025 mol/L的硫酸溶液和饱和氢氧化钙溶液中，60 ℃恒温浸渍72 h后取出。在水中清洗过后，在室温下干燥。

1.4 测试与表征

采用日立台式扫描电镜 TM4000 观察试样表面形貌。

采用 Mettler-Toled DSC3 型差式扫描量热仪对试样进行热性能和结晶度分析。将聚丙烯土工布试样置于坩埚中，在氮气气氛中升温至200 ℃，消除材料的热历史。以20 ℃/min的速率降温至50 ℃，以20 ℃/min的速率再次升温至200 ℃。将聚酯土工布试样置于坩埚中，在氮气气氛中升温至290 ℃，消除材料的热历史。以20 ℃/min的速率降温至50 ℃，以20 ℃/min的速率再次升温至290 ℃。样品的结晶度根据式（1）计算：

$$X_c = \frac{\Delta H_m}{\Delta H_m^0} \times 100\% \tag{1}$$

式中：X_c为样品的结晶度；ΔH_m为样品的熔融热熔；ΔH_m^0为样品完全结晶的熔融热熔。

PP 的 $\Delta H_m^0 = 187.7$ J/g，PET 的 $\Delta H_m^0 = 140.1$ J/g。

采用 Nicolet NEXUS-670 型红外光谱仪对试样进行扫描，扫描波数范围600~4 000 cm^{-1}。

采用 MTS Exceed E45 型电子万能试验机对试样进行拉伸性能的测量。隔距长度200 mm，拉伸速度100 mm/min，预加张力2 N。记录断裂强力和断裂伸长率，并计算平均值和C_V值。

2 试验结果与讨论

2.1 表面形貌

聚丙烯长丝针刺土工布试样在热氧化和光老化后明显发黄，有大量纤维粉末脱落，酸处理和碱处理后与原样外观无明显差异。聚酯长丝针刺土工布试样在光老化后表面微微发黄，热氧化、酸处理和碱处理后与原样外观无明显差异。

图1为聚丙烯长丝针刺土工布在处理前后的扫描电镜图像。处理前的聚丙烯纤维表面光滑，热氧化和光老化后纤维表现出沿轴向断裂的特征，且断面光滑平整。这种现象是在无外力作用下发生的，表明聚丙烯的分子链发生了断裂[11]，且在内应力的作用下发生滑移，宏观表现为纤维的断裂。在酸处理和碱处理后，聚丙烯纤维的表面残留了无机物杂质，但纤维表面光滑，没有受到损伤。

图2为聚酯长丝针刺土工布在处理前后的扫描电镜图像。处理前的聚酯纤维表面也十分光滑，在

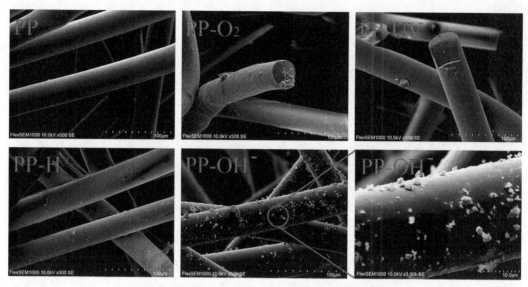

图 1　聚丙烯长丝针刺土工布处理前后的扫描电镜图像

热氧化和光老化后表面有少量裂痕，表明受到轻微的损伤。酸处理后，聚酯纤维形态与处理前没有明显差别。碱处理后，聚酯纤维表面不仅残留无机物，局部图像放大后还能看到大量的坑洞，表明其受到了碱的侵蚀。

图 2　聚酯长丝针刺土工布处理前后的扫描电镜图像

2.2　结晶结构

图 3 为差式扫描量热仪测试出两种土工布的熔融曲线，表 2 为对应的热性能和结晶数据。从图 3（a）和表 2 中可以看出，聚丙烯长丝针刺土工布经过热氧化和光老化后熔融温度下降，熔融峰变窄变陡，结晶度提高。说明氧气、紫外光和热的作用破坏了聚丙烯的分子链结构，使相对分子量减小、分布变窄，晶粒尺寸也逐渐减小，因此晶体熔融吸收的能量更低，吸收速率加快。经酸碱处理后，聚丙烯长丝针刺土工布的熔融峰基本没有变化，结晶温度升高。可以推测是酸液和碱液渗入聚丙烯长丝的无定形区中，通过物理作用改善了晶粒的规整性[12]，使结晶温度升高。

如图 3（b）所示，聚酯长丝针刺土工布经处理后的熔融曲线没有区别，结晶度和结晶温度也基本没有变化。这表明聚酯长丝的结晶结构没有改变，基本不受氧气、紫外光、酸液和碱液的影响。值得注意的是，电镜图显示聚酯结构受到了碱的侵蚀，但熔融曲线显示其结晶结构没有破坏，这可能是因为聚酯长丝的结构紧密，有高度拒水性[13]，碱液仅能作用于其表面，对聚酯主体的结晶结构影响有限。

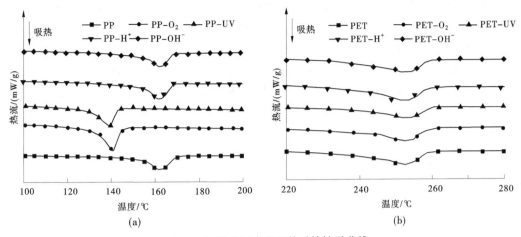

图 3　两种土工布处理前后的熔融曲线

表 2　两种土工布处理前后的热性能和结晶度

试样编号	熔融温度/℃	结晶度	结晶温度/℃	试样编号	熔融温度/℃	结晶度	结晶温度/℃
PP	163.0	20.5	117.0	PET	253.0	16.0	196.3
PP-O$_2$	140.3	30.3	113.0	PET-O$_2$	253.0	16.0	196.7
PP-UV	139.8	25.6	110.6	PET-UV	253.3	16.2	197.0
PP-H$^+$	163.0	20.8	118.0	PET-H$^+$	252.7	15.9	195.7
PP-OH$^-$	162.8	20.8	118.6	PET-OH$^-$	253.7	16.1	198

2.3　分子结构

　　图 4 为聚丙烯和聚酯长丝针刺土工布经处理前后的红外光谱，进一步反映了材料的失效机制。如图 4（a）所示，聚丙烯在热氧化和光老化后在 1 710 cm^{-1} 处出现了新的吸收峰，是羰基的特征峰。聚丙烯的热氧老化机制是自由基引发的连锁化学反应，即分子链氧化生成的自由基之间发生的反应。聚丙烯的光老化机制是紫外线照射下化学键吸收能量达到阈值引发的分子断裂和活化、活跃的官能团与氧气的反应。两种机制的结果都是聚丙烯分子链断裂，且链之间形成大量酯基，因此出现了羰基的特征峰。酸处理和碱处理后聚丙烯的红外光谱与对照组无明显区别，因此分子结构没有改变。

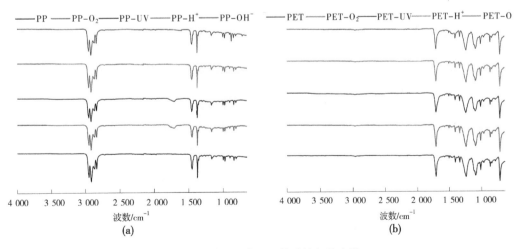

图 4　两种土工布处理前后的红外光谱

　　如图 4（b）所示，与对照组相比，聚酯在热氧化和酸处理后的红外光谱没有变化。聚酯在光老化后苯环骨架的振动吸收峰（1 500～1 400 cm⁻¹）与对照组一致，表明苯环结构没有破坏。但 1 715 cm⁻¹、1 102 cm⁻¹、1 241 cm⁻¹ 附近的吸收峰弱于对照组，说明分子链在酯基处发生了断裂。聚酯在碱处理后在 1 710 cm⁻¹ 处羰基伸缩振动的吸收峰减弱，取而代之的是 1 580～1 400 cm⁻¹ 出现了羧酸盐基伸缩振动的吸收峰。这表明聚酯长丝与碱液接触时会发生水解反应，羰基破坏，产生了羧酸盐基团。如上文提到的，聚酯分子结构紧密，水解主要发生在聚酯长丝表面，因此羧酸盐的特征峰不太明显。

2.4 拉伸强度

两种土工布处理前后的强度损失如图 5 所示。在图 5（a）中，聚丙烯长丝针刺土工布在热氧化和光老化处理后，材料的强度几乎完全损失，这验证了聚丙烯在氧气、光和热的作用下发生老化降解，土工布结构已经完全破坏。在酸处理和碱处理后，聚丙烯长丝针刺土工布的强度基本无下降，甚至显著提高。由上文可知，聚丙烯经酸碱处理后熔融曲线显示结晶温度提高，红外光谱显示分子结构没有改变，因此材料强度的提高是由于酸液和碱液渗入纤维无定形区中改善了晶粒的规整性。

如图 5（b）所示，聚酯长丝针刺土工布在热氧化后比对照组的强度稍高，但偏差很小，可能是机器的系统误差引起的，我们认为热氧化没有改变材料强度。聚酯长丝针刺土工布在光老化处理后强度损失了 20% 左右，在酸处理后强度损失了 8% 左右，在碱处理后强度衰减较大，接近 40%。由此可见，聚酯对热氧化和酸液的耐久性较好，在紫外光下有部分老化降解，在碱环境中发生了显著水解。

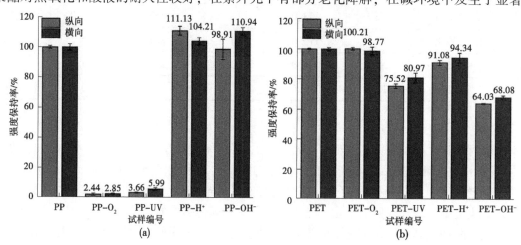

图 5　两种土工布处理前后纵、横向断裂强度保持率

3 结论

本文讨论了聚丙烯、聚酯长丝针刺土工布在不同环境下的耐久性能，从试验结果中得到以下结论：

（1）聚丙烯长丝针刺土工布在氧气、光和热的作用下极易老化，其失效机制为分子链的断裂和晶粒尺寸的减小，宏观表现为长丝断裂和材料强度的完全损失。

（2）聚丙烯长丝针刺土工布在酸、碱环境中具有优异的耐久性，酸液和碱液还改善了材料中晶粒的规整性，使土工布的强度提高。

（3）聚酯长丝针刺土工布会发生轻微的光老化，易发生碱水解。但由于聚酯的结构紧密，老化和水解是从聚酯长丝表面缓慢发生，宏观表现为材料强度的损失。

（4）聚酯长丝针刺土工布在热氧环境和酸环境中具有优异的耐久性，分子结构和结晶结构未改变。

参考文献

［1］ THEISEN M S. The role of geosynthetics in erosion and sediment control: an overview ［J］. Geotextiles and Geomembranes, 1992, 11 (4-6): 535-550.

［2］ 王超，张宇菲，丁彬，等. 聚丙烯非织造土工布的研究进展及应用前景 ［J］. 产业用纺织品, 2021, 39 (01): 1-7.

［3］ KUPOLATI W K, SADIKU E R, IBRAHIM I D, et al. The use of polyolefins in geotextiles and engineering applications ［M］. Polyolefin Fibres, 2nd ed. Woodhead Publishing, 2017: 497-516.

［4］ 甄亚洲，封严. 非织造土工材料的发展现状及趋势 ［J］. 天津纺织科技, 2016 (3): 1-3.

［5］ PRAMBAUER M, WENDELER C, WEITZENBOCK J, et al. Biodegradable geotextiles: an overview of existing and potential materials ［J］. Geotextiles and Geomembranes, 2019, 47 (1): 48-59.

［6］ 姜瑞明，钱竞芳. 聚丙烯纺粘法针刺非织造土工布应用前景分析 ［J］. 山东纺织科技, 2015, 56 (4): 39-42.

［7］ 聂松林，裴生. PET 纺粘针刺土工布应用问题分析及其与 PP 土工布的性能比较 ［J］. 国际纺织导报, 2016, 44 (6): 50-51.

［8］ 江镇海. 我国丙纶土工布发展趋势分析 ［J］. 合成材料老化与应用, 2001 (4): 52-53.

［9］ 邓宗才，董智福. 高强丙烯纺粘针刺土工布的耐久性能 ［J］. 纺织学报, 2018, 39 (11): 61-67.

［10］ 聂松林，姜瑞明，镇垒，等. 高强粗旦聚丙烯纺粘针刺非织造土工布的耐久性研究 ［J］. 产业用纺织品, 2021, 39 (3): 45-50, 56.

［11］ 卢琳，石宇野，高瑾，等. 聚乙烯塑料在西沙自然环境中光老化行为研究 ［J］. 材料工程, 2011 (3): 45-49.

［12］ 顾美华，李德宏，孟家明，等. 气候老化、热氧老化和光老化实验对涤纶短纤维性能结构的影响 ［J］. 合成技术及应用, 1994 (2): 12-17.

［13］ 于伟东，储才元. 纺织物理 ［M］. 上海: 东华大学出版社, 2001: 195-197.

以蛟河水电站为例研究岩体原位变形试验

徐新川[1] 刘昀竺[2] 王德库[1]

（1. 中水东北勘测设计研究有限责任公司，吉林长春 130000；
2. 水利水电规划设计总院，北京 100120）

摘 要：大型水电工程坝址区的稳定和安全是最关键的，其强度参数的确定是岩石工程勘察的重点。本文对蛟河水电站厂房平硐右侧支洞进行原位变形试验。试验结果表明，各测段和测点的变形规律较好，与被测岩体的实际情况基本吻合，其变形特性指标在总体量级上是合理的。由于测量的数量有限，其结果在宏观表征方面也是有限的。试验结果为后续工程设计提供了参考依据。

关键词：岩体；原位试验；变形试验

1 前言

随着大型水电工程的迅速发展，地质条件复杂、开挖规模较大、施工顺序优化等问题成为工程建设的难点。同时，也有越来越多的学者致力于解决这些难题的研究[1]。岩体变形一直是岩石力学研究的重要内容之一，作为水利水电工程建设的设计基础参数，弹性模量和变形模量的获取显得尤为重要，岩体参数的值一方面受到自然环境的影响，如地层岩性、节理裂隙发育程度、风化程度、地下水条件等的影响；另一方面受到人为因素的影响，如试验尺寸、试验方法及试验仪器等多方面因素的影响[2]。目前，常用的岩体试验方法主要有承压板法、狭缝法、单（双）轴压缩法、钻孔径向加压法、液压枕径向加压法和水压法。由于刚性承压板法具有理论成熟、方法可靠、试验周期短、人员强度小、费用低廉等优点而得到广泛应用[3-4]，是相对比较成熟的试验方法，已被应用于各类岩土工程建设中。

为了测定吉林蛟河抽水蓄能电站的岩体变形指标，利用刚性承压板法进行原位变形试验，通过平行和垂直试验，获取可靠的变形参数值（变形模量和弹性模量），对参数值的差异性进行分析与评价，为后续蓄能电站的设计提供理论支持。

2 研究区概况

蛟河水电站行政区划属于吉林省蛟河市，电站装机容量 1 200 MW，安装 4 台单机容量为 300 MW 的立轴单级混流可逆式水泵水轮机，主要建设内容包括挡蓄水设施、引水系统、发电系统及生态流量下泄设施等主体工程，上水库最大坝高 54.7 m，坝顶长度 930 m，正常蓄水位库容 914.0 万 m^3；下水库最大坝高 41.1 m，坝顶长度 425 m，正常蓄水位库容 1 200 万 m^3。输水系统布置在上库与下库之间的山体内，由引水系统和尾水系统两部分组成，输水系统总长 2 813.12 m。

3 方法

3.1 仪器及设备

本研究所使用的主要仪器及设备包括试样处理设备、反作用力装置、法向载荷系统、测量系统及校正系统（见图1）。

作者简介：徐新川（1988—），男，工程师，主要从事岩土工程科研与试验检测工作。

在试验过程中，测量系统是针对试验点变形的采集，且测量装置相对整个加压系统独立，无论支撑端岩体是否变形，只是提供试验反力，即反作用力装置。因此，试验结果不受支撑端岩土变形影响。

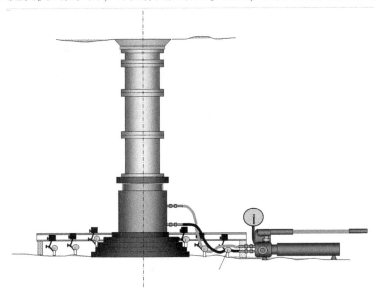

图 1　变形试验示意图

3.2　岩体变形试验

岩体的变形试验原理为弹性理论方法，把岩体作为理想均匀的各向同性的弹性体，按照弹性理论半空间无限体的布西涅斯克公式，计算岩体的弹性模量和变形模量。刚性承压板法试验变形参数按下列公式计算：

$$E = \frac{\pi}{4} \frac{(1 - \mu^2)pD}{W}$$

式中：E 为变形模量或弹性模量，MPa；当以全变形 W_0 代入式中计算时为变形模量 E_0，当以弹性变形 W_e 代入式中计算时则为弹性模量 E_e；μ 为岩体泊松比；p 为按承压面单位面积计算的压力，MPa；D 为承压板直径，cm；W 为岩体表面变形，cm。

岩体变形试验采用刚性承压板法，岩体变形试验加载方向为水平方向和垂直方向，试验状态为人工泡水饱和状态，加载方式采用逐级一次循环法，试验压力荷载分 5 级进行，试验应力由设计、地质确定，试验应力为 15 MPa，等分 5 级，各级应力分别为 3.00 MPa、6.00 MPa、9.00 MPa、12.00 MPa、15.00 MPa。现场测试照片如图 2 所示。

图 2　岩体变形试验现场照片

根据《水电水利工程岩石试验规程》（DL/T 5368—2007），对试验结果进行了综合分类，绘制了相应的曲线图，并列出了试验成果。

4 抗剪试验结果

结合现场试验洞地质情况，设计、地质和试验人员研究决定在厂房平硐右侧支洞的 43～58 m 段内布置 2 组岩体变形试验，试验编号为 3-1～3-6（水平弹模）、4-1～4-6（垂直弹模），每组编号顺序由掌子面向洞口排序。对试验数据进行整理计算，得出岩体变形试验压力-变形关系曲线（见图 3 和图 4）。根据各个点的压力与变形关系曲线计算出各个压力下的变形（弹性）模量，各个点的试验结果如表 1 所示。

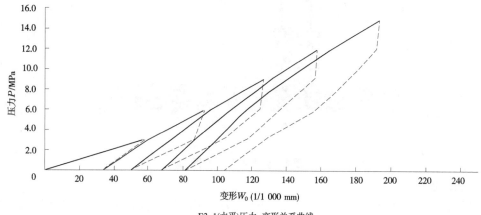

E3-1(水平)压力-变形关系曲线

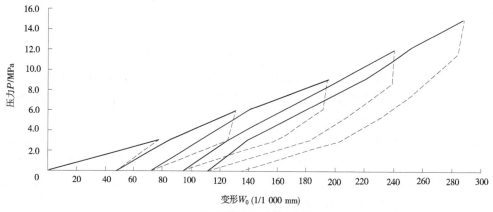

E3-2(水平)压力-变形关系曲线

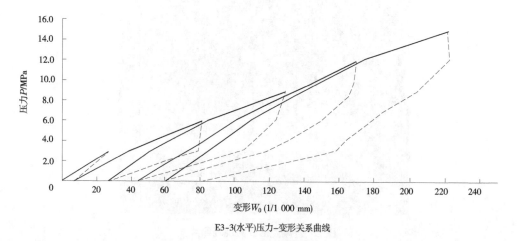

E3-3(水平)压力-变形关系曲线

图 3   E3-1～E3-6 压力和变形的关系曲线

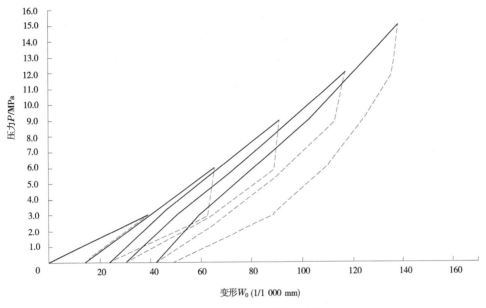

E3-4(水平)压力-变形关系曲线

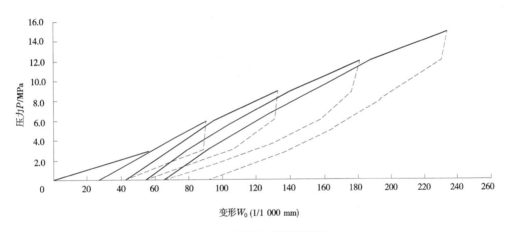

E3-5(水平)压力-变形关系曲线

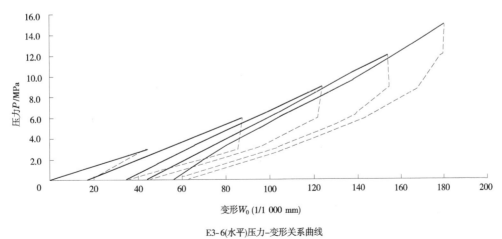

E3-6(水平)压力-变形关系曲线

续图3

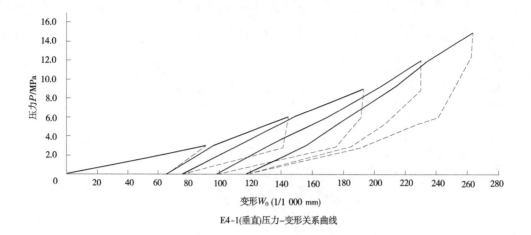

E4-1(垂直)压力–变形关系曲线

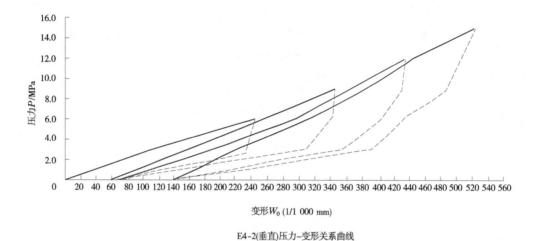

E4-2(垂直)压力–变形关系曲线

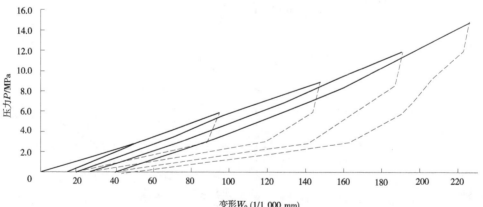

E4-3(垂直)压力–变形关系曲线

图 4　E4-1~E4-6 压力和变形的关系曲线

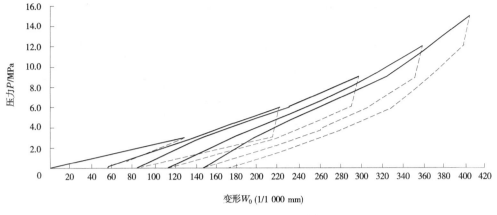

E4-4(垂直)压力–变形关系曲线

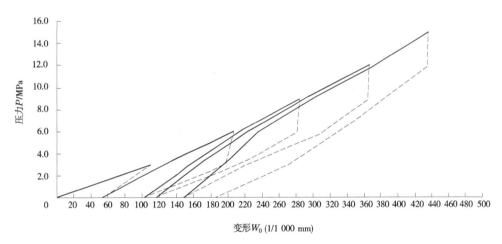

E4-5(垂直)压力–变形关系曲线

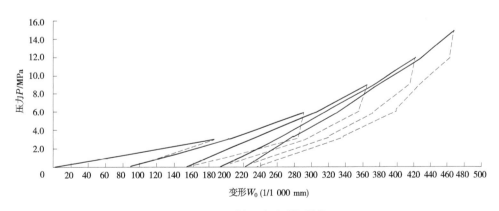

E4-6(垂直)压力–变形关系曲线

续图4

　　由表1可知，部分试验点在第一、二级压力下的变形（弹性）模量与其各级压力下的变形（弹性）模量有较大差别外，其他各级压力下变形（弹性）模量基本保持不变或呈线性关系，这主要是因为低级压力下浅层岩体裂隙或岩体不均匀性的影响，此阶段的试验结果已不能真实地反映原岩变形特性。

表1　岩体变形试验结果

编号	项目	压力 P/MPa				
		3	6	9	12	15
3-1	W/W_0	0.42	0.45	0.46	0.49	0.46
	E_0/GPa	19.27	24.25	26.50	28.30	28.90
	E/GPa	45.81	53.41	57.29	58.25	62.81
3-2	W/W_0	0.38	0.44	0.51	0.54	0.53
	E_0/GPa	14.44	17.09	17.26	18.65	19.48
	E/GPa	37.73	38.51	33.57	34.77	36.58
3-3	W/W_0	0.73	0.66	0.66	0.65	0.63
	E_0/GPa	41.06	27.69	26.09	26.38	25.33
	E/GPa	56.12	41.80	39.75	40.90	40.04
3-4	W/W_0	0.65	0.63	0.67	0.64	0.64
	E_0/GPa	28.41	34.25	36.78	38.35	40.63
	E/GPa	44.02	54.06	55.17	59.82	63.36
3-5	W/W_0	0.54	0.54	0.59	0.64	0.61
	E_0/GPa	19.67	24.75	25.29	24.74	23.93
	E/GPa	36.17	45.79	42.58	38.45	39.21
3-6	W/W_0	0.62	0.61	0.64	0.64	0.65
	E_0/GPa	24.92	25.60	27.20	29.13	31.15
	E/GPa	40.05	42.07	42.22	45.62	47.65
4-1	W/W_0	0.23	0.36	0.40	0.41	0.46
	E_0/GPa	9.46	11.78	14.08	16.25	18.11
	E/GPa	41.49	32.76	35.60	40.05	39.61
4-2	W/W_0	0.52	0.56	0.64	0.57	0.61
	E_0/GPa	6.25	6.79	7.79	8.61	9.18
	E/GPa	11.95	12.07	12.10	15.17	14.94
4-3	W/W_0	0.74	0.81	0.83	0.80	0.76
	E_0/GPa	21.56	23.62	22.73	23.49	24.81
	E/GPa	29.13	29.33	27.40	29.42	32.51
4-4	W/W_0	0.56	0.61	0.62	0.59	0.58
	E_0/GPa	8.63	10.13	11.29	12.48	13.81
	E/GPa	15.36	16.50	18.33	21.21	23.86
4-5	W/W_0	0.53	0.50	0.59	0.60	0.58
	E_0/GPa	10.04	10.97	11.95	12.38	13.01
	E/GPa	18.86	21.95	20.28	20.78	22.55
4-6	W/W_0	0.52	0.47	0.47	0.47	0.50
	E_0/GPa	5.97	7.71	9.28	10.67	11.99
	E/GPa	11.43	16.49	19.75	22.49	23.98

根据表 1 的试验结果，对 2 组数据进行归纳，如表 2 所示。

表 2　岩体变形试验成果归纳

单位：GPa

编号	E_0			E		
	最小	最大	平均	最小	最大	平均
第一组	14.44	41.06	26.52	33.57	63.36	47.79
第二组	5.97	24.81	12.83	11.43	41.49	23.25

结合表 1 和地质情况可知，4-4、4-5、4-6 位于断层附近，受断层影响，这几个点的试验结果较低，其余各点离散较小。根据图 4、图 5 可知，所有点均为 A 类型，即过原点的直线型，这说明岩体在加压过程中变形随压力成正比例增加，岩体比较均匀。大部分点的曲线斜率较陡，岩体刚度较大，且退压后，岩体变形几乎回到原点，以弹性变形为主，岩体完整；受断层影响的点退压后，岩体变形只能部分恢复，有明显的不可恢复变形和回滞圈，可知岩体受构造作用，结构较为疏松、破碎，但比较均匀。综合分析，各个点的试验结果与相应的地质情况、各个点的曲线类型特征、试验结果数据相吻合。

5　结论

本次试验研究在厂房勘探平硐中进行 2 组岩体变形试验（水平向和垂直向各 1 组），每组 6 个试验点，共 12 个变形试验点。总体上看，各测段和测点的变形规律较好，与被测岩体的实际情况基本吻合，其变形特性指标在总体量级上是合理的。但由于地质构造等原因，选择试验段和布置测点均受到一定限制，加之测量数量有限，因此试验结果在整个工程区域内的宏观代表性也相应存在一些局限性。

参考文献

［1］ Gao C Y, Deng J H, Meng F L. Analysis on Factors Influencing Deformation of the Underground Cavities during the Construction Period ［J］. Advanced Materials Research, 2012, 446-449：2722-2726.
［2］ 闫长斌, 刘振红, 岳永峰. 南水北调西线工程岩体变形特性现场试验研究 ［J］. 人民黄河, 2014 (3)：76-79.
［3］ 李志敏, 冯连. 现场岩体变形试验刚性承压板法的影响因素 ［J］. 吉林水利, 2005 (10)：19-22.
［4］ 郭喜峰, 晏鄂川, 吴相超, 等. 引汉济渭工程边坡岩体变形特性研究 ［J］. 岩土力学, 2014 (10)：2927-2933.

电位滴定法测定水中总硬度钙镁的方法探讨

徐　斌[1]　施海旭[2]　王玉璠[1]　陈瑾惠[1]　兰晶晶[1]

（1. 北京市水文总站，北京　100089；2. 劢强科技（上海）有限公司北京分公司，北京　100085）

摘　要：水中总硬度、钙离子和镁离子的测定采用 EDTA 络合滴定的电位滴定法。本文阐述了电位滴定法的方法原理、操作流程、仪器工作条件选择及注意事项等，论述了检测数据的分析评价方法和均值配对 t 检验对检测方法进行比对的方法。

关键词：总硬度；钙；镁；电位滴定法；EDTA 络合滴定；方法比对

1　引言

钙离子、镁离子是水化学八大离子分析中的两项重要阳离子指标，是进行水资源天然水化学特性分析的内容[1]，对总硬度（钙镁离子的合量）分析也是进行水资源质量评价的重要内容。水的总硬度与生活饮用、农业生产、工业制造紧密相关，长期饮用硬度过低的水，人体患糖尿病、心脏病的概率会增加，工业用水的硬度如果过高，会在锅炉中形成水垢，造成生产安全风险[2]。

测定水中的总硬度、钙离子、镁离子含量的方法很多，络合滴定法、原子吸收法、等离子体发射光谱法、离子电极法及离子色谱法等都有应用。其中，原子吸收法、等离子体发射光谱法成熟稳定，是通常用于钙离子、镁离子测定的仪器分析方法，但其测定范围更适用于低含量或微量的金属元素，应用于测定天然水样品时，稀释倍数过大。EDTA 络合滴定法因不需要配备特殊的仪器设备，成本低，操作简单，测定范围适合天然水样品中总硬度、钙离子和镁离子的含量，在水环境质量监测中得到了广泛的应用。但是，完全依靠人工进行的络合滴定检测，因为工作效率低、不能实现自动化，已经不能满足现代水环境质量监测工作的需求。EDTA 络合滴定终点通过电极电位突跃指示的电位滴定法，具有测定范围宽、适合水环境样品的浓度范围、测定过程中基本不受样品色度和浑浊度的影响、技术成熟、易于掌握、易于实现自动化的特点，是替代人工络合滴定法的最佳选择。

2　试验部分

2.1　方法原理

用乙二胺四乙酸二钠（EDTA）标准溶液络合滴定钙离子和镁离子，用钙离子复合电极作为终点指示电极。

在氨–氯化铵缓冲溶液控制 pH 值为 10 的条件下，测定钙离子和镁离子的总量。加入 EDTA 溶液时，钙离子先与 EDTA 反应，出现第一个电位突跃点，继续添加 EDTA，则 EDTA 将与镁离子反应，反应完全时出现第二个电位突跃点。用第二个电位突跃出现时的 EDTA 用量计算钙离子和镁离子的总量。

在 pH 值为 12~13 的条件下，测定钙离子的含量。当出现电位突跃时，用 EDTA 溶液的用量计算钙离子的含量。在这个 pH 值条件下，镁离子形成氢氧化镁沉淀，不干扰测定。

镁离子的含量通过钙镁总量减去钙离子的含量得到。

2.2　仪器和设备

以瑞士万通公司 Metrohm 出品的 905 Titrando 智能型全自动电位滴定仪，采用钙复合电极为例，

作者简介：徐斌（1969—），女，高级工程师，主要从事水环境质量监测与评价。

说明仪器的条件设置和准备。

905 电位滴定仪可连接自动进样器和加液单元，通过万通的滴定控制软件，实现样品序列自动检测，EDTA 标准滴定溶液、氨-氯化铵缓冲溶液、氢氧化钠溶液自动添加，滴定过程控制、计算及存储滴定结果等功能。连接实验室的数据采集软件，可以实现检测数据的自动传输。

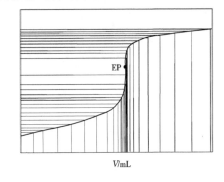

图 1　DET 模式加液步长变化

2.2.1　仪器条件设置

钙镁离子的测定采用动态等当点滴定（Dynamic Equivalence point Titration）模式，加液步长由滴定仪根据电位信号变化计算，每次滴加的滴定液体积由前面滴加产生的电位变化确定，电位变化大则体积小，否则加入体积大[3]。DET 模式加液步长变化见图 1。

采用 DET 滴定模式，对仪器工作条件进行设置，参数设置值见表 1。

表 1　DET 模式测定仪器条件

序号	内容	参数	设置值
1	开始条件	信号飘移	50 mV/min
		加液速度	5 mL/min
		暂停	30 s
2	滴定参数	信号飘移	50 mV/min
		最大等待时间	26 s
		测量点密度	4
		加液最小增量	10 μL
		加液最大增量	60 μL
3	电位评估	等当点识别标准	3
		等当点识别	全部

2.2.2　钙离子复合电极

钙离子复合电极的工作状态是决定检测结果准确度的重要因素。钙离子复合电极一般干存放在电极套里，在进行样品测定之前，将电极放入 Ca^{2+}（0.01 mol/L）溶液中浸泡 30 min，使用前用纯水冲洗电极。在正式进行样品检测之前，可以用一个已知大概浓度的样品，检查总硬度检测时出现的电位突跃，当图形与图 2 所示示例相似时，认为电极处于较好的工作状态，可用于样品检测。

2.3　试剂

氨-氯化铵缓冲溶液（pH=10）[4]：16.9 g 氯化铵溶于 143 mL 浓氨水中，用纯水稀释至 250 mL；氢氧化钠溶液：2 mol/L[5]；钙标准溶液：0.010 0 mol/L；EDTA 溶液：0.010 0 mol/L，用钙标准溶液标定。EDTA 标准溶液标定滴定曲线示例见图 3。

2.4　样品测定

（1）钙镁离子合量的测定。50.0 mL 水样加入 4 mL 氨-氯化铵缓冲溶液（pH=10），用 EDTA 标准溶液滴定至出现第二个等当点，形成完整的滴定曲线。钙镁离子合量测定的滴定曲线示例见图 2。

（2）钙离子含量测定。50.0 mL 水样加入 2 mL 氢氧化钠溶液，用 EDTA 标准溶液滴定至出现等当点，形成完整的滴定曲线。钙离子测定的滴定曲线示例见图 4。

（3）空白测定。取 50.0 mL 纯水替代水样，分别测定钙镁离子合量和钙离子测定的空白值。

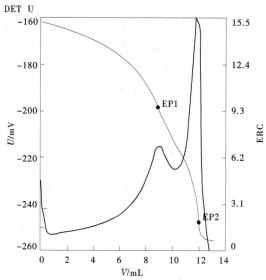

图 2　总硬度测定滴定曲线示例

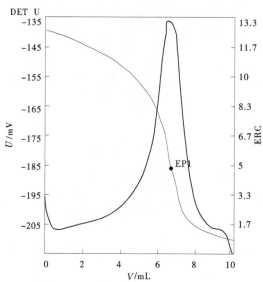

图 3　EDTA 标准溶液标定滴定曲线示例

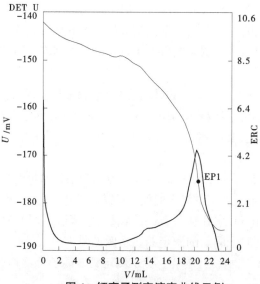

图 4　钙离子测定滴定曲线示例

3 试验数据分析

采用天然水样品的检测数据，从精密度、准确度以及加标回收率试验等几方面对检测数据进行分析。

3.1 精密度试验

对 3 个不同浓度水平的样品，进行 6 次平行测定，计算实验室内相对标准偏差。总硬度浓度为 2.78 mg/L、128 mg/L 和 260 mg/L 的样品，实验室内相对标准偏差范围为 0.4%~4.7%；钙离子浓度为 0.96 mg/L、55.6 mg/L 和 108 mg/L 的样品，实验室内相对标准偏差范围为 0.5%~4.2%。实验室内标准偏差计算见表 2。

表 2　实验室内标准偏差计算

平行号		总硬度			钙离子		
		低浓度	中浓度	高浓度	低浓度	中浓度	高浓度
测定结果/（mg/L）	1	2.82	128	258	0.92	54.9	108
	2	2.83	128	261	0.94	55.8	107
	3	2.69	129	259	0.92	55.6	108
	4	2.82	126	260	0.96	55.7	107
	5	2.93	128	261	1.02	55.8	108
	6	2.57	127	260	1.00	56.0	108
平均值 $\bar{x}$/（mg/L）		2.78	128	260	0.96	55.6	108
标准偏差 S/（mg/L）		0.13	1.03	1.17	0.04	0.38	0.52
相对标准偏差 RSD/%		4.7	0.8	0.4	4.2	0.7	0.5

3.2 准确度试验

浓度为（129±4）mg/L 和（200±7）mg/L 的总硬度有证标准物质样品 6 次平行测定结果为 132 mg/L 和 201 mg/L，在样品保证值的不确定度范围内，相对误差分别为 2.3% 和 0.5%；浓度为（30.9±1.5）mg/L 的钙离子有证标准物质样品 6 次平行测定结果为 30.7 mg/L，在样品保证值的不确定度范围内，相对误差为 −0.6%（见表 3）。

表 3　有证标准物质/样品测试数据

平行号		总硬度		钙离子
		200744	200745	200944
测定结果/（mg/L）	1	131	205	30.6
	2	132	205	30.6
	3	132	206	30.8
	4	132	199	30.8
	5	132	196	30.8
	6	132	195	30.8
平均值 $\bar{x}$/（mg/L）		132	201	30.7
有证标准样品浓度 μ/（mg/L）		129±4	200±7	30.9±1.5
相对误差 RE/%		2.3	0.5	−0.6

注：μ 为国家有证标准物质/标准样品的标准值±不确定度。

3.3 加标回收率试验

总硬度浓度为 128 mg/L 和 260 mg/L（以 $CaCO_3$ 计）的天然样品 50.0 mL 中，分别加入浓度为 1 249 mg/L 碳酸钙标准溶液 1.00 mL，回收率分别为 98% 和 103%，计算见表 4。

表 4　总硬度天然样品加标回收率计算

平行号		实际样品			
		样品 1	样品 1 加标	样品 2	样品 2 加标
测定结果/mL	1	6.41	7.59	12.90	14.28
	2	6.39	7.63	13.02	14.29
	3	6.43	7.59	12.92	14.31
	4	6.30	7.59	13.00	14.27
	5	6.37	7.56	13.04	14.25
	6	6.33	7.60	13.00	14.21
平均值 $\bar{x}$、$\bar{y}$/mL		6.37	7.59	12.98	14.27
EDTA 浓度/（mol/L）		0.010 0		0.010 0	
平均值 $\bar{x}$、$\bar{y}CaCO_3$/mg		6.38	7.60	12.99	14.28
试验测得加标量/mg		1.22		1.29	
加标量 $CaCO_3$/mg		1.249		1.249	
加标回收率 P/%		98		103	

注：$\bar{x}$ 为实际样品测试均值；$\bar{y}$ 为加标样品测试均值。

钙离子浓度为 51.2 mg/L 和 98.6 mg/L（以 Ca 计）的样品 50.0 mL 中，分别加入浓度为 500 mg/L 钙标准溶液 1.00 mL，回收率分别为 102% 和 108%，计算见表 5。

表 5　钙离子天然样品加标回收率计算

平行号		实际样品			
		样品 1	样品 1 加标	样品 2	样品 2 加标
测定结果/mL	1	6.38	7.65	12.42	13.81
	2	6.40	7.67	12.36	13.73
	3	6.40	7.58	12.26	13.61
	4	6.34	7.69	12.40	13.55
	5	6.41	7.64	12.30	13.67
	6	6.41	7.65	12.35	13.82
平均值 $\bar{x}$、$\bar{y}$/mL		6.39	7.65	12.35	13.70
EDTA 浓度/（mol/L）		0.010 0		0.010 0	
平均值 $\bar{x}$、$\bar{y}Ca$/mg		2.56	3.07	4.95	5.49
试验测得加标量/mg		0.51		0.54	
加标量 Ca/mg		0.5		0.5	
加标回收率 P/%		102		108	

注：$\bar{x}$ 为实际样品测试均值；$\bar{y}$ 为加标样品测试均值。

3.4 检出限与检测下限评估

对检出限和检测下限的评估是对检测方法基本参数的评估，检出限评估的方法有很多，比如滴定法的计算法、电位滴定法的绘制曲线法、空白标准偏差法等[6]。本文中采用《环境监测分析方法标准制修订技术导则》（HJ 168—2010）[7] 中给定的估算方法，对低浓度样品进行平行检测，估算检出限。

3.4.1 评估方法

对选定浓度水平的样品进行 7 次平行测定，计算标准偏差，检出限按式（1）计算：

$$MDL = t_{(6, 0.99)}S \tag{1}$$

式中：MDL 为方法检出限；t 为自由度，取 6，置信度为 99%时的 t 分布值（单侧），取 3.143；S 为 7 次平行测定的标准偏差。

定量测量下限按照检出限的 4 倍取值。

3.4.2 检出限及检测下限估算

对总硬度浓度为 2.77 mg/L 的样品和钙离子浓度为 0.97 mg/L 的样品分别进行 7 次平行检测，估算结果为总硬度的检出限为 0.36 mg/L，测定下限为 1.44 mg/L；钙离子的检出限为 0.14 mg/L，测定下限为 0.56 mg/L。检出限及检测下限计算见表 6。

表 6　检出限与检测下限计算　　　　　　　　　　　　　　单位：mg/L

平行样品编号		总硬度	钙离子
检测结果	1	2.82	0.92
	2	2.83	0.94
	3	2.69	0.92
	4	2.82	0.96
	5	2.93	1.02
	6	2.57	1.00
	7	2.75	1.01
平均值		2.77	0.97
标准偏差		0.116	0.043
检出限		0.36	0.14
测定下限		1.44	0.56

4 与人工滴定法的比较分析

EDTA 络合滴定法是水环境质量监测工作中广泛应用的检测方法，为分析电位滴定法是否能够替代人工滴定方法，以总硬度的人工滴定方法《水质 钙和镁总量的测定 EDTA 滴定法》（GB/T 7477—1987）[8]、钙离子的人工滴定方法《水质 钙的测定 EDTA 滴定法》（GB/T 7476—1987）作为比对方法，分析电位滴定方法与人工滴定法的检测结果是否存在差异。

4.1 试验方法

取 7 个浓度水平接近的天然样品，分别采用电位滴定法与人工滴定方法测定，获得 7 组配对测定数据。其中，对每个浓度的样品分别采用电位滴定法与人工滴定法进行平行双样测定，平行双样测定的平均值分别记做电位滴定法的测定值（A）和人工滴定方法测定值（B），对两组测定结果可以采用 SPSS 数据统计分析软件比较平均值的配对 t 检验，如果没有 SPSS 软件，用 4.2 中给定的计算方法判定两组数据的平均值是否存在差异。

4.2 配对 t 检验法判定数据间是否存在差异

采用两组数据的平均值配对 t 检验判定电位滴定法与人工滴定法测定的结果是否有显著性差异。

4.2.1 建立检验假设

H_0：电位滴定法测定值与人工滴定法测定值没有差异；

H_1：电位滴定法测定值与人工滴定法测定值存在差异；

显著性水平 $\alpha = 0.05$。

4.2.2 计算检验统计量

t 检验统计量按式（2）计算：

$$t = \frac{\bar{d}}{S_d / \sqrt{n}} \tag{2}$$

式中：t 为 t 检验统计量；$\bar{d}$ 为配对差值平均值；S_d 为配对差值标准偏差；n 为配对样本个数。

4.2.3 统计量分析

显著性水平为 0.05，自由度为 $n-1=6$，双边 t 检验，临界值 t（0.05, 6）= 2.45。统计量 $|t| <$ 2.45，无充分理由拒绝原假设 H_0，电位滴定法测定值与人工滴定法测定值没有差异；统计量 $|t| >$ 2.45，拒绝 H_0，接受 H_1，电位滴定法测定值与人工滴定法测定值存在差异。

4.3 测定结果配对 t 检验计算示例

7 个浓度水平接近的天然样品，采用电位滴定法和人工滴定法分别做平行双样品测定，将平行测定结果作为一个样品的测定结果，共获得 7 对数据，配对 t 检验统计量计算见表 7。

表 7　电位滴定法与人工滴定法测定结果配对 t 检验统计量计算

样品编号	总硬度			钙离子			镁离子		
	A	B	$d=A-B$	A	B	$d=A-B$	A	B	$d=A-B$
1	141	139	2	36.9	36.6	0.3	11.5	11.5	0
2	139	138	1	37.3	37.4	0.1	10.7	10.9	−0.2
3	169	170	−1	36.2	36.2	0	18.4	19.4	−1
4	159	159	0	42.0	41.9	0.1	12.7	13.1	−0.4
5	190	191	−1	49.8	50.0	−0.2	15.4	16.1	−0.7
6	144	144	0	38.1	38.1	0	11.5	11.8	−0.3
7	150	149	1	38.4	39.7	−1.3	12.5	12.1	0.4
$\bar{d}$	0.29			−0.14			−0.31		
S_d	1.11			0.53			0.46		
$|t|$	0.69			0.70			1.78		

总硬度测定统计量 $|t|=0.69$，$|t|<2.45$，电位滴定法与人工滴定法测定总硬度的结果没有差异。

钙离子测定统计量 $|t|=0.70$，$|t|<2.45$，电位滴定法与人工滴定法测定钙离子的结果没有差异。

镁离子测定统计量 $|t|=1.78$，$|t|<2.45$，电位滴定法与人工滴定法测定镁离子的结果没有差异。

5　结语

电位滴定法能够替代人工滴定法完成对水样品中总硬度、钙离子和镁离子的检测，并且易于实现从进样、检测、计算和数据传输的自动化，适应现代水环境监测工作的需求。

（1）电位滴定法检测结果稳定。从实验室内相对标准偏差、标准物质样品检测和加标回收率试验等几方面，对电位滴定法检测结果的精密度和准确度进行评估，检测结果能够满足水环境监测工作的需求。

（2）电位滴定法测定范围宽。电位滴定法测定总硬度和钙离子的范围与人工滴定法相比更宽。人工滴定方法《水质 钙和镁总量的测定 EDTA 滴定法》（GB/T 7477—1987）中总硬度的最低检测浓度为 5 mg/L，《水质 钙的测定 EDTA 滴定法》（GB/T 7476—1987）中钙离子最低检测浓度为 2 mg/L。采用电位滴定法对低浓度样品进行平行检测，总硬度检出限的估算值为 0.36 mg/L，测定下限为 1.44 mg/L；钙离子检出限的估算值为 0.14 mg/L，测定下限为 0.56 mg/L。说明电位滴定法的测定范围更宽。

（3）电位滴定法与人工滴定法测定结果不存在显著差异。电位滴定法与人工滴定法测定结果进行平均值配对 t 检验比对分析，结果为电位滴定法与人工滴定法的测定结果没有显著性差异。

参考文献

［1］地表水资源质量评价技术规程：SL 395—2007［S］.

［2］孙彩丽，王丽红. 水体硬度常用检测方法分析［J］. 江西水产科技，2021（3）：37-38.

［3］李晓凡，王凤蛟，单红飞. 电位滴定法标定 EDTA 标准滴定溶液的滴定模式选择［J］. 辽宁化工，2021，50（7）：1106-1108.

［4］倪蓉，杨龙彪，张燕. 水中总硬度的自动电位滴定法的两种测定模式［J］. 环境与健康，2008，25（10）：908-910.

［5］水质 钙的测定 EDTA 滴定法：GB/T 7476—1987［S］.

［6］秦晓娟，李锦，付志斌，等. 自动电位滴定法测定保健食品中钙检出限的确定［J］. 食品安全质量检测学报，2021，12（5）：1711-1714.

［7］环境监测分析方法标准制订技术导则：HJ 168—2020［S］.

［8］水质钙镁总量的测定 EDTA 滴定法：GB/T 7477—1987［S］.

水质监测实验室全过程质量控制的对策

杨苗苗　高　迪

（水利部海河水利委员会漳卫南运河管理局，山东德州　253009）

摘　要： 在我国对水环境生态建设逐渐重视的同时，水质监测所呈现的工作价值逐渐突出。水质监测作为重要的工作内容，是分析水样成分、判断水质安全的重要载体。通过监测工作的全面落实，能够全面提升水环境的生态水平，提高水质整体水平。针对不同监测流程进行全过程控制，同时根据质量控制的实际要求就管理体系、设施、数据等不同层面进行控制干预，从而构建一个相对来讲更加安全、稳定的监测环境。基于此，做好实验室管理工作，为水质监测工作的开展营造一个相对安全、稳定的工作环境，并对加强水质监测实验全过程的质量控制，具有十分重要的意义。

关键词： 实验室；水质检测；质量控制；对策

1　水质监测实验室全过程质量控制的内容

1.1　预先控制

在预先控制阶段，从人员、设备、环境、方法与试剂等方面进行质量控制，可以为后续有序开展水质监测工作打好基础。

（1）人员。监测人员在进行水质监测工作的过程中，不仅要掌握先进的专业理论知识和水质监测技术，还需要明确具体的水质监测流程、水质监测标准以及水质监测注意事项。对此，建议对监测人员的证书和从业资格进行考核，确保其可以严格按照实验室监测工作标准高质量地开展水质监测工作。

（2）设备。在水质监测过程中，设备的使用性能以及功能，对于最终的水质监测质量有着巨大的影响。只有定期检测设备的使用性能，并提高设备的建档处理工作，才能够将设备的运行性能维持到最佳状态，将设备的检测功能充分发挥出来。

（3）环境。在水质监测中，需要对实验室的温度、湿度等指标进行重点控制，并借助相关辅助设备，例如抽湿机等，优化实验环境，为水质监测工作的准确性提供保证。

（4）方法与试剂。在水质监测过程中，需要对水质的特点进行分析，并严格按照水质监测要求进行相应监测方法的选择。为了保证水质监测方法的科学合理性，保证检测试剂效能的有效发挥，必须做好试剂的建档处理，并对试剂的保质期进行定期检查。

1.2　过程控制

（1）采样。对采样工作进行规范，在加强水质监测质量控制方面发挥着十分重要的作用。首先，要明确具体的监测点和监测项目，然后根据国家制定的规范标准进行采样。其次，在采样过程中，需要做好水质的保护工作，避免因为人为因素使水质遭到污染。

（2）样品保存。在水质监测工作中，从样品采集到正式检测，需要经过一个合理的周期。在这一周期内，检测人员需要做好样品保存工作，避免样品遭到污染，对后续的监测产生影响。首先，要对样品进行编号和分类，并根据样品管理标准做好样品的储存管理。其次，对样品进行登记、并做好

作者简介： 杨苗苗（1988—），女，硕士，工程师，主要从事水环境监测与评价工作。

相应的交接工作，确保样品记录信息的明确性。

（3）内部控制。与其他工作项目相比，水质监测具有一定的特殊性，对于实验室环境的要求非常苛刻。只有做好实验室内部环境的管理与控制，才能够全方位地提高水质监测工作质量。首先，要对实验室的各类设备，例如分析仪器等进行检定与校准，明确这些设备仪器的运行性能。其次，提升质量控制方案制定的规范性，确保过程控制覆盖的全面性。

1.3 事后控制

（1）数据与记录的规范管理。监测人员需要对水质监测结果进行全面、细致的记录和整理，并为监测结果的准确性提供保证。同时，在数据报表上，监测人员还要进行签字，明确水质监测工作的责任主体。

（2）内审工作。内部审核的目的是验证并确定质量活动及其结果的符合性和有效性。实验室应定期对其质量活动进行内部审核，以验证其运作持续符合管理体系和评审准则的要求。每年度的内部审核活动应覆盖管理体系的全部要素和所有活动。审核人员应经过培训并确认其资格，只要资源允许，审核人员应独立于被审核的工作。通过内部审核所发现的问题，可以直观地显示出实验室内部一些不符合项，对不符合项进行整改，为实验室的质量控制提供保障。

（3）管理评审。管理评审是质检机构最高管理者管理体系的整体有效性以及对本质检机构的适用性所组织进行的评价活动。在管理评审工作中，需要对水质监测工作的实际情况进行全方位的审核与监督。通过评审周期的合理设置、专业评审人员的有效组织等措施，为后续水质监测实验室监测改革措施的制定提供依据。管理评审包括实验室能力验证及比对和质量控制活动的结果汇报，通过管理评审，能把质量控制过程中一些不易或难以解决的因素汇报给最高管理者，最高管理者根据实际情况做出指示，并形成统一的解决方案。

2 水质监测实验室全过程质量控制的对策

2.1 对现有的质量管理体系进行完善

首先，制定质量管理规划，对现有的质量管理制度进行优化和落实，确保实验室的监测人员可以严格按照相关规范和标准来开展工作。其次，对水质监测实验室的内部布局进行规范，提升实验室内各类仪器设备摆放的规范性，并做好实验室的杀毒、降噪工作，为监测人员高效开展水质监测工作提供优质的工作环境。最后，从数据质量方面做好管理干预，提升监测操作和监测结果的准确性。例如，严格按照国家相关规范标准进行数据统计，借助化学平衡理论做好样品内部组成要素及其占比的分析，并结合数据结果对样品质量进行判断等。

2.2 加强实验室内各类仪器设备的日常维护

在水质监测实验室中，所有的仪器设备都在水质监测实验操作中发挥着重要的作用。对这些仪器设备进行日常性维护，也可以有效加强水质监测实验室全过程质量控制。首先，对水质监测实验室的实际情况进行分析，并以此为基础合理分配各类仪器设备，为水质监测效率的提升以及水质监测结果准确性的提高提供保证。其次，在这些仪器设备使用一段时间之后，对其进行有效的更新与维护，避免因为仪器设备老化、性能降低而影响设备数据的准确性，甚至出现水质监测数据失真、失效等问题，使实验室遭受不必要的经济损失。

2.3 加强信息化手段的应用

首先，引进智能化监测技术，通过网点监测来提升水质监测工作的覆盖面。其次，引导监测人员使用信息化手段做好样品、试剂以及量器等数据的登记、分类、整理、管理工作，增强这些技术工作的智能化特点。再次，借助信息技术对实验室内部的试验物料和实验设备进行更新，提升实验室管理工作效率，为监测人员开展数据管理工作、物料采购工作以及设备性能检测工作提供方便。最后，借助信息化技术进行异地共享体系的构建，通过不同实验室内监测资源与监测技术的共享来提高水质监测工作质量。

2.4 加强实验室质量体系的内部审核

首先，通过设备运行状态检测、监测人员专业水平考核以及检测结果系统分析等方式，了解整个水质监测过程中存在的风险隐患，并结合实际情况提出针对性的解决处理方法，以此来对现有的实验室质量体系进行完善。其次，对监测人员进行定期的技术培训，将当下最先进的水质监测理念和水质监测技术灌输给监测人员，在提升监测人员专业操作能力的同时，保证监测人员的与时俱进。最后，借助考核机制、激励机制以及奖惩机制的同时实施，加强监测人员监测操作行为的约束与规范，提升实验室监测操作的规范性与标准性。

3 结语

综上所述，水质监测是一项重要工作，决定着水生态的建设。在实验室内，为保证监测工作开展更加规范、有序，技术人员需要高度重视质量控制工作。针对监测工作的实际执行需求，进行事前、事中和事后全面控制。不仅如此，相关部门还需要从控制体系、环境、数据质量以及内部体系等多个方面进行控制和管理，从而保证监测操作环境更加符合要求，所呈现的监测数据更加精准和高效。

参考文献

［1］王素娟. 水质监测质量控制技术［J］. 山西化工，2021，41（4）：252-254.

［2］韩文法，王金国，初颂宾. 水环境检验检测机构水质监测质量控制措施分析［J］. 质量与市场，2021（15）：29-31.

［3］阎辉. 浅谈怎样做好水质环境监测的质量保证［J］. 当代化工研究，2021（15）：126-127.

［4］史罗丹，徐玲霞. 环境监测实验室水质监测的质量控制分析［J］. 冶金管理，2021（13）：147，151.

［5］余芳华. 水环境监测质量控制措施分析［J］. 皮革制作与环保科技，2021，2（12）：16，18.

微波干涉雷达系统在门式启闭机主梁挠度检测中的应用研究

张怀仁[1]　孔垂雨[1]　洪　伟[2]　王　颖[1]

(1. 水利部水工金属结构质量检验测试中心，河南郑州　450044；
2. 水利部综合事业局，北京　100053)

摘　要：主梁挠度参数是门式启闭机中衡量其健康状态的重要参数，对启闭机的设计校核及安全运行意义重大。门式启闭机主梁挠度检测一般采用光学设备进行离散数据的检测与分析，本文以微波干涉雷达系统在某工程门式启闭机主梁结构的连续监测数据为例，分析门式启闭机在运行试验条件下主梁挠度的变化情况，且通过与传统光学检测数据比对，验证了该方法在门式启闭机主梁挠度检测中的可行性与优越性。

关键词：微波干涉雷达；门式启闭机；挠度检测

1　引言

主梁作为门式启闭机的主要受力构件，在长期使用中受到重复性的交变载荷，易发生疲劳和断裂[1]。因此，主梁挠度检测是门式启闭机检测的一个重要参数，对门式启闭机的设计校核及安全运行意义重大。目前，对于主梁挠度的测量一般采用水准仪法、全站仪法、铅锤法等进行离散数据的采集[2]，存在测量速度慢、精度不高、无法连续动态测量等缺点。

采用步进频率连续波技术（SF-CW）和干涉测量技术的微波干涉测量系统的检测原理完全不同于全站仪的激光测距、水准仪的水平视线等传统的光学测量手段，它通过对被检测对象的非接触测量，对比被检测物体变形前后两次采样所获得的电磁波的相位差，获取目标位置雷达视线向一维距离域形变数据，从而得到整个检测空间范围内的变形结果，其动静态变形测量精度甚至能达到 0.01 mm[3]。相比于精密水准、全站仪和 GPS 等传统形变测量方法，具有高精度、非接触和实时性等优势。微波干涉雷达能够对目标物提供连续、全面的检测，可以获得被检测位置的微小变形信息，并分析被检测部位每一个像元的变形、振动情况，能有效解决门式启闭机主梁挠度检测问题。

2　微波干涉雷达系统简介

微波干涉测量是一项全新技术，它将步进频率连续波技术（SF-CW）和差分干涉测量技术相结合，可对建筑物、大型设备结构的静态、动态位移变形进行高精度、非接触、连续实时检测，得到在整个检测期间目标区域位移变化的不间断检测结果，为研究和决策提供数据支持。

IBIS-FS 微波干涉雷达是一个基于微波干涉技术的高级远程监控系统，该系统是意大利 IDS 公司和佛罗伦萨大学经过 6 年合作研发的结果[4]，其遥测距离可达 2 km，测量精度达 0.01 mm，且无须在目标区域安装传感器，无须靠近或进入目标物，测量精度不因目标点远近不同而变化。IBIS-FS 硬件系统由雷达传感器、天线、三脚架、数据传输电缆、供电单元、数据采集处理单元六部分组成，其配置的

作者简介：张怀仁（1984—），男，高级工程师，主要从事水工金属结构产品测试与检验工作。

软件系统能自动给出变形区域的变形趋势及变形分析，并以图表、三维仿真等形式给出检测结果。

2.1 差分干涉测量技术

差分干涉测量技术是将在不同时间得到的目标物相位信息的差异进行比较，在测量时间内，电磁波按照一定的时间间隔发出，这样就能定期对被测物进行检测，结合 IBIS-FS 设备和像元的位置关系，从而计算目标物在不同时间的位移变化量，其主要原理如图 1 所示。

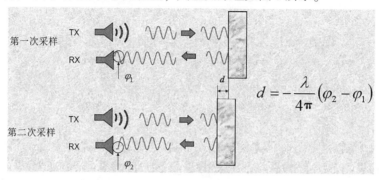

$$d = -\frac{\lambda}{4\pi}(\varphi_2 - \varphi_1)$$

图 1 差分干涉测量技术原理图

2.2 步进频率连续波技术

IBIS-FS 系统的核心是传感器单元，该系统能够同时发射 n 组连续频率的电磁波，每组电磁波的脉冲持续时间为 T_{tone}，该组连续的电磁波是步进频率的电磁波。步进频率连续波技术能够使得 IBIS-FS 系统得到一个非常高的距离向分辨率，且能够将一列不同频率的电磁波进行组合，从而形成雷达图像，通过该项技术得到的是一个一维切面图，称为距离向切面，其主要原理如图 2 所示。

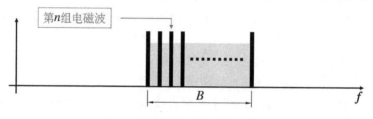

图 2 步进频率连续波技术原理

3 IBSI-FS 系统在某工程水利枢纽工程门式启闭机主梁挠度检测与分析

3.1 某工程水利枢纽工程泄水坝段 2×2 500 kN 门式启闭机主梁设计计算数据

某工程水利枢纽工程泄水坝段 2×2 500 kN 双向门式启闭机门架主梁是由箱形梁组成的空间钢架结构，采用壳单元建立有限元模型。运用 Solidworks 软件中曲面功能建模，将模型导入 Ansys Workbench 中，运用壳单元划分网格进行计算。模型中 Z 向为竖直方向，X 向为沿大车轨道方向，Y 向为垂直大车轨道方向，Y 轴正向为水流方向。门架平面风荷载指 X 方向风荷载，门腿平面风荷载指 Y 方向风荷载。同时规定靠近左岸下游侧门腿为门腿 1，靠近右岸下游侧门腿为门腿 2，靠近右岸上游侧门腿为门腿 3，靠近左岸上游侧门腿为门腿 4。Solidworks 模型如图 3 所示。

对该门架在设计工况载荷条件下进行复核计算，门架所受荷载中风荷载以面荷载形式施加，门架自重和由门架质量引起的惯性力以惯性荷载的形式施加，其余荷载以集中荷载形式施加。该门架三维有限元计算是将整个门架结构作为一个整体，门架主梁

图 3 Solidworks 中门架三维模型

跨中垂直静挠度最大值为 11.5 mm。

3.2 IBSI-FS 系统在某工程水利枢纽工程门式启闭机主梁挠度检测成果与分析

2020 年 2 月,水利部水工金属结构质量检验测试中心项目组在对某工程水利枢纽工程泄水坝段 2×2 500 kN 双向门式启闭机进行主梁挠度检测工作。为增强信号反射强度、精确确定检测位置,试验时在该门式启闭机主梁跨中位置设置专用固定角型反射器,在距离门式启闭机约 60 m 位置安置 I-BIS-FS 微波干涉雷达,采用 IBSI-FS 系统对该门式启闭机门架主梁垂直静挠度参数进行检测,现场数据采集如图 4 所示。

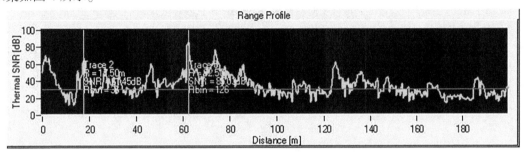

图 4　IBSI-FS 系统现场数据采集

现场数据采集结束后,采用 IBIS-Surveyor 软件对检测数据进行分析计算(检测数据分析见表 1),可知门架主梁跨中位置在额定荷载加载瞬间产生变形,最大变形量为向下弯曲 7.70 mm,因此采用 IBIS-FS 微波干涉雷达测量方法测得门架主梁垂直静挠度为 7.70 mm(用传统光学方法——精密水准仪法对该门式启闭机门架主梁垂直静挠度检测数据为 7.0 mm);在额定荷载移除之后,发生了永久变形,中间测点向下弯曲了 0.14 mm(数据分析如图 5 所示)。

表 1　门架主梁跨中位置垂直静挠度检测数据分析

桥中间点	最大位移/mm	时间/s
无负荷	0	0
负荷状态	−7.70	175
移除负荷	−0.14	375
最大位移	−7.70	
残余位移	−0.14	

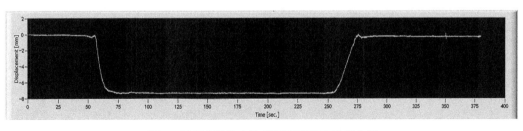

图 5　门架主梁跨中位置垂直静挠度数据分析

4　结语

采用 IBSI-FS 系统对某工程门式启闭机进行主梁挠度检测,测试结果表明该门式启闭机门架主梁跨中位置在额定荷载加载瞬间,门架主梁垂直静挠度为 7.70 mm,在额定荷载移除后,门架主梁永久变形为 0.14 mm。因此,IBIS-FS 系统能够有效地应用于门式启闭机门架主梁挠度检测。

通过对 IBIS-FS 系统检测结果与设计计算数据、传统光学法检测数据进行对比分析,验证了采用 IBIS-FS 系统对门式启闭机进行主梁挠度检测的准确性。相比于精密水准法等传统形变测量方法,微波干涉雷达系统具有精度高、非接触、实时监测等优势。

微波干涉雷达检测技术正处于快速发展阶段，在实际应用中还存在诸多问题，需要进一步的深入研究，但鉴于微波干涉雷达特有的高精度、非接触和实时性等优势，微波干涉雷达技术必将在水利水电工程建筑物、大型设备变形检测中扮演越来越重要的角色。

参考文献

［1］王进举. 桥门式起重机主梁挠度高精度视觉测量系统研究［D］. 武汉：武汉理工大学，2020.

［2］金旭辉. 地基雷达在桥梁微变形检测中的应用研究［D］. 南京：东南大学，2015.

［3］刘斌，葛大庆，李曼，等. 地基合成孔径雷达干涉测量技术及其应用［J］. 国土资源遥感，2017，29（1）：1-6.

［4］刘艳. 地面干涉雷达 IBIS_ L 红石岩堰塞湖边坡监测研究［D］. 昆明：昆明理工大学，2016.

基于 ROV 搭载技术的综合水下检测应用

张 震

（上海勘测设计研究院有限公司，上海　200434）

摘　要：水工建筑物的水下结构因其具有隐蔽性，一直是检测工作的重点及难点，水下机器人作为一种高新技术，可以很好地反映实际情况，为日常运行管理及现状安全复核提供依据。本文梳理了水下机器人可通过搭载实施的检测技术，并通过实际案例展示检测成果，同时结合现状，分析水下机器人技术的优势以及存在的不足，对以后的发展提出了展望。

关键词：水下机器人；水工建筑物；水下检测

1　概述

水工建筑物的水下结构因其具有隐蔽性，一直是检测工作的重点及难点，对于水下结构的裂缝、冲蚀、破损等影响工程安全运行的隐患，是工程运行管理工作巡视检查的盲区。常规的检测手段是安排潜水员进行水下探摸，仅能模糊地描述现有状况，依赖于潜水员的经验及感觉，不能真实地反映结构物表面状态。水下机器人技术（ROV）可以更好地解决以上难题，相对于传统的潜水员水下作业，ROV 搭载检测设备可以做到安全性高、效率高、数据直观、结论可靠，技术优势明显。

2　ROV 搭载检测技术

水下机器人平台是一种具有智能功能的遥控式无人水下潜水器，属于智能设备的范畴，根据是否具有脐带缆可分为两种：有缆遥控水下机器人和无缆遥控水下机器人，其中有缆遥控水下机器人根据作业方式不同又可分为水中自航、拖航以及爬行式三种。相比较而言，ROV 技术（有缆遥控水下机器人）应用更为广泛，使用更为可靠。

ROV 主要组成部分为水下潜水器、脐带缆、水上控制系统（控制台、收放系统、供电系统等）。在水上作业人员操控下实施航行、潜水，既可以在常规水下环境中作业，也可应用于船舶交通、海洋石油等工程领域，适应性更为广泛[1]。

ROV 作为水下运动载体，可以通过搭载不同检测设备来实现相应检测工作，较为常用的检测技术如下。

2.1　水下三维全景成像声呐技术

水下三维全景成像声呐技术是一种先进的水下结构细部方法，基本原理是通过发射和接收声波来定位目标，旋转二维阵列直接采集目标轮廓的水平、垂直和高度方向的数据，同时获得目标的其他详细描述，最后经过点云数据处理，生成类似于光学全息效果的水下目标三维图像。水下三维全景成像声呐系统具有结构简单、重量轻、扫描精度高的特点，可以在水体浑浊的情况下工作[2]。

2.2　水下多波束技术

多波束系统工作原理是超声波系统通过波动理论的"相控阵"方法精确定位，所以也称声呐阵

作者简介：张震（1986—），男，高级工程师，主要从事于工程物探及水下检测工作。

列测深系统。由许多相互独立且成一定角度的换能器组成信号接收单元，典型波束数为 127、256 等，然后根据每个波束位置上的回波信号用振幅和相位方法确定深度。多波束系统的换能器呈一定角度排列，可以在每次发射的同时覆盖一个条带的测量数据，通过数据解析得到水下目标物的大小、形状、高度等，从而绘制出所扫测区域的水下三维地形地貌的特征[3]。

2.3 水下图像声呐技术

水下声呐成像的基本原理是声学测距，利用目标物背散射特征的差异来判断目标物形态特征。它是一种主动式声呐，在操作过程中，向两侧发送广角（垂直方向）声波波束，根据接收海底返回的背散射数据对海底目标物进行成像，深水情况时可以同时覆盖大面积区域，根据目标物情况不同，可以选择不同发射频率。水下图像声呐系统具有设备体积小、重量轻、操作便捷的优点，可在浑水环境中生成几乎等同影像质量的高清晰度图像，很大程度上弥补了光学成像系统的缺陷[4]。

2.4 水下摄像技术

水下摄像是通过 ROV 搭载摄像机，对水中目标进行检测，在水面上进行电视实时显示及影像存储，水下摄像系统组成一般包括摄像机、数据电缆、控制系统和显示系统等。采用水下摄像技术的有利条件在于可通过操纵 ROV 抵近观察，角度及位置灵活选择，不利条件在于如水质较差，浑浊度高的情况下，效果不佳。

3 工程应用 pH

3.1 工程概况

某水闸布置在海塘内侧，闸室中心线距离海塘堤顶中心线约 250 m，水闸现场情况见图 1。水闸设计流量为 240 m³/s，落平潮开闸排涝时通过控制闸门开度控制过闸流量。闸室净孔总宽 24 m，采用 3 m×8 m，闸室为钢筋混凝土坞式结构。中孔闸门采用升卧门、液压启闭机；边孔闸门采用潜孔直升门、卷扬式启闭机；3 孔均各自备有一扇应急闸门，共 6 扇闸门。

图 1 水闸现场情况

闸室顺水流向长 27 m，垂直水流向宽 29.6 m。闸室底槛高程−1.0 m，闸底板采用厚度为 1.6 m 的平底板，中墩厚 1.6 m，边墩厚 1.2 m。在边孔闸门及应急闸门之间设置胸墙，底高程 4.7 m。外河侧闸墙顶高程 9.80 m。启闭机室设于排架上，宽 7 m，地面高程 14.2 m。

3.2 作业计划

根据工程实际情况布置测点及测线位置，对水闸门槽、钢闸门外观及消力池、海漫段、防冲槽等水下结构进行检测。

ROV下放后的位置就在桥和闸门的中间区域，先进行左侧闸门区域检测，使用二维导航声呐进行避障扫描，同时使用侧扫声呐进行图像检测，ROV尽量靠近水下结构，以获得较为清晰的图像信息，水平方向每50 m检测一次，垂直方向布置3条测线，间距为8 m，门槽位置进行单独检测，测线位置布置见图2。设备布放区域选择水闸下游左侧空地，电源使用水闸操作室内配电箱供电。

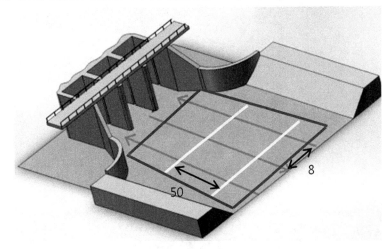

图2　测线位置布置

3.3　作业准备

在项目作业前，需要对ROV主机的密封性、通电性能、摄像头、扫描声呐、灯光等方面进行检查。另外，需要仔细检查供电缆是否存在缺口、破裂或其他缺陷等损坏情况。

（1）根据测试现场布置图进行场地布置。

（2）密封性检查。

（3）通电性能检查。按照一定的顺序连接ROV设备各个组成部分，将地面控制台放置在操作台上，依次连接脐带缆、地面控制台、电源线、外置记录与监视设备，打开主电源，测试各部分设备通电是否正常。

（4）操作功能检查。通过地面控制单元对ROV主机的摄像头上下移动测试、照明灯测试、罗盘和深度计测试等。

3.4　检测成果

（1）采用三维全景成像声呐对闸室部位水下结构进行检测，现场点位布置如图3所示。由于三维全景成像声呐量程为0.4~30 m，最优量程为0.4~20 m，为消除盲区，此次三维全景成像声呐共设置12个站点，扫测顺序如图3中序号所示，对闸室水下结构进行全覆盖扫描。

通过三维声呐形成的点云数据分析，如图4、图5所示，1~3号闸室情况基本良好，仅在1号闸门左前方下部存在少量碎石块，碎石块距离墩墙约2.2 m，距离检修门槽约3 m，长约0.38 m，宽约0.26 m。因该闸门日常开启频次较少，容易导致淤积情况出现。

（2）对于水闸外海部分的水下结构，如水闸闸室、消力池、海漫段、防冲槽等采用ROV搭载多波束系统进行检测，区别于三维声呐的定点扫测，水下多波束系统能够更好地反映水下地形地貌情况。根据采集到的数据，对多波束成果与三维声呐成果进行拼接，形成水闸外海部分情况整体三维图，如图6所示，水闸闸室、消力池、海漫段、防冲槽水下结构整体情况良好，没有明显淤积或者冲刷掏空现象。

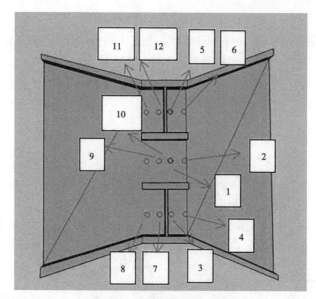

图 3 三维声呐测点位置布置

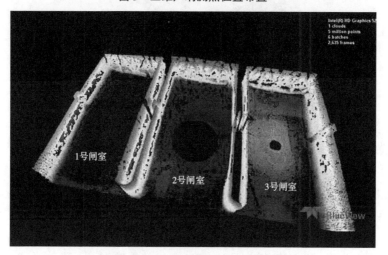

图 4 水闸闸室整体三维点云图

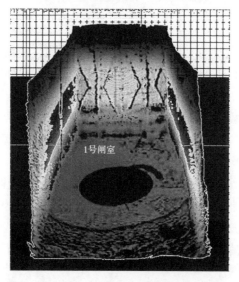

图 5 3 号闸室三维点云图

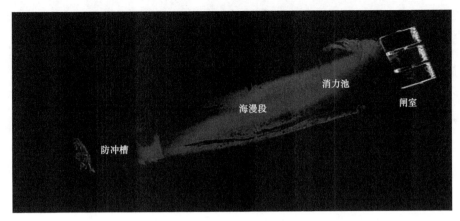

图6 水闸外海部分整体三维图

（3）水下图像声呐技术作为避障声呐，指导作业人员操作ROV运行，同时也能够实时反映水下情况，生成并且存储为图像。水下摄像技术用于重点部位详查，如门槽、翼墙伸缩缝、底板伸缩缝等结构交界处，检查情况为墩墙、边墙未见明显冲刷、掏蚀，止水材料未见明显变形及破损，由图7可看到墩墙和边墙从闸室底板开始向上30 cm区域内都普遍有大量海生物附着现象。

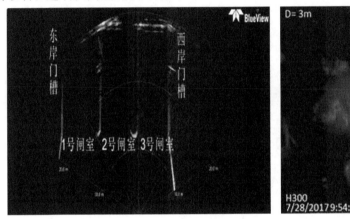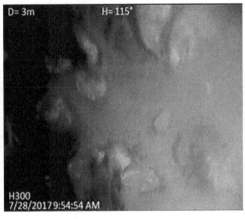

图7 水下图像声呐及水下摄像成果

4 结论

（1）相对于传统检测方式，水下机器人技术具有作业灵活、工作高效的优势，可以从图片、视频、三维点云图等方面直观反映水工建筑物水下结构的运行情况，为水工建筑物的运行管理及安全评价工作提供依据。

（2）现实情况下应用仍存在不足情况，需要针对性地解决。对于内河工程，如果水体浊度高、悬浮物多，需要影像数据显示水下结构直观情况时，可以考虑ROV携带造清设备作业，例如清水镜、排水泵。另外，现场环境较差，水面存在垃圾悬浮物情况下，应考虑杂物缠绕对设备操作的影响；对于海洋工程，ROV导航及定位问题，可考虑采用超短基线、短基线等技术。一般海洋作业环境较内河差，考虑ROV搭载设备的能力及抵抗海流能力[5]。

（3）下一步可以对水下机器人自动化及通信技术进行研究提高，从而实现水下机器人自动巡检，采集日常工作信息并能够完成对于水下结构的加固维修工作，这对于确保水工建筑物安全管理及良好运行具有重要的经济意义。

参考文献

[1]徐刚.水下机器人在福建水电工程水下建筑物质量检测中的应用[J].水利水电快报，2019，40（11）：60-61.

[2] 杨志，王建中，范红霞，等．三维全景成像声呐系统在水中细部结构检测中的应用［J］．水电能源科学，2013
  （3）：62-64.

[3] 普中勇，赵培双，石彪，等．水工建筑物水下检测技术探索与实践［J］．云南水力发电，2020（5）：30-33.

[4] 沈勤．水下机器人技术在水利工程检测中的应用［J］．中国战略新兴产业，2018（9）：157-158.

[5] 李永龙，王皓冉，张华．水下机器人在水利水电工程检测中的应用现状及发展趋势［J］．中国水利水电科学研
  究院学报，2018，16（6）：586-589.

利用计算机编程对检验检测标准进行快速查新

聂　旭　　陈燕林

（华北水利水电大学，河南郑州　450045）

摘　要： 根据《检验检测机构资质认定能力评价 检验检测机构通用要求》（RB/T 214—2017）中第 4.5.14
款"检验方法的选择、验证和确认"的要求，需要确保使用标准的有效版本。本文对于如何快速
查新进行了一些方法上的研究，发现通过计算机编程可使相关人员能够快速进行标准的查新，从
而节省大量的时间。

关键词： 标准查新；计算机编程

标准是检验检测机构评判产品质量的基础、准则和依据，也是质量保证体系中最重要的受控文件
之一，如果使用作废失效的标准，产品质量将不能得到保证。随着科技的发展，技术标准也是快速更
新。根据《检验检测机构资质认定能力评价 检验检测机构通用要求》（RB/T 214—2017）[1] 中第
4.5.14 款"检验方法的选择、验证和确认"的要求，需要确保使用标准的有效版本。检验检测机构
为了确保使用标准的有效版本，需要相关人员经常进行标准的查新，且查新频率不能过低。目前，对
标准的查新通常有以下三种途径。

1　在当地的标准研究院进行标准查新

通常，我们可以到当地的标准研究院进行标准的查新，最后会收到一份正式的标准有效性验证报
告，上面会显示目前机构正在使用的标准是否为有效现行版本。但存在两点不足：第一，这种查新一
般都是有偿服务，各地收费标准不同，一般是 30 项以内 300 元，超出部分每项 5 元。而目前较大的
检验检测机构需要用到的标准数动辄都在百条以上，每次查新花费较多；第二，报告中一般只显示标
准目前的状态是否现行有效，并不提示该标准是否近期有变更，不能为机构进行有效提醒。

2　个人手动查新

除到标准研究院查新获得正式的报告外，个人也可在网站上进行查询。首先选择一个可以查询标
准有效性的网站，然后将需查询的标准逐条手动输入并查询。这种方法可以看到该标准的当前状态是
否现行有效，也可以看到是否有新的版本要替代它，从而为接下来的收集资料、标准变更验证等工作
提供足够的时间支持。对于需要查询的标准数目不是很多的情况，这种方法是可以接受的，可以每日
一查，或者一周一查。但是若需查询的标准数量较多，如百条以上，那么这种方法的不足之处也很明
显，就是查询时间过长，且都是机械性的重复工作，容易让人产生疲劳，导致漏查的情况发生。

3　计算机编程快速查新

当前电脑、手机和互联网已经融入了普通人的日常生活当中，它们给人类生活带来了非常大的便
捷。其中利用计算机语言编制的程序代码可以非常迅速准确地帮助人们处理一些重复性的工作，那么
像标准查新这种工作是否也能让程序来帮助进行？答案是可以的，笔者经过对计算机语言的学习，发

作者简介： 聂旭（1984—），男，实验师，主要从事水利工程质量检测管理工作。

现了不少计算机语言是可以进行这类工作的，比如 Python 和 Excel 中自带的 VBA 都可以达到类似的目的。在此以 Python 语言为例，对如何用程序进行标准的查新进行一个简单的介绍。

Python 是一门编程语言，能够帮助我们更好地与计算机沟通。它拥有很庞大的免费代码库，可以提供较多的资源以实现自己想要的功能，尤其它是现在比较流行的人工智能、大数据分析的重要支持语言。利用 Python 中的一些模块（Python 中的库），可以帮助我们实现自动从网络获取资源的功能。它的主要步骤有四个：获取数据、解析数据、提取数据和储存数据[2]。

（1）获取数据。程序可以根据我们提供的网址，向网站发起请求，然后返回数据。

以下为代码示例（#后的内容为对该条代码的解释）：

import requests

#引入 requests 库，该库可以模拟浏览器向网站服务器发出请求

res = requests. get （'http：//www…………'）

#小括号内为查询标准的具体网址，要查询的标准名称可直接写在网址的最后。通过 requests. get 方法获取网站返回的数据，并存入到变量 res 中。

（2）解析数据。程序会把网站返回的数据解析成我们能读懂的格式。

以下为代码示例（#后的内容为对该条代码的解释）：

from bs4 import BeautifulSoup

#引入 BeautifulSoup 库（又称"美丽汤"），该库可以将网站返回的 HTML 源代码翻译成我们能看懂的格式。

soup = BeautifulSoup （res. text，'html. parser'）

把网页解析为 BeautifulSoup 对象。

（3）提取数据。程序从返回的数据中再提取我们所需要的数据。

提取数据仍需用到 BeautifulSoup 库，这里就不需要再重复引用了。

以下为代码示例（#后的内容为对该条代码的解释）：

item = soup. find （'div'）

#通过定位标签和属性提取我们想要的数据。假设需要的内容如标准的有效性信息和替代标准信息在网页上首个<div>标签后，则使用 find （）方法提取首个<div>元素，并放到变量 item 里。这里需要打开浏览器上的网站，进入相应网页，右键点击"查看网页源代码"，对源代码的内容进行分析。

Standard = item. text

#该代码可以获取<div>标签中的文本信息，并将获取的信息存入到变量 Standard 中。

（4）储存数据。程序把提取到的有用数据保存起来，便于日后的使用和分析。我们可以将获取的信息存入记事本或 Excel 中。

以下为代码示例（#后的内容为对该条代码的解释）：

file = open （'./1. txt'，'w'，encoding ='utf-8'）

该代码可以创建一个名字为"1. txt"的 txt 文件。

file. write （Standard）

该代码可以将变量 Standard 中包含的内容写入 1. txt 文件中。

file. close （）

#该代码为关闭 txt 文件。

以上为查询单个标准的代码，若要查询较多标准，可以将所有的标准代号都存入一个列表中，然后使用 Python 中的 for 循环，即可自动将查询的标准代号一个一个代入到网址中，重复上述四个步骤进行查询并获取结果。

需要注意的是，用该种方法会快速进行查询，如果需查询的标准数量过多，会给网站带来很大的压力，有些网站并不允许运用这种方法获取信息，我们可以在查询的网址后加入"/robots. txt"来查

看该网站是否同意用这种方式。建议每个标准查询后让程序暂停几秒后再查询，可使用代码：

time. sleep（2）

#这个代码可使程序暂停 2 s 后再运行。

4　结语

标准查新应该根据具体的工作需要选择适合的方法进行。要获取具有权威性的查新报告还是要到标准研究院；如果是日常的标准查新，标准数量少的则可以自行到网站查询；若标准数量较多，则可以利用计算机编程使操作自动化，从而减轻工作量。

参考文献

［1］检验检测机构资质认定能力评价 检验检测机构通用要求：RB/T 214—2017［S］.

［2］崔庆才．Python3 网络爬虫开发实战［M］．北京：人民邮电出版社，2018.

弧形钢闸门检测与安全鉴定技术方案探究

郭今彪　陈　崑

（上海勘测设计研究院有限公司，上海　200434）

摘　要：闸门作为水工建筑物的重要组成部分，用以拦截水流、控制水位、调节流量等，而弧形钢闸门作为工作闸门中的一种重要闸门形式，其安全运行是有效防洪及供水保障的关键，其运行状态直接关系到水利工程设施和下游居民生活及工农业生产的安全。因此，对弧形钢闸门的检测及安全鉴定在一定程度上保障了弧形钢闸门的安全运行[1-3]。本文借以某倒虹吸大型弧形钢闸门的检测及安全鉴定来探讨弧形钢闸门的具体检测技术方案。

关键词：弧形钢闸门；检测及安全鉴定；检测方案

1　弧形钢闸门概况

某倒虹吸起止桩号为 K526+148—K526+415，总长度 267 m，其中进口渐变段长 34 m、进口闸室段长 17 m、管身段水平投影长 222 m、出口闸室段长 20 m、出口渐变段长 70 m，设计流量为 317 m^3/s，加大流量 386 m^3/s。弧形钢闸门形式为露顶式，最大壅水水头、启闭水头（设计水头）为 7.648 m。吊点类型为双吊点，吊点距 6.5 m，闸门启闭条件为动水启闭，孔口尺寸 7.0 m×8.0 m（宽×高），启闭机采用 QHLY2×320kn-4.412 m 液压。

弧形钢闸门所采用结构材料设计为 Q355 碳素钢，其许用应力为：213.75 MPa（$\delta \leqslant 16$ mm），213.75 MPa（$\delta = 16 \sim 40$ mm）；所采用支铰材料为 ZG3570，其许用应力为：128.25 MPa（$\delta \leqslant 100$ mm）。

2　检测方案简述

弧形钢闸门的检测依据《水工钢闸门和启闭机安全检测技术规程》（SL 101—2014）、《水电工程启闭机制造安装及验收规范》（NB/T 35051—2015）及《水利水电工程金属结构报废标准》（SL 226—98）等[4-10]内容如下。

2.1　基本检测

（1）弧形钢闸门巡视检测以目测为主，辅以数码相机等工具了解闸门整体运行状况、闸门附属设施的完备性及工作有效性。

（2）弧形钢闸门外观检测以目测为主，辅以相应量测、拍照工具，对闸门的尺寸、外观形态及锈蚀情况进行评估。

（3）弧形钢闸门腐蚀检测采用 CTS-30C 超声波测厚仪、MPO 涂层测厚仪等量测工具对闸门面板、主梁、纵梁等主要构件的腐蚀量进行检测，以此了解闸门各主要构件的锈蚀状况，确定构件的蚀余量，为之后结构受力情况的分析提供必要的数据。

（4）弧形钢闸门无损检测采用 EPOCHLTC 超声探伤仪非破坏性地探测构件焊缝部位内部缺陷的大小、形态及分布状况，依据弧形钢闸门焊缝类别及主要受力特点，选取弧形钢闸门面板、支臂主要

作者简介：郭今彪（1993—），男，助理工程师，主要从事基桩检测及水利工程实体检测工作。

受力焊缝部位进行检测，距离-波幅曲线利用 CSK-ⅢA 试块实测，检测长度一类焊缝 3 880 mm，二类焊缝 8 340 mm，检测比例：一类焊缝 50%，二类焊缝 25%。

2.2 弧形钢闸门振动特性及振动分析

通过静动态测试分析系统 C-52、C-53 测试弧形钢闸门的振动特性、检测弧形钢闸门在运行状况下的振动特性，分析其在运行过程中是否会产生共振现象。

2.3 弧形钢闸门静动应力检测

弧形钢闸门静动应力检测采用静动态测试分析系统，分析弧形钢闸门处于全闭状况下的静应力及在全开至全闭、全闭至全开此两种状况下的动应力，以此来判断其应力是否超过闸门材料的许用应力。

2.4 弧形钢闸门有限元计算分析

通过 ANSYS 有限元软件建立弧形钢闸门有限元模型，进行有限元计算，分析弧形钢闸门在设计水头工况下的各主要构件的应力及变形情况，以此从理论上判断弧形钢闸门所受的应力、变形是否超过其允许范围。

3 具体检测方案设计及结果分析

3.1 弧形钢闸门基本检测结果分析

（1）弧形钢闸门巡观。闸门运行平稳，启闭无卡阻，无明显振动现象，锁定状况时，止水橡皮与止水座板接触部位良好。

（2）弧形钢闸门外观。闸门结构完整，门体未见明显变形、扭曲等影响闸门安全运行的异常状况；表面涂层基本完整；闸门连接螺栓损伤、变形、缺件及紧固状况等未见异常，局部螺栓孔或压板轻微锈蚀、静磁栅螺栓锈蚀；闸门止水装置及支撑行走装置良好，未见漏水现象；锁定装置及闸门埋件未见异常；闸门吊耳附近活塞杆表面水垢较多。

（3）弧形钢闸门腐蚀检测。闸门面板、主梁、纵梁、边梁及支臂的平均锈蚀量在 0.17~0.63 mm，表面涂层基本完好，金属表面无麻面现象，蚀坑不明显，构件无削弱。综合评定为 A 级。

（4）弧形钢闸门无损检测。抽检各主要构件的对接焊缝共 23 条，检验长度在 280~1 500 mm，评价为合格。

3.2 弧形钢闸门振动特性和振动测试方案设计及结果分析

3.2.1 弧形钢闸门振动特性测试方案设计

（1）测试工况设计。

采用工作模态测试技术对弧形钢闸门原型进行模态测试。试验时，弧形钢闸门处于关闭挡水状态，利用闸门前的波浪脉动、相邻闸孔泄流振动等挡水状态的工作载荷激励，测量此时闸门结构振动响应，并利用识别算法，求解闸门的自振频率、阻尼比及其基本振型等模态参数。

（2）弧形钢闸门模态测试的测点布置设计。

弧形钢闸门模态测试的测点布置充分遵循结构对称性原则。本次弧形钢闸门测点布置如图 1 所示。①垂直水流水平方向模态测点共 6 个，测点布置支臂部位；②水流方向模态测点共 17 个，测点按对称布置在门叶其中一侧。

试验完成 2 批测试数据，第一批测点为 C1~C12，第二批测点为 C13~C19，C2 为参考点。

（3）前 6 阶固有频率及阻尼比测试结果分析。

通过检测得出前 6 阶固有频率及阻尼比数据如表 1 所示，与之后振动测试数据比较，以此判断其是否会发生共振危害。

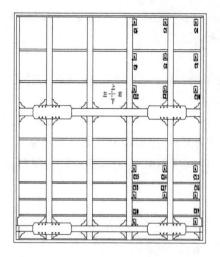 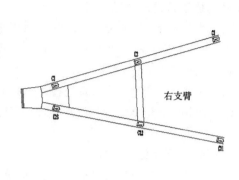

图 1　弧形钢闸门振动特性测点布置

表 1　前 6 阶固有频率及阻尼比测试数据

阶数	固有频率/Hz	阻尼比/%	阶数	固有频率/Hz	阻尼比/%
1 阶	16.58	1.115	4 阶	66.35	0.849
2 阶	26.34	1.328	5 阶	72.37	1.091
3 阶	51.73	1.210	6 阶	82.55	1.274

3.2.2　弧形钢闸门振动响应检测方案设计及结果分析

（1）测试工况设计。

结构振动响应测试，通过测得弧形钢闸门在不同开度下流激振动情况，找出弧形钢闸门运行过程中的振动响应变化规律。本次检测时闸门上下游水头为 7 000 mm，弧形钢闸门从高度 6 000 mm 下调 1 500 mm 至目标开度 4 500 mm。

（2）弧形钢闸门振动响应测试的测点布置设计。

弧形钢闸门振动响应测试的测点布置充分遵循结构对称性原则。本次弧形钢闸门测点布置位置及方式如表 2 及图 2 所示。

表 2　测点布置方式及位置

测点编号	构件	观测量	传感器	主轴方向
测点 7	上主梁	振动位移及其频率	速度传感器 积分放大器	垂直水流的门叶弧面切线方向
测点 8	上主梁			顺水流方向
测点 1	上支臂翼板	振动加速度及其频率	加速度传感器	垂直水流方向（水平侧向）
测点 2	上支臂翼板			垂直水流方向（水平侧向）
测点 3	边梁翼板			顺水流方向
测点 4	纵梁翼板			顺水流方向
测点 5	面板			顺水流方向
测点 6	主梁翼板			顺水流方向

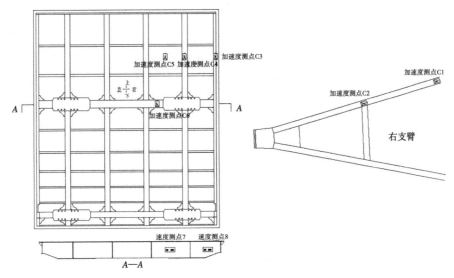

图2 测点布置

（3）振动响应测试结果分析。

通过振动测试数据与3.2.1振动特性数据比较是否有相同或相接近数据，以此判断弧形结构钢闸门在运行过程中是否会产生共振危害。本次弧形钢闸门在开度由6 000~4 500 mm运行过程中，在水流激励的作用下，其振幅稳定，并且无持续增大的趋势，且振动频谱图中不存在与结构固有频率相近的周期成分，且振动位移可忽略不计，因此弧形钢闸门在该工况下未发生共振。

3.3 弧形钢闸门静动应力检测方案设计及结果分析

3.3.1 弧形钢闸门静应力检测方案设计

（1）弧形钢闸门测试工况设计。

根据弧形钢闸门现实调度情况的迥异，首先让闸门在完全开启（关闭）且处于锁定状态下各参数清零，其次按调度需要令弧形钢闸门分数步下调（上调）至全关（全开），每步下调（上调）间隔一定时间，在此过程中采集相应的静应力值。本次弧形钢闸门分5步下调至目标开度为0 mm，闸门全开状态时，开度为8 345 mm，每次下调1 669 mm，每次下调均停留30 min，闸门上下游水头为7 000 mm。在闸门完全落到底，采集相对静应力值。

（2）测点布置设计。

测点位置宜布置在结构主要受力部位。经对弧形钢闸门结构受力计算，选取本次弧形钢闸门测点布置如图3所示，此类型弧形钢闸门可参考本次弧形钢闸门布置。

（3）检测结果分析。

弧形钢闸门实测单向最大应力发生在测点1，即下主梁中间翼板位置，应力值为41.26 MPa，对三向应变花测出的应力值进行最大主应力计算，得出应变花最大主应力发生在测点19、测点20、测点21，即下主梁腹板靠近左侧边梁位置，最大主应力值为19.39 MPa，最小主应力值为−3.27 MPa，主应力夹角为−0.036°，且弧形钢闸门面板、边梁、支臂等其他主要构件在本次实测水位下所测得应力均未超过闸门材料Q355钢的许用应力。

3.3.2 弧形钢闸门动应力检测方案设计及结果分析

（1）弧形钢闸门测试工况设计。

弧形钢闸门开启（关闭）方式与静应力设计相同，在此过程中采集相应的动应力值。本次弧形钢闸门分5步下调至目标开度为0 mm，闸门全开状态时，开度为8 345 mm，每次下调1 669 mm，每次下调间隔30 min，闸门上下游水头为7 000 mm；闸门全关后，维持5 min，将弧形钢闸门分5次全开，每次上调1 669 mm，每次上调间隔30 min，恢复至原始开度，在闸门整个行程过程中，采集相

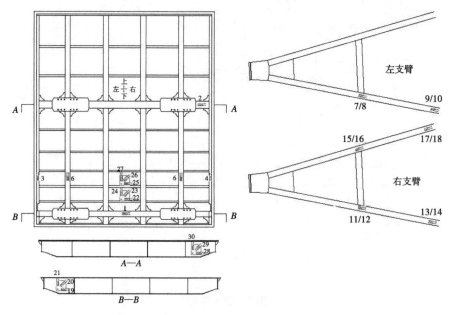

图 3　静应力测试测点布置

应动应力值。

（2）弧形钢闸门动应力测试测点布置设计。

布置原则同静应力。本次弧形钢闸门动应力测试测点布置如图 4 所示。

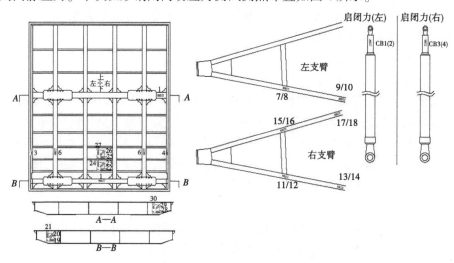

图 4　弧形钢闸门动应力测试测点布置

（3）检测结果分析。

弧形钢闸门在全开至落到底的过程中，最大应力值发生在测点 1，即下主梁中间翼板位置，应力值为 48.46 MPa；在落到底至全开的过程中，最大应力值发生在测点 19，即下主梁腹板靠近左侧边梁位置，应力值为 54.68 MPa，弧形钢闸门面板、边梁、支臂等其他主要构件各动态测点的最大工作应力值均小于其材料的许用应力，强度满足使用要求。

3.4　弧形钢闸门有限元数值计算模拟

为了从理论上验算弧形钢闸门的强度情况，采用 ANSYS 有限元软件对弧形钢闸门进行了有限元计算分析，一般选取最大水头下闸门的受力及变形情况。本次为在设计水头（7.648 m）的受力及变形情况分析。

3.4.1　弧形钢闸门三维模型的建立

依据相关资料及图纸在 Pro/E 中建立三维模型，具体如图 5 所示。

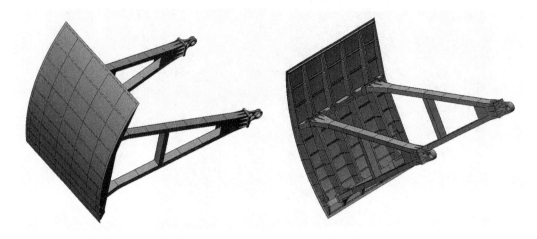

图 5　弧形钢闸门三维模型视图

3.4.2　弧形钢闸门有限元模型的建立

（1）模型的导入。

Pro/E 模型以 step 格式导入 ANSYS，经过对比验证，导入模型正确，如图 6 所示。

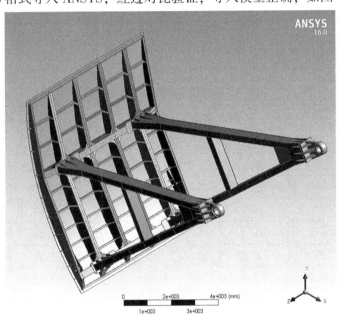

图 6　ANSYS 中弧形钢闸门模型

（2）单元体选择。

弧形钢闸门仿真分析选择 solid45 单元体，通过网格划分，共划分成 50 455 个单元。

（3）结构尺寸及材料特性。

结构尺寸按设计图纸及实际检测取用，计算时，弹性模量 $E = 2.06 \times 10^5$ MPa，泊松比 $\mu = 0.3$。

（4）约束处理。

闸门底部受到铅垂方向的支撑约束，两支铰处采用轴向和径向固定、转动自由的铰支约束，除此之外，所有节点均为自由节点。

（5）载荷的确定和施加。

计算载荷主要考虑在闸门上的静水压力和闸门自重，有限元计算时按照设计图纸上的计算水头 7.648 m 计算。加载方式如图 7 所示。

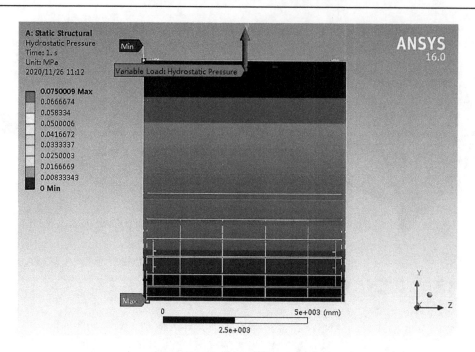

图 7　弧形钢闸门载荷加载方式

3.4.3　弧形钢闸门仿真及计算结果分析

弧形钢闸门有限元计算结果如表 3 所示，主要结构应力及位移分布云图如图 8~图 15 所示。

表 3　弧形钢闸门有限元计算结果

序号	部件名称		最大当量应力值/MPa			最大变形值/mm		
			仿真值	许用值	结果	变形	许用值	结果
1	面板		28.3	213	满足要求	3.76	26.8 $L/250$	满足要求
2	顶梁		23.9	152	满足要求	1.75		
3	底梁		80.9		满足要求	2.97		
4	上主梁	前翼板	109.8	213	满足要求	2.59	11.2 $L/600$	
		腹板	117.2			2.59		
		后翼板	35.6			2.62		
5	下主梁	前翼板	92.4		满足要求	3.18		
		腹板	60.2			3.29		
		后翼板	33.7			3.39		
6	次横梁		76.4	152	满足要求	3.76	26.8 $L/250$	
7	边梁	前翼板	34.9	213	满足要求	2.79		
		腹板	65.1			2.79		
		后翼板	52.5			2.79		
8	纵梁	腹板	162.5		满足要求	3.61		
		翼板	107.6			3.62		
9	支臂		84.7		满足要求	2.71		
10	支铰		41.8	128	满足要求	0.14		

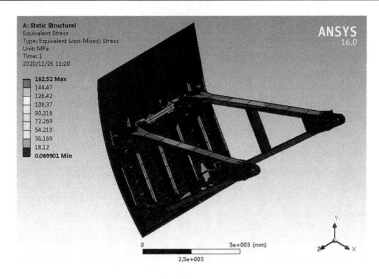

图 8　闸门整体当量应力分布云图

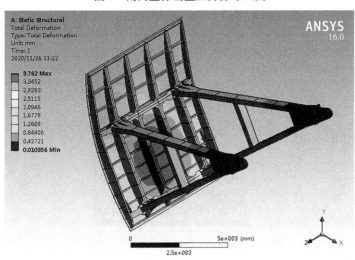

图 9　闸门整体变形分布云图

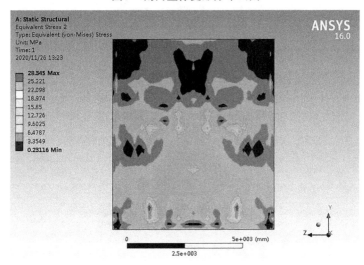

图 10　闸门面板当量应力分布云图

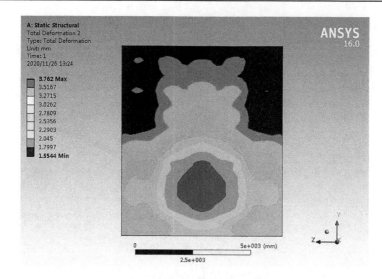

图 11 闸门面板位移分布云图

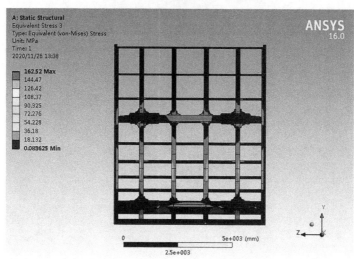

图 12 门叶梁系当量应力分布云图

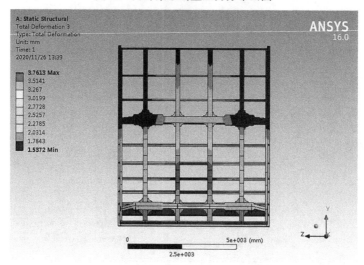

图 13 门叶梁系位移分布云图

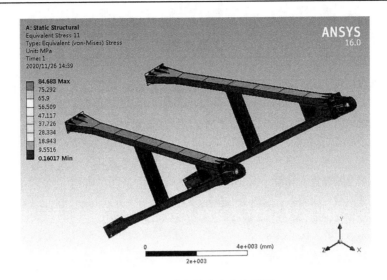

图 14　支臂当量应力分布云图

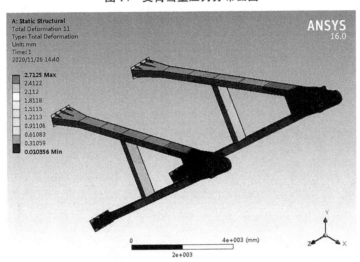

图 15　支臂位移分布云图

　　根据表 3 及图 8~图 15 可知，弧形钢闸门各主要构件的最大当量应力值均小于 Q355 校核许用应力值，最大变形值均小于规范的许用刚度值。

4　结论

　　借以某倒虹吸大型弧形钢闸门的检测及安全鉴定，进一步完善目前弧形钢闸门的检测及安全鉴定中的技术方案，即除了指出了基本检测项目，还详细介绍了弧形钢闸门服役时的振动特性、结构应力及变形情况等的检测及评价方法，主要为模态特性及振动的具体的测试方法，以及运行状况下，弧形钢闸门应力测试的测点布置及结构受力检测方式，此外，为了进一步验证弧形钢闸门受力状态，本文采用了 ANSYS 有限元软件对其在最不利的水头下的受力状况进行了模拟，进一步从理论上验证弧形钢闸门所受应力及其变形状况。由此可以比较全面地了解此类型现役大型弧形钢闸门目前所处的状态。

　　通过对弧形钢闸门检测及安全鉴定技术方案的探讨，进一步明确了此类型闸门的检测及安全鉴定方法，为之后类似的弧形钢闸门的检测与鉴定提供一定的借鉴。

参考文献

［1］赵益佳，曹平周，张贺，等．小南川水库弧形工作钢闸门安全检测与评估［J］．中国农村水利水电，2018（8）：149-154.

［2］段晓惠，汪术明，黄鸣钊，等．水工钢闸门安全检测探讨［J］．水电自动化与大坝监测，2004，28（2）：60-61，30-32.

［3］陈伟．大型箱型结构水工钢闸门检测和安全鉴定技术路线［J］．江苏水利，2013（12）．

［4］水工钢闸门和启闭机安全检测技术规程：SL 101—2014［S］．

［5］水工金属结构制造安装质量检验通则：SL 582—2012［S］．

［6］水利水电工程金属结构报废标准：SL 226—98［S］．

［7］水工金属结构防腐蚀规范：SL 105—2007［S］．

［8］焊缝无损检测超声检测技术、检测等级和评定：GB/T 11345—2013［S］．

［9］水利水电工程钢闸门设计规范：SL 74—2019［S］．

［10］水利水电工程钢闸门制造安装及验收规范：GB/T 14173—2008［S］．

相控阵超声检测技术在水工钢闸门焊缝检测中的优势

潘　宏　邬　钟　黄　立　张恩明

(珠江水利委员会珠江水利科学研究院，广东广州　510610)

摘　要： 为解决水利工程钢闸门重要受力焊缝的超声检测结果记录和缺欠检出率问题，提出将相控阵超声检测技术应用于水工钢闸门重要受力焊缝的无损检测方法。利用工程试板进行试验，使用常规超声检测、TOFD 超声检测两种技术进行验证，对同一焊缝的缺欠检测结果记录及缺欠检出率等检测关键指标进行比较。结果验证了相控阵超声检测技术在水工钢闸门焊缝检测中声束能更好地覆盖、结果记录直观、定量准确、不连续发现率高，为相控阵超声检测在水利行业钢闸门焊缝检测中提供了重要的依据。

关键词： 相控阵超声检测；无损检测；钢闸门

1　引言

水工钢闸门是航运枢纽、水闸及泵站的重要挡水结构，其作用是调控流量、泄洪、排污、排漂，钢闸门由钢板拼焊或型材焊接成型，因焊缝内部存在不连续从而导致应力集中，造成结构的整体性破坏，机械性能（特别是强度）明显下降，这对于受复杂应力作用的钢闸门是极其危险的。目前一些钢闸门制造安装及验收规范中提出对于重要的焊缝按一定的比例进行衍射时差法（TOFD）超声波检测或射线检测（见表1），这使得 TOFD 超声波检测在水利水电工程中得到了推广，如大藤峡水利航运枢纽人字闸门端板对接焊缝，就采用了 TOFD 对焊缝进行了检测。但因为 TOFD 扫查架尺寸受限，仅适合较长的对接焊缝，对于闸门边梁翼板与主梁翼板对接焊缝而言，焊缝长度都比较短，TOFD 超声检测中扫查架空间位置受限，无法放置扫查架，从而无法对焊缝进行 TOFD 超声波检测，导致闸门在挡水、泄水过程中存在一定的潜在风险。

表 1　水工钢闸门检测方法及比例

钢种	板厚/mm	脉冲反射法超声波检测		衍射时差法超声波检测或射线检测	
		一类	二类	一类	二类
碳素钢	<38	50%	30%	15%，且≥300 mm	10%，且≥300 mm
	≥38	100%	50%	20%，且≥300 mm	10%，且≥300 mm
低合金高强钢	<32	50%	30%	20%，且≥300 mm	10%，且≥300 mm
	≥32	100%	50%	25%，且≥300 mm	10%，且≥300mm

随着时代的发展，NDT 领域在大时代潮流的推动下，许多新兴的技术出现在更多的检测人员视线中，其中相控阵超声检测技术以声束精确可控、灵活性强、缺陷以图像形式显示、直观可永久记

作者简介：潘宏（1995—），男，工程师，主要从事水利工程检测工作。

录、重复性好，可获得更高的灵敏度、更好的信噪比、更高的检测分辨率、更快的检测速度等特点，在各行各业的检测领域中得到了广泛的应用。

2　相控阵检测基本原理

相控阵超声检测技术从惠更斯原理出发，推导出辐射声场延迟叠加计算公式。阵列探头是实现相控阵技术的要素，通过费马原理计算各阵元到聚焦点的超声传播路径，确定声线的入射点和角度，根据不同声线的时间差确定延迟法则。

2.1　相控阵超声探头

相控阵超声探头可以将多个独立的阵元按照一定的排列方式组合成某种特定的阵列（线型阵列、二维矩阵、环形阵列等）（见图 1），每个阵元均可看作是一个可独立工作的换能器。时间、速度、声速变量函数关系式按式（1）计算：

$$t = \frac{S}{v} \tag{1}$$

式中：t 为时间；S 为声程；v 为声速。

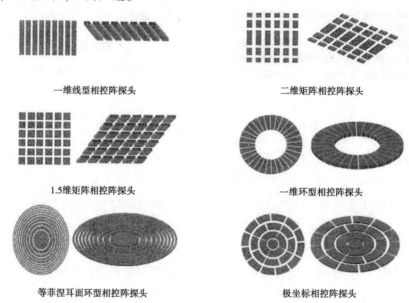

一维线型相控阵探头　　　　　　　　　　二维矩阵相控阵探头

1.5 维矩阵相控阵探头　　　　　　　　　　一维环型相控阵探头

等菲涅耳面环型相控阵探头　　　　　　　　极坐标相控阵探头

图 1　不同类型的阵列组合

通过换能器控制阵元的激励顺序及延时，即改变阵列中不同阵元之间的驱动脉冲信号的相对延时 Δt（延时法则），就可以使得相控阵通过电子元件在不改变阵元运动状态的情况下声束朝不同方向偏转[1]，从而达到我们预期的声束方向。

2.2　相控阵超声声束的形成

相控阵超声波检测中，各个阵元通过不同的延时法则或聚焦法则，发出的超声波经过干涉叠加合成所形成的波阵面，从而达到预期的声束，声束既可发散又可聚焦（见图 2）。与传统超声波探头相比有所不同，相控阵超声通过不同的阵元组合与不同的聚焦法则相互结合，形成了 3 种独特的工作方式，即电子扫描、扇形扫描、动态聚焦[2]。

2.3　相控阵超声成像

相控阵超声成像是通过扫描接收信号，经过设备对信号处理，再进行图像重构的方式进行。相控阵超声检测显示信号主要可分为 5 种，即 A 扫显示、B 扫显示、C 扫显示、D 扫显示、S 扫显示[3]。除此之外，相控阵超声的图像显示还有极坐标图、TOFD 图、带状图以及各种组合图形。

A 显示反映的是超声波传播的声程相关的超声脉冲波形（幅度）的显示；B 显示反映的是超声波

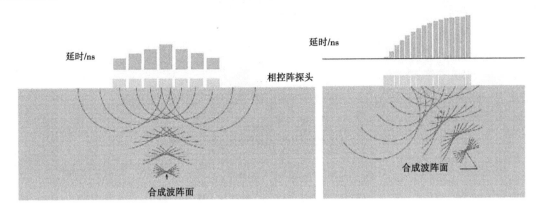

图 2　相控阵超声检测声束的聚焦和偏移

传播方向的断面图；C 显示所反映的是检测部件的平面视图或者顶视图；D 显示与 B 显示类似，但视图与 B 显示方向垂直，即 B 显示表示扫查轴与时间的关系，D 显示表示进位轴与时间的关系[4]；S 显示的是声束做扇形扫描得到的图像。相控阵技术 S 显示可以用镜像原理解释及分析，将二次波辐射声场看作是实际探头 P 对应的 2 倍板厚底面虚拟探头 P' 在工件中产生的声场（见图 3）。

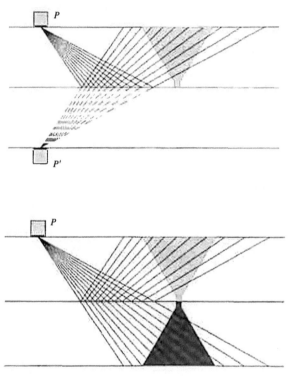

图 3　工件镜像

3　实验论证

3.1　试件准备

本文采用试验对象为 300 mm×300 mm×16 mm 规格的试块（见图 4），用试块模拟主梁翼板与边梁翼板对接焊缝，试板详细参数见表 2，超声波在碳素钢的声速为 3 240 m/s，检测等级为 B 级，验收等级为 2 级，相控阵超声波检测依据《无损检测 超声检测 相控阵超声检测方法》（GB/T 32563—2016）规定[6]，对焊缝一面双侧进行检测；常规超声波检测依据《焊缝无损检测 超声检测 技术、检测等级和评定》（GB/T 11345—2013）规定与相控阵超声检测方法一致[5,7]。

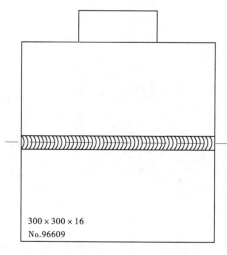

300×300×16
No.96609

图 4　300 mm×300 mm×16 mm 试块

表 2　试板参数

试件编号	No. 96609
试件材质	普通碳素钢
试块规格	300 mm×300 mm×16 mm
焊接方法	手工焊
坡口类型	双面 V 型
焊缝宽度	20 mm
钝边	2 mm
余高	≤2 mm

3.2　试验论证

3.2.1　相控阵检测参数及结果

选用多浦乐 Phascan 便携式相控阵超声检测仪,设备参数及检测结果见表 3,本次对试板检测共发现 3 处缺欠,A 侧与 B 侧均有显示,但 A 面更为明显,所以用 A 面对缺欠进行评定,根据零点位置,对缺欠依次编号,缺欠长度、深度及位置如表 3 所示,缺欠图谱如图 5~图 7 所示。

表 3　相控阵超声检测设备参数及检测结果

仪器型号		Phascan			
扫查装置	MOS01	扇扫角度步进			1°
扫查方式	S 扫+电子扫	步进偏置			−17 mm
校准方式	TCG	检测灵敏度			H_0-14 dB
聚焦方式	深度聚焦	表面补偿			3 dB
聚焦深度	32 mm	探头起始位置			21 mm
缺欠编号	缺欠距零点位置/mm	深度位置/mm	记录长度/mm	缺欠最大声压/dB	缺欠位置
1	18.3	1.2~4.1	40.8	$H_0-4.3$	焊缝中心偏 B 侧
2	131.7	2.7~5.6	28.8	$H_0-0.2$	焊缝中心偏 B 侧
3	216.8	1.9~4.5	48.2	$H_0+5.1$	A 侧坡口处

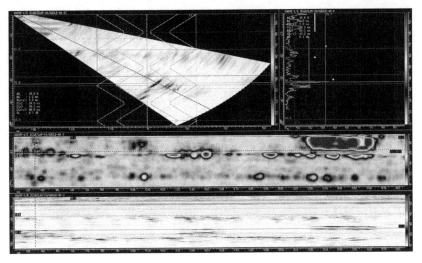

图 5 1#缺欠图谱

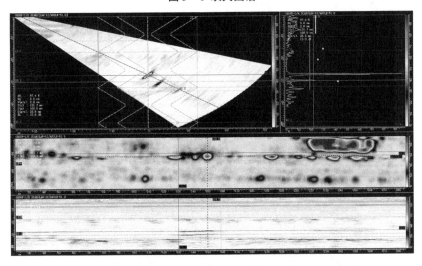

图 6 2#缺欠图谱

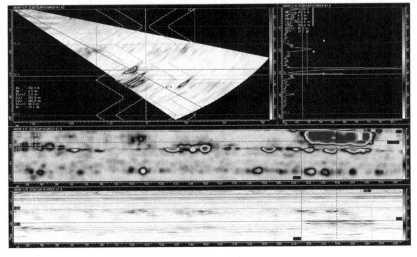

图 7 3#缺欠图谱

3.2.2 TOFD 检测参数及结果

本次 TOFD 试验选用的设备型号为武汉中科 HS810，采用 CSK-1A 试块对设备探头系统性能进行校准，采用 TOFD-A 对比试块进行调试，检测参数及结果见表 4，缺欠图谱如图 8、图 9 所示。

表 4 TOFD 设备参数及检测结果

材质		碳钢		焊缝种类		对接		焊缝宽度		20 mm	
焊接方法		手工焊		坡口形式		"X" 型		耦合剂		机油	
试块		CSK-1A/TOFD-A		表面状况		光滑		表面补偿		3 dB	
扫查器型号		HS810-7-MSCAN		编码器型号		TOFD-GZ-MSCAN		检测起始位置		75 mm	
探头及设置	通道	频率	晶片尺寸	楔块角度	探头延迟	探头中心距	时间窗口	灵敏度设置		扫查增量	扫查方式
	1	5 MHz	6 mm	63°	0.49 μs	21.3 mm	11.73~13.70 μs	直通波高60%		0.988 mm	非平行
检测结果	序号	焊缝厚度/mm	缺欠位置 X/mm	长度 L/mm	深度 d_1/mm	高度 h/mm	缺欠类别				
	1	16	134.3	28.7	5.5	3.0	埋藏				
	2	16	224.2	39.5	7.0	2.0	埋藏				

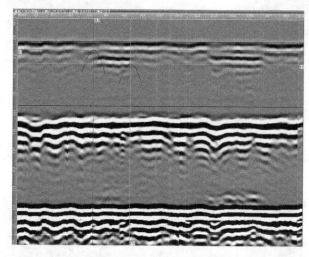

图 8 1# 缺欠 TOFD 图谱

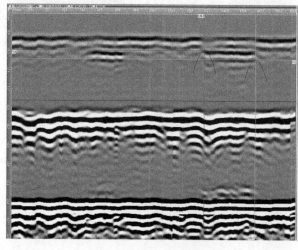

图 9 2# 缺欠 TOFD 图谱

3.2.3　常规超声波检测参数及结果

本次试验选择的设备型号为 HS700，试块为 1 号试块及 3 mm 横孔试块，传输修正为 3 dB，详细参数及成果见表 5。

表 5　常规超声波检测参数及结果

焊缝种类	对接				表面情况		打磨	
坡口形式	"X" 型				检验等级		B 级	
验收等级	2 级				耦合剂		机油	
探头类型	5P9×9A60（59.7°） 5P9×9A70（70.5°）				波型		横波	
标准试块型号	1 号试块				对比试块型号		3 mm 横孔试块	
扫查灵敏度	H_0-14 dB				传输修正		3 dB	
焊缝编号	检测长度	缺欠编号	x/mm	l_x/mm	h/mm	$\text{Max}H$/dB	Y/mm	显示特征	是否可接收
No. 96609	300 mm	1	16.7	40.6	2.4~3.8	H_0-4.7	-0.5	平面型	不可接收
		2	132.5	27.0	2.8~6.0	H_0-0.7	-0.5	平面型	不可接收
		3	215.3	44.0	3.2~5.1	H_0+4.6	+3.0	平面型	不可接收

注：x 表示缺欠起点位置；l_x 表示缺欠长度；h 表示缺欠深度位置；$\text{Max}H$ 表示最大回波幅度；Y 表示缺欠偏离焊缝中心位置。

3.3　试验结果分析

根据三种试验方法对数据进行分析，分别列出三个缺欠起点、长度、深度、缺欠自身高度、最大回波幅度及偏离焊缝中心线位置进行分析比较，数据对比见表 6~表 8。

表 6　1# 缺欠数据分析对比

试验方法	缺欠起点/mm	缺欠长度/mm	缺欠深度/mm	缺欠自身高度/mm	最大回波幅度/dB	偏离焊缝中心线位置
相控阵超声检测	18.3	40.8	1.2~4.1	3.2	EL+9.7（H_0-4.3）	焊缝中心偏 B 侧
常规超声检测	16.7	40.6	2.4~3.8	1.4	H_0-4.7	-0.5 mm

注：TOFD 因扫查架过宽，未发现该缺欠。

对 1# 缺欠数据进行分析可得：常规超声波检测对缺欠自身高度定量不如相控阵准确，相控阵可从系统生成图谱分析，该缺欠存在一定高度；TOFD 检测因扫查架过宽，未发现该缺欠。

表 7　2# 缺欠数据分析对比

试验方法	缺欠起点/mm	缺欠长度/mm	缺欠深度/mm	缺欠自身高度/mm	最大回波幅度/dB	焊缝偏离中心线位置
相控阵超声检测	131.7	28.8	2.7~5.6	2.8	EL+13.8（H_0-0.2）	焊缝中心偏 B 侧
TOFD 检测	134.3	28.7	5.5	3.0	—	—
常规超声检测	132.5	27.0	2.8~6.0	3.2	H_0-0.7	-0.5

对 2# 缺欠数据进行分析可得，相控阵超声检测在定缺欠起点、缺陷长度上均优于其他两种方法，TOFD 检测无法对缺欠偏离焊缝中心位置进行定位，从而增加了检测人员对缺欠定性的难度。

表 8 3#缺欠数据分析对比

试验方法	缺欠起点/mm	缺欠长度/mm	缺欠深度/mm	缺欠自身高度/mm	最大回波幅度/dB	焊缝偏离中心线位置
相控阵超声检测	216.8	48.2	1.9~4.5	2.6	EL+19.1 (H_0+5.1)	焊缝 A 侧坡口处
TOFD 检测	224.2	39.5	7.0	2.0	—	—
常规超声检测	215.3	44.0	3.2~5.1	1.9	H_0+4.6	+3.0

对 3#缺欠数据进行分析可得，由于 TOFD 探头发射声束具有一定的扩散角，在检测中存在甩弧现象，甩弧现象导致图谱的横向分辨率降低，造成缺欠端点位置难以确定，进而导致缺欠在长度方向上的定量误差增大[8]。

4 结论

由试验结果分析得出相控阵超声检测相比于其他两种检测方法具有以下优点：

（1）相控阵超声检测在缺欠自身高度定量上比常规超声检测精准。

（2）相控阵超声检测在定缺欠起点、缺欠长度上均优于其他两种方法。

（3）相控阵超声检测可通过全方位对缺欠的位置、深度、回波高度进行定量，帮助检测人员更好地定性。

（4）TOFD 检测由于甩弧现象的存在导致横向分辨率降低，导致在长度方向上定量精度低于相控阵。

（5）TOFD 探头工作模式为一发一收，导致扫查架过宽，对长度不长的焊缝及主梁腹板与边梁腹板组合焊缝（一类焊缝）无法有效检测。

综上所述可得，相控阵超声检测作为一项新型检测技术，与传统超声波及 TOFD 检测相比在图谱成像、缺欠检出率、缺欠的定量及定性上有着巨大的优势，这些优势使得相控阵超声检测对水工钢闸门检测有着良好的发展前景。

参考文献

［1］李刚．超声相控阵检测扇形扫描成像研究［D］．西安：西安科技大学，2019.

［2］杨晓霞．超声相控阵汽车发动机内腔腐蚀检测关键技术研究［D］．天津：天津大学，2014.

［3］宋文华，罗维，张德俭．液氨储罐角焊缝在线相控阵检验技术［J］．管道技术与设备，2017（3）：31-33，38.

［4］李衍．超声相控阵技术 第二部分 扫查模式和图像显示［J］．无损探伤，2007（6）：33-39.

［5］朱琪，孙磊，庞兵．奥氏体不锈钢小径管相控阵超声检测方法探究［J］．电力勘测设计，2019（3）：49-54.

［6］无损检测 超声检测 相控阵超声检测方法：GB/T 32563—2016［S］.

［7］焊缝无损检测 超声检测 技术、检测等级和评定：GB/T 11345—2013［S］

［8］谢雪．提高压力容器焊缝 TOFD 检测分辨率方法的研究［D］．大连：大连理工大学，2015.

基于综合物探法检测水库渗漏的应用

许德鑫　范　永　王德库

（中水东北勘测设计研究有限责任公司，吉林长春　130061）

摘　要：在水库渗漏检测时，地球物理方法能够实现快速、无损的探测，但采用单一物探方法对水库隐患的判别易产生多解，很难对渗漏情况做出准确判断。本文在分析高密度电法、瞬变电磁法工作原理的基础上，利用综合物探方法探查水库大坝渗漏隐患的详细状况，并确定渗漏带的平面位置及其发育深度，为工程进一步防渗设计与施工提供技术支持。

关键词：水库；渗漏；高密度电法；瞬变电磁法

1　引言

水库出现渗漏将严重危害水库大坝的安全运行，现已成为水利水电行业中面临的突出问题。据统计，全国5万多座小型水库大坝因建筑年代久远，存在不同程度的渗漏等安全隐患[1]。就土坝渗漏来讲，主要有坝体渗漏、坝基渗漏、绕坝渗漏三种类型。

坝体渗漏的原因可能有：①筑坝土料差，如含有杂质、透水性大、施工碾压不密实等；②坝身单薄导致渗径过短；③坝体排水堵塞失效或未设排水体；④白蚁在坝体内筑巢产生危害。

坝基渗漏的原因可能有：①未清基或清基不彻底；②未设置防渗墙或防渗墙尺寸不符合要求。

绕坝渗流的原因可能有：①帷幕、固结灌浆质量较差；②两岸岩体破碎，节理发育、透水性大。

对土坝渗漏的检测，可以参照《中小型水利水电工程地质勘察规范》（SL 55—2005）中"宜采用电法、地质雷达、电磁波等物探方法探测坝体病害、喀斯特的空间分布、渗漏通道位置及埋藏深度"。目前，常用于水库大坝渗漏检测的技术方法主要有高密度电法、探地雷达法、瞬变电磁法和面波法[2]，综合运用这些方法在工程实践中取得了良好的效果。

2　工程情况

2.1　工程概况

某水库为围坝型中型平原水库，总库容5 377万 m³，可调节库容4 699万 m³，最高蓄水位为30 m。水库建筑物包括水库围坝、干线分水闸、穿河倒虹吸、入库泵站、入（出）库涵洞、入（出）库闸、放水洞及排渗泵站等。围坝为复合土工膜防渗均质土坝，围坝轴线总长8 125 m，坝顶高程31.70 m，坝顶宽7.5 m，最大坝高13.7 m。上游坝坡1：2.75，混凝土砌块护坡，下游坝坡1：2.5，草皮护坡，后坝坡布置贴坡排水和纵横向浆砌石排水沟。上游面坝体防渗采用复合土工膜（300 gm² 布/0.5 mm 膜/300 gm² 布）；坝基截渗采用塑性混凝土防渗墙，墙厚0.3 m，墙轴线位于库内距坝脚约2 m处，墙底部插入第⑥壤土层1.0 m，墙顶平清基面，上游坝面复合土工膜与坝基截渗体连接。

根据相关资料显示，当水库蓄水位达到26 m时，截渗沟和库区外农用井水位均上涨，水库存在渗漏情况，渗漏原因可能是防渗墙底部绕流。

2.2　检测方法选择

针对某水库围坝建筑特点，最大坝高13.7 m，围坝防渗墙最大埋深为33.7 m，防渗墙顶部埋深

作者简介：许德鑫（1988—），男，工程师，主要从事工程物探工作。

约 11.7 m。采用高密度电法和瞬变电磁法相结合的综合物探方法进行围坝渗漏检测。瞬变电磁法检测速度快、探测深度大，但在浅层存在盲区；高密度电法检测速度慢，准确度相对瞬变电磁高。因此，采用瞬变电磁法进行普查，再利用高密度电法进行详查，当两种方法均发现低阻异常点时，低阻异常点可连接成穿越坝体的线，进而可确定异常区存在渗漏。该方法具有测点密度高、采集数据多、成本低、工作效率高、检测结果准确等优点。

3 检测方法及原理

3.1 高密度电阻率法

高密度电阻率法是将电剖面法和电测深法结合起来的一种阵列式勘探方法。通过沿测线高密度等间距布设大地人工电场研究地下传导电流的分布规律，对采集的数据反演成图后得到接近实际的电阻率断面，通过对电阻率断面的研究，分析地下介质的变化规律，推断地下介质中的异常位置及其形态特征。当坝体或者基础内部存在裂缝、渗漏通道时，电阻率等值线梯度变化大，多呈现出异常闭合图像。

在高密度视电阻率法测量时，当隔离系数 n 逐次增大时，供电电极距也逐次增大，对地下深部介质的反映能力也逐步增加。由于测点总数是固定的，因此当极距增大时，反映不同勘探深度的测点数将依次减少，整条剖面的测量结果便可以表示成一种倒三角形的二维断面的电性分布图。高密度电法测点分布工作示意图如图 1 所示。

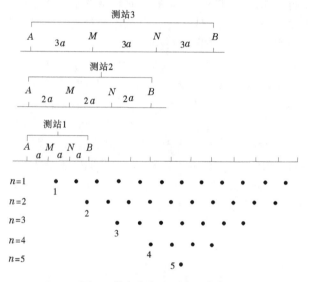

图 1 高密度电法测点分布

3.2 瞬变电磁法

瞬变电磁法也称时间域电磁法，简称 TEM，它是利用不接地回线或接地线源向地下发射一次脉冲磁场，在一次脉冲磁场间歇期间，利用线圈或接地电极观测二次涡流场的空间和时间分布，从而来解决有关地质问题。简单地说，就是电磁感应定律。衰减过程一般分为早期、中期和晚期。早期的电磁场相当于频率域中的高频成分，衰减快，趋肤深度小；而晚期成分则相当于频率域中的低频成分，衰减慢，趋肤深度大。通过测量断电后各个时间段的二次场随时间的变化规律，可得到不同深度的地电特征。瞬变电磁法工作原理如图 2 所示。

4 现场渗漏检测成果

4.1 测线布置

在某水库围坝迎水面靠近防渗墙处布置一条瞬变电磁法检测测线，在坝体背水面马道上布置一条高密度电法检测测线。测线布置如图 3 所示。

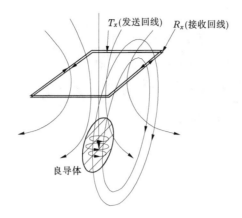

图2 瞬变电磁法工作原理图

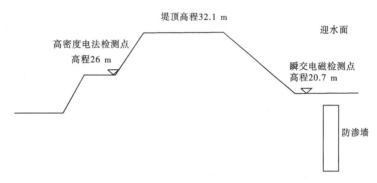

图3 围坝检测剖面图

4.2 渗漏检测成果

图4为瞬变电磁法检测结果，视电阻率由浅层到深层呈逐渐升高趋势，0~30 m视电阻率为1~20 ohm. m，在30~45 m视电阻率为20~40 ohm. m，由于瞬变电磁的早期信号一般不做考虑，且受瞬变电磁法局限性的影响，在浅层上瞬变电磁存在盲区，所以针对本次检测分析，在深度25~45 m为瞬变电磁可靠区。所以，在桩号1+250~1+800存在低阻区异常区，可明显看出地层在这些区间不连续且视电阻率均在15 ohm. m。

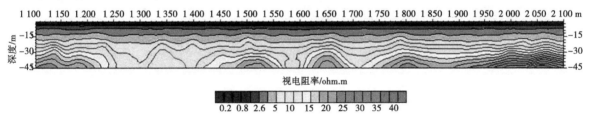

图4 瞬变电磁法检测结果

对瞬变电磁法检测异常区采用高密度电法进行详测，图5为高密度电法检测结果，在反演电阻率断面图桩号1+250~1+310、1+490~1+530剖面深度27~32 m，形成连续的低阻区，从测量视电阻率断面图来看，该低阻异常在剖面纵向上出现的位置较深，且处于防渗墙底部位置，推断该处可能存在渗漏。

结合设计勘察相关资料，某水库在深度27~31 m范围内为第⑨壤土层，为防渗层，通过综合物探法检测结果推断在桩号1+250~1+310、1+490~1+530为第⑨壤土层（防渗层）缺失段，该段壤土层缺失是造成坝体渗漏的主要原因。

4.3 检测结论

在综合分析某水库设计、勘测、施工等资料的基础上，采用高密度电法和瞬变电磁法相结合的综

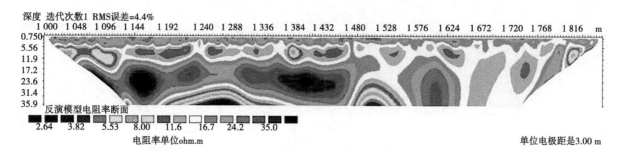

图5　高密度电法检测结果

合物探方法对水库的渗漏情况进行现场检测，形成成果如下：

（1）瞬变电磁法的检测结果表明，在检测范围内，发现大范围低阻异常区，但鉴于该方法易受外界信号干扰且早期信号不准确，所以通过普查的方法可选择异常区。

（2）高密度电法检测结果表明，在防渗墙底部位置出现两处低阻异常，通过两种方法平行对比，发现高密度电法检测异常区与瞬变电磁法检测异常区存在部分相同，说明基于高密度电法和瞬变电磁法的综合物探渗漏检测方法得到的检测结果可靠。

（3）该水库存在两处渗漏区域，在桩号 1+250～1+310，深度 27～31 m；在桩号 1+490～1+530，深度 27～31 m。结合相关设计、勘测、施工等资料，推断在桩号 1+250～1+310、1+490～1+530 为第⑨壤土层（防渗层）缺失段，该段壤土层缺失是造成坝体渗漏的主要原因。

5　结语

通过高密度电法和瞬变电磁法对某水库围坝渗漏情况进行检测，查明了渗漏位置、埋深和范围。为保证水库长期稳定、安全运行及下一步水库渗漏处理提供了可靠的技术支持。高密度电法和瞬变电磁法相结合的综合物探检测方法相互印证、相互补充，可有效提高检测成果的准确性和可靠性，将在水库大坝渗漏检测中发挥越来越大的作用。

参考文献

[1] 唐波，张莉萍，邱德俊. 土坝渗漏探测方法探讨 [J]. 资源环境与工程，2013，27（4）：557-559.

[2] 中小型水利水电工程地质勘察规范：SL 55—2005 [S].

[3] 宋先海，颜钟，王京涛. 高密度电法在大幕山水库渗漏隐患探测中的应用 [J]. 人民长江，2012，43（3）：46-47.

水下机器人在水利工程检测中的应用现状

卢普光　刘　莎

（中水北方勘测设计研究有限责任公司，天津　300000）

摘　要：近些年来，水下机器人在水利工程检测领域得到了越来越多的应用，其灵活高效、数据直观的特点使之在水利工程检测上具有很高的实用价值，应用前景广阔。本文介绍了水下机器人在国内水利工程检测中的应用现状，归纳了水下机器人的优势与不足，对用于水利工程检测中的水下机器人的发展方向进行了展望。

关键词：水下机器人；水利工程；水下检测

1　前言

我国是当今世界上水库大坝最多的国家，现有已建成水库近 10 万座[1]，这些工程在发电、航运、灌溉方面带来经济收益的同时，也在防汛、抗旱、供水等方面发挥着重要的社会效益，但在工程的运行过程中，坝体渗漏、混凝土结构破损和金属结构腐蚀等问题，大大影响了工程的稳定性和综合效益的发挥。由于许多水工建筑物常年处在水面以下，现场水下环境的特殊性和复杂性，使得结构检测和隐患排查的难度较大，而大多数水利工程不具备放空条件，因此快速、准确的水利工程水下检测技术越来越受到工程师们的欢迎。

2　水下工程检测方法简介

传统的水下工程检测方法主要是依靠潜水员在水下进行人工目视检查，或者携带水下摄像机采集影像数据，这种方法检测范围有限，效率很低，而且对潜水员专业素质要求较高，近十几年快速发展的水下机器人技术在水下工程检测中得到了越来越多的应用。

水下机器人是一种智能多功能潜水器，通过搭载不同的数据采集装置来完成特定的水下工作。人们一般将水下机器人分为载人潜水器（HOV）和无人潜水器（UUV），而无人潜水器又分为有缆遥控水下机器人（ROV）和自主水下机器人（AUV）[1]。由于水利工程水下环境的特殊性和复杂性，目前检测中应用最多的是有缆遥控水下机器人（ROV），其通过脐带线缆与地面控制系统相连，脐带线缆为机器人提供电力、传输信号，具有控制可靠、水下作业时间长、动作灵活等特点。

目前国内工业级水下机器人（ROV）的下潜深度可达 300 m，通过搭载定位、高清摄像机、声呐、激光标距尺、喷墨示踪器以及机械臂等装置，基本能够满足当前水利工程水下检测的需求。

3　水下机器人在水利工程检测中的应用

3.1　大坝缺陷和渗漏检测

在大坝的检测中，水下机器人（ROV）主要用于混凝土缺陷、坝体渗漏和止水结构破损等检查。李钟群等在 2009 年就将水下机器人（ROV）应用在了大坝检测中，在三渡溪水库、杨溪水库等工程的检测中，他们根据水下环境的情况，选择水下摄像头或二维多波束声呐进行坝面检测，检查出了多

作者简介：卢普光（1986—），男，高级工程师，主要从事水利工程质量检测工作。

处混凝土表面剥落、裂缝和空洞情况，大大提升了水下检测的工作效率和准确性[2]。

针对大坝渗漏点检测速度慢、精确低的问题，田金章等利用声呐渗漏探测和水下机器人（ROV）喷墨示踪法，融合连通性试验及水化学分析等方法，建立了一套视声一体化渗漏探测技术，该技术成功运用在了重庆蓼叶水库渗漏检测中[3]。孙红亮等也探索出一种以水下机器人（ROV）高清摄像和喷墨示踪系统，结合伪随机流场法和三维多波束声呐探测系统为核心的一体化技术，在实际应用中快速、精准地找到了大坝渗漏点，并直观地展示了渗漏点的实际情况[4]。

3.2 混凝土结构水下检测

3.2.1 引水隧洞水下检测

水下机器人（ROV）在水工隧洞检测中的应用主要是用于混凝土衬砌检测和隧洞淤积情况调查中。唐洪武等采用声呐扫描普查+高清摄像机详查的水下检测方案，用水下机器人（ROV）对四川某水电站引水隧洞衬砌混凝土状况进行了检测，检测结果直观地反映了隧洞内混凝土错台、边墙破损和底板堆积物的情况，为检修方案的制订提供了有力的依据[5]。来记桃等将锦屏二级电站引水隧洞的水下机器人（ROV）检测结果与隧洞放空后的检测结果进行了对比，对比结果显示，水下机器人（ROV）搭载的多波束三维扫描声呐对隧洞断面的测量结果与隧洞放空后三维激光扫描结果之差仅为22 mm；高清摄像机检测出洞内的集渣坑淤积、洞壁混凝土冲蚀、剥落及露筋等情况与隧洞放空后检测结果总体吻合[6]。

针对水工隧洞距离长、环境封闭等特点，王文辉等还开发了一种适用于水工隧洞检测的水下机器人（ROV），可以在 2 km 左右的范围内稳定开展检测作业，其核心的运动控制系统能控制水下机器人在遇险时自主返航，使用该控制系统的水下机器人（ROV）已为多个水电站提供了检测服务[7]。

3.2.2 闸门、消力池等结构水下检测

除上述结构外，水下机器人（ROV）在其他水下结构检测工作中也得到了广泛的应用，如闸门、消力池、管涵等。沈清华等采用测量型水下机器人应用图像声呐系统，对某水利枢纽工程的消力池底板、两侧导墙、闸墩和闸门进行了检测，取得了良好的检测效果[8]。张露凝等采用水下机器人（ROV）搭载高清摄像机和声呐系统，对北京市南水北调配套工程中部分调节池护岸边墙、混凝土暗涵及闸门金属结构等进行了巡查和检测，并提出了一种计算水下物体尺寸的方法[9]。王祥等将水下机器人（ROV）应用于某水库消力池冲坑的水下检测，他们在水下机器人上搭载了多波束声呐和高清摄像机，实现了在流态不稳、水质较差情况下的检测[10]。

3.3 金属结构水下检测

水利工程中金属结构通常为钢制，受服役环境和运行荷载的长期作用，极易发生防腐涂层脱落、钢板锈蚀、磨损和变形等情况，针对水下金属结构的检测，主要是利用水下机器人（ROV）的高清摄像机来进行观测，可直观地显示出水下金属结构的表面情况。楼仁有等设计了对金属结构的分区分块，利用水下机器人（ROV）巡游摄像的检测方案，对八都水库泄洪闸闸门和拦污栅的表面情况进行了检测，在钢闸门表面发现了涂层粉化、脱落的情况，在拦污栅上发现了附着的树枝等杂物[11]。徐刚等使用水下机器人（ROV）对莆田东方红水库的水下检测发现，闸门启闭拉杆、拦污栅等金属结构表面存在大量锈蚀，锈包密集，锈坑明显，拦污栅栅叶上附着了较多杂物[12]。

近几年，山东省防汛抗旱物资储备中心联合天津深之蓝公司，在一些大型水利工程中开展了水下金属结构检测的测试工作，测试水深超过 60 m 时，水下机器人（ROV）比潜水员有着明显的优势，进一步证明了水下机器人（ROV）在水下工程检测中的实用价值[13]。

4 结语

搭载数据采集装置的水下机器人是一种十分实用的水下检测工具，具有灵活高效、数据直观的优点，与其他探测手段结合使用，能够快速、精准地开展检测工作，是今后水利工程水下检测的发展方向。但是，现阶段用于水利工程检测的水下机器人在也存在一些不足：有缆水下机器人（ROV）主

要依靠脐带线缆进行供电和信号传输，作业半径在一定程度上受到了限制，而且水下环境复杂，异物较多，脐带线缆容易发生缠绕，这是实际应用中需要解决的关键技术。此外，水下机器人的水下精准定位、不稳定水流中的机身控制、浑浊水体中结构缺陷辨识等技术将是以后水下机器人应用技术的主要研究方向。

参考文献

［1］李永龙，王皓冉，张华．水下机器人在水利水电工程检测中的应用现状及发展趋势［J］．中国水利水电科学研究院学报，2018，16（6）：586-590.

［2］李钟群，孙从炎，蒋晓旺，等．水下机器人在浙江省水库大坝检测中的初步应用［J］．浙江水利科技，2010（3）：57-59.

［3］田金章，查志成，王秘学，等．视声一体化渗漏探测技术在面板坝渗漏检测中的应用［J］．水电能源科学，2019，37（1）：88-90.

［4］孙红亮，张宏达．大坝渗漏探测新技术联合应用［J］．水利规划与设计，2021（2）：115-118，140.

［5］唐洪武，张继伟，孙红亮．ROV系统在引水隧洞变形破坏检测中的应用研究［J］．水电站设计，2020，36（4）：33-35，54.

［6］来记桃，李乾德．长大引水隧洞长期运行安全检测技术体系研究［J］．水利水电技术，2021，52（6）：162-170.

［7］王文辉，陈满，巩宇．水电站长距离引水隧洞检测机器人研发及应用［J］．水利水电技术，2020，51（S2）：177-183.

［8］沈清华，杨青，朱长富．测量型水下机器人在水下构筑物缺陷检测中的应用［J］．水利技术监督，2021（9）：9-11，56.

［9］张露凝，于洋，张航，等．水下机器人检测系统在北京市南水北调工程的应用［J］．北京水务，2020（6）：31-37.

［10］王祥，宋子龙．ROV水下探测系统在水利工程中的应用初探［J］．人民长江，2016，47（2）：101-105.

［11］楼仁有，陈明恩．浅析八都水库水下机器人应用［J］．浙江水利科技，2021（2）：23-26.

［12］徐刚．水下机器人在福建水电工程水下建筑物质量检测中的应用［J］．水利水电快报，2019，40（11）：60-63.

［13］张冲，曹雪峰．浅议ROV在水利水电设施检测中的应用［J］．山东水利，2019（9）：12-13.

综合波场法在混凝土衬砌检测中的试验研究

王艳龙　洪文彬　王德库　谭　春

（中水东北勘测设计研究有限责任公司，吉林长春　130061）

摘　要：混凝土衬砌作为地下隧洞的永久支护结构，其质量的好坏对隧洞的长期稳定和使用功能的正常发挥起着至关重要的作用。如何准确检测隧洞衬砌混凝土的厚度和内部缺陷、结合面脱空等，是人们十分关注的问题，本文结合国内外众多检测方法，基于地震波理论，提出了一套专门适用于混凝土衬砌的综合波场法以及检测设备，结合物理模型试验，验证了该方法的可行性及准确性。

关键词：综合波场法；混凝土衬砌检测；物理模型；试验研究

1　前言

水工混凝土建筑物施工过程中易出现质量问题，主要包括不密实区和空洞、结合面质量、表面损伤层以及裂缝等，常用的检测方法有探地雷达法、地震映像法、冲击回波法、超声横波法、SASW 法等[1-5]。由于各种检测方法有其适应性与局限性，对于结构内部缺陷、衬砌脱空等检测的准确性有待提升。当雷达在内置钢筋网的混凝土衬砌进行检测时，大部分电磁波信号会被钢筋反射，使之无法对钢筋后部的异常区域进行有效判断；通过人工敲锤激发地震波，难以保证每次信号的能量和频率稳定不变；传统获取弹性波信号的方式多采用人工手动握持传感器使其紧贴被测介质表面，由于人为干扰易使传感器与被测物耦合不良，所获信号发生畸变，使工作效率大大降低；且传统应用弹性波法检测衬砌质量仅使用一道传感器，数据处理手段仅能从单道数据入手，解释精度不高，具有较大局限性；超声横波法虽然为阵列式传感器，但是设备沉重且多道传感器一方面与衬砌表面耦合困难，另一方面检测速率偏低。因此，针对衬砌质量、缺陷检测的需求，探寻一种便捷、高效、准确的检测设备与检测技术是必要的。本文结合国内外众多检测方法，基于地震波理论，提出了一套专门适用于混凝土衬砌的综合波场法以及检测设备，结合混凝土衬砌物理模型试验，验证了该方法和设备的可行性及准确性。

2　方法原理

2.1　采集方法

本文基于上述研究现状，提出了一种针对输水隧洞混凝土衬砌的综合波场法检测系统，使之具有一次数据采集、多种方法联合解释的特点。包括共偏移距时域分析法、频域分析法及二维瑞雷波速度分析法。其中，前两种方法为定性分析，后一种方法为定量分析。

图 1 为共偏移距地震波法的工作原理示意图。其中时域分析法可通过观察时间域信号中波组的变化来直接定位异常位置，如图 1（b）所示。这种方法在数据解译时的重要特点是探测装置简单，检测效率高，可以快速定位缺陷水平位置，但不能反映缺陷的深度。

频域分析法是利用动参数法中动刚度公式[6]：

作者简介：王艳龙（1992—），男，助理工程师，主要从事水利工程质量检测工作。

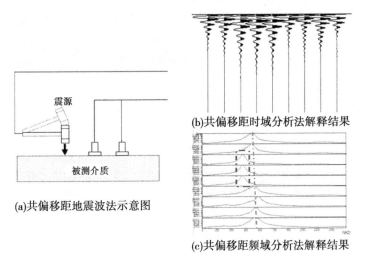

(b)共偏移距时域分析法解释结果

(c)共偏移距频域分析法解释结果

图1　共偏移距地震波法原理

$$K = (2\pi f_z)^2 M \tag{1}$$

式中：K 为动刚度；M 为共振体重量；f_z 为介质体固有频率。

即当混凝土介质内出现缺陷时，其主频降低。这一理论与本文对实测数据的分析相一致，如图2（c）为实测的地震波信号经傅氏变换后获得的频谱，可见正常情况下，主频基本一致，如图中虚线所示，中间三道的主频明显降低，正好对应空洞位置。基于这一原理，本文将各道主频提取出来绘制

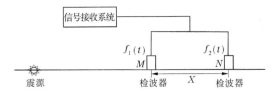

(a)二维瑞雷波速度分析法示意图

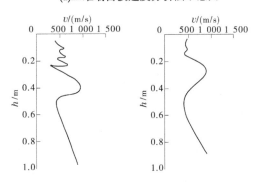

(b)频散曲线解释结果

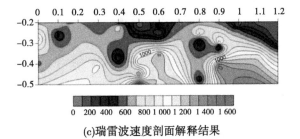

(c)瑞雷波速度剖面解释结果

图2　二维瑞雷波速度分析法原理图

成主频曲线并规定一正常值，则低于正常值的位置就可以判定为缺陷位置，这种做法目前在业内还没有被应用到数据解释中，是一个创新点。

对于二维瑞雷波速度分析法，主要根据面波频散理论，利用两道记录进行介质瑞雷波速度分层，绘制频散曲线，进一步将各道数据进行批处理得到二维瑞雷波速度谱，从频散曲线的拐点判断该测点下的深度，从而实现从水平向和垂向对缺陷的精准定位，如图 2（c）所示。

2.2　采集装置设计

本文设计了一套适用于混凝土衬砌的检测装置。如图 3（a）为设计的检测装置设计图，以及加工制作好的检测装置实物图，如图 3（b）所示。其中，信号接收装置主要由右侧内置的两道检波器构成，检波器内置弹簧，保证实测过程中检波器可与衬砌表面良好耦合，并且两道检波器可前后滑动，从而实现道间距可根据需要进行自由调节。

图 3（b）中左侧结构为激震装置，主要由电磁锤和自动控制电路构成，特点是可实现激震装置中锤头弹出的能量和频率的定量控制，确保实际激发地震波时能量的均一稳定。

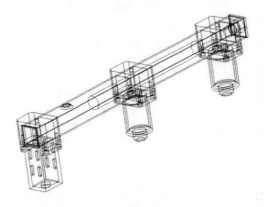

(a)设计图

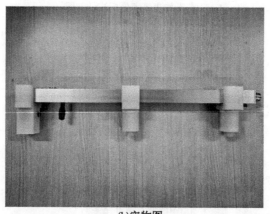

(b)实物图

图 3　检测装置

3　物理模型设计

目前，国内输水隧洞的衬砌支护形式可以简要归纳为锚喷衬砌、混凝土衬砌、钢筋混凝土衬砌、预应力钢筋混凝土衬砌、钢板混凝土衬砌这 5 种形式[7]。按照支护位置又可分为外层支护形式和内层衬砌形式两种。

为了研究不同类型混凝土衬砌出现脱空的综合波场特征，进一步提高综合波场法对混凝土衬砌检测的准确性，中水东北勘测设计研究有限责任公司科学研究院设计构建了混凝土衬砌结构的物理模型，如图 4 所示。

(a)

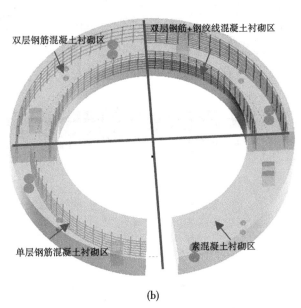

(b)

图4 混凝土衬砌模型施工现场及内部缺陷设计图

该模型共分为4个部分,从入口处逆时针排列分别为素混凝土衬砌区、双层钢筋+钢绞线混凝土衬砌区、双层钢筋混凝土衬砌区及单层钢筋混凝土衬砌区,如图4(b)所示。为了更加接近实际工程中的输水隧洞结构,该混凝土衬砌按照水工隧洞混凝土衬砌1:1比例设置,具体参数见表1。鉴于实际工程中混凝土衬砌模型的各种缺陷类型,在各区域内分别设置了3种不同的缺陷,分别为边长20 cm的正方体形缺陷,直径18 cm的球形缺陷及直径8 cm的球形孔洞缺陷。并且按照是否含水进行分类,总计设置了24种不同的缺陷类型。

表1 混凝土衬砌模型参数

混凝土标号	高/m	内径/m	外径/m	内外钢筋保护层厚度/cm	钢筋直径/mm	钢筋间距/cm	钢绞线直径/mm	钢绞线组间距/cm	混凝土底板厚度/cm
C30	1.6	5	6	5	18	20	16	50	50

4 试验结果

为了验证本文提出的综合波场法在混凝土衬砌检测中的适用性及准确性,将前文设计制作的检测设备应用于前文所设置的混凝土衬砌模型中进行试验,并与地质雷达法进行对比分析,图 5 为混凝土衬砌模型检测现场图。本部分仅选取实际混凝土衬砌中最常见的双层钢筋衬砌区进行探讨,图 6~图 9 分别为综合波场法三种分析方法及地质雷达法所得出的检测结果。

图 5　混凝土衬砌模型检测试验

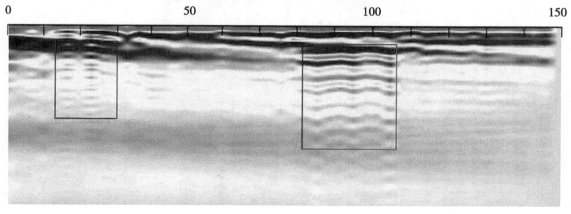

图 6　共偏移距时域分析法测试结果

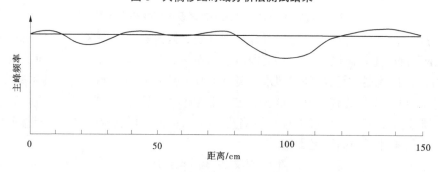

图 7　共偏移距频域分析法测试结果

由图 6~图 8 可见,综合波场法所得到的检测结果中,均识别出两处异常位置,且该异常位置与实际混凝土衬砌模型中设置的缺陷位置相对应。而地质雷达法由于受到双层钢筋屏蔽的影响,仅识别出第二处含水缺陷,如图 9 所示。综上可见,本文提出的综合波场法针对双层钢筋的缺陷检测效果要优于地质雷达法。

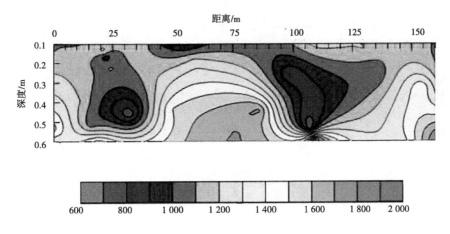

图 8　瑞雷波速度剖面法测试结果

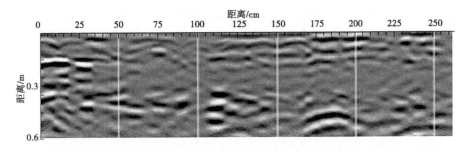

图 9　地质雷达法测试结果

5　结论与展望

通过上述检测试验结果，可见综合波场法三种分析方法对双层钢筋背后的缺陷识别率相对地质雷达法较高，且三种分析方法分别从定性和定量两个角度对缺陷类型及尺寸做出识别，一致性较高。综上所述，本文所提出的综合波场法及检测设备对混凝土衬砌检测而言具有较好的适用性及准确性，可进一步推广。

参考文献

[1] 黄玲. 钢筋混凝土缺陷的探地雷达检测模拟与成像效果 [J]. 物探与化探, 2007 (2): 181-185.

[2] 王婷. 数据融合技术在混凝土结构检测中的应用研究 [D]. 上海: 同济大学, 2006: 199.

[3] 姚德兀. 冲击回波法在钢衬脱空检测中的应用 [J]. 勘察科学技术, 2017 (6): 55-58.

[4] 杜惠光, 胡丹. 阵列超声横波反射技术在混凝土检测中的应用 [J]. 水利规划与设计, 2018 (5): 146-150.

[5] 徐涛. 物探技术在隧洞衬砌质量检测中的应用 [J]. 水利技术监督, 2019 (4): 43-46.

[6] 单远铭. 地基及岩基承载力确定方法研究及其应用 [D]. 长沙: 湖南大学, 2001.

[7] 谭智天. 中部引黄工程引水隧洞围岩稳定及支护结构分析研究 [D]. 郑州: 华北水利水电大学, 2019.

基于全空间模型的水下高密度电法
在渠道衬砌板检测中的应用

郭 聪[1,2] 陈江平[1,2]

(1. 国家大坝安全工程技术研究中心，湖北武汉 430010；
2. 长江地球物理探测（武汉）有限公司，湖北武汉 430010)

摘 要：为了保障渠道工程的运行安全，需要对渠系构筑物进行安全监测与定期检测并及时预警。本文针对渠道衬砌板的病害检测，开展了全空间模型下的水下高密度电法的研究，通过数值模拟、试验对比和光滑–约束最小二乘反演，全空间模型下的水下高密度电法算法具有良好的稳定性，纵向分辨率高，反演成果较好；通过引调水工程应用验证，该方法能够识别渠道衬砌板与基底脱空及内部空洞，基本可以探明病害缺陷的范围，弥补了超浅层雷达探测的应用局限。

关键词：全空间模型；光滑–约束最小二乘反演；渠道衬砌板检测；引调水工程

1 引言

渠道是大型引调水工程中的重要线性工程，在工程服役过程中，经受外部环境侵蚀、构筑物老化、病害等多种因素的影响，致使工程结构出现开裂、空鼓、沉降、破损、渗漏等缺陷。随着工程长时间的调水运行，结构病害损伤也在不断地产生，这将会带来结构抗力的衰减，对引调水工程留下严重的安全运行隐患。为了防患于未然，降低影响，减少损失，对全线工程进行全面的健康诊断、监测预警是十分必要的。周华敏等[1] "南水北调工程运行安全检测技术研究与示范"开展了无人机双目成像法、高密度电法、地质雷达法、瞬变电磁法等渠道安全检测方法研究与示范；刘润泽等[2] 提出时间推移地球物理监测，运用时移高密度电法探测和监测堤防隐患。采用高频天线的地质雷达[3]，对渠道衬砌板内部病害探测取得了良好的效果。为了弥补高频地质雷达探测深度的不足，同时避免水介质对地电模型的影响，引入水下高密度电法对渠道衬砌板缺陷进行检测，为大型引调水工程运行期的健康诊断提供依据。

2 水下高密度电法研究

2.1 水下高密度电法地电模型

当采用水上高密度电法检测处于水环境下方的渠道衬砌板，较厚的水层会对高密度电法的地点特征和探测深度产生影响，因此引入水下高密度电法，并建立水下高密度电法的地电模型，根据渠道衬砌板及内部填土电性特征，建立水下多层介质地电模型，自上而下分别为水层、混凝土层、填土层、卵石层、原状地层，电阻率分别为 100 $\Omega \cdot m$、1 000 $\Omega \cdot m$、20~50 $\Omega \cdot m$、200 $\Omega \cdot m$、300 $\Omega \cdot m$。在此模型上布置一条高密度电法测线，电极距 5 m，总共 200 个电极。使用温纳装置、温纳–斯伦贝谢装置采集数据，数据采用 RES2DMOD 进行有限元计算。图 1 所示为渠道水下衬砌板及内部地层模型图及电极位置。

基金项目：湖北省重点研发计划项目（2020BCA083）。

作者简介：郭聪（1991—），男，工程师，硕士研究生，主要从事水利工程质量检测工作。

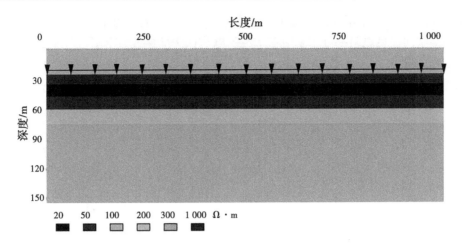

图 1 渠道地电模型及电极位置

2.2 全空间模型正演

常规的高密度电法其理论基础是均匀各向同性半空间直流电场模型，基本假设大地是水平的，与不导电的空气接触，介质充满整个地下半空间，且电阻率在介质中处处相等，如图 2 所示，实际地下地层的导电性往往是不均匀的，且地形亦不是水平的，在水环境中，介质也由空气变成了水，由于水是导体，激发产生的电流一部分会从水中流走，如图 3 所示。

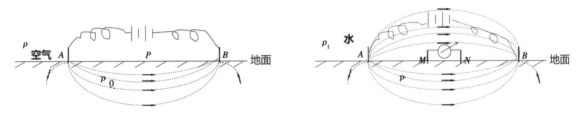

图 2 均匀各向同性半空间模型　　　　　　图 3 均匀各向同性全空间模型

因此，在研究水下高密度电法时，要考虑水介质对反演结果的影响。考虑全空间高密度电法模型正演，在 Res2DinvX64 软件的基础上，利用 Res2Dmod 对三种不同的模型进行数值模拟，分别是水下测线-全空间模拟、水下测线-半空间模拟、水面测线-半空间模拟（见图 4）。

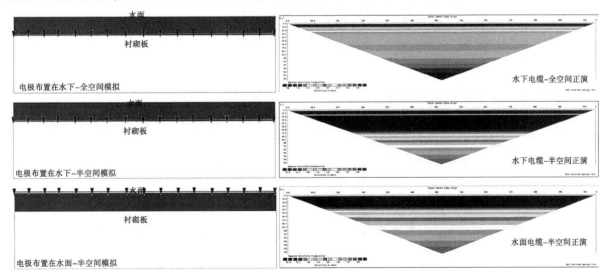

图 4 三种不同模型正演模拟

从图 4 可以看出，在水层不深的情况下，水下-全空间模型下电阻率分布更均匀，而水面-半空间模型和水下-半空间模型电阻率分布集中在水层，电流往深部穿透力下降。

2.3 水下高密度反演

与高密度电法反演类似，采用光滑-约束最小二乘法[4]对水下高密度电法数据进行反演，主要是改良在求解大型稀疏矩阵时的不稳定问题，在目标函数中加入了光滑-约束因子 F[5]，其反演目标函数方程为：

$$(J^T J + \lambda F)\Delta qk = J^T g - \lambda F q_{k-1} \tag{1}$$

$$F = \alpha_x C_X^T C_X + \alpha_z C_Z^T C_Z \tag{2}$$

式中：F 为光滑-约束因子；C_X 为水平粗糙因子；C_Z 为垂直粗糙因子；α_x 为水平因子权重；α_z 为垂直因子权重；J 为雅可比矩阵的偏导数；λ 为阻尼因子；q 为模型向量；k 为迭代次数。

通过计算并迭代式（1），不断修正模型向量 q，直到目标函数满足 RMS 均方误差[6]在合理范围内。一般地，迭代 5 次便得到收敛条件。

为验证上述反演效果，选取 2 组不同缺陷的渠道衬砌板开展模型反演，分别为低阻含水异常（含水量大）和高阻脱空异常（空洞等），如图 5 所示。通过光滑-约束最小二乘法进行高密度反演，并分析渠道衬砌板脱空响应特征。

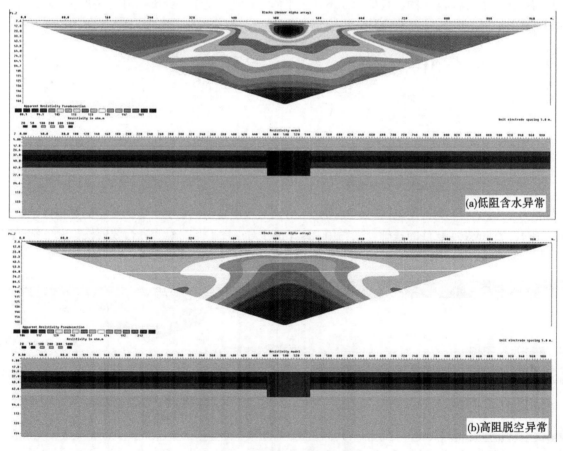

图 5　低阻、高阻缺陷模型及正演结果

经正演模拟后，将数据进行光滑-约束最小二乘法反演，最终得到反演剖面，如图 6 所示。从剖面看，异常区域电性特征非常明显，脱空区域以及衬砌板内部土层分界也明显可见，也说明该反演方法具有较好的纵向分辨率，能达到渠堤衬砌板检测精度要求。

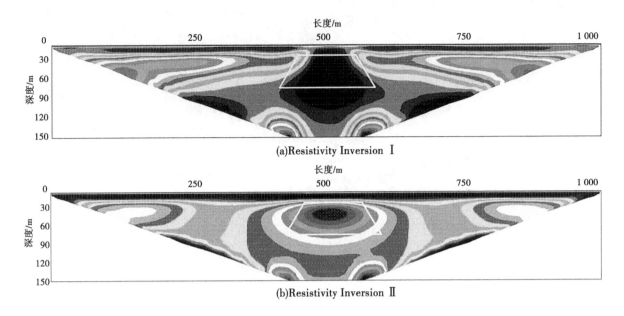

图6 低阻、高阻缺陷模型高密度全空间反演结果

3 某调水工程实例

3.1 工程概况

在某调水工程渠道内，有一处衬砌板发生塌陷，经初步摸排塌坑周长 22.43 m，面积 33.00 m²，平均深度约 1.2 m，混凝土方量预计 39.6 m³。干渠过水断面采用梯形断面，该段渠道为土渠段，断面形式以半挖半填为主，渠道渠底设计纵坡 1/24 000，底宽 7.0 m，边坡 1：2.5，设计水深 4.3 m。渠道内坡过水断面采用混凝土（C20W6F150）衬砌，衬砌厚度 10 cm。基底为黄土状壤土，下层为砂卵石层，原状地层为页岩、灰岩等[7]。

3.2 测线布置

根据现场判断，为满足探测深度要求，以塌陷部位为中心，沿渠道水流方向，依次在水下距坡顶 8 m、10 m、12 m、14 m 处布置 4 条高密度测线，分别定为 WT1 测线、WT2 测线、WT3 测线和 WT4 测线，总体布置遵循对塌陷区域进行整体探测的原则，水下高密度布置原则以下探到卵石层下原状地层为准，合理设置布线极距，以达到探测深度。

3.3 高密度电法成果分析

对 4 条水下高密度电法剖面进行分析，在桩号 30~50 之间，视电阻率等值线突变下凹，阻值变低，推测该区域含水率相对较高，推断为塌陷区域，WT1 剖面和 WT2 剖面处塌陷区域外，其他部位衬砌板比较完整，WT4 剖面则推测有 2 处衬砌板脱空。综合看来，4 条剖面相同桩号处都显示为低阻特征（见图7），可以推断其塌陷范围 10~20 m，现场钻孔也证实。

4 结论

（1）基于全空间模型反演的水下高密度电法有效地解决了探测深度和精度问题，在工程应用效果上要优于水上高密电法。

（2）水下高密度电法可用于渠堤安全检测或监测，弥补当前水下检测技术的短板和不足。

（3）水下高密度电法的应用研究，为电法探测技术的应用提供了新的思路，是寻求深度要求内的精细化无损检测技术依据。

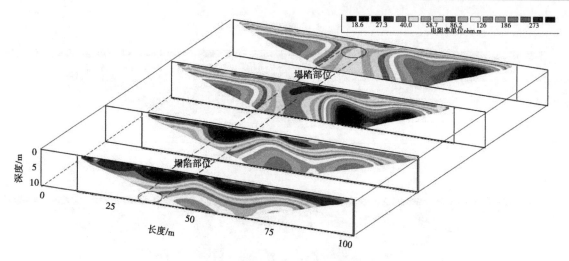

图7　4条水下高密度电法剖面

参考文献

［1］周华敏，肖国强，周黎明，等．堤防隐患物探技术研究现状与展望［J］．长江科学院院报，2019，36（12）：168-172.

［2］刘润泽，张建清，陈勇，等．堤防隐患的时间推移地球物理监测探讨［J］．三峡大学学报（自然科学版），2013，35（6）：20-23.

［3］葛双成，梁国钱，陈夷，等．探地雷达和高密度电阻率法在坝体渗漏探测中的应用［J］．水利水电科技进展，2005（5）：55-57.

［4］Degroot-Hedlin C，Constable S．Occam's Inversion and the North American Central Plains Electrical Anomaly［J］．Journal of Geomagnetism & Geoelectricity，1993，45（9）：985-999.

［5］Sasaki M，Gama Y，Yasumoto M．ChemInform Abstract：Glycosylation Reaction Under High Pressure［J］．ChemInform，1992.

［6］Loke M H，Barker R D．Least-squares deconvolution of apparent resistivity pseudosections［J］．Geophysics，1995，60（6）：1682-1690.

［7］武明海，和秀芬．南水北调工程安全监测中的几个问题探讨［J］．南水北调与水利科技，2010，8（A02）：22-24，35.

不同降雨条件下郑州某段渠道边坡
土壤养分流失变化特征研究

赵鑫海　徐莉涵　韦达伦

（南水北调中线干线工程建设管理局河南分局，河南郑州　450000）

摘　要： 以南水北调中线郑州某段渠道边坡为主要研究对象，不同降雨强度条件下，探索渠道坡面土壤养分流失量的变化特征。结果表明：坡面土壤养分流失量随降雨强度的增加呈现波动增加并趋于稳定的趋势，坡面土壤养分流失量随产流时间的增大而减小。

关键词： 降雨；坡面；土壤养分；流失量

南水北调中线干线工程渠道建设过程中，渠道两侧形成不同坡度的边坡，虽然对边坡进行了植草、防护等水土保持措施，但工程施工过程会造成边坡土壤抗蚀能力降低，侵蚀加剧。降雨形成雨水径流冲刷渠道边坡，土壤中的营养元素随雨水径流进入渠道，可能会导致水体浊度上升，富营养化水平升高，引发水环境质量下降等不利的后果。

国内外学者采用人工模拟降雨或现场观测的方法，研究降雨对坡面土壤养分流失的影响。在降雨条件下，水土流失实质是坡地表层土壤与降雨、径流相互作用的一系列复杂的物理化学过程，强降雨极易造成土壤坡面水土和养分流失等[1]。流失的泥沙具有富集养分的特点，与受侵蚀土壤的初始养分含量相比，流失泥沙的养分含量一般较高，这种现象称为泥沙富集效应[2]。土壤养分流失具有重要的生态学指示意义，降雨条件下土壤养分不但以溶解态形式随径流流失，而且泥沙流失也会携带大量颗粒态养分迁移出坡面[3]。因此，如何增加降雨入渗、合理高效利用水资源和减少水土流失、防治坡地水土流失，减少土壤养分流失，是生态环境建设的关键。为了掌握渠道边坡水土流失现状，减少泥沙、营养物质等进入渠道，影响水质安全，以郑州部分典型渠段为研究对象，研究降雨产生的雨水径流对总干渠边坡土壤养分随地表径流迁移机制，探索水土养分流失控制方法，减少总干渠边坡土壤养分流失对总干渠水环境的影响。

1　材料与方法

1.1　研究区概况

试验区位于南水北调中线郑州段，深挖方渠段，挖深达到 35 m。属温带大陆季风型气候区，多年平均气温 14.4 ℃，多年平均降水量为 632.3 mm，70%~80%降水集中在汛期，多以暴雨形式出现。边坡土层为单一黄土状粉质壤土，主要为浅黄、褐黄色黄土状粉质壤土，重粉质壤土，呈地带性分布，容重 1.28~1.31 g/cm³，pH 值为 6.8~7.8，土壤初始含水率为 17.6%~19.45%，有机质平均含量为 11.28 g/kg。

1.2　径流小区设置

南水北调中线郑州段 1 000 m 渠段边坡（运行桩号 K437+590—K438+090），共 1 000 m（左岸 500 m，右岸 500 m）作为试验区，坡面坡度均为 20°（见表 1），坡面植被以高羊茅和狗牙根为主，

作者简介： 赵鑫海（1984—），女，经济师（人力资源），主要从事人力资源及经济运行管理工作。

植被覆盖度 79.8%~89.3%，平均苗高 25~36 cm（见表 2）。渠道每隔 50 m 设置横向排水沟，各级边坡坡底设置纵向排水沟，因此利用现有渠道横、纵向排水沟接收坡面径流。试验区土壤参数见表 3，降雨情况见表 4。

表 1　试验区坡面面积

试验号	名称	边坡坡度/（°）	边坡面积/m²
1	右岸一级马道（450 m）	20	23 319
2	左岸一级马道（500 m）	20	28 745.24

表 2　试验区植物长势及植被覆盖度调查结果

试验号	植物品种	渠道坡度/（°）	植被覆盖度/%	平均苗高/cm
1	狗牙根、高羊茅	20	87.7	26
2	狗牙根、高羊茅	20	89.3	28

表 3　试验区土壤参数

试验号	土壤类别	容重/（g/cm³）	含水量/（g/cm³）	坡面描述
1	浅黄色黄土状粉质壤土	1.41	19.22	坡度 20°
2	浅黄色黄土状粉质壤土	1.41	19.34	坡度 20°

表 4　2020 年 7 次降雨过程试验区累计产流量

降雨日期 （年-月-日）	降雨量/ mm	降雨强度/ （mm/h）	右岸一级马道（450 m） 径流量/m³	左岸一级马道（500 m） 径流量/m³
2020-05-08	48.02	10.2	21.47	26.50
2020-06-17	65.2	13.6	29.57	36.00
2020-07-06	83.8	46	31.19	37.00
2020-07-24	28.8	17.5	21.87	27.00
2020-08-07	101.3	35.3	33.21	38.00
2020-09-10	21.2	8.6	14.99	23.50
2020-10-14	27.6	3.1	20.25	27.50

1.3　样品采集

根据现有采集、测定坡面径流和坡面泥沙的常规方法，结合本试验的实际需要，监测不同降雨强度时开始产流时间，并在产流发生后每隔 10 min 用采样器采集径流样品。天然降雨停止后，采集排水沟径流样品，并测定排水沟水量。

1.4　样品分析及数据处理

排水沟内收集到径流后，用聚乙烯瓶取 3 个平行样品，立即送往实验室进行分析，首先用 pH 计测试样品 pH 值，然后将水样用 0.45 μm 的微孔滤膜过滤，采用分光度法分析径流样品中总氮、总磷，采用酸性法分析径流样品中高锰酸盐指数。

2　结果与分析

2.1　渠道边坡土壤养分分析

为了研究试验区土壤养分迁移规律，采集试验区土壤样品进行测定，并对测定得到土壤成分进行分析，选取对总干渠影响比较敏感的参数（见表5）。从表5中可以看出，土壤中总氮、总磷和高锰酸盐指数相对较高，选取pH值、总氮、总磷和高锰酸盐指数对总干渠水质有影响的参数作为研究试验区坡面土壤养分流失主要监测参数。

表5 土壤养分含量

名称	pH值	氨氮/（g/kg）	总氮/（g/kg）	总磷（g/kg）	高锰酸盐指数/（g/kg）
右岸一级马道（450 m）土壤检测值	8.15	0.45	0.84	0.62	25.13
左岸一级马道（500 m）土壤检测值	8.02	0.42	0.72	0.60	26.32

2.2 不同降雨强度对边坡径流污染物质量浓度的影响

为了监测不同降雨强度对边坡径流污染物浓度的影响，根据现场雨量计监测情况，采集降雨强度较大时1 h内和降雨结束时排水沟中的样品，分析坡面径流携带坡面土壤营养成分的变化情况。图1～图4为不同降雨强度和不同下垫面下，径流中的pH值、总氮、总磷和高锰酸盐指数质量浓度随降雨强度的增大呈波动增加的变化趋势。降雨1 h后采集样品中总氮、总磷和高锰酸盐指数质量浓度明显高于降雨结束后采集样品中总氮、总磷和高锰酸盐指数质量浓度，主要由于在降雨强度较大的1 h内，降雨雨滴侵蚀土壤能力增强，泥沙流失量增加，土壤中营养成分释放到径流中，增加径流中营养成分的含量。

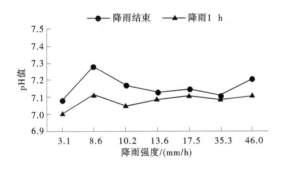

图1 不同降雨强度下pH值变化过程

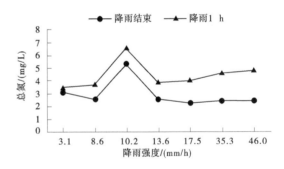

图2 不同降雨强度下总氮质量浓度变化过程

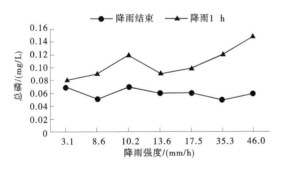

图3 不同降雨强度下总磷质量浓度变化过程

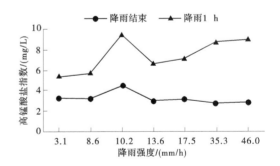

图4 不同降雨强度下高锰酸盐指数质量浓度变化过程

降雨1 h后样品监测营养成分含量与降雨强度的关系与马混等[4]研究成果具有一致性，在降雨强度较大情况下，土壤养分以泥沙形式随径流迁移；当降雨强度较小时，随径流迁移的可溶态养分流失量占流失泥沙养分量的比例较高。徐泰平等[5]研究表明，径流中的颗粒态氮、磷含量随降雨侵蚀力增大而增大；泥沙吸附态迁移是紫色土坡耕地氮、磷迁移的主要形式。这主要与土壤中氮素和磷素流失形态有关，径流中的氮素流失以溶解氮为主，其流失量主要与径流量有关。随降雨强度增大，径流量不断增大，径流与土壤的作用强度不断增大，导致更多氮素溶解于径流中，随径流流失。径流中磷素流失以颗粒态磷为主，其流失量主要与侵蚀泥沙量有关。随着降雨强度的不断增大，导致径流侵蚀土壤能力增强，泥沙流失量增加，土壤中可溶性磷释放到径流中，增加径流中磷的含量。随着降雨强度的增大，雨滴对地面土壤颗粒的冲击力越大，使更多土壤颗粒分散，使地表径流卷入更多的泥沙，同时促进土壤中可溶性物质浸出，增加径流中还原性物质含量，导致高锰酸盐指数增高。罗春燕等[6]在不同降雨强度下模拟试验中得出，在降雨强度较小时，无地表径流和土壤侵蚀发生，随着降雨强度的增大，地表径流量和土壤侵蚀量都急剧增加，氮素和磷素等土壤养分流失量随降雨强度的增加而增大。

在降雨强度 8.6 mm/h（2020 年 5 月 7 日）时，pH 值、总氮、总磷和高锰酸盐指数出现突然增大趋势，因为郑州市属于温带大陆季风型气候区，多年平均降水日数 79.9 d，70%～80%降水集中在汛期，多以暴雨形式出现，多发生在 7 月下旬和 8 月上旬，2020 年 1—5 月间，试验样地降雨量比较小，坡面土壤表面草被枯叶被微生物分解后，把有机物分解为营养盐，在降雨过程中，通过坡面径流搬运及壤中流迁移，引起径流中 pH 值、总氮、总磷和高锰酸盐指数增加。

2.3 产流时间对坡面径流中营养物质量浓度的影响

采用 2020 年 8 月 7 日降雨采集的样品分析产流时间对坡面径流营养物质量浓度的影响。图 5～图 8 为径流中 pH 值、总氮、总磷和高锰酸盐指数随产流时间变化过程。由图 5 可以看出，径流中 pH 值随产流时间逐渐减小并趋于稳定，主要由于降雨初期，雨滴冲击地面土壤颗粒，破坏土壤团聚体结构，土壤颗粒被降雨产生的地表径流携带，导致初始 pH 值接近土壤本底的 pH 值。由图 6～图 8 可见，径流中总氮、总磷和高锰酸盐指数变化趋势与 pH 值变化趋势具有一定的相似性。结果与郑海金等[7]研究基本一致，土壤表层降雨前氮素、磷素等土壤养分含量较高，降雨过程中雨滴的击打和冲刷造成土块的破碎与运移，使土壤表面颗粒携带的氮素、磷素等土壤养分进入径流，导致坡面流中初始养分浓度较高，随着降雨和径流的增加，又使径流中氮素、磷素等土壤养分不断稀释，氮素、磷素等土壤养分呈现逐渐下降的趋势。Wan 等[8]研究结果表明，雨滴的击溅作用使吸附在小土壤颗粒和微团聚体上的土壤养分解吸，从而进入径流使径流中的养分浓度升高，使小颗粒富集更加明显。在降雨初期，雨滴的打击作用能够很快改变土壤颗粒的尺寸，使土壤中养分含量的浓度升高，从而增加径流中养分浓度。在降雨后期，土粒的分散能力减小，使雨滴的击溅作用减轻，径流携带养分较少。

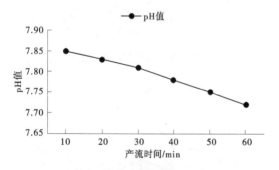

图 5 径流中 pH 值随产流时间的变化

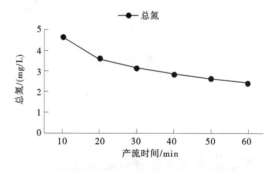

图 6 径流中总氮质量浓度随产流时间的变化

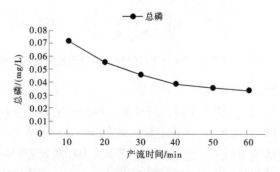

图 7 径流中总磷质量浓度随产流时间的变化

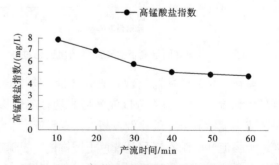

图 8 径流中高锰酸盐指数随产流时间的变化

3 结论

（1）降雨强度越大，坡面产流量和坡面侵蚀泥沙量越大，径流中土壤中氮素和磷素等养分呈现出陡增的现象，达到产流峰值后，径流中氮素和磷素等养分含量呈现平稳的趋势。与康玲玲等[9]研究成果基本一致，不同的降雨强度条件下，径流与泥沙的养分流失规律基本相同，意味着伴随径流颗粒物流失量的增加会加大营养盐流失的风险。

（2）产流时间对坡面土壤养分流失量影响的差异性比较明显，在降雨初期，由于坡面植被截留和土壤入渗的影响，坡面径流量较小，但径流中土壤养分含量较高，随着降雨历时增长，坡面径流量增大，径流中土壤养分含量逐渐减小并趋于稳定的趋势。这与吴希媛等[10]的研究基本一致，降雨初始阶段，坡面径流以蓄满为主，流速较慢，土壤表面养分和可溶性土壤养分可以更多地溶解进入径流，所以降雨初始阶段，流失掉的土壤养分在径流中含量较高；反之，随降雨历时的增长，径流以超渗为主，流速较快，坡面径流增大，土壤养分由于物理作用而被径流冲刷带走，径流中土壤养分不断被稀释，氮素、磷素等土壤养分呈现逐渐下降的趋势。

（3）本次试验在天然降雨条件下，现场监测坡面产流量、侵蚀泥沙量和坡面土壤养分流失特征，与相关文献采用人工模拟降雨坡面产流量、侵蚀泥沙量和坡面土壤养分流失量的特征基本一致。由于天然降雨的随机性和降雨强度的不稳定性，未对坡面植被对坡面产流量、侵蚀泥沙量和坡面土壤养分流失量影响进行研究，为了进一步探讨降雨和下垫面变化对坡面产流量、侵蚀泥沙量和坡面土壤养分流失量的影响，针对不同坡面进行人工模拟降雨试验，探索水土养分流失控制方法，为水土保持、土壤侵蚀与防治提供一定的科学依据，减少总干渠边坡土壤养分流失对总干渠水环境的影响。

参考文献

[1] 王丽，王力，王全九. 不同坡度坡耕地土壤氮磷的流失与迁移过程 [J]. 水土保持学报，2015，29（2）：69-75.

[2] 张佳琪，王红，代肖，等. 坡度对片麻岩坡面土壤侵蚀和养分流失的影响 [J]. 水土保持学报，2013，27（6）：1-5.

[3] 徐国策，李鹏，成玉婷，等. 模拟降雨条件下丹江鹦鹉沟小流域坡面径流磷素流失特征 [J]. 水土保持学报，2013，27（6）：6-10.

[4] 马混，王兆骞，陈欣，等. 不同雨强条件下红壤坡地养分流失特征研究 [J]. 水土保持学报，2002，16（3）：16-19.

[5] 徐泰平，朱波，汪涛，等. 不同降雨侵蚀力条件下紫色土坡耕地的养分流失 [J]. 水土保持研究，2006，13（6）：139-141.

[6] 罗春燕，涂仕华，庞良玉，等. 降雨强度对紫色土坡耕地养分流失的影响 [J]. 水土保持学报，2009，8（4）：24-29.

[7] 郑海金，胡建民，黄鹏飞，等. 红壤坡耕地地表径流与壤中流氮磷流失比较 [J]. 水土保持学报，2014（6）：41-45.

[8] Wan Y，EI-Swalfy S A. Sediment Enrichment Mechanisms of Organic and Phosphorus in a Well-Aggreated Osisol [J]. J. Environ. Qyal，1998，27：132-138.

[9] 康玲玲，朱小勇，王云璋，等. 不同雨强条件下黄土性土壤养分流失规律研究 [J]. 土壤学报，1999，36（4）：536-543.

[10] 吴希媛，张丽萍，张妙仙，等. 不同雨强下坡地氮流失特征 [J]. 生态学报，2007，27（11）：4576-4582.

多路径效应中不同形式扼流圈天线的 GNSS 测量成果可靠性比对

黄志怀　王卫光　刘会宾

（珠江水利委员会珠江水利科学研究院，广东广州　510611）

摘　要：多路径效应是 GNSS 测量中主要误差源之一，影响 GNSS 测量成果的可靠性，在实际应用时，可通过扼流圈天线消除或减弱多路径效应。本文利用现场的点位存在较大多路径效应的特点设置两种测试方法，并使用标称精度相同的不同形式扼流圈天线进行观测，通过统计不同时间段测量误差，分别从不同时间段误差均值和中误差等两个指标进行可靠性比对。通过比对分析可知，选用独立扼流圈天线的 GNSS 接收机在平面测量中可靠性优于集成扼流圈天线的 GNSS 接收机。

关键词：可靠性；GNSS 接收机；多路径效应；扼流圈天线

1　研究背景

随着全球卫星导航系统（简称 GNSS）的飞速发展，高精度 GNSS 接收机在变形监测领域的应用范围也越来越广，而接收机天线作为 GNSS 接收机的关键部件，其性能直接影响 GNSS 接收机的测量精度[1]。在卫星定位测量中，其卫星钟差、星历误差、电离层延迟、对流层延迟等相关性误差可以通过相对定位技术进行消除或减弱，而接收机端的多路径效应误差却无法进行修正，成为影响用户定位精度的重要误差源[2]。由于变形监测自身点位自由度选择较低，因此要满足相应的测量精度，就必须采取抗多路径天线等措施来抵抗多路径效应的影响[3]。

目前，应用较为广泛的措施是使用扼流圈天线[4]。但是随着当前追求 GNSS 接收机设备一体式的趋势，厂家宣称已在一体式设备中集成了扼流圈天线，其实际应用中的效果有待验证[5-6]。本文从使用者的角度设计了两种操作性和实用性都较强的现场验证方法，通过一体式 MR1 型和带独立扼流圈天线的分离式 S10 型两种 GNSS 接收机的对比观测，分析独立扼流圈天线的效果。

2　研究区域概况

大藤峡水利枢纽工程是国务院批准的珠江流域防洪控制性枢纽工程，也是珠江—西江经济带和"西江亿吨黄金水道"基础设施建设的标志性工程，大藤峡水利枢纽为大（1）型Ⅰ等工程，是一座以防洪、航运、发电、补水压咸、灌溉等综合利用的流域关键性工程。大藤峡水利枢纽正常蓄水位为 61.00 m，汛期洪水起调水位和死水位为 47.60 m，防洪高水位和 1 000 年一遇设计洪水位为 61.00 m，10 000 年一遇校核洪水位为 64.23 m；水库总库容为 30.13 亿 m³，防洪库容和调节库容均为 15.00 亿 m³；电站装机容量 160 万 kW，多年平均发电量 72.39 亿 kW·h；根据珠江三角洲压咸补淡等要求确定的流量为 2 500 m³/s，闸规模按二级航道标准、通航 2 000 t 级船舶确定；控制灌溉面积 911.07 km²、补水灌溉面积 442.33 km²。

广西大藤峡水利枢纽工程在主体工程施工时，右岸近库岸边坡经施工开挖后形成了一个高度超过 100 m 且坡度比大于 1:2.5 以上的边坡。该处存在滑坡风险，且潜在滑坡体规模较大，一旦失稳滑

作者简介：黄志怀（1979—），男，高级工程师，主要从事水利工程监测与检测工作。

坡，会对人员及工程安全带来灾难性的后果。为更好地了解右岸坝肩高边坡以及近坝塌滑体的情况，最大程度地降低其对主体工程的影响，在这两个区域设置表面位移自动化监测及预警系统。由于边坡坡度较大且靠近水面，因此一些点位存在较为明显的多路径效应影响，为此可以利用这些点位比较两种设备的应用效果，所选择点位分布如图1所示。

图1　边坡监测点分布

3　测试对比

3.1　测试方法

方法1：现场在基准点（观测环境较好）上安装GNSS接收机，然后将标称精度相同的一体式MR1型和带独立扼流圈天线的分离式S10型两种GNSS接收机，先后安装在监测点4（多路径效应较大）上进行同步观测，见图2、图3。每种设备连续观测4 d时间。由于测站均安置在观测墩的强制对中装置上，且时间跨度不大（共8 d），在测前测后使用徕卡TM50全站仪和水准仪观测了观测墩的水平位移和垂直位移，观测成果表明，在两种GNSS设备观测期内观测墩水平位移0.12 mm、垂直位移0.08 mm，考虑仪器误差，可认为观测期间观测墩无水平位移和垂直方向的变化，并以全站仪和水准仪前后测量结果平均值作为平面位置和高程真值。GNSS数据处理均采用厂家数据处理软件分别计算两种设备的1 h时段解，然后计算不同时间段GNSS平面测量值误差，以及GNSS高程测量值误差，统计测量误差的平均值及中误差评判可靠性。

图2　一体式设备MR1型GNSS接收机安装图

图3　分离式设备S10型GNSS接收机安装图

$$v_s^i = \sqrt{\left(X_g^i - \widehat{X_s}\right)^2 + \left(Y_g^i - \widehat{Y_s}\right)^2} \tag{1}$$

$$v_H^i = H_g^i - \widehat{H_L} \tag{2}$$

式（1）中：v_s^i 为 i 时刻GNSS平面测量值误差；X_g^i 为 i 时刻GNSS北坐标测量值；Y_g^i 为 i 时刻GNSS

东坐标测量值；$\hat{X}_s$ 为观测墩北坐标真值；$\hat{Y}_s$ 为观测墩东坐标真值。

式（2）中：v_H^i 为 i 时刻 GNSS 高程测量值误差；H_g^i 为 i 时刻 GNSS 高程测量值；$\hat{H}_L$ 为观测墩高程真值。

GNSS 其解算方案如下：①解算模式：单基线时段解；②选择星座系统：GPS /GLONASS/ BDS/ GALILEO；③星历文件：广播星历；④数据处理时间长度：共 4 d，数据采样率：1 s，截止高度角：15°；⑤解算时段长度：1 h。

方法 2：由于方法 1 是在不同时间内对同一位置的比较，为了比较两种设备同一时间的观测效果，利用监测点 4 号点边上的钢管观测标（与 4 号点距离约 1 m），将 S10 型 GNSS 接收机安装在观测墩上，将 MR1 型 GNSS 接收机安装在钢管标上，两者同步观测 4 d，如图 4 所示。在测前测后仍然使用徕卡 TM50 全站仪和水准仪观测了观测墩和钢管标的水平位移与垂直位移。观测成果表明，在两种 GNSS 接收机运行时期内观测墩水平位移 0.10 mm，垂直位移 0.07 mm，钢管标水平位移 0.13 mm，垂直位移 0.08 mm，考虑仪器误差，认为观测墩和钢管标均无水平方向和垂直方向的变化，并以全站仪和水准仪前后测量结果平均值作为相应观测墩和钢管标的平面位置和高程真值。两个标志上的各自的 GNSS 设备数据处理方案均与方法 1 相同。

图 4　两种设备安装图

3.2　结果对比

（1）MR1 型和 S10 型 GNSS 接收机平面测量误差结果对比，如图 5、图 6 所示。

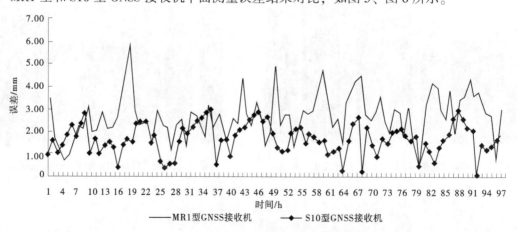

图 5　方法 1 中 MR1 型和 S10 型 GNSS 接收机 1 h 解算时长测量误差对比

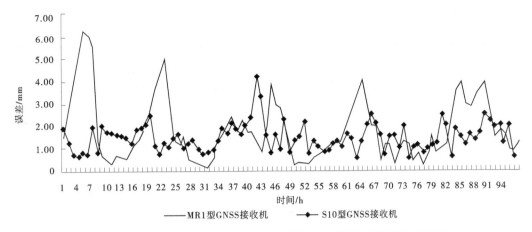

图 6　方法 2 中 MR1 型和 S10 型 GNSS 接收机 1 h 解算时长测量误差对比

（2）MR1 型和 S10 型 GNSS 接收机高程测量误差结果对比，如图 7、图 8 所示。

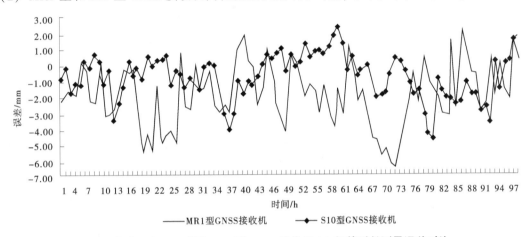

图 7　方法 1 中 MR1 型和 S10 型 GNSS 接收机 1 h 解算时长测量误差对比

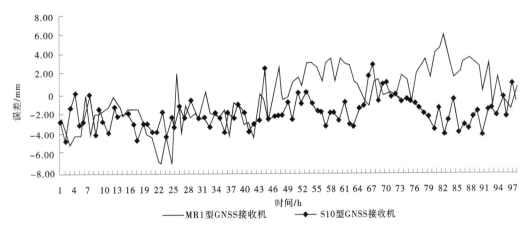

图 8　方法 2 中 MR1 型和 S10 型 GNSS 接收机 1 h 解算时长测量误差对比

将两种方法中不同型号设备的测量误差平均值进行统计，如表 1 所示。

将两种方法中不同型号设备的测量中误差进行统计，如表 2 所示。

表 1 反映出方法 1 和方法 2 在水平测量误差平均值中，S10 型相比 MR1 型水平测量误差均值更小，表明 S10 型平面测量值显著接近真实值，但高程测量误差平均值无显著特征。

表 2 反映出方法 1 和方法 2 都呈现出同样的结果，无论是平面还是高程，S10 型的测量误差离散

度都要比 MR1 型更小，结果更稳定。

表 1　方法 1 和方法 2 测量误差平均值对比统计

方法编号	时段长度/h	有效解数/个	接收机类型	平均值/mm			
				北方向误差	东方向误差	水平误差	高程误差
方法 1	1	96	MR1 型	1.8	1.2	2.13	−3.14
			S10 型	0.9	0.7	1.13	−1.12
方法 2	1	96	MR1 型	2.3	1.8	2.89	0.27
			S10 型	0.9	0.8	1.23	−1.85

注：$\bar{v}_S = \dfrac{\sum\limits_{i=1}^{n} v_s^i}{n}$，$\bar{v}_H = \dfrac{\sum\limits_{i=1}^{n} v_H^i}{n}$。其中，$\bar{v}_S$ 为水平误差平均值，$\bar{v}_H$ 为高程误差平均值。

表 2　方法 1 和方法 2 测量误差中误差对比统计

方法编号	时段长度/h	有效解数/个	接收机类型	中误差/mm			
				北方向误差	东方向误差	水平误差	高程误差
方法 1	1	96	MR1 型	±1.43	±1.05	±1.77	±3.25
			S10 型	±0.82	±0.73	±1.10	±1.46
方法 2	1	96	MR1 型	±2.04	±0.98	±2.26	±2.87
			S10 型	±1.42	±0.61	±1.54	±1.85

注：$\sigma_S = \pm\sqrt{\dfrac{\sum\limits_{i=1}^{n}(v_s^i - \bar{v}_S)^2}{n-1}}$，$\sigma_H = \pm\sqrt{\dfrac{\sum\limits_{i=1}^{n}(v_H^i - \bar{v}_H)^2}{n-1}}$。其中，$\sigma_S$ 为水平误差中误差，σ_H 为高程误差中误差。

4　结论

经过以上两种方法的全面测试对比可以得出，在平面测量中使用独立扼流圈天线的 S10 型比采用一体式设计的 MR1 型 GNSS 接收机测量值更准确，可靠性更高，但在高程测量中，两种类型扼流圈天线 GNSS 无显著特征。因此，大藤峡高边坡区域的实时监测系统，可采用带独立扼流圈天线的 S10 型 GNSS 接收机进行边坡监测，提高水平位移可靠性。

参考文献

[1] 王春华，吴文平，王晓辉，等 . 3D 扼流圈天线设计 [J]. 数字通信世界，2014（8）：15-18.
[2] 冯晓超，程晓滨，赵珂 . GNSS 接收机抗多径技术 [J]. 电讯技术，2010，50（8）：180-184.
[3] 朱志勤 . 全球定位的抗干扰及适应性技术 [J]. 导弹与航天运载技术，2000（1）：48-54.
[4] 满丰 . GNSS 接收机抗多径技术研究 [J]. 科技信息，2014（13）：117-118，57.
[5] 何书镜，汤晟佳，刘晖，等 . Trimble R8 II 与 NetR5 接收机天线多路径效应对比分析 [J]. 测绘通报，2013（10）：122-124.
[6] 刘志广，许明元，梁洪宝，等 . 中海达 VNet6 接收机、S035 大地型扼流圈天线配套基站测试结果 [J]. 大地测量与地球动力学，2013，33（S2）：35-37，44.

全强风化料最大干密度拟合模型
在填筑质量检测中的应用

孙乙庭[1]　王树武[2]　王德库[1]　刘建新[2]　刘传军[2]

(1. 中水东北勘测设计研究有限责任公司，吉林长春　130061；

2. 山东文登抽水蓄能有限公司，山东威海　264200)

摘　要：本文以山东文登抽水蓄能电站上水库大坝填筑质量控制为例，对大坝大区域采用全强风化料进行填筑的质量检测方法进行研究。针对全强风化料料源混合复杂且碾压过程中容易发生破碎改变颗粒级配的特点，考虑到试验周期与施工进度的矛盾，提出了最大干密度拟合模型，通过选取拟合最大干密度，预判填筑质量指导施工，再由实测最大干密度进行验证和修正。经统计，最大干密度拟合模型在施工中起到了非常好的效果，既保证预判可靠，又提高施工效率，为今后快速检测全强风化料填筑质量提供了一个研究方向。

关键词：全强风化料；最大干密度；等量替代拟合；质量检测

1　前言

文登抽水蓄能电站上水库采用混凝土面板堆石坝，坝体上游坡比 1：1.4，坝顶宽 10 m、长 472 m，坝轴线处最大坝高 101 m。上水库堆石坝填筑共约 462.7 万 m³，填筑料均来自库区开挖料。为减少库区开挖弃渣、节省投资和减少环境破坏，下游堆石区 3C 填筑料采用强风化和全风化石英二长岩混合料。其中强风化料级配可变性大，抗压强度低、软化系数小，当受到气候环境影响和填筑碾压后，易出现岩块崩解、破碎、级配细化[1]。本工程全强风化料经碾压后含有细粒砂，大于 5 mm 的颗粒含量占 0~50%，呈现出碎石土的性质，故采用压实度作为填筑控制指标。

鉴于国内外百米级高面板坝大区域采用全强风化料筑坝的经验很少，须充分重视填筑质量，尽量提高压实度。试验表明，采用原料击实试验获取的最大干密度偏小，不能真实反映现场压实程度，这主要与全强风化料碾压中出现破碎级配发生变化有关，故采用碾压后试坑料重型击实试验获取最大干密度，压实度设计要求不小于 95%。

考虑到击实试验周期较长，将影响施工进度，选用一种快速、有效、安全、可预判指导施工的质量检测方法成为解决问题的关键。经研究分析，本工程提出了全强风化料最大干密度拟合模型。该模型绘制了同一料源、不同粒组含量下的最大干密度-砾石含量关系曲线，可根据试坑料粒组含量选择拟合最大干密度[2]，预判填筑质量，快速指导施工。再由击实试验进行验证，及时调整修正系数，实现检测与施工同步。经现场应用，拟合压实度偏安全，结合修正系数后起到了非常好的效果，既保证了预判可靠，又提高了施工效率。

2　拟合模型的建立

2.1　试验原理

轻型击实适用于粒径不大于 5 mm 的黏性细粒类土，重型击实适用于粒径不大于 20 mm 的黏性粗

作者简介：孙乙庭（1984—），男，高级工程师，主要从事水电工程试验检测工作。

粒类土，大型击实适用于粒径不大于 60 mm 且不能自由排水的黏性粗粒土[3]。根据工程情况，选用重型击实并对超径颗粒采用等量替代法缩尺处理将具有推广意义[4]。等量替代法利用 10~20 mm、5~10 mm 粒组按比例等质量替换 20 mm 以上粒组[5]，超径级配按式（1）计算：

$$P_i = \frac{P_5}{P_5 - P_{dmax}} P_{0i} \tag{1}$$

式中：P_i 为替代后粗粒某粒组含量（%）；P_5 为原级配大于 5 mm 粒组含量（%）；P_{dmax} 为超粒径颗粒含量。

本试验在保证料源稳定情况下，对不同砾石含量（>5 mm 含量）和 10~20 mm：5~10 mm 相对比例进行拟合，将土样按不同含水率制备，根据试验确定最大干密度，并建立最大干密度拟合模型。重型击实试验方案见表 1。

表 1 重型击实试验方案

10~20 mm：5~10 mm	砾石含量（>5 mm 含量）
1:5、1:4、1:3、1:2	60%、50%、40%、30%、20%

2.2 拟合模型

为保证全强风化料性状稳定，拟合模型试验特选取碾压后同一试坑料，其颗粒级配如表 2 所示，颗粒分布曲线如图 1 所示。

表 2 全强风化试坑料颗粒级配

筛孔孔径/mm	400	200	100	80	60	40	20	10	5	2	1	0.5	0.25	0.075
通过百分率/%	100	96.8	95.9	93.1	89.8	85.7	78.9	74.1	62.5	38.8	31.4	14.6	7.2	0.6

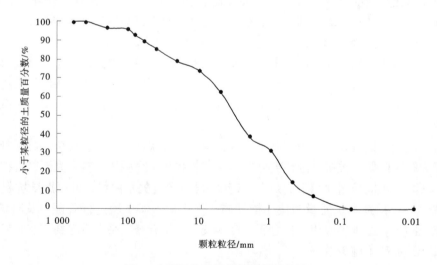

图 1 全强风化试坑料颗粒级配曲线

对该试坑料采用拟合法重型击实试验，分别绘制不同粒组含量比例、不同砾石含量下的干密度-含水率关系曲线，然后确定各曲线的最大干密度，试验结果如表 3 所示。绘制拟合法重型击实曲线，如图 2 所示。

表 3　不同砾石含量重型击实试验结果

粒组含量比例 10~20 mm：5~10 mm	砾石含量/%				
	60	50	40	30	20
	最大干密度/（g/cm³）				
1：5	2.19	2.18	2.15	2.14	2.12
1：4	2.15	2.17	2.14	2.13	2.13
1：3	2.20	2.19	2.17	2.16	2.15
1：2	2.16	2.17	2.14	2.14	2.12

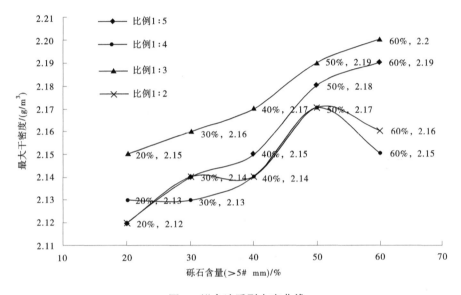

图 2　拟合法重型击实曲线

由图 2 可知，不同砾石含量最大干密度范围较大。当粒组含量比例 1：3 时，各砾石含量的最大干密度均为最大，说明此时粒组级配最佳，易碾压密实。图 2 中曲线出现重叠相交，说明在不同颗粒骨架组成下，依然有可能达到相似的密实程度，这将提高模型的容错率。

随着砾石含量增多，最大干密度逐渐增大，但当超过 50% 时，不同粒组含量表现出不同的趋势，使模型预判能力下降。说明砾石增多，局部击实不均匀，最大干密度变化不一，故需控制料源，尽量避免砾石含量超过 50%。

3　试验结果与分析

结合坑测法可测得试坑的湿密度、含水率、颗粒级配，计算试坑干密度[6]，可根据颗粒级配从图 2 中确定拟合最大干密度，为保证安全，宜取偏大值计算拟合压实度。再通过击实试验确定实际最大干密度，验证预判结果，并逐步调整修正系数。

本文共对施工中进行的 30 组试验检测数据进行统计分析，为对比等量替代法级配变化，仅对 20 mm 以下通过百分率进行汇总，各试坑料级配统计结果如表 4 所示。

表 4　全强风化试坑料级配统计

编号	通过百分率/%							
	20.0 mm	10.0 mm	5.0 mm	2.0 mm	1.0 mm	0.5 mm	0.25 mm	0.075 mm
1	79.4	74.3	62.5	39.2	31.0	14.8	7.5	0.9
2	79.4	75.4	62.9	35.2	26.3	10.6	5.2	0.6
3	73.4	67.9	56.8	33.3	27.0	12.3	6.5	1.0
4	78.9	74.1	62.5	38.8	31.4	14.6	7.2	0.6
5	59.1	54.8	42.6	25.2	20.1	11.1	5.9	0.5
6	67.5	63.8	53.7	31.3	22.3	9.1	4.8	0.6
7	68.0	64.4	55.2	35.0	29.0	14.3	6.7	0.9
8	62.4	60.0	51.2	31.9	25.1	11.7	6.0	1.4
9	81.9	79.2	67.2	41.1	32.8	14.4	7.7	0.7
10	67.8	63.6	50.4	30.4	24.6	12.5	6.0	0.4
11	73.0	69.4	57.7	35.6	26.1	10.4	4.9	0.4
12	70.9	63.3	49.3	27.1	20.7	9.6	5.1	0.9
13	60.7	57.7	48.6	30.7	23.7	10.6	6.0	0.7
14	71.5	65.6	53.6	33.3	27.5	14.5	7.0	0.7
15	75.6	69.6	57.3	37.6	31.1	15.3	8.5	1.4
16	58.8	54.6	44.9	27.8	21.6	11.0	5.2	0.5
17	74.8	71.3	62.5	42.0	35.7	20.4	9.7	1.2
18	77.9	69.5	57.7	39.9	34.4	21.6	12.9	1.2
19	61.3	58.6	51.3	35.4	30.0	17.8	10.7	0.9
20	71.3	67.2	56.9	36.6	29.0	13.3	6.6	0.6
21	66.4	61.5	51.3	32.9	27.5	12.9	6.6	0.6
22	61.2	56.1	46.6	29.6	25.6	13.3	6.9	0.6
23	64.8	61.4	52.6	34.6	28.4	13.3	7.6	0.7
24	75.3	70.0	58.4	34.0	26.7	9.2	5.0	0.5
25	57.4	53.0	44.7	29.5	25.4	16.3	9.8	1.5
26	66.8	63.1	52.8	34.0	28.6	16.7	8.9	0.7
27	68.9	63.3	53.1	35.3	29.4	18.1	9.9	0.9
28	64.3	57.4	47.7	32.7	28.3	17.7	10.6	1.0
29	72.6	70.5	62.2	42.2	36.5	22.7	12.3	0.9
30	73.4	69.4	60.1	41.1	35.5	21.5	11.9	0.8

由表 4 可知，20 mm 筛通过率介于 57.4%～81.9%，10 mm 筛通过率介于 53.0%～79.2%，5 mm 筛通过率介于 42.6%～67.2%，变化较大，说明碾压过程中全强风化料破碎不均匀，级配不稳定，这将导致等量替代后击实试验结果出现偏差，需及时调整。经过拟合模型及击实试验，拟合压实度与实测压实度结果对比如表 5 所示。

表5 拟合法压实度与实测压实度结果对比

编号	等量替代后级配/%			对应曲线 (10~20)： (5~10)	砾石 含量/ %	拟合法 压实度/ %	实测 压实度/ %	偏差/ %	说明
	20~10 mm	10~5 mm	<5 mm						
1	11.3	26.2	62.5	1：2	37.5	97.7	98.1	-0.5	—
2	9.0	28.1	62.9	1：3	37.1	97.2	98.1	-0.9	—
3	14.3	28.9	56.8	1：2	43.2	97.7	97.2	0.5	—
4	8.2	29.3	62.5	1：4	37.5	95.8	96.7	-0.9	—
5	15.0	42.4	42.6	1：3	57.4	94.1	96.3	-2.2	1：3偏差大
6	12.4	33.9	53.7	1：3	46.3	93.6	95.8	-2.2	1：3偏差大
7	12.6	32.2	55.2	1：3	44.8	95.0	97.2	-2.2	1：3偏差大
8	10.5	38.3	51.2	1：4	48.8	96.3	97.7	-1.4	—
9	6.0	26.8	67.2	1：4	32.8	96.7	97.6	-0.9	—
10	12.0	37.6	50.4	1：3	49.6	94.5	96.7	-2.2	1：3偏差大
11	10.0	32.3	57.7	1：3	42.3	96.3	97.2	-0.9	—
12	17.8	32.9	49.3	1：2	50.7	96.3	97.2	-0.9	—
13	12.7	38.7	48.6	1：3	51.4	95.5	97.2	-1.8	1：3偏差大
14	15.3	31.1	53.6	1：2	46.4	96.3	97.2	-0.9	—
15	14.0	28.7	57.3	1：2	42.7	95.8	96.3	-0.4	—
16	13.7	34.7	51.6	1：3	48.4	94.5	96.7	-2.2	1：3偏差大
17	10.7	26.8	62.5	1：3	37.5	95.4	95.8	-0.4	—
18	17.6	24.7	57.7	1：2	42.3	96.3	95.8	0.4	—
19	13.1	35.6	51.3	1：3	48.7	94.5	96.7	-2.2	1：3偏差大
20	12.3	30.8	56.9	1：3	43.1	95.0	96.7	-1.8	1：3偏差大
21	15.8	32.9	51.3	1：2	48.7	95.9	96.7	-0.9	—
22	18.7	34.7	46.6	1：2	53.4	97.7	97.7	0	—
23	13.2	34.2	52.6	1：3	47.4	95.0	96.3	-1.3	—
24	13.0	28.6	58.4	1：2	41.6	95.8	96.3	-0.4	—
25	19.2	36.1	44.7	1：2	55.3	96.3	97.2	-0.9	—
26	12.5	34.7	52.8	1：3	47.2	95.9	96.8	-0.9	—
27	16.6	30.3	53.1	1：2	46.9	94.4	95.3	-0.9	—
28	21.7	30.6	47.7	1：2	52.3	95.4	95.8	-0.4	—
29	7.6	30.2	62.2	1：4	37.8	97.2	96.7	0.5	—
30	12.0	27.9	60.1	1：2	39.9	95.8	96.2	-0.4	—

由表5可知，超径颗粒等量替代处理过程中未改变原级配砾石含量以及粒组10~20 mm与5~10 mm的相对比例。而且通过拟合模型获取的拟合法压实度普遍低于实测压实度，偏差集中在-2.2%~0.5%，实现预判的目的。

当粒组含量比例达 1:3、砾石含量超过 45%时偏差最大，可达-2.2%~-1.8%，拟合法压实度为 93.6%~95.0%，已低于设计要求 95%，而实测值为 95.8%~97.2%，可见过于安全容易造成误判影响施工。这跟图 2 曲线中粒组比例 1:3 时最大干密度普遍最大有关，此时修正系数可设为 1.5%，满足预判要求。当粒组含量比例达 1:3、砾石含量小于 45%时偏差集中在-1.3%~-0.9%，修正系数可设为 1.0%；当粒组含量比例达 1:2 时，偏差主要集中在-0.9%~-0.4%，修正系数可设为 0.5%；当粒组含量比例达 1:4 时，偏差主要集中在-1.4%~-0.9%，但由于出现次数较少，修正系数暂设为 1.0%，将根据样本累计情况适当调整。现场试验中尚未出现粒组含量比例达到 1:5 的情况，可见在当前碾压施工中，全强风化料破碎后仍保留了一部分大颗粒，起到骨架支撑作用。

4 结语

（1）全强风化料碾压后容易发生不均匀破碎改变级配，使填筑质量控制成为难点。试验表明，最大干密度拟合模型有效预判了现场压实情况，最大干密度偏大，拟合压实度偏安全，解决了检测效率与施工进度的矛盾。

（2）最大干密度拟合模型列出了不同粒组含量比例的最大干密度曲线，通过拟合压实度和修正系数能估算实际压实度。

（3）模型中每一个最大干密度都对应一条干密度-含水率关系曲线，可一步建立干密度-含水率-砾石含量"三维洋葱式模型"，通过含水率、砾石含量、粒组比例确定试坑料理论干密度上限，再根据拟合最大干密度预判压实度上限，进一步快速指导施工。

参考文献

［1］赵晓菊，高立东．文登抽水蓄能电站大坝施工全强风化料可利用性研究［J］．水利水电技术，2014，45（2）：73-76.

［2］碾压式土石坝施工规范：DL/T 5129—2013［S］．

［3］水电水利工程土工试验规程：DL/T 5355—2006［S］．

［4］胡华昌．缩尺方法对土石混合料力学性质的影响［J］．水利规划与设计，2017（2）：97-99.

［5］水电水利工程粗粒土试验规程：DL/T 5356—2006［S］．

［6］土工试验方法标准：GB/T 50123—2019［S］．

新型变直径锚杆拉拔仪性能研究

龙 翔 范 永 王德库

（中水东北勘测设计研究有限责任公司，吉林长春 130061）

摘 要： 文中介绍了一种用于测定锚杆与锚筋桩锚固力的新型便携式变直径锚杆拉拔仪，并通过加工的拉拔试验台对此拉拔仪的稳定性与准确性进行了测试。试验结果表明，新型锚杆拉拔仪自锁能力较好，0~100 kN 加载过程中最大平均位移在 $10^{-2} \sim 10^{-1}$ mm 量级，轴向拉力平均误差为 6.22%，稳定性与准确度良好。

关键词： 锚杆；锚筋桩；新型便携式变直径锚杆拉拔仪；位移；轴向拉力

1 引言

锚杆与锚筋桩广泛应用于边坡、隧道、坝体以及矿山的主体支护工程，是支护工程最基本的组成部分，其工作原理是将围岩与结构主体加固到一起[1]，利用围岩自身支护自身，能最大限度地控制围岩变形、位移，有效抑制围岩裂缝的发展[2]。锚杆与锚筋桩作为深入围岩的受拉构件，它一端与工程构筑物连接，另一端深入围岩之中。锚杆与锚筋桩杆体分为自由段和锚固工作段，自由段是指将杆头处的拉力传至锚固体的区域，其功能是对锚杆或锚筋桩施加预应力。锚固工作段是指水泥浆体将预应力筋与围岩黏结的区域，其功能是将锚固体与围岩的黏结摩擦作用增大，增加锚固体的承压作用，将自由段的拉力传至岩体深处[3]。锚杆锚固质量的优劣直接影响支护工程的质量安全，锚杆锚固质量通常使用锚杆拉拔仪进行锚固力静力法检测，然而由于拉拔试验现场条件复杂，锚杆与锚筋桩直径规格众多，现场试验室常需要配备多台不同型号的拉拔仪与各种规格的夹具，才能满足试验要求。因此，设计出一种能够适应试验现场条件，可检测不同直径规格锚杆与锚筋桩的便携式变直径锚杆拉拔仪，对于提高检测效率、降低检测成本、保证施工质量具有重要意义。

2 新型变直径锚杆拉拔仪结构设计

2.1 结构设计

此次设计的便携式变直径锚杆拉拔仪，主要由环形液压油缸、传动系统、承载板、垂直承台以及夹板组成。承载板与液压油缸的活塞相连接，承载板上设置有传动系统安装槽和位移滑动槽，副传动杆两端分别连接旋转把手与锥齿轮，主传动杆中部与两端分别连有一个锥齿轮，螺纹杆上连有一个锥齿轮，主传动杆、副传动杆和螺纹杆之间通过锥齿轮相配合，实现传动，杆件与承载板连接处设有轴承，用于减小传动阻力。垂直承台上设有滑动斜槽与螺纹柱，螺纹柱安装在位移滑动槽中与螺纹杆相配合，夹板通过连接柱与滑动斜槽相连，夹板上设有锥形突起群，锥形突起群与滑动斜槽的共同作用，从而实现自锁功能，同时在垂直承台的作用下确保力沿锚杆方向传递。变径传动系统控制垂直承台沿位移滑动槽移动，从而改变夹板间的距离，达到变径的目的。新型锚杆拉拔仪结构如图1、图2所示。

作者简介：龙翔（1991—），男，硕士研究生，工程师，研究方向为岩土工程技术研究。

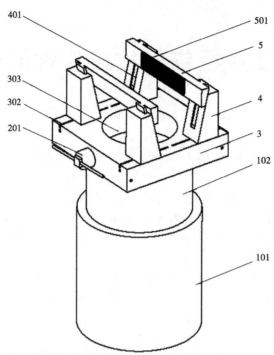

1—环形液压油缸；2—传动系统；3—承载板；4—垂直承台；5—夹板；101—油缸体；102—活塞；201—旋转把手；
202—副传动杆；203—锥齿轮；204—主传动杆；205—螺纹杆；206—轴承；301—传动系统安装槽；302—位移滑动槽；
303—环形通道；401—滑动斜槽；402—螺纹柱；501—锥形突起群；502—连接柱。

图 1　新型锚杆拉拔仪三维结构示意图

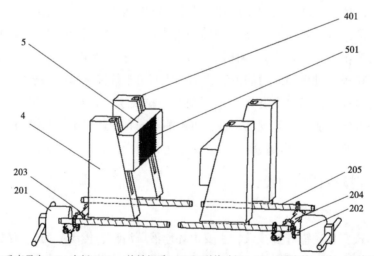

4—垂直承台；5—夹板；201—旋转把手；202—副传动杆；203—锥齿轮；204—主传动杆；
205—螺纹杆；　401—滑动斜槽；501—锥形突起群。

图 2　传动系统结构示意图

2.2　仪器使用方法

　　进行锚杆与锚筋桩锚固力检测试验时，将待测杆件穿过拉拔仪环形通道，安装好夹板，扭转旋转把手，副传动杆与其上的锥齿轮沿横向转动，相配合的主传动杆中部与两端的主锥形齿轮同时沿纵向转动，两根螺纹杆上的锥形齿轮发生联动，带动螺纹杆沿横向转动，垂直承台依靠螺纹柱在螺纹杆转动的带动下，沿位移滑动槽前后移动，使两块夹板靠近或远离，从而夹紧或松开待测杆件。由于每套传动系统的两根螺纹杆规格相同，因此同侧的两只垂直承台每次调整的位移量相同，从而保证两块夹板能相对滑动，不发生偏移。夹板夹紧待测杆件后，外接常规带压力表的手动液压泵向油缸加压，活塞与承载板向外顶出，垂直承台具有向上运动的趋势，夹板在待测杆件的摩擦力作用下沿滑动斜槽与承台发生相对向下滑动趋势，夹板间距减小，夹持力增大，在与锥形突起群的共同作用下，可防止夹板与待测杆件发生打滑。通过液压泵持续加压，达到设计拉力后，读取压力表数据，卸除压力，完成检测。

3 新型变直径锚杆拉拔仪性能试验

此次对新型变直径锚杆拉拔仪性能的试验分为室内试验台测试与现场测试，试验台结构如图 3 所示。

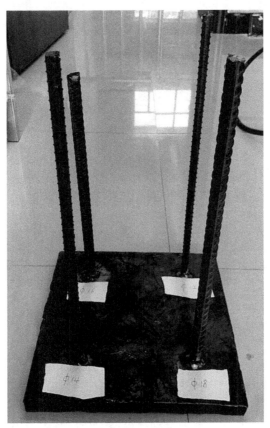

图 3 锚杆拉拔仪试验台

锚杆拉拔仪试验台由 4 根不同直径规格的锚杆与钢底板组成，锚杆与钢底板通过钻孔焊接连接，强度满足试验要求，试验台参数如表 1 所示。

表 1 锚杆拉拔仪试验台参数

构件名	试验台底板	锚杆			
材料	钢板	带肋钢筋			
数量	1 块	4 根			
尺寸/规格	60 cm×60 cm×10 cm/$L×B×H$	φ 12	φ 14	φ 16	φ 18

3.1 室内试验台测试

新型锚杆拉拔仪室内试验包括准确性试验与稳定性试验，所用仪器设备包括环形压力传感器、数显式手压液压泵、位移传感器等，试验过程如图 4 所示。

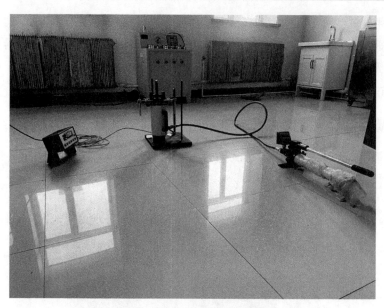

图 4　新型锚杆拉拔仪室内试验

（1）准确性试验。

通过在试验锚杆与拉拔仪之间加装环形压力传感器测定锚杆轴向拉力，利用数显式手压液压泵对拉拔仪供压并测定实际加荷量，对比锚杆所受轴向拉力与实际加载力对仪器的准确性进行试验，试验结果如表 2 所示。

表 2　准确性试验结果

序号	试验锚杆规格	轴向拉力/kN	实际加荷量/kN	偏差量/%
1	φ 12	40	43.9	9.75
2	φ 14	60	65.2	8.67
3	φ 16	80	83.5	4.38
4	φ 18	100	102.1	2.10

受钢筋抗拉强度的制约，此次试验根据锚杆规格设定的试验压力为 40~100 kN，根据表 2 可知，实际加荷量与轴向拉力的偏差量为 2.10%~9.75%，平均偏差为 6.22%，且呈现随加载量逐渐增大，偏差逐渐减小的趋势，如图 5 所示。

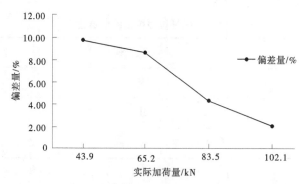

图 5　实际加荷量与轴向拉力偏差

（2）稳定性试验。

在拉拔仪上表面安装两只位移计，测定进行不同规格锚杆拉拔试验时竖向位移量的大小，以此对仪器的稳定性与自锁能力进行测试，试验结果如表 3 所示。

表 3　稳定性试验结果

序号	试验锚杆规格	加荷量/kN	1#位移计 累积位移量/mm	2#位移计 累积位移量/mm	平均位移量/mm
1	φ12	10	0.033	0.029	0.031
		20	0.059	0.046	0.053
		30	0.067	0.059	0.063
		40	0.083	0.071	0.077
2	φ14	15	0.044	0.051	0.048
		30	0.062	0.073	0.068
		45	0.088	0.089	0.089
		60	0.094	0.102	0.098
3	φ16	20	0.056	0.049	0.053
		40	0.082	0.076	0.079
		60	0.101	0.090	0.096
		80	0.111	0.094	0.103
4	φ18	25	0.059	0.055	0.057
		50	0.088	0.083	0.086
		75	0.112	0.108	0.110
		100	0.116	0.114	0.115

此次对新型锚杆拉拔仪的稳定试验，对每种规格的锚杆拉拔均采用 4 级加载，每级加载完成后观测 10 min 内的竖向位移量，加载量 0~40 kN 时最大平均位移为 0.077 mm，加载量 0~60 kN 时最大平均位移为 0.098 mm，加载量 0~80 kN 时最大平均位移为 0.103 mm，加载量 0~100 kN 时最大位移为 0.115 mm，竖向位移均在 10^{-2}~10^{-1} mm 量级。

3.2　现场测试

此次对新型锚杆拉拔仪的现场测试，选取 3 根锚杆进行试验，锚杆设计抗拔力为 100 kN，锚杆规格为 φ22，现场试验情况如图 6 所示。

此次测试仅为测试仪器现场的适用性，选取的 3 根锚杆均为经过拉拔试验合格的锚杆，新型锚杆拉拔仪的试验结果如表 4 所示。

图 6　新型锚杆拉拔仪现场测试

表 4　现场试验结果

序号	实测值/kN	平均值/kN	拉拔仪状态
1	102.21		未见异常
2	100.13	100.88	未见异常
3	100.31		未见异常

由表 4 可知，新型拉拔仪加载至 100 kN 的试验荷载时，未见异常，满足现场试验要求。

4　结论

（1）新型锚杆拉拔仪具有调节夹具距离的功能，从而实现变径功能，适应于各规格锚杆拉拔。

（2）新型锚杆拉拔仪的准确性测试结果，实际加荷量与轴向拉力的偏差量为 2.10% ~ 9.75%，平均偏差为 6.22%，且呈现随加载量逐渐增大，偏差逐渐减小的趋势。

（3）新型锚杆拉拔仪在加载至 100 kN 的试验压力下，竖向最大位移在 10^{-2} ~ 10^{-1} mm 量级，夹具自锁功能充分发挥，稳定性较高。

（4）进行现场试验测试，新型拉拔仪加载至 100 kN 的试验荷载时，未见异常，具有现场试验的适用性。

参考文献

[1] 王成．土木工程施工中边坡支护技术的应用［J］．砖瓦，2021（8）：179，181.

[2] 王建龙．土木工程施工中的边坡支护技术思考分析［J］．四川水泥，2021（7）：151-152.

[3] 周济芳．锚杆拉拔过程中力学特性试验［J］．科学技术与工程，2021，21（25）：10873-10879.

综合物探方法在水利工程质量检测中的应用研究

刘家伟　崔　召　李春洪

（云南勘中达岩土工程质量检测有限公司，云南昆明　650000）

摘　要： 综合物探方法具有探测精度高、范围广的特点，为了研究某水电站混凝土面板堆石坝库区渗漏问题，通过采用瑞雷波法、反磁通瞬变电磁法对大坝填筑体质量开展检测，通过采用红外热成像法、探地雷达法、超声横波三维成像法对大坝混凝土面板（水上部分）质量开展检测，通过采用双频侧扫声呐法、遥控无人潜水器法对大坝混凝土面板（水下部分）质量开展检测。通过采用综合物探方法，对混凝土面板堆石坝进行了质量检测，研究成果为确定库区渗漏源的位置、规模提供了必要的检测数据支持，为水利工程质量检测方法提供了一定的借鉴意义。

关键词： 综合物探；水利工程；质量检测；填筑体质量；大坝混凝土面板

1　研究背景

物探是地球物理勘探的简称，是建立在岩石、矿石（或地层）与围岩的物理性质密度、磁化性质、导电性、放射性等差异的基础上[1]，为探测地球内部结构与构造、寻找能源、资源和环境监测提供理论、方法和技术，为灾害预报提供重要依据的一种技术方法[2]。为了获得更为准确有效的物探结果，一般采用多种物探方法开展综合研究，进行综合分析判断[3]。综合物探方法多应用于煤炭、有色金属等矿产资源以及岩溶、断裂带等有害地质体[4]的勘探技术之中，利用多种先进的物探仪器设备来获取这些物理场的分布并与周围相对均质条件下的物理场相比较，找出其中的差异部分来分析研究[5]，从而达到解决工程实际问题的目的。

本文基于某水电站混凝土面板堆石坝工程，通过采用综合物探方法，对该水电站大坝填筑体、大坝混凝土面板进行了质量检测，为确定库区渗漏源的位置、规模提供必要的检测数据支持，同时为今后类似的水利工程质量检测工作提供一定的参考。

2　大坝填筑体质量综合物探法检测

2.1　瑞雷波法

瑞雷波法是利用瑞雷波在层状介质中的几何频散特性进行岩性分层探测的一种地震勘探方法[6]，其对大坝填筑体进行质量检测的基本原理是：瑞雷波法的物理基础是在层状介质情形下瑞雷波传播速度 v_R 与岩土体物理力学性质的密切相关性及 v_R 与频率 f 的相关性，即瑞雷波的频散性[7]。在同一地段测量出一系列频率的波速值，可得到一条频散曲线，通过对频散曲线的解释，可获得地下某一深度范围内地质结构变化和不同深度的瑞雷波速度值[8]，从而对地下介质的性质做出评价。

2.2　反磁通瞬变电磁法

瞬变电磁法是时间域瞬变电磁测深的简称，采用不接地回线或接地电极向地下发射脉冲电磁波，同时测量地下良导电体产生的瞬变感应涡流持续时间和强度，根据探测目的体的电性差异进行地质探测的一种电法勘探方法[6]。反磁通瞬变电磁法采用上下大小相同的微线圈（直径小于 1.0 m），其发

作者简介：刘家伟（1972—），男，高级工程师，主要从事水利水电工程试验检测技术与管理工作。

射电流相同，方向相反[9]。在相同变化时间的情况下，感应涡流的极大值面集中在近地表；同时，近地表感应涡流的极大值面产生的磁场最强，随着关断间歇的延时，又产生新的涡流极大值面，并逐渐向远离垂直发射线圈的方向扩散，大地介质影响涡流扩散速度和衰减幅度的参数主要是大地的电导率和局部地质体的埋深，局部地质体的电导率、规模、埋深、形态等参量的变化是涡流极大值面扩散速度和极大值的衰减幅度变化的主要因素[10]。

3　大坝混凝土面板质量综合物探法检测

3.1　大坝混凝土面板（水上部分）质量检测

3.1.1　红外热成像法

红外热成像法是将物体发出的不可见红外能量转变为可见的热图像，热图像上面的不同颜色代表被测物体的不同温度[11]。红外热成像仪的工作原理是使用光电设备来检测和测量辐射，并在辐射与表面温度之间建立相互联系[12]。红外热成像仪利用红外探测器和光学成像物镜接收被测目标体的红外辐射能量分布图并反映到红外探测器的光敏元件上，从而获得红外热成像图，这种热成像图与物体表面的热分布场相对应[13]。

3.1.2　探地雷达法

探地雷达法是利用电磁波的反射原理，使用探地雷达仪器向地下发射和接收具有一定频率的高频脉冲电磁波，通过识别和分析反射电磁波来探测与周边介质具有一定电性差异的目的体的一种电磁勘探方法[6]。当电磁波遇到电性（介电常数、电导率、磁导率）差异界面时将发生折射和反射现象，用接收天线接收来自地下的反射波或折射波并做记录，采用相应的雷达信号处理软件进行数据处理，然后根据处理后的数据图像结合工程地质及地球物理特征进行推断解释[14]。

探地雷达法应用于质量检测工作时，一般采用剖面法进行检测。剖面法检测的基本要求是存在反射界面且可准确计算出界面位置。常见的混凝土及岩土介质一般为非电磁介质[15]，当雷达波传播到存在介电常数差异的两种介质交界面时，雷达波将发生反射[16]。根据反射波的到达时间及已知的波速，进而推测出混凝土厚度、钢筋位置、不密实（脱空）位置等信息。

3.1.3　超声横波三维成像法

超声横波三维成像法是基于超声横波脉冲回波技术，通过在物体的一侧面发射和接收低频超声横波脉冲信号，然后用层叠成像方式进行信号处理，得到物体内部超声横波反射强度、位置、规模等分布图，最后通过解译得出物体内部结构信息[17]。

3.2　大坝混凝土面板（水下部分）质量检测

3.2.1　双频侧扫声呐法

双频侧扫声呐是一种主动式声呐，其工作原理是利用声波反射原理探测水底地形地貌、水下地层厚度和分布状态的一种勘探方法[6]。双频侧扫声呐的工作频率通常为几十千赫到几百千赫，声脉冲持续时间小于 1 ms。双频侧扫声呐近程探测时仪器的分辨率很高，进行快速大面积测量时，仪器使用微处理机对声速、斜距、拖曳体距海底高度等参数进行校正，得到无畸变的图像，拼接后可绘制出准确的水底地形图[18]。从侧扫声呐的记录图像上，利用数字信号处理技术，能够准确判读出水底地形分布状况[19]。

3.2.2　遥控无人潜水器法

遥控无人潜水器亦称水下机器人，是能够在水下环境中长时间作业的高科技装备，尤其是在潜水员无法承担的高强度水下作业、潜水员不能到达的深度和危险条件下更显现出其明显的优势[20]。遥控无人潜水器作为水下作业平台，采用了可重组的开放式框架结构、数字传输的计算机控制方式、电力或液压动力的驱动形式，在其驱动功率和有效载荷允许的情况下，可准确、高效地完成各种水下调查、作业、勘探、观测与取样等作业任务[21]。

4 质量检测结果分析

4.1 大坝填筑体质量检测结果分析

本次对该水电站大坝填筑体质量开展综合物探检测工作[22]，采用以瑞雷波法为主、以反磁通瞬变电磁法为辅的方式进行综合检测，其中瑞雷波法布置 4 条测线，编号分别为 M1~M4；反磁通瞬变电磁法布置 4 条测线，编号分别为 F1、F3、F4、F5（其中，测线 F2 因与测线 F3 位置较近，得出结果相似，因此在 F4 下游位置补设测线 F5），两种方法的测线均布置于坝顶、大坝背水面，除测线 M1 和 F1 重合布置于坝顶外，其他测线均不重合。

4.1.1 瑞雷波法检测结果

为检测大坝填筑体的质量情况，查明坝体中存在的缺陷或薄弱区域，本次在坝顶、大坝背水面布置了 4 条测线，编号分别为 M1~M4，测试成果如图 1~图 4 所示。

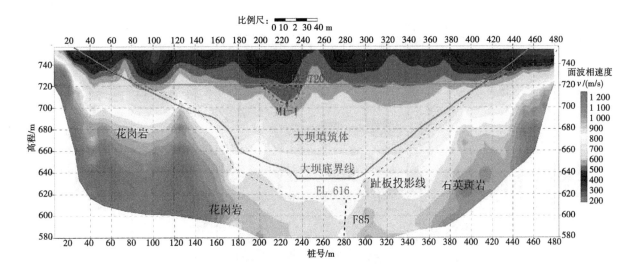

图 1 测线 M1（坝顶，高程 753.30 m）瑞雷波速度断面图

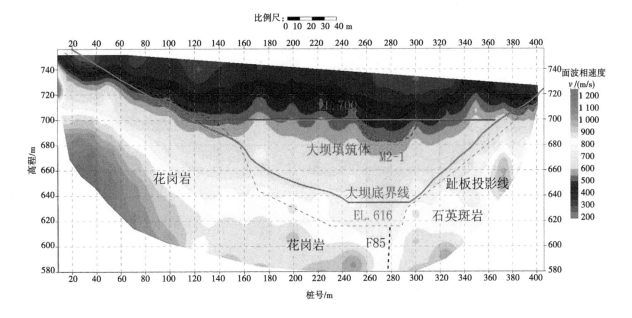

图 2 测线 M2（大坝背水面，高程 728.00~753.30 m）瑞雷波速度断面图

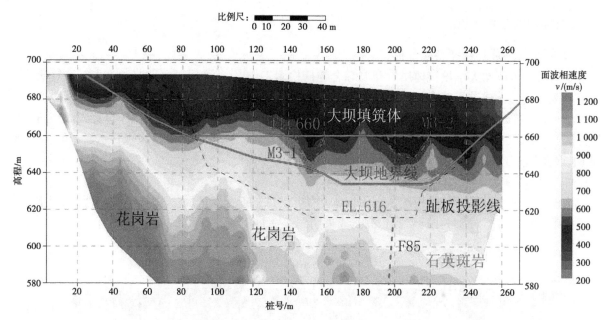

图 3 测线 M3（大坝背水面，高程 680.00~692.00 m）瑞雷波速度断面图

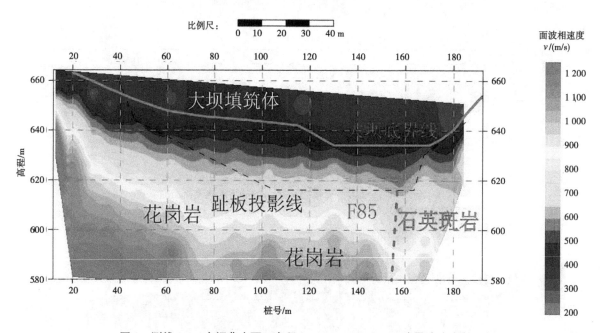

图 4 测线 M4（大坝背水面，高程 650.00~664.00 m）瑞雷波速度断面图

从 4 条测线的瑞雷波速度断面图可以看出：

（1）大坝填筑体分布于高程 632.50 m 以上，呈"U"字形分布，其瑞雷波速度主要在 500~700 m/s，波速分布均匀，层次分明，由浅至深波速有逐渐升高的趋势，分布规律基本正常，符合坝体填筑料由浅至深密实度逐渐增加的趋势。

（2）在 4 条剖面上共计发现有 4 个波速较低的区域，波速均小于 500 m/s，4 个波速较低区域均推测为坝体密实程度低的反映。

4.1.2 反磁通瞬变电磁法检测结果

本次大坝填筑体质量检测采用反磁通瞬变电磁法进行辅助检测，同时在坝顶、大坝背水面布置了 4 条测线，编号分别为 F1、F3、F4、F5，测试成果如图 5~图 8 所示。

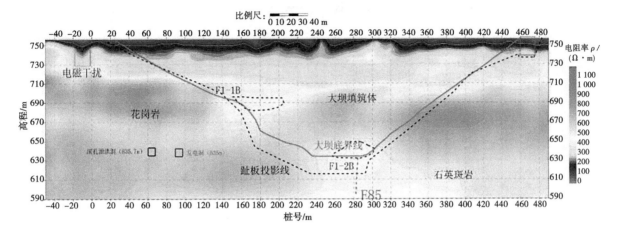

图5 测线F1（坝顶，高程753.30 m）反磁通瞬变电磁法电阻率断面图

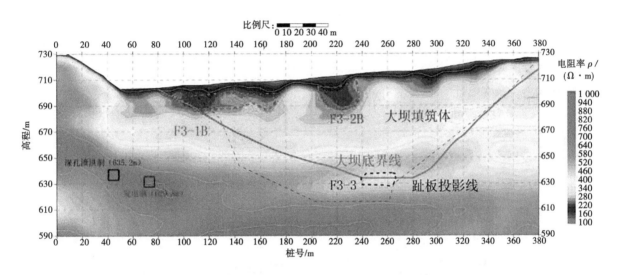

图6 测线F3（大坝背水面，高程701.00～726.00 m）反磁通瞬变电磁法电阻率断面图

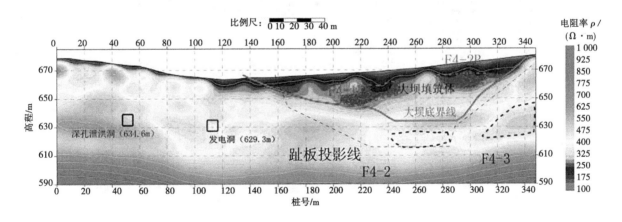

图7 测线F4（大坝背水面，高程664.00～681.00 m）反磁通瞬变电磁法电阻率断面图

从4条测线的反磁通瞬变电磁法电阻率断面图可以看出：

（1）大坝填筑体分布于高程632.50 m以上，呈"U"字形分布，其电阻率主要在400～700 Ω·m，分布均匀，层次分明，由浅至深电阻率有逐渐升高的趋势，分布规律基本正常，符合坝体填筑料由浅至深密实度逐渐增加的趋势。

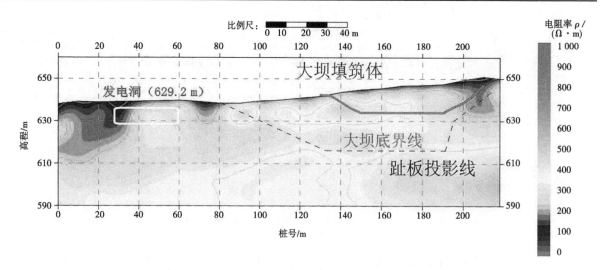

图 8　测线 F5（大坝背水面，高程 639.80~650.00 m）反磁通瞬变电磁法电阻率断面图

（2）在 4 条剖面上共计发现 7 个低电阻率异常区，这 7 个低电阻率异常区均推测为坝体密实程度低的反映。

4.2　大坝混凝土面板（水上部分）质量检测结果分析

4.2.1　红外热成像法检测结果

根据红外成像技术原理，选择在晴天上午和下午两个时段对大坝混凝土面板进行红外热成像法检测，根据红外热成像照片初步判读疑似脱空区域。大坝混凝土面板的热导率最高，其次为挤压边墙和垫层料，最后为空气，且空气热导率明显比其他三种介质低。因此，在阳光照射之下，面板吸收来自阳光的辐射热量，存在脱空的面板区域由于空气热传导性能差而使得温度升高较快，非脱空区的面板由于热量易向坝体深部传导而升高较慢[23]。通过对比早上温度最低时段和下午温度最高时段大坝混凝土面板散热和吸热结束时的温度分布情况，来判别大坝混凝土面板的脱空（缺陷）分布情况。该水电站水位线之上面板红外热成像法典型成果如图 9、图 10 所示。

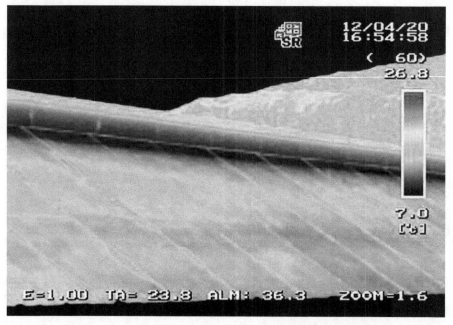

图 9　早上温度最低时段大坝混凝土面板红外热成像法典型图

图10 下午温度最高时段大坝混凝土面板红外热成像法典型图

4.2.2 探地雷达法检测结果

本次大坝面板脱空（缺陷）探地雷达检测结果，检测结果分为四类情况：

（1）无异常区域。

（2）面板与挤压边墙之间的脱空，典型图如图11所示。

（3）挤压边墙与垫层料之间的脱空，典型图如图12所示。

（4）混凝土内部裂缝及剥离，典型图如图13所示。

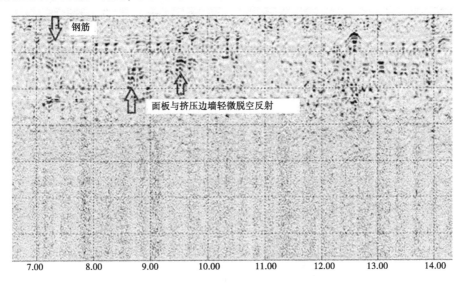

图11 面板与挤压边墙之间脱空探地雷达典型图

4.2.3 超声横波三维成像法检测结果

为复核探地雷达的检测成果，并准确解析结构较复杂的区域，使用超声横波三维成像法对探地雷达检测区域进行精准判定。对应于探地雷达检测结果，本次超声横波三维成像法检测结果也分为四类情况：

（1）无异常区域。

（2）面板与挤压边墙之间的脱空，典型图如图14所示。

（3）挤压边墙与垫层料之间的脱空，典型图如图15所示。

（4）混凝土内部裂缝及剥离，典型图如图16所示。

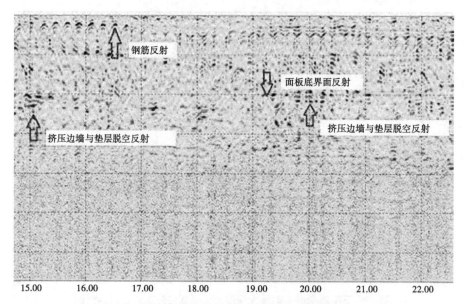

图 12　挤压边墙与垫层料之间脱空探地雷达典型图

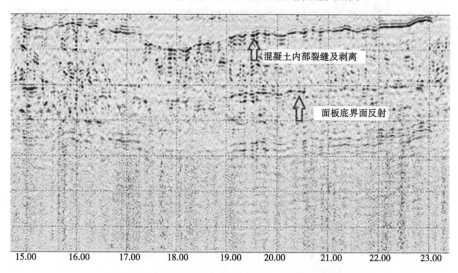

图 13　混凝土内部裂缝及剥离探地雷达典型图

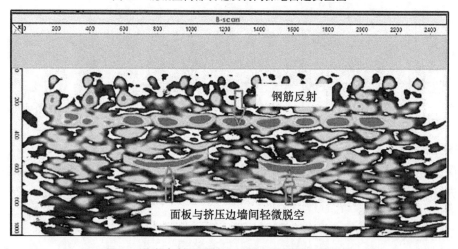

图 14　面板与挤压边墙之间脱空探地雷达典型图

4.2.4　综合物探检测成果

大坝混凝土面板（水上部分）质量检测，采用了红外热成像法、探地雷达法和超声横波三维成

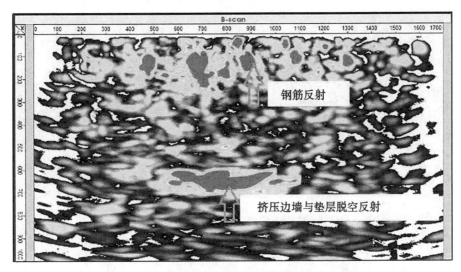

图15 挤压边墙与垫层料之间脱空探地雷达典型图

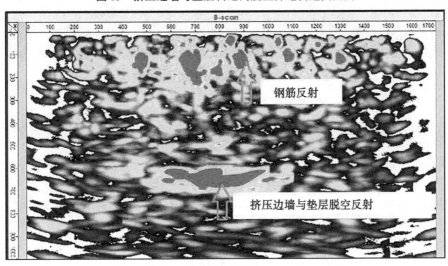

图16 混凝土内部裂缝及剥离探地雷达典型图

像法等物探方法进行综合检测[24]，综合物探检测成果分析得出：

（1）混凝土面板与挤压边墙间脱空共127处，脱空长度（斜长）为0.5~2.0 m。

（2）挤压边墙与垫层之间的脱空共7处，脱空长度（斜长）为0.5~1.5 m。

（3）混凝土内部裂缝及剥离缺陷共2处，脱空长度（斜长）为2.0~8.0 m，主要分布在20#面板和21#面板。

总体来看，该水电站大坝面板（水上部分）混凝土质量较好，混凝土面板与挤压边墙之间总体结合比较密实，挤压边墙与垫层料之间接触总体较好。

4.3 大坝混凝土面板（水下部分）质量检测结果分析

4.3.1 双频侧扫声呐法检测结果

该水电站大坝混凝土面板双频侧扫声呐法典型成果如图17所示。

从图17中可以看出：①测区1、2、3范围内结合遥控无人潜水器检查为往期裂缝修复痕迹；②测区4周边缝及趾板表面有附着物；③测区5表面有明显的附着物；④测区6、测区7面板表面有树枝等其他附着物；⑤大坝面板表面未见明显的凸起和凹陷发育，但是局部存在轻微缺陷。

4.3.2 遥控无人潜水器法检测结果

通过遥控无人潜水器法检测，本次大坝面板共计发现26个缺陷部位，其中15个为面板垂直缝橡胶止水缺陷，2个为混凝土面板不平整，9个为渗漏缺陷（出现吸墨现象）。这些缺陷主要分布于大

图 17 大坝混凝土面板双频侧扫声呐成果

坝面板的左部和右部。

5 结论

5.1 大坝填筑体质量检测成果

（1）大坝填筑体分布于高程 632.50 m 以上，呈"U"字形分布，其瑞雷波速度主要在 500~700 m/s，电阻率主要在 400~700 Ω·m，由浅至深瑞雷波速和电阻率均有逐渐升高的趋势，分布规律基本正常，符合坝体填筑料由浅至深密实度逐渐增加的趋势。

（2）大坝填筑体局部共计发现 11 处低波速和低电阻率异常区域，均推测为坝体局部密实度较低所致，这些薄弱区域主要分布在大坝中部，即原河床附近，在大坝左岸有零星分布。

5.2 大坝混凝土面板质量检测成果

大坝混凝土面板质量检测，共计采用了 5 种物探方法进行综合检测[25-27]，综合物探检测成果分析得出：

（1）大坝面板（水上部分）共计发现 136 处面板脱空（缺陷），其中混凝土面板与挤压边墙间脱空共 127 处；挤压边墙与垫层之间的脱空共 7 处；混凝土内部裂缝及剥离缺陷共 2 处。

（2）大坝面板（水下部分）共计发现 26 个缺陷部位，其中 15 个为面板垂直缝橡胶止水缺陷，2 个为混凝土面板不平整，9 个为渗漏缺陷（出现吸墨现象）。这些缺陷主要分布于大坝面板（水下部分）的左部和右部。

参考文献

［1］黄颖洲，侯晓阳．浅谈综合地质勘探方法在地质找矿中的应用［J］．中国金属通报，2018（9）：99-100.

［2］陶晓曼，刘伟，王永良．浅析物探在不良地质探测中的应用［J］．黑龙江科技信息，2014（6）：103.

［3］庞永治，李国防，殷亚飞，等．综合物探法在构造调查中的应用分析［J］．低碳世界，2017（4）：92-93.

［4］黄建权，李明陆，粟超良，等．综合物探在岩溶勘察中的应用分析［J］．工程地球物理学报，2020，17（5）：610-617.

［5］潘晓刚，孙启斌，张於祥．综合物探在某水利枢纽工程坝址勘探中的应用［J］．西部探矿工程，2012，24（4）：

183-185.

［6］水电水利工程物探规程：DL/T 5010—2005［S］.

［7］孙进忠，祁生文，张辉. 瑞雷波探测方法在工程无损检测中的应用［C］// 中国地质学会. 第七届全国工程地质大会论文集. 中国地质学会，2004：6.

［8］周正中. 综合物探方法在地裂缝探测中的应用［J］. 工程地球物理学报，2008，5（6）：705-708.

［9］杨凌. 物探技术在高速公路王家寨隧道进口端塌陷区的应用［J］. 工程建设与设计，2019（15）：133-135.

［10］倪进鑫，周伟毅，张云. 等值反磁通瞬变电磁法在人口聚集区岩溶塌陷调查中的应用［J］. 华北自然资源，2020（3）：42-43.

［11］陈颖杰. 红外热像检测技术在土木工程中的应用［J］. 工业技术创新，2016，3（2）：272-275.

［12］黎茂芳. 崔家营航电枢纽船闸人字门振动处理［J］. 设备管理与维修，2017（2）：35-36.

［13］杨燕萍，齐明，闫鑫，等. 红外热成像及图像处理技术在建筑物缺陷检测方面的应用［J］. 新型建筑材料，2011，38（12）：83-86.

［14］高才坤，陆超，王宗兰，等. 采用综合物探法进行大坝面板脱空无损探测［J］. 地球物理学进展，2005，20（3）：843-848.

［15］高才坤. 堆积体的综合物探方法研究与应用［R］. 云南省，中国水电顾问集团昆明勘测设计研究院，2009-04-24.

［16］字陈波. 运用地质雷达检测水电工程混凝土厚度及浇筑质量［J］. 云南水力发电，2008，24（5）：103-104.

［17］陈思宇，彭望，李长雁. 引水隧洞就运行期检测技术探讨［C］//中国大坝工程学会2016学术年会论文集. 2016：642-646.

［18］王丹丹. 水下无人潜器同步定位与地图生成方法研究［D］. 黑龙江：哈尔滨工程大学，2017.

［19］杨玉波，姚成林，邓中俊，等. 堤防隐患探测技术与方法［J］. 中国防汛抗旱，2017，27（z1）：1-4.

［20］普中勇，赵培双，石彪，等. 水工建筑物水下检测技术探索与实践［J］. 云南水力发电，2020，36（5）：30-33.

［21］赵煜森. ROV水下作业仿真系统的研究［D］. 黑龙江：哈尔滨工程大学，2011.

［22］桑普天. 综合物探技术在岩土工程中的应用［J］. 绿色环保建材，2019（10）：84，88.

［23］陆超，刘杰，付运祥. 混凝土面板堆石坝面板脱空检测中的综合物探方法及应用［J］. 云南水电技术，2009（4）.

［24］刘杰，余灿林，段炜，等. 混凝土面板堆石坝面板脱空检测中的综合物探方法及应用［C］//"水利水电土石坝工程信息网"2014年网长工作会议论文集. 2014：335-342.

［25］安鑫. 综合物探法在水库防渗墙渗漏检测中的应用［J］. 广西水利水电，2021（1）：21-24.

［26］朱云峰. 综合物探在泉州某水库大坝渗漏探测中的应用［J］. 勘察科学技术，2020（6）：56-59.

［27］李建超，王长伟，刘洁. 综合物探在清水河水库勘探中的应用［J］. 水利水电工程设计，2020，39（4）：43-45.

海河流域水生态状况评估

刘信勇[1] 吴 凡[2] 王怡婷[1] 冯剑丰[2] 朱 琳[2]

（1. 南水北调中线干线工程建设管理局天津分局，天津 300380；
2. 南开大学，天津 300381）

摘 要：海河流域是我国水污染最为严重的流域之一，极大地影响了流域水生态系统的健康。通过现场调查，开展了海河流域水生态状况的评估，调查结果共发现浮游植物7门71属154种。无论从种类组成和细胞密度来说，绿藻、蓝藻和硅藻均占优势。共捕获浮游动物85种，其中35种隶属于轮虫，28种隶属于枝角类，22种隶属于桡足类。海河流域浮游动物总密度的变化范围为4.28～130.84 ind./L，平均密度为42.53 ind./L。利用多样性指数评价结果表明海河流域水质处于轻度污染–β中污染之间。

关键词：海河流域；水生态；评估；浮游生物

1 研究背景

海河流域的流域面积高达31.8万km²，发源于太行山脉，地跨北京、内蒙古等8个省市，注入渤海，是中国华北地区的最大水系，流域面积广，流经省市多，是流域内人类经济社会重要的支持系统。海河流域主要水系流经的省市大多人口密度大、经济地位高，例如北京、天津等，是国家重要的粮食生产基地，具有十分重要的地理价值和经济价值，在国家社会经济发展过程中具有重要的战略地位。

但海河流域也是人为高度干扰区域，随着流域社会经济不断发展，用水量大大增加，造成水资源短缺，同时由于不合理的水资源开发和利用，造成海河流域污染加重，目前已经成为我国水污染最为严重的流域之一，极大地影响了流域水生态系统的健康。目前，海河流域水生态系统面临着水资源不足与水污染等重要问题。同时，人类活动，如森林砍伐、城市化、水利工程等极大地影响流域内营养物的水平，导致海河流域氮、磷含量大幅度增加，河流生境质量退化，水生生物多样性减少，生态系统严重退化。因此，开展海河流域水生态环境监测，了解海河流域的水生态环境状态具有重要的意义。

2 材料和方法

2.1 研究区域与采样点

于2017年10月对海河流域进行实地调查，采样点的数量和位置根据当地生态环境特点及研究需要确定，共设置26个采样点，采样点相关信息如表1所示。

2.2 浮游植物的采集与处理

采样时，直接取表层水500 mL，现场加入鲁哥试剂进行固定，鲁哥试剂用量为水样量的1.5%，即500 mL水加7.5 mL。静置24 h以上，然后用虹吸法吸取上清液，将样品浓缩至100 mL，在计数前先用左右平移法将样品摇匀，然后吸出0.1 mL，将其置于0.1 mL的计数框内，取样在10×40倍倒置显微镜下观察，确定浮游植物的种类，使用《中国内陆水域常见藻类图谱》[3] 作为浮游植物的鉴定依据。1 L水中浮游植物的数量（N）计算如下：

作者简介：刘信勇（1983—），男，高级工程师，主要从事水质保护和水质检测相关工作。

表1 海河流域采样点坐标

编号	点位名称	采样点坐标	
		经度	纬度
1	三岔口	117°11′35″	39°07′59″
2	海河大闸	117°42′52″	38°59′10″
3	曹庄子泵站	117°05′28″	39°07′58″
4	生产圈闸	117°20′10″	39°03′47″
5	北洋桥	117°10′01″	39°10′23″
6	大红桥	117°09′60″	39°09′32″
7	井冈山桥	117°09′04″	39°09′03″
8	蓟运河防潮闸	117°43′60″	39°06′58″
9	塘汉公路桥	117°41′55″	39°07′40″
10	土门楼	116°56′34″	39°41′21″
11	大套桥	117°17′05″	39°40′38″
12	黄白桥	117°28′03″	39°27′57″
13	尔王庄水库	117°21′25″	39°23′45″
14	西屯桥	117°23′58″	39°46′33″
15	淋河桥	117°38′40″	40°03′40″
16	黎河桥	117°44′34″	40°00′48″
17	果河桥	117°43′25″	40°00′07″
18	沙河桥	117°46′02″	40°03′19″
19	于桥水库出口	117°25′47″	40°01′26″
20	万家码头	117°18′18″	38°50′17″
21	马棚口防潮闸	117°32′15″	38°39′18″
22	北排水河防潮闸	117°32′28″	38°37′03″
23	翟庄子	117°16′49″	38°32′52″
24	沧浪渠出境	117°32′14″	38°36′48″
25	团瓢桥	117°05′05″	38°32′52″
26	青静黄防潮闸	117°31′45″	38°39′18″

$$N = \frac{C_s}{F_s F_n} \frac{V}{U} P_n \times 2 \qquad (1)$$

式中：C_s 为计数框面积，mm^2；F_s 为每个视野的面积，mm^2；F_n 为观察时计数的视野数；V 为样品沉淀浓缩后的体积，mL；U 为计数框的容积（0.1 mL）；P_n 为计数得到的浮游植物总生物个体数；2 为转换系数。

2.3 浮游动物的采集与处理

定量样品采水30 L置于25号浮游生物网中过滤，将网口放入100 mL塑料瓶中，抖动网衣使黏附在网上的浮游动物聚集到网底，打开阀门将收集到的样本移入瓶中，并用水样清洗滤网，将浮游动物洗入瓶中，重复3次，加入5 mL福尔马林溶液固定，带回实验室镜检。镜检时，摇匀样品，立即吸取5 mL，用5 mL浮游动物计数框全片计数，使用《淡水微型生物与底栖动物图谱》[4] 作为浮游动物的鉴定依据。1 L 水中浮游动物的数量（N）用以下公式计算：

$$N = P \frac{V_1}{V_0} \tag{2}$$

式中：P 为 5 mL 浮游动物计数板的计数结果；V_1 为样品浓缩的体积；V_0 为采样体积。

2.4 多样性指数的计算

一般用来评价水质状况和反映生物群落结构的常用的指数有：物种多样性指数（Shannon 指数，H）、丰富度指数（Margalef 指数，M）和均匀度指数（Pielous 指数，J）。

$$H = - \sum P_i \log_2 P_i \tag{3}$$

$$M = \frac{S-1}{\log_2 N} \tag{4}$$

$$J = \frac{H}{\ln S} \tag{5}$$

式中：P_i 为第 i 种的个体数与总体数的比值，$P_i = n_i/N$，n_i 为第 i 种个体数；N 为所有种个体数；S 为种类数。

浮游生物多样性指数水质评判标准如表 2 所示。

表 2　浮游生物多样性指数水质评判标准

生物多样性指数	清洁	轻度污染	β-中污染	α-中污染	重污染
H	>4.5	4.5~3	3~2	2~1	<1
M	>6	6~4	4~2	2~1	1~0
J	>0.8	0.8~0.5	0.5~0.3	0.3~0.1	<0.1

3　结果与讨论

3.1 浮游植物

浮游植物 7 门 71 属 154 种。就种类而言，硅藻门和绿藻门最多，均有 54 种，共占调查种类的 70.1%，优势明显；其次为裸藻门和蓝藻门，分别有 21 种和 18 种，二者相差不大，分别占调查种类的 13.6% 和 11.7%；隐藻门、甲藻门和金藻门种类较少，分别为 4 种、3 种和 1 种。由图 1 可知，各点位种类为 24~52，其中点位 14（西屯桥）种类最多，点位 15（淋河桥）种类最少。裸藻在各采样点的种类组成中所占比例较小但采集种类多，是由各采样点间裸藻组成差异较大造成的。绿藻、蓝藻和硅藻在各点位均出现，占总调查种类的 81.8%，是构成海河流域浮游植物种类的主要类群，主要出现的种类包括衣藻属、栅藻属、色球藻属、颤藻属和小环藻属等，多为富营养化水体常见类群。

海河水系所有样品中浮游植物的细胞密度均值为 17.12×10⁶ cells/L，其中绿藻、蓝藻、硅藻平均密度分别为 5.14×10⁶ cells/L、4.23×10⁶ cells/L、5.49×10⁶ cells/L。由图 2 可知，各点位间浮游植物细胞密度差异明显，密度在（1.28~63.68）×10⁶ cells/L，根据湖泊富营养化与藻类密度的评价标准：当藻类密度小于 3×10⁵ cells/L，为贫营养，（3~10）×10⁵ cells/L 为中营养，大于 10×10⁵ cells/L 为富营养，因此从藻类密度来看，各点位均达到富营养水平。此外，无论从种类组成和细胞密度来说，绿藻、蓝藻和硅藻均占优势，这同样说明调查区域处于富营养状态，与理化指标的监测结果相一致。浮游植物细胞密度最大值出现在点位 23（翟庄子），最小值出现在种类最少的点位 15（淋河桥）。翟庄子点位丰富的氮、磷营养可能为浮游植物创造了有利的生长条件；淋河桥点位总氮含量高达 13.08 mg/L，而总磷含量达到 I 类水标准（≤0.02 mg/L），磷限制可能是造成其种类少、细胞密度小的主要原因。

此次调查中，各采样点均匀度指数 J 的变化范围在 0.38 以内（0.49~0.87），物种多样性指数 H

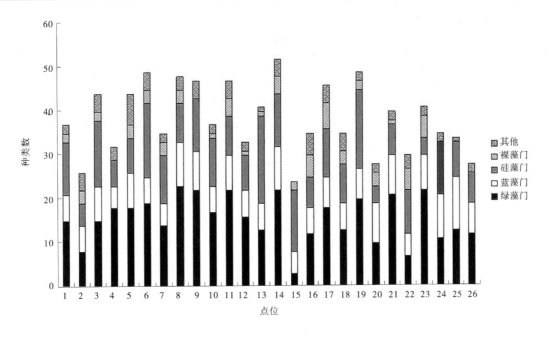

图 1　各采样点浮游植物种类数

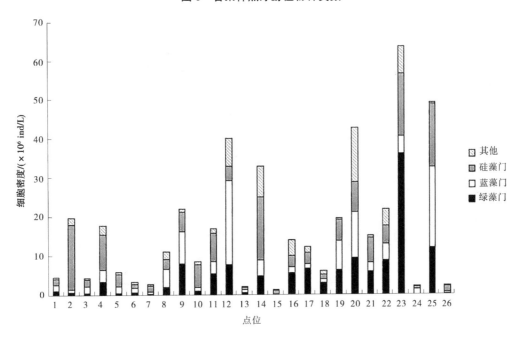

图 2　各采样点浮游植物细胞密度

的变化范围在 1.46 以内，最高值为 3.04，最低值为 1.58；丰富度指数 M 的变化范围在 5.01 以内，最高值为 8.23，最低值为 3.22。由表 3 可以看出，各个采样点之间，多样性水平较为稳定。Shannon 指数的最大值出现在点位 6（大红桥）、9（塘汉公路桥）和 13（尔王庄水库）；同时大红桥也是 Margalef 指数最大的点位；Pielou 指数的最大值出现在点位 15（淋河桥），这与该点位种类数少密切相关。Shannon 指数和 Pielou 指数最小值均出现在海河大闸，此点位 Margalef 指数仅大于点位 20（万家码头）。

根据浮游植物多样性指数对海河水质进行等级评价时发现，此次调查中，26 个点位多样性指数 H 的均值为 2.53，评价为 β-中污染；丰富度指数 M 均值为 5.53，评价为轻度污染；均匀度指数 J 均值为 0.70，评价为轻度污染。对各点位进行综合等级评价时发现，4 个点位为 β-中污染，其余均为轻度污染。根据浮游植物多样性结果，认为海河流域水质处于轻度污染至 β-中污染之间。

表 3　浮游植物多样性指数

编号	点位名称	多样性指数 H	丰富度指数 M	均匀度指数 J	综合评价等级
1	三岔口	2.83	6.52	0.78	轻度污染
2	海河大闸	1.58	3.28	0.49	β-中污染
3	曹庄子泵站	2.86	7.06	0.76	轻度污染
4	生产圈闸	2.50	4.12	0.72	轻度污染
5	北洋桥	2.44	6.71	0.64	轻度污染
6	大红桥	3.04	8.23	0.78	轻度污染
7	井冈山桥	2.43	6.02	0.68	轻度污染
8	蓟运河防潮闸	2.72	6.68	0.70	轻度污染
9	塘汉公路桥	3.04	5.95	0.79	轻度污染
10	土门楼	2.17	5.31	0.60	轻度污染
11	大套桥	2.81	6.15	0.73	轻度污染
12	黄白桥	2.01	3.84	0.58	轻度污染
13	尔王庄水库	3.04	7.49	0.82	轻度污染
14	西屯桥	2.49	6.27	0.63	轻度污染
15	淋河桥	2.76	4.71	0.87	轻度污染
16	黎河桥	2.53	4.67	0.71	轻度污染
17	果河桥	2.23	6.29	0.58	轻度污染
18	沙河桥	2.41	7.26	0.62	轻度污染
19	于桥水库出口	2.44	6.31	0.63	轻度污染
20	万家码头	2.35	3.22	0.70	β-中污染
21	马棚口防潮闸	2.74	5.30	0.74	轻度污染
22	北排水河防潮闸	2.28	3.75	0.67	β-中污染
23	翟庄子	2.15	4.55	0.58	轻度污染
24	沧浪渠出境	2.63	5.52	0.74	轻度污染
25	团瓢桥	2.84	3.87	0.80	β-中污染
26	青静黄防潮闸	2.48	4.81	0.74	轻度污染

3.2　浮游动物

此次调查中，共捕获浮游动物 85 种，其中 35 种隶属于轮虫，28 种隶属于枝角类，22 种隶属于桡足类。由图 3 可知，各点位种类在 7~29 种，其中点位 12（黄白桥）种类最多，点位 15（淋河桥）种类最少。除点位 25（团瓢桥）中未捕获到枝角类，其余点位中三种浮游动物均有所出现，其中出现最多的轮虫是臂尾轮虫，主要包括萼花臂尾轮虫和裂足臂尾轮虫，出现最多的枝角类包括角突网纹溞和柯氏象鼻溞，出现最多的桡足类包括中华窄腹水蚤、指状许水蚤及无节幼体中的一种。

海河流域浮游动物总密度的变化范围为 4.28 ~ 130.84 ind./L，平均密度为 42.53 ind./L（见图 4）。密度的最小值出现在点位 15（淋河桥），该点位浮游植物种类和数量少，不能为浮游动物的生长提供良好的食物来源，是浮游动物种类和数量较少的原因之一。而密度的最大值出现在点位 9

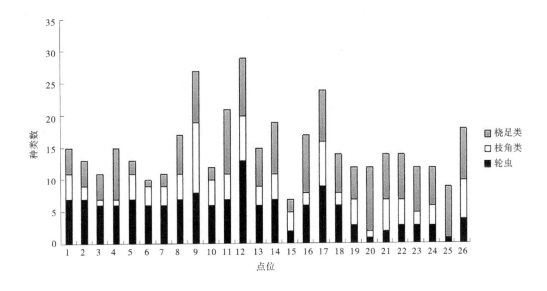

图3 各采样点浮游动物种类数

（塘汉公路桥）。三种浮游动物中，轮虫平均密度最高，为 17.16 ind./L，占总体的 40.34%；其次是桡足类，平均密度为 15.51 ind./L，占总体的 36.46%；枝角类的平均密度为 9.10 ind./L，占总体的 21.42%。枝角类占比最少，可能是因为在一些点位中其水体中含有较多的悬浮物，使得枝角类的滤食条件发生了一定程度的恶化。

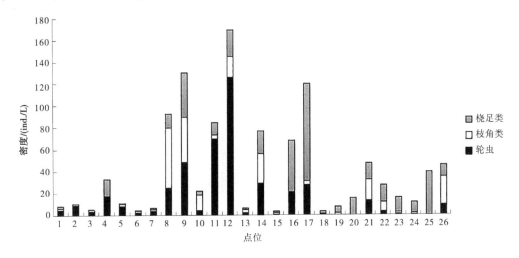

图4 各采样点浮游动物密度

由表4可知，此次调查中，各采样点浮游动物多样性指数 H 的变化范围为 1.42~2.64，丰富度指数 M 的范围为 1.67~4.56，均匀度指数 J 的范围为 0.63~0.99，多样性水平较为稳定。Shannon 指数的最大值出现在浮游植物多样性指数 H 同样最高的点位 13（尔王庄水库），Margalef 指数和 Pielou 指数的最大值出现在点位 18（沙河桥），Shannon 指数和 Margalef 指数最小值出现均在点位 25（团瓢桥），该点位未能捕获到枝角类，浮游动物群落结构不完整，Pielou 指数的最小值出现在点位 12（黄白桥）。

根据浮游动物多样性指数对海河水质进行等级评价时发现，此次调查中，26 个点位多样性指数 H 的均值为 2.15，评价为 β-中污染；丰富度指数 M 均值为 3.29，评价为 β-中污染；均匀度指数 J 均值为 0.81，评价为清洁。对各点位进行等级评价时发现（见表4），利用浮游动物多样性指数进行的等级评价结果与根据浮游植物多样性结果进行评价的等级大体相近，但 26 个点位中，8 个点位为

β-中污染，这表明，利用浮游动物多样性指数进行评价的结果更为严格。综上所述，根据浮游生物多样性结果，认为海河流域水质处于轻度污染至 β-中污染之间。

表 4 浮游动物多样性指数

编号	点位名称	多样性指数 H	丰富度指数 M	均匀度指数 J	综合评价等级
1	三岔口	2.42	4.35	0.89	轻度污染
2	海河大闸	2.22	3.35	0.86	轻度污染
3	曹庄子泵站	2.36	3.58	0.99	轻度污染
4	生产圈闸	2.28	3.03	0.84	轻度污染
5	北洋桥	2.27	3.57	0.88	轻度污染
6	大红桥	2.19	3.38	0.95	轻度污染
7	井冈山桥	2.21	3.28	0.92	轻度污染
8	蓟运河防潮闸	1.99	2.91	0.70	β-中污染
9	塘汉公路桥	2.56	4.20	0.78	轻度污染
10	土门楼	1.71	2.57	0.69	β-中污染
11	大套桥	1.95	3.21	0.64	β-中污染
12	黄白桥	2.11	4.15	0.63	轻度污染
13	尔王庄水库	2.64	4.55	0.97	轻度污染
14	西屯桥	2.02	3.49	0.69	β-中污染
15	淋河桥	1.84	2.35	0.94	β-中污染
16	黎河桥	2.08	2.88	0.73	β-中污染
17	果河桥	2.15	3.76	0.68	β-中污染
18	沙河桥	2.60	4.56	0.99	轻度污染
19	于桥水库出口	2.21	3.36	0.89	轻度污染
20	万家码头	1.86	2.62	0.75	β-中污染
21	马棚口防潮闸	2.18	2.61	0.82	轻度污染
22	北排水河防潮闸	2.34	2.91	0.89	轻度污染
23	翟庄子	2.22	2.80	0.90	轻度污染
24	沧浪渠出境	1.94	2.97	0.78	轻度污染
25	团瓢桥	1.42	1.67	0.65	β-中污染
26	青静黄防潮闸	2.10	3.36	0.73	轻度污染

4 结论

调查结果共发现浮游植物 7 门 71 属 154 种。绿藻、蓝藻和硅藻在各点位均出现，占总调查种类的 81.8%，是构成海河流域浮游植物种类的主要类群。从藻类密度来看，各点位均达到富营养水平，此外，从种类组成和细胞密度来说，绿藻、蓝藻和硅藻均占优势，这同样说明调查区域处于富营养状态。对于浮游动物，共捕获浮游动物 85 种，其中 35 种隶属于轮虫，28 种隶属于枝角类，22 种隶属于桡足类。出现最多的轮虫是臂尾轮虫，主要包括萼花臂尾轮虫和裂足臂尾轮虫，出现最多的枝角类包括角突网纹溞和柯氏象鼻溞，出现最多的桡足类包括中华窄腹水蚤、指状许水蚤及无节幼体中的一种。海河流域浮游动物总密度的变化范围为 4.28~130.84 ind./L，平均密度为 42.53 ind./L。

从海河流域的水生生物调查结果来看，作为初级生产者与初级消费者的浮游生物在海河中维持较高的现存量，这与海河存在富营养化问题密切相关。从浮游生物群落结构来看，整个流域的浮游生物多样性较好，群落结构较为完整。利用多样性指数进行水质评价时发现，三种指数间评价结果存在差异，这是因为三种指数侧重不同。因此，本研究参考三种指数的结果进行综合评价，认为海河流域水质处于轻度污染至 β-中污染之间。

参考文献

［1］汤婷，任泽，唐涛，等. 基于附石硅藻的三峡水库入库支流氮、磷阈值［J］. 应用生态学报，2016，27（8）：2670-2678.

［2］LAMON E C, III, QIAN S S. Regional scale stressor-response models in aquatic ecosystems［J］. Journal of the American Water Resources Association, 2008, 44（3）: 771-781.

［3］邓坚. 中国内陆水域常见藻类图谱［M］. 武汉：长江出版社，2012.

［4］周凤霞，陈剑虹. 淡水微型生物与底栖动物图谱［M］. 北京：化学工业出版社，2011.

［5］孔繁翔. 环境生物学［M］. 北京：高等教育出版社，2000.

［6］李芳芳，董芳，段梦，等. 大辽河水系夏季浮游植物群落结构特征及水质评价［J］. 生态学杂志，11（1）：103-110.

［7］刘伟，张远，高欣，等. 浑河流域 2010—2014 年的鱼类群落和水生态健康变化分析［J］. 水生生物学报，22（5）：975-84.

［8］康丽娟. 频率分布法在淀山湖富营养化控制氮、磷基准制定中的应用［J］. 长江流域资源与环境，2012，21（5）：627.

［9］JANSSEN A B G, DE JAGER V C L, JANSE J H, et al. Spatial identification of critical nutrient loads of large shallow lakes: Implications for Lake Taihu（China）［J］. Water Research, 2017, 119（2）: 76-87.

［10］KELLY R P, ERICKSON A L, MEASE L A, et al. Embracing thresholds for better environmental management［J］. Philosophical Transactions of the Royal Society B-Biological Sciences, 2015, 370（1659）: 10.

浅谈几种适用于地表水的高锰酸盐指数检测方法

刘信勇　黄绵达

（南水北调中线干线工程建设管理局天津分局，天津　300380）

摘　要： 高锰酸盐指数在水质指标中是一个条件性指标，高锰酸盐指数的高低反映了水体被还原性无机物和有机物污染的程度。本文结合目前常见的高锰酸盐指数测定方法，分析检测原理、影响因素和优劣点，旨在探索适用于地表水检测的最优方法。

关键词： 高锰酸盐指数；滴定法；分光光度法；气相分子吸收光谱法；全自动光学滴定法；流动分析法；在线监测法

1　引言

高锰酸盐指数是反映地表水体受有机物及无机可氧化物质污染的综合指标，反映在酸性或碱性介质中，以高锰酸钾为氧化剂，处理水样时所消耗的氧化剂的量，表示单位氧的含量（mg/L）[1]。高锰酸盐指数属于不完全氧化过程，是一个相对的条件性测试指标，结果严格受限于测定条件，仅适用于相对干净的水域体系，如饮用水、水下水和地表水[2]。近年来，随着国家对环境保护的重视程度日益加深，为确保环境综合整治成效，掌握地表水质量和饮用水安全，我国对环境水样的质量监测提出了更高要求，高锰酸盐指数测定已提升为常规监测项目并扩大了监测范围和频率。为满足上述需求，在科技发展的推动下，高锰酸盐指数的监测技术也得以不断发展。本文针对地表水监测，对目前常用的检测方法进行了比较，以期为不同水质条件检测的最优方法选择提供参考。

2　国标方法（滴定法）

目前我国现行的测定高锰酸盐指数的标准方法为滴定法，见《水质 高锰酸盐指数的测定》（GB 11892—1989）。根据环境水样中氯离子含量的不同，分为酸性和碱性高锰酸钾滴定法，后者主要针对海水、江河入海口及盐碱地等氯离子含量超过 300 mg/L 且不大于 1 000 mg/L 的水样，本文不做详述。

酸性高锰酸钾滴定法作为高锰酸盐指数测定的传统方法，被广泛应用于环境监测领域。其原理是用硫酸酸化水样后加入一定量的高锰酸钾溶液，经沸水浴加热反应一定时间，剩余的高锰酸钾用草酸钠溶液还原并过量，再用高锰酸钾溶液回滴过量的草酸钠，通过计算求出高锰酸盐指数。由于高锰酸盐指数是一个相对条件性指标，其测定结果受水样采集、样品储存、实验室用水、高锰酸钾标准溶液浓度、溶液的酸碱度、反应时间、反应温度、滴定温度以及终点判定等诸多因素影响。因此，为确保测定结果的准确性，采用滴定法测水样的高锰酸盐指数时，应务必严格按照标准的规定要求操作：水样应按照现场实际情况采集，现场沉降 30 min 后采集上清液，不可含沉降性固体；采集样品后立即加入硫酸将其 pH 调减至小于 2；样品采集后应尽快在 48 h 内完成测定，48 h 内样品是否冷藏对测定结果影响不大；实验室用水应不含还原性物质，蒸馏水和超纯水均可，但不宜使用反渗水。

在上述诸多影响检测结果的因素中，反应温度是最难准确把握并消除的，酸性高锰酸盐滴定法中

作者简介： 刘信勇（1983—），男，高级工程师，主要从事水质保护和水质检测相关工作。

采用水浴加热消解水样，受气压等环境因素影响，导致了水浴温度的差异，从而影响反应的充分性。因此，人们对消解过程进行了优化，目前常见的优化方法有直接加热法和微波密闭消解法两种，经过相关实验验证证明，改变加热方式具有可行性。金中华[3]采用直火加热回流反应代替水浴测定地表水高锰酸盐指数，韩靖等[4]采用电热板加热方法代替水浴，卢泽等[5]运用微波消解的方法对样品进行处理后测定了不同水样的高锰酸盐指数，以上实验与水浴消解的比对结果表明，不同的加热方法对检测结果没有显著差异。虽然优化加热消解方式具有一定实际意义，但建议在使用前充分考虑实验室所在地的环境条件，通过大量实验比对工作，找出例如温度、时间等最佳使用条件，同时由于所用方法属于非标准消解方式，必须进行相应的方法确认和方法偏离审批手续，防止方法和条件误用。

近年来，全自动光学滴定设备得到越来越广泛的使用，其原理是基于沸水浴消解-高锰酸钾滴定法的实验室方法，通过全自动分析机器人进行分析操作，通过光感原件进行终点判断，方法原理和操作步骤与《水质 高锰酸盐指数的测定》（GB 11892—1989）完全一致，同时能够排除检测时间、反应温度、滴定终点等方面的人为误差，与传统滴定法相比，具有节省人力、受干扰少的优点。许秀艳等通过大量实验证明，全自动高锰酸盐指数分析设备在标准样品和实际水样的分析研究中，获得较好的准确度和精密度，并且灵敏度更佳[6]。王永强等研究也表明，仪器法和手工滴定法分析结果具有相同的精密度，两种方法的测定结果之间无显著性差异[7]。随着科技进步和解放人力的需要，设备分析逐渐取代手工检测或将成为一种趋势。

3 分光光度法

分光光度法因其方便、快捷、灵敏度高等特点在检测分析中得到了广泛应用。高锰酸盐指数的分光光度法检测原理如下：由于高锰酸钾在 525 nm 处有最大吸收，根据朗伯-比耳定律，在一定浓度范围内，建立高锰酸盐指数与吸光度值之间的标准曲线。在酸性条件下，水样经过量且定量的高锰酸钾溶液氧化后，采用分光光度法直接测定剩余高锰酸钾的量，经计算可得水样的高锰酸盐指数。但是由于高锰酸盐指数属于不完全氧化过程，线性关系受氧化程度影响较大，其重复性和适用性较差，目前采用分光法进行高锰酸盐指数检测的机构较少。除氧化程度外，分光光度法测定结果还受以下两个方面因素的影响。

3.1 色度和浊度

由于水样的色度和浊度会使得部分入射光被吸收或散射，入射光透射能力会改变，导致测试结果的准确性降低，因此大部分分光光度法检测的项目都需要对水体进行相应的前处理。对于色度和浊度较高的水体，由于前处理复杂且效果不好，因此会对检测结果产生较大影响，用分光光度法测高锰酸盐指数，更适合于无浊度和无色度的水样。

3.2 水样的测定体积

样品经高锰酸钾氧化时会发生水分蒸发，导致水样体积减少，直接采用分光光度法测剩余溶液中高锰酸钾的浓度，结果将偏高，且受蒸发水分不同的影响，样品测试的平行性较差。为确保分光光度法测高锰酸盐指数的准确性，宜采用密闭容器或统一定容至相同体积后再进行仪器分析。

4 气相分子吸收光谱法

气相分子吸收光谱法是利用特定的灯作为光源穿过气态分子，根据气态分子对特征波长光的吸收程度，从而计算待测物质含量的一种光谱学分析法。其测高锰酸盐指数的工作原理是水样与过量的高锰酸钾溶液反应后，剩余的高锰酸钾用过量的亚硝酸钠还原，剩余的亚硝酸钠在含有乙醇的柠檬酸介质中迅速分解，生成的二氧化氮气体在 213.9 nm 波长处测其吸光度值，以校准曲线法得出亚硝酸钠的含量，再计算出高锰酸盐指数。赵建平等于 2011 年首次将气相分子吸收光谱法应用于测定高锰酸盐指数[8]，发现该方法在 0~9 mg/L 范围内具有较好的线性；朱魏伟研究表明，气相分子法与国标方法相比具有更低的检出限，对于实际样品检测宽度更宽，结果与国标方法没有明显差异[9]。2019 年 3

月 1 日，团体标准《水质 高锰酸盐指数的测定 气相分子吸收光谱法》（T/CHES 26—2019）正式发布，并于 2019 年 5 月 1 日正式实施，标志着该技术方法的成熟并逐步进入推广应用阶段。

5 流动分析法

流动分析技术始于 20 世纪 50 年代，主要有连续流动分析和流动注射分析两种技术。随着流动分析仪器的引进和不断国产化，流动分析技术测定高锰酸盐指数在国内得到广泛使用。其原理是：样品与酸性的高锰酸钾溶液混合后，在 95 ℃下加热，在 520 nm 处测定吸光度，此时水样中的氧化性物质的含量与吸光度的减少值呈线性关系，以吸光度的减少值表征水样中氧化性物质的含量，即为高锰酸盐指数值。通过与滴定法的实验比对，林志鹏等[10]、陈丽华[11] 证实，采用流动注射分析法测定水体中高锰酸盐指数的含量，方法的精密度和准确度均满足水体中高锰酸盐指数的测定要求，灵敏度高，检出限低，结果相对偏差较小，且该方法操作快速简便，适合大批量环境水样的快速分析。

6 在线实时分析

目前，地表水的监测仍以采样后运输到实验室检测分析为主。在样品的运输过程中，环境、容器以及保存状态将不同程度地造成高锰酸盐指数浓度变化。因此，实现快速高效、实时监测是当今环境监测的发展趋势。在线自动监测仪正是基于上述原因产生的，目前多采用的在线监测法以高锰酸钾氧化-光度滴定法为主，其原理为经预处理的水样在恒温条件下被高锰酸钾氧化消解，然后在恒温环境中加入还原剂，再用高锰酸钾溶液滴定过量的还原剂，通过吸光度判断滴定终点。除此之外，还有流动注射法、电化学法、紫外计法以及气相分子吸收法等在线检测设备，但市场占有率与高锰酸钾氧化-光度滴定法相比较小。在线监测对自动化程度要求较高，且由于环境水样的多样性及实时变动性，如何控制好在线分析实验条件，避免各种条件因素影响检测结果，就成为自动监测亟待解决和提高的问题。

综上所述，高锰酸盐指数是一个条件性的监测项目，利用现有的国家标准和行业标准进行高锰酸盐指数检测，其结果均受到环境条件的影响，因此在实际检测过程中控制条件就显得尤为重要，只有严格按照技术方法条件进行操作，才能确保检测结果的准确可靠，反映检测水体的客观实际情况；随着科技进步和越来越严的环境监控要求，仪器测试尤其是在线实时监测将是未来发展的主要方向。

参考文献

[1] 潘鹏. 基于嵌入式技术的高锰酸盐指数在线分析仪的研究与应用 [D]. 北京：北方工业大学，2014.

[2] 樊文艳. 浅谈水质高锰酸盐指数的测定方法 [J]. 检测认证，2021 (6)：190-193.

[3] 金中华. 不同加热方法对地表水中高锰酸盐指数测定的影响研究 [J]. 环境污染与防治，1996 (1)：42-43.

[4] 韩靖，党慧雯. 电热板直接加热法测定地表水高锰酸盐指数 [J]. 固原师专学报，2001 (6)：48-49.

[5] 卢泽，龚子东，冯俊阳，等. 微波加热快速测定高锰酸盐指数 [J]. 吉林化工学院学报，1999 (3)：31-33.

[6] 许秀艳，胡建坤，李文攀，等. 全自动高锰酸盐指数分析仪在水环境监测中的应用 [J]. 中国测试，2021，47 (4)：55-61.

[7] 王永强，蓝建为. 仪器法在高锰酸盐指数测量中的应用 [J]. 分析仪器，2021 (14)：78-81.

[8] 赵建平，沈璧君，赵洋甬，等. 气相分子吸收光谱法快速测定水中高锰酸盐指数 [J]. 现代科学仪器，2011 (3)：95-96.

[9] 朱魏伟. 气相分子吸收光谱法测定水中高锰酸盐指数的探讨 [J]. 水利技术监督，2021 (3)：27-29.

[10] 林志鹏，杨芳. 连续流动分析法测定水中高锰酸盐指数 [J]. 化学工程与装备，2014 (6)：175-177.

[11] 陈丽华. 连续流动分析法在测定地表水水质中高锰酸盐指数的应用 [J]. 皮革制作与环保科技，2021 (3)：70-73.

水利工程现场检测特点分析及提质增效探索

刘　涛　吉祥豪　吕浩萍　陈壮生

（水利部珠江水利委员会珠江水利科学研究院，广东广州　510611）

摘　要： 为提升水利工程现场检测效率，提高检测管理技术水平及提升成果质量，通过分解水利工程现场检测一般工作流程，分析现有工作环节中制约检测效率和质量的痛点、难点，参考国内目前的水利工程检测信息化应用案例，提出在水利工程现场检测中引入信息化技术手段的设想和实现路径，建立了一套现场检测管理系统，为利用信息化技术手段促进水利工程现场检测效率与质量提升进行初步探索。

关键词： 现场检测；提质增效；管理系统；特点分析

1　引言

随着我国水利事业的发展，水利行业强监管的态势日趋明显。提升水利工程质量检测管理水平，对提升检测质量、及时发现工程质量问题、保障工程安全有极大的促进作用。常规的水利工程质量检测，按检测条件区分，可分为取样检测和现场实体检测（见图1）。其中，现场实体检测，因其存在环境复杂、条件多样、危险性、时效性等特点，对比取样检测来说，往往面临被检对象复杂、检测条件受限、手段有限、时间有限等困难，较难对检测质量进行有效的控制。针对以上难点，为提升水利工程现场检测质量，解决在现场检测过程前、中、后困扰检测单位及人员的难题，笔者基于多年水利工程现场检测经验，对相关问题进行分析，参考国内部分先进示范案例，结合先进的信息化技术手段，探索初步解决方案。

图1　水利工程现场实体检测示例

作者简介： 刘涛（1985—），男，高级工程师，主要从事水利水电工程检验检测工作。

2 水利工程现场检测现状

2.1 现场检测特点

水利工程的现场检测是针对工程实体，需在工程现场采用相应技术手段进行的实时检测。现场检测一般需要相关工程运行管理单位配合，还要考虑检测时当地的气温、湿度、环境等因素，必须同时具备天时、地利、人和三要素，方能顺利进行。其相对于在实验室内进行的试验来说，有以下几个主要特点：

（1）在工程现场实体上进行实时检测，需检测人员亲自到达工程现场，且一般需数名检测员配合协作。

（2）一般是室外检测，无法精确控制检测环境条件。

（3）需要外带、使用便携式检测设备。

（4）需要应对工程现场的特殊情况，做好安全防护措施准备。

（5）需要科学计划检测进度，结合工程调度、检修期，确保在规定时间内完成。

（6）一般需要运行管理单位配合，有可能操作相应设备运行。

（7）被检对象规格、形状各异，难以标准化。

（8）多采用无损检测方法，一般不对实体进行破坏性试验。

相比于取样后进行实验室内试验，现场检测影响因素更多，不可控要素更多，因此要把控现场检测的质量和进度，需把握现场检测特点，确保检测符合要求。

2.2 现场检测流程

水利工程一般分为水闸、泵站、水库、水电站、堤防、大坝、渠道、渡槽、阀道、鱼道、管道等不同类别，检测按专业分类，又可分为混凝土、岩土、金属结构、机械电气、量测等不同专业，涉及的对象、专业较多，对不同工程、不同专业，现场检测工作流程会有些许差异。图 2 为一般现场检测工作流程示意图。

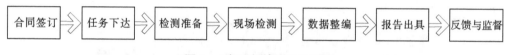

图 2 一般现场检测工作流程

（1）合同签订、任务下达。

首先由检测单位接受外部的检测委托，以签订检测合同或协议的形式，作为进行检测的法律性基础文件。合同签订时，检测单位需要注意对检测技术、安全和经济风险的评估。

接受委托后，检测单位根据内控流程，下达具体的检测任务给相应专业部门，一般以书面任务书的形式确认。任务书中需对应检测合同内容，具体明确检测地点、检测对象、检测标准、工期要求、质量要求、成果要求等内容。

（2）检测准备。

专业部门接受上级安排的检测任务后，根据实际情况，着手进行人员、设备、技术的相应准备，由相关负责人提前对具体实施检测的人员进行交底，一般交底包含技术（质量）交底、安全（职业健康）交底以及环境影响交底。接受交底后，检测实施人员着手进行仪器、数据记录表格、安全工器具等的准备，现场检测一般还需要外带便携式检测设备，需要进行设备的借出，并做好相应记录。

（3）现场检测。

检测实施人员到达工程现场，依据任务要求，对检测对象进行相应内容的检测。现场检测一般至少应由 2 人进行，1 人主检，1 人辅助及安全监护，并做数据校核工作。检测人员按照技术规范要求进行检测作业，核对检测内容是否已按质按量完成。特殊情况下，实际检测内容与任务书相比存在变化，则需进行变更或后续补检等处理。同时，现场检测人员应完成设备使用记录、检测数据记录等内容。

（4）数据整编、报告出具。

現場检测工作完成后，则由检测人员进行设备及工器具的归还，并将数据交由报告编写人进行报告出具。其中，报告编写人可以是检测人员本人，也可以由检测人员交予专门的报告编写人员进行报告的出具。检测人员、报告编写人员的任职资格、专业资质、资历、技术能力要求，均由各检测单位自行按相关规范要求内控，但均需提前确定及备案。

各检测单位一般对报告出具质量有多级流程控制把关，报告需要通过审核、批准等程序，方能正式对外签字盖章出具；由于各种主客观因素制约，报告可能会在编写人、审核人、批准（授权签字）人之间反复流转修改，最终才能到盖章对外正式出具的环节。

（5）反馈与监督。

检测单位正式对外出具报告给委托方后，委托方接收报告，可能会对报告相关内容有异议，并反馈意见给检测单位要求修改完善，则检测报告还存在收回、修改或作废等环节。同时，检测单位还面临各级水利工程质量监督站、市场监管局等单位的监督，检测各环节及检测成果均可能接受相应的监督检查。

3 痛点、难点分析

3.1 "三多"

基于质量管理的要求，现場检测的各个流程环节较多，需要在检测单位、委托单位之间流转，也需要在检测单位内部的任务派发人、任务接受人、检测人、设备管理员、资料管理员、报告编写人、审核人、批准（授权签字）人等之间反复多次流转，检测人员执业资格、文件内容等是动态变化的，需要时常更新相关资料，呈现出涉及环节多、参与人员多、记录资料多的"三多"特点。

3.2 时间、空间分散

不同于集中办公或实验室内试验，现場检测必然面临时间和空间的分散，检测人员一般需要到外地出差，涉及出市、出省甚至出国，受交通、环境因素制约，时间要求上则通常以天计算。流程各环节人员若相隔异地，涉及资料流转等内容，可能需要来回寄送资料，时效性无法得到保证，还存在交通、邮寄等本单位不可控环节，风险点较多。各环节层层相扣，一旦一个环节出问题或滞后，后续环节也将受到相应影响。

3.3 设备管理繁复

现場检测设备多是便携式设备，需要由检测人员携带外出使用，设备借出后的管理是现場检测管理的难点，往往设备借出后，在使用、运输各环节风险点较多，涉及人员广，管理混乱，经常出现设备损坏、丢失却无从追责的情况。由于计量认证要求，设备有校准/检定有效期，需要进行实时更新管理，即将过期设备需要及时进行校准/检定，确保量值可追溯。

3.4 质量控制难

检测质量控制涉及人、机、料、法、环、测各要素，质量管理体系还有质量手册和程序文件等众多基础材料支撑。传统的资料均是纸质版本，保存、携带、查找不便，派发任务时需要查找技术资料、明确技术要求，检测人员检测时需要熟悉检测规范内容和检测技术，报告编写人员应按成果要求编写，审核人员需对成果各方面审核把关，批准（授权签字）人需对授权签字范围及职责熟悉。各个环节如何做到不出错，严格符合管理体系、计量认证体系等的要求，或者一旦前一环节出现质量问题，后一环节能否及时发现并纠错，使多层级质量管理不流于形式，是一个控制难点。

3.5 时效性要求高

我国的水利检测事业进入发展快车道，提高效率早已成为各界共识。有的质量监管机构要求检测单位在检测完成后即口头反馈结果，24小时内出具检测结果书面告知单，报告检测异常；有的委托单位要求检测单位在现場检测完成后5个工作日内必须出具发送签字盖章的检测报告，否则构成合同违约。检测人员为适应时效性高的要求，白天现场检测，晚上加班整理数据出具报告成为常态。

4　解决方案探索

4.1　实现路径

　　针对前文分析可知，需要解决现场检测的痛点、难点，就必须充分利用现有的新技术手段，提升流转效率和成果质量。参考已广泛应用的办公 OA 系统思路，国内目前已有相关检测管理系统研发，且已在多省有成功的落地应用案例[1]，但多是针对样品试验管理，对现场检测的特点明显不适应，存在一定的应用痛点。我单位利用专业齐全优势，集中信息化部门技术力量，会同检测部门，学习行业内及其他行业的先进做法[2]，参考目前的主流模式[3]，自主研发了一套基于 Web 的现场检测管理系统，集成目前除合同评审、盖章登记（此两部分功能在我单位办公系统 OA 上已实现）外的所有检测核心流程，任务下达—设备管理—人员管理—资料管理—现场检测—数据记录—报告出具—成果审查各环节均可在该系统实现。

4.2　特点与功能

　　（1）流程无缝衔接转线上。将传统的检测内控纸质化流程全部搬到线上，与原流程无缝衔接，不改变原流程，完全符合程序文件的要求，人员使用过渡适应自然。每个流程均留下痕迹，具备权限的用户能随时查询当前流程所在环节及整个流程进展全貌（见图3）。

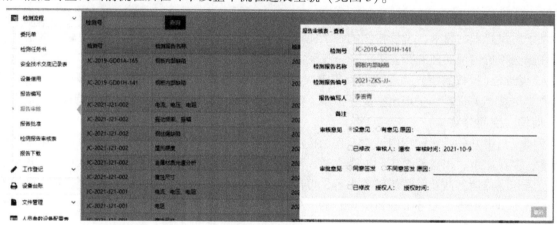

图3　报告流程界面

　　（2）无纸化。整个过程中，不再流转纸质文件，全部以电子化呈现，直到完成所有流程后，系统提供打印功能，再最终统一打印出来，效果与原纸质文档一致。

　　（3）电子签章及管理。无纸化必然要求签章电子化，对受控人员的签名全部做电子化处理，由各人自行加密使用和管理，以确保电子签章被正确使用。

　　（4）用户权限分级管理。针对系统的使用人员有检测人员、设备管理员、资料管理员、系统管理员等多种角色，通过在系统后台设置相应权限，赋予不同角色用户有不同权限，保证各司其职。

　　（5）计算机智能辅助。只需在一个检测项目开始前，人工输入项目基础信息后，后续计算机将自动对应该项目信息，自动分配检测代码，自动分配检测成果编号，免去人工介入；检测参数一旦确定，检测人员、审核人员、授权签字人、检测标准等均能由计算机自动对应选取，不用再人工对应；检测报告编写前，计算机将自动检查对应仪器设备是否有相应的借用、使用记录，并给出提示。可以说，计算机智能辅助从根本上杜绝了大部分人工出错和漏登记的可能。

　　（6）集成设备管理功能。集成设备管理系统，有借还申请、使用登记、校准/检定有效期管理功能（见图4），设备信息、借还状态、使用记录、所在位置均能轻松查询。

　　（7）统计汇总。用于项目和年度的总结统计，使管理层人员对整个检测项目开展情况能提纲挈领，把握整体趋势，并可用于年度绩效考核。

图4　设备管理界面

（8）资料查询。已将检测程序文件、原始记录格式、人员参数配置表等基础资料电子化后集成到系统内，可随时查询、打印相关资料（见图5）。

共4页35条记录，当前为第1页

图5　资料查询界面

5　结论与展望

目前，该系统经检测部门多次试用及与信息化部门沟通反馈，已经过4次迭代升级，逐步完善了各项功能，基本满足了检测管理的需要。在检测人员未增加的情况下，完成的报告成果出具量同比增加40%，同时报告一次出具正确率也有明显提升。检测人员普遍反映用上系统后，可以从繁复的资料填写核查中解放出来，将精力聚焦到提升自身技术水平上去，该探索初步取得了提质增效的良好效果。

但同时，在该系统的应用中，也存在一些短板，有待后续进行完善。比如：

（1）目前只能在Web端使用，缺乏手机移动端APP，无法做到真正100%移动应用。

（2）受限于本地数据库服务器的处理能力及接入访问速度，在经年累月数据量及并发处理量陆续增大后，系统是否能经受住稳定性的考验，还有待时间检验。

（3）该系统目前只在本单位内部使用，尚未与质量监督单位的监管系统进行对接。

后续，将结合当前先进的手机移动办公、云服务等新技术，对该系统进行完善升级，并争取与质量监督单位的监管系统实现互联互通，力争该系统为提升水利工程现场检测质效发挥更大的作用。

参考文献

［1］李艳丽，张晔，赵礼，等 . 水利工程质量智慧检测管理系统建设——以浙江省为例 ［J］. 科技管理研究，2020
（16）：225-230.

［2］邓双成，魏泰 . 基于 Web 的特种设备检验检测管理系统的设计 ［J］. 甘肃科技纵横，2020，49（11）：6-10.

［3］黄智刚 . 水利工程质量检测信息化建设初探 ［J］. 中国水能及电气化，2019（6）：1-7.

浅谈威海市水环境信息系统在
水资源管理保护中的作用

姜会杰 吴 英 田仙言 张少峰 张 杰 李 玮

（威海市水文中心，山东威海 264209）

摘 要： 威海市水环境信息系统将地表水、地下水、海水入侵、农村饮用水等信息整合到一起，形成一套完整、科学和高效的水环境信息的采集、监测、管理和分析预警信息化体系。系统建成后使实验室管理高效化、数据管理信息化、检测分析自动化，在水质监测中提质增效。威海市水环境信息系统在水资源管理保护中提供了强有力的技术支撑作用：评价水功能区水质，参与纳污红线考核，落实最严格水资源管理制度；界定污染源，明确整治重点，助力河长制建设；监测海水入侵动态变化，服务威海市水生态文明城创建。

关键词： 信息系统；水资源管理；技术支撑

威海市水文局近年来按照新时期治水思路和"大水文"发展战略，在深化水质监测工作改革与发展，加强能力建设，服务支撑最严格水资源管理制度实施和水生态文明建设等方面取得一定的成效。威海市水文现代化建设已走在全省的前列，作为水文自动监测系统组成部分之一的水环境信息管理系统，在提高水质检测能力、服务于水资源管理和保护中已越来越体现出其重要作用。

1 系统开发背景

威海市是我国新兴的沿海对外开放城市，总面积 5 436 km²，市区地处昆嵛山北麓，黄海之滨，三面临海，一面接陆地，是标准的海洋性气候，冬暖夏凉，环境优美，被联合国评为最适合人类居住的示范性城市，威海是座创新活力十足的年轻城市，在政治、经济、文化等各个方面都走在了全省甚至全国的前列。作为水资源管理保护而提供技术支撑的水环境监测部门，理应做出自己应有的贡献。

1.1 水资源管理需要

威海属于缺水地区，多年来水资源的缺乏制约了威海城市的发展。随着人口的增长、经济的发展，工业废水和城市生活污水排放量迅速增加，河道、水库均受到不同程度的污染，面对水环境污染严重的形势，如何掌握流域污染源的动态情况，及时了解流域的水质污染变化情况，准确跟踪污染物的来源，是流域管理迫切需要解决的问题。全面快速地反映威海市地表水、地下水环境状况，为水资源管理部门提供管理和决策支持，利用先进的计算机及网络技术，开发水环境信息管理系统已势在必行。

1.2 水文信息化的需要

威海市水文局从 2006 年开始全面进行水文信息化建设，当时雨水情建设系统开发利用相对成熟，但水环境信息化建设处于初步发展阶段，开发利用率低。在全国一般只有流域机构建设了水环境信息管理系统，在省、地市级建成的相对较少，作为水文信息化的重要组成部分，我们于 2007 年开发建设了威海市水环境信息管理系统，该系统是全国第一个地级市水文局进行水环境信息系统开发研究的项目。

作者简介： 姜会杰（1976—），男，高级工程师，主要从事水文水资源相关工作。

1.3 智能化管理的需要

根据省局开发信息系统提出的实现"信息技术标准化、信息采集自动化、信息传输网络化、信息管理集成化、业务处理智能化、检测过程无纸化"的建设目标，为提升威海市水环境检测的智能化管理水平，对传统水质检测与质量控制手段进行升级改造，我们于 2014 年对原来的水环境信息管理系统进行了升级改造。

2 系统功能模块

2014 年第二次系统开发遵循国家电子政务标准和国际开放技术标准，按照实用、可靠、先进、规范的原则，以水质监测为目的，准确、可靠、及时地采集全市各地水质信息，加强水环境的监督管理，形成一套完整、科学和高效的水环境信息的采集、监测、管理和分析预警信息化体系。

2.1 系统功能模块

本系统分为六大模块：任务管理、评价发布、统计查询、资源管理、基础信息管理和系统管理。

2.2 业务功能流程

业务流程分析见图 1。

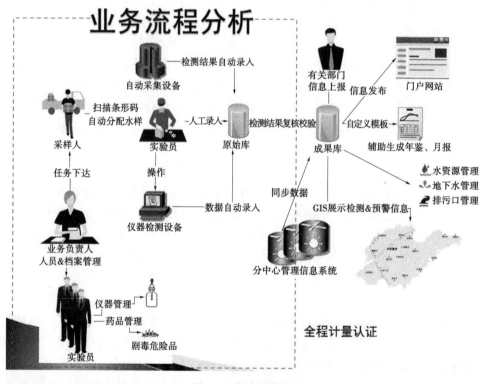

图 1 业务流程分析

3 在水质检测工作中提质增效

3.1 实验室管理高效化

系统以程序化方式规范检验和管理工作流程，强化工作流程的规范性，避免人为操作的随意性，使各项检验工作更具有可溯源性。通过规范、科学的标准业务流程设计和电子化的管理，将实验室人员、设备、仪器、试剂、方法、操作、质量控制等有机地整合，使实验室管理更加科学、高效、有序。

3.2 数据管理信息化

数据管理由传统的人工、封闭模式转向了信息化的管理模式。大量的水环境信息数据不仅能够轻松整编入库，而且可以随时调用，提供数据及评价统计结果准确、快速，极大地提高了对水环境日常数据管理和信息管理的效率，而且使数据的利用率提高。

实现基于地理信息系统（GIS）系统功能展示，根据水环境监测管理运行的特点，对监测资料进行数据管理查询、统计分析、质量控制、数据评价、信息发布；同时对水样、药品、档案进行电子化系统管理。

3.3 检测分析自动化

系统可以对数据进行自动评价、统计分析、成果入库，降低出错的概率，提高了检测分析质量；另外，系统提供的数据自动上传功能，自动计算、自动查错自检功能，错误提示和合理性分析功能（见图2），提高工作效率，降低人工操作差错，保证分析结果的可靠性。

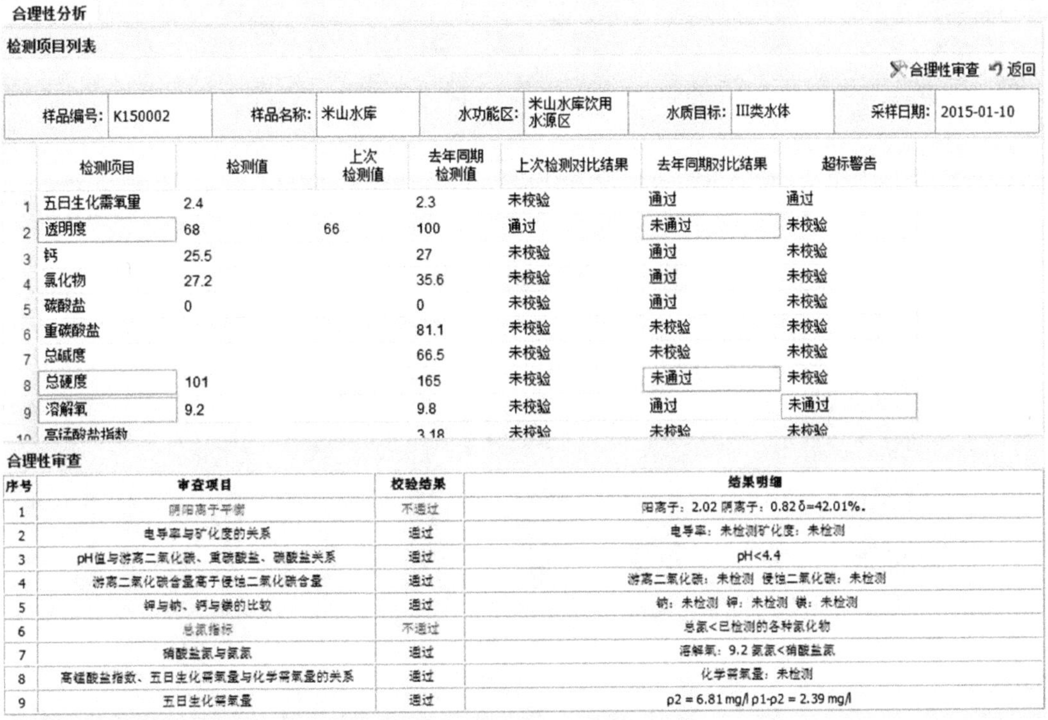

合理性分析

检测项目列表

样品编号：K150002	样品名称：米山水库	水功能区：米山水库饮用水源区	水质目标：III类水体	采样日期：2015-01-10

	检测项目	检测值	上次检测值	去年同期检测值	上次检测对比结果	去年同期对比结果	超标警告
1	五日生化需氧量	2.4		2.3	未校验	通过	通过
2	透明度	68	66	100	通过	未通过	未校验
3	钙	25.5		27	未校验	通过	未校验
4	氯化物	27.2		35.6	未校验	通过	未校验
5	碳酸盐	0		0	未校验	通过	未校验
6	重碳酸盐			81.1	未校验	未校验	未校验
7	总碱度			66.5	未校验	未校验	未校验
8	总硬度	101		165	未校验	未通过	未校验
9	溶解氧	9.2		9.8	未校验	通过	未通过
10	高锰酸盐指数			3.18	未校验	未校验	未校验

合理性审查

序号	审查项目	校验结果	结果明细
1	阴阳离子平衡	不通过	阳离子：2.02 阴离子：0.82 δ=42.01%。
2	电导率与矿化度的关系	通过	电导率：未检测矿化度：未检测
3	pH值与游离二氧化碳、重碳酸盐、碳酸盐关系	通过	pH<4.4
4	游离二氧化碳含量高于侵蚀二氧化碳含量	通过	游离二氧化碳：未检测 侵蚀二氧化碳：未检测
5	钾与钠、钙与镁的比较	通过	钠：未检测 钾：未检测 镁：未检测
6	总氯指标	不通过	总氯<已检测的各种氯化物
7	硝酸盐氮与氨氮	通过	溶解氧：9.2 氨氮<硝酸盐氮
8	高锰酸盐指数、五日生化需氧量与化学需氧量的关系	通过	化学需氧量：未检测
9	五日生化需氧量	通过	ρ2 = 6.81 mg/l ρ1-ρ2 = 2.39 mg/l

图2 数据的合理性分析功能

4 在水资源管理保护中提供技术支撑

我们的系统设计，紧紧结合威海市水资源的情况、水环境的特点，将地表水、地下水、海水入侵及农村饮用水等信息整合到一起。系统不仅能够对地表水、地下水进行快速及时的分析，为领导决策提供科学依据，而且对城市供水水源地及农村饮用水的水质、水量等相关信息进行管理和评价，使系统在保障工农业生产和居民生活用水安全方面提供优质服务。威海市水环境信息系统为威海市水资源管理保护提供了强有力的技术支撑。

（1）评价水功能区水质，参与纳污红线考核，落实最严格水资源管理制度。

2011年中央1号文件明确提出，实行最严格的水资源管理制度，建立用水总量控制、用水效率控制和水功能区限制纳污"三项制度"，相应地划定用水总量、用水效率和水功能区限制纳污"三条红线"。近年来，威海分中心积极参与纳污红线的考核工作。

根据水利厅下发的《山东省水功能区限制纳污控制指标》和《威海市流域综合规划》中水功能区纳污能力专题分析，确定威海市各功能区限制纳污指标总量。按照省局的统一要求，威海市水利局把纳污指标分配到各市（区）。每年水环境信息系统可根据全年的监测成果数据，对各水功能区水质达标情况、预警情况、区域水功能区水质达标情况、入河排污口达标情况及限制纳污达标情况等进行了全面评价（见图3、图4）。根据水功能区污染物排放量与纳污控制指标来对各市区的水功能区进行限制纳污指标达标评价，成果上报水行政主管部门后作为考核各市区纳污红线的理论依据。水环境信息系统提供的信息为实行威海市最严格水资源管理制度提供了技术支撑。

图3　排污口年排放量统计图

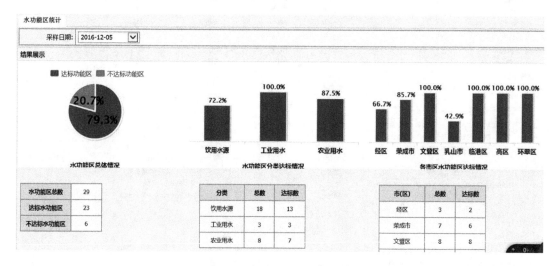

图4　水功能区达标统计图

（2）监测海水入侵动态变化，服务市水生态文明城创建。

2013年《威海市创建水生态文明城市的实施意见》（以下简称《意见》）正式发布。《意见》对水资源、水生态、水景观、水工程、水管理等五大体系建设提出了具体要求。威海市分中心根据相关要求，每月定期对水功能区进行监测，并且根据系统自动生成的水功能区断面及重点水库的水质成果《威海市水功能区水质监测月报》，送到各级水资源管理部门。

针对滨海区的海水入侵现象，根据系统海水入侵功能模块中的曲线图、入侵预警等功能（见图5），能够准确及时地了解海水入侵的动态变化规律，为威海市水资源的管理保护与可持续利用提供决策支持。

（3）界定污染源，明确整治重点，助力河长制建设。

2017年来，随着威海市河长制工作方案的出台及国家对地表水环境质量监测制度改革的新形势和新要求，省政府对各市每年进行水质状况考核，使各级政府都非常重视水质污染及水环境质量的改善。威海分中心加强了对水功能区划的河流、城市集中式饮用水水源地、入河排污口的水质监测，及

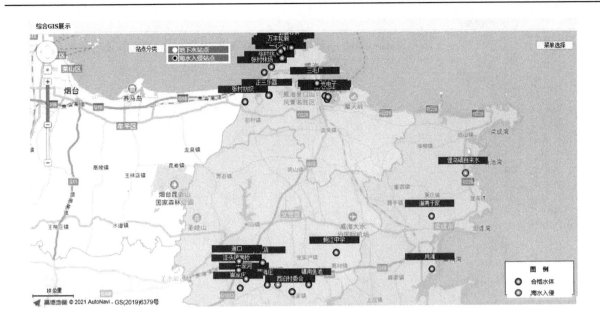

图 5　威海市海水入侵 GIS 图

时将水质监测成果通报给水资源管理部门，并建立信息共享制度，为各级水资源管理部门进行环境综合整治提供技术支撑。

　　威海市的黄垒河水质多年来不能稳定达标，各级政府都很重视，而我们的水环境信息管理系统拥有强大的数据信息，可以提供强有力的技术支撑。黄垒河发源于烟台市牟平区，流经威海的乳山，在文登小观入海，黄垒河在威海境内划分为饮用水水源区，根据多年的水质监测资料分析，黄垒河的主要超标项目为 COD、总磷（见图 6），水利局也多次找到我们，分析黄垒河超标原因。根据我们的系统专题分析，从黄垒河各断面总磷多年均值的沿程变化趋势看（见图 7），总磷含量在空间上呈现以下分布规律：中上游含量较低，从段家桥断面开始，含量明显升高，在经过水体自净、稀释、降解作用后，总磷污染到下游逐渐减轻。

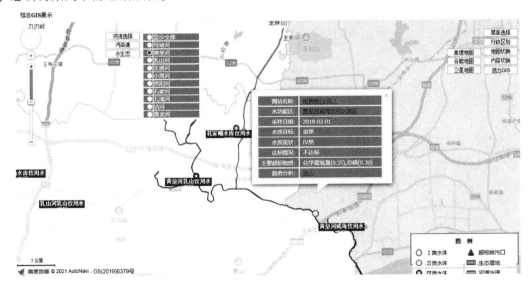

图 6　黄垒河水质评价 GIS 图

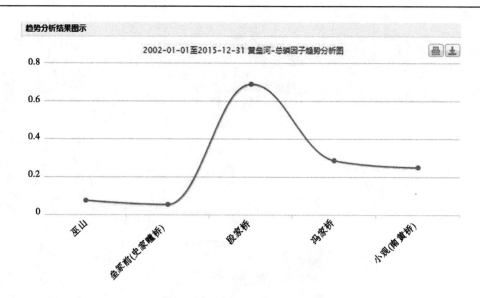

图7　黄垒河总磷因子沿程变化趋势分析

从图 8 中段家桥的总磷年均值变化来看，从 2007 年水质开始发生明显变化。从以上总磷的时空演变情势分析来看，黄垒河的总磷应该是 2007 年从段家桥断面开始发生了质的变化。通过对当地的污染源分析可知，在黄垒河上游牟平境内排放污废水的企业有十多家，乳山市境内有三四家，其排放的污水基本未经处理直接排入河流。黄垒河从 2007 年开始总磷含量急剧上升，经调查分析，主要是因为在史家疃曾建有一家磷肥厂，该厂多年排污不达标，排放的污水使史家疃下游断面中总磷严重超标。2001 年底，市政府对该厂做出关闭决定，下游各断面中总磷的含量都逐年大幅下降，2007 年改厂后又恢复生产，使水体再次受到污染。所以，我们的数据分析和实际情况完全吻合。从乳山市环保局对超标原因排查报告看，也证明了主要的污染源和我们的分析是一致的。有关部门也根据我们的数据分析，对黄垒河水质超标的污染源进行排查并对此进行了相关的整改。

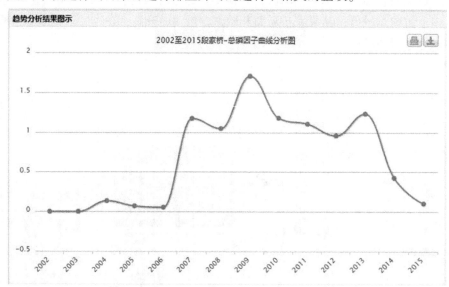

图8　黄垒河段家桥断面总磷因子历年趋势分析

2018 年 3 月 4 日，威海市市长在看到全市重点河流水质状况通报，特别是黄垒河水质评价为劣 V 类后，特地批示："请各区市、开发区和各级河长高度重视，像重视大气污染一样重视水污染治理工作，这项工作要在全省走在前列，要做全省的排头兵。"

5　在第三次水资源调查评价中大显身手

山东省第三次水资源调查评价工作于 2017 年 11 月正式开始，作为承担单位，我们负责其中的水资源质量评价，按照要求需摸清 2000 年以来水资源质量及变化趋势，重点是 2016 年主要水功能区、水源地等水体质量现状等。但实际中我们不仅要完成省级的报表，还要同时完成市级报表，工作量大，数据多，分析评价范围广。能在有限时间内提交完整可靠的长系列数据和评价统计结果，主要是得益于我们的水环境信息管理系统。

系统可以很方便地对历史数据进行查询（见图 9）、评价、统计，可以完成地表水质现状评价、水功能区现状及达标评价、水源地水质现状和合格评价等；同时可以参考利用系统中保存的点源、面源污染数据进行本次的主要污染物入河量评价等。

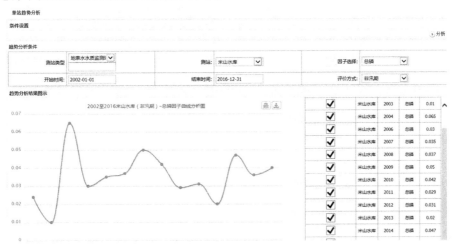

图 9　米山水库历年数据查询

威海市水环境信息管理系统在第三次水资源调查评价中大显身手，使该项工作能保质保量圆满完成。

6　结语

威海市水环境信息管理系统经过两次建设，在水资源管理保护中显示其举足轻重的作用，我们今后将通过做好水质监测工作，更好地服务支撑最严格水资源管理制度实施和水生态文明建设及与河长制建设，为使威海市河道变得水更清、岸更绿、景更美，最终实现建设"人水和谐、美丽威海、生态威海"的总目标而做出我们的努力。

复杂环境下船闸深基坑监测方案与技术分析

刘洪一[1]　欧阳彪[2]　高君杰[2]　梁济川[2]

（1. 珠江水利委员会珠江水利科学研究院，广东广州　510610；
2. 广东省北江航道开发投资有限公司，广东清远　511518）

摘　要： 以北江某船闸复杂深基坑工程开挖为实例，在基坑开挖施工过程中，对其各监测对象进行了监测。根据监测数据，分别对地连墙的水平位移和沉降、基坑深层水平位移、基坑周边地下水位、地连墙钢筋应力、混凝土支撑应力等变形数据进行了技术分析，结果表明，该基坑工程监测方案可较好地满足基坑开挖要求，对基坑合理安全施工具有一定的指导意义。

关键词： 船闸；深基坑；位移；应力；监测分析

船闸基坑工程一般邻近水域，地质环境复杂，又牵涉到防洪防汛工作，因此做好基坑的安全施工尤为重要。基坑监测可以很好地指导基坑工程的安全施工，在基坑开挖过程中，及时掌握基坑变形是基坑施工能否顺利开展的重要前提[1]。控制基坑支护结构的变形，可以有效减少周围地表下沉，确保基坑的稳定性和周边建（构）筑物的安全[2]。当监测数据超过警戒值时，可能会对基坑和支护结构产生破坏作用，造成基坑垮塌等安全事故。做好深基坑工程的监测可以很好地杜绝和减少安全事故的发生[3]。

1　工程概况

北江是珠江水系第二大河流，流经广东省韶关、曲江、英德、清远等县市，在三水思贤滘口与西江汇合进入珠江三角洲河网地区，注入南海。北江航道扩能升级工程在某水利枢纽兴建船闸。船闸按Ⅲ级船闸进行设计，设计最大船舶吨级为1 000 t，通航保证率98%。船闸尺度为220 m×34 m×4.5 m。船闸基坑开挖过程中支护结构为上游导航墙、上下闸首、闸室（地连墙+内支撑）、下游导航墙（地连墙+上部胸墙）。

船闸场地区属剥蚀堆积河谷平原地貌，覆盖层由第四系冲、洪积物组成。土层依次为第四系全新统、上更新统粉质黏土、淤泥质粉质黏土、粉细砂、中粗砂、圆砾土及卵石土层。场地区表层覆盖较厚填土、填砂，土质松散，渗透性强，该层位于开挖界面上，其渗透稳定性及边坡稳定性均较差。场地区属北江岩溶盆地，不良地质现象主要为岩溶，于泥盆系天子岭组（D₃t）灰岩中发育，揭示钻孔遇洞率约25%，揭示溶洞高度1.2~3.6 m，多由黏性土充填，局部含碎石，主要为中风化灰岩碎块，局部溶洞无充填物。地下水类型主要为第四系孔隙水（潜水、承压水）和基岩岩溶含水层。场区内孔隙含水层分布于河流两岸阶地及河床砂层和砂卵砾石层中，根据场区内渗透性评价，黏性土层渗透性较差，形成相对隔水层，下伏砂性土层及砂卵石土层渗透性较强，形成承压水层。

2　基坑监测方案

2.1　监测点的布设及观测方法

基坑变形观测内容主要包括表面位移沉降、深层水平位移、水位、应力和支撑轴力等。基坑地连墙支护顶部的水平位移和垂直位移观测点沿基坑周边布设，水平间距约为20 m，水平和沉降观测点

作者简介：刘洪一（1984—），男，高级工程师，主要从事工程质量检验检测与安全监测工作。

为共用点，共布置 103 个观测点。地连墙支护的深层水平位移观测点沿基坑周边布设，水平间距约为 30 m，共布置 72 条测斜管，采用滑动测斜仪进行观测，测斜管埋设至地连墙底部。地下水位观测点主要布置在基坑右岸，沿基坑周边布置，间距约为 50 m，共布置 10 个观测点，采用水位计观测，水位观测管的管底埋置深度应在允许最低地下水位之下或根据透水层位置确定。基坑支撑体系应力应变观测包括地连墙墙身、支撑和连梁的内力应力监测。地连墙墙身钢筋应力观测点布置在具有代表性的典型断面位置，埋设在地连墙墙身内，采用焊接在钢筋笼主筋上的钢筋应力计观测，左岸双排地连墙沿高程方向每隔约 2 m 布设一个钢筋应力计，前后排均布置；右岸单排地连墙沿高程方向每隔约 4 m 布设一个钢筋应力计，共布置 150 个观测点。连梁内力监测点布设在连梁靠近基坑侧部位，间距约为 30 m，共布置 16 个观测点。支撑内力监测点布设在具有代表性的典型部位，监测截面选择在两支点间 1/3 部位，并避开节点位置，各层支撑的监测点位置在竖向上保持一致，分别在每层支撑的上游引航道布置 1~6 号测点，上闸首布置 7~11 号测点，闸室布置 12~24 号测点，下闸首布置 25~28 号测点，共布置 79 个观测点。

船闸基坑主要监测项目及测点（孔）数量见表 1。

表 1 船闸基坑主要监测项目及测点（孔）数量

测点部位	观测类型	测点类型或位置	测点（孔）数/个
基坑支护结构	顶部水平位移与沉降	基坑地连墙支护顶部	103
	深层水平位移	基坑边测斜管	72
	地下水位	水位管	10
	钢筋应力	地下连续墙（5 个断面）	150
		连梁	16
	支撑轴力	支撑（埋入式单向应变计）	79

2.2 监测方法与频率

基坑工程监测工作贯穿于基坑工程和船闸主体工程施工全过程，监测期从基坑工程施工前开始，直至船闸主体建设完成并在墙后回填土施工完成。

基坑开挖监测频率：从原地面向下开挖 5 m 范围内为 1 次/2 d，从原地面向下 5~10 m 范围内为 1 次/d，从原地面向下 10 m 至基坑底部为 2 次/d；基坑开挖至设计内撑位置施工前后应分别增加 1 次；结构物底板浇筑 7 d 以内为 2 次/d，底板浇筑 7~14 d 为 1 次/d，底板浇筑 14~28 d 为 1 次/3 d，28 d 后为 1 次/5 d；施工过程中需拆除内撑时，应分别在拆除前后增加 1 次；如遇特殊工况（洪水、地震、连续降雨、基坑边出现超载等外部条件变化较大情况下），应根据实际情况，增加观测频率。

基坑开挖起至船闸底板浇筑前观测频率与基坑开挖观测频率一致，底板浇筑好后，结构物基本稳定，观测次数适当减少。如遇到特殊情况（夏季暴雨频繁时、沉降缝两侧出现较大不均匀沉降等），应立即进行逐日或几天一次的连续观测，及时提供观测数据。

2.3 船闸监测预警

通过对基坑开挖的有限元分析和计算，得到预警值，见表 2。当变形达到预警值和显现险情时，应立即上报，及时撤离施工人员，加密观测频率，并采取应急措施，控制变形进一步发展。

表 2　船闸基坑观测项目监测累计预警值

观测项目	上游引航道	上闸首	闸室	下闸首	下游引航道
水平位移/mm	30	30	50	50	50
沉降/mm	20	20	30	30	30
深层水平位移/mm	50	50	75	75	75
第一层支撑轴力/kN	7 950	4 120	3 110	3 710	—
第二层支撑轴力/kN	7 350	6 750	5 180	7 460	—
第三层支撑轴力/kN	3 030	8 320	2 430	4 360	—
钢筋应力/MPa	252	252	252	252	252

3　监测结果与分析

3.1　顶部水平位移监测

地连墙顶部共布置 103 个水平位移观测点，基坑观测期间各测点最终累计位移量在 $-2.9 \sim +51.6$ mm（位移量"＋"表示向基坑内位移，"－"表示向基坑外位移）。船闸地连墙顶部水平位移−时间曲线图如图 1 所示。由图 1 可知，船闸基坑开挖前期，由于基坑开挖深度较浅，水平位移变化缓慢，随着开挖至基坑底部，破坏了土体原有的应力平衡，水平位移变化速度较快，基坑底板浇筑与闸墙支护后，水平位移变化趋于稳定。其间 2018 年 6 月 7—9 日连续暴雨天气，下游水位最高达 9 m，部分测点变形较大，最大位移变形达到+72.4 mm，11 日上午，外江下游水位下降至 3.5 m，最大位移变形为+56.1 mm，本次变化量为−16.3 mm，测点变形回退明显。后期，下游地连墙顶部附近测点变形相对稳定。2019 年 4 月船闸通水，水平位移变化明显。

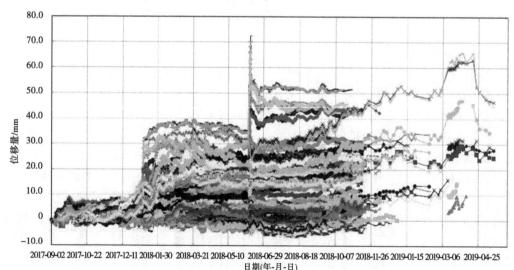

图 1　船闸地连墙顶部水平位移−时间曲线

3.2　地连墙顶部沉降监测

地连墙顶部共布置 103 个沉降测点，基坑观测期间地连墙顶部沉降各测点最终累计沉降量在 $-11.6 \sim +2.7$ mm（沉降量"－"表示下沉，"＋"表示上浮），各测点累计沉降均小于设计预警值。船闸地连墙顶部沉降−时间曲线如图 2 所示。与图 1 对比可发现，基坑的沉降与水平位移的变化规律具有较强的相关性。基坑安全监测期间，沉降随基坑开挖深度的增加而不断变大，船闸基坑底板浇筑完成后，沉降变化增长缓慢并逐渐趋向于稳定。2019年4月船闸通水，沉降变化明显。

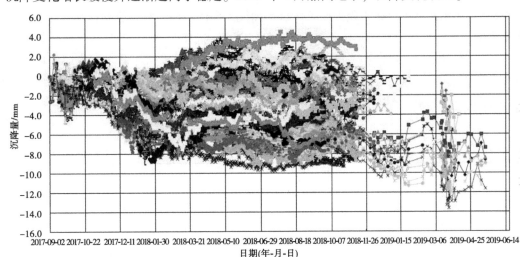

图2　船闸地连墙顶部沉降-时间曲线

3.3　深层水平位移监测

深层水平位移共布置72孔测斜管，基坑观测期间，测斜各测孔最终累计最大位移量在−23.5～+63.1 mm（位移量"+"表示向基坑内方向位移，"−"表示向基坑外方向位移）。2018年6月7—9日连续大雨暴雨天气，下游导航墙段基坑左岸测斜J7测孔累计位移量为+81.2 mm，11日上午，外江下游水位下降，当天测斜J7测孔累计位移量为+63.1 mm，测孔变形回退明显。后期，下游导航墙段基坑左岸附近测孔变形相对稳定（见图3）。

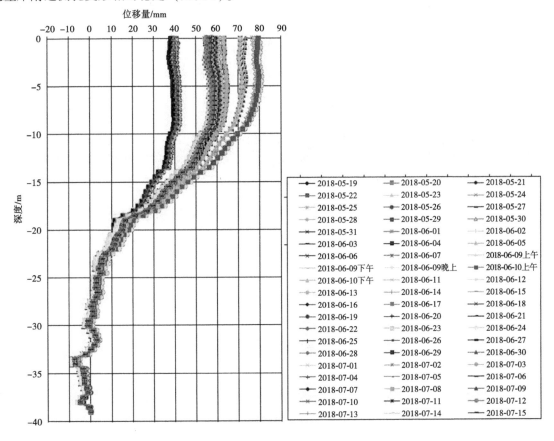

图3　船闸测斜J7测斜深度-位移曲线

基坑开挖过程中，水平位移不断增大，最大位移为基坑顶部。待基坑开挖完成，变形达到稳定后，随着深度的变化，水平位移表现为一条弯折的曲线。深度越深，水平位移越小。

3.4 地下水位

地下水位共布置10孔水位管，基坑观测期间，基坑地下水位各测孔最终水位深度在1.50~5.52 m，最终累计变化量在-0.34~+1.28 m（水位变化量"+"表示下降，"-"表示上升）。基坑地下水位各测孔累计变化量和水位深度见表3，基坑地下水位测孔累计变化量最大为W7测孔，累计变化量为1.28 m。

表3 基坑地下水位各测孔累计变化量和水位深度 单位：m

测孔	W1	W2	W3	W4	W5	W6	W7	W8	W9	W10
累计变化量	-0.33	-0.18	-0.34	+0.42	+0.35	+0.41	+1.28	-0.05	+0.23	+1.13
水位深度	3.42	2.68	1.74	2.21	2.12	1.78	1.5	3.72	4.6	5.52

3.5 钢筋应力

钢筋应力监测主要位于船闸地下连续墙（150个）和连梁（16个）两个位置。连续墙钢筋应力各测点最终测值在-15.9~+27.0 MPa，连梁钢筋应力各测点最终测值在-14.6~+19.4 MPa（应力值"-"为受拉，"+"为受压），均未超过预警值（应力预警值200 MPa）。

3.6 支撑轴力

船闸基坑第一层支撑轴力各测点最终测值在-10 104~-2 108 kN（见图4），第二层支撑轴力各测点最终测值在-14 060~-4 540 kN（见图5），第三层支撑轴力各测点最终测值在-3 596~+508 kN（见图6）（轴力值"-"为压，"+"为拉）。超过设计预警值测点主要集中在闸室中部及上闸首第一、二层支撑。

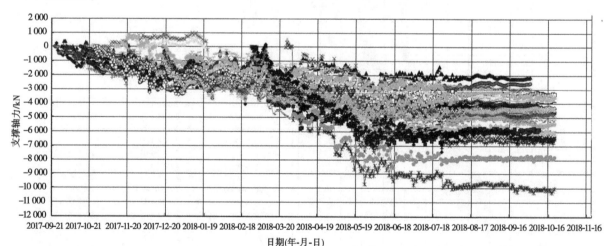

图4 船闸第一层支撑轴力-时间曲线

二线船闸基坑第一道支撑轴力超过设计预警值的测点有Y1-1、Y1-5~Y1-8、Y1-17~Y1-20、Y1-22、Y1-23测点；第二道支撑轴力超过设计预警值的测点有Y2-9~Y2-12、Y2-18~Y2-20、Y2-24、Y2-25测点，具体测值见表4。超过设计预警值测点主要集中在闸室中部及上闸首第一、二道支撑。

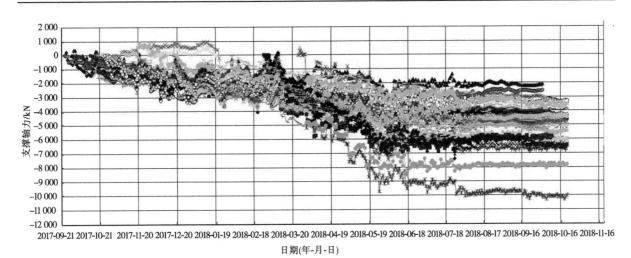

图 5 船闸第二层支撑轴力-时间曲线

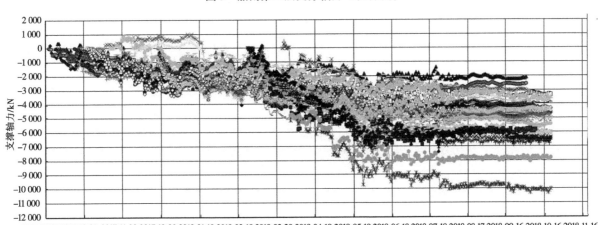

图 6 船闸第三层支撑轴力-时间曲线

表 4 支撑轴力超过设计预警值的测点最终测值

单位：kN

测点	Y1-1	Y1-5	Y1-6	Y1-7	Y1-8	Y1-17	Y1-18	Y1-19	Y1-20	Y1-22
测值	-4 456	-3 906	-4 617	-4 529	-3 806	-6 205	-5 444	-6 069	-5 833	-6 386
测点	Y1-23	Y2-9	Y2-10	Y2-11	Y2-12	Y2-18	Y2-19	Y2-20	Y2-24	Y2-25
测值	-10 104	-12 211	-13 538	-14 060	-12 232	-10 296	-11 129	-8 636	-7 360	-8 881

　　船闸基坑开挖过程中架设第一层道混凝土支撑后，支撑轴力逐渐增加，主要是由于开挖后土体及地连墙体发生位移变形继而对混凝土支撑产生挤压力，随着开挖深度的增加，混凝土支撑所受侧向压力相应变大。随着底部基坑开挖结束、底板浇筑和闸墙支护的完成，混凝土支撑轴力渐趋于稳定状态。混凝土支撑对抑制墙体侧向位移有着显著的效果。

4 结论

　　本文以某船闸深基坑工程开挖为研究对象，对基坑水平位移、沉降、深层水平位移、水位、钢筋应力和支撑轴力等监测项目的监测结果进行分析，监测值超过预警值时，及时停工并对基坑支护加固，表明对深基坑开挖进行实时的项目监测是保证基坑稳定性的重要手段[4]。对监测数据绘制的变形曲线结果表明，各项监测数据随着基坑开挖深度增加而变大，随着底部基坑开挖结束、底板浇筑和闸墙支护的完成，各项数据趋于稳定，符合船闸基坑开挖变形规律。本工程场地区地质条件较差，表层土质松散、渗透性强，且溶洞发育，故采用地连墙施工方法，有效避免了施工过程中可能出现的垮塌、涌水和涌沙等灾害。2018 年 6 月，连续暴雨，江水水位发生了较大的升降，沉降和位移数据均发生了显著的变化，部分测值达到历史最大，水位下降后测值亦发生了回落。基坑靠江一侧的水位变化对基坑的稳定和变形有着重要的影响，施工过程中应结合江水的水位变化和汛期的时间合理安排施工，做好防御措施[5]。

整个船闸基坑开挖过程中，未出现任何安全事故，监测值超过预警值时，均采取了有效的支护措施和解决方案，确保了基坑开挖工作的顺利完工，本次设计监测方案对基坑施工具有科学的指导作用和实际意义。基坑监测应按照基坑支护设计和规范制订监测方案，并贯穿整个基坑工程的始终，对所取得的监测数据结合实际情况进行分析处理，为基坑开挖支护全过程提供实时信息和对策依据，及时发现施工过程中的问题，采取有效措施，从而确保基坑工程的安全[6]。

参考文献

[1] 刘兴旺，施祖元，益德清，等. 软土地区基坑开挖变形性状研究 [J]. 岩土工程学报，1999，21 (4)：51-54.

[2] 曹艳霞. 基坑开挖引起变形的数值模拟 [D]. 武汉：华中科技大学，2008.

[3] 王良华. 基坑监测数据的综合分析 [J]. 工程质量，2012，30 (1)：33-36.

[4] 柏挺，李镜培，丁鼎，等. 框架逆作的超大基坑监测分析 [J]. 地下空间与工程学报，2012，8 (6)：1302-1310.

[5] 葛照国. 长江漫滩地区基坑施工对周边地表沉降及地下管线影响的现场试验研究 [J]. 现代隧道技术，2014，51 (5)：205-209.

[6] 袁玉珠，何凤勇. 深基坑变形监测方案设计与数据分析 [J]. 测绘与空间地理信息，2016，39 (5)：205-208.

气压法原位密度测试仪研究与应用

罗　伟　王正峡　常伟良

（中国水利水电第十一工程局有限公司，河南郑州　450001）

摘　要：本文介绍了气压法原位密度测试仪的构造、原理及检测方法。通过与标准方法的对比试验，验证了气压法检测原位密度的可行性和测试数据的准确性。气压法原位密度测试仪携带轻便，操作简单快捷，测试数据准确可靠。

关键词：气压法；原位密度；测试仪；研究及应用

1　前言

原位密度试验的主要目的是测定原位土的密度和对填方工程进行施工质量控制。施工现场原位密度常用试验方法有环刀法、灌砂法、灌水法，其中环刀法仅适用于细粒土，灌砂法作为测试现场回填土密度的重要方法之一，适用范围广，在国内外建设工程填筑施工质量检测中，广泛用于现场测定基层（或底基层）、砂石路面及路基土的各种材料压实层的密度和压实度，但不适用于填石路堤等有大孔洞或大孔隙的材料压实层的压实度检测。使用灌砂法试验前应先进行量砂的密度、灌砂筒灌砂高度、锥体体积等标定工作，且现场测试时间较长，检测效率低。灌水法相较灌砂法虽然简便，但测试影响因素较多，制约了检测的准确性。铁路土工试验方法中所述气囊法密度试验操作较复杂，也仅适用于常规条件下水平地基或路面的检测，且该方法应用广泛性不足，所采用的仪器难以购买。因此，亟待研究一种方法简便、操作快捷、检测效率高、可适用于多种回填料及不同施工面原位密度的检测装置和方法。

在总结灌砂法原位密度测试原理的基础上，经过不断实践摸索，中国水电十一局有限公司中心实验室研究开发了具有自主知识产权的"气压式土工密度试验装置"，通过建立气压与体积关系曲线，结合现场测试结果对比，充分验证了气压法测试仪测试原位密度的可行性和检测数据的准确性。

2　气压法原位密度测试仪

2.1　仪器构造

气压法原位密度测试仪构造示意图见图1，研制的初始测试仪见图2。其主要由进气阀、气压表、调节阀、工作阀、罐体、保温材料、PU连接管、测板、排气阀、气囊等组成。其中，测板为能承受一定压力的直径为250 mm的透明有机玻璃板；气囊为乳胶材料，具有良好的弹性与韧性，规格尺寸与试坑大小相匹配。

2.2　工作原理

在密闭的容器里排出气体的体积与气体压力存在一定的比例关系，利用这种关系，通过将已标定出压力与体积对应关系的气囊放置于检测试坑内，测读压力读数，换算出试坑体积，从而计算出填筑料的密度值。

作者简介：罗伟（1973—），男，高级工程师，主要从事水利水电工程监测与检测工作。

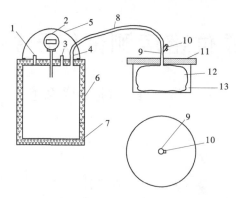

1—进气阀；2—数显气压表；3—调节阀；4—工作阀；5—把手；
6—外罐体；7—保温层；8—PU 连接管；9—进气口；10—排气阀；
11—透明测板；12—气囊；13—试坑或标准容积升。

图 1　气压法原位密度测试仪构造示意图

图 2　气压法原位密度测试仪

3　检测方法

3.1　标准容积升的选择

使用前应在室内先对气囊体积进行标定。为此需选用不同的标定体积，加工 4 种不同体积的开口标准容积升，且不同体积的标准容积升可以自由进行组合，作为标定气压与体积曲线用标准体积。4 种不同体积的标准容积升见图 3，每种单个标准容积升参数见表 1。

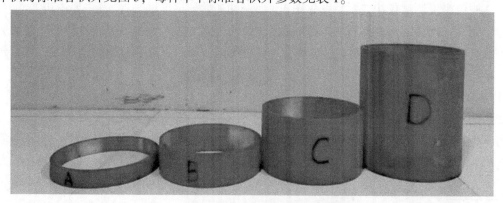

图 3　加工的 4 种不同体积标准容积升

表 1　单个标准容积升参数

容积升编号	A	B	C	D
高度/cm	2.51	5.00	9.96	19.96
体积/cm³	515.58	1 017.07	2 002.92	3 958.2

3.2　压力与体积关系曲线的建立

为研究气压与体积的关系，应采用不同标准容积升组合而成的体积标定气囊体积，以建立压力与体积关系曲线，气压法测试仪标定步骤如下：

（1）准备标准容积升（开口容器）。

（2）将仪器加压至 60 kPa（超过 60 kPa 可通过调节阀调整）。

（3）将仪器测板放置于开口容器上，用力平稳按住底盖。

（4）打开工作阀，使气体通过连接管充满气囊，待压力表稳定后记录读数。

（5）打开排气阀，将气囊中空气排出。

（6）更换开口容器，并重复上述步骤，分别记录压力表读数。

（7）根据标准容器升体积与实测压力表读数，绘制关系曲线。

压力表读数与体积对应结果统计见表 2，压力表读数与体积关系曲线见图 4。

表 2　压力表读数与体积对应结果统计

标定序号		1	2	3	4	5	6	7	8	9	10
容积升编号		/	B	A+B	C	A+C	B+C	A+B+C	D	A+D	B+D
体积/cm³		0	1 017.07	1 532.65	2 002.92	2 518.5	3 019.99	3 535.57	3 958.2	4 473.78	4 975.27
累计高度/cm		0	5.00	7.51	9.96	12.47	14.96	17.47	19.96	22.47	24.96
压力表读数/kPa	1	57.8	45.1	39.0	35.0	30.8	25.8	20.1	14.0	10.1	6.2
	2	58.0	45.0	38.9	35.0	30.1	26.0	19.9	13.9	10.0	6.3
	3	58.1	45.2	38.8	36.0	30.0	26.1	20.0	13.9	9.9	6.1
	平均	58.0	45.1	38.9	35.3	30.3	26.0	20.0	13.9	10.0	6.2

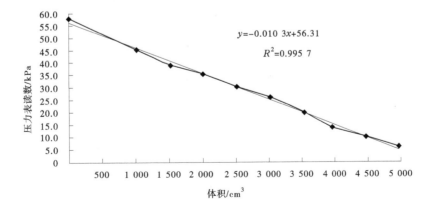

图 4　压力表读数与体积关系曲线

通过不同标准容积升组合试验标定，将压力与体积对应数据进行回归分析，得出了气压–体积的回归关系式：

$$y = 56.31 - 0.010\ 3x,\quad R = 0.998$$

式中：y 为气压表压力示值，MPa；x 为容积升体积，cm^3；R 为相关系数。

标定结果证明了压力示值与体积之间有着良好的线性关系，也进一步验证了该测试仪工作原理的正确性，完全可应用于现场原位密度的测试。在现场测试时，通过压力示值反算试坑体积，可以计算所测试部位的密度，进而推算出压实度这一重要的质量控制指标。

3.3 现场测试方法及步骤

（1）按照标准试验方法铲平场地并凿挖试坑，挖出试样保存于样品袋内，称量样品质量 m，并取代表性试样，测定含水率 ω。

（2）将测试仪测板置于试坑上部，气囊落入试坑中，用脚踩住测板边缘，以便将测试仪牢固固定在试坑上面，加压至 60 kPa。

（3）打开工作阀，待气压稳定后，记录压力表读数。

（4）打开排气阀，将气囊中的气体排出。

（5）根据记录的压力表读数，在压力与体积关系曲线图上查取或通过回归方程计算对应体积值 v。

（6）计算湿密度和干密度，计算至 0.001 g/cm^3。

湿密度

$$\rho = \frac{m}{v}$$

式中：ρ 为湿密度，g/cm^3；m 为试样质量，g；v 为试坑体积，cm^3。

干密度

$$\rho_d = \frac{\rho}{1 + 0.01\omega}$$

式中：ρ_d 为干密度，g/cm^3；ρ 为湿密度，g/cm^3；ω 为试样含水率（%）。

（7）本试验需进行两次平行测定，取其算术平均值。

3.4 对比试验结果分析

为进一步验证气压法检测原位密度数据的可靠性，在现场采用标准方法——灌砂法与其进行对比试验，两种方法测试结果见表 3。

表 3　灌砂法与气压法检测原位密度对比试验成果

对比方法	检测项目	1	2	3	4	5
灌砂法	试坑挖土质量/g	7 436	7 225	7 738	7 592	7 473
	灌入砂质量/g	4 670	4 607	4 820	4 778	4 694
	标准砂密度/（g/cm^3）	1.39	1.39	1.39	1.39	1.39
	试坑体积/cm^3	3 359.71	3 314.39	3 467.63	3 437.41	3 376.98
	湿密度/（g/cm^3）	2.213	2.180	2.231	2.209	2.213
气压法	压力表读数/kPa	21.5	21.8	20.3	20.7	21.3
	试坑体积/cm^3	3 352.52	3 323.40	3 469.03	3 430.19	3 371.94
	湿密度/（g/cm^3）	2.218	2.174	2.231	2.213	2.216
湿密度差值/（g/cm^3）		-0.005	0.006	0.001	-0.005	-0.003

通过表 3 两种方法的对比试验结果初步分析，使用气压法检测原位密度的方法是可行的，检测结

果准确可靠，误差能满足现场质量控制要求。

4 结论与展望

（1）与灌砂法相比，本方法大量节省了标准砂的消耗，减少了标准砂回收和筛分清理的时间，缩短了检测时间，提高了工作效率，降低了成本，在保证质量的同时，大大提高了施工进度。

（2）简化的试验操作步骤使得采用气压法更加便捷，减少了人为误差和环境条件的影响，提高了测试数据的准确可靠性。

（3）气压法测试原位密度的适用范围更为广泛，无论是平面、斜面、垂直面均可以进行检测，弥补了灌砂法、灌水法和气囊法测试范围的不足。

（4）后续研究可考虑将压力表改为直读式仪表，开发自动计算功能模块，无须通过换算曲线，可直接读取所测试坑的体积，或输入相关参数，通过模块自动计算直接取得干密度及压实度，使该方法更加快捷、高效、准确。

（5）气压法原位密度测试仪携带轻便，操作简单快捷，测试数据准确可靠，可提高检测效率，推进施工进度。作为一种适用范围更广泛的原位密度测试装置，应用前景十分广阔，将会给建设工程带来可观的社会、经济效益。

参考文献

［1］罗伟，王正峡，等．气压式土工密度试验装置：ZL 2020 2 0197471.7［P］．2020-11-24.

膨胀土卸荷回弹变形特性研究

占世斌[1]　张胜军[2]　周蕙娴[2]　易杜靓子[2]

（1. 长江水利委员会长江工程建设局，湖北武汉　430010；
2. 水利部长江勘测技术研究所，湖北武汉　430011）

摘　要：选取南水北调中线一期工程南阳深挖方段膨胀土为研究对象，通过室内固结回弹试验，研究膨胀土在卸荷作用下的变形特性。研究结果表明，膨胀土卸荷回弹变形与土体微观结构、初始孔隙比、土样埋深、膨胀性、超固结性有关，具粒状结构的膨胀土回弹率低于具网格状结构的膨胀土，两者随膨胀等级的增强而增大；回弹率随卸荷比增大而增大，与土体上覆压力呈线性关系，研究膨胀土在卸荷作用下的回弹变形规律及参数，为渠基抗变形技术提供依据及技术支撑。

关键词：膨胀土；卸荷回弹；孔隙比；卸荷比；回弹率

1　引言

南水北调中线工程穿越膨胀土（岩）渠段累计长约 386.8 km，分布强、中、弱膨胀土的渠段累计长度分别为 5.69 km、103.5 km、170.5 km。膨胀土渠道开挖是一个卸荷过程，土体挖出，自重应力释放，引起土体卸荷变形，从而产生渠基回弹。

关于土的卸荷回弹问题，国内外已有较多的研究。如潘林有等[1]对深基坑卸荷回弹问题的研究；张淑朝等[2]通过土体卸荷回弹试验，发现土体卸荷回弹变形存在一个临界卸荷比；常青等[3]对软土卸荷次回弹变形特性研究，提出原状土和重塑土主次回弹变形的划分方法；陈永福等[4]分析了上海软土卸荷-再加荷过程的变形特性，并通过侧限试验得出了回弹指数；师旭超等[5]研究了卸荷作用下软土变形的临界卸荷比问题；刘祖德等[6]研究了平面应变条件下膨胀土的卸荷变形问题；李辉等[7]对土体卸荷回弹变形进行了试验研究。而对于膨胀土渠道开挖卸荷变形问题研究较少。基于此，本文以南水北调中线一期工程南阳深挖方段膨胀土为研究对象，通过室内固结回弹试验，研究膨胀土在卸荷作用下的回弹变形规律及参数，为渠基抗变形技术提供依据及技术支撑。

2　膨胀土微观结构及物理性质

2.1　膨胀土微观结构

（1）第四系下更新统（plQ₁）：由片状黏土矿物和大量石英、长石颗粒组成；样品微观结构发育，微孔隙、微裂隙较多，粒状结构。

（2）第四系中更新统（al-plQ₂）：由不规则片状黏土矿物组成，可见少量长石、石英颗粒，线形擦痕明显，微孔隙、裂隙较发育，粒状结构。

（3）第四系中更新统（al-plQ₂）：由不规则片状黏土矿物和大量石英、长石颗粒组成，可见线形擦痕，微孔隙、微裂隙较发育，网格状结构。

2.2　膨胀土物理性质

（1）第四系下更新统（plQ₁）：红色、棕红色黏土，天然裂隙发育，裂隙面无填充，具蜡质光泽，含铁锰质杂斑，呈坚硬状。含水率 23.6%～28.1%，干密度 1.52～1.60 g/cm³，孔隙比 0.694～

作者简介：占世斌（1965—），男，硕士，高级工程师，主要从事岩土工程及水利工程建设管理工作。

0.798；液限 54.4%~69.1%，塑限 27.0%~30.8%；自由膨胀率 60%~104%。

（2）第四系中更新统（al-plQ₂）：黄色、褐黄色夹灰绿色条带黏土，天然裂隙发育，裂隙面具蜡质光泽，含铁锰质杂斑，呈坚硬状。含水率 25.2%~25.4%，干密度 1.55~1.58g/cm³，孔隙比 0.696~0.742；液限 59.1%~83.0%，塑限 28.4%~34.1%；自由膨胀率 91%~101%。

（3）第四系中更新统（al-plQ₂）：黄色、棕黄色夹灰白色黏土，裂隙发育，裂隙面充填灰绿色黏土，具蜡质光泽，含铁锰质及结核，呈硬塑-坚硬状。含水率 19.3%~27.7%，干密度 1.54~1.77 g/cm³，孔隙比 0.520~0.780；液限 39.1%~83.3%，塑限 19.0%~32.9%；自由膨胀率 42%~106%。

3 膨胀土卸荷回弹试验设计

为了深入研究膨胀土在经受开挖卸荷作用后的变形特性，需要进行大量的长时间的试验。由于从土层中取出土样后，土样应力状态改变，土样约束压力减小为零，孔隙比发生变化，无法保持土的天然受力状态，室内试验利用高压固结仪来模拟土体开挖深度及经过超先期固结压力作用下的卸荷变形，由此分析膨胀土的卸荷回弹变形规律及特点。

3.1 试验方法

在南阳深挖方段沿线近 80 km 区域内，按地层岩性、土样埋深取方块原状样 21 组，保持天然含水率。按照《土工试验方法标准》[8]，用环刀切取试样，试样尺寸为：直径 61.8 mm，高度 20 mm。试验设备为单杠杆固结仪，采用分级加荷及卸荷方法。

针对膨胀土现场开挖最大深度，选取最大预压荷载为 1 000 kPa，预压荷载采用逐级加压，其加压荷载分别为 50 kPa、100 kPa、200 kPa、300 kPa、400 kPa、600 kPa、800 kPa、1 000 kPa，卸压荷载分别为 900 kPa、800 kPa、600 kPa、400 kPa、300 kPa、200 kPa、100 kPa、50 kPa、0 kPa。试样在每级荷载下固结 24 h，待变形稳定后再施加下一级荷载，直至最大荷载固结稳定，然后逐级卸压，每次卸压后的回弹稳定标准与加压相同，直至上覆荷载完全卸除并变形稳定。试验过程中室内无振动，室温基本恒定；仪器加压盖板四周须用湿棉围住，湿棉保持一定湿度即可，避免水分蒸发或因膨胀土吸湿产生膨胀变形。

3.2 1 000 kPa 预压荷载下回弹率试验成果及分析

为了分析膨胀土卸荷回弹变形规律，潘林有等[1]定义了两个概念：卸荷比 R、回弹率 δ。

$$R = \frac{p_{max} - p_i}{p_{max}} \tag{1}$$

式中：p_{max} 为最大预压荷载或初始上覆荷载；p_i 为卸荷后上覆荷载。

$$\delta = \frac{e_i - e_{min}}{e_{min}} \tag{2}$$

式中：e_{min} 为最大预压荷载或初始上覆荷载下的孔隙比；e_i 为对应于卸荷后上覆荷载下的孔隙比。

3.2.1 最大回弹率与取样埋深及初始孔隙比的关系

室内模拟试验土样经过 1 000 kPa 荷载预压后，土样孔隙中的水分和气体被挤出，土粒相互移动靠拢，致使土的孔隙体积减小而使土样产生压缩变形；当上覆压力卸除后，土样应力释放，孔隙比增大发生回弹变形，但应变不会完全恢复，这部分残余变形称为土的塑性变形，恢复部分称为弹性变形。为了减小试验数据离散性，每个取样深度各做 3 组平行试验，取平均值作为试验结果。最大回弹率与初始孔隙比关系曲线见图 1，最大回弹率与土样埋深关系曲线见图 2。

试验结果为：粒状结构（plQ₁）膨胀土最大回弹率为 0.024~0.041，粒状结构（al-plQ₂）膨胀土最大回弹率为 0.028~0.060，网格状结构（al-plQ₂）膨胀土最大回弹率为 0.038~0.089。

由试验结果及图 1、图 2 可知：

（1）具粒状结构的膨胀土最大回弹率随初始孔隙比增加而减小，具网格状结构的膨胀土回弹率随初始孔隙比增加而增大。孔隙比与土的结构及松密程度密切相关，主要取决于土的粒度成分和排列情况。

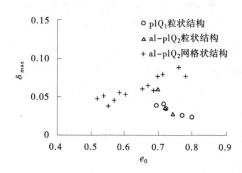

图 1　最大回弹率与初始孔隙比关系曲线

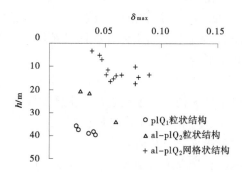

图 2　最大回弹率与土样埋深关系曲线

（2）具粒状结构、网格状结构的膨胀土，土样埋深增加，最大回弹率增大。这一规律说明，膨胀土渠道开挖深度越大，渠基土的回弹量越大。

3.2.2　最大回弹率与先期固结压力的关系

膨胀土先期固结压力 788.8~1 549.5 kPa，土的自重压力 62.0~768.4 kPa，先期固结压力高于土的上覆自重压力，表明膨胀土具超固结性。最大回弹率与先期固结压力关系曲线见图 3。

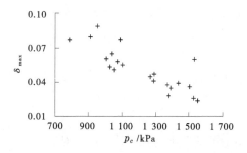

图 3　最大回弹率与先期固结压力关系曲线

由图 3 可知，膨胀土回弹率随先期固结压力增大而减小。

3.2.3　平均孔隙比与卸荷比的关系

根据微观结构、地层、膨胀等级分类统计平均孔隙比（预压荷载 1 000 kPa）与卸荷比的关系，平均孔隙比为某荷载下多组试样孔隙比平均值。回弹变形率为某荷载下回弹变形量与回弹总变形量的比值，其计算公式为：

$$回弹变形率 = \frac{e_i - e_{min}}{e_{max} - e_{min}} \times 100\% \tag{3}$$

式中：e_{min} 为最大预压荷载或初始上覆荷载下的孔隙比；e_{max} 为对应于上覆荷载完全卸除后的孔隙比；

e_i 为对应于卸荷后上覆荷载下的孔隙比。

最大回弹率及孔隙比结果见表1，各级卸荷比下回弹变形率见表2，平均孔隙比与卸荷比关系曲线见图4~图6。

表1　最大回弹率及孔隙比结果

微观结构	地层代号	膨胀等级	最小孔隙比 e_{min}	最大孔隙比 e_{max}	最大回弹率 δ_{max}	卸荷比拐点
粒状结构	plQ₁	弱	0.748	0.766	0.024	0.78
		中	0.723	0.742	0.026	0.80
		强	0.641	0.665	0.039	0.80
	al−plQ₂	强	0.665	0.691	0.041	0.74
网格状结构	al−plQ₂	弱	0.553	0.583	0.051	0.81
		中	0.574	0.608	0.060	0.76
		强	0.633	0.684	0.083	0.73

表2　各级卸荷比下回弹变形率

微观结构	地层代号	膨胀等级	回弹变形率/%							
			0.10	0.20	0.40	0.60	0.70	0.80	0.90	0.95
粒状结构	plQ₁	弱	5.6	11.1	16.7	33.3	44.4	55.6	72.2	83.3
		中	0.0	5.3	15.8	26.3	36.8	47.4	68.4	84.2
		强	0.0	4.2	16.7	29.2	41.7	54.2	70.8	83.3
	al−plQ₂	强	3.8	7.7	15.4	30.8	42.3	53.8	73.1	84.6
网格状结构	al−plQ₂	弱	0.0	3.3	10.1	20.0	30.0	43.3	60.0	76.7
		中	2.9	5.9	14.7	29.4	38.2	50.0	70.6	82.4
		强	2.0	5.9	15.7	31.4	43.1	56.9	74.5	86.3

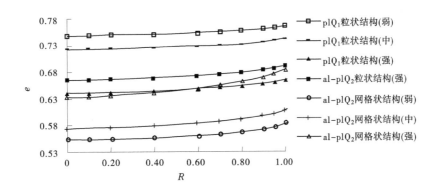

图4　平均孔隙比与卸荷比关系曲线

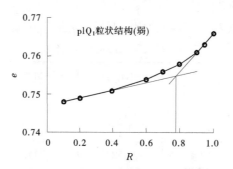

图 5　平均孔隙比与卸荷比关系曲线

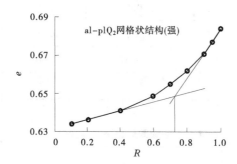

图 6　平均孔隙比与卸荷比关系曲线

从表 1、表 2 及图 4~图 6 可知：

（1）膨胀土变形在卸荷初始阶段变化较小，当卸荷比为 0.4 时，土的回弹变形率超 10%；当卸荷比为 0.6 时，土的回弹变形率约为 30%；卸荷比从 0.8 至卸荷完成，土的回弹变形率约为 50%。

（2）平均孔隙比与卸荷比关系曲线中存在一个明显的拐点（称为卸荷比拐点），此点卸荷比为 0.74~0.81，拐点前土样卸荷变形按一定的斜率逐渐增加，卸荷比在 0.4（或 0.6）之前，孔隙比与卸荷比呈线性关系；此点后卸荷变形快速增大，为主要回弹变形阶段，卸荷比在 0.9~1.0 时，孔隙比与卸荷比呈线性关系。

3.2.4　平均回弹率与卸荷比的关系

平均回弹率 $\bar{\delta}$ 为某预压荷载下多组试样回弹率平均值。平均回弹率与卸荷比关系曲线见图 7。

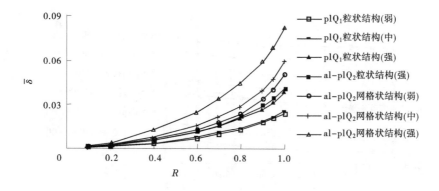

图 7　平均回弹率与卸荷比关系曲线

由图 7 可以看出：

（1）在卸荷比为 0.2 之前，膨胀土回弹率较小，曲线基本重合，回弹率随卸荷比增大而增大。

（2）具粒状结构的膨胀土回弹率低于具网格状结构的膨胀土，两者随膨胀等级的增强而增大。

2.3 不同预压荷载下回弹率试验成果

在对土体在最大开挖深度卸荷变形研究的基础上，模拟土体在不同开挖深度及经过超先期固结压力作用条件下卸荷试验。试验选取网格状结构中等膨胀土（al–plQ$_2$，取样埋深 15.3 m）进行不同预压荷载条件下卸荷回弹试验，其最大预压荷载分别为 400 kPa、600 kPa、800 kPa、1 000 kPa、1 200 kPa、1 600 kPa、2 400 kPa、3 200 kPa，每级荷载下各做 3 组平行试验，取回弹率平均值作为试验结果，试验方法同 2.1。膨胀土卸荷回弹 e~p 曲线见图 8，最大回弹率与预压荷载关系曲线见图 9，1 000 kPa 预压荷载下卸荷回弹孔隙比与时间过程曲线见图 10。

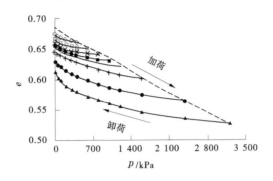

图 8　e~p 曲线

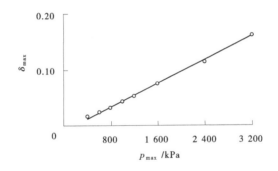

图 9　最大回弹率与预压荷载关系曲线

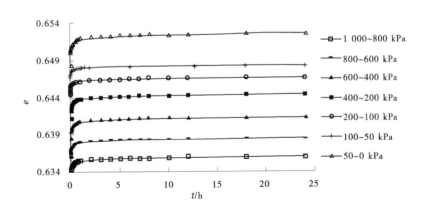

图 10　1 000 kPa 预压荷载下卸荷回弹孔隙比与时间过程曲线

根据图 8~图 10 可知：

（1）不同预压荷载条件下，土样卸荷变形路径相似；回弹率随预压荷载增大而增大，最大回弹率与最大预压荷载呈线性关系。这一规律说明，土体上覆压力越大，回弹变形越大。

（2）每级荷载下，膨胀土卸荷回弹变形主要表现在卸荷初期，约 8 h 趋于稳定，12 h 后每小时变形量不超过 0.002 mm，孔隙比变化≤0.000 1；卸荷回弹变形时间 49~64 min 时出现的曲线拐点可作为主、次回弹的分界点。

4　结论

（1）膨胀土主要由不规则片状黏土矿物和少量石英、长石颗粒组成，具有粒状结构或网格状结构特征，微孔隙及裂隙较发育。

（2）具粒状结构的膨胀土回弹率随初始孔隙比增加而减小，具网格状结构的膨胀土回弹率随初始孔隙比增加而增大；具粒状结构、网格状结构的膨胀土，回弹率随土样埋深增加而增大。

（3）膨胀土先期固结压力高于土的上覆自重压力，具超固结性，其回弹率随先期固结压力增大而减小。

（4）膨胀土变形在卸荷初始阶段变化较小，卸荷比为 0.4 时，土的回弹变形率超 10%；卸荷比从 0.8 至卸荷完成，土的回弹变形率约为 50%。孔隙比与卸荷比关系曲线中存在一个明显的拐点，此点后卸荷变形快速增大，为主要回弹变形阶段。

（5）膨胀土回弹率随卸荷比增大而增大，具粒状结构的膨胀土回弹率低于具网格状结构的膨胀土，且随膨胀等级的增强，其回弹率均增大。

（6）不同预压荷载条件下，膨胀土卸荷变形路径相似；回弹率随预压荷载增大而增大，回弹率与最大预压荷载呈线性关系，土体上覆压力越大，回弹变形越大。

（7）膨胀土卸荷回弹变形主要表现在卸荷初期，卸荷回弹变形时间 49~64 min 时出现的曲线拐点可作为主、次回弹的分界点。

（8）膨胀土卸荷回弹是一个复杂的过程，其试验工作量大，而土样埋深、微观结构、初始孔隙比、膨胀性、超固结性等诸多因素均影响着膨胀土的卸荷变形。研究膨胀土卸荷回弹变形，为分析预测渠坡的稳定性，主动采取防控措施、降低渠道运行风险提供技术支撑。

参考文献

[1] 潘林有，胡中雄. 深基坑卸荷回弹问题的研究 [J]. 岩土工程学报，2002，24（1）：101-104.

[2] 张淑朝，张建新，任杰东，等. 土体卸荷回弹实验研究 [J]. 河北工程大学学报，2008，25（3）：168-173.

[3] 常青，余湘娟，董卫军. 软土卸荷次回弹变形特性研究 [J]. 河海大学学报. 2006，34（4）：444-446.

[4] 陈永福，曹名葆. 上海地区软黏土的卸荷-再加荷变形特性 [J]. 岩土工程学报，1990，12（2）：9-17.

[5] 师旭超，汪稔，韩阳. 卸荷作用下淤泥变形规律的试验研究 [J]. 岩土力学，2004，25（8）：1259-1262.

[6] 刘祖德，孔官瑞. 平面应变条件下膨胀土卸荷变形研究 [J]. 岩土工程学报，1993，15（2）：68-73.

[7] 李辉，曾月进，胡兴福，等. 土体卸荷回弹变形的试验研究 [J]. 四川建筑科学研究，2008，34（3）：111-114.

[8] 土工试验方法标准：GB/T 50123—2019 [S].

质谱技术在水质微观检测中的应用

陈　宁[1,2]　李珏纯[1,2]　孟雷明[1,2]　刘　羽[1,2]　唐　涛[1,2]

(1. 南水北调中线实业发展有限公司 水环境科创中心，北京　100000；
2. 南水北调中线建管局 南水北调水质微观检测实验室，北京　100000)

摘　要：近年来，随着城镇化进程和工业发展加快，水环境中污染物种类增多，新型污染物层出不穷，水质的污染问题日趋严重。质谱作为一种高通量、快速、灵敏的仪器分析技术，已被广泛应用于水环境多种类型污染物的检测。本文简述了质谱技术的原理、优势，以及在水环境已知有机物、未知有机物、重金属污染、天然有机质、微生物检测等方面的应用。

关键词：水质；质谱；水污染；鉴定

1　引言

近年来，随着经济发展和城镇化进程加快，众多工业农业废水及生活污水排入到河流中，长江、黄河、海河、辽河、淮河、松花江、珠江七大江河水系均受到不同程度的污染，致使水质严重恶化。水环境污染物的种类非常复杂，主要包括有机物、无机物和微生物，如重金属、药物、杀虫剂、日化用品、阻燃剂、增塑剂、全氟化合物、霉菌、细菌等，对水质安全有重要影响。水污染不仅是危害人体健康、破坏生态环境的重要因素，还成为制约社会与经济快速发展的瓶颈，是人们高度关注的一个重大问题。

随着生活水平的提高和科学技术的进步，人们对生活饮用水的水质要求不断提高，水质标准不断发展和完善，检测项目越来越多，对水质分析技术提出了更高的要求。对于复杂的水质样本，传统的单一污染物检测方法逐步被淘汰。作为高通量、灵敏、快速、准确的精密仪器分析方法，质谱已成为一种新兴的复杂样本分析技术，应用于水环境多种类型污染物的检测。

2　质谱技术的原理和优势

质谱分析是一种通过测定离子质荷比（质量-电荷比，m/z）而进行物质定性、定量的仪器分析方法[1]。质谱仪由样本入口、离子源、离子传输系统、质量分析器、检测器和电脑数据分析系统组成，其中离子传输系统、质量分析器、检测器主要进行离子的传输、聚焦、分离和检测，都是在真空系统下进行的，以降低空气中其他分子的干扰。样本中的化合物在离子源发生电离，生成不同荷质比的带电离子，通过离子漏斗、多极杆、离子透镜等传输到质量分析器，利用电场或磁场的作用，使离子具有不同的运行轨迹或者飞行速度，根据离子的质荷比大小进行分离，然后检测器测量离子的信号强度，通过电脑分析系统将电磁信号转换成质荷比、离子信号强度，最终实现化合物定性、定量目的。

对于传统的检测方法，每种类型的化合物都采用独立的分析测试技术，而质谱分析一次可以鉴定大量多种类型的化合物，对于复杂样本，甚至可以鉴定到上万个化合物，通量显著提高。此外，质谱

作者简介：陈宁（1983—），女，工程师，主要从事水质检测工作。

还具有灵敏度高、分析速度快、鉴定准确，可与气相色谱、液相色谱等分离技术联用等优势，已应用于环境检测、生命科学、医药研发、食品、司法、材料等相关领域。

3 水质微观检测中质谱技术的应用

水环境中的微观物质包括有机物、无机物、微生物等，其中有机物根据其来源可以分为人工合成有机物和天然有机物。人工合成有机物的危害远远高于天然有机物，随着人类活动的加剧，人工合成有机物已经成为水环境中污染物的主要来源。在水环境检测中，质谱可以进行有机污染物、天然有机质、无机金属元素、微生物等的检测。其中，根据质谱检测的靶向性，有机污染物的检测可以分为已知有机污染物的靶向质谱鉴定和未知有机污染物的非靶向质谱鉴定，前者仅针对已知的目标化合物进行质谱靶向扫描分析，后者则进行无目标性的质谱全谱扫描，并从质谱图出发逐步解析响应峰的结构特征。

3.1 已知有机污染物的靶向质谱鉴定

水环境污染物主要是人类活动排放到水环境中的有害化学物质，来源于生活污水、工业废水、农业废水、固体废物渗滤液、污染废气的干湿沉降等。常见的有机污染物包括卤代烃、苯系物、多环芳烃、氯苯、氯酚、亚硝胺等。目前，我国水环境监测以已知项目的靶向检测为主，即针对已经确定的目标化合物，按照对应的流程和方法进行检测。农残、药残等有机污染物相关的国家标准检测方法中，应用最多的是四极杆（Quadrupole，Q）质谱，它具有灵敏度高、特异性强、定性定量能力强等优势。将四极杆质谱与气相色谱（Gas Chromatography，GC）或液相色谱（Liquid Chromatography，LC）联用，适用于水环境挥发性、不挥发性有机物的靶向检测[2-3]。基于三重四极杆（Triple Quadrupole，TQ，QqQ）质谱的多反应监测模式（Multiple Reaction Monitoring，MRM），采用第一个四极杆筛选母离子，第二个四极杆进行碰撞碎裂，第三个四极杆进行碎片离子的筛选和检测[4]。MRM 技术基于目标化合物的信息，母离子-子离子关系明确，有针对性地选择数据进行质谱数据采集，去除了不符合规则的离子信号的干扰，精确度高；加入同位素内标或标准品外标，适合绝对定量；单个样本可进行几十至上百个化合物定性、定量分析，可以进行共流出、多组分的同时检测，适合复杂样品的分析。其检测方法的建立和目标化合物的定量分析，是以标准品为对照的，对标准品的依赖程度较高，仅适合于已知有机污染物的靶向检测。

3.2 未知有机污染物的非靶向质谱鉴定

由于水环境污染具有高度的不确定和复杂性，水质检测对于污染物种类和数量的监测要求不断提高，需要突破现有靶向检测方法的不足，向非靶向高通量检测方法跨越[5]。对于水环境未知污染物的分析，主要采用高分辨率质谱（High Resolution Mass Spectrometry，HRMS）进行高通量检测，常见的仪器类型包括四极杆-飞行时间质谱（Q-TOF）、静电场轨道阱质谱（Orbi-Trap）等，可以与色谱进行联用[6]。高分辨率质谱能够提供精确质量数以及保持全扫描模式下的高分辨率，可以将质荷比非常接近的化合物区分开，减少基质背景的干扰，提高离子的选择性和谱峰容量，采用 auto-MSMS、bbCID 等模式进行碰撞碎裂，检测碎片离子的质荷比信息，实现非靶向的高通量定性筛查和定量分析。数据分析过程中，通过与高分辨质谱数据库进行色谱流出时间、母离子质荷比、碎片离子质荷比、同位素峰形的匹配，定性筛查多种有机污染物，降低了对标准品的依赖，并且能够实现数据的回溯分析。瑞士联邦水质科学技术研究所在进行莱茵河流域的有机物非靶向检测中，采用了两种分析策略，第一种是根据同位素峰形特征，选取含有卤族元素的化合物进行重点分析，第二种是不同采样点之间使用系统还原法进行对比分析，对比空白样本、上下游样本选取差异谱峰进行鉴定和确认[7]。未知污染物的鉴定，往往需要进行数据库多维信息的匹配，并采用标准品进一步验证。

3.3 天然有机质的质谱分析

天然水环境含有大量的由自然环境产生的有机质，它们主要是生物体自身降解或通过代谢释放到水环境中的有机化合物，由碳、氢、氧以及少量的氮、磷、硫等元素组成，主要包括单糖、氨基酸、多糖、蛋白质、脂质、固醇、木质素、多酚、腐殖酸等，占水中溶解性有机碳的 50%～90%。这些天然有机质影响着水生系统的物理、化学和生物过程，是生命形态碳和无机碳的连接纽带。天然有机质一般属于弱的阴离子聚合物，通常先用 PPL 柱进行天然有机质的富集和除盐，采用超高分辨率的傅立叶变换离子回旋共振质谱进行检测，提取离子的质荷比和信号强度，根据质荷比信息推测有机物的化学式，通过比较元素组成如碳氮、碳氧、碳氢的比例，确定天然有机质的化学类型，对比多个样本中化合物的类型变化[8-9]。

3.4　无机金属元素的质谱鉴定

重金属污染物具有高毒性、致癌性、污染长期性、隐蔽性、不可逆转等特点，能在动物和植物体内积累，通过食物链逐步富集，对环境、生物以及人体健康造成严重危害。目前，水环境重金属的检测主要采用电感耦合等离子体质谱（Inductively Coupled Plasma Mass Spectrometry，ICP-MS），以独特的接口技术将电感耦合等离子体的高温电离特性与四极杆质谱的灵敏快速检测相结合，被测元素通过一定形式进入高频等离子体中，在高温下电离，产生的离子通过传输系统进入四极杆分析器，根据离子的质荷比进行分离，实现元素的鉴定和定量分析。国家环境保护标准 HJ 700—2014 明确提出了采用 ICP-MS 进行水质 65 种元素测定的流程和方法，包含多种金属、矿物元素的检测[10]。ICP-MS 具有检出限低、灵敏度高、线性动态范围宽、通量高等优点，已被广泛应用于环境、食品、司法等领域的重金属检测。

3.5　水环境微生物的质谱鉴定

现有微生物物种的鉴定和分类方法以结构和形态为主，但根据简单的外部形态和内部生理结构上的细微差异性以及高度的表型可塑性，部分微生物难以区分和鉴定，且鉴定过程烦琐、耗时长，对经验要求非常高。研究表明，基因组测序是对微生物分类可靠且有效的手段。对于一般物种的研究，通常选择有代表性的基因片段（条形码）作为分类标准，但条形码基因的多态性对测序分析、引物设计及多样性评估带来干扰，此外有许多开放读码框架无法确定其功能。近年来，基于基质辅助激光解吸-电离飞行时间（Matrix Assisted Laser Desorption Ionization - Time of Flight，MALDI-TOF）质谱的指纹技术已成为微生物鉴定和分类研究的重要工具。将培养的微生物单克隆菌落挑取到 MALDI 靶板，添加基质，采用 MALDI-TOF 检测细菌或真菌核糖体蛋白的指纹图谱，将其与数据库中的参考图谱进行比对后得到种属鉴定结果[11-12]。此外，通过检测扩增后的核酸片段，还可实现病毒的分型鉴定。目前，微生物质谱技术可以进行数千种微生物的种属鉴定，具有简便、快速、准确、自动化和高通量的优势，在临床医学检验、环境检测领域展示出独特作用。

4　结语

作为一种高通量筛查技术，质谱已经成为有效发现特征性污染物的新分析技术，在水环境分析中的应用已引起广泛关注。该技术仍处于发展阶段，面临着巨大挑战，不足之处有待于进一步完善，随着质谱数据库的拓展、仪器性能的提升、数据分析方法的开发、计算机数据处理能力的提高、分析方法和检测指标的规范化，该技术在水质检测中将具有更加广阔的应用空间。

参考文献

［1］Pérez-Fernández V，Mainero Rocca L，et al. Recent advancements and future trends in environmental analysis：Sample preparation，liquid chromatography and mass spectrometry［J］. Anal Chim Acta，2017，983：9-41.

［2］吹扫捕集气相色谱/质谱分析法（GC/MS）测定水中挥发性有机污染物：SL 393—2007［S］.

［3］水质 氧化乐果、甲胺磷、乙酰甲胺磷 辛硫磷的测定 液相色谱-三重四极杆质谱法：HJ 1183—2021［S］.

［4］ Nina Hermes，Kevin S Jewell，et al. Quantification of more than 150 micropollutants including transformation products in aqueous samples by liquid chromatography-tandem mass spectrometry using scheduled multiple reaction monitoring ［J］. J. Chromatogr A，2018，1531：64-73.

［5］ Juliane Hollender，Emma L. Schymanski，et al. Nontarget Screening with High Resolution Mass Spectrometry in the Environment：Ready to Go？［J］. Environ Sci Technol，2017，51（20）：11505-11512.

［6］ Jérôme Cotton，Fanny Leroux，et al. Development and validation of a multiresidue method for the analysis of more than 500 pesticides and drugs in water based on on-line and liquid chromatography coupled to high resolution mass spectrometry ［J］. Water Res，2016，104：20-27.

［7］ Matthias Ruff，Miriam S. Mueller，et al. Quantitative target and systematic non-target analysis of polar organic micro-pollutants along the river Rhine using high-resolution mass-spectrometry——Identification of unknown sources and compounds ［J］. Water Res，2015，87：145-154.

［8］ Weixin Shi，Wan-E Zhuang，et al. Monitoring dissolved organic matter in wastewater and drinking water treatments using spectroscopic analysis and ultra-high resolution mass spectrometry ［J］. Water Res，2021，188：116406.

［9］ Angelica Bianco，Laurent Deguillaume，et al. Molecular Characterization of Cloud Water Samples Collected at the Puy de Dôme（France）by Fourier Transform Ion Cyclotron Resonance Mass Spectrometry ［J］. Environ Sci Technol，2018，52（18）：10275-10285.

［10］ 水质 65 种元素的测定电感耦合等离子体质谱法：HJ 700—2014 ［S］.

［11］ Yoshihiro Suzuki，Kouki Niina，et al. Bacterial flora analysis of coliforms in sewage，river water，and ground water using MALDI-TOF mass spectrometry ［J］. J. Environ Sci Health A Tox Hazard Subst Environ Eng.，2018，53（2）：160-173.

［12］ Pinar-Méndez A，Fernández S，et al. Rapid and improved identification of drinking water bacteria using the Drinking Water Library，a dedicated MALDI-TOF MS database ［J］. Water Res.，2021，203：117543.

浅谈多场所实验室管理及资质获取

李来芳[1]　田　芳[2]　赵建方[1]　袁瑞红[1]

(1. 长江三峡技术经济发展有限公司，湖北宜昌　443133；

2. 中国长江三峡集团有限公司试验中心，湖北宜昌　443133)

摘　要：本文介绍了多场所实验室关键要素的控制，多场所实验室资质的获取方式，对分场所资质取得提出了建议。

关键词：实验室；多场所；管理；资质

1　前言

《实验室认可规则》（CNAS-RL01：2019）对多场所的定义是：具有同一个法人实体，在多个地址开展完整或部分检测、校准和鉴定活动[1]。笔者所在单位是法人授权形式的实验室，于1996年获得国家级计量认证证书，2002年通过实验室认可和计量认证二合一评审的方式再次获得国家级计量认证证书和实验室认可证书，当时只在一个地点开展检测活动，2010年起先后增加了7个分场所，分布于湖北、内蒙古、云南、浙江4个省和巴基斯坦，承担7个特大型水利水电工程的混凝土及混凝土原材料试验检测监督检测。资质既是法规的要求，也是实验室自身管理的需要，取得资质后，实验室管理水平不断提高，对确保工程检测质量发挥了巨大的作用。多场所实验室该如何管理呢？笔者认为，多场所实验室管理要围绕如何确保各场所各项活动的受控开展工作，现通过多年的多场所管理经验，谈谈笔者单位是如何开展相关工作的。

2　多场所实验室关键要素的控制

2.1　合理设计组织和管理结构

组织结构是表明组织各部分排列顺序、空间位置、聚散状态、联系方式以及各要素之间相互关系的一种模式，是整个管理系统的"框架"，是组织的全体成员为实现组织目标，在管理工作中进行分工协作，在职务范围、责任、权利方面所形成的结构体系[2]。当仅有一个地点的实验室，一般实验室设计的有管理层和执行层两个层级。执行层由专业部门、职能部门、后勤保障等部门组成。当有多个场所的实验室，实验室设计有三个层级，即第一层级为管理层，各分场所分别作为单独的部门和职能部门、后勤保障等部门共同组成第二层级，各分场所再根据不同专业和现场工作重点设计多个部门。

2.2　合理配置人员和规范管理

实验室关键人员包括最高管理者、技术负责人、质量负责人、授权签字人、部门负责人、监督人员、设备管理人员、检测人员、样品管理人员、检测报告审核人、资料管理员、内审员等，多场所实验室除设置有最高管理者、技术负责人、质量负责人、设备管理员外，宜在每个分场所分别设置部门管理者、部门内负责技术和质量的人员（应与技术负责人和质量负责人名称不同，笔者单位称为技术主管、质量主管）、授权签字人、监督员、设备主管、检测人员、样品管理员、资料管理员，其中每个分场所技术主管、质量主管、设备主管各为1人，授权签字人、监督员、检测员、样品管理员、

作者简介：李来芳（1968—），女，高级工程师，主要从事检测实验室管理工作。

资料员、检测报告审核人、内审员数量不限，应根据分场所的实际情况确定。为了对人员进行有效管理，实验室应制定程序文件，该程序包括确定能力要求、人员选择、人员培训、人员监督、人员授权、人员能力监控[1] 等内容，关键人员的资格条件和职责，资格条件既要满足工作需要，也要满足《检测和校准实验室能力认可准则》及《检验检测机构资质认定能力评价 检验检测机构通用要求》等文件的规定。检测员均经过考核具备能力后持证上岗，内审员均外出参加专业培训机构的系统培训取得内审员证。

2.3 制定符合本单位实际情况的管理体系文件

《检验检测机构资质认定能力评价 检验检测机构通用要求》（RB/T 214—2017）规定：检验检测机构应建立、实施和保持与其活动范围相适应的管理体系，应将其政策、制度、计划、程序和指导书制定成文件，管理体系文件应传达至有关人员，并被其获取、理解、执行[3]。笔者单位根据多场所的特点，制定了质量手册，35 个程序文件，34 个作业指导书，168 个技术记录，60 个质量记录，既符合准则的要求，也符合本单位的实际情况，成为工作中的指导性文件。文件再好，也需要做好落实工作，要想确保文件执行得好，关键要做好文件的宣贯，日常多组织学习，将文件的培训列入年度培训计划，持续学习，通过考试加深对学习的理解和记忆，确保学习的效果。

2.4 重视质量计划的编制和落实

为全面落实实验室质量方针和质量目标，统筹安排各项工作任务，保证管理体系持续符合性运行，每年年初制订各类质量计划，来指导和控制各场所质量活动。主要有管理体系内审计划、管理评审计划、仪器设备及标准物质期间核查计划、员工培训计划、检测能力维护和质量控制计划、抽样工作计划、仪器设备维护计划、检测活动监督计划、测量仪器仪表量值溯源计划，各分场所编制的质量计划先经各分场所内相应管理人员审核，再经单位最高管理层审核批准后，正式以文件形式发布，各分场所按计划实施，每月召开月工作会议汇报计划实施情况，每年内审时检查并督促计划的执行，相关工作完成情况报告是管理评审的重要材料。

2.5 认真开展内审和管理评审

实验室认可和资质认定都对内审和管理评审提出了要求，根据规定，每年组织至少 1 次管理体系内审检查，质量负责人担任内审组长，各场所内审员按照统一的内审实施计划同时进行交叉审核。审核中，对关键控制过程运行情况、技术校核的结果及最近一次内外审中提出的不符合项等重点关注。审核后，将内审报告下发各场所对照检查，举一反三，全面采取纠正措施，确保管理体系运行的符合性和有效性。经过内审，对各场所不符合工作及时发现，及时纠正整改，使管理体系在各场所有效运行，体系文件持续符合。同时，使实验室的管理水平逐渐提高，保证了工程质量。内审不能流于形式，内审质量高，有助于实验室管理水平的提高。内审质量的关键在于内审员的能力，内审员一定要熟悉实验室的体系文件、相关准则和要求、检测或校准标准等文件，不断提高自身的专业水平和审核能力，才能更好地完成内审工作，切实发挥内审的作用，以提升管理水平。

每年至少组织一次管理评审会，来评价管理体系的适宜性、充分性和有效性，是实验室最权威、最主要的会议。会议由主任主持，质量负责人、技术负责人、各场所主任、质量主管、技术主管等重要岗位人员均参加。一般采取三种方式进行，方式一：主任在后方集中召开会议，分场所人员回到后方参会；方式二：主任在后方集中召开会议，分场所人员视频参会；方式三：主任先去每个分场所分别开会，之后回后方开总结会。通过评价质量方针和质量目标适宜性，对内、外部审核结果进行分析，对相关信息、数据进行分析，提出改进措施，根据措施要求对管理体系中不相适应的部分进行必要的调整，实现质量方针、目标，使管理体系更有效地运行，并为实验室的规范、和谐发展打好基础。

3 多场所实验室资质获取

笔者单位 1996 年取得了资质认定证书，2001 年证书到期后，考虑到未来方便对外交流，增强市场竞争能力，2002 年又取得了实验室认可证书，是通过实验室认可和计量认证二合一评审的方式完成的。二合一评审是把国家级计量认证的评审与实验室认可的评审合并在一起的评审。评审组由计量认证行业评审组和中国合格评定国家认可委员会委派的评审员共同组成。《实验室认可规则》（CNAS-RL01：2019）和《检验检测机构资质认定管理办法》（总局令第 163 号）2021 年修订稿规定了实验室认可和资质认定（包括计量认证）的程序和要求。实验室按照这些程序和要求准备相关材料，分别向中国合格评定国家认可委员会、计量认证行业评审组上报《实验室认可申请书》和《检验检测机构资质认定申请书》，目前均已实现网上填报，经其审查符合要求，即统一由中国合格评定国家认可委员会安排评审事宜。对于多场所的实验室，按申请书的要求分场所提供相关材料，管理体系在分场所至少正式运行 6 个月，并进行过覆盖分场所所有活动的内审和管理评审。现场评审时，评审组长和部分评审员到每个分场所进行检查和考核，评审合格后取得一张实验室认可、一张资质认定证书，资质证书的附表为多个，即每个分场所根据其实际的检测能力分别有一附表。

笔者单位从事大型水利水电工程建设，由于很多水利水电工程都远离城市，交通不便，根据工程建设需要，参与水利水电工程建设的业主单位、施工单位在现场都要设置实验室，现场实验室执行其母体实验室管理体系，符合实验室认可对多场所的定义，但对于单一的计量认证，多场所的资质获取目前似乎没有具体的规定，国内一般有两种方式存在，第一种是实验室自己授权分场所使用母体实验室资质，由于国家级计量认证是由行业主管部门组织评审，不同的行业评审组做法不同，有的行业评审组允许实验室自己采用授权的方式将资质覆盖至分场所，有的行业评审组不允许，有的实验室直接将母体资质用于分场所或现场实验室；第二种是仅适用于计量认证和实验室认可二合一评审的实验室，即完全按照实验室认可的评审程序，对每个场所进行评审，发一个证书和每个场所的附表。总之，目前分场所计量认证资质取得没有统一的规定，做法不同，宽严尺度不同，对于分场所计量认证资质的获取迫切需要统一和明确。哪种方式合理呢？笔者认为第一种比较合理，但对分场所实验室的监督工作尚需规范和加强；第二种看似规范，但存在资质不能为实验室所用，评审时间长的问题，特别是国家一带一路建设实验室也要走出国门，虽然实验室在国内有实验室认可资质，但其在国外设置的现场实验室必须要按多场所进行评审才可使用资质，而国外进行现场评审不像国内这么方便，目前国外现场实验室资质的取得不太适用，虽然母体实验室有资质，但现场实验室仍无法使用这些资质，制约了国外工程项目建设检测工作。现场实验室资质能否通过简化的评审方式取得，采取事中和事后监管的方式，确保其规范，期望相关资质主管部门予以考虑。

4　结语

实验室同时取得计量认证和实验室认可资质，提高了实验室的管理标准，促使实验室管理水平不断提高，对确保工程检测质量发挥了重要的作用。实验室分场所计量认证资质的获取迫切需要统一和明确，分场所实验室认可资质的获取也有必要简化。建议相关资质主管部门能充分考虑国内外实际情况，研究制定一套适用的资质审批程序，规范分场所资质的取得。

参考文献

［1］实验室认可规则：CNAS-RL01：2018［S］.
［2］检验检测机构资质认定能力评价 检验检测机构通用要求：RB/T 214—2017［S］.

水利工程质量检测实验室信息管理系统设计

韦　彪　郑人逢　牛志伟　马鹏飞　陈　林

（河海大学实验与分析测试中心，江苏南京　210098）

摘　要：为加强检测机构质量管理水平、提升检测能力，基于全周期管理方法，详细分析了质量检测过程主要环节，设计了包括资源管理、质检管理和质量管理的水利工程质量检测实验室信息管理系统，对人、机、料、法、测要素进行信息化管理，并应用于河海大学实验中心。实践表明，系统能有效提升检测实验室运行质量和效率。

关键词：检测实验室；信息化管理；实验室信息管理系统

1　前言

检验检测是国家质量基础和科技体系的重要组成部分，是保障经济运行、加强质量安全、服务科技进步和产业发展、维护群众利益和国家利益的基础技术手段[1]。当前，国家认监委、水利部等部委已经对检验检测机构资质申报进行信息化管理，以深化"放管服"改革、提升政务服务能力。同时，不少检测机构也已经或正在开展信息化项目建设，以提升自身检测水平和服务能力[2-5]。

河海大学实验中心具有国家认监委颁发的 CMA 检测资质和水利部颁发的水利工程质量检测甲级资质，对外承担检测业务并出具检测报告，建立有较完善的质量管理体系。目前，实验中心各项检测业务和质量管理主要通过人工模式开展，费时费力且容易出错。因此，实验中心希望通过信息化建设加强管理，提升实验室检测能力和质量管理，更好地为学校和社会提供检测服务。为明确信息化建设项目的基本功能需求，本文根据河海大学实验中心质量检测过程各主要环节，对水利工程质量检测实验室信息管理系统进行了初步设计。

2　信息化管理系统主要模块设计

2.1　总体思路

实验中心信息管理系统主要包括资源管理、质检管理和质量管理等部分，基本涵盖人、机、料、法、环、测各要素。资源管理主要包括人员管理、设备管理、检测方法管理等，对应人、机、法、环要素。质检管理主要包括业务受理、样品管理、任务分派、参数检测、报告编制、报告审核、报告签发、报告打印等，对应料、测要素。质量管理主要包括合同评审、服务客户、纠正改进措施、内部审核、管理评审、质量控制等。其中资源管理是基础，质检管理是核心，彼此各有侧重又相互关联。

系统采用功能模块化设计，由多个模块组成，如系统的质检管理部分主要包括客户管理、合同管理、业务受理、样品管理、任务分派、参数检测、报告编制、报告审核、报告签发、报告打印等模块，如图 1 所示；系统中设置不同角色，如系统管理员、检测室主任、样品管理员、检测人员、报告编制人员、报告审核人员、报告签发人员等，根据每个角色的权限关联相应的功能模块；系统中设置不同部门，如中心管理层、质检办公室、各检测室等，使包括检测参数、检测方法、检测设备、检测人员在内的各种资源能够按照所属部门进行划分，实现按部门管理；系统中建立中心各人员账号，并分别关联相应角色和部门。功能模块也可根据需求进行细分，以细化角色权限，当人员账号需要被赋

作者简介：韦彪（1986—），男，实验师，从事工程检测技术及管理的相关工作。

予某角色部分功能时，可单独添加功能模块。

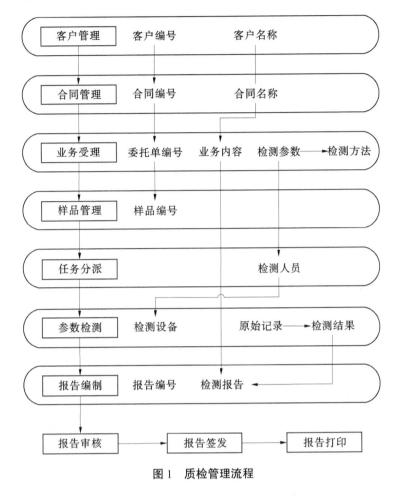

图1 质检管理流程

2.2 资源管理

资源管理的核心是建立"检测参数—检测方法—检测仪器—检测人员"之间数据关联，如图2所示。基本思路是根据检测能力配置表，首先在"资源管理"的"检测参数库""检测方法库""仪器设备管理""人员管理"中分别填充检测参数、检测方法、检测仪器、检测人员等信息；其次在"资源管理"的"检测参数库"中建立"检测参数—检测方法"和"检测参数—检测仪器"的关联，在"资源管理"的"人员管理"中建立"检测参数—检测人员"的关联；同时结合检测参数变更、检测方法查新、仪器设备年检及维修、人员能力变更等活动，对"检测参数库""检测方法库""仪器设备管理""人员管理"中信息进行实时更新。这里需要和质检管理部分做一些关联与设置，如进行检测业务时，某检测参数只能选取关联的检测方法、仪器、人员，且检测参数的可选检测方法只能是关联且现行有效的，检测参数的可选设备只能是关联且正常状态的设备，如关联设备已失效或正在维修，是不可以选取使用的，以防止超范围检测的发生。

2.3 质检管理

质检管理主要用于检测业务的开展和管理，主要流程为：客户管理—合同管理—业务受理—样品管理—任务分派—参数检测—报告编制—报告审核—报告签发—报告打印等。

为加强合同管理，系统支持通过合同（委托单）编号等进行查询，以查看某合同（委托单）信息及是否缴纳检测费用，可以对合同（委托单）进行收费确认，对收费情况进行查询和统计。系统支持通过合同（委托单）编号进行查询，以查看某合同（委托单）关联的检测任务，可以对检测任务进行收费确认。只有收费确认的检测任务在报告打印中才被显示。

为确保检测质量，系统在各个质检流程应遵循"检测参数—检测方法—检测仪器—检测人员"

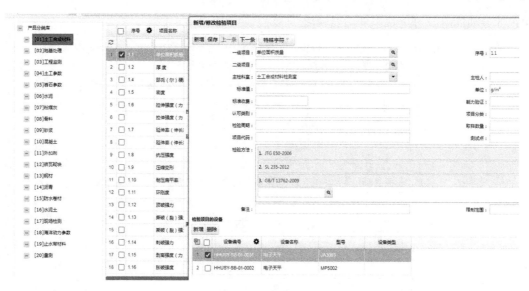

图 2 资源管理

的关联规则，同时支持原始记录作为附件上传，并可在线预览，以便核对报告中的检测参数、方法、仪器、人员及检测结果与原始记录是否一致，如图 3 所示。应支持唯一性标识的生成，包括报告编号、样品编号、设备编号、文件编号等自动生成。根据年份内编号连续的要求设置报告编号规则，且报告编号在签发报告时生成，以尽量保证报告编号的有效性；根据接样日期自动生成样品编号，且各编号中体现部门编号以便于区别和查询。应对检测报告中各种日期进行关联设置，如某检测任务的接样日期、检测开始日期、检测结束日期、编制日期、审核日期、批准日期、发出日期必须符合先后顺序，不得选取不符合顺序规则的日期。

图 3 参数检测

为提高检测效率，系统应支持对检测任务异单复制功能，即对于检测基本信息如单位、样品、检测参数、检测方法、检测设备等相同的任务单，可以通过对除实测值、平均值等检测结果以外的信息进行复制，直接生成新的任务单，在此基础上进行检测活动；在系统中需要输入特殊字符时，比如 g、m/s^2 等常用单位或符号，提供选项可以直接插入；对已录入系统的信息，如客户名称、合同编号、标准方法等，输入关键字可关联相匹配的信息作为选项。

为满足业务需求，对于不同格式的检测报告进行区分：报告封面、首页均通过模板提取相关信息自动生成；对于报告格式相对简单的，报告附页通过模板提取相关信息自动生成，如图 4 所示；对于报告格式相对复杂的，报告附页通过附件形式上传生成；最后加上报告封面、首页、附页合成完整报告。

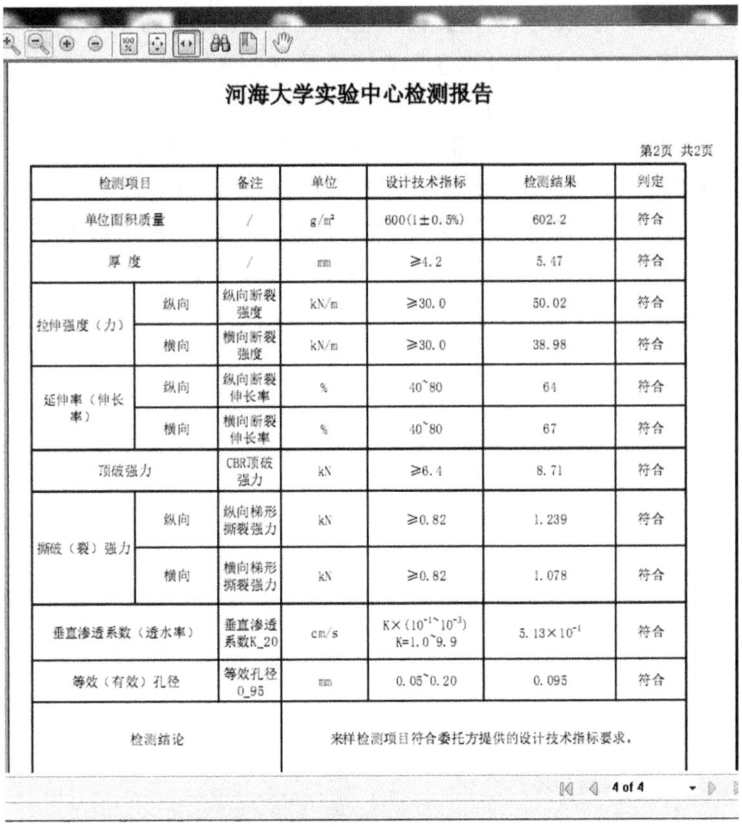

河海大学实验中心检测报告

检测项目		备注	单位	设计技术指标	检测结果	判定
单位面积质量		/	g/m²	600(1±0.5%)	602.2	符合
厚度		/	mm	≥4.2	5.47	符合
拉伸强度（力）	纵向	纵向断裂强度	kN/m	≥30.0	50.02	符合
	横向	横向断裂强度	kN/m	≥30.0	38.98	符合
延伸率（伸长率）	纵向	纵向断裂伸长率	%	40~80	64	符合
	横向	横向断裂伸长率	%	40~80	67	符合
顶破强力		CBR顶破强力	kN	≥6.4	8.71	符合
撕破（裂）强力	纵向	纵向梯形撕裂强力	kN	≥0.82	1.239	符合
	横向	横向梯形撕裂强力	kN	≥0.82	1.078	符合
垂直渗透系数（透水率）		垂直渗透系数K_20	cm/s	K×(10^{-1}~10^{-3}) K=1.0~9.9	5.13×10^{-1}	符合
等效（有效）孔径		等效孔径 O_95	mm	0.05~0.20	0.095	符合
检测结论			来样检测项目符合委托方提供的设计技术指标要求。			

图4 检测报告附页效果（仅功能测试，非有效报告）

为完善检测信息，根据认监委信息统计直报要求，加强在日常检测业务中对相关信息的采集，在检测业务各环节设置必填项，比如客户所属省份、合同（委托单）金额、任务来源、来源分类等，并按照统计直报要求规范信息表述，以便中心对检测活动相关指标数据的汇总整理。

2.4 质量管理

质量管理包括合同评审、服务客户、纠正改进措施、内部审核、管理评审、质量控制等，也涉及人员管理、设备管理、样品管理、检测方法管理等，如计量仪器确认、标准更新验证等。各管理活动的流程一般为"编制—批准"或"编制—审核—批准"，但各管理流程涉及的记录表单格式不一，且在实际使用中格式会被再调整，无法通过一个或几个格式满足所有需求，而系统中表单格式往往固定，且行距或列距不可调整。故这里总体思路是表单采用"表头区+编辑区+签字区"的形式，表头区包括文件名称、文件编号、部门等，编辑区通过编辑器可以实现文字表格等在线编辑，签字区会提取当前操作人的电子签名。另外，附件区可上传相关附件。编制人完成编制并保存后，系统会自动生成文件编号，编制人再提交审核人或批准人，审核人或批准人再做相应操作，直至流程结束。

3 总结与展望

本文主要对检测实验室信息化管理系统进行了功能设计，系统开发、安装、调试由技术人员具体实施，目前系统基本实施到位，试运行效果基本满足要求，仍有待改进和完善。后期在资金等条件满足的情况下，信息化管理项目可以考虑完善或开发的方面有：

（1）与校内其他信息系统数据的对接，包括与资产、人事、科技、财务等部门数据的对接，以保证系统中数据及时更新、准确可靠。

（2）上述系统的设计停留在软件层面，若不能实现检测数据自动采集，系统就不能从根本上杜绝人工记录模式，不能从根本上保证检测结果的真实有效。后期可以考虑更深层次的开发利用，如系统对硬件层面仪器数据的自动采集，包括对环境温度、湿度、压力等数据的采集，供原始记录调用，甚至支持设定采集数据的限度范围，提供监控与报警功能等。但是由于仪器种类众多，通信协议纷繁复杂，仪器接口也成为实施瓶颈，这是深化开发利用系统的一大障碍，很多技术问题有待探讨[6]。

随着《实验室信息管理系统管理规范》（RB_ T_ 028—2020）、《检测实验室信息管理系统建设指南》（RB_ T_ 029—2020）、《数字化实验室 数据控制和信息管理要求》（TCSCA 130002—2020）等行业或地方标准的颁布实施，将解决实验室信息化等技术领域的标准缺失问题，为信息化实验室的建设提供有力支撑。今后实验室信息管理系统（LIMS）基于物联网、大数据等新一代信息技术，能够实现系统与设备间的协调一致，以及对实验室安防、环境、资源等多方面统一控制，将实验室人、机、料、法、环等核心要素相互衔接并有机协作，促进实验室运行管理更加规范高效，使质量检测水平得到有力保障和显著提升。

参考文献

［1］国家认监委，国家质检总局.《检验检测机构资质认定管理办法》释义［M］.北京：中国标准出版社，中国质检出版社，2015：3.

［2］王宏，李建，余熠，等.水利工程试验检测信息管理系统设计［J］.水利信息化，2017（2）：54-56，61.

［3］武晓英.实验室信息管理系统（LIMS）在水质检测管理中的应用［J］.鞍山师范学院学报，2018，20（4）：51-55.

［4］张昊，李璐洋，李桂.关于建筑工程材料检测信息管理系统的探讨［J］.中国管理信息化，2017，20（16）：44-45.

［5］马涛.水利工程质量检测智能网络监控系统研究［J］.人民黄河，2013，35（6）：110-112.

［6］胡丹，郑卫东，丁劲松，等.第三方实验室信息管理系统应用中存在的问题及发展趋势探讨［J］.环境技术，2011，34（3）：20-23.

浅谈浮游植物鉴定方法研究

王怡婷　高宏昭　胡　畔

（南水北调中线干线工程建设管理局天津分局，天津　300380）

摘　要： 浮游植物是水域生态系统中最重要的初级生产者，其种群结构和生物量能及时地反映水域生态环境的变化，而浮游植物功能类群的分类方法是理解浮游植物多样性的重要工具。随着分析仪器的革新以及研究的深入，鉴定分类方法也由传统方法逐渐向化学分类法、光谱分类、DNA 分子鉴定等方向发展。本文重点分析和比较了几种浮游植物鉴定方法的优缺点，为淡水生态系统浮游植物多样性的研究提供参考和思路。

关键词： 浮游植物；传统分类方法；化学分类法；流式细胞术；DNA 宏条形码

1　引言

　　浮游植物是水域生态系统中最重要的初级生产者，位于水体食物链的最底端，是所有浮游动物及其他水体动物的食物[1]。浮游植物具有个体小、细胞结构简单、生长周期短等特点，对环境的变化极为敏感，是水体中能量流动、物质循环和信息传递的关键因子，其种群结构和生物量能及时地反映水域生态环境的变化[2]。因此，研究水生生态系统结构离不开水生生态系统中浮游植物群落结构的研究，而浮游植物多样性的分类方法则是理解浮游植物群落的重要工具[3]。

　　随着分析仪器的革新以及研究的深入，浮游植物鉴定分类方法也由传统方法逐渐向化学分类法、光谱分类、DNA 分子鉴定等方向发展。传统上藻类分类学家主要以藻体形态特征、显微结构等特点作为分类依据。但是传统分类学方法存在较大的弊端，因此探索其他分类方法的研究也逐步展开。20世纪 80 年代以来，HPLC 技术迅速发展，通过 HPLC 结合 RP-HPLC 分析藻类的色素组成和含量的特异性差异，进而可确定目标浮游植物种群的丰度和组成。流式细胞术最早应用于水体微型生物的研究始于 20 世纪 70 年代末期，80 年代以后，它成为微型生物研究的重要工具。最近 10 年，随着分子系统学迅速发展，利用 DNA 数据探讨生物的系统发育已经成为研究者普遍接受和采用的手段。加拿大科学家 Hebert 于 2003 年明确提出了 DNA 条码技术（DNA barcoding）的概念，用于动物学的分类研究[4-5]。随后这一技术迅速推广到生物学其他领域，其中包括藻类的分类鉴定。本文重点分析和比较了几种浮游植物鉴定方法的优、缺点，为淡水生态系统浮游植物多样性的研究提供参考和思路。

2　分类方法

2.1　传统分类方法

　　传统的藻类鉴定是以形态特征为依据的显微镜检测技术，也是目前将浮游植物鉴定到种的既直观又可靠的途径。这种分类方法是通过单一藻种培养、组织切片染色以及显微镜观察技术等方法对采集的藻类样品进行观察，找出它们在外观上的差异（藻细胞大小、鞭毛色素体有无、表面平整情况、有无分支等），从而达到分类的目的。它辅以细胞计数板进行密度计数，在藻类的鉴定和定量方面一

作者简介： 王怡婷（1993—），女，工程师，主要从事水质监测管理工作。

直发挥着重要的作用。对于体积较大的藻类（直径大于 10 μm），并且具有特征形态，便于显微镜观察的藻类，形态学镜检已成为首选方法。

传统分类方法在较大粒径藻类的分类鉴定中一直发挥着重要作用，但也存在一些问题，如需要大量细致的工作，时间要求长；不同的种属有时差别很细微，非长期从事该工作的专业人员很难胜任这项工作；环境对藻类的形态有很大的影响，鉴定出具体的种存在的困难较大等。虽然这种基于光学特征的方法很难精确鉴定到物种，但在纲、目等较高分类水平上则十分精确，结合分析仪器，可以简单快捷地分析鉴定环境藻类样品。

2.2 化学分类法

化学分类学即使用藻类特异性化学成分对藻类进行分类识别，主要使用甾醇、醛、脂肪类、碳水化合物（糖类）、糖蛋白、光合色素和氨基酸等，其中光合色素因其特异性和检测的便利性而最为理想，可以进行具有分类学意义的区分和识别。随着高效液相色谱（HPLC）技术特别是反相高效液相色谱（RP-HPLC）技术的发展，通过高效液相色谱技术，利用不同类群浮游植物色素组成和含量的特异性差异，结合计算色素比值矩阵的 CHEMTAX 方法，可以得到研究浮游植物的类群组成特征。

徐悦馨等采用高效液相色谱技术与化学分类法，结合冗余分析对网湖丰水和枯水期各粒级浮游植物群落结构特征及时空分布进行了研究[6]。李家园建立了基于 HPLC 光合色素分析的超微型浮游植物的化学分类法，研究了三峡水库超微型浮游植物光合色素组成及其时空变化规律，分析了超微型浮游植物群落组成及其与环境因子的互动关系[7]。王磊等运用高效液相色谱（HPLC）技术分析了赤潮藻的光合色素，并将色素组成比进行聚类分析[8]。

基于 HPLC 色素分析的化学分类法以其操作简便、自动化程度高、效率高、可进行大规模和高通量分析的优点而受到广大研究者的青睐。利用 HPLC 能够很好地对色素进行分析，对藻类的种类和粒径没有限制。但是应用光合色素对浮游植物进行分类，最大的缺点是分辨率较低，它能在藻纲一级的分类水平进行较好的分类，尚不能完全实现属和种之间的准确分类。此外，环境和细胞生长状态对结果也有影响。这需要进行较多的校正工作才能确保分类结果的准确性和可靠性。

2.3 流式细胞术

流式细胞仪是基于藻类的光学特征进行环境藻类样品的分析和鉴定，是指对处在快速直线流动状态中的细胞或生物颗粒进行多参数的、快速的定量分析和分选的技术。我国学者徐兆安等通过流式细胞仪，成功分析了太湖藻类的多样性组成，可处理浓度高达 100 万个/L 藻类细胞的水体[9]。郭小路用流式细胞术对三峡库区丰都段回水区浮游植物藻类进行初探，结果表明，赤溪河高跳蹬断面鉴别出优势藻种为绿藻、硅藻和蓝藻，龙河以及赤溪河的溜沙坡断面优势藻类均为绿藻[10]。

流式细胞术相对于其他分析方法分析速度快、精确度高、样品预处理更简单。它可以同时对多种不同大小、不同荧光特性的细胞进行计数，相对于显微计数，不仅准确性高，而且能测得更多的参数，到目前为止，是超微藻计数最好的方法。作为一种新兴的仪器，流式细胞仪虽然具有无可比拟的优势，但是由于体积较大、价格昂贵，且仪器精密，一般的研究调查很难满足随船携带的条件，无法对新鲜样品进行现场测定。因此，通常采用固定的方法选择合适的固定剂等，对样品进行固定后，带回实验室再进行分析。

2.4 DNA 宏条形码技术

最新发展的分子生物学技术——DNA 宏条形码技术为浮游植物物种、种群和群落的分子生态鉴定与生物监测提供了新的机遇，正成为研究热点。从单个环境样品中（土壤、水样、粪便），甚至是古代环境样本中获取 DNA，然后进行分子标记的 PCR 扩增，进行高通量测序的技术称为 DNA 宏条形码技术[11]。

王晨等采用环境 DNA 宏条形码技术探究秦淮河浮游生物、底栖动物及鱼类的生物多样性，并分析了秦淮河上下游间的差异及环境因子对其群落结构的影响[12]。胡愈炘等利用环境DNA宏条形码技术研究了丹江口水库水体生物多样性及其群落特征[13]。张丽娟等采用eDNA宏条形码监测数据评估了滇池和抚仙湖北的真核藻类多样性[14]。

宏条形码技术能实现大批量样品的同时处理，试验操作流程可标准化和自动化，分析结果不因操作人员或不同实验室而异，有利于高效、准确地获得大规模藻类监测数据。但是目前宏条形码技术在环境生物监测中仍面临不少挑战[15]，如：①宏条形码技术会受到来自死亡个体DNA的干扰。环境DNA并没有进行不同物种DNA的分离，包含活细胞或者是有机体的DNA，甚至是细胞死亡后没被降解的那部分DNA。②缺乏完善的本土浮游植物条形码数据库。③淡水浮游植物种类众多，如何准确实现在种水平上的识别，尚需开展特异性条形码测序引物的研究等。

3 结语

浮游植物的分类鉴定、系统进化一直是困扰人们的难题。浮游植物能通过其高频率变化和短细胞周期来适应周围环境的变化。因此，研究浮游植物的丰度、生物量和群落结构等生物多样性指标，不仅有利于理解浮游植物的种间竞争关系，更有助于通过浮游植物对环境变化的响应机制来管理调控湖泊，尤其是对水质的监测和对有害藻华的预防。浮游植物分类方法虽然诞生时间不同，发展速度差异较大，但具有不同的优缺点，需要根据目标浮游植物的特征进行合理的选择：对于体积较大、具有特征形态、便于显微镜观察的藻类，首选形态学镜检方法；对微型和超微型浮游藻类的快速和大量研究，利用HPLC及流式细胞术能更有效地实现目的；DNA条形码技术必须依赖传统的形态分类学，在建立条形码数据库、确定特异性条形码后，更能高效、准确地获得大规模藻类监测数据。不同的浮游植物鉴定方法所获取的信息各有侧重，因此综合运用多种方法，能更精确地进行浮游植物分类鉴定。

参考文献

［1］Cloern J E，Foster S Q，Kleckner A E．Phytoplankton primary production in the world´s estuarine-coastal ecosystems［J］．Biogeosciences，2014，10（9）．

［2］柴毅，彭婷，郭坤，等.2012年夏季长湖浮游植物群落特征及其与环境因子的关系［J］.植物生态学报，2014，38（8）：857-867.

［3］刘足根，张柱，张萌，等．赣江流域浮游植物群落结构与功能类群划分［J］.长江流域资源与环境，2012，21（3）：375-384.

［4］Hebert P，Cywinska A，Ball S L，et al. Biological identifications through DNA barcodes. Proc R Soc Lond Ser B Biol Sci［J］．Proceedings of the Royal Society B：Biological Sciences，2003，270（1512）：313-321.

［5］Hebert P，Ratnasingham S，Waard J D．Barcoding animal life：cytochrome c oxidase subunit 1 divergences among closely related species［J］．Proc Biol，2003，270（1）：96.

［6］徐悦馨，刘卓星，刘科赛，等.网湖浮游植物粒级结构对丰水枯水环境响应研究［J］.湖北师范大学学报（自然科学版），2019，39（2）：53-57.

［7］李家园.基于HPLC光合色素分析技术对三峡水库超微型浮游植物生物多样性的研究［D］.湖北师范学院.

［8］王磊，乔琨.高效液相色谱在鉴定赤潮优势藻中的应用［J］.渔业研究，2020，42（5）：422-428.

［9］徐兆安，高怡，吴东浩，等．应用流式细胞仪监测太湖藻类初探［J］.中国环境监测，2012，28（4）：69-73.

［10］郭小路.三峡库区丰都段回水区营养状态及其浮游植物识别初探［J］.环境科学导刊，2018，37（2）：36-41.

［11］Taberlet P，Coissac E，Pompanon F，et al. Towards next-generation biodiversity assessment using DNA metabarcoding［J］．Molecular Ecology，2012，21（8）：2045-2050.

［12］王晨，陶孟，李爱民，等.基于环境DNA宏条形码技术的秦淮河生物多样性探究［J］.生态学报，2022（2）：

1-14.

[13] 胡愈炘，彭玉，李瑞雯，等．基于环境 DNA 宏条形码的丹江口水库浮游生物多样性及群落特征［J］．湖泊科学，2021（10）：1-10.

[14] 张丽娟，徐杉，赵峥，等．环境 DNA 宏条形码监测湖泊真核浮游植物的精准性［J］．环境科学，2021，42（2）：796-807.

[15] 张宛宛，谢玉为，杨江华，等．DNA 宏条形码（metabarcoding）技术在浮游植物群落监测研究中的应用［J］．生态毒理学报，2017，12（1）：15-24.

基于有效渗径实时测量条件下膨润土防水毯（GCL）渗透系数的测定及现行测试标准比较分析

戚晶磊　张鹏程　王　宵

（上海勘测设计研究院有限公司，上海　200434）

摘　要：对于现有的柔壁渗透仪在测试膨润土防水毯（GCL）时，无法在围压和反压下精确测量试样的厚度（膨润土有效渗径）、滤出液容易污染体变管影响读数准确性等问题，研制了一种可实时测量试样厚度的膨润土防水毯（GCL）柔壁渗透仪。通过安装试样厚度测量装置，实时测量试样在围压、反压作用下因水化、饱和、固结造成的厚度变化，准确测得试样的实际厚度（膨润土有效渗径）；通过加装污水隔离装置，解决了滤出液污染体变管的问题。对现有 GCL 渗透试验方法进行分析，结合验证试验提出了优化实施方案。

关键词：膨润土防水毯（GCL）；柔壁渗透仪；厚度测量装置；膨润土有效渗径；渗透系数；污水隔离装置；测试标准

1　引言

膨润土防水毯（Geosynthetics Clay Liners，GCL）是一种由黏土结合一层或多层土工合成材料制造而成的防渗屏障，广泛应用于水利、交通、环保、市政等工程领域。JG/T 193—2006 建工标准中将 GCL 分为三类，即针刺法钠基膨润土防水毯（GCL-NP）、针刺覆膜法钠基膨润土防水毯（GCL-OF）、胶粘法钠基膨润土防水毯（GCL-AH）。GCL 的膨润土层具有高膨胀和高吸水能力，湿润时透水性较低，垂直渗透系数可小于 5×10^{-9} cm/s，从而发挥较强的防渗功能。同时对比压实黏土（CCL）及土工膜等防渗材料，GCL 具备较好的抗沉降性、耐穿刺及漏点自愈能力。

GCL 的垂直渗透性能是表征其产品特性的核心指标，一般以垂直渗透系数表述，指水力梯度等于 1 时垂直通过 GCL 的水流渗透流速。目前常规的测试方法是通过柔壁垂直渗透仪来实现的，但存在以下问题：

（1）无法测量试验过程中，即围压与渗透压施加状态下试样的有效渗径，影响试验结果精度。

（2）在模拟实际工况的测试中，需使用工况中水体作为测试用的渗透液，但同时也会使滤出液污染体变管，影响读数准确性。

因此，为进一步优化 GCL 垂直渗透性能测试方法、提升试验结果准确性，需要对其试验设备及实施程序进行深入改进。

2　GCL 渗透试验原理及相关标准的比较

GCL 渗透试验原理是利用膨润土水化后其颗粒吸水膨胀，形成较为均匀的胶体系统并充满整个 GCL 试样空间，对试样施加一定的围压及渗透压，围压给予 GCL 一定的密实度并防止材料侧壁渗流。GCL 在一定压差作用下会产生微小渗流，测定在规定水压差下单位时间内通过试样的渗流量及试样厚度，并计算渗透系数。

作者简介：戚晶磊（1983—），男，工程师，主要从事土工合成材料检测及测试技术研究。

通讯作者：张鹏程（1980—），男，高级工程师，主要从事土工合成材料测试技术研究。

国内外现有 GCL 渗透试验均采用柔壁渗透仪，依据的技术标准主要有：①美国材料试验协会标准：*Standard Test Method for Measurement of Index Flux Through Saturated Geosynthetic Clay Liner Specimens Using a Flexible Wall Permeameter*（ASTM D5887M—20）；②建工行业标准：《钠基膨润土防水毯》（JG/T 193—2006）；③水利行业标准：《土工合成材料测试规程》（SL 235—2012）。此外，正在编制的交通部《水运工程土工合成材料试验规程》中也专立章节对 GCL 渗透性能试验进行规定。

不同标准的试验实施步骤基本一致，可以概括为：①安装试样，采用柔性薄膜包裹试样周边；②对试样进行固结饱和；③在一定围压和渗透压下进行渗透量测读；④试验完成后，依照式（1）进行 GCL 渗透系数计算。实施过程中的主要参数区别见表 1。

表 1　现有 GCL 渗透试验测试标准的主要区别

测试标准	ASTM D5887M—20	SL 235—2012	JG/T 193—2006
试样尺寸	直径 100 mm	直径 100 mm	直径 70 mm
水化、饱和时的压力及时长	起始围压 35 kPa，反压 7~14 kPa，以 70 kPa/10 min 的增量，直至围压 550 kPa、反压 515 kPa 时长 48 h	起始围压 105 kPa，反压 70 kPa，以 70 kPa/10 min 的增量，直至围压 550 kPa、反压 515 kPa 时长 48 h	起始围压 7~35 kPa，反压小于起始围压值，然后加至围压 35 kPa，反压 15 kPa 时长 48 h
渗透时的压力	围压 550 kPa，试样下部反压 530 kPa，试样上部反压 515 kPa	围压 550 kPa，试样下部反压 530 kPa，试样上部反压 515 kPa	围压 35 kPa，试样下部反压 30 kPa，试样上部反压 15 kPa

$$k_{20} = \frac{Q\delta}{At\Delta h}R_T \tag{1}$$

式中：k_{20} 为渗透系数，m/s；Q 为流量，cm^3/s；δ 为渗径，cm；A 为渗透过水面积，cm^2；t 为流量 Q 所用时间，s；Δh 为水头差，cm；R_T 为水温修正系数。

由式（1）可见，试样渗径即厚度的测量对于试验结果将产生影响。现行方法是在试验结束后取出试样，剥离土工织物衬垫部分，对膨润土部分进行测量。如 ASTM D5887M—20 中规定，用刀片将拆卸下来的试样沿其直径切割开，见图 1；然后将 GCL 的上、下层织物用刀片分割开，并将织物部分向后剥离，直到能清楚确定膨润土的部分，对裸露的膨润土部分，用卡尺沿着直径在三个不同位置直

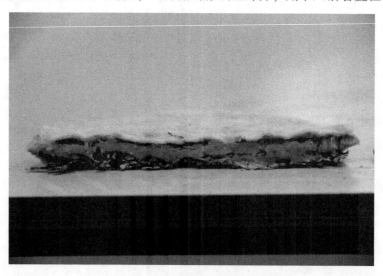

图 1　沿直径切开后的 GCL 试样

接测量膨润土部分的厚度，并计算平均值，见图2。SL 235—2012 的规定与 ASTM D5887M-20 类似。JG/T 193—2006 中对试样厚度的测定，只是简单提及在测试完毕后，仔细地拆开渗透仪，取出试样，测量并记录试样的高度。

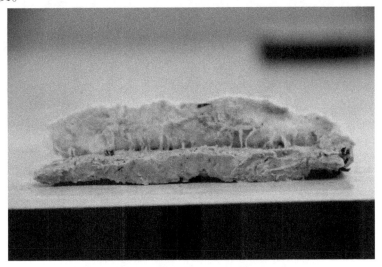

图2　将上、下层织物割开并向后剥离的 GCL 试样

现行方法对于 GCL 渗径的测量是在试验完成后无压条件下进行的，并未考虑试验中压力环境对于试样厚度的作用影响，同时裁割织物的操作过程受人为因素干扰较大，易导致数值计算的偏离。

3　基于有效渗径实时测量条件下的 GCL 柔壁渗透仪的试验程序

3.1　仪器的优势

针对现行 GCL 渗透试验方法中存在的问题，上海勘测设计研究院有限公司研发了 GS-20 型柔壁渗透仪，实现了试验过程中对 GCL 有效渗径实时测量，见图3。

图3　基于有效渗径实时测量条件下的 GCL 柔壁渗透仪

该设备较常规柔壁渗透仪的主要技术创新之处在于：①研发了一种试样厚度实时测量装置，安装于渗透压力室上方。测量导杆与渗透压力室顶盖间接触面加装橡胶密封圈密封，用百分表进行读数。②研发了一种污水隔离装置，可阻隔受污染的渗滤液进入体变管，保证压力的有效传递和测读的准确性。

3.2　试验程序

（1）按透水石—滤纸片—滤纸片—透水石的顺序包上柔性薄膜封装好，施加测试标准规定的围压及反压，对试样厚度测量装置中百分表进行调零。

（2）将 GCL 试样中的膨润土抖净，见图 4。按透水石—滤纸片—试样（土工织物）—滤纸片—透水石的顺序包上柔性薄膜封装好，施加试验规定的围压及反压，用试样厚度测量装置记录试样中土工织物的厚度。

图 4　抖净膨润土颗粒后的 GCL 试样

（3）将 GCL 裁剪好的完整试样，按透水石—滤纸片—试样—滤纸片—透水石的顺序包上柔性薄膜封装好完整的试样，在测试标准规定的围压和反压条件下进行水化、饱和，然后提升试样底部的上游反压，形成有效渗透压，自下而上渗流。测定渗出液体积、渗流时间，记录试样两端的水头差、试样的总厚度值。试样厚度，即 GCL 有效渗径 = 总厚度值 - 土工织物厚度，再根据达西定律计算渗透系数。

4　验证性试验

针刺覆膜法钠基膨润土防水毯是在防水毯的非织造土工布外表面复合一层高密度聚乙烯膜；胶粘法钠基膨润土防水毯是用胶粘剂把膨润土颗粒黏结到高密度聚乙烯板上，考虑到这两种膨润土防水毯中有聚乙烯膜（板）的存在，渗透测试中几乎都不会发生渗流，所以本次验证试验采用针刺法钠基膨润土防水毯，试验方法采用 ASTM D5887M-20，仪器采用自行研制的 GS-20 型柔壁渗透仪。在试样厚度测量部分分别采用 ASTM D5887M-20 的测量方法和本文所述的测量方法，并进行渗透系数的计算。测试结果见表 2、表 3、图 5、图 6。

表 2　GCL 厚度测试对比

试样编号	GCL 厚度/mm				ASTM D5887M-20 与试验厚度测量装置所测结果的比值
	ASTM D5887M-20			试验厚度测量装置	
1	9.46	9.60	8.69	7.28	1.27
	平均值：9.25				
2	7.96	7.43	8.13	6.49	1.21
	平均值：7.84				
3	6.95	6.99	7.31	4.68	1.51
	平均值：7.08				
4	9.15	9.38	7.95	6.70	1.32
	平均值：8.83				

续表2

试样编号	GCL 厚度/mm				ASTM D5887M-20 与试验厚度测量装置所测结果的比值
	ASTM D5887M-20			试验厚度测量装置	
5	7.28	7.03	6.88	5.95	1.19
	平均值：7.06				
6	7.84	7.30	7.15	6.36	1.17
	平均值：7.43				
7	9.42	9.05	9.65	7.48	1.25
	平均值：9.37				
8	8.21	7.16	7.95	6.01	1.29
	平均值：7.77				
9	8.15	8.36	8.81	6.85	1.23
	平均值：8.44				
10	8.49	8.03	7.85	6.05	1.34
	平均值：8.12				
11	7.88	8.38	8.03	6.25	1.30
	平均值：8.10				
12	9.27	9.01	8.46	7.12	1.25
	平均值：8.91				

表3　GCL 渗透系数对比

试样编号	GCL 渗透系数/（m/s）	
	ASTM D5887M-20	试验厚度测量装置
1	4.43×10^{-11}	3.49×10^{-11}
2	5.12×10^{-11}	4.23×10^{-11}
3	6.08×10^{-11}	4.03×10^{-11}
4	4.78×10^{-11}	3.62×10^{-11}
5	5.26×10^{-11}	4.42×10^{-11}
6	4.85×10^{-11}	4.15×10^{-11}
7	4.66×10^{-11}	3.73×10^{-11}
8	5.20×10^{-11}	4.03×10^{-11}
9	4.06×10^{-11}	3.30×10^{-11}
10	4.75×10^{-11}	3.54×10^{-11}
11	4.32×10^{-11}	3.32×10^{-11}
12	4.25×10^{-11}	3.40×10^{-11}

通过对 12 组 GCL 试样测试结果的对比,按 ASTM D5887M-20 方法所测得的试样厚度全部大于采用实时厚度测量装置所测厚度数值,厚度差值范围在 1.07~2.40 mm,平均差值为 1.75 mm,厚度比均值为 1.28,导致渗透系数计算结果偏离较大。其原因在于:

(1)渗透测试过程中,试样在 550 kPa 的围压、530 kPa 的上游反压、515 kPa 的下游反压下渗流,压力促使已经充分水化、饱和、固结的试样产生一定变形。相较于试验结束后泄去压力拆解试样测得的厚度,在试验进行当中采用实时厚度测量装置所测得的试样厚度更具准确性。同时,采用刀片将上、下层织物割开并剥离的过程中很容易碰触到膨润土部分,导致测量误差。

(2)膨润土部分厚度不均匀,点测量的方法很难精确代表膨润土层厚度,采用实时厚度测量装置属于面测量方法,代表性明显好于现有测量方法。

结合以上方法分析及测试结果比对情况,可以认为现有 GCL 渗透试验方法中对于有效渗径(厚度)的测量方法存在不足,从而引发系统性误差,应予以优化。

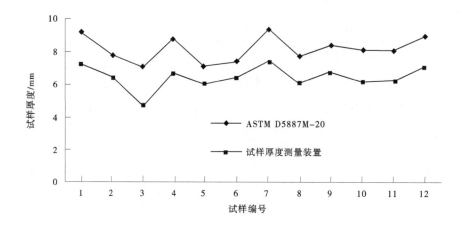

图 5 GCL 厚度测试对比折线图

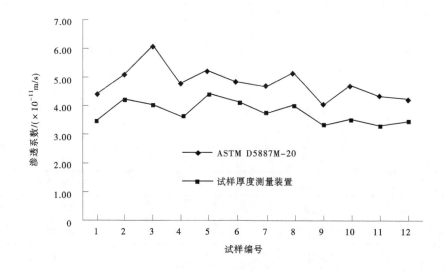

图 6 GCL 渗透系数对比折线图

5 结语

本文介绍了一种基于有效渗径实时测量条件下的膨润土防水毯(GCL)柔壁渗透仪装置,并提出了优化后的 GCL 渗透试验方法,通过对 12 组 GCL 产品进行验证比对试验,得出以下结论:

（1）自主研发的 GS-20 型柔壁渗透仪可实现 GCL 渗透试验过程中试样有效渗径（膨润土厚度）的实时测量；通过加装污水隔离装置，可有效解决滤出液对体变管读数产生的影响。

（2）现有的 GCL 渗透试验方法中，对于试样有效渗径（膨润土厚度）的测量方法存在不足，即卸压后点测量的方法与试验的有压环境不符，且易受人工操作影响，造成渗透系数计算的系统性误差较大。

（3）优化后的 GCL 渗透试验试样有效渗径（膨润土厚度）的测量方法通过一套厚度实时测量装置，分别测量 GCL 试样整体厚度及去除膨润土的土工织物厚度，得到 GCL 试样有效渗径等于试样整体厚度值减去土工织物厚度，以此进行渗透系数计算。该方法可为后续相关标准的制修订工作提供技术参考。

参考文献

[1] Standard Test Method for Measurement of Index Flux Through Saturated Geosynthetic Clay Liner Specimens Using a Flexible Wall Permeameter：ASTM D5887/D5887M-20 ［S］.

[2] 土工合成材料测试规程：SL 235—2012 ［S］.

[3] 钠基膨润土防水毯：JG/T 193—2006 ［S］.

[4] 周大纲. 土工合成材料制造技术及性能 ［M］. 2 版. 北京：中国轻工业出版社，2019：389-390.

近十年长江中游段水体氮磷浓度变化趋势分析

彭　恋[1]　汪周园[2]　赵　旻[2]　钱　宝[2]

（1. 长江中游水文水资源勘测局，湖北武汉　430010；

2. 长江水利委员会水文局，湖北武汉　430010）

摘　要： 为了探讨近十年长江中游段水体氮磷浓度的变化趋势，针对宜昌、监利、螺山、37码头、黄石、九江、城陵矶、仙桃共8个断面2009—2018年水体NH_3-N和TP浓度监测数据，通过Spearman秩相关系数法对长江中游干流水体氮磷浓度的年际变化趋势进行探究。结果表明，研究期间长江中游段NH_3-N浓度均处于较低水平，除监利和九江断面外，其他断面均可达Ⅰ类水标准；长江中游段TP浓度基本处于Ⅲ类水标准，城陵矶至37码头江段的TP含量相对较低，可达Ⅱ类水标准；研究期间，长江中游段水体NH_3-N和TP浓度总体呈现明显下降趋势。

关键词： 氮磷浓度；Spearman秩相关系数法；年际变化；年内变化；长江中游

长江是我国第一大河流，跨越东、中、西三大经济带，在国民经济发展中具有重要的战略地位[1]。长江流域总面积为180万km^2，其中中游段流经湖北、湖南、江西和安徽四省，占长江流域总面积的37.6%，约为68万km^2[2]。长江中游段沿江分布着多个大中型城市，且河网紧密，水源丰富，从而构成了繁荣产业带[3]。2018—2019年长江中游地区生产总值达10万亿元，占长江经济带地区生产总值的24.1%，占国内生产总值的10.8%左右。近年来，由于社会经济快速发展，长江流域中游段水体环境受到威胁，携带大量氮、磷等营养物质的城市污水汇集流入长江，可能引起长江流域部分水体富营养化加剧，环境质量下降等问题[4]。

水体富营养化已然成为世界性的水环境问题[5-7]。水体中氮、磷等营养盐浓度的升高是诱发富营养化的主要因素[8]。磷作为水华形成和水生态系统生产力的主要限制因子，而氮则对水体中藻类的繁殖起到促进作用[9-10]。水体富营养化将导致浮游生物和藻类大量繁殖，水体溶解氧快速下降，水质急剧恶化[11]。本研究通过对长江中游段NH_3-N和TP浓度的总体水平和年际变化趋势进行研究，探索目前为止长江中游段水体中氮、磷的负荷情况，为长江中游段水质管理提供重要依据，为预防和治理水体富营养化提供参考。

1　数据来源与方法

1.1　研究区域

本文研究区域为长江中游干流宜昌至九江段，全长955 km，流域面积68万km^2[12]。研究采用2009—2018年近10年长江中游段宜昌、监利、螺山、37码头、黄石、九江、城陵矶和仙桃共8个断面水体NH_3-N和TP浓度监测数据。其中，宜昌位于长江上游与长江中游交界处，反映上游水体进入中游

基金项目： 国家重点研发计划项目（2016YFA0600901）；美丽中国生态文明建设科技工程专项资助（XDA23040103）；湖南省水利科技项目资助（XSKJ2019081-30）。

作者简介： 彭恋（1987—），女，工程师，主要从事水环境监测与修复方面研究。

段时的水质状态；监利位于洞庭湖汇入长江的汇入口上游，可作为汇入口的对照断面；螺山位于洞庭出水汇入口与汉江汇入口之间；37码头和黄石则是长江中游重要的城市控制断面；九江位于长江中游段与下游段交界处，是长江中游的总控制断面；城陵矶为洞庭湖出水汇入长江的重要控制断面；仙桃位于汉江，反映汉江汇入长江之前的水体状况。因此，以上8个监测断面的水体氮、磷变化趋势基本可以代表长江中游段水质总体状态。监测断面位置如图1所示。

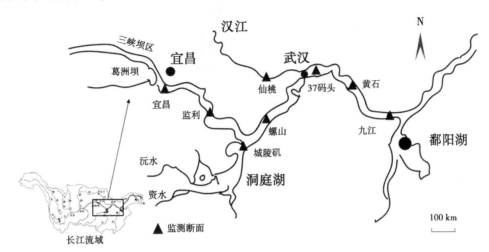

图1 监测断面位置

1.2 研究方法

秩相关系数是阐述两要素之间等级相关程度的一种统计分析指标，是将两要素的样本值按数据的大小顺序排列位次，以各要素样本值的位次代替实际数据而求得的一种统计量。

本研究通过计算2009—2018年长江中游干流各断面水体NH_3-N和TP浓度监测数据的平均值和年际变幅，从而分析长江中游干流水体氮磷的整体水平。采用Spearman秩相关系数法[13]对各断面水体NH_3-N和TP浓度的年际变化趋势进行显著性检验。

Spearman秩相关系数的计算公式如下：

$$r_s = 1 - \left[6 \sum d_i^2 \right] / [N^3 - N]$$

$$d_i = X_i - Y_i$$

式中：X_i为周期1到N按照浓度值从小到大顺序排列的序号；Y_i为按照时间排列的序号。

将秩相关系数r_s的绝对值同Spearman秩相关系数统计表中的临界值W_p进行比较，当$r_s > W_p$时，表明变化趋势有显著意义；当$r_s < W_p$时，表明变化趋势无显著意义；当r_s为正时，说明监测数据呈现上升趋势；当r_s为负时，说明监测数据呈现下降趋势。

1.3 数据来源

本研究所有监测数据均来源于长江水利委员会水文局下属的长江三峡水环境监测中心、长江中游水环境监测中心、长江下游水环境监测中心，以上各监测中心均取得国家计量认证合格证书。相关监测数据收录于水利系统水质监测质量管理信息系统。

2 结果与分析

2.1 长江中游段氮、磷浓度总体水平

分析长江中游段各监测断面总氮组成结构（见图2）可知，水体中总氮含量为1.1~2.35 mg/L，其中硝态氮所占比例为70%~90%，氨氮所占比例较小，为5%~15%。虽然水体中氨氮占比不高，但氨氮是地表水环境质量标准中重要的评价指标之一[14]，也是农田退水及畜禽养殖废水等农业面源污染中的

代表性污染物质[15]；其次，氨氮是"河长制"河道水质综合监测与评价的主要考核指标之一[16]。因此，本文对长江中游段氮浓度水平的研究主要针对水体氨氮浓度进行探讨。

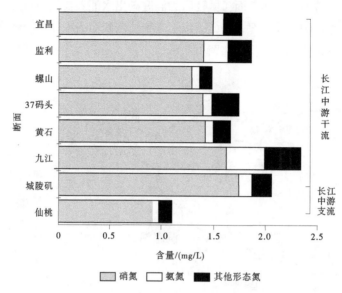

图 2　研究区水体氮含量组成及分布

2.1.1　氨氮浓度总体水平

2009—2018 年长江中游区域 8 个主要监测断面水体 NH_3-N 浓度的年际均值和年际变幅结果如图 3 所示。九江断面和监利断面水体 NH_3-N 浓度的年际均值和年际变幅均比其他断面高，达到《地表水环境质量标准》（GB 3838—2002）中 II 类水质标准，其他 6 个断面都为 I 类水质标准。其中，九江断面 NH_3-N 浓度年际均值最高，达到 0.363 mg/L，分别是宜昌、监利、螺山、37 码头、黄石、城陵矶和仙桃 7 个断面的 1.5~6.6 倍。九江断面 NH_3-N 浓度年际变幅也最高，达到 0.496 mg/L,；监利断面次之，为 0.222 mg/L，说明九江和监利断面近 10 年水体 NH_3-N 浓度波动较大。导致以上结果的主要原因是区域内人口增加，农业面源污染增加营养盐的输入强度，使得河段 NH_3-N 浓度变化较大。

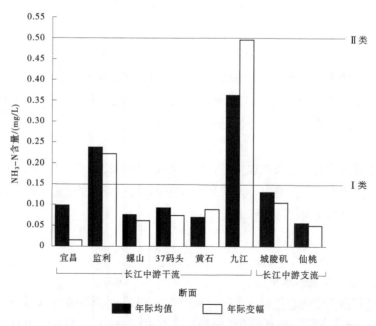

图 3　长江中游段 NH_3-N 浓度年际均值及年际变幅

宜昌、螺山、37 码头、黄石、城陵矶和仙桃 6 个断面的水体 NH$_3$-N 浓度的年际均值和年际变幅均维持在 0.1 mg/L 左右，说明近 10 年，宜昌等 6 个断面水体 NH$_3$-N 浓度较低，并且处于相对稳定状态。2009—2018 年长江中游段干流与洞庭湖、汉江两支流水体的 NH$_3$-N 浓度空间差异较大，长江上游来水以及中游段与下游段交汇处 NH$_3$-N 浓度高于长江中游主河段和各支流。

2.1.2 总磷浓度总体水平

2009—2018 年长江中游段 8 个主要监测断面水体 TP 浓度的年际均值和年际变幅结果如图 4 所示。干流断面除 37 码头外，其他断面均超出《地表水环境质量标准》（GB 3838—2002）中 II 类水质标准，达到 III 类水质标准。其中监利断面 TP 浓度年际均值最高，达到 0.155 mg/L，37 码头断面最低，为 0.032 mg/L；37 码头断面 TP 浓度年际变幅最高，达到 0.098 mg/L，说明 37 码头断面近 10 年水体 TP 浓度虽不高，但是浓度波动较大。支流断面城陵矶和仙桃的 TP 浓度年际均值相对较低，达到 II 类水质标准，且年际变幅仅为 0.03 mg/L 左右，水体 TP 浓度相对稳定，说明近 10 年经济发展及人类活动未增加长江中游水体 TP 输入的负荷。

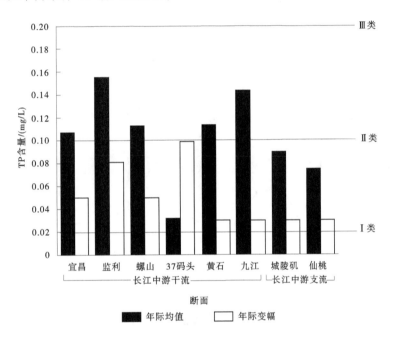

图 4　长江中游段 TP 浓度年际均值及年际变幅

2009—2018 年长江中游段水体 TP 浓度的年际均值整体区别不大，水体 TP 浓度的年际均值和年际变幅均呈现为干流高于洞庭湖及汉江两支流，其原因可能是长江干流各地区近 10 年经济发展迅速，对长江干流水体干扰变化较为明显。

2.2　长江中游段氮、磷浓度年际变化

2.2.1　氨氮浓度总体水平

2009—2018 年长江中游干流、洞庭湖和汉江共 8 个监测断面水体 NH$_3$-N 浓度的年际变化如图 5 所示。采用 Spearman 秩相关系数法长江中游干流 6 个断面 NH$_3$-N 浓度的年际变化趋势显著性进行检验，结果如表 1 所示。

九江断面水体 NH$_3$-N 浓度从 2012 年达到最高值 0.625 mg/L 之后，出现明显的逐年下降趋势，Spearman 秩相关系数法检验结果显示，在 $\alpha = 0.05$ 和 $\alpha = 0.01$ 时，九江断面均具有显著意义，呈现下降趋势。黄石断面在 2009—2018 年间水体 NH$_3$-N 浓度起伏较大，显著性检验结果显示，在 $\alpha = 0.05$ 时，黄石断面具有显著意义，水体 NH$_3$-N 浓度总体呈现下降趋势。其余 4 个断面水体 NH$_3$-N 浓度变化在 2009—2018 年间显著性检验结果为不显著，水体 NH$_3$-N 浓度维持在相对稳定的水平。总体来

说，2012 年前后是长江中游干流水体 NH_3-N 浓度变化的重要转折期，2013 年之后水体 NH_3-N 浓度整体呈现下降趋势，水体质量向好发展。

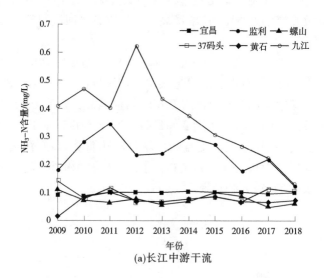

(a)长江中游干流

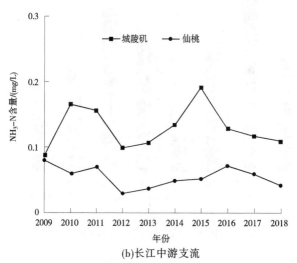

(b)长江中游支流

图 5　长江中游段 NH_3-N 浓度年际变化曲线

表 1　各断面水体 NH_3-N 浓度年际变化趋势显著性检验

断面	指标	N	W_p（单侧检验）			趋势	显著性
			r_s 值	0.05	0.01		
宜昌	NH_3-N	10	0.176	0.564	0.746	上升	无显著意义
监利	NH_3-N	10	−0.382	0.564	0.746	下降	无显著意义
螺山	NH_3-N	10	−0.418	0.564	0.746	下降	无显著意义
37 码头	NH_3-N	10	0.103	0.564	0.746	上升	无显著意义
黄石	NH_3-N	10	−0.588	0.564	0.746	下降	有显著意义（0.05）
九江	NH_3-N	10	−0.842	0.564	0.746	下降	有显著意义（0.01）

2.2.2 总磷浓度总体水平

2009—2018 年长江中游干流、洞庭湖和汉江共 8 个监测断面水体 TP 浓度的年际变化如图 6 所示。采用 Spearman 秩相关系数法对长江中游干流 6 个断面 TP 浓度的年际变化趋势显著性进行检验，结果如表 2 所示。

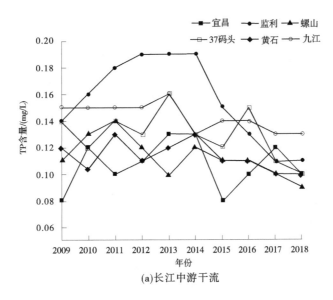

(a) 长江中游干流

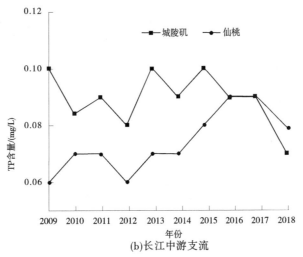

(b) 长江中游支流

图 6　长江中游段 TP 浓度年际变化曲线

表 2　各断面水体 TP 浓度年际变化趋势显著性检验

断面	指标	N	W_p（单侧检验）			趋势	显著性
			r_s 值	0.05	0.01		
宜昌	TP	10	0.285	0.564	0.746	上升	无显著意义
监利	TP	10	−0.503	0.564	0.746	下降	无显著意义
螺山	TP	10	−0.576	0.564	0.746	下降	有显著意义（0.05）
37 码头	TP	10	−0.345	0.564	0.746	下降	无显著意义
黄石	TP	10	−0.412	0.564	0.746	下降	无显著意义
九江	TP	10	−0.709	0.564	0.746	下降	有显著意义（0.01）

通过图 6 的年际变化曲线可知，螺山和九江断面水体 TP 浓度在 2013 年之前呈现逐渐上升趋势，2013 年之后呈现逐年下降趋势，显著性检验结果具有显著意义。其余 4 个断面水体 TP 浓度在 2009—2018 年间显著性检验结果为不显著，水体 TP 浓度维持在相对稳定的水平。总体来说，长江中游干流水体 TP 浓度自 2013 年后呈现下降趋势，水体状态较为稳定。

3 结论

本研究通过对 2009—2018 年长江中游段宜昌、监利、城陵矶、螺山、仙桃、37 码头、黄石和九江共 8 个断面水体 NH_3-N 和 TP 浓度监测数据进行分析，采用 Spearman 秩相关系数法对长江中游干流 6 个断面氮、磷浓度的年际变化进行了初步研究。结果发现，研究期间，长江中游段水体的 NH_3-N 浓度空间差异较大，长江上游来水以及中游段与下游段交汇处 NH_3-N 浓度高于长江中游主河段、洞庭湖和汉江，达到 II 类水质标准，而长江中游主河段、洞庭湖和汉江可达 I 类水质标准。长江中游段水体的 TP 浓度空间差异较小，长江中游干流水体 TP 浓度的年际均值和年际变幅略高于洞庭湖和汉江。2012—2013 年是长江中游段水质变化的重要转折点，其中长江中游段九江和黄石断面水体 NH_3-N 自 2013 年开始呈现下降趋势，且具有显著意义；螺山和九江断面水体 TP 浓度在 2013 年之前呈现逐渐上升趋势，2013 年之后呈现逐年下降趋势，显著性检验结果均有显著意义。本研究结果为探索长江中游段水体氮、磷的时空变化特征和预防水体富营养化提供参考和科学依据。

参考文献

[1] 张晓光，陈明利，刘佩茹，等.黄河三角洲典型地区土壤有机质空间变异 [J].长江科学院院报，2017，34 (5)：27-30.

[2] 杨晶晶.长江经济带经济与生态关系演变的历史分析（1979—2015 年）——以水环境为中心 [D].武汉：中南财经政法大学，2018.

[3] TANG D L, DI B P, WEI G F, et al. Spatial, seasonal and species variations of harmful algal blooms in the South Yellow Sea and East China Sea [J].Hydrobiologia, 2006, 568：245-253.

[4] LIU X, BEUSEN A H W, VAN BEEK L P H, et al. Exploring spatiotemporal changes of the Yangtze River（Changjiang）nitrogen and phosphorus sources, retention and export to the East China Sea and Yellow Sea [J].Water Research, 2018, 142：246-255.

[5] 辛小康，徐建锋.南水北调中线水源区总氮污染系统治理对策研究 [J].人民长江，2018，49 (15)：7-12.

[6] Ndlela L L, Oberholster P J, van Wyk J H, et al. An overview of cyanobacterial bloom occurrences and research in Africa over the last decade [J]. Harmful Algae, 2016, 60：11-26.

[7] Søndergaard M, Lauridsen T L, Johansson L S, et al. Nitrogen or phosphorus limitation in lakes and its impact on phytoplankton biomass and submerged macrophyte cover [J].Hydrobiologia, 2017, 795 (1)：35-48.

[8] 笪文怡，朱广伟，吴志旭，等.2002—2017 年千岛湖浮游植物群落结构变化及其影响因素 [J].湖泊科学，2019，31 (5)：1320-1333.

[9] 孟凡非，杨成，彭艳，等.阿哈水库枯水期入库河流可溶性氮、磷含量分布特征 [J].地球与环境，2020，48 (5)：612-621.

[10] Paerl H W, Li Y P. Controlling harmful cyanobacterial blooms in a hyper-eutrophic lake (Lake Taihu, China)：the need for a dual nutrient (N & P) management strategy [J]. Water Research, 2011, 45 (5)：1973-1983.

[11] 游凯，封磊，范立维，等.磁铁锆改性牡蛎壳对水体磷的控释行为研究 [J].环境科学学报，2020，40 (7)：2486-2495.

[12] 娄保锋，卓海华，周正，等.近 18 年长江干流水质和污染物通量变化趋势分析 [J].环境科学研究，2020，33 (5)：1150-1162.

[13] 陈杰.基于季节性肯达尔检验法的牡丹江流域（黑龙江省段）水质变化趋势研究 [D].哈尔滨：哈尔滨师范大学，2016.

［14］杨芳，杨盼，卢璐，等 . 基于主成分分析法的洞庭湖水质评价［J］. 人民长江，2019，50（2）：42-45.

［15］彭甲超，肖建忠，李纲，等 . 长江经济带农业废水面源污染与农业经济增长的脱钩关系［J］. 中国环境科学，2020，40（6）：2770-2784.

［16］余乙民 . 重庆市黑臭水体整治效果分析及评估体系优化研究［D］. 重庆：重庆交通大学，2019.

三峡水库不同形态磷浓度变化趋势分析

王文静[1]　赵　旻[2]　韩　韵[1]

(1. 汉江水文水资源勘测局，湖北襄阳　441022；
2. 长江水利委员会水文局，湖北武汉　430010)

摘　要： 磷是我国水环境质量评价和污染控制考核的重要指标。金沙江梯级电站的建成运行，带来的下泄沙量减少、出库泥沙细化等效应将导致不同形态磷浓度的变化，从而给长江上游流域水环境带来影响。本文基于三峡库区不同形态磷浓度长序列资料，系统分析 2003—2018 年三峡库区总磷、溶解磷、颗粒磷等不同形态磷的时空变化特征。结果表明，溪洛渡、向家坝蓄水运用后，三峡水库颗粒磷和易沉降颗粒磷浓度均快速下降，导致总磷呈快速下降趋势，而溶解磷占总磷比例则快速上升。总磷浓度丰水期（5—10 月）高于枯水期（11 月至翌年 4 月），溶解磷则相反，表现为枯水期高于丰水期。三峡水库不同形态的磷浓度中，溶解磷最大，颗粒磷次之，易沉降颗粒磷最低。

关键词： 溶解磷；颗粒磷；三峡水库

磷是生物有机体生长和能量传输所必需的营养元素，也是自然水域中重要的营养或污染物质[1-3]。天然水体中磷素的存在形态多样，各种形态之间会随着地球化学过程的变迁而循环转化[4-5]。

一般而言，根据磷在天然水体中的物理性质和化学形态的不同，以溶解度为标准，天然水体的磷可分为可溶态磷（Total Dissolved Phosphorus，TDP）和颗粒态磷（Total Particulate Phosphorus，TPP）。TDP 指能够通过 0.2 μm 或 0.45 μm 微孔滤膜的溶解于滤液中的磷，TPP 为水体中不能通过 0.2 μm 或 0.45 μm 微孔滤膜的磷形态[6]。河流水体磷输移过程中，TDP 主要沿水流方向扩散迁移，TPP 主要伴随悬浮泥沙颗粒进行输移，即部分 TPP 沿水流方向沉降至水底，部分 TPP 输移更远的距离至下游河道[7-8]。三峡水库泥沙滞留效应直接影响着水体磷的输移路径、转化行为及输送通量。尤其自 2013 年开始，金沙江中下游梯级电站相继运行并产生较强的拦沙作用，三峡入库泥沙大幅减少[9-10]。梯级电站的拦沙效应对长江上游干流不同形态磷浓度的影响目前研究较少。

本文系统检测了 2003—2018 年三峡水库蓄水后长江上游干流水体不同形态磷，比较分析了 TP（浑）、TP、TDP、TPP、TP（易沉降）等不同形态磷浓度的变化趋势，以期为全面了解长江上游干流水域磷污染状况提供基础数据支撑。

1　实验与方法

1.1　研究区域

综合考虑水文特征，并结合城镇分布、河道特征等因素，在三峡库区选取朱沱、寸滩、清溪场、万县 4 个典型断面进行调查监测。在监测过程中，参照《水环境监测规范》（SL 219），在每断面设置 2~3 条垂线，每条垂线设置 2~3 个采样点，采用船载深水采样器分层采集水样。采用断面布设见图 1。

1.2　监测时段及样品检测

《地表水环境质量标准》（GB 3838—2002）发布实施后，在开展总磷等参数监测、评价时，水样采集后需静置沉降 30 min，取上层非沉降部分测定[11]。为更好地说明总磷变化及可沉降固体对其分布的影响，分别对原样、澄清 30 min 水样和过滤样（原样经 0.45 μm 滤膜过滤）进行测定，将测得

基金项目： 联合基金项目（U20A20317）。

作者简介： 王文静（1988—），女，工程师，硕士，主要从事水环境监测工作。

的总磷值分别计为 TP（浑）、TP 和 TDP。

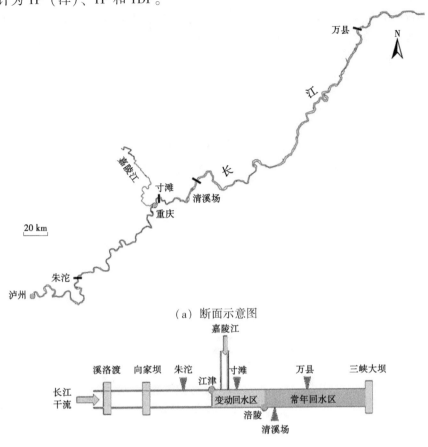

（a）断面示意图

（b）三峡库区上游电站和水质站分布概化图

图 1　三峡库区上游电站和水质站分布概化图及断面布设示意图

　　朱沱断面研究时段为 2002—2018 年，寸滩、清溪场、万县 3 个断面研究时段为 1998—2018 年，监测频次为每月 1 次，每月同步测定水体 TP（浑）、TP 和 TDP，其中 TDP 从 2003 年 6 月开始监测。

1.3　数据来源及处理

　　所有检测数据均来自于三峡工程生态与环境监测系统水文水质同步监测重点站监测成果，检测方法和监测时间等具有较好的系统性、一致性。

　　数据经过检查、突出异常值等处理后，采用 Microsoft Office Excel 2010 和 Origin 8.5 软件进行处理、统计和分析。结合长江上游水文变化特征和水利工程调度，部分分析按消落期（1—5 月）、汛期（6—9 月）、蓄水期（10—12 月）进行。

2　结果与分析

2.1　长江上游 TP 浓度年际变化特征

　　20 世纪 90 年代末期，长江上游 TP（浑）浓度呈快速下降趋势［见图 2（a）］，到 2002 年 TP（浑）浓度下降到 1998 年至今最低值，为 0.07～0.09 mg/L，与 1998 年相比下降了 70% 以上，这段时期称为"TP（浑）快速下降期"。2002 年以后，TP（浑）快速回升，并出现了起伏波动，为"窄幅波动上升期"，2003—2013 年这段时期出现 2 次峰值，与 2002 年相比，从上游监测断面依次往下，TP（浑）最大值分别升高 4.5 倍、3.8 倍、2.6 倍、1.8 倍。2014 年以后 TP（浑）维持在 0.2 mg/L（Ⅲ类水质标准限值）以下，为"快速下降期"。

　　TP 2003—2018 年变化趋势与 TP（浑）基本一致［见图 2（b）］，但浓度值明显小于 TP（浑），从上游断面依次往下，TP 最大值相比 TP（浑）分别下降 41.8%、36.8%、23.5%、40.4%；TP 最小值与 TP（浑）最小值则相差不大，TP 最小值相比 TP（浑）分别下降 23.4%、18.5%、

14. 2%、9. 0%。

TDP 年际变化趋势与 TP 不同,1998—2008 年呈现窄幅波动[见图 2(c)],2009 年以后则快速上升,2014 开始呈快速下降趋势。2003—2018 年期间,TDP 最大值为 TP(浑)32. 8%~50. 1%,为 TP 的 55. 5%~72. 8%。

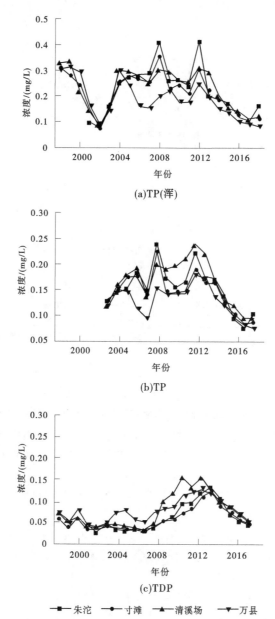

图 2　1998—2018 年长江上游 TP(浑)、TP、TDP 浓度年际变化趋势

2.2　长江上游 TP 浓度年内变化特征

金沙江是三峡水库入库泥沙最主要的来源,其下游向家坝从 2012 年 10 月初期蓄水,溪洛渡从 2013 年 5 月初期蓄水,水电枢纽蓄水后,长江上游水沙变化较大[12]。为进一步厘清长江上游干流不同形态磷的浓度时空变化特征,以 2013 年为分界,分别对 2003—2013 年、2014—2018 年的 TP 和 TDP 进行了逐月分析(见图 3)。

从逐月变化来看,朱沱、寸滩、清溪场和万州 4 个断面的 TP 变化趋势相似,在丰水期(5—10 月),TP 浓度月均值明显升高,6—9 月达到峰值;枯水期(11 月至翌年 4 月)TP 减小,且 2013 年前后无明显变化。与 TP 变化趋势不同,TDP 则是枯水期高于丰水期,8—10 月浓度最低,丰水期

TDP 浓度低可能是因为大流量的稀释作用[9]。

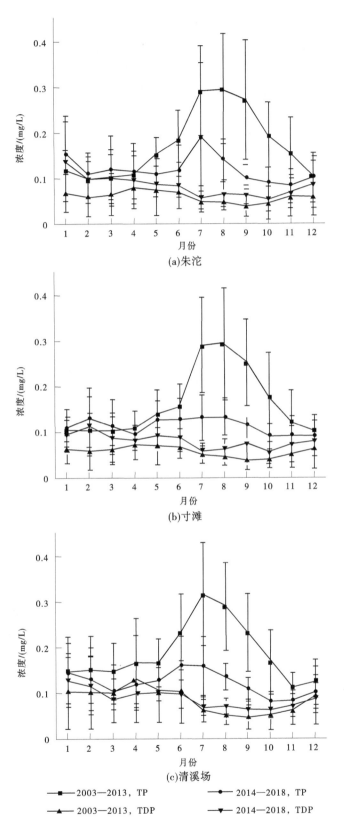

(a)朱沱

(b)寸滩

(c)清溪场

- 2003—2013，TP
- 2014—2018，TP
- 2003—2013，TDP
- 2014—2018，TDP

图3　长江上游干流 TP 和 TDP 浓度逐月变化

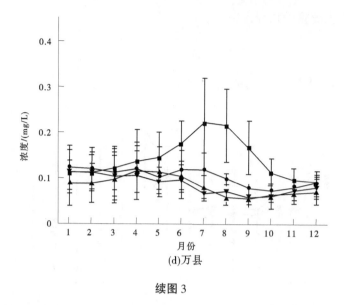

(d)万县

续图 3

2.3 长江上游 TP 浓度时空变化特征

2003—2018 年不同时期长江上游干流磷平均浓度统计见表 1。在消落期（1—5 月）和汛期（6—9 月），河流沿程变化上的 TP（浑）均表现为先降后升再降，即 TP（浑）浓度为朱沱、清溪场>寸滩>万县；而蓄水期（10—12 月）TP（浑）则为朱沱>寸滩>清溪场>万县。TP 在消落期和汛期表现为清溪场>朱沱>寸滩>万县；蓄水期在 2013 年以前表现为朱沱>寸滩、清溪场>万县，2013 年以后 4 个断面浓度开始出现趋同性，朱沱、寸滩、清溪场 3 个断面 TP 略大于万县。TDP 则完全不同，在不同水期均表现为清溪场、万县>朱沱、寸滩，2013 年以前浓度差异较大，而 2013 年以后的各断面浓度值都变得更加接近。

表 1 2003—2018 年不同时期长江上游干流磷平均浓度统计表 单位：mg/L

年份	时段（月）	TP（浑）				TP				TDP			
		朱沱	寸滩	清溪场	万县	朱沱	寸滩	清溪场	万县	朱沱	寸滩	清溪场	万县
2003—2013	1—5	0.150	0.141	0.175	0.133	0.116	0.111	0.155	0.126	0.069	0.065	0.109	0.101
	6—9	0.467	0.428	0.458	0.350	0.261	0.248	0.268	0.195	0.051	0.049	0.066	0.075
	10—12	0.237	0.209	0.189	0.122	0.151	0.132	0.133	0.099	0.055	0.051	0.069	0.068
2014—2018	1—5	0.135	0.126	0.137	0.122	0.121	0.114	0.125	0.115	0.104	0.094	0.107	0.106
	6—9	0.204	0.165	0.194	0.123	0.137	0.126	0.141	0.104	0.067	0.071	0.075	0.074
	10—12	0.106	0.102	0.098	0.087	0.090	0.090	0.090	0.081	0.069	0.069	0.074	0.071

2.4 长江上游 TP 浓度变化成因分析

从 TP 浓度年际变化特征来看，2013 年以后长江上游干 TP 浓度快速下降，一方面主要是受金沙江中下游梯级电站相继运行并产生较强的拦沙作用影响，TPP 显著减小，进而导致 TP 浓度减小；另一方面，随着生态文明建设发展以及习近平总书记在 2016 年 1 月提出"共抓大保护，不搞大开发"，长江磷污染治理工作也取得了积极成效，促进了 TP 浓度的快速下降。

从 TP 浓度年内特征变化来看，TP 浓度表现为丰水期大于枯水期，主要是受丰水期水量大，水土流失作用较强，水沙含量大的影响；而 TDP 浓度表现为丰水期小于枯水期，这可能是因为大流量的稀释作用[9]。

从 TP 浓度时空变化特征来着，TP 在消落期和汛期表现为清溪场>朱沱>寸滩>万县，蓄水期则差异不明显。可能是因为清溪场是重庆主城区的下游控制断面，在消落期和汛期，坝前水位相对较高，水体流速小，受水体流失和城市排污的双重影响，清溪场断面 TP 浓度较高；而蓄水期坝前水位相对较低，流速较大，有利于污染物降解和水体交换，TP 浓度差异不大。TDP 在不同水期均表现为清溪场、万县>朱沱、寸滩，这可能是近坝断面 TDP 占比更高导致的。

3 不同形态磷变化趋势分析

3.1 溶解磷与总磷比例关系

从三峡库区 4 个断面 TDP 占比均值来看（图 4 折线），2003—2008 年 TDP/TP 比例缓慢降低，2008 年以后 TDP 占比快速升高，2012 年稍有回落，2013 开始回升并维持占比在 70% 以上，2018 年回落至 57%。2003—2018 年期间，朱沱断面 TDP/TP 比例从最低 16.3%（2008 年）上升到最高 78.6（2014 年），寸滩断面 TDP/TP 比例从最低 19.3%（2008 年）上升到最高 76.0%（2014 年），清溪场断面 TDP/TP 比例从最低 21.0%（2004 年）上升到最高 77.2%（2015 年），万县断面 TDP/TP 比例从最低 48.2%（2008 年）上升到最高 90.7%（2016 年）。

2008 年 10 月后，三峡水库进入 175 m 试验性蓄水期，变动回水区范围进一步上延至江津附近，重庆主城区河段演变显现出天然河道和水库的双重属性，寸滩断面位于变动回水区，清溪场和万县位于常年回水区［见图 1（b）］。2008 年和 2013 年两次快速升高的时间节点，与三峡水库 175 m 蓄水和金沙江上游梯级电站建成运行的时间节点一致。朱玲玲等[13] 研究发现，朱沱站、寸滩站 2013—2017 年平均悬移质输沙量与 2003—2012 年均值相比分别减少 77.4%、69.7%，与试验性蓄水期 2008—2012 年均值相比也分别偏少 75.7%、68.5%，而径流量变化不大。悬移质输沙量的减少可能是 TDP/TP 比例上升的主要原因。

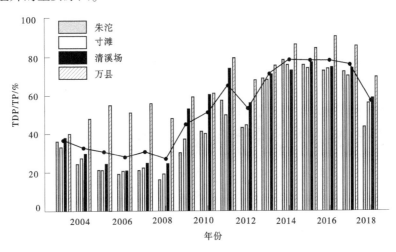

图 4 溶解磷占总磷比例分布

3.2 溶解磷与颗粒磷比例关系

水体 TPP 质量浓度为水体 TP 与 TDP 质量浓度的差值[14]。2013 年以来，三峡库区 TDP 比例上升，TPP 和 TP（易沉降）的比例均有所下降。刘尚武等[15] 研究发现三峡水库入库细颗粒泥沙的排沙比大于粗颗粒泥沙；娄保峰等[16] 研究发现，2000 年以来，长江水量未有明显增大或减小趋势，但输沙量大幅下降。从图 5 中可以看出，长江上游总体为 TPP 浓度大于 TP（易沉降），主要原因是泥沙细化而径流量无明显变化。总的来看，长江上游干流不同形态的磷浓度表现为 TDP>TPP>TP（易沉降）。

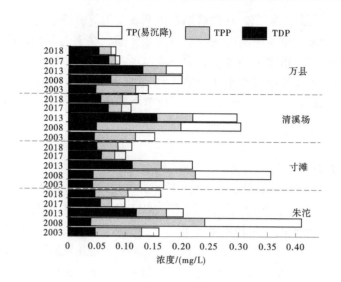

图 5 不同形态磷浓度比例分布

4 结论

（1）2003—2013 年，长江上游干流 TP 处于窄幅波动上升期；2013 年以后，TP 呈快速下降趋势，主要受金沙江中下游梯级电站拦沙作用影响以及长江大保护对污染物消减的积极影响。

（2）从逐月变化来看，长江上游干流 TP 浓度丰水期（5—10 月）大于枯水期（11 月至翌年 4 月），6—9 月达到峰值，主要是受丰水期水量大，水土流失作用较强，水沙含量大的影响；TDP 则是枯水期高于丰水期，8—10 月浓度最低，可能是因为大流量的稀释作用。

（3）河流沿程变化上，TP 在消落期（1—5 月）和汛期（6—9 月）表现为清溪场>朱沱>寸滩>万县；蓄水期 TP 则逐渐表现出趋同性。这可能是因为清溪场是重庆主城区的下游控制断面，在消落期和汛期，坝前水位相对较高，水体流速小，受水体流失和城市排污的双重影响，清溪场断面 TP 浓度较高；而蓄水期坝前水位相对较低，流速较大，有利于污染物降解和水体交换，导致 TP 浓度差异不大。TDP 在不同水期均为清溪场、万县>朱沱、寸滩，且 2013 年以后的各断面浓度值都变得更加接近，这可能是近坝断面 TDP 占比更高导致的。

（4）2003—2008 年，长江上游干流 TDP/TP 比例缓慢降低，2008 年以后 TDP 占比快速升高，2012 年稍有回落，2013 开始回升并维持占比在 70%以上，2018 年回落至 57%。总的来看，长江上游干流不同形态的磷浓度表现为 TDP>TPP>TP（易沉降）。

参考文献

［1］Vitousek P M, Porder S, Houlton B Z, et al. Terrestrial phosphorus limitation：mechanisms, implications, and nitrogen-phosphorus interactions［J］. Ecological Applications, 2010, 20（1）：5-15.

［2］胡佳，李艳华．天然水体中磷的存在形态及其对鱼类影响研究进展［J］．水产学杂志，2020，33（4）：81-88.

［3］吴浩云，贾更华，徐彬，等．1980 年以来太湖总磷变化特征及其驱动因子分析［J］．湖泊科学，2021，33（4）：974-991.

［4］周建军，张曼，李哲．长江上游水库改变干流磷通量、效应与修复对策［J］．湖泊科学，2018，30（4）：865-880.

［5］朱广伟，秦伯强，张运林，等．近 70 年来太湖水体磷浓度变化特征及未来控制策略［J］．湖泊科学，2021，33（4）：957-973.

［6］Worsfold P, Mckelvie I, Monbet P. Determination of phosphorus in natural waters: a historical review ［J］. Analytical Chimica Acta, 2016, 918: 8-20.

［7］Yan Q Z, Du J T, Chen H T, et al. Particle-size distribution and phosphorus forms as a function of hydrological forcing in the Yellow River ［J］. Environmental Science and Pollution Research, 2016, 23 （4）: 3385-3398.

［8］黄磊, 方红卫, 王靖宇, 等. 河流泥沙磷迁移过程的数学模型研究 ［J］. 水利学报, 2014, 45 （4）: 394-402.

［9］王晓青, 吕平毓, 胡长霜. 三峡库区悬移质泥沙对 TP、TN 等的吸附影响 ［J］. 人民长江, 2006, 37 （7）: 15-17.

［10］李思璇, 宋瑞, 许全喜, 等. 长江上游总磷通量时空变化特征研究 ［J］. 环境科学与技术, 2021, 44 （5）: 179-185.

［11］兰静, 吴云丽, 娄保峰, 等. 2004 年以来长江中下游干流水体高锰酸盐指数时空变化分析 ［J］. 湖泊科学, 2021, 33 （4）: 1112-1122.

［12］刘尚武, 张小峰, 许全喜, 等. 近 50 年来金沙江流域悬移质输沙特性研究 ［J］. 泥沙研究, 2020, 45 （3）: 30-37.

［13］朱玲玲, 葛华, 董炳江, 等. 三峡水库 175 m 蓄水后库尾河段减淤调度控制指标研究 ［J］. 地理学报, 2021, 76 （1）: 114-126.

［14］秦延文, 韩超南, 郑丙辉, 等. 三峡水库水体溶解磷与颗粒磷的输移转化特征分析 ［J］. 环境科学, 2019, 40 （5）: 2152-2159.

［15］刘尚武, 张小峰, 许全喜, 等. 三峡水库区间来沙量估算及水库排沙效果分析 ［J］. 湖泊科学, 2019, 31 （1）: 28-38.

［16］娄保峰, 卓海华, 周正, 等. 近 18 年长江干流水质和污染物通量变化趋势分析 ［J］. 环境科学研究, 2020, 33 （5）: 1150-1162.

国际水电工程机组性能验收测试关键技术研究

周　叶　曹登峰

（中国水利水电科学研究院，北京　100038）

摘　要：水电机组安装、调试到最终的启动试运行过程中，有一系列试验和交接验收工作，对此，国内水电行业具备相当成熟的实施经验，但其中的性能试验国内开展不多，却是国际水电工程中移交验收的关键，本文结合国际标准和常见业主技术要求，分析总结了水电机组性能验收测试项目分类以及主要性能测试的运行条件和时间进度安排。另外，针对涉及巨额罚款、考核指标严格的发电机性能试验、发电机参数试验和水轮机性能试验，介绍了其原理、方法和试验过程，并针对其关键技术要点进行分析，提出了优化测试过程和建议，实践证明其收到了较好的效果，也能为国际水电工程水电机组性能验收测试提供一定的参考和依据。

关键词：国际水电工程；水电机组；水轮机效率试验；发电机效率试验；发电机参数试验

1　前言

　　水电机组从初期的安装、调试到最终的启动试运行，有一系列试验和交接验收工作，可简要划分为安装试验、无水调试、有水调试和性能测试四个部分。对于水电工程而言，不管是安装试验还是无水、有水调试，均有较为成熟的国家标准（GB/T）和水利电力标准（SL或DL/T）可以遵循，行业也有相当成熟的实施经验，但最后一项试验类别——性能试验国内开展的不多，尤其在国际工程中，性能参数作为项目验收移交的关键指标，某些参数达不到合同保证值时，会遭受巨额罚款，并可能造成整个水电工程项目的验收移交延期。因此，最近这些年来，性能试验受到了越来越多国内水电企业的重视，有些工程甚至付出了惨痛的代价。

　　为了解决国际水电工程中机组性能验收测试的痛点，笔者作为国内独立第三方的检测中心机构成员，结合近些年在数十个国际水电工程机组性能验收测试的实践经验，针对水电工程机组性能试验的试验内容、试验标准、试验难点和实施经验等一系列关键问题进行研究和讨论，并结合部分国际水电工程的常见要求进行分析，总结水轮机、发电机和辅机在性能验收监测中可能遇到的问题、需要关注的重难点和技术要求，其解决方案主要依据国际标准，可为我国水电行业在国际水电工程性能验收检测中遇到类似的问题提供一定的参考和指导。

2　水电机组性能验收测试

　　安装试验、无水调试、有水调试和性能测试四个阶段中，大部分试验在安装过程中由安装单位的试验分部开展，如定子线棒安装完成后，绕组绝缘电阻测量、线棒耐压性能测量等工作。

　　机组安装完成后启动运行前，还需开展一系列的检查工作，包括引水及尾水系统的检查、水轮机的检查、调速系统的检查、发电机的检查、励磁系统的检查、油气水系统的检查、电气一次设备的检查、电气二次回路的检查和消防系统的检查等工作[1]。

作者简介：周叶（1980—），男，正高级工程师，研究方向为水电机组现场调试与性能验收测试、水电机组安全高效运行保障技术。

以上统称无水调试（Dry Test），再通过充水试验，机组正式充水后就开始有水调试（Wet Test），此时有首次手动启动试验、调速系统功能测试、过速试验、励磁系统功能测试、升流升压试验等。通过同期、带负荷试验和甩负荷试验后，机组就可以进入 72 h 带负荷试运行[1]。

性能验收测试作为移交验收的关键试验，涉及专业面比较广，且交叉在有水调试和启动运行测试中，经常遇到设计单位或者安装调试单位将其混淆或者无法划分的问题，通常而言，性能测试内容如表 1 所示。

表 1　水轮发电机组常见性能验收测试项目列表[1]

发电机性能试验	水轮机性能试验	其他性能/涉网试验
发电机出力/容量试验	水轮机出力/容量试验	调速器一次调频试验
发电机效率及损耗试验	水轮机相对/指数效率试验	励磁系统 PSS 试验
发电机温升试验	水轮机绝对效率试验	励磁系统参数建模试验
发电机参数试验/电抗及时间常数试验	机组稳定性试验/振动区划分试验	水力损失试验（压力钢管、闸门、拦污栅）
三相突然短路试验	甩负荷试验	变压器效率试验
零功率过励因数和 V 型特性测定	动水关阀试验	接地网电气完整性测试
发电机进相试验/充电容量试验	机组动平衡试验	跨步电压、地表电位测量
波形畸变率（THD）测量	水轮机协联关系试验	自动发电控制 AGC 试验
电话谐波因数（THF）测量	空蚀损坏检查	自动电压控制 AVC 试验
发电机噪声测量	转轮或其他过流部件动应力试验	
转动惯量/飞轮力矩（GD2）测量	机组耗水率测量	
发电机过负荷试验	导叶漏水量测量	
定转子短时过电流试验		
飞逸转速试验		
发电机通风试验		

其中动平衡试验在首次启动时开展，机组稳定性试验则几乎贯穿所有试验过程，如过速、甩负荷、动水关阀等，此外几乎所有性能试验都可以在机组 72 h 试运行后开展，因此对多机组水电工程而言，完全可以将性能验收试验安排在移交验收前统一完成，一次性依次开展多台机组的性能测试，以节约测试设备安装、调试和电网调度时间。

整理的主要性能测试条件与调试进度如表 2 所示。

表 2 水轮发电机组主要性能验收测试项目列表

机组运行条件	测试项	说明
并网前	转子动平衡试验	过速试验前完成
	发电机温升试验、过速试验	
	机组稳定性试验	持续至机组并网后
	机组升流升压试验	发电机、机组依次开展
	发电机参数试验	含突然短路试验
并网后	同期试验、变负荷试验	
	其他所有涉网试验	需电网配合开展
	甩负荷试验、72 h 试运行	
	发电机出力/容量试验	可与发电机效率试验同时开展
	发电机效率及损耗试验	
	水轮机出力/容量试验	可与水轮机效率试验同时开展
	水轮机绝对效率试验	

3 发电机性能测试

3.1 基本原理

发电机性能测试包括发电机出力/容量试验和发电机效率试验，由于发电机效率试验中需要对发电机出力进行检测，因此两者通常同时开展。根据 IEC 60034-2-2：2010 的要求[2]，电机的损耗和效率可以通过量热法（Calorimetric Method）来测量，即在电机内部产生的各类损耗都将变成热量，传给冷却介质，使冷却介质温度上升，用测量电机所产生的热量来推算电机损耗，这种方法简称量热法。

为了对总损耗进行分类，我们给电机规定了一个基准表面，这是一个将电机全部包在里面的基准表面，这个表面内产生的所有损耗，都通过该表面散发出去[3]。图 1 给出了典型的灯泡贯流机组基准表面示意图。

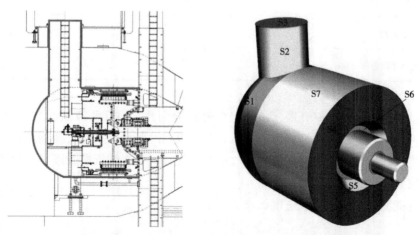

图 1 典型灯泡贯流机组基准表面示意图

通过基准表面的划分，把热量产生的损耗分为基准面内部的损耗和外部损耗。内部损耗主要包括两部分，一部分是通过冷却回路带出参考表面的能量损耗，这部分在损耗中占主要比例，通常有空冷器冷却水带走的热量 、上导轴承冷却器带走的热量 、推导轴承冷却器带走的热量等；另一部分是不传递给冷却介质，而通过基准表面以对流、辐射等方式散发的能量损耗，如发电机上盖板、四周外围墙、下盖板与空气的散热等。

对冷却介质带走的损耗，可由下式计算[3]：

$$P_1 = C_p Q \rho \Delta t \tag{1}$$

式中：P_1 为被冷却介质带走的损耗，kW；C_p 为冷却介质比热，J/（kg·K）；Q 为冷却介质流量，m^3/s；ρ 为冷却介质密度，kg/m^3；Δt 为冷却介质温升，K。

由于水的物理特性相对比较稳定，因此冷却介质大多选择循环冷却水。以空冷器为例，要计算其冷却水带走的损耗，只需要测量其冷却管路的水流量和进出口管路温差即可。

而基准表面与空气的热交换损耗，可采用下式计算得到[3]：

$$P_2 = hA\Delta t \times 10^{-3} \tag{2}$$

式中：P_2 为外表面散出的损耗，kW；h 为表面散热系数，W/（m^2·K）；A 为基准面的散热面积，m^2；Δt 为外表面温度与外部环境温度之差，K。

以发电机上盖板为例，其辐射对流产生的热量，只需要测量盖板表面温度和环境温度以及盖板面积尺寸即可。

外部损耗指在参考表面之外，但参与了机组运行发电的设备产生的损耗，主要为励磁变损耗，通常采用设计值或根据厂家提供的资料计算得出。

得到发电机所有损耗后，发电机效率可以由下式得出：

$$\eta_g = P_o/(P_o + \sum P) \times 100\% \tag{3}$$

式中：η_g 为发电机效率（%）；P_o 为发电机出力，kW；$\sum P$ 为发电机的总损耗，kW。

3.2 关键技术研究

3.2.1 测试过程优化

如果从损耗能量带走的方式来统计，发电机总损耗为基准面内部的损耗和外部损耗之和，即几个冷却管路的冷却水带走的热量与表面散热带走的热量，以及外部励磁损耗等损耗之和；如果从损耗产生的原因来统计，发电机总损耗包括其风磨损耗、铁损、定子铜损、转子铜损、杂散损耗、轴承损耗等[4]。

量热法测试过程至少包括三个阶段，即空转、空载和稳态短路工况。通过测量机组空转时的热损耗计算发电机运行时的风磨损耗（为常量），通过机组空载时的热损耗计算发电机的铁芯损耗，通过机组稳态短路时的热损耗计算发电机的杂散损耗，其他分项损耗如转子铜损、定子铜损、碳刷损耗、励磁损耗都可以通过电气量计算或测量得出，因此发电机效率试验可以得到发电机的分项损耗，故发电机效率试验有时在业主合同里也称作发电机效率及分项损耗试验。

由于量热法本质上测量机组热稳定状态下的损耗，因此热稳定时长是测量的关键因素。IEC中规定1 h温差达到2 K即可[2]，但根据笔者经验，从1 h温差变化2 K到0.2 K左右，对发电机效率影响极大，如果需要达到0.2 K的温差范围，热稳定时间需6~8 h。图2是两个典型的冷却管路热稳定曲线。

如果需要考核多个负荷下的发电机效率，除空转、空载和短路三个工况外，如70%、80%、90%、100%额定负荷4个工况，每个工况达到热稳定需要6 h，包括空转、空载和短路3个工况，共需7个工况45 h的热稳定试验时间。

因此，笔者提出了一种优化试验过程和发电机效率推算方法，即让发电机运行在空转、空载和短路三个工况，采用总体损耗法测量冷却介质流量和温差，获取发电机风磨损耗、铁芯损耗和杂散损耗的基准值，以此获得推算所需的基准值问题；选择带负荷工况进行总体损耗法和分项损耗法的试验结

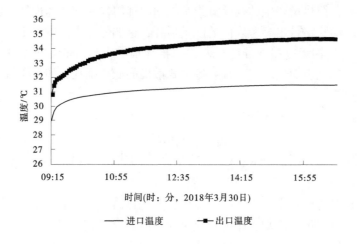

（a）空冷器冷却水进出口温度

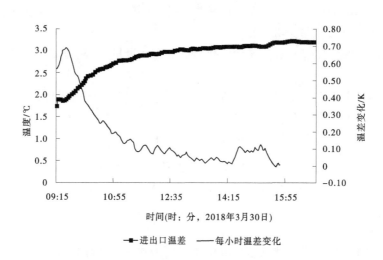

（b）空冷器冷却水进出口温差及变化率

图2　空冷器冷却水进出口水温变化趋势

果验证，确认结果是否一致，以此确认推算法能否采用；在结果一致的基础上，采用快速升降负荷或调至某负荷的暂态过程，记录电气量数据，通过分项损耗法，直接得到发电机效率，无须漫长的机组热稳定过程，最终解决了试验过程漫长，无法得到任意工况效率的问题[5]。优化过程示意图如图3所示。

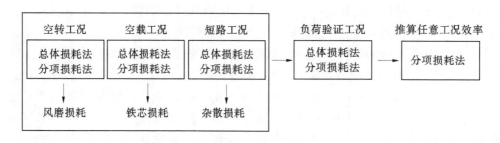

图3　发电机效率测试优化试验过程

3.2.2 考核指标分析

业主合同中对发电机效率考核通常有两种方式：一种考核额定负荷下的发电机效率，另一种考核多个负荷工况下的加权效率。对于国外许多机组额定功率因数为0.85或0.8的情况，由于电网限制，很难达到额定设计值工况或在额定功率因数下长时间运行，因此对能短时间达到额定功率因数的情况，可直接测量电气量数据，结合分项损耗法计算得到额定工况点的发电机效率。如果无法达到额定工况，则可结合机组设计电气参量与损耗基准值，在厂家提供了V型曲线的基础上，推算直接得到机组任意工况效率结果。

如果考核的是多个负荷工况下的加权效率，则采用快速升降负荷的方式获取电气量数据，利用上节提出的优化测量方法绘制额定发电机效率曲线，并通过拟合效率曲线，推算任意工况下的发电机效率，进而计算加权效率值。

3.2.3 不确定度分析

对测试而言，与测试结果相关的一个重要因素就是不确定度或测量误差，通常包括系统误差和随机误差，而电气试验与机械参数测量不同，电气参数测量通常不考虑误差，因此在业主合同中发电机效率指标的考核以直接结果为准。

而实际检测中，根据IEC 60034-2-1：2017第12节规定[3]，发电机效率测试仍存在容差（Tolerance）的概念，即电气测量参数最大允许的结果偏差。发电机参数测量容差如表3所示。

表3 发电机参数测量容差

参数	容差
效率 η	
不大于150 kW/kVA的机组	15%（$1-\eta$）
大于150 kW/kVA的机组	10%（$1-\eta$）

此外，发电机效率试验虽然通常不允许误差或不确定度参与结果考核，但IEC 60034-2-2中却在5.3节表1量热法的脚注中提到，如果参考表面内部的损耗相对误差大于3%，则量热法不予推荐。因此，量热法仍需要采用常规误差计算方法，对参考表面内部损耗进行相对误差计算，由于冷却介质损耗占比远大于表面散热损耗，常规测温RTD精度为A级（0.2 K）、B级（0.3 K）和1/3B级（0.1 K）。因此，相对误差满足要求的关键因素在于进出口水温差的大小，通常需要调节冷却介质阀门和流量，使进出口介质温差至少达到2~5 K。

4 发电机参数测试

4.1 基本方法

发电机各类参数的试验及测定方法，基于广泛采用的同步电机双轴反应理论。涉及发电机的直（交）轴电抗（同步电抗、瞬态电抗、超瞬态电抗）、时间常数（瞬态和超瞬态时间常数、电枢短路时间常数）、励磁电流、保梯电抗、负序电抗、零序电抗、转动惯量（加速时间、储能常数）等参数[8-9]。

参数测试涉及方法多，虽然直轴电抗、短路比等基础参数可以通过并网前的升流升压试验过程数据进行计算，但考虑测试目的和要求不同，通常在并网后，会在参数测试中重新进行测量与计算。具体测量参数与推荐方法如表4所示。

表 4 发电机参数测试方法总结

测定参数	试验方法
直轴同步电抗 X_d	空载饱和特性试验、三相稳态短路试验
短路比 K_c	
交轴同步电抗 X_q	低转差率试验
交轴超瞬态同步电抗 X_q''	转子处于任意位置时的外施电压试验
保梯电抗 X_p	空载饱和特性试验、三相稳态短路试验、零功率因数过励试验
直轴瞬态电抗 X_d'	三相突然短路试验
直轴超瞬态电抗 X_d''	
电枢短路时间常数 T_a	
直轴瞬态短路时间常数 T_d'	
直轴超瞬态短路时间常数 T_d''	
直轴瞬态开路时间常数 T_{do}'	电压恢复试验
直轴超瞬态开路时间常数 T_{do}''	
交轴瞬态同步电抗 X_q'	直流衰减试验
交轴瞬态短路时间常数 T_q'	
交轴瞬态开路时间常数 T_{qo}'	
加速时间 T_J	甩负荷加速试验
储能常数 H	
负序电抗 X_2	两相稳态短路试验
零序电抗 X_0	两相对中性点稳态短路试验

4.2 关键技术研究

4.2.1 测试方法优化

总体来说，参数试验可分为常规参数试验和突然短路参数试验两类，前者包括空载饱和特性试验、三相稳态短路试验、低转差率试验、外施电压试验、零功率因数过励试验、直流衰减试验、两相稳态短路试验、两相对中性点稳态短路试验等，后者包括三相突然短路试验和电压恢复试验。

考虑到空载开路和三相稳态短路与发电机效率试验的空转、空载和短路工况有重复要求，因此可以将空载饱和特性试验安排在发电机效率试验的空载热稳定试验前完成，两相稳态短路、两相对中性点短路、三相稳态短路试验安排在发电机效率试验的三相短路热稳定工况前进行，可最大程度缩短试验周期，重复利用试验条件。

4.2.2 突然短路测试

由于三相突然短路和电压恢复试验，需要机组具备相应短时电流承受等级的 GCB 开关或断路器。因此，如现场不具备实施条件，可以尝试建议取消，或者在设计安装初期，考虑试验条件预先购置和安装突然短路设备。

部分业主合同中，要求开展 70% 甚至 100% 额定定子电压下的三相突然短路测试，实际上在 IEC 60034-4-1：2018 中提到，获取不饱和参数可以在 0.1~0.4 倍额定电压下进行；而饱和参数则可以通过多个定子电压（如 30%、50% 和 70% 定子电压）下开展测试，并通过外推法（Extrapolation）得到额定电压下的饱和参数值。可以以此为依据，采用较小额定电压值进行三相突然短路测试，以保证测试过程和机组运行的安全。

5 水轮机性能测试

5.1 基本原理

水轮机出力及效率试验，是水轮机性能测试的主要内容，其采用的标准为 IEC 60041—1991[10]，相应修订采用的国标为《水轮机、蓄能泵和水泵水轮机水力性能现场验收试验规程》（GB/T 20043—2005）。

考虑到水轮机效率主要源于水轮机的水力比能与水轮机出力的转换过程，公式见式（4）：

$$\eta_t = \frac{P_t}{P_h} = \frac{P_t}{\rho QgH} \tag{4}$$

式中：P_t 为水轮机输出功率，可根据发电机出力和发电机效率推算得到，kW；P_h 为水轮机输入功率，kW；ρ 为水的密度，可根据水温和绝对压力在 IEC 60041 附录 E 中查得，kg/m³；Q 为水轮机流量，m³/s；g 为当地重力加速度，根据现场纬度和海拔计算得出，m/s²；H 为水轮机工作水头，m，其中静水头可采用压差传感器或者进出口压力传感器测量。

故其绝对效率的测量与计算，主要取决于水轮机过机流量 Q 的测量。水轮机出力的测量，在获取发电机效率和发电机出力后，也可以通过换算得到。

5.2 常用绝对效率测试方法

按照 IEC 60041 的要求，常见的水轮机流量及效率测量方法以及技术特点见表5[11]。

表5 常见水轮机流量及效率测量方法

测量方法	适用性	技术特点
流速仪法	适用性强，可应用于多种型式机组，尤其是低水头轴贯流机组	精度较高，通常为 1.2%~1.5%；可获得流道断面流速分布；安装工作量较大，试验数据计算量大
压力时间法	需要机组进口前有较长直管段	设备安装简单，但计算复杂，对数据处理要求较高；多负荷下多次制造水锤，易对机组造成损坏；实际应用较少
热力学法	规程规定适用于 100 m 及以上水头	精度较高，通常低于 1.0%；除非初期设计考虑，否则安装工作复杂；对设备精度要求高，测温元件精度 0.001 K
指数法（Winter-Kennedy 法）	IEC 规定不可用于性能考核，但可用于最优协联曲线校准	实施较简单，精度较低；可根据绝对流量标定以提高准确性，并扩展绝对效率试验范围
超声波法	适用于已预装多声道流量计的机组	精度与安装和校准关系较大；需满足严格的安装要求；位于 IEC 标准的附录中，非正文内容方法，除非双方一致同意，否则当前不能作为合同考核

常见几种方法试验照片如图4所示。

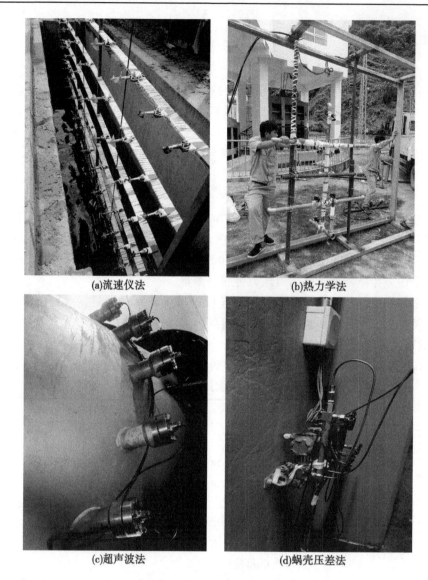

(a)流速仪法　　　　　　　　　(b)热力学法

(c)超声波法　　　　　　　　　(d)蜗壳压差法

图 4　现场流量测量照片

5.3　关键技术研究

（1）流速仪法。对于 100 m 水头以下的机组，通常采用流速仪法，即在过流断面布置一定数量的流速仪，测量该断面多点的流速，再通过积分得到过机流量。对封闭压力钢管而言，需要在内部焊接流速仪支架，信号线缆引出可采用蜗壳进人门打孔方式。对于开放型上游水渠，可采用定制闸门框安装流速仪的方式。此外，也可采用在尾水出口闸门框处安装流速仪及支架。由于闸门框固定在闸门槽中，相对直接在管道内部焊接，安全性更好，但材料及加工成本也比较高[12]。

（2）热力学法。对 100 m 水头以上机组，水轮机效率测量优先采用热力学法，对国内当前投运较多的高水头抽蓄机组来说，热力学法也是较好的选择。但由于热力学法需要测量蜗壳进口和尾水出口两个断面的水温，因此最好在主机设计制造初期予以考虑，例如预置压力钢管开孔（外接阀门和法兰），以及预埋尾水廊道引线管路等。此外，IEC 中规定，对于低压侧断面测量，需比较通过 4~6个测温点分别计算得到的效率误差，如误差相差过大，则热力学法不适用。因此，如何在尾水测量断面布置多个测温点，且能独立测量和比较效率测量结果，是热力学法的技术难点之一[6]。

（3）超声波法。超声测流技术近年来发展较为迅速，部分超声波流量计声称已达到 0.5% 的测量精度，但其测量方法位于 IEC 60041 标准的附录中，非正文内容，依据笔者与外方监理沟通的经验，除非双方一致同意，否则不能作为合同考核。但如果工程建设期已要求安装超声波流量计，则可尝试与业主和监理沟通，是否能采用超声波法进行水轮机绝对效率试验。此外，超声波流量计精度与现场安装及校准关系较大，如业主不同意采用该方法，则可考虑采用流速仪或热力学法开展试验。

（4）压力时间法。压力时间法又称吉普森法，即通过在上游压力管路后关闭导叶或球/蝶阀，产生水锤效应并进行积分计算流量。根据 IEC 规程要求，水轮机性能试验曲线需要至少 6 个工况点（国标要求至少 8 个点），最好采用 10~12 个工况点，这意味着压力时间法需要在 10~12 个工况下进行快速停机甩负荷；为了减小随机误差，每个工况点如果做 1~3 次重复试验，整个效率试验导致机组数十次甩负荷，容易对机组造成不可逆损伤，试验后也需仔细检查和彻底检修，确认机组没问题后方可继续运行，因此该方法并不推荐在实际工程中开展应用。

6 总结

水电机组涉及的性能试验不多，部分试验如调速器一次调频试验、励磁建模试验、PSS 试验、AGC 试验、AVC 试验等属于涉网试验，主要为了保证机组上网安全和上网质量，国内通常由各电网公司下属的电力试验研究所开展，国外由于电网规模和要求不同，部分要求开展。因此，在水电工程设计初期，需要考虑电网实际要求，避免出现无法开展试验或无法满足要求的情况。

其他与考核指标相关的性能试验，如发电机出力和效率试验、发电机参数试验和水轮机效率试验等，如果能在设计初期通过与试验单位的讨论交流，充分考虑适用的试验方法，机组预留测试仪器安装和线路敷设管路，可极大缩短试验工期，避免造成延期移交或无法开展试验。

随着"一带一路"海外水电工程建设的蓬勃发展，中国水电建设单位的技术水平和工作能力得到了迅速的发展，这也给水电工程的质量检测和效果评估水平提出了更高的要求，检测单位只有充分了解并熟练应用 IEC/ISO 相关国际标准的要求，并尽可能地参与国际标准的修订和编写，与国际水电专家交流切磋，才能顺利实现中国水电行业从"考生"向"考官"的角色转变，实现水电行业技术水平的领先和超越。

参考文献

［1］水轮发电机组启动试验规程：DL/T 507［S］．2014.

［2］IEC 60034-2-2. Rotating electrical machines-Part 2-2：Specific methods for determining losses and efficiency of rotating electrical machinery from tests-Supplement to IEC 60034-2-1［S］．2010.

［3］量热法测定电机的损耗和效率：GB/T 5321—2005［S］．2005.

［4］IEC 60034-2-1. Rotating electrical machines-Part 2-1：Standard methods for determining losses and efficiency of rotating electrical machinery from tests（Excluding machines for traction vehicles）［S］．2007.

［5］周叶，李科，潘罗平，等．基于量热法的水电机组发电机效率试验研究［J］．中国水利水电科学研究院学报，2020，18（4）：20-25.

［6］周叶，曹登峰，潘罗平，等．一种基于量热法的水电站发电机效率优化试验方法：202010405365［P］．2019.

［7］IEC 60034-4-1. Rotating electrical machines-Part 4-1：Methods for determining electrically excited synchronous machine quantities from tests［S］．2018.

［8］IEC 60034-1. Rotating electrical machines-Part 1：Rating and performance［S］．2017.

［9］IEC 60041. Field acceptance tests to determine the hydraulic performance of hydraulic turbines, storage pumps and pump-turbines［S］．1991.

［10］水轮机、蓄能泵和水泵水轮机水力性能现场验收试验规程：GB/T 200435［S］．2005.

［11］单鹰，唐澍，蒋文萍．大型水轮机现场效率测试技术［M］．北京：中国水利水电出版社，1999.

［12］Cao Dengfeng, Zhou Ye, Pan Luoping, et al. Efficiency measurement on horizontal Pelton turbine by thermodynamic method［J］．IOP Conf. Series：Earth and Environmental Science, 2021, 774.

离子色谱法测定水中碘化物实验方法的研究

吴 英 李 玮 田仙言 张 杰 刘建光 徐 鑫

（威海市水文中心，山东威海 264209）

摘 要：本文简单介绍了使用离子色谱法测定碘化物的分析方法，详细说明了方法原理、实验试剂、检测步骤，并对实验结果进行了计算分析。结果表明，离子色谱法在 $0 \sim 1.00$ mg/L 具有曲线线性好、准确度高、精密度高、所用试剂少等优点。

关键词：离子色谱法；碘化物

碘化物指含碘为 −1 价氧化态的二元化合物，包括碘化铵等金属碘化物和碘化氢等非金属碘化物。碘化物的稳定性一般比其他卤化物要小，而碘离子具有较强的还原性。与其他卤离子相比，碘离子更容易形成多碘化物和配位化合物。大多数碘化物易溶于水。目前使用砷铈催化分光光度法测定生活饮用水及其水源水中的碘化物，用离子色谱法测定地表水和地下水中的碘化物。本文通过各项实验，对离子色谱法检测碘化物进行了实验研究，采用的检测方法由仪器厂商提供。

1 实验仪器

实验仪器为青岛鲁海光电科技有限公司生产的 IC−8618 型离子色谱仪，仪器构成见图 1，仪器相关信息见表 1。

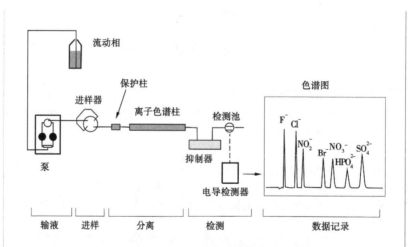

图 1 离子色谱仪器构成

表 1 离子色谱仪器信息

设备名称/型号	离子色谱仪 IC−8618				
技术参数	基线噪声 0.002 0 μs，基线漂移 0.009 μs/30 min，最小检测浓度 0.002 μg/mL				
验证记录	唯一性编号	检定/校准日期	有效日期	确认日期	确认结果
	23150308	2019 年 6 月 12 日	2021 年 6 月 11 日	2019 年 6 月 13 日	有效使用

作者简介：吴英（1975—），女，工程师，主要从事水利工程相关工作。

2 实验试剂

分析均使用符合国家标准的分析纯化学试剂，实验用水为无碘化物高纯水，电导率小于 1.0 μS/cm，并经过 0.45 μm 水系微孔滤膜过滤。碘标准溶液使用坛墨质检科技股份有限公司生产的，规格为 1 000 mg/L，20 mL/瓶；标准物质使用坛墨质检科技股份有限公司和北京海岸鸿蒙标准物质技术有限责任公司生产的有证标准物质。

3 实验方法

3.1 方法原理

样品随淋洗液进入阴离子分离柱，分离出碘离子（I⁻），用电导检测器检测。根据碘离子保留时间定性，外标法定量。离子分离原理见图 2。

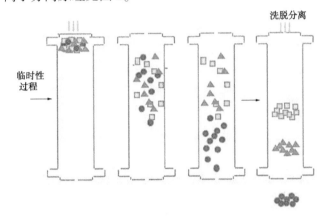

离子顺序洗脱进电导池，由电导率仪在线检测电
导率，离子浓度越高，导电率越高，根据电导率
的高低依次出峰

图 2 离子分离原理

3.2 检测步骤

（1）色谱分析条件。根据仪器厂商说明，采用 0.6 mmol/L 的碳酸钠淋洗液，流速为 1.5 mL/min，抑制器电流为 60 mA。

（2）标准曲线的绘制。取标准溶液 1 000 mg/L，稀释至 10 mg/L 的使用液，分别准确吸取 0.00 mL、0.10 mL、0.20 mL、0.50 mL、1.00 mL、5.00 mL、10.00 mL 的碘化物标准使用液，置于一组 100 mL 的容量瓶中，用水稀释至标线并混匀。标准系列中碘化物的质量浓度分别为 0.000 mg/L、0.010 mg/L、0.020 mg/L、0.050 mg/L、0.100 mg/L、0.500 mg/L、1.00 mg/L。以碘化物质量浓度为横坐标，以其对应的峰面积为纵坐标，绘制标准曲线。

（3）测定。按照与绘制标准曲线相同的色谱条件和步骤进行试样的测定，记录色谱峰的保留时间、峰面积。

4 实验结果及分析

4.1 标准曲线

根据标准方法《水质 碘化物的测定》（HJ 778—2015），标准曲线范围为 0.000~1.00 mg/L，含 7 个校准标准浓度点，分别为 0.000 mg/L、0.010 mg/L、0.020 mg/L、0.050 mg/L、0.100 mg/L、0.500 mg/L 和 1.00 mg/L。以碘化物质量浓度为横坐标，以其对应的峰面积为纵坐标，绘制标准曲线。标准曲线数据及检验结果见表 2，仪器工作站输出标准曲线见图 3。标准浓度点 1.00 mg/L 的色谱图报告见图 4。

表 2　标准曲线检验结果

浓度值/ （mg/L）	0.000	0.010	0.020	0.050	0.100	0.500	1.00
峰面积	72	7 912	16 207	40 553	86 081	447 644	932 054
标准曲线	$Y=-4.622\times10^3+9.303\times10^5X$						
线性相关系数 r	0.999 8						
标准曲线检验结果	截距检验		斜率检验		线性相关系数检验		
	截距对零检验无显著性差异				合格		

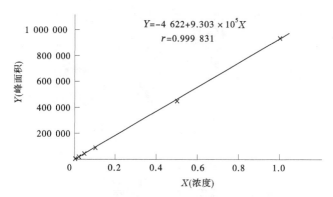

$$Y=-4\ 622+9.303\times10^5X$$
$$r=0.999\ 831$$

图 3　仪器工作站输出标准曲线

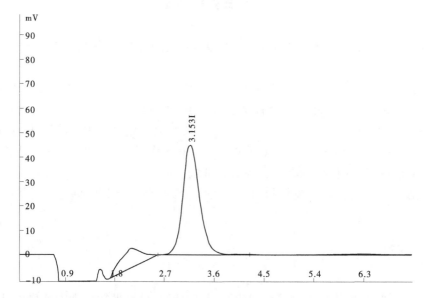

3.153I

序号	系数	保留时间	名称	浓度	峰面积	工作曲线方程
1	0.999 831	3.153	I	1	932 054	$Y=-4\ 622+9.303\times10^5X$

图 4　仪器工作站输出浓度点 1.00 mg/L 的色谱图报告

实验结果表明，碘化物在 0.000~1.00 mg/L 浓度范围内线性良好。

4.2 方法检出限

按照样品分析的全部步骤，重复 7 次空白试验，将各测定结果换算为样品中的浓度或含量，计算 n 次平行测定的标准偏差，按式（1）计算方法检出限。

$$MDL = t_{(n-1, 0.99)}S \tag{1}$$

式中：MDL 为方法检出限；n 为样品的平行测定次数；t 为自由度为 $n-1$、置信度为 99% 时的 t 分布（单侧）；S 为 n 次平行测定的标准偏差。

平行 7 次空白试验，测定及统计结果见表 3。

表 3　方法检出限、测定下限测试数据

平行样品编号		测定结果
测定结果/（mg/L）	1	0.004 1
	2	0.004 6
	3	0.005 4
	4	0.004 3
	5	0.005 2
	6	0.005 4
	7	0.005 5
平均值 x/（mg/L）		0.004 9
标准偏差 S/（mg/L）		0.000 58
t 值		3.143
检出限/（mg/L）		0.001 8
测定下限/（mg/L）		0.007

根据表 3 数据可知，利用青岛鲁海光电的离子色谱仪测定碘化物的检出限为 0.001 8 mg/L，符合水质检测实验室质量控制要求。

4.3 精密度

配制碘离子浓度分别为 0.010 mg/L、0.100 mg/L、0.900 mg/L 和 1.000 mg/L 的统一样品，按全程序每个样品平行测定 6 次。计算其平均值、标准偏差和相对标准偏差，测定及统计结果见表 4。

表 4　精密度测试及统计结果

平行样品编号		测定结果			
		浓度 1	浓度 2	浓度 3	浓度 4
测定结果/（mg/L）	1	0.009 9	0.108 6	0.909 5	1.015
	2	0.010 3	0.107 9	0.904 8	1.008
	3	0.010 7	0.109 5	0.911 7	0.997
	4	0.010 0	0.108 5	0.907 3	1.003
	5	0.010 1	0.109 8	0.909 5	1.002
	6	0.010 5	0.108 5	0.918 8	1.021
平均值 x/（mg/L）		0.010 25	0.108 8	0.910 3	1.008
标准偏差 S/（mg/L）		0.000 31	0.000 71	0.004 79	0.008 94
相对标准偏差 RSD/%		3.0	0.7	0.5	0.9

根据表 4 数据可知，利用离子色谱仪测定碘化物的标准样品，精密度符合水质检测实验室质量控制要求。

4.4 准确度

（1）标准物质的测试。对浓度为（3.18±0.16）mg/L、（5.20±0.33）mg/L 的标准物质平行测定 6 次，计算其平均值，测定及判定结果见表 5。

表 5 标准物质测定及统计结果

平行样品编号		测定结果	
		浓度 1	浓度 2
测定结果/（mg/L）	1	3.196	5.050
	2	3.152	5.012
	3	3.228	5.034
	4	3.196	4.988
	5	3.240	4.960
	6	3.260	5.052
平均值 x/（mg/L）		3.21	5.02
标准样品浓度/（mg/L）		3.18	5.20
相对误差/%			
结果判定		合格	合格

注：标准物质的稀释：批次编号 SV99852 证书浓度为（3.18±0.16）mg/L。取原液 10.00 mL 稀释 1 000 mL，检测浓度为 3.21 mg/L。批次编号 B1912136 证书浓度为（5.20±0.33）mg/L。取原液 2.00 mL 稀释 1 000 mL，检测其浓度为 5.02 mg/L。

根据表 5 数据可知，利用离子色谱法测定两组碘化物标准物质，测定结果均在标准物质真值范围内。

（2）加标回收率的测试。取同一样品的子样各 100 mL，在其中分别加入浓度为 10 mg/L 的标准溶液 1.00 mL、2.00 mL 和 5.00 mL，平行测定 6 次，计算其加标回收率，测定及判定结果见表 6。

表 6 加标回收率测试及统计结果

平行样品编号		测定结果					
		样品	加标（1.00 mL）	样品	加标（2.00 mL）	样品	加标（5.00 mL）
测定结果/（mg/L）	1	0.108	0.197	0.108	0.308	0.108	0.537
	2	0.106	0.203	0.106	0.310	0.106	0.532
	3	0.109	0.197	0.109	0.308	0.109	0.538
	4	0.107	0.209	0.107	0.303	0.107	0.532
	5	0.108	0.205	0.108	0.305	0.108	0.534
	6	0.109	0.207	0.109	0.307	0.109	0.543
平均值 x/（mg/L）		0.109	0.203	0.109	0.307	0.109	0.536
加标量 μ/（mg/L）		0.099		0.196		0.476	
加标回收率 P/%		96.0		102		90.8	
方法要求/%		80~120		80~120		80~120	
结果判定		合格		合格		合格	

　　根据表 6 数据可知，采用离子色谱法测定样品中的碘化物，加标回收率符合方法 80%～120%的要求。

5　结论

　　（1）离子色谱法测定碘化物的标准曲线线性较好，完全满足碘化物测定的线性要求。

　　（2）离子色谱法测定碘化物的最低检出限为 0.002 mg/L，相对分光光度法测定碘化物所规定的检出限为 0.05 mg/L，离子色谱法检出限更低。

　　（3）离子色谱法测定碘化物的精密度和准确度都较高，可满足碘化物检测的常规要求。

　　（4）离子色谱法所用试剂只有碳酸钠，操作简单，可减少药品试剂造成的误差，有效地提高了分析的准确性和可靠性，适用于地表水和地下水中碘化物的测定。

固相萃取–气相色谱质谱法同时
测定水中 6 种致嗅物质

徐 枫 夏光平 虞 霖 代倩子 沈一波

（太湖流域水文水资源监测中心（太湖流域水环境监测中心），江苏无锡 214024）

摘 要：采用固相萃取–气相色谱质谱技术建立了水中 1，3-二氧戊环、2-甲基-1，3-二氧戊环、1，4-二氧六环、1，3-二氧六环、2-乙基-4-甲基-1，3-二氧戊环和双（2-氯-1-甲基乙基）醚 6 种致嗅物质的检测方法。试验表明，该方法在 0.05~5.00 mg/L 范围内线性良好（$r \geqslant 0.999$），加标回收率为 75.4 %~110.8 %，RSD 为 1.73 %~8.1 %（$n=6$），方法检出限为 0.01~0.04 μg/L。利用该方法对太浦河进行检测，发现 6 种致嗅物质均有不同程度检出，该法对于流域水源地水质检测和供水安全保障具有重要意义。

关键词：固相萃取；气相色谱质谱；致嗅物质；太浦河

1 引言

近年来饮用水中嗅味问题频发，越来越多的致嗅物质被发现和关注[1-2]。目前在世界范围内，1，4-二氧六环等环状缩醛类致嗅物质已经多次引起饮用水异味事件。其中 1，4-二氧六环已被美国环境保护署（U.S. EPA）划为潜在致癌物（B2 类）[3]，世界卫生组织给出的饮用水限值为 50 μg/L[4]，美国不同的州也建立了 1，4-二氧六环饮用水标准或指南（限值范围为 0.3~77 μg/L）。双（2-氯-1-甲基乙基）醚具有肝脏和肾脏毒性，被美国环境保护署列为优先污染物[5]。另外，1，3-二氧戊环、2-甲基-1，3-二氧戊环、2-乙基-4-甲基-1，3-二氧戊环和双（2-氯-1-甲基乙基）醚嗅阈值较低，很容易引发水中嗅味问题，导致供水危机。

目前，我国饮用水中还未对 1，4-二氧六环等环状缩醛类致嗅物质进行限制，相关检测国家标准或行业标准也未制定，相关研究主要集中在化妆品中[6-7]。因此，亟须建立一种水环境中方便可靠的环状缩醛类致嗅物质检测方法。目前常见的样品前处理方法为吹扫捕集[8]、液液萃取[9]、固相萃取[10]、固相微萃取[11] 等，检测方法主要为气相色谱法[11]、气相色谱质谱法[12] 和气相色谱串联质谱法[13]。传统的液液萃取操作复杂耗时长，且容易发生乳化现象，影响回收率。吹扫捕集和固相微萃取操作简便，但检出限无法满足检测要求。固相萃取技术成熟，操作相对简便且回收率较好，因此本文采用固相萃取–气相色谱质谱法建立了水中 6 种环状缩醛类致嗅物质的检测方法，并成功应用于流域供水骨干河流——太浦河水质检测分析中，为流域供水安全保障提供准确、有效的监测信息。

2 材料与试剂

7890A+5975C 气相色谱质谱仪（美国 Agilent）；DB-624UI（30 m× 250 μm×1.4 μm，美国 Agilent）；pH 计（瑞士梅特勒托利多）；Charcoal（椰子碳）固相萃取柱（2 g/6 mL，德国 Supelo）；C_{18} 固相萃取柱（美国 Waters）；HLB 固相萃取柱（美国 Waters）；0.7 μm 玻璃纤维滤膜（英国 Whatman）；无水硫酸钠柱（6 g/10 mL，中国安谱）。

作者简介：徐枫（1973—），女，高级工程师，主要从事水资源监测工作。

甲醇（农残级，德国 Merck）；二氯甲烷（农残级，德国 Merck）；蒸馏水（中国屈臣氏）；1，3-二氧戊环（>98.0%，日本东京化成工业株式会社）；2-甲基-1，3-二氧戊环（98.6%，天津阿尔塔科技有限公司）；1，4-二氧六环（99.6%，北京坛墨质检标准物质中心）；1，3-二氧六环（99.9%，天津阿尔塔科技有限公司）；2-乙基-4-甲基-1，3-二氧戊环（99.4%，天津阿尔塔科技有限公司）；双（2-氯-1-甲基乙基）醚（1 000 μg/mL，北京坛墨质检标准物质中心）；1，4-二氧六环-d_8（99.6%，北京坛墨质检标准物质中心）。

3 实验方法

3.1 样品采集与前处理

采样前向样品瓶中加入 50 mg 亚硫酸钠和 1.0 g 硫酸氢钠保存剂，用不锈钢采样器于水下 0.5 m 处采集 1 L 水样至 2.5 L 棕色玻璃瓶中，使用 pH 计验证每个样品 pH 值<3，4 ℃冷藏保存，7 d 内完成萃取。依次用 6 mL 二氯甲烷、6 mL 甲醇和 10 mL 纯水活化固相萃取柱。量取 1 L 水样并加入一定量的内标溶液，若水样中的颗粒物较多，用 0.7 μm 玻璃纤维滤膜过滤水样。待上样完成后，用 3 mL 纯水淋洗固相萃取柱，负压抽干小柱，用 8 mL 5%甲醇二氯甲烷溶液分 3 次洗脱固相萃取小柱，收集洗脱液至浓缩管中，定容至 5 mL，将洗脱液通过无水硫酸钠柱，收集 1.0 mL 至样品瓶中。固相萃取过程中所有流速均控制为 5 mL/min。

3.2 气相色谱条件

进样口温度为 220 ℃；进样方式为不分流进样；升温程序为起始 40 ℃，保持 2 min，10 ℃/min 升至 200 ℃；载气及流量为氦气 1.0 mL/min。

3.3 质谱条件

离子源为 EI；扫描方式为选择离子扫描（SIM）；离子源温度为 250 ℃，四极杆温度为 150 ℃，传输线温度为 260 ℃；离子化能量为 70 eV。6 种致嗅物质保留时间和特征离子见表 1。

表 1　6 种致嗅物质的保留时间和特征离子

化合物	保留时间/min	目标离子	辅助离子	说明
1，3-二氧戊环	5.668	73	44	目标化合物
2-甲基-1，3-二氧戊环	6.307	73	44	目标化合物
1，4-二氧六环-d_8	7.551	96	64	内标化合物
1，4-二氧六环	7.612	88	43	目标化合物
1，3-二氧六环	8.327	87	57	目标化合物
2-乙基-4-甲基-1，3-二氧戊环	8.967	87	59	目标化合物
双（2-氯-1-甲基乙基）醚	14.621	121	45	目标化合物

4 结果与讨论

4.1 前处理条件的优化

4.1.1 前处理方法的选择

为选取合适的前处理方式，本文比较了吹扫捕集、液液萃取和固相萃取三种不同的前处理方法，如图 1 所示。根据结果发现吹扫捕集和固相萃取回收率较好，液液萃取回收率较差，可能是由于液液萃取溶剂用量大，加之致嗅物质挥发性较强，氮吹浓缩等环节均有较大损失。通过吹扫捕集进样时基线波动较大，检出限较高无法满足检测需求。因此，本文最终采用固相萃取作为前处理方法。

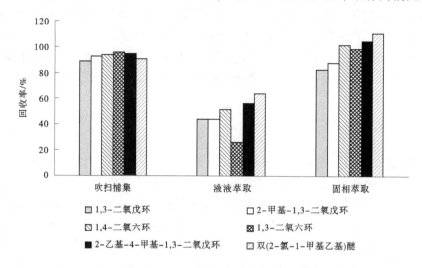

图 1 吹扫捕集、液液萃取和固相萃取的回收率

4.1.2 固相萃取柱的选择

根据实际测试，不同填料的固相萃取柱对目标化合物的保留效果不同，因此实验比较了 3 种常见填料的固相萃取柱（Charcoal、C_{18}、HLB），结果表明，3 种不同填料的固相萃取柱回收率依次为 Charcoal>HLB>C_{18}，实验最后选择椰子碳固相萃取柱进行实验。

4.1.3 上样 pH 值条件优化

为使目标化合物在 Charcoal 柱上有更好的保留，本文对比了 pH 值分别为 3、5、7、9、11 的同一浓度样品（$n=3$）上样的回收率。实验发现，样品为酸性和中性时，6 种目标化合物均在 Charcoal 柱上有很好的保留。由于样品加入保存剂后 pH 值小于 3，因此无须额外调节样品 pH 值。

4.1.4 洗脱溶剂优化

结合 EPA541 方法[14]，本文对比了甲醇、二氯甲烷、5%甲醇二氯甲烷、乙酸乙酯作为洗脱溶剂的洗脱效果。从监测结果来看，5%甲醇二氯甲烷、乙酸乙酯最优，但考虑到乙酸乙酯沸点较高，洗脱液大于 5 mL，还需氮吹浓缩至 5 mL，而目标化合物沸点较低，氮吹浓缩损失较大。因此，选择 5%甲醇二氯甲烷作为洗脱溶剂。

4.1.5 上样速度优化

不同的上样速度直接影响固相萃取柱富集效率，本文通过比较 5 mL/min、10 mL/min、15 mL/min 三种上样速度，发现超过 10 mL/min 时，部分目标化合物回收率降低，因此本方法选择上样速度为 5 mL/min，这与 EPA541 方法研究结果相同。

4.2 方法验证

方法参数以 5%甲醇二氯甲烷溶液配制质量浓度为 0.05 mg/L、0.20 mg/L、0.50 mg/L、1.00 mg/L、2.00 mg/L、3.00 mg/L、4.00 mg/L 和 5.00 mg/L 的标准曲线，以标准物质与内标浓度比为横坐标，峰面积与内标峰面积比值为纵坐标进行线性回归，6 种目标化合物总离子流图见图 2；重复测定 7 次 0.15 μg/L 空白加标样品，并计算标准偏差 S，检出限为 3.143S，定量下限为 4 倍检出限。按照 2.1 实验步骤，对低、中、高三个加标浓度阴性地表水样进行加标回收率测试，每个浓度设置 6 个平行样品。采用优化后的方法进行测试，基质加标回收率为 75.4 % ~ 110.8%，RSD 为 1.73% ~ 8.1%。经测试，该方法线性关系 $r \geq 0.999$，检出限为 0.01 ~ 0.04 μg/L，测定下限为 0.04 ~ 0.16 μg/L。方法回归方程、相关系数、检出限和精密度见表 2。

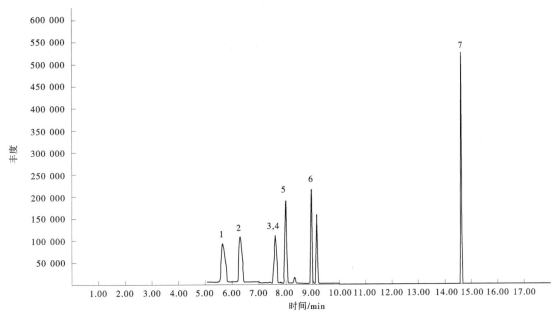

1—1，3-二氧戊环；2—2-甲基-1，3-二氧戊环；3—1，4-二氧六环-d_8；4—1，4-二氧六环；
5—1，3-二氧六环；6—2-乙基-4-甲基-1，3-二氧戊环；7—双（2-氯-1-甲基乙基）醚。

图 2　6 种致嗅物质总离子流图

表 2　6 种致嗅物质的回归方程、相关系数、检出限和精密度

化合物	曲线方程	相关系数 r	检出限/ (μg/L)	测定下限/ (μg/L)	平均回收率/%，RSD/%		
					0.50 μg/L	10.00 μg/L	20.00 μg/L
1，3-二氧戊环	$y=1.36x+1.97\times10^{-2}$	0.999	0.02	0.08	75.4, 5.1	79.6, 4.8	86.8, 4.2
2-甲基-1，3-二氧戊环	$y=1.41\times10^{-1}x+4.58\times10^{-2}$	0.999	0.01	0.04	88.4, 5.0	89.2, 5.1	84.8, 5.1
1，4-二氧六环	$y=8.12\times10^{-1}x+5.82\times10^{-3}$	0.999	0.04	0.16	104.0, 1.5	102.7, 1.3	103.2, 1.3
1，3-二氧六环	$y=1.74x+1.44\times10^{-2}$	0.999	0.03	0.12	104.3, 2.7	104.2, 2.9	105.1, 3.1
2-乙基-4-甲基-1，3-二氧戊环	$y=9.70\times10^{-1}x+1.38\times10^{-2}$	0.999	0.02	0.08	108.7, 6.3	105.4, 6.4	101.5, 6.6
双（2-氯-1-甲基乙基）醚	$y=8.72\times10^{-1}x+1.02\times10^{-2}$	0.999	0.02	0.08	110.8, 8.1	106.8, 6.5	103.6, 5.6

4.3　实际样品分析

基于优化后的方法，2020 年 6 月，对太浦河干支流进行了检测。结果表明，1，3-二氧戊环、1，3-二氧六环、2-乙基-4-甲基-1，3-二氧戊环、2-甲基-1，3-二氧戊环干支流部分检出，含量相对较低。1，4-二氧六环太浦河干支流各监测点均有检出，浓度范围为 0.47~5.12 μg/L，上游段干支流含量较低，平望大桥以下的干支流断面和京杭运河南支含量较高，浓度为 1.25~5.12 μg/L。双（2-氯-1-甲基乙基）醚上游段干支流未检出，平望大桥以下的干支流断面和京杭运河南支均有检出，浓度为 0.05~1.88 μg/L。

5　结论与展望

本文建立了固相萃取-气相色谱质谱法同时测定水中 6 种致嗅物质，本方法操作简便，通过优化

前处理方法，使各项方法参数满足水环境监测规范要求[15]，方法检出限优于世界卫生组织标准限值，可用于水中 6 种致嗅物质检测，为流域水源地水质检测和供水安全保障提供理论依据和技术支撑。

通过对太浦河实际样品分析发现，太浦河致嗅物质虽未超过限值，但部分致嗅物质浓度已超过嗅阈值，供水形势不容乐观。建议加强相关方面研究及风险评估，及时掌握水源地污染状况，保障供水安全。

参考文献

[1] 韩燕飞，吴斌 . 珠海市饮用水中嗅味物质分析研究［J］. 城镇供水，2019（3）：58-63.

[2] 李勇，陈超，张晓健，等 . 东江水中典型致嗅物质的调查［J］. 中国环境科学，2008（11）：974-978.

[3] Epa O U. Technical Fact Sheet-1, 4-Dioxane［J］.

[4] WH Organization. Guidelines for Drinking-water Quality 4th Ed.［J］. 2011.

[5] 张永吉 . 美国颁布的 129 项污染物的优先监测方案［J］. 国外环境科学技术，1983（3）：35-39.

[6] 王超，王星，季美琴，等 . GC 和 GC/MS 法测定洗涤及化妆用品中二噁烷残留量［J］. 质谱学报，2005，26（4）：254-256.

[7] 化妆品中禁用物质二噁烷残留量的测定 顶空气相色谱-质谱法：GB/T 30932—2014［S］.

[8] 贾静，杨志鹏 . 吹扫捕集-气相色谱/质谱法测定地下水中 1，4-二噁烷［J］. 岩矿测试，2014，33（4）：556-560.

[9] Draper W M, Dhoot J S, Remoy J W, et al. Trace-level determination of 1, 4-dioxane in water by isotopic dilution GC and GC-MS［J］. Analyst, 2000, 125（8）：1403-8.

[10] Shin H S, Lim H H. Determination of 1, 4-Dioxane in Water by Isotopic Dilution Headspace GC-MS［J］. Chromatographia, 2011, 73（11-12）：1233-1236.

[11] 王玉飞，施家威，王立，等 . 顶空固相微萃取-气相色谱法测定生活饮用水中痕量 1，4-二氧六环［J］. 色谱，2015，33（4）：441-445.

[12] 吕庆，王志娟，张庆，等 . 顶空-气相色谱-质谱法测定皂、粉、液类洗涤用品中的二噁烷［J］. 理化检验（化学分册），2015，51（9）：1298-1301.

[13] 徐佳杭 . 顶空气相色谱法与顶空气相色谱串联质谱法对化妆品中二噁烷残留量测定的方法比较［J］. 现代食品，2016（7）：61-63, 67.

[14] Method 541. Determination of 1-Butanol, 1, 4-Dioxane, 2-Methoxyethanol and 2-Propen-1-ol in Drinking Water by Solid Phase Extraction and Gas Chromatography/Mass Spectrometry［S］.

[15] 水环境监测规范：SL 219—2013［S］.

丹江口水库与南水北调中线总干渠浮游植物群落结构特征及其与环境因子的关系

梁建奎[1]   宋高飞[2]

（1. 南水北调中线干线工程建设管理局，北京   100038；

2. 中国科学院水生生物研究所，淡水生态与生物技术国家重点实验室，湖北武汉   430072）

摘   要：为探究丹江口水库与中线总干渠浮游植物群落结构特征及其影响因素，于 2019 年对丹江口水库及中线总干渠 18 个样点进行夏、冬两季的采样调查，共检出浮游植物 76 属 128 种，其中硅藻 53 种，绿藻 46 种，蓝藻 16 种，隐藻、裸藻、甲藻、金藻少量。中线总干渠的浮游植物物种丰富度高于丹江口水库；夏、冬季浮游植物总细胞密度最高值均出现在丹江口水库，分别为 S8 位点（2.78×10^7 cells/L）和 S2 位点（2.63×10^6 cells/L）；RDA 分析表明，TN、$PO_4^{3-}-P$、NO_3^--N 是影响丹江口水库和中线总干渠浮游植物群落组成的关键因子，丹江口水库浮游植物群落组成与 TN、$PO_4^{3-}-P$ 具有显著正相关关系，中线总干渠浮游植物组成与 NO_3^--N 含量具有显著的正相关关系。

关键词：丹江口水库；南水北调中线；浮游植物；群落结构；环境因子

南水北调中线工程是目前世界上最大的跨流域调水工程，是实现我国水资源优化配置、促进经济社会可持续发展、保障和改善民生的重大战略性基础工程[1]。中线总干渠流经长江、淮河、黄河、海河四大流域，纵跨北亚热带、暖温带和温带三大气候带，自然条件差异巨大。全长 1 432 km 的中线工程以明渠为主，并建有隧洞、管道、暗涵和渡槽等工程设施，是一个全封闭的人工系统。全面通水以来，在水文水动力条件、营养盐含量等因素作用下，浮游生物群落结构处于动态演变的过程中，某一特定类群生物量在特定时段还出现过快速增殖的现象，成为影响输水水质的潜在生态问题[2]。

浮游植物是水生态系统中主要初级生产者和食物链的重要基础环节。一方面，浮游植物是水环境变化的最直接响应者，其群落结构特征直接影响生态系统的结构和功能[3]；另一方面，环境因子变化也影响浮游植物丰度与群落结构的变化[4-5]。研究表明，浮游植物群落结构受到多种因子的共同调控，与营养盐、温度、光照、水动力等条件密切相关[6-8]。丹江口水库及中线总干渠浮游植物群落组成已被广泛报道[2,9-10]。然而以往的研究主要集中在丹江口水库或者中线总干渠浮游植物的群落组成及其与环境因子的相关性分析，对中线总干渠与丹江口水库浮游植物群落组成的比较及两者差异的研究均为空白。本文比较了两个区域的群落差异，分析了两区域群落结构与环境因子的关系，揭示了两区域浮游植物群落结构特征与演替的关键驱动因子，可为深入理解南水北调中线总干渠与水源地丹江口水库的生态系统提供基础数据。

1   材料与方法

1.1   研究区域及样点设置

从丹江口水库沿中线总干渠到北京惠南庄共设置 18 个采样点（见图 1），丹江口水库的采样点命

作者简介：梁建奎（1978—），男，博士，高级工程师，主要从事水利水电工程环境管理工作。

名为 S1~S10，总干渠采样点命名为 G1~G8。

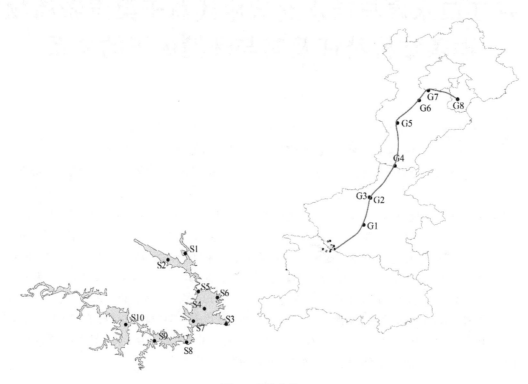

图 1　采样点位

1.2　水样采集与分析

于 2019 年 8 月（夏季）和 12 月（冬季），分别对研究区域进行了采样调查。通过 GPS 定位，现场使用 YSI Professional Plus 多参数仪（YSI, USA）测定水温（WT）、溶解氧（DO）。采集表层水样测定总氮（TN）、总磷（TP）、铵盐（NH_4^+-N）、硝酸盐（NO_3^--N）、磷酸盐（$PO_4^{3-}-P$）、化学需氧量（COD）和叶绿素 a（Chl a），测定方法参考中华人民共和国国家标准方法进行测定。总碳（TC）、无机碳（IC）、总有机碳（TOC）则通过燃烧氧化-非分散红外吸收法利用 TOC 测定仪（Anlutikjena, multi N/C 3100）进行测定。

1.3　浮游植物样品采集与分析

用 25# 浮游生物网采集浮游植物定性样品，4%甲醛溶液固定。现场采集 1 000 mL 水样装于塑料样品瓶，用于浮游植物的鉴定与定量计数，水样用鲁哥氏液（Lugol iodine solution）固定保存；静置48 h，通过虹吸作用抽去多余的上清液，经沉淀后定容至 30 mL。充分振荡混匀，吸取 0.1 mL 滴到浮游植物计数框上，随后用显微镜（Olympus CX21, Japan）在放大倍数 400 倍下进行鉴定与计数，浮游植物鉴定参考相关书籍[11-12]，鉴定到种或属。

1.4　数据分析与统计

利用相似性分析（ANOSIM）对不同类群浮游动物群落结构进行差异显著性检验；利用 Canoco 4.5 软件对物种数据与环境因子数据进行去趋势对应分析（DCA）和冗余分析（RDA）。

2　结果

2.1　环境因子

丹江口库区与中线总干渠春秋两季环境因子的检测值见表 1。单因素方差分析显示，在丹江口水库和中线总干渠两个不同的区域，除 $PO_4^{3-}-P$、COD_{Mn}、DO 差异显著（$P<0.05$）外，其他因子均差

异不显著（$P>0.05$）；在季节上，除 NH_4^+-N、IC 差异不显著（$P>0.05$）外，其他因子均差异显著（$P<0.05$）。在夏季，丹江口的 WT、DO、pH、TN、COD_{Mn}、TC、Chl a 含量高于中线总干渠，NO_3^--N、NH_4^+-N、TP、TOC 则低于中线总干渠；在冬季，丹江口库区 WT、TN、NO_3^--N、NH_4^+-N、TP、$PO_4^{3-}-P$、TOC 含量高于中线总干渠，DO、pH、COD_{Mn}、TC、IC、Chl a 则低于中线总干渠。

表 1　丹江口水库及南水北调中线总干渠环境因子状况

区域	丹江口水库		中线总干渠		单因素	
	夏季	冬季	夏季	冬季	区域	季节
WT/℃	29.47±0.59	11.84±1.70	27.63±0.33	6.54±1.12	0.292	0.000
DO/（mg/L）	7.09±0.83	9.27±1.10	6.59±0.47	14.20±1.95	0.033	0.000
pH	8.79±0.20	8.19±0.24	8.65±0.15	8.70±0.06	0.069	0.002
TN/（mg/L）	0.99±0.30	1.21±0.18	0.78±0.17	1.11±0.05	0.071	0.001
NO_3^--N/（mg/L）	0.59±0.27	1.07±0.17	0.74±0.25	0.93±0.05	0.071	0.000
NH_4^+-N/（mg/L）	0.05±0.02	0.06±0.10	0.06±0.00	0.02±0.02	0.446	0.500
TP/（mg/L）	0.013±0.004	0.029±0.018	0.015±0.002	0.017±0.002	0.218	0.008
$PO_4^{3-}-P$/（mg/L）	0.006±0.003	0.025±0.003	0.006±0.003	0.012±0.002	0.000	0.001
COD_{Mn}/（mg/L）	3.43±0.63	1.09±0.15	3.16±0.12	2.86±0.23	0.028	0.000
Chl a/（mg/L）	9.57±7.86	1.83±0.52	5.87±1.66	5.92±5.27	0.918	0.001
TC/（mg/L）	23.33±4.88	35.81±16.73	21.85±1.99	37.48±10.77	0.982	0.000
IC/（mg/L）	21.80±4.27	32.99±12.17	20.14±1.72	35.44±9.89	0.728	0.318
TOC/（mg/L）	1.53±0.69	2.82±4.76	1.71±0.69	2.04±1.06	0.911	0.000

2.2　浮游植物群落组成

丹江口水库和中线总干渠共鉴定浮游植物 7 门 76 属 128 种，硅藻种类最多，有 53 种，绿藻次之，为 46 种，蓝藻 16 种，隐藻、裸藻、甲藻、金藻较少。其中丹江口水库共鉴定浮游植物 79 种，绿藻种类最多，有 35 种，硅藻 21 种，蓝藻 13 种，隐藻、裸藻、甲藻、金藻共 10 种；中线总干渠共鉴定 104 种，硅藻最多，有 46 种，绿藻 38 种，蓝藻 12 种，隐藻、裸藻、甲藻、金藻共 8 种。丹江口水库和中线总干渠浮游植物群落结构的不同季节变化见图 2。

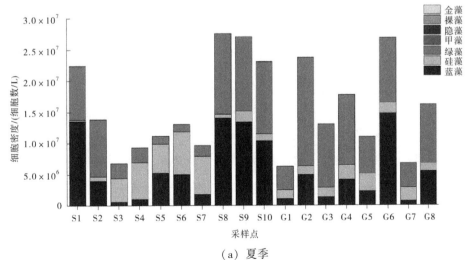

（a）夏季

图 2　不同季节浮游植物群落密度

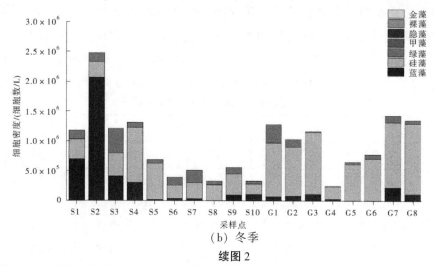

（b）冬季

续图 2

两区域细胞密度的变化范围为 $2.92×10^5 \sim 2.78×10^7$ cells/L，夏季细胞密度远高于冬季。各采样位点夏季浮游植物细胞密度变化范围为 $6.34×10^5 \sim 2.78×10^7$ cells/L，冬季为 $2.92×10^5 \sim 2.63×10^6$ cells/L。其中丹江口水库浮游植物细胞密度变化范围为 $3.34×10^5 \sim 2.78×10^7$ cells/L，中线总干渠细胞密度变化范围为 $2.92×10^5 \sim 2.69×10^7$ cells/L。夏、冬季浮游植物总细胞密度最高值均出现在丹江口水库，分别为 S8 位点和 S2 位点。

2.3 浮游植物群落与环境因子的关系

通过 Anosim 分析了丹江口水库和中线总干渠浮游植物的 β 多样性，结果显示，两地群落结构差异 P 值为 0.001，相异系数 R 为 0.497，表明丹江口水库和中线总干渠群落结构组间差异大于组内差异，两区域的群落组成差异显著。

经前向选择（Forward selection，$P<0.05$）、冗余分析的结果显示，所调查区域的浮游植物群落组成与 TN、NO_3^--N、$PO_4^{3-}-P$、WT 具有显著的相关性（见图 3）。排序轴 1、2 的特征值分别为 0.192 和 0.098，前两轴周共解释了 48.3% 的相关性信息。在空间尺度上，丹江口水库和中线总干渠也明显分成两个类群，其显著影响因子为 TN、$PO_4^{3-}-P$、NO_3^--N；在时间尺度上，夏季和冬季浮游植物的群落组成明显分开，其显著影响因子为 WT。

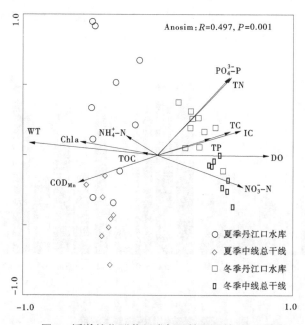

图 3　浮游植物群落组成与环境因子的 RDA 排序

3 讨论

3.1 浮游植物群落结构

浮游植物群落结构受其生物学特性、水体营养含量、捕食压力、水动力等条件的共同影响[13]。丹江口水库浮游植物物种组成夏季为绿藻–硅藻型，冬季为硅藻–绿藻型；浮游植物丰度组成夏季呈现为绿藻–蓝藻型，个别位点为硅藻型，冬季为硅藻型，个别位点为蓝藻型。中线总干渠浮游植物物种组成夏季为绿藻–硅藻型，冬季为硅藻–绿藻型；浮游植物丰度组成夏季为绿藻–蓝藻型，冬季为硅藻型。从物种组成上来看，两区域夏季均以绿藻和硅藻占优势，这与一些河流、水库、湖泊较为一致[14-16]。从丰度上看，夏季以喜高温的蓝藻、绿藻为主，冬季则以喜低温的硅藻为主，因此水温是影响两区域季节差异的重要影响因子。

3.2 浮游植物群落与环境因子的关系

由于不同物种在水温适应性上存在差异，导致优势类群随着水温变化而改变。本研究中温度在夏、冬两季存在显著差异，RDA 结果显示，水温是影响两区域浮游植物群落组成的重要环境因子，夏季的物种组成与水温呈正相关关系，冬季的物种组成与水温呈负相关关系。因此，水温影响和决定着丹江口水库及总干渠浮游植物群落以及优势类群的演变。

除了温度，营养含量也会导致生物群落组成的重构[7, 17]。本研究也显示，TN、NO_3^--N、$PO_4^{3-}-P$ 对两区域的浮游植物群落组成具有显著的影响，丹江口水库浮游植物群落组成与 TN、$PO_4^{3-}-P$ 具有显著的相关关系，中线总干渠浮游植物组成与 NO_3^--N 含量具有显著的相关关系。营养物质是浮游植物生长繁殖所必需的，浮游植物通过大量吸收水体中 N、P 等营养物质使其迅速增殖。由于不同的物种和功能群对不同营养盐的吸收率和敏感性不同，不同的营养条件下会产生不同的优势物种和功能群[18-19]。丹江口水库夏季浮游植物群落组成与 TN、$PO_4^{3-}-P$ 呈显著的负相关关系，而中线总干渠浮游植物群落组成与 NO_3^--N 呈显著的负相关关系，表明丹江口水库夏季浮游植物的生长消耗了大量 TN、$PO_4^{3-}-P$，中线干渠夏季浮游植物的生长则消耗了大量的 NO_3^--N。同时，由于硅藻生长的最适 P 浓度较蓝藻、绿藻低，为 0.002~0.01 mg/L，中线干渠和丹江口水库 $PO_4^{3-}-P$ 浓度的平均值分别为 0.012 mg/L 和 0.025 mg/L，因此中线干渠冬季浮游植物群落以硅藻为主，而丹江口水库冬季则出现部分位点以蓝藻为主的现象。

4 结论

在浮游植物物种组成上，丹江口水库和中线总干渠夏季为绿藻–硅藻型，冬季为硅藻–绿藻型。在物种丰度上，丹江口水库夏季呈现为绿藻–蓝藻型，个别位点为硅藻型，冬季为硅藻型，个别位点为蓝藻型；中线总干渠夏季为绿藻–蓝藻型，冬季为硅藻型。

RDA 分析表明，TN、$PO_4^{3-}-P$、NO_3^--N 是影响丹江口水库和中线总干渠浮游植物群落组成的关键因子。

参考文献

[1] 唐剑锋，肖新宗，王英才，等. 南水北调中线干渠生态系统结构与功能分析 [J]. 中国环境科学，2020，40 (12)：5391-5402.

[2] 张春梅，朱宇轩，宋高飞，等. 南水北调中线干渠浮游植物群落时空格局及其决定因子 [J]. 湖泊科学，2021：1-17.

[3] Richardson T L. Mechanisms and Pathways of Small-Phytoplankton Export from the Surface Ocean [J]. Annual Review of Marine Science, 2019, 11 (1): 57-74.

[4] Hulyal S B, Kaliwal B B. Dynamics of phytoplankton in relation to physico-chemical factors of Almatti reservoir of Bijapur

District, Karnataka State ［J］. Environmental Monitoring and Assessment, 2009, 153 (1-4): 45-59.

［5］Schagerl M, Bloch I, Angeler D G, et al. The use of urban clay-pit ponds for human recreation: assessment of impacts on water quality and phytoplankton assemblages ［J］. Environmental Monitoring and Assessment, 2010, 165 (1-4): 283-293.

［6］Zhang M, Shi X, Yang Z, et al. Long-term dynamics and drivers of phytoplankton biomass in eutrophic Lake Taihu ［J］. Science of The Total Environment, 2018, 645: 876-886.

［7］Becker V, Caputo L, Ordóñez J, et al. Driving factors of the phytoplankton functional groups in a deep Mediterranean reservoir ［J］. Water Research, 2010, 44 (11): 3345-3354.

［8］Vogt R J, Sharma S, Leavitt P R. Decadal regulation of phytoplankton abundance and water clarity in a large continental reservoir by climatic, hydrologic and trophic processes ［J］. Journal of Great Lakes Research, 2015, 41: 81-90.

［9］闫雪燕, 张鋆, 李玉英, 等. 动态调水过程水文和理化因子共同驱动丹江口水库库湾浮游植物季节变化 ［J］. 湖泊科学, 2021 (5): 1350-1363.

［10］王英华, 陈雷, 牛远, 等. 丹江口水库浮游植物时空变化特征 ［J］. 湖泊科学, 2016, 28 (5): 1057-1065.

［11］章宗涉, 黄祥飞. 淡水浮游生物研究方法 ［M］. 北京: 北京出版社, 1991: 333-362.

［12］胡鸿钧, 魏印心. 中国淡水藻类——系统, 分类及生态 ［M］. 北京: 科学出版社, 2006.

［13］Pilkaityte R, Razinkovas, A. Season changes in phytoplankton composition and nutrient limitation in a shallow Baltic lagoon ［J］. Boreal Environ. Res, 2007, 12: 551-559.

［14］Liu L, Liu D, Johnson D M, et al. Effects of vertical mixing on phytoplankton blooms in Xiangxi Bay of Three Gorges Reservoir: Implications for management ［J］. Water Research, 2012, 46 (7): 2121-2130.

［15］丁振华, 王文华, 瞿丽雅, 等. 贵州万山汞矿区汞的环境污染及对生态系统的影响 ［J］. 环境科学, 2004 (2): 111-114.

［16］陈倩. 贵州高原水库浮游植物对金属的富集与水体富营养化关系研究 ［D］. 贵阳: 贵州师范大学, 2019: 3-48.

［17］Fuhrman J A, Cram J A, Needham D M. Marine microbial community dynamics and their ecological interpretation ［J］. Nature Reviews Microbiology, 2015, 13 (3): 133-146.

［18］Li J, Zhang J, Huang W, et al. Comparative bioavailability of ammonium, nitrate, nitrite and urea to typically harmful cyanobacterium Microcystis aeruginosa ［J］. Mar Pollut Bull, 2016, 110 (1): 93-98.

［19］张辉, 彭宇琼, 邹贤妮, 等. 新丰江水库浮游植物功能分组特征及其与环境因子的关系 ［J］. 中国环境科学, 2022 (1): 380-392.

长距离引调水工程对检验检测的挑战及对策探讨

张来新[1,2]

（1. 珠江水利委员会珠江水利科学研究院，广东广州　510611；

2. 水利部珠江河口海岸工程技术研究中心，广东广州　510611）

摘　要：我国的水资源总量虽居世界第六，但人均占有量仅为世界平均数的 1/4，在世界排列第八十八位，属缺水国家。随着人口的持续增长和经济建设的不断发展，水资源问题已经成为制约人类生存与可持续发展的瓶颈因素，水资源分布不均匀性与人类社会需水不均衡性的客观存在使得调水成为必然，采用跨流域调水的方法，重新分配水资源，缓和乃至解决缺水地区各种需要迫在眉睫。随着南水北调、引滦入津等大型长距离引调水工程的实施，引调水工程与传统水利工程的不同也逐渐凸显，特别是长距离调水工程的差异，对检验检测工作的开展和实施提出了不同于传统小区域水利工程的特有挑战。本文针对长距离调水工程特点，对出现的这些新情况提出了作者的思考并给出了自己的解决方案，为长距离调水工程的检验检测工作开展和实施提供了好的思路，为提高长距离调水工程检验检测工作的高质量实施提供新的解决方案。

关键词：引调水；检测；设计；管理；对策

1　研究背景

所谓"引（水）调水工程"，其含义是"把水从水资源丰富的地区引流、调剂、补充到缺水地区，沿途所修建的水渠、涵洞、提灌站等一系列水利工程"[1]。

我国的水资源总量约 28 000 亿 m^3，居世界第六位，但人均占有量仅为世界平均数的 1/4，在世界排列第八十八位，属缺水国家。同时，全国水土资源分布也很不均衡，如耕地面积不到全国 40% 的长江流域及其以南河流，其径流量却占全国的 80% 以上，属富水区；而黄河、淮河、海河三大流域和西北内陆的面积占全国 50%，耕地占 45%，人口占 36%，而水资源总量只有全国的 12%，属缺水区。作为能源和粮棉油生产基地的西北和华北地区，虽土地、矿产资源丰富，在国民经济中有重要的战略地位，但水资源缺乏已经成为制约经济发展的主要因素，并造成生态环境恶化，亟待解决。

同样地，各国随着人口的增长和经济建设的不断发展，水资源问题矛盾日益凸显，成为制约人类生存与可持续发展的瓶颈因素，水资源分布不均匀性与人类社会需水不均衡性的客观存在使得调水成为必然，采用跨流域调水的方法，重新分配水资源，缓和以至解决缺水地区各种需要迫在眉睫。通过实施跨流域调水工程，可以使缺水地区增加水域，使得水圈和大气圈、生物圈、岩石圈之间的垂直水气交换加强，有利于水循环，改善水调入区气象条件，缓解生态缺水。调水还可以增加受水区地表水补给和土壤含水量，形成局部湿地，有利于净化污水和空气，汇集、储存水分，补偿调节江湖水量，保护濒危野生动植物水源，减少地下水的开采，防止地面沉降，对因缺水而引发的地区性生态危机将产生起死回生的生态效益、环境效益。

跨流域调水工程依据其所起作用和目的主要有以下六大类：

（1）以航运为主的跨流域调水工程，如中国古代的京杭大运河等。

（2）以灌溉为主的跨流域灌溉工程，如甘肃省的"引大入秦工程"等。

作者简介：张来新（1973—），男，正高级工程师，主要从事水利工程施工质量及安全技术研究与管理、试验检测技术研究工作。

（3）以供水为主的跨流域供水工程，如山东省的"引黄济青工程"、广东省的"东深供水工程"等。

（4）以水电开发为主的跨流域水电开发工程，如澳大利亚的"雪山工程"等。

（5）以除害（如防洪）为主要目的的跨流域分洪工程，如江苏、山东两省的"沂沭泗水系供水东调南下工程"等。

（6）跨流域综合开发利用工程，如"南水北调工程"和美国的"中央河谷工程"等。

一般地，大型跨流域调水工程通常是发电、供水、航运、灌溉、防洪、旅游、养殖及改善生态环境等目标和用途的集合体。

我国目前计划或已建设的部分大型引调水工程见表 1。

随着这些长距离大型引调水工程的实施，其与常规水利工程的差异也逐渐显现，特别对大型长距离引调水工程，这种差异更加明显。常规水利工程主要为水坝、水利枢纽，其建设占地范围小、施工距离短、施工区域相对固定，建设用原材料品种少、来源相对单一甚至"就地取材"；长距离调水工程则工程距离长、施工区域相对分散，建设用材料在不同地区性能差异大，难于"集中采购"，多行业交叉涉及材料等远多于常规水利工程。由于工程建设的这些不同，使得长距离调水工程的检验检测工作开展也面临着不同的挑战和难题。只有分析和解决这些难题，才能更好地加强工程的质量把控，使高质量、高效率得以顺利实现。

表 1　我国目前计划或已建设的部分大型引调水工程

序号	工程名称	布局或规划	建设内容	建设情况
1	南水北调	有效解决黄河淮河海河流域的水资源短缺问题，实现中国水资源南北调配、东西互济的合理配置格局。是新中国成立以来最大的综合水利工程。总体布局：分别从长江上、中、下游调水，以适应西北、华北各地的发展需要，即南水北调西线工程、南水北调中线工程和南水北调东线工程	规划区涉及人口 4.38 亿人，调水规模 448 亿 m³，规划的三线总长度达 4 350 km。东、中线一期工程干线总长 2 899 km，沿线六省市一级配套支渠约 2 700 km	20 世纪 50 年代提出，经过几十年研究论证开工建设。中线、东线已实施
2	引滦入津	为解决城市水源短缺制约天津城市的建设发展及市民用水问题，从 300 多千米以外引滦河水至天津市区。工程起点为河北迁西县大黑汀水库，穿燕山山脉，使滦河水西流，循黎河入于桥水库，经州河、蓟运河，转输水明渠	年引水量 10 亿 m³。工程由潘家口水库放水，沿滦河入大黑汀水库。整个引水工程途经河北省迁西县、遵化县及天津市蓟县、宝坻县、武清县、北辰区，全长 234 km。沿线筑有隧洞、泵站、水库、暗渠、管道、倒虹吸、桥闸等 215 项工程	国务院于 1981 年 9 月决定兴建引滦入津输水工程
3	滇中引水	水源工程位于丽江市石鼓镇，从金沙江无坝引水，输水工程自丽江石鼓望城坡起，经大理、楚雄、昆明、玉溪、红河，终点为红河新坡背。设计每年平均引水量 34.03 亿 m³，向滇池、杞麓湖和龙湖补水 6.72 亿 m³，服务覆盖 1 500 万人	该工程全线共有 58 座主隧洞，长 611.99 km；有施工支洞 120 条，长 91.2 km。工程完工后，受水区共涉及输水总干渠沿线 6 州市的 34 个受水小区，受益国土面积 3.69 万 km²，改善灌溉面积 63.6 万亩	在建

续表1

序号	工程名称	布局或规划	建设内容	建设情况
4	引江济淮	以城乡供水和发展江淮航运为主，结合灌溉补水和改善巢湖及淮河水生态环境为主要任务的大型跨流域调水工程。供水范围涵盖安徽省亳州、阜阳、宿州、淮北、蚌埠、淮南、滁州、铜陵、合肥、马鞍山、芜湖、安庆12个市46个县，河南省周口、商丘2个市9个县，涉及面积约7.06万 km²	线路全长723 km，年调水量33亿 m³，沿线筑有节制闸、泵站、跌水、暗渠、管道、倒虹吸、桥闸等工程	在建
5	引江济渭	满足关中地区渭河沿线西安市等4个区市、13个县城、8个工业园区等城市生活、工业和生态环境用水需求，极大地改善渭河流域生态，留下更多水给黄河下游	线路全长356 km，其中秦岭隧洞98 km，年调水量15亿 m³。工程需新建三大工程：三河口水利枢纽、黄金峡水利枢纽、秦岭输水隧道，前两个都是发电站与调水水源地，再通过98 km长的秦岭隧道送往西安等市	在建
6	引江补汉	主要为解决丹江口水库向北方输水的缺口问题，目前汉江的水资源利用率已高达42%，在南水北调和鄂北调水工程建成后，丹江口水库将成为用水大户，将大大超出汉江的负荷，为解决这一矛盾，决定建设从长江三峡库区调水的引江补汉工程	采用太平溪自流方案自三峡库区左岸太平溪镇取水，经宜昌、荆门、襄阳丘陵岗地修建引水隧洞，全线自流入丹江口水库坝下王甫洲水库，线路全长约265 km，需开挖27 km穿山隧道，年调水量60亿 m³	在建
7	引滦入唐	引滦入唐工程由引滦入还输水工程、邱庄水库、引还入陡输水工程和陡河水库四大工程组成，每年可给唐山市和还乡河陡河中下游输水5亿~8亿 m³	引滦入唐工程从滦河大黑汀水库引水，跨流域输入蓟运河支流还乡河邱庄水库，再从邱庄水库穿过还乡河与陡河分水岭，经陡河西支将水调入陡河水库，然后再从陡河水库将水输入下游和唐山市，供城市生活和工农业生产用水	已完成

续表 1

序号	工程名称	布局或规划	建设内容	建设情况
8	引大济湟	位于青海省东部,通过蓄水、调水和配水工程体系的建设,将水资源较丰富的大通河水,穿越达坂山引入较贫水的湟水流域,缓解湟水流域日趋严重的水资源供需矛盾,实现湟水流域水资源的合理配置和高效利用	工程分三期实施,三期工程共流经 80 万亩农田,同时覆盖 3 县 15 个镇区的生活和工业用水。线路全长 650 km,年调水量 7.5 亿 m³	在建
9	引黄济青	缓解青岛工农业生产和人民生活用水,防止青岛市的海水倒灌和地面沉降。线路全长 610 km,年调水量 5 亿 m³。全线覆盖滨州、东营、潍坊、烟台、威海、青岛等 6 个市,胶东地区引黄支线在烟台途经 9 个县(市、区),实现长江水、黄河水、当地水的联合调度和优化配置	从黄河下游利津附近开挖渠道,将黄河水向南引入胶莱河至青岛,以解决青岛市缺水问题。工程主要包括引黄济青干线和胶东引水支线,主要水源为黄河和南水北调东线部分来水	主要工程已完工,剩余部分后续工程在建
10	引黄入晋	引黄入晋工程位于山西西北部,从黄河干流的万家寨水库取水,分别向太原、大同和朔州三个能源基地供水和北京官厅水库补水。工程由万家寨水利枢纽、总干线、南干线、连接段和北干线组成。年调水量 12 亿 m³	引水线路总长 452.4 km,其中,总干线 44.4 km,南干线 101.7 km,连接段 139.35 km,北干线 166.9 km。工程分两期实施,水利枢纽位于山西省偏关县西北的黄河干流之上	绝大部分已完成,并于 2020 年首次实现从黄河调水至北京永定河,只剩部分后续工程在建
11	北水南调	将松花江流域的部分水量调往辽河,以补充辽河中下游及吉林省和内蒙古自治区沿调水线地区部分用水的工程规划	统筹考虑松、辽两流域水资源的合理开发和利用,可充分发挥水资源的经济、社会效益与环境效益,促进中国东北地区经济与社会发展	二期在建
12	引江济太	为改善太湖水体水质和流域河网地区水环境,保障流域供水安全,提高水资源和水环境的承载能力,特别是为缓解太湖地区水污染问题	利用已建成的望虞河工程和沿长江其他闸站,将长江水引入河网和太湖,再通过东导流、太浦河、环太湖口门等工程将太湖水送到黄浦江上下游、浙江杭嘉湖地区、沿太湖周边地区	2002 年 1 月以来,太湖流域实施了引江济太调水试验工程

续表 1

序号	工程名称	布局或规划	建设内容	建设情况
13	东深引水	是从东江取水，向香港、深圳供水的大型供水工程。1963 年，香港遭遇历史罕见的特大旱灾，为解决香港水荒的问题，中国政府拨专款于第二年 2 月开始兴建东深供水工程	全长 83 km，工程经 3 次扩建，年供水能力 17.43 亿 m³，其中向香港年供水 11 亿 m³。第四期扩建工程经东江左岸的东莞桥头镇太园一级抽水站，穿越石马河进入东深渠道，注入深圳水库，再通过涵管进入香港的供水系统	1965 年 3 月建成投产
14	引大入秦	甘肃省引大入秦工程是将大通河水跨流域调至秦王川地区的一项大型自流灌溉引水工程	支渠以上工程全长 880 km，主要由隧洞群、大渡槽、倒虹吸及明渠等建筑物组成	已完成
15	引黄入淀	引黄入冀补淀计划向河南省濮阳市和河北省邯郸、邢台、衡水、沧州、保定 5 市进行 465 万亩农业供水，补充地下水，以及向白洋淀生态补水	线路全长 482 km，年调水量 9 亿 m³	大部分已完工，剩部分后续工程在建

2 面临的挑战

2.1 执行标准问题

中共中央、国务院 2021 年 10 月 10 日印发的《国家标准化发展纲要》指出：标准是经济活动和社会发展的技术支撑，是国家基础性制度的重要方面。对检验检测工作讲，其所执行标准也是检验检测"人、机、料、法、环、测"要求中"法"的重要环节，起着举足轻重的作用。一般对常规水利项目，由于其行业特性明显，检验检测活动基本遵照执行行业标准即可。对长距离调水工程，由于施工内容涉及的行业多、建筑物（构筑物）门类多，存在同类型建筑物设计单位不一致，设计时所依据的标准也不一致等情况，在检验检测活动实际中，往往发现同类或相似建筑物（构筑物）所给定的检验标准不一致，合格标准要求也不一致的情况，更甚至造成标准的误用或混用情况。由于各行业标准针对的主要内容和关注重点不一致，对具体的细节要求上存在差异，因此往往造成对同类型建筑物质量要求不一致，使建筑物在最终质量上存在差异。如引江济淮工程涉及水利、水运、交通、市政等多个行业，且各行业间又存在搭接或交叉情况，在橡胶止水带的设计及实施上，就存在究竟执行《水利工程质量检测技术规程》（SL 734—2016）、《水利工程质量检测规程》（DB 34/T 2290—2015）、《高分子防水材料 第 2 部分：止水带》（GB 18173.2—2014）、《水工建筑物止水带技术规范》（DL/T 5215—2005）中哪个标准的探讨。

在标准的问题上，还有一类问题较为突出，即检验检测执行标准究竟由谁来给定，是设计、监理单位，还是检验检测单位？大多数人认为需要检验检测单位或委托方给定，也有些人认为需要由建设单位给定。究竟由谁给定，在法规、规范等要求上难以查找到相关的具体要求，也形成了"公说公有理，婆说婆有理"的情况。

2.2 原材料问题

原材料问题是检验检测"人、机、料、法、环、测"要求中"料"的主要控制管理内容。在长距离调水工程中，由于工程战线长，受各地方原材料供应市场影响，工程建设所需的几大主材供需往往与当地的基础设施建设规模相互影响。对基础设施建设体量大的，由于材料的需求规模大，形成了卖方市场主导，因此在原材料品质和价格同等条件比较时，如果市场供应材料的质量和规格与设计或行业要求不一致，在采购中往往难以达到行业标准的要求，甚至在适当提价条件下也难以采购到所需规格和品质的原材料。这种情况增加了检验检测单位对原材料质量的检测和评价难度，也会导致成品的质量难以控制和保证，同时在外观上影响其美观和一致性。例如：引江济淮工程需碎石 1 292 万 m^3、滇中引水工程仅昆明段就需338.14 万 m^3，在工程采购粗骨料时，受当地城市建设和交通工程建设的影响，市场上供应骨料基本均为按《建筑用卵石、碎石》（GB 14685—2011）或交通行业标准生产的 5（4.75）～31.5 mm 骨料，且多分为 5（4.75）～16.0 mm 和 16.0～31.5 mm 二级，需要时进行掺配使用。而在《水工混凝土施工规范》（SL 677—2014）中所推荐骨料粒径则为 5～20 mm 和 20～40 mm、40～80 mm 骨料，标准之间存在明显差异。这些要求的差异给检验检测工作带来很多不必要的干扰，使得检验检测结果和评判都面临许多新的问题。

原材料引发的另外一类问题是由于材料获取难、运距长、材料稳定性差造成施工时间不稳定，使得检测经常出现时断时续，结果变化较大，给评定和判断造成影响。如引江济淮工程位于安庆的某项目，其土方填筑的土料来源于 50 km 外的料场，受自然条件和人为因素影响较大，给施工和检验检测工作带来较大困难。

2.3 变更问题

这里的变更问题不是指工程的正常变更，而是由于长距离引调水工程的许多不确定性引起的检验检测工作的变化。如为满足当地群众生活生产要求，后增加跌水、交通或灌溉线路等工作内容，甚至对大型建筑物（构筑物）进行调整。变更问题主要在质量控制过程中引起检测频次与检测量甚至检测标准的变化，由于多数建设单位对变更增量实行严格控制，对长距离输水工程的特点认识不足，在管控过程中，要求不得在合同范围内增加检验检测工作量和检测费用，故只能片面调整和压缩之前或未发生检测量和检测内容，使检测工作的合理性、一致性和对数据分析的连续性、准确性产生影响。

2.4 资料问题

在引调水工程中，由于缺乏专门的检验检测相关检测、验收标准或在验收标准中缺少引调水工程相关条款，大多情况下各类工程均截取借用现有标准中涉及施工相关内容的验收或检测表格，缺乏对该类工程的针对性，资料填写完成后，要么出现大段的划线，要么在备注中写得密密麻麻，既不利于体现质量的真实情况，也造成不必要的浪费。

资料问题还表现在同一检验检测单位，由于处在不同的建设管理二级机构管辖范围，而由于二级管辖单位要求不统一，其对检验检测单位要求和工作的资料上报、归档等也不一致，造成同一检验检测单位在同一大型引调水工程的不同建设管理二级单位的资料管理体系和格式等不统一，对后期的管理工作和验收统计增加难度。

2.5 管理问题

管理和创新是企业的永恒主题，对于长距离引调水工程也依然适用。在引调水工程检验检测中，人员、设备、资质的管理工作也面临诸多考验。资质上由于长距离引调水工程基本为大型工程，按照相关法规要求，从事检验检测的机构必须具有甲级资质，按现有招标投标现状，基本要求具有水利检测四甲资质以上的单位才能投标或接受委托进行检验检查工作。而全国具有水利检测五甲的单位根据不完全统计有 30 余家，因此大型引调水工程对检验检测单位来说是精英云集，对各单位的管理是一次挑战和提升的大好机会。仍然以引江济淮工程为例，施工单位 60 余家，监理单位 40 余家，合同要求每家都必须建立自己的试验室，因此仅该工程就约有近 100 家试验室，这对检验检测的资质、人员、设备等管理都是一个挑战。同样，引调水工程还面临着施工单位不仅仅是具有水利施工资质单位的问题，如中铁、中交、中建和地方单位等都参与到建设中，这引发了非水利施工企业自身检验检测机构无水利甲级资质问题，基本以委托具有水利检验检测机构来实施检测工作，而限于行业的不同施工习惯及特点，往往带来对水利检验检测工作干扰过大甚至影响检验结果的问题。这种情况的出现更加考验检验检测机构对现场试验室的管理和控制。

针对以上的难题，笔者认为可以从以下几方面考虑解决办法。

3 解决对策

3.1 做好统筹，提前谋篇布局

对于标准问题，应当提前谋篇布局。即授权的工程申报主管单位在规划阶段提前考虑该工程可能涉及的行业有哪些，不同行业的要求是什么，在工程的划分上，提前以各行业的特点进行总体划分，在不同的行业区划中规划使用不同的行业标准，避免不同行业标准间的冲突和搭接，并突出自身行业的特点。同时，建设单位在初设或施工图设计阶段，积极协调各设计单位，在设计中对同行业统一设计要求和标准，避免同类型建筑物要求不同。检验检测单位在中标后，应配合管理单位积极复核设计单位或管理单位、监理单位提出的检验检测标准是否适宜，对不适宜的尽快提出建议并联系确认。

对资料问题，一方面，建议水利主管部门对引调水工程能建立相关标准序列，或在检验检测、验收、评定标准中增加引调水工程的相关内容，使检验检测资料更符合引调水工程的特点和对质量的检测、验收等要求；另一方面，在没有出台正式引调水相关标准前，建议建设单位会同设计、监理等单位编制适合自身工程特点的资料管理体系，对检验检测工作和表格等进行规范化和专项管理，同时报监督部门备案。

对原材料问题，建议根据不同工程队使用量，提前规划解决方式，可以联合当地材料加工企业，可以建立工程自身的原材料加工场，也可以与大型企业进行战略合作，建立长期合作或协作，甚至可以探讨入股模式，建立起能确保检验检测合格的原材料供应新模式。

3.2 做好功课，抓好过程管控

在管理问题上，建议做好功课，抓好过程管控。对长距离调水工程而言，施工单位、监理单位的数量远超过常规水利工程的参建单位数量，因此提前建立管理体系，针对性地设立管理奖罚措施并积极落实是一种不错的方式。针对同类型建筑物（构筑物）制定相同或相类似的管理措施，无论何单位，只要施工该类型建筑物，那么就必须执行该管理措施，就要遵从该措施的检验检测工作要求，不得随意更改。对不同资质单位，合理适度组织检验检测单位间的互查互学，以提高工程所有单位的检验检测管理水平；适当组织检验检测技术比武、技术竞赛等活动，对人员素质和检测能力进行提升；适度组织试验室间能力比对活动，统一工程检验检测技术水平等，都是增加过程管控的有效手段。

3.3 做好准备，适度响应变更

在变更问题上，建议做好思想和物质双重准备，对长距离调水工程而言，因群众的需要和地勘等工作不可能做到全面，同时原材料供应不及时等问题的客观存在，都不可能避免变更的发生，为此，建议建设单位本着实事求是的原则，适度响应变更的发生。同样在实际中，招标投标的检验检测清单量计算往往按照设计单位给出的材料使用总量进行，而实际工作中，检验检测时只能取到每批次的少量或每种类的最少进货量，因此这种对原材料的检测量会远超合同给定量，故这种变更在招标前实际已经客观存在，如果减少这种检测量会出现取样量不足或验收时缺少检测数据的情况出现。

4 结论

由于长距离调水工程距离长、涉及行业多、施工区域相对分散及建设用材料在不同地区性能差异大等的特点，对检验检测机构的工作提出了管理、标准使用、资料等的挑战，为解决这些问题，笔者认为可以从提前谋篇布局和抓好过程控制等方面来加以解决，为正在建设和计划建设的长距离调水工程提供借鉴。

参考文献

［1］黄国兵，苏利军，段文刚，等．中小型引调水工程简明技术指南［M］．北京：中国水利水电出版社，2013．

［2］水利水电工程等级划分及洪水标准：SL 252—2017［S］．

基于精确定性的石油烃分组测试方法及其应用研究

韩晓东[1]　　陈　希[1]　　桂建业[2]

（1. 南水北调中线干线工程建设管理局河北分局，河北石家庄　050035；
2. 中国地质科学院水文地质环境地质研究所，河北石家庄　050803）

摘　要：开发了一套基于质谱的石油烃分析方法，采用精确定性为基础的分组方法替代了传统的以保留时间进行分段的分组方法，使得包括 C_5 以下的组分在内的石油烃组分均得到了精确分组和定量；采用优化的面积归一法计算了各碳数的含量；不同碳数的方法检出限为 0.22~2.24 μg/L，方法精密度可以控制在 3.89%~9.27% 范围内；本研究还对不同基质下方法的适用性进行了考查，最终采用本方法对北京地区某野外石油污染场地内 15 口监测井进行了连续 3 期的动态监测，检出了 10 余种 VOCs 和 50 余种石油烃类物质，根据监测结果，精细刻画了不同时期不同污染物的动态变化。结果表明，精确分组的监测数据可以给场地带来更多的信息，有助于判断不同污染物之间的转化关系，也有利于对污染场地整体的修复效果进行客观评价。

关键词：有机污染场地；石油烃；基质效应；气相色谱-质谱法（GC/MS）

1　引言

石油污染是当前世界范围内最重要的污染形式之一，由于这些石油污染场地会给人体健康带来急性毒性或长期持久的健康风险，美国和欧盟等国家在 20 世纪末就开展了污染场地的系列相关研究工作[1-2]。我国环保部近几年出台的系列导则里面也都明确将石油类污染场地中的苯系物、石油烃等列为重点关注对象。但是受分析测试技术的限制，多年来石油烃测试只能进行总量识别，也就是"总油"。方法大部分均是采用红外、紫外、荧光等光谱方法。20 世纪 70 年代后期以来，由于色谱分离技术的发展和广泛应用，已可以定性、定量分析石油的各类组分[3-4]、各种化合物以及石油烃的各级降解产物，研究工作也就由"总油"等研究范围发展到石油组分中各化合物（包括各种化合物的同分异构体）的归宿、代谢途径和生物学效应等研究范围[5]。2017 年环境保护部颁布了标准方法《水质 挥发性石油烃（C_6~C_9）的测定 吹扫捕集/气相色谱法》（HJ 893—2017）及《水质 可萃取性石油烃（C_{10}~C_{40}）的测定 气相色谱法》（HJ 894—2017）。美国环保署（US EPA）SW-846 8015B、加拿大环境部（EC）和德克萨斯州天然资源保护委员会（TNRCCM）1005、1006 方法也对石油烃规定了各自的分析方法。这些方法均是基于气相色谱分离结合氢火焰离子化检测器（FID）来完成的，该方法的优点是可以较好地实现石油烃的分离与检测，尤其是随着毛细管色谱柱的发展，分离效率得到很大提高，因此得到了广泛的应用。但缺点是对于复杂基质的样品色谱的基线会出现波动。另外，由于 FID 本身无法分辨不同碳数石油烃之间的差别，气相色谱法也仅能依据色谱保留时间分段为定性依据，测试结果依然是石油烃某一段的总量[6]。

气相色谱-质谱联用法（GC-MS）是用来测定总石油烃及石油中的正构饱和烷烃和特定种类单组分的理想方法，此方法既可以对石油烃类物质进行精确定性，又可以对单个物质进行精确定量，是当

作者简介：韩晓东（1983—），女，高级工程师，主要从事水环境监测及评价工作。

前最具有前景的分析技术之一[7]。随着技术的进步，近些年多维气相色谱也不断地被应用到石油组分的分析当中[8]，新型的质量分析器如飞行时间质谱和傅立叶变换离子回旋共振质谱对石油烃组分的深度解析提供了帮助[9]。

GC-MS 法的优势在于色谱的分离作用与质谱的特征离子定性相结合，可以方便地对各种石油烃组分进行分组定量。杨明星等采用 GC-MS 法筛选出了某污染场地地下水中烷烃、芳香烃、酯类、醛类、醇类等多类物质并对其进行了定量，总结了该污染场地的污染特征及其环境指示意义[10]。杨慧娟、刘五星等采用分段法测定了土壤中可提取总石油烃，该方法依据美国总石油烃工作组（TPHC-WG）划分的馏分，选择了 12 种不同的"替代"化合物来定量不同段石油烃的含量，对可萃取性石油烃取得了较好的效果。李桂香等采用分类/分段检测方法分别对挥发性石油烃（VPH）及可萃取性石油烃（EPH）进行了定量研究，并对影响分析的因素进行了初步探讨。但这些分组方法仍是比较简单的以保留时间进行定性的分组方法，若想分析 C_{10} 到 C_{40} 之间的石油烃组分，就以气相色谱图上保留时间介于 $n-C_{10}H_{22}$ 与 $n-C_{40}H_{82}$ 之间的物质进行计算。如果在样品基质比较复杂的情况下，这样的定性方式必然会带来较大的误差。

本工作拟开发一套挥发性石油烃的精细分组测试方法，以精确定性为基础对 C_3 到 C_{12} 的所有挥发性石油烃成分根据碳数不同逐一进行精确分组检测。并以此为基础，针对石油污染场地的长期监测需求，对传统的面积归一法进行优化，并试图将此方法应用于实际污染场地的连续动态观测。

2 实验部分

2.1 主要仪器与装置

吹扫捕集仪与自动吹扫进样器（美国 OI 公司，型号：4660，配 4552 型自动吹扫进样器）；气相色谱-质谱联用仪（日本岛津公司，型号：QP2010plus）；挥发性有机物专用色谱柱（型号：Rtx-624，规格：30 m×0.25 mm×1.40 μm）。

2.2 主要材料与试剂

标准品与试剂：59 种 VOC 混标（美国 o2si 公司，CDGG-120788-01），浓度：2 000 mg/L；EPA 8260 气体混标（6 组分）（美国 o2si 公司，CDGG-120016-01），浓度：2 000 mg/L；石油烃纯品（中国石油化工集团公司）。

氦气、氮气：纯度≥99.999%。

气密性微量注射器（SGE 公司）：10 μL、25 μL、50 μL、100 μL、500 μL、1 000 μL；50 mL 容量瓶（A 级）；40 mL 吹扫专用密封瓶（美国 OI 公司、CNW 公司）。

甲醇（Merck 公司）：农残级。纯水制作程序：①取地下水 3 000 mL，加入 1:1 硫酸 10 mL 和一定量高锰酸钾蒸馏；②取上述蒸馏水 1 000 mL 加热至沸腾后，用高纯氮气（99.999%）吹 15 min。

2.3 实验条件

2.3.1 吹扫捕集条件

采用 40 mL 样品采集瓶。吹扫模式为水吹扫模式，吹扫时间：11 min；吹扫温度：40 ℃；脱附温度：210 ℃；脱附时间：1 min；传输线温度：110 ℃；烘焙温度 220 ℃；烘焙时间：6 min。

2.3.2 气相色谱条件

进样口温度：220 ℃，载气流速：1.1 mL/min，分流比 30:1。柱温：40 ℃保持 2.2 min，以 15 ℃/min 升至 192 ℃；以 25 ℃/min 升至 225 ℃，保持 2.0 min。

2.3.3 质谱条件

离子源温度：200 ℃，离子传输杆温度：220 ℃；离子扫描模式：全扫描，扫描范围 40~600 U，扫描切割时间 1.2 min，开始扫描时间 1.6 min，结束扫描时间 13.5 min。

2.3.4 组分精确定性与分组

将污染场地多个地下水样品进行混合，以此样品全扫描结果建立监测方法的组分列表，根据质谱图和保留时间对样品组分进行定性，根据鉴定结果建立污染场地主要污染物的组分列表，然后根据碳数将石油烃成分划分为 8 个组。

本方法仅适用于较易挥发的石油烃类物质，碳数的分布在 C_3 与 C_{12} 之间，由于本场地的污染组分中 C_3 与 C_{12} 成分较少，并且 C_3 与 C_4 类物质都属于较易降解的小分子物质，因此本方法中将 C_3 与 C_4 类物质归为一组，$C_{11} \sim C_{12}$ 归为一组，其他组分每一个碳数计为一组。

2.3.5 定量方法

分别以甲基叔丁基醚、苯、甲苯、间/对二甲苯、1，2，4-三甲苯和萘采用面积归一法替代计算 $C_{3\sim5}$、C_6、C_7、C_8、C_9、$C_{10\sim12}$ 组石油烃含量。根据石油类污染场地特点，选择甲苯作为污染场地替代物，选择甲苯氘八（甲苯 D8）作为室内内标物。甲基叔丁基醚、苯、甲苯、间/对二甲苯、1，2，4-三甲苯和萘等场地替代物定量完成后，其他各组组分的面积和分别与其面积进行对照计算得出，计算方法按照面积归一法。详细过程如下：设甲基叔丁基醚、苯、甲苯、间/对二甲苯、1，2，4-三甲苯和萘的浓度分别为 C_m、C_b、C_t、C_j、C_s、C_n，甲基叔丁基醚、苯、甲苯、间/对二甲苯、1，2，4-三甲苯和萘的峰面积设为 A_m、A_b、A_t、A_j、A_s、A_n，各组峰面积和分别为 $A_{3\sim4}$、A_5、…、$A_{11\sim12}$，各组浓度结果由 $C_{3\sim4}$、C_5、C_6、C_7、…、$C_{11\sim12}$ 表示，其中 $C_{3\sim4} = C_m \cdot A_{3\sim4}/A_m$，$C_5 = C_m \cdot A_5/A_m$，$C_6 = C_b \cdot A_6/A_b$，$C_7 = C_t \cdot A_7/A_t$，$C_8 = C_j \cdot A_8/A_j$，$C_9 = C_s \cdot A_9/A_s$，$C_{10} = C_n \cdot A_6/A_n$，$C_{11\sim12} = C_n \cdot A_{11\sim12}/A_n$。将上述各碳数石油烃的浓度相加得到总石油烃（TPH）的浓度。

2.4 野外样品采集、保存与现场稀释

野外地下水样品应采集在 40 mL 棕色玻璃瓶中加满，迅速用带内衬聚四氟乙烯垫的螺旋盖密封紧，在 2~4 ℃保存和运输。对于已知大浓度的样品，需对样品进行稀释，建议在野外对样品进行稀释，稀释过程为：先将 40 mL 玻璃瓶中加少量空白纯水，然后根据稀释倍数计算加入的样品体积，再将样品瓶装满。对于稀释样品与原样均应留有备样。样品和备样均于 2~4 ℃储存，自样品采集之日起 14 d 内完成分析。

3 结果与讨论

3.1 场地污染组分及分组情况

石油烃组分繁多，仅 C_{12} 及以下的较易挥发的石油烃成分就有几百种之多，在实际的污染场地评估中，很难对每一种物质进行量化分析。由于缺乏对应的每一种石油烃组分的标准物质，在传统方法中，只能对石油烃总量进行分析。在污染场地评估过程中，仅仅监测石油烃总量是远远不够的，在污染场地的修复过程中，需要实时监控各个碳数之间的变化情况，才能更好地评估场地的修复状态。

本方法基于对污染场地进行降解评估的目的，建立了对各个碳数进行精确定量的方法，经过对污染场地替代物和室内内标物的选择与面积归一计算，可以按照碳数将石油烃进行分组定量，在实际污染场地中，根据各个时间阶段的分组定量结果，可以很好地评估污染场地的人为修复或天然降解效果。理论上本方法可以对每种碳数均进行精确定量，由于本场地中 C_3 类物质与 C_{12} 类物质较少，因此合并部分碳数，共分为 8 组。

由于化合物本身的性质原因，部分目标物的出峰顺序不一定严格按照碳数从少到多的顺序排列，在分组过程中需要将同一碳数的化合物设为一组，否则会出现计算结果上的偏差。测试过程中，添加的替代物及内标物不在分组范围之内，色谱柱流失及部分室内干扰的邻苯二甲酸酯类也要扣除。以选取的标准 92 号汽油为例，各碳数的组成及分组情况如表 1 所示。

表 1　石油烃各碳数精确分组情况

序号	中文名	分子式	CAS 号	保留时间 RT/min	分组	定量离子
1	1-丁烯	C_4H_8	106-98-9	1.783	$C_{3\sim4}$	56
2	三甲氧基酯	C_3H_6O	503-30-0	1.817	$C_{3\sim4}$	58
3	环丁烷	C_4H_8	287-23-0	1.875	$C_{3\sim4}$	56
4	反-2-丁烯	C_4H_8	624-62-6	1.975	$C_{3\sim4}$	56
5	1，3-二氟-2-丙醇	$C_3H_6F_2O$	453-13-4	2.100	$C_{3\sim4}$	63
6	3-甲基-1-丁烯	C_5H_{10}	563-45-1	2.192	C_5	55
7	2-甲基丁烷（异戊烷）	C_5H_{12}	78-78-4	2.325	C_5	57
8	1-戊烯	C_5H_{10}	109-67-1	2.508	C_5	55
9	2-乙基己基醛	$C_8H_{16}O$	123-05-7	2.558	C_8	57
10	1，1-环丙二甲醇	C_5H_{10}	1630-94-0	2.600	C_5	55
11	反-2-戊烯	C_5H_{10}	646-04-8	2.717	C_5	55
12	顺-1，2-二甲基环丙烷	C_5H_{10}	930-18-7	2.825	C_5	55
13	1，1-环丙二甲醇	C_5H_{10}	1630-94-0	2.883	C_5	55
14	2，2-二甲基丁烷	C_6H_{14}	75-83-2	3.025	C_6	57
15	2-甲基戊烷	C_6H_{14}	107-83-5	3.475	C_6	71
16	环戊烷	C_5H_{10}	287-92-3	3.542	C_5	55
17	甲基叔丁基醚	$C_5H_{12}O$	1634-04-4	3.675	C_5	73
18	3-甲基戊烷	C_6H_{14}	96-14-0	3.708	C_6	57
19	2-甲基-1-戊烯	C_6H_{12}	763-29-1	3.900	C_6	56
20	正己烷	C_6H_{14}	110-54-3	3.967	C_6	57
21	3-甲基-1-戊烯	C_6H_{12}	760-20-3	4.075	C_6	69
22	2-己烯	C_6H_{12}	592-43-8	4.125	C_6	55
23	2，3-二甲基-2-丁烯	C_6H_{12}	563-79-1	4.175	C_6	69
24	反-3-甲基-2-戊烯	C_6H_{12}	922-61-2	4.250	C_6	69
25	2，2-二甲基戊烷	C_7H_{16}	590-35-2	4.358	C_7	57
26	2，4-二甲基戊烷	C_7H_{16}	108-08-7	4.442	C_7	57
27	甲基环戊烷	C_6H_{12}	96-37-7	4.542	C_6	56
28	3，3-二甲基戊烷	C_7H_{16}	562-49-2	4.933	C_7	71
29	1-甲基环戊烯	C_6H_{10}	693-89-0	5.000	C_6	67
30	2-甲基己烷（异庚烷）	C_7H_{16}	591-76-4	5.075	C_7	85
31	2，3-二甲基戊烷	C_7H_{16}	565-59-3	5.150	C_7	56

续表 1

序号	中文名	分子式	CAS 号	保留时间 RT/min	分组	定量离子
32	3-甲基己烷	C_7H_{16}	589-34-4	5.242	C_7	71
33	1，1-二甲基环戊烷	C_7H_{14}	1638-26-2	5.308	C_7	55
34	1，3-反式二甲基环戊烷 1，3-二甲基环戊烷	C_7H_{14}	1759-58-6 2453-00-1	5.450	C_7	70
35	苯	C_6H_6	71-43-2	5.500	C_6	78
36	反-1，2-二甲基环戊烷	C_7H_{14}	822-50-4	5.558	C_7	56
37	庚烷	C_7H_{16}	142-82-5	5.625	C_7	71
38	3-甲基-3-己烯 4-甲基-2-己烯	C_7H_{14}	3404-65-7 3404-55-5	5.783	C_7	69
39	2-乙基4-甲基戊醇	$C_8H_{18}O$	106-67-2	5.983	C_8	57
40	甲基环己烷	C_7H_{14}	108-87-2	6.167	C_7	83
41	乙基环戊烷	C_7H_{14}	1640-89-7	6.333	C_7	69
42	反-1，2，4-三甲基环戊烷	C_8H_{16}	4850-28-6	6.383	C_8	70
43	1，2，3-三甲基-1-环戊烷	C_8H_{16}	15890-40-1	6.517	C_8	70
44	2，3-二甲基己烷	C_8H_{18}	584-94-1	6.650	C_8	70
45	2-甲基庚烷	C_8H_{18}	592-27-8	6.692	C_8	57
46	4-甲基庚烷	C_8H_{18}	589-53-7	6.733	C_8	70
47	3-甲基庚烷	C_8H_{18}	589-81-1	6.833	C_8	57
48	顺-1，2，4-三甲基环戊烷	C_8H_{16}	2815-58-9	6.975	C_8	70
49	反-1，2-二甲基环己烷	C_8H_{16}	6876-23-9	7.050	C_8	55
50	氘代甲苯	C_7D_8	2037-26-5	7.167	—	98
51	甲苯	C_7H_8	108-88-3	7.225	C_8	91
52	顺-1，3-二甲基环己烷	C_8H_{16}	638-04-0	7.392	C_8	97
53	顺-1，4-二甲基环己烷	C_8H_{16}	624-29-3	7.500	C_8	97
54	异丙环戊烷	C_8H_{16}	3875-51-2	7.592	C_8	68
55	3，5-二甲基庚烷	C_9H_{20}	926-82-9	7.775	C_9	57
56	正丙基环戊烷	C_8H_{16}	2040-96-2	7.858	C_8	69
57	乙基环己烷	C_8H_{16}	1678-91-7	7.933	C_8	83
58	4-甲基辛烷	C_9H_{20}	2216-34-4	8.183	C_9	57
59	3-甲基辛烷	C_9H_{20}	2216-33-3	8.300	C_9	57
60	顺-并环戊二烯	C_8H_{14}	1755-05-1	8.550	C_8	67
61	乙基苯	C_8H_{10}	100-41-4	8.642	C_8	91

续表 1

序号	中文名	分子式	CAS 号	保留时间 RT/min	分组	定量离子
62	间/对二甲苯	C_8H_{10}	108-38-3/ 106-42-3	8.750	C_8	91
63	邻二甲苯	C_8H_{10}	95-47-6	9.150	C_8	91
64	异丙基苯	C_9H_{12}	98-82-8	9.492	C_9	105
65	4-甲基壬烷	$C_{10}H_{22}$	17301-94-9	9.542	C_{10}	57
66	对溴氟苯	C_6H_4BrF	460-00-4	9.700	—	95
67	丙基苯	C_9H_{12}	103-65-1	9.900	C_9	91
68	3-乙基甲苯（间甲乙苯）	C_9H_{12}	620-14-4	9.983	C_9	105
69	联三甲苯	C_9H_{12}	526-73-8	10.083	C_9	105
70	2-乙基甲苯（邻甲乙苯）	C_9H_{12}	611-14-3	10.283	C_9	105
71	1，2，4-三甲基苯	C_9H_{12}	95-63-6	10.458	C_9	105
72	异丁基苯	$C_{10}H_{14}$	538-93-2	10.583	C_{10}	91
73	邻-异丙基苯	$C_{10}H_{14}$	527-84-4	10.708	C_{10}	119
74	P-伞花烃（间异丙基甲苯）	$C_{10}H_{14}$	535-77-3	10.758	C_{10}	119
75	1，3，5-三甲苯	C_9H_{12}	108-67-8	10.892	C_9	105
76	叔丁基苯	$C_{10}H_{14}$	98-06-6	10.983	C_{10}	119
77	1-甲基-3-丙基甲苯	$C_{10}H_{14}$	1074-43-7	11.100	C_{10}	105
78	1，4-二乙基苯	$C_{10}H_{14}$	105-05-5	11.158	C_{10}	119
79	1，2-二乙苯	$C_{10}H_{14}$	135-01-3	11.283	C_{10}	105
80	1-甲基-2-丙基	$C_{10}H_{14}$	1074-17-5	11.350	C_{10}	105
81	2-乙基对二甲苯	$C_{10}H_{14}$	1758-88-9	11.442	C_{10}	119
82	1，3-二甲基-4-乙基苯	$C_{10}H_{14}$	874-41-9	11.475	C_{10}	119
83	5-乙基间二甲苯	$C_{10}H_{14}$	934-74-7	11.550	C_{10}	119
84	三乙基苯乙烯	$C_{10}H_{12}$	7525-62-4	11.608	C_{10}	117
85	1-乙基-4-乙烯基苯	$C_{10}H_{12}$	3454-07-7	11.683	C_{10}	117
86	1-乙基-2，4，5-三甲基苯	$C_{11}H_{16}$	17851-27-3	11.767	$C_{11\sim12}$	133
87	1-乙基-3，5-二甲苯	$C_{10}H_{14}$	934-74-7	11.867	C_{10}	119
88	3，3-二甲基丁基苯	$C_{12}H_{18}$	17314-92-0	11.917	$C_{11\sim12}$	105
89	1，2，4，5-四甲苯	$C_{10}H_{14}$	95-93-2	11.967	C_{10}	119
90	1，2，3，4-四甲基苯	$C_{10}H_{14}$	488-23-3	12.025	C_{10}	119
91	1-乙基-4-（1-甲基乙基）苯	$C_{12}H_{18}$	4810-04-2	12.100	$C_{11\sim12}$	133

续表1

序号	中文名	分子式	CAS 号	保留时间 RT/min	分组	定量离子
92	1-甲基-4-（1-甲基丙基）苯	$C_{11}H_{16}$	1595-16-0	12.133	$C_{11\sim12}$	119
93	3，5-二乙基甲苯	$C_{11}H_{16}$	2050-24-0	12.192	$C_{11\sim12}$	119
94	对异丁基甲苯	$C_{11}H_{16}$	5161-04-6	12.250	$C_{11\sim12}$	105
95	1-乙基-4-乙烯基苯	$C_{10}H_{12}$	3454-07-7	12.300	C_{10}	117
96	叔戊基苯	$C_{11}H_{16}$	2049-95-8	12.383	$C_{11\sim12}$	119
97	1-烯丙基-2-甲苯	$C_{10}H_{12}$	1587-04-8	12.467	C_{10}	117
98	1，3-二甲基-4-乙基苯	$C_{10}H_{14}$	874-41-9	12.542	C_{10}	119
99	1，2，3，4-四氢萘	$C_{10}H_{12}$	119-64-2	12.642	C_{10}	104
100	精萘	$C_{11}H_{14}$	1559-81-5	12.725	$C_{11\sim12}$	131
101	1H-茚，2，3-二氢-1，6- DIM	$C_{11}H_{14}$	17059-48-2	12.775	$C_{11\sim12}$	131
102	1-乙基-2，4，5-三甲基苯	$C_{11}H_{16}$	17851-27-3	12.842	$C_{11\sim12}$	133
103	茚	$C_{11}H_{14}$	4175-53-5	12.933	$C_{11\sim12}$	131
104	萘	$C_{10}H_8$	91-20-3	13.133	C_{10}	128
105	5-甲基四氢化萘	$C_{11}H_{14}$	2809-64-5	13.250	$C_{11\sim12}$	117
106	2-乙基-茚	$C_{11}H_{14}$	56147-63-8	13.317	$C_{11\sim12}$	117
107	2，3-二氢-4，7-二甲基 1H-茚	$C_{11}H_{14}$	6682-71-9	13.442	$C_{11\sim12}$	131
108	1H-茚，2，3-二氢-1，6- DIM	$C_{11}H_{14}$	17059-48-2	13.608	$C_{11\sim12}$	131

3.2 不同组石油烃组分替代物的选择

石油烃组分十分繁多，大部分组分均很难找到对应的标准对照品，因此现有的分析方法只能分析石油烃总量。本方法通过选择合适的"替代物"，通过面积归一法计算各个碳数的石油烃含量。分别以甲基叔丁基醚、苯、甲苯、间/对二甲苯、1，2，4-三甲苯和萘采用面积归一法替代计算 $C_{3\sim5}$、C_6、C_7、C_8、C_9、$C_{10\sim12}$ 组石油烃含量。

在实际污染场地中，重点关注的是降解过程中的污染物浓度变化，即长期监测过程中的相对大小更为重要。但为了保证将整体评估的绝对误差也降到最低，需要对场地替代物进行考查和评估。一个石油类污染场地中典型的污染物有苯、甲苯、乙苯、间/对二甲苯等，理论上这些均可以作为场地替代物，但由于质谱检测器本身的性质原因，质谱的响应信号与每种物质本身的结构信息紧密相关，而不能像 FID 那样对所有碳氢化合物具有相似的相对响应值，因此在方法体系建立之前需要对不同场地替代物对于检测结果的影响进行评估。

若以甲苯为场地替代物用面积归一法计算全部苯系物（BTEX）的浓度，所得结果为 130.9 μg/L，按照单标定量的方法逐一计算苯、甲苯、间/对二甲苯、邻二甲苯、乙苯的浓度分别为 5.94 μg/L、52.30 μg/L、28.56 μg/L、9.46 μg/L、7.80 μg/L，浓度合计 104.1 μg/L，误差为 25.8%，以苯计算 BTEX 总量为 146.2 μg/L，误差为 40.0 %；以间/对二甲苯计算 BTEX 总量为 93.26 μg/L，误差为-10.4%，以邻二甲苯计算 BTEX 总量为 62.40 μg/L，误差为-40.1%，以乙苯计算 BTEX 总量为 76.46

μg/L，误差为–26.55 %，以甲基叔丁基醚计算 BTEX 总量为 136.3 μg/L，误差为 30.93%。

由以上计算结果分析看出，根据不同物质进行面积归一得到的结果均存在一定的偏差，其中以甲苯和间/对二甲苯计算的结果偏差最小，但是碳数相近的苯和甲苯之间差别较小，碳数相同的间/对二甲苯与乙苯相差较小、与邻二甲苯相差较大，但是甲基叔丁基醚与甲苯计算结果相近。因此，不同碳数之间没有明显规律。结合表 1 中的组分分析，最终选定以甲基叔丁基醚定量 C_5 及以下的石油烃，以苯定量 C_6 石油烃，以甲苯定量 C_7 组石油烃，以间/对二甲苯定量 C_8 组石油烃，以 1，2，4-三甲基苯定量 C_9 组石油烃，以萘定量 C_{10-12} 的石油烃组分。

3.3 方法参数考查

3.3.1 线性范围

在 1.5 mL 棕色玻璃进样瓶中，加入 950 μL 甲醇，再加入 25 μL 59 种 VOC 混标和 25 μL EPA 8260 气体混标（6 组分）标准品，混匀，封口，–18 ℃ 保存，混合溶液的各组分浓度均为 50.0 mg/L。分别取浓度为 50.0 mg/L 的标准溶液 1.0 μL、2.0 μL、5.0 μL、10.0 μL、20.0 μL、50.0 μL，置于超纯水接近刻度线的 50 mL 容量瓶中，定容至刻度线。此溶液浓度分别为 1.0 μg/L、2.0 μg/L、5.0 μg/L、10.0 μg/L、20.0 μg/L、50.0 μg/L。此曲线用于测定汽油纯品中场地替代物的浓度。以各场地替代物的浓度计算出各碳数的石油烃浓度分别为 12.62 μg/L、119.1 μg/L、144.6 μg/L、104.1 μg/L、61.67 μg/L、212.3 μg/L、126.8 μg/L、17.58 μg/L。将此汽油标准品稀释 1 000 倍，然后分别取 1.0 μL、5.0 μL、10.0 μL、20.0 μL、50.0 μL 加入到 50.00 mL 的容量瓶中，轻轻转动摇匀后加入 40 mL 样品瓶中，对应浓度如表 2 所示。经过标准曲线拟合计算，得出线性系数 r^2 为 0.997 9～0.999 8，线性关系良好。

表 2 各标准系列点对应的石油烃各碳数浓度值　　　　　　　　　　　　　　单位：μg/L

碳数	标准溶液/μL				
	1.0	5.0	10.0	20.0	50.0
$C_{3～4}$	0.25	1.26	2.52	5.05	12.62
C_5	2.38	11.91	23.82	47.64	119.1
C_6	2.89	14.46	28.92	57.84	144.6
C_7	2.08	10.41	20.82	41.64	104.1
C_8	1.23	6.17	12.33	24.67	61.67
C_9	4.25	21.23	42.46	84.92	212.3
C_{10}	2.54	12.68	25.36	50.72	126.8
C_{11-12}	0.35	1.76	3.52	7.03	17.58
总 C	15.97	79.88	159.75	319.5	798.8

3.3.2 检出限与精密度

根据最小浓度点的 3 倍标准偏差，计算出方法的检出限，不同碳数石油烃的检出限分别为 0.50 μg/L、1.26 μg/L、1.66 μg/L、1.74 μg/L、1.22 μg/L、2.24 μg/L、1.61 μg/L、0.22 μg/L。选取低、中、高 1.0 μg/L、5.0 μg/L 和 25.0 μg/L 三个不同浓度点各平行测定 7 次，计算方法的精密度如表 3 所示，相对标准偏差随着加标浓度的增加而降低。加标浓度为 1.0 μg/L 时 RSD 值为 16.35%～60.02%，加标浓度为 5.0 μg/L 时 RSD 值为 6.14%～25.00%，加标浓度为 25.0 μg/L 时 RSD 值为 3.89%～9.27%。

表3 高、中、低三个不同浓度加标精密度（$n=7$）

碳数	低		中		高	
	平均值/（μg/L）	相对标准偏差 RSD	平均值/（μg/L）	相对标准偏差 RSD	平均值/（μg/L）	相对标准偏差 RSD
$C_{3\sim4}$	0.27	60.02	0.96	25.00	3.99	3.89
C_5	2.28	19.68	13.44	12.13	52.65	4.28
C_6	2.73	20.15	16.73	13.90	72.00	5.77
C_7	3.68	16.35	13.75	14.01	53.87	5.68
C_8	1.73	24.32	7.10	10.47	31.77	9.27
C_9	4.63	16.43	21.74	7.48	104.14	7.31
C_{10}	2.83	19.29	12.32	6.14	58.54	4.62
$C_{11\sim12}$	0.30	23.76	1.67	6.28	7.86	3.98

3.3.3 不同基质样品回收率考查

对地下水、地表水、生活污水分别作为样品基质进行方法的适用性考查，每组样品平行7次，分别计算在不同基质条件下添加同一浓度样品的回收率情况，计算各自的标准偏差。各碳数的添加浓度分别为：$C_{3\sim4}$ 2.52 μg/L，C_5 23.82 μg/L，C_6 28.92 μg/L，C_7 20.82 μg/L，C_8 12.33 μg/L，C_9 42.46 μg/L，C_{10} 25.36 μg/L，C_{11} 3.52 μg/L。地下水基质的各碳数石油烃平均回收率为82.8%~120.0%，地表水基质的回收率为79.0%~125.8%，生活污水基质的范围为76.3%~132.0%。地下水基质的回收率最接近100%；地表水基质的测试精密度最好，RSD均小于2%，地下水基质的RSD在10%以内。

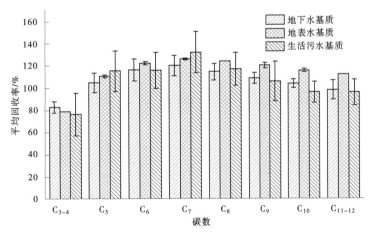

图1 不同基质样品回收率

3.4 实际污染场地动态监测

3.4.1 场地污染情况简介

以某石油污染场地为例，对地下水污染的修复过程进行了长期的动态监测。场地为某化工厂搬迁遗留，污染历史已达40多年。场地污染来源于该厂区内油罐泄漏，污染物主要组分为石油类。目前，油罐泄漏区地表污染源已移除，为进一步调查、监测并修复场地污染，厂区内目前布设了各类地下水井数十余口。2016年，间断开展了双氧水原位化学氧化地下水修复工作。厂区所在地区地层岩性以砂砾石和砂层为主，颗粒比较粗，包气带无明显黏土防污层，含水层补给径流条件较好，该区地下水天然流向由西北向东南；根据该厂区调查研究，污染目标含水层为潜水含水层，地下水埋深在 25 m 左右，地下水近期主流向为自西向东。为详细研究主要污染区石油烃降解机制，以泄漏区及其周边约 0.16 km² 为研究区（见图 2）展开工作。

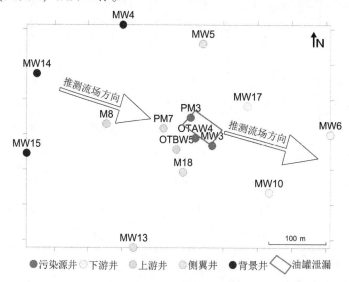

图 2　污染场地示意图

3.4.2　石油烃动态监测与各碳数精细刻画

采用本文开发的各碳数石油烃精确监测方法，首先筛选了场地中污染物的主要组分并对其进行了各碳数的精确分组（见表 4）。

表 4　污染场地石油烃各碳数精确分组情况

序号	中文名	分子式	CAS 号	保留时间 $RT/\min$	分组	定量离子
1	正丁醇	$C_4H_{10}O$	71-36-3	1.758	$C_{3\sim4}$	56
2	异丁烯	C_4H_8	115-11-7	1.850	$C_{3\sim4}$	56
3	正丁烯	C_4H_8	106-98-9	1.942	$C_{3\sim4}$	56
4	3-甲基-1-丁烯	C_5H_{10}	563-45-1	2.150	C_5	55
5	2-甲基丁烷	C_5H_{12}	78-78-4	2.258	C_5	57
6	1-戊烯	C_5H_{10}	109-67-1	2.467	C_5	55
7	2-甲基-1-丁烯	C_5H_{10}	563-46-2	2.550	C_5	55
8	顺-2-戊烯	C_5H_{10}	627-20-3	2.658	C_5	55
9	1,1-环丙二醇	C_5H_{10}	1630-94-0	2.767	C_5	55
10	1,2-二甲基环丙烷	C_5H_{10}	2402-06-4	2.825	C_5	55
11	丁烯酮	C_4H_6O	78-94-4	3.075	$C_{3\sim4}$	58
12	环戊烯	C_5H_8	142-29-0	3.367	C_5	67
13	2,3-二甲基-2-丁烯	C_6H_{12}	563-79-1	3.475	C_6	69
14	烯丙胺	C_3H_7N	107-11-9	3.633	$C_{3\sim4}$	56
15	甲基叔丁基醚	$C_5H_{12}O$	1634-04-4	3.675	C_5	73
16	2-甲基-1-戊烯	C_6H_{12}	763-29-1	3.808	C_6	56

续表4

序号	中文名	分子式	CAS 号	保留时间 RT/min	分组	定量离子
17	甲基丙烯酸乙酯	C_6H_{12}	760−21−4	3.983	C_6	55
18	3−甲基−1−戊烯	C_6H_{12}	760−20−3	4.042	C_6	55
19	2,3−二甲基−1−丁烯	C_6H_{12}	563−78−0	4.083	C_6	69
20	3−甲基−2−戊烯	C_6H_{12}	922−61−2	4.158	C_6	69
21	3−甲基−1−环戊烯	C_6H_{10}	1120−62−3	4.225	C_6	67
22	反−3−甲基−2−戊烯	C_6H_{12}	616−12−6	4.308	C_6	69
23	异丙基环丙烷	C_6H_{12}	3638−35−5	4.450	C_6	56
24	3−甲基−1−环戊烯	C_6H_{10}	1120−62−3	4.900	C_6	67
25	苯	C_6H_6	71−43−2	5.383	C_6	78
26	3,3−二甲基−1,4−戊二烯	C_7H_{12}	1112−35−2	5.692	C_7	81
27	3,3−二甲基−环戊烯	C_7H_{12}	7459−71−4	5.917	C_7	81
28	3,4−二甲基戊烯	C_7H_{14}	4914−91−4	6.067	C_7	55
29	3−甲基−1−环己烯	C_7H_{12}	591−48−0	6.408	C_7	81
30	2−丁烯基环丙烷	C_7H_{12}	16491−15−9	6.567	C_7	81
31	1−甲基−1−环己烯	C_7H_{12}	591−49−1	6.883	C_7	81
32	甲苯	C_7H_8	108−88−3	7.117	C_7	91
33	乙苯	C_8H_{10}	100−41−4	8.212	C_8	91
34	间/对二甲苯	C_8H_{10}	106−42−3	8.533	C_8	91
35	邻二甲苯	C_8H_{10}	95−47−6	8.650	C_8	91
36	丙基苯	C_9H_{12}	103−65−1	9.800	C_9	91
37	2−乙基甲苯	C_9H_{12}	611−14−3	9.908	C_9	105
38	均三甲苯	C_9H_{12}	108−67−8	9.975	C_9	105
39	3−乙基甲苯	C_9H_{12}	620−14−4	10.183	C_9	105
40	联三甲苯	C_9H_{12}	526−73−8	10.358	C_9	105
41	对−甲乙苯	C_9H_{12}	622−96−8	10.792	C_9	105
42	2−甲基苯乙烯	C_9H_{10}	611−15−4	11.000	C_9	117
43	2−乙基对二甲苯	$C_{10}H_{14}$	1758−88−9	11.058	C_{10}	119
44	3,4,5−三甲基甲苯	$C_{10}H_{14}$	527−53−7	11.342	C_{10}	119
45	1,3−二甲基−4−乙苯	$C_{10}H_{14}$	874−41−9	11.375	C_{10}	119
46	P−伞花烃（间异丙基甲苯）	$C_{10}H_{14}$	535−77−3	10.758	C_{10}	119
47	1−甲基茚满	$C_{10}H_{12}$	767−58−8	11.575	C_{10}	117
48	1,2,3,4−四甲基苯	$C_{10}H_{14}$	488−23−3	12.025	C_{10}	119
49	1−乙基−4−乙烯基苯	$C_{10}H_{12}$	3454−07−7	12.300	C_{10}	117
50	5−甲基茚	$C_{10}H_{12}$	874−35−1	12.367	C_{10}	117
51	萘	$C_{10}H_8$	91−20−3	13.017	C_{10}	128

基于以上定性分析，采用开发的石油烃方法对各碳数石油烃组分及总石油烃（TPH）进行动态监测，监测时期分别为 2017 年 1 月、3 月、4 月，其监测结果如表 5~表 7 所示。

表 5　各碳数石油烃监测数据（2017 年 1 月）　　　　　　　单位：mg/L

井编号	$C_{3\sim4}$	C_5	C_6	C_7	C_8	C_9	C_{10}	$C_{11\sim12}$	TPH
M18	0.38	4.28	1.98	0.69	0.29	0.92	0.11	—	8.65
M8	0.58	1.99	1.35	0.55	0.09	0.26	0.09	—	4.91
MW10	0.05	5.79	4.22	1.23	3.11	4.83	0.55	—	19.78
MW13	0.45	2.59	—	—	—	—	—	—	3.04
MW14	—	0.26	—	—	—	—	—	—	0.26
MW15	—	0.05	0.03	—	—	—	—	—	0.08
MW17	0.66	3.37	—	—	—	—	—	—	4.03
MW3	0.29	1.95	0.06	0.07	0.33	0.51	0.07	—	3.28
MW4	0.32	1.58	—	—	—	—	—	—	1.90
MW5	1.92	10.97	1.12	0.63	0.32	0.69	0.08	—	15.73
MW6	1.95	10.17	5.22	4.60	2.65	3.02	0.31	—	27.92
OTAW4	0.16	1.29	0.32	0.37	0.95	0.53	0.16	—	3.78
OTBW5	0.51	5.25	0.15	0.05	0.03	0.01	0.02	—	6.02
PM3	0.32	5.85	0.96	0.47	1.03	0.97	0.12	—	9.72
PM7	0.29	4.93	0.51	0.44	2.67	0.95	0.13	—	9.92
均值	0.53	4.02	1.06	0.61	0.76	0.85	0.11	—	7.93

表 6　各碳数石油烃监测数据（2017 年 3 月）　　　　　　　单位：mg/L

井编号	$C_{3\sim4}$	C_5	C_6	C_7	C_8	C_9	C_{10}	$C_{11\sim12}$	TPH
M18	0.51	2.67	1.76	1.07	0.25	0.98	0.06	—	7.30
M8	0.12	1.02	0.03	0.02	0.00	0.00	0.05	—	1.24
MW10	0.97	5.24	4.41	2.08	2.44	3.66	0.55	—	19.35
MW13	0.35	2.71	0.01	—	—	—	0.02	—	3.09
MW14	—	0.01	—	—	—	—	—	—	0.01
MW15	—	0.01	—	—	—	—	—	—	0.01
MW17	0.02	0.58	—	—	—	—	—	—	0.60
MW3	0.06	0.68	0.77	4.61	1.22	0.83	0.01	—	8.18
MW4	0.06	0.73	0.00	0.00	0.00	0.00	0.02	—	0.81
MW5	1.40	4.44	0.66	0.51	0.01	0.20	0.07	—	7.29
MW6	1.75	9.40	5.20	4.60	2.70	3.03	0.46	—	27.14
OTAW4	0.12	1.42	0.11	0.07	0.02	0.02	0.01	—	1.77
OTBW5	—	0.18	0.01	0.01	—	0.01	0.01	—	0.22
PM3	0.11	1.97	0.00	0.00	0.00	0.00	0.13	—	2.21
PM7	0.07	2.66	0.13	0.10	0.08	0.09	0.12	—	3.25
均值	0.37	2.25	0.87	0.87	0.45	0.59	0.10	—	5.50

表 7　各碳数石油烃监测数据（2017 年 4 月）　　　　　　　单位：mg/L

井编号	$C_{3\sim4}$	C_5	C_6	C_7	C_8	C_9	C_{10}	$C_{11\sim12}$	TPH
M18	0.18	2.75	1.47	0.69	0.17	0.72	0.28	—	6.26
M8	0.01	0.95	0.06	0.03	0.02	0.01	0.13	—	1.21
MW10	0.20	2.40	1.30	0.70	0.50	0.30	0.20	—	5.60
MW13	0.08	1.80	—	—	—	—	0.03	—	1.91
MW14	—	—	—	—	—	—	0.03	—	0.03
MW15	—	—	—	—	—	—	0.03	—	0.03
MW17	0.10	3.50	—	—	—	—	0.20	—	3.80
MW3	0.13	2.21	0.51	0.61	0.03	0.04	0.15	—	3.68
MW4	0.02	0.37	0.04	0.01	—	—	0.03	—	0.47
MW5	0.60	15.10	0.70	0.40	—	—	0.30	—	17.10
MW6	0.50	5.60	3.30	1.10	0.60	0.10	0.30	—	11.50
OTAW4	0.13	2.55	0.02	0.02	—	—	0.02	—	2.74
OTBW5	0.10	2.50	0.10	—	—	—	0.30	—	3.00
PM3	0.10	2.48	0.35	0.40	0.94	0.29	1.22	—	5.78
PM7	0.60	7.91	2.14	0.77	8.35	1.49	5.61	—	26.87
均值	0.18	3.34	0.67	0.32	0.71	0.20	0.59	—	6.00

注："—"代表未检出。

以总石油烃数据为总体污染的指标，结合 15 口井的位置图，绘制整个污染场地的 TPH 分布如图 3 所示。

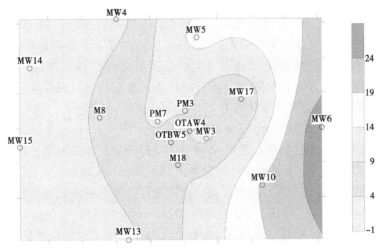

（a）1 月 TPH 分布

图 3　污染场地三期监测总石油烃（TPH）分布

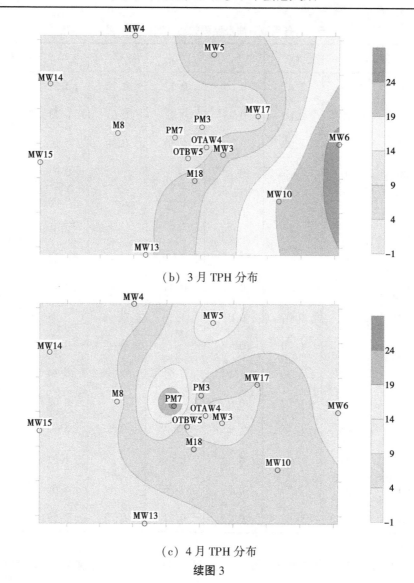

（b）3 月 TPH 分布

（c）4 月 TPH 分布

续图 3

从三期石油烃的污染数据及分布来看，总体上在场地西部污染物浓度较低，东部污染物浓度较高，整体规律与流场作用形成的污染分布格局基本吻合。但每期数据显示的污染最高值区（TPH>20 mg/L）不同，2017 年 1 月污染源下游的 MW6 为最高区；2017 年 3 月污染源下游的 MW6 仍然是最高区，但高污染区的范围有减少的趋势；2017 年 4 月，污染源的 PM7 为高值区并且面积较小，原污染最高区域 MW6 的污染浓度已经大幅度降解；至于 PM7 附近小面积区域出现巨大的数据波动，可能与污染源的重新释放或复杂的水文地质条件有关。

将三期数据动态变化的数据重新绘制，如图 4 所示。

从图 4 来看，3 月与 1 月对比，场地北部 TPH 基本全部降低，南部升高；4 月与 3 月对比，场地中北部 TPH 升高，南部降低，与 1 月到 3 月的趋势正好相反；4 月与 1 月对比，整个监测期的变化，场地中北部升高，西部、南部、东部都降低。整个监测过程处于不断降低的趋势。按 TPH 总量计算，3 月相对 1 月，TPH 浓度由原来的 119.2 mg/L 降到 82.47 mg/L，降低 30.7%；4 月相对于 1 月，TPH 浓度由 119.2 mg/L 降到 89.98 mg/L，降低了 24.4%；4 月相对于 3 月出现了反弹。

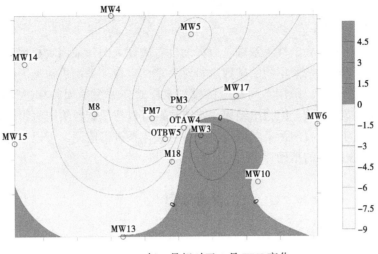

（a）2017 年 3 月相对于 1 月 TPH 变化

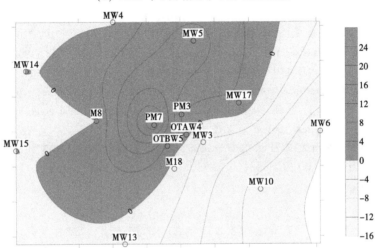

（b）2017 年 4 月相对于 3 月 TPH 变化

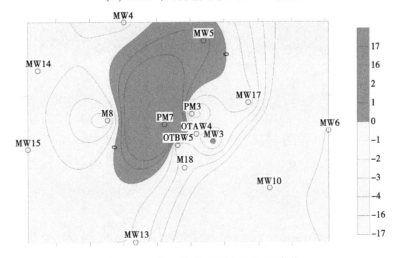

（c）2017 年 4 月相对于 1 月 TPH 变化

图 4　污染场地三期监测总石油烃（TPH）动态监测

4 结论

本方法以石油烃组分的精确定性为基础，以挥发性石油烃为例，采用吹扫捕集与气相色谱质谱技术将石油污染场地的污染组分按照不同的碳数进行逐一定性定量，采用最常见的汽油作为石油烃标准结合场地替代物分别进行定量，采用不同基质的模拟水样对新方法的回收率进行详细考查，最终将 C_3 至 C_{12} 之间所有组分按照碳数分组报出结果。本方法既可以按照碳数给出每组的含量，也可以给出总石油烃的含量，对于同一个石油污染场地按照同一方法体系进行监测，可以很好地用于污染场地的详细调查及污染场地修复效果的精确评估。

参考文献

[1] Cunha I，Neuparth T，Moreira S，et al. J. Environ Manage，2014（135）：36-44.

[2] Espana V A A，Pinilla A R R，Bardos P，et al. Sci Total Environ，2018，618：199-209.

[3] Ponsin V，Buscheck T E，Hunkeler D. J. Chromatogr A，2017（1492）：117-128.

[4] Grimm F A，Russell W K，Luo Y S，et al. Environ Sci Technol，2017，51（12）：7197-7207.

[5] Schemeth D，Nielsen N J，Christensen J H. Analytica Chimica Acta，2018（1038）：182-190.

[6] 殷惠民，张辉，李玲玲，等．水环境中石油类物质分析方法探讨［J］．化工环保，2017，37（1）：25-30.

[7] Kruge M A，Gallego J L R，Lara-Gonzalo A，et al. Oil Spill Environmental Forensics Case Studies，2018：131-155.

[8] Nelson R K，Aeppli C，Samuel J，et al. Standard Handbook Oil Spill Environmental Forensics（Second Edition），eds Stout SA & Wang Z（Academic Press，Boston），2016（8）：399-448.

[9] Rachel E M，Kirk T O R，Dawn A Z，et al. Environmental Science & Technology，2013，47（18）：10471-10476.

[10] 杨明星，杨悦锁，杜新强，等．中国环境科学，2013，33（6）：1025-1032.

水环境监测新技术研究进展

吕平毓[1]　陈晴空[2]　封　雷[3]

（1. 长江上游水文水资源勘测局，重庆　400020；
2. 重庆交通大学河海学院，重庆　400074；
3. 中国科学院重庆绿色智能技术研究院，重庆　400714）

摘　要：为更好保护环境，环境监测新技术的发展是非常必要的，其中，水环境监测技术不容忽视。从探讨水环境监测技术现状，分析水环境监测新技术应用现状方面着重介绍了环境 DNA（eDNA）、高光谱、传感器 3 种水环境监测新技术，希望能为环境监测工作提供参考。

关键词：水环境监测；环境 DNA；高光谱；传感器

0　引言

党的十九大报告明确指出："必须树立和践行绿水青山就是金山银山的理念"。随着时代、科技的不断发展，人们对环境保护的意识日益增强，对环境质量的要求也愈来愈高。当前我国水问题突出，水资源保护与河湖水质问题日益严峻，传统的水环境监测技术已不能满足新的水环境问题的有效解决，为有效解决水环境问题，促进水环境监测技术的发展与进步是非常有必要的。

1　水环境监测技术发展现状

我国水环境监测方式可划分为三类：自动监测、常规监测和应急监测[1-2]。

水环境自动监测技术有利于对水质污染源进行连续监测，但是由于我国水域众多，地方性水环境复杂，自动监测设备需要依据不同情况个性化设置，并且受仪器维护专业化要求较高、耗材费用较大、相关专业技术人员欠缺等多方面原因影响，造成目前并未形成大范围有效的自动监测网络[3]；水环境常规监测技术是根据国家有关的规范和标准严格按照相关操作采集水质的样品，然后化验，需要根据污染情况和水质类别进行相关的对比，主要包含有机物、微生物、无机物、重金属和常规项目等，常规监测技术应用较早、较成熟且应用较广，已经形成了较完善的运行体系，其实施流程清晰、完整，全过程质量控制可溯源，但用时较长，时效性略差[4]；水环境应急监测技术主要应用于突发的水污染事件中，监测过程中主要采用便携式移动设备，进行现场参数测定，可以快速测出现场参数，但便携式仪器有关参数对环境的要求非常高，周边环境恶劣时，监测数据偏差大，造成数据准确度不高[5]。为了更具可操作性和流动应变性，出现了水质应急监测车，其包含数据采集、车体、传输系统和车载电源系统等，车辆具有很好的操作性，可以随时移动。其特点是不受地点、时间、季节的限制，相对于便携移动设备而言，应急监测车可监测参数更多，实用性更强，但应急监测车存在前期投入费用较高、后期利用率较低的问题，维护监测仪器也需要投入大量人力和物力，容易造成资源浪费[4-6]。根据各个流域的不同特点，一般采用自动监测和常规监测相结合的方式，开展对流域水环境的监测工作。

作者简介：吕平毓（1969—），男，教授级高级工程师，主要从事长江上游生态环境监测系统研究。

通讯作者：封雷，男，助理研究员，从事水生态遥感监测研究。

2 水环境监测新技术及其应用

随着科学的快速发展、新技术的层出不穷，水环境监测新技术的发展是必须之举，有利于提高水环境监测的效率和质量，从而更加有效地保护水资源。其中生物传感器技术、环境 DNA 技术、高光谱技术等多种技术在水环境监测中有相对广泛的应用和快速的发展。

2.1 环境 DNA 技术

环境 DNA 技术是环境样本中（土壤、水、空气等）发现的，许多不同生物体基因组 DNA 的复杂混合物，包括环境微生物以及从生物体上脱落下来的活细胞 DNA 和因生物死亡后细胞破碎而游离出的胞外 DNA[7-8]。唐晟凯等[9]利用环境 DNA 技术对邵伯湖浮游动物群落进行了监测，研究结果显示，邵伯湖浮游动物 OTUs 数 68 个，浮游动物 22 种（隶属于 14 科 18 属），各区域的浮游动物多样性水平较接近。

目前 eDNA 的主要研究方法有三种：PCR、荧光定量 PCR 和高通量测序[10]。与传统的人工形态学方法相比，这三种方法具有省时、省力的优势。PCR 方法主要用于物种的定性检测，可检测水体中是否存在某一特定的物种。荧光定量 PCR 法可以在定性检测物种是否存在的基础上，对物种的生物量进行预测[10]。陈悦等[11]通过荧光定量 PCR 方法，定量研究基于 mcrA 基因的滇池产甲烷菌丰度及其分布特征，研究结果表明，滇池沉积物具有较高的产甲烷丰度，且产甲烷菌在滇池的分布空间异质性很大，临近农业面源污染区域的外海中部和临近磷、钾厂的外海南部比草海和外海北部水华密集区具有较高的产甲烷菌丰度。张哲海等[12]应用荧光定量 PCR 技术和显微计数法对玄武湖蓝藻水华进行了长期监测，结果表明，荧光定量 PCR 法可同步监测蓝藻、微囊藻和有毒微囊藻的数量，及时准确反映玄武湖蓝藻水华优势种群微囊藻和有毒微囊藻的动态变化。庄芳芳等[13]基于 Taq Man 探针的高通量荧光定量 PCR 技术对厦门市后溪流域冬季微生物污染进行检测，研究结果显示，该流域在上游及水库 5 个位点没有粪便污染，仅在其中一个水库位点检测出棘阿米巴，微生物污染极小，中下游检测出许多病原菌，其中流经旧城区居民生活生产区的水样微生物污染严重，下游新城区微生物污染较小，暗示着城市人类活动是流域微生物污染的主要来源。高通量测序技术（High-throughput sequencing）又称二代测序技术（Next-Generation Sequencing，NGS），能够一次对几十万至几百万条 DNA 分子进行序列测定[10]。张帅等[14]利用高通量测序技术研究了青岛市五大典型海水浴场不同沉积物环境中微生物群落结构的组成差异，研究结果表明，在门的水平上，五大海水浴场沉积物中变形菌门（Proteobacteria）占主导地位。Mei Zhuang 等[15]利用沉积物 DNA 的高通量测序（16S rRNA）技术，探讨偶氮染料降解菌及其功能基因在河口和海岸环境中的分布，研究结果说明，内河流量影响了近岸环境中偶氮染料降解基因的发生和丰度，以及偶氮受体基因与总有机碳、Hg、Cr 呈显著负相关（$P<0.05$）。

2.2 高光谱遥感技术

高光谱遥感一般是光谱分辨率在 $\lambda/100$ 数量级范围内的遥感，其中 λ 为波长，高光谱数据的光谱分辨率一般小于 10 nm，可达到数百个波段，提供几乎连续的光谱曲线，从而对地物实现精细识别和反演[16]。世界上第一台高光谱成像光谱仪是由美国国家航空航天局（NASA）下属的喷气推进实验室（JPL）于 1983 设计研制的机载航空成像光谱仪（Aero Imaging Spectrometer，AIS），它有 64 个波段，覆盖范围为 0.9~2.4 μm，1987 年又成功研制了第二代成像光谱仪——航空可见光与红外光成像光谱仪（Airborne Visible Infrared Imaging Spectrometer，AVIRIS），共有 224 个波段，可获取 400~2 500 nm 范围的全部太阳辐射。AIS 和 AVIRIS 高光谱成像光谱仪提供了大量的数据集供学者研究，并且极大地推动了高光谱成像技术的发展，各国也纷纷研制了高光谱成像光谱测量系统[17]。

李爱民等[18]等利用珠海一号高光谱卫星数据和实测水样数据，研究构建 CDOM 遥感反演模型，绘制天德湖水体 CDOM 空间分布专题图，实验结果表明，利用珠海一号高光谱数据反演 CDOM 参数可行，能够快速掌握监测水域 CDOM 空间分布状况，从而弥补传统水质监测模式的不足。刘建霞等[19] 表明机载高光谱遥感在水质监测中有很大的应用潜力，内陆水体或海湾本身的光谱特性相对更复杂和高光谱传感器本身的局限性，使其没有达到推广应用水平。孙昊等[20] 通过对石佛寺水库的水体进行光谱测量来获取石佛寺水库水体叶绿素 a 浓度反演模型，研究结果表明，石佛寺水库水体叶绿素 a 的浓度与反射比 R702/R674 和 595 nm 波长处反射率的一阶微分值都有较为明显的相关性（r^2 分别为 0.724 4 和 0.745 0）。段洪涛等[21] 研究结果表明，利用高光谱监测模型对湖泊富营养化状况进行监测和评价的结果较为准确，查干湖水体处于富营养化状态，需要采取措施防止进一步恶化。

2.3 传感器技术

传感器技术是在 20 世纪中期才问世的，与计算机技术和数字控制技术相比，传感器技术的发展落后于它们，不少先进的成果仍停留在实验研究阶段，并没有投入到实际生产与广泛应用中，转化率比较低[22]。

电化学传感器是根据物质在溶液中和电极上的电化学性质为基础建立起来的分析传感器技术，可测量电导、电位、电流等电信号，具有仪器装置微型化、操作简便、便于自动化和连续分析的特点，对金属离子的检测限可达到 10~12 g/L[23]。目前电化学传感器用于检测重金属的技术主要有伏安法、电位分析法、电导分析法等[24]。

生物传感器技术的核心是生物传感器，主要包括分子识别部分（敏感元件）和转换部分（换能器）两部分，敏感元件包括依酶、抗体、抗原、微生物、细胞、组织、核酸等生物活性物质，换能器包括氧电极、光敏管、场效应管、压电晶体等。生物传感技术充分利用对生物物质的敏感性，并将其浓度转换为电信号，具有专一性强、分析速度快、准确度高、操作系统简单、成本低的优点，可以实现感受、反应、观察的三大功能[25]。生物传感器可以帮助人类在生产过程中对环境的监测，有效做到保护环境而不阻碍生产的目的。

在国外，现代生物传感器已被详细划分为酶传感器、细胞传感器、免疫传感器、基因传感器等。酶传感器，由于酶的纯化困难，加之固化技术影响酶的活性，现代生物传感技术中采用以下几项措施：①多酶体系利用，即对不同化合物采用不同类型的酶进行最大活性的催化反应，并运用多酶的反馈调节可大大节省原材料并提高工作效率；②固定化底物电极，即使玻璃电极附近的 pH 变化与酶的活性在一定范围内呈线性关系；③酶的电化学固定化，即制作厚度小、酶含量可控的酶层。细胞传感器以活细胞作为探测单元，能定性、定量地测量和分析未知物质的信息，并可连续检测和分析细胞在外界刺激下的生理功能。免疫传感器是利用抗体对抗原的识别并能与抗原结合的功能构成的生物传感器，根据生物敏感膜产生电位的不同，可分为标记和非标记免疫传感器。现代基因传感器技术主要应用于基因固定的载体表面修饰和基因探针固定化技术、界面杂交技术、杂交信号转换和检测技术等[26]。

生物传感器技术在水环境监测中的具体应用主要有 BOD 生物传感器和酚微生物传感器。BOD 生物传感器也就是传统意义上的稀疏法，它依靠溶解氧的多少来判定水质的情况，这种方法主要偏向于实验室的相关研究，不适合现场监测[27]。微生物传感器通过传感器可以快速准确地测定出焦化、炼油、化工企业废水中的酚，根据测定的结果，可以对相应区域的水质情况进行充分的了解[28]。除此之外，在生活污水中还可以通过阴离子表面活性剂传感器实现对水中阴离子表面活性剂的测定。Tan Lu 等[29] 综述了以细胞培养为基础的生物传感技术在水质评价中的最新进展，讨论了其主要特点、潜力和局限性；胡超能[30] 阐述生物传感器技术应用到环境监测中，不但能够降低检测的成本，还可使得检测的结果更加真实有效。

当今传感器技术的研究与发展，特别是基于光电通信和生物学原理的新型传感器技术的发展，已成为推动国家乃至世界信息化产业进步的重要标志与动力。

3 结语

水环境监测技术是环境监测的重要组成部分，在环境保护中扮演着重要角色。因此，需要不断发展水环境监测新技术来尽可能满足解决水环境新问题的需求，不断增强水环境监测的效率，为社会不断地提供优质的服务，实现"绿水青山就是金山银山"发展战略。

参考文献

[1] 李燕．水环境监测中生物监测技术的应用［J］．节能与环保，2021（3）：92-93.

[2] 孙康．我国新型水环境监测技术的应用研究［J］．环境与发展，2020，32（12）：176，179.

[3] 宋玥琢．分析水环境监测信息化新技术的应用［J］．环境与发展，2020，32（8）：165-166.

[4] 李光明．水环境监测信息化新技术的应用分析［J］．环境与发展，2020，32（4）：132-133.

[5] 张杨．水环境监测信息化新技术的应用［J］．吉林农业，2019（14）：26-27.

[6] 单新颖．分析水环境监测信息化新技术的应用［J］．科学技术创新，2019（32）：76-77.

[7] 张辉，线薇薇．环境 DNA 技术在生态保护和监测中的应用［J］．海洋科学，2020，44（7）：96-102.

[8] 张娜，谢艳辉，李家侨，等．环境 DNA 应用研究进展［J］．中国动物检疫，2020，37（11）：68-75.

[9] 唐晟凯，钱胜峰，沈冬冬，等．应用环境 DNA 技术对邵伯湖浮游动物物种检测的初步研究［J］．水产养殖，2021，42（3）：13-20.

[10] 郁斯贻．环境 DNA 技术在水生生物监测中的应用研究［J］．科技视界，2019（22）：78-79，89.

[11] 陈悦，罗明没，李尚磷，等．基于荧光定量 PCR 技术分析滇池沉积物产甲烷菌空间分布特征［J］．云南农业大学学报（自然科学），2021，36（1）：132-139.

[12] 张哲海，厉以强．应用荧光定量 PCR 技术监测玄武湖蓝藻水华［J］．环境监控与预警，2013，5（4）：9-12.

[13] 庄芳芳，苏建强，陈辉煌，等．基于高通量定量 PCR 研究城市化小流域微生物污染特征［J］．生态毒理学报，2017，12（5）：141-152.

[14] 张帅，李晓康，刘祯祚，等．基于高通量测序技术分析青岛市典型海滩沉积物的微生物多样性［J］．海洋环境科学，2021，40（3）：417-424，456.

[15] Mei Zhuang, Edmond Sanganyado, Liang Xu, et al. High Throughput Sediment DNA Sequencing Reveals Azo Dye Degrading Bacteria Inhabit Nearshore Sediments［J］. Microorganisms, 2020, 8（2）：233.

[16] 杨嘉葳．城市地表水高光谱遥感关键问题研究［D］．中国科学院大学（中国科学院上海技术物理研究所），2019.

[17] 王锦锦，李真，朱玉玲．高光谱影像在海洋环境监测中的应用［J］．卫星应用，2019（8）：36-40.

[18] 李爱民，夏光平，齐鑫，等．珠海一号高光谱遥感的郑州天德湖水质 CDOM 反演方法［J］．测绘科学技术学报，2020，37（4）：388-391，397.

[19] 刘建霞，翟伟林，李金富，等．机载高光谱遥感在内陆水体或海湾水质监测中的研究与应用现状［J］．地质找矿论丛，2020，35（4）：487-492.

[20] 孙昊，周林飞．石佛寺水库叶绿素 a 浓度高光谱遥感反演［J］．节水灌溉，2019（3）：67-70.

[21] 段洪涛，于磊，张柏，等．查干湖富营养化状况高光谱遥感评价研究［J］．环境科学学报，2006（7）：1219-1226.

[22] 郭涛．水环境监测存在的问题及对策分析［J］．低碳世界，2021，11（1）：43-44.

[23] 舒丽红．浅谈环境监测信息化新技术的应用——以水环境监测为例［J］．江西化工，2019（5）：5-6.

[24] 王云飞．水环境监测中新技术的应用［J］．中外企业家，2018（2）：137.

［25］吴江涛．浅谈新技术在水环境监测中的应用［J］．能源与节能，2016（11）：110-111，162.

［26］吴勇剑，刘晓飞，林森，等．海洋环境监测与现代传感器技术［J］．信息记录材料，2020，21（10）：29-30.

［27］翁芝莹，柴春彦．饮用水中痕量重金属传感器技术检测研究进展［J］．中国公共卫生，2011，27（2）：146-148.

［28］王娜．传感器技术在环境检测中的应用研究进展［J］．低碳世界，2020，10（6）：28，30.

［29］Tan Lu，Schirmer Kristin．Cell culture-based biosensing techniques for detecting toxicity in water［J］．Current opinion in biotechnology，2017，45：59-68.

［30］胡超能．生物传感技术在环境监测中的应用研究［J］．科技经济导刊，2016（1）：134.

检验检测不符合项有效整改六步骤及实例

赵志忠　孙凯旋　冷元宝

（黄河水利委员会黄河水利科学研究院，河南郑州　450003）

摘　要：为保证有效运行并持续改进管理体系，针对检验检测活动中出现的不符合工作，应有相应的措施和程序予以管理，保证不符合的正确识别和有效整改。本文提出了检验检测机构不符合项的有效整改方法和实际案例，为检验检测机构有效改进和提高奠定坚实的基础。

关键词：检验检测；不符合项；有效整改；方法

1　引言

检验检测机构（以下简称机构）管理体系的持续改进提高是机构质量管理活动中的一个重要且关键的环节[1]。当人员监督、监控结果有效性（质量控制）、内部审核、管理评审和外部评审等活动中出现不符合工作时，要进入不符合工作程序并进行纠正处理，当不符合工作可能再度发生或其对机构的运行及方针和程序的符合性产生偏离可能时，须采取有效的纠正措施。机构只有切实认真地执行纠正、纠正措施和应对风险与机遇的措施，尤其是纠正措施的有效实施，才能保证机构管理体系的持续改进提升，适应内外环境的变化，保证其有效性、适宜性和充分性[2]。

2　不符合项

2.1　不符合项的概念和类型

不符合项是指不满足《评审准则》和管理体系文件及客户的要求。

管理体系在建立和实施的过程中，根据不同的不符合性质来判断，可能出现体系性不符合、实施性不符合和效果性不符合。

2.1.1　体系性不符合

体系性不符合是管理体系文件没有完全达到《评审准则》的要求，或与有关的法律、法规、标准及其他要求的不符合的情况，即文件的规定不符合《评审准则》要求。比如建立的文件化的管理体系不完整，未涵盖所选定的管理体系要素要求；管理体系文件中没有对国家法律法规、《评审准则》的规定提出明确要求。如例1：管理评审的输入项中缺少员工反馈信息，输出项中缺少资源需求信息。

2.1.2　实施性不符合

管理体系在实际运行过程中，机构有关部门、项目组、岗位没按或没完全按管理体系文件的规定去执行，即运行实施不符合文件规定。如例2：管理体系文件中有规定但没执行对冲击试验设备配备安全防护网。

2.1.3　效果性不符合

管理体系文件按《评审准则》或其他要求做出了明确的要求，而实施过程中也确实多数都按规

作者简介：赵志忠（1980—），男，高级工程师，主要从事工程质量检测与安全评价研究。

定执行了，但由于实施不够认真或某些偶发原因而导致效果未能达到预期目的，即管理体系运行效果未达到计划的目标和指标。如例3：游标卡尺（编号：×××）校准结果确认不符合要求，仪器档案缺少维护记录资料。

2.1.4 "一般不符合"和"严重不符合"

（1）一般不符合。对于满足管理体系要素或管理体系文件的要求而言，一般不符合是个别的、随机的、孤立的、偶发的、性质轻微的、易关闭的不符合。如例4：仪器存放室、电子天平室没有配置温湿度计。

（2）严重不符合。满足以下条件的构成严重不符合：

①管理体系运行出现系统性失效。如某一要素、某一关键过程重复出现失效现象。即多次重复发生不符合现象，而又未能采取有效的纠正措施加以消除。如例5：某单位有"危险性作业审批与管理程序"，但在审批环节规定的职责不清还没有审批记录，询问现场人员经常有没审批就自行进行高空作业等情况。

②管理体系运行出现区域性失效。如某一部门、要素的全面失效现象。

③发生意外事件，造成人、财、物的损失。一般指发生重伤以上事故或多人轻伤或多人中毒的事故。

④造成严重质量后果没有采取有效措施的。如产品检验检测误判，造成批量不合格，直接损失很大，甚至造成客户要求赔偿的投诉。

2.2 不符合项的描述

不符合项的描述应事实清楚、证据确凿。如发现不符合项的具体检验检测记录或检验检测报告、检验检测人员在某一个具体检验检测过程中未按规定操作、某台检验检测设备已过校准有效期等，在保证可追溯的前提下，应尽可能简洁，不加修饰，不能写诸如"检验检测人员操作很不熟练""试验台上的移液管架上许多移液管无任何标识"等；不使用推理性语言，如"检验检测人员用铅笔记录原始数据，将会导致字迹模糊甚至丢失数据""天平室安装了空调机，空调机开启时可能导致天平称量不准确"等；不使用结论性词语，如"记录信息不够""设备管理有瑕疵""采购的易耗品没有检查"等，对事不对人。

3 整改六步骤

3.1 纠正

3.1.1 纠正活动

不符合项整改应当就事论事，及时纠正已发现的不符合项。纠正应当采取以下活动：

（1）立即停止相关工作，避免因未停止而使得错误越来越严重。

（2）如果遇到已经完成的工作，比如实验数据和原始记录，应当立即或随后尽快修改正确，保证后续工作不被错误引导，并采用正确的数据和记录进行重新计算。

（3）追溯其他结果是否也受到影响。如果受到影响，应当采取风险评估等措施，如果风险评估后的结论是数据和结果对机构造成很大影响或者可能导致机构承担巨大经济损失，应进行报告追回，如果无法追回，应及时声明作废。

3.1.2 案例

例1纠正：修订《管理评审控制程序》，按照《评审准则》相关条款补充完善管理评审输入、输出项。

例2纠正：为冲击试验机增加安全防护装置。

例 3 纠正：在编号为×××的 ICP-MS 档案中添加仪器基本的维护记录。

例 4 纠正：查阅电子天平相关使用说明书，仪器存放室、电子天平室配备经校准的温湿度计，并监测记录。

例 5 纠正：立即停止未经审批就进行高空作业的情况，完善有效的《危险性作业审批与管理》程序文件，并对全体人员进行管理程序的宣贯培训。

3.2 原因分析

当识别出不符合时，就要分析不符合产生的原因，找到问题的根源，制定措施，消除这个根源，才能杜绝此类事件重犯。原因分析是纠正措施中最关键而且有时也是最难的部分。

根据质量因素起作用的主次程度，导致不符合发生的原因可分为直接原因、间接（或称次要）原因和根本原因，每种原因有时可能不止一个。原因分析时要仔细分析产生不符合的所有可能原因，进而从中识别出根本原因。

（1）直接原因。产生不符合或不能阻止产生不符合发生的第一起作用的原因。

（2）间接原因。过程中其他的对产生不符合有贡献或允许不符合发生的那些原因，其本身不会直接导致问题的发生。

（3）根本原因。引起产生不符合或不能阻止不符合发生的最里层，即最根本的原因，它是问题真正的和初始的根源。根本原因一般情况下多于一个。

对于例 1，程序内容不完整，管理评审输入项中未规定"员工反馈信息"内容和其他相关内容，相关人员未掌握《评审准则》的相关要求，没意识到管理评审不输入 15 项相关信息内容的风险。性质上属于"体系性不符合"，程度上属于"一般不符合"。

对于例 2，相关人员对安全生产的重要性认识不到位，未能及时进行冲击试验中试样被冲断后断块飞出对检验检测人员构成威胁的危险因素识别；未能严格执行《安全、内务管理与环境保护程序》，即进行化学、爆破、振动试验时，应特别加强自身安全防范意识，达不到要求的应停止作业。性质上属于"实施性不符合"，程度上属于"严重不符合"。

对于例 3，相关人员未严格执行《仪器设备管理程序》，部分资料检验检测人员自己保管，造成仪器档案资料不完整。性质上属于"效果性不符合"，程度上属于"一般不符合"。

对于例 4，理解《评审准则》中相关条款不透彻，未能严格执行《设施与环境条件控制和维护程序》中有关规定。性质上属于"实施性不符合"，程度上属于"一般不符合"。

对于例 5，未能严格执行《安全、内务管理与环境保护程序》中有关规定，自身安全防范意识不够。对安全生产的重要性认识不到位，未按要求严格执行的高空作业管理制度。性质上属于"实施性不符合"，程度上属于"严重不符合"。

3.3 纠正措施

纠正措施是为消除已发现的不符合或其他不期望情况的原因所采取的措施，是建立在原因分析的基础上采取的措施，目的是防止问题再发生。

机构应建立、实施和保持《纠正措施程序》，以便采取纠正措施，消除不符合项的原因，防止类似的不符合项再次发生。采取纠正措施时，针对不符合项的原因，列出可能的纠正措施活动，选择和实施最能消除不符合项且成本和风险大小相适应的措施。

对于例 1，组织最高管理者、技术负责人、质量负责人、内审员等相关人员学习《评审准则》相应条款，修订《管理评审控制程序》，补充和完善包括员工反馈信息在内的 15 项输入信息及 4 项输出信息等内容，并受控管理；对修订后的《管理评审控制程序》进行宣贯学习培训并运行。

对于例 2，为冲击试验机增加安全防护装置；组织相关人员进一步加强安全生产有关文件和《安全、内务管理与环境保护程序》的宣贯学习，加强对安全生产和安全防护重要性的认识理解；全面查找梳理安全生产危险源，并严格执行相关安全保护措施。

对于例3，组织有关人员认真学习《仪器设备管理程序》，强化确认结果复查，使在用仪器设备的准确性、可靠性及其测量准确度与要求的测量能力一致，以确保检验检测工作的质量。《仪器设备管理程序》中明确规定了仪器档案内需要包括的仪器设备基本信息表、验收单、制造商的说明书，仪器设备停用、降级、报废处理申请表（适用时），停用仪器设备启用申请审批表，维护计划及维护情况表等内容。

对于例4，查阅电子天平相关使用说明书，对采购的温度计进行校准，进行温度、湿度监测并记录。组织有关人员学习《设施与环境条件控制和维护程序》。

对于例5，组织相关人员进一步加强安全生产有关文件和《安全、内务管理与环境保护程序》的宣贯学习，对编写的《危险性作业审批与管理》进行受控管理，加强对安全生产和安全防护重要性的认识理解，并严格执行相关安全保护措施。

对于不需要采取纠正措施的不符合项，消除或纠正即可。实施了纠正措施后，应当对实施的结果进行监控和验证。如果发现还有类似问题发生，则说明该不符合项的根本原因未找准，纠正措施不到位，需要重新查找根源，制定有效的纠正措施，直至此类问题不再发生，才能关闭该不符合项。

3.4 举一反三

相似问题的解决方案往往也是相似的，对于相似的问题，有参考的整改往往是最快、最有效的，在参考以前方法的前提下，对原有方法进行一定的调整，可以反过来优化管理体系，确保类似问题整改后不会重新发生。

对于例1，采取全面核查的方式，审查质量手册和37个程序文件与《评审准则》的符合性，是否存在类似问题，同类问题一并处置。

对于例2，采取全面核查的方式，审查其他管理体系文件中已经规定了的相关安全措施是否得到落实，同类问题一并处置。

对于例3，采取全面核查的方式，审查机构其他仪器档案里是否缺少维护记录资料，或者其他《评审准则》规定的其他资料。

对于例4，采取全面核查的方式，审查机构其他仪器存放室、电子天平室和实验室等是否需要依规配备温湿度计。

对于例5，采取全面核查的方式，审查机构是否存在其他的危险作业现场未按管理体系文件规定执行的安全隐患情况。

3.5 追踪验证

追踪验证效果是对整改结果的验收和总结，确保机构整改内容落到实处。验证闭合是对效果进行推演或现场试验，确保在推演过程中，可以得到同样或接近的结果。"温故知新"，在追踪效果和验证闭合的过程中，常常会发现新的问题和不足，这样也可以整改得更加完善。

对于例1，做一次管理体系文件与《评审准则》等要求的符合性专项内审，没有类似情况再发生，关闭不符合。

对于例2，整改措施可行，整改到位，关闭不符合。

对于例3，已完成整改内容，未发现类似问题，关闭不符合。

对于例4，整改有效，关闭不符合。

对于例5，做一次有关"安全生产"的专项内审，没有类似情况再发生，关闭不符合。

3.6 整改证据

完成整改以后，应当提供整改前后证据，保存整改前后记录，方便以后的查证和提高相似问题的整改效率。

对于例 1：①最高管理者、质量负责人、技术负责人、内审员等相关人员学习《评审准则》的记录和照片；②修订后的《管理评审控制程序》培训或宣贯及其效果评价记录和照片；③修订前后《管理评审控制程序》复印件；④修订后管理体系文件与《评审准则》等要求的符合性专项内审资料。

对于例 2：①整改前的冲击试验设备没有配备安全防护网的照片；②整改后的冲击试验机安全防护装置照片。

对于例 3：①整改后的仪器基本信息表；②整改后的仪器维护计划及维护情况表；③整改后的相关人员的宣贯培训效果评价记录表。

对于例 4：①整改前的电子天平室未配置温湿度计的照片；②整改后的电子天平室配置温湿度计及监测记录；③整改后的购置的温湿度计校准证书；④整改后的检测环境监控记录表。

对于例 5：①整改后的审批记录；②整改后的相关人员的宣贯培训效果评价记录表；③"安全生产"专项内审记录；④整改后的安全生产作业指导书。

4 结语

"体检"出毛病就要"治病"。"治病"的手段主要有纠正、纠正措施和应对风险与机遇的措施等，这个环节十分重要。机构只有真正弄清了纠正、纠正措施和应对风险与机遇的措施的区别并熟练应用，尤其是纠正措施的有效实施，并"刨根问底"地找出真正"病因"，分门别类地"对症下药"，挖掉"病根"，才能避免同样的错误一犯再犯，才能彻底实现有效整改不符合项的目标。

参考文献

[1] 徐刚，常南 . 新形势下国有检验检测机构存在的问题及对策建议 [J] . 检测认证，2019（12）：198-201.

[2] 冷元宝 . 检验检测机构资质认定内审员工作实务 [M] . 郑州：河南人民出版社，2018.

大型水利工程工地试验室标准化建设与安全管理

李伟挺[1] 吴光军[1,2] 王 勇[1,2] 邓选滔[3] 李建军[1]

（1. 珠江水利委员会珠江水利科学研究院，广东广州 510610；

2. 水利部珠江河口海岸工程技术研究中心，广东广州 510610；

3. 广东粤海珠三角供水有限公司，广东广州 511453）

摘 要：本文结合珠江水利委员会珠江水利科学研究院珠江三角洲水资源配置工程质量平行检测01标段项目试验室建设与管理的实践经验，阐述了工地试验室标准化建设与安全管理对建成高品质水利工程的重要意义，总结了大型水利工程工地试验室房舍建造、人员配备、仪器设备配置及管理体系配备的一般要求，并针对工地试验室常见安全隐患，从试验室设施与环境建造、安全管理制度建立及安全教育与培训等方面提出了相应安全管理措施，为今后的水利工程工地试验室建设和管理提供借鉴依据。

关键词：水利工程；工地试验室；标准化建设；安全管理

1 引言

珠江三角洲水资源配置工程是国务院部署的172项节水供水重大水利工程之一，工程输水线路总长113.1 km，计划总投资约354亿元，是迄今为止广东省历史上投资额最大、输水线路最长、受水区域最广、惠及民众最多的水资源调配工程，旨在改变深圳、东莞、广州南沙等地区的单一供水格局，提高城市供水安全性和应急保障能力[1]。工程的建设不仅关系到粤港澳大湾区社会经济的发展，也是地区人们良好生活品质的重要保障。鉴于工程建设对广东省社会经济建设与发展的重要战略地位，必须高度重视工程的高品质建设。质量检测作为水利工程品质控制的重要组成，是保证工程实现高品质建设的关键环节[2]，而工地试验室建设则是实现工程施工全过程质量控制的重要措施。因此，加强工地试验室标准化建设与安全管理对工程高品质建设具有重要意义。

2 工地试验室的作用和特点

工地试验室是为控制工程施工质量而在工程现场设立的临时性检测试验室[3]，随着工程开始而建设，随着工程结束而撤销，不得承揽本工程以外的试验检测业务，具有明显的临时性和专一性特点[4]。珠江水利委员会珠江水利科学研究院珠江三角洲水资源配置工程质量平行检测01标段项目试验室承担该工程9个土建施工A1～A7、B1、B2标段的建构筑物建设所用原材料、中间产品、构（部）件及工程实体质量的监理委托平行检测任务，参与工程施工过程的质量检验检测工作，为工程的验收和质量评价提供真实的检测数据。此外，本工地试验室开展的检验检测活动不仅是控制工程建设品质与使用功能的重要环节，也是验证施工自检体系是否正常运转的重要举措。

3 工地试验室标准化建设

3.1 试验室场所建设及环境要求

工地试验室作为水利工程现场施工质量控制的检测机构，选址时应结合工程现场情况，遵循就近

作者简介：李伟挺（1979—），男，高级工程师，主要从事水利水电工程试验检测及试验室运行管理工作。

原则，充分考虑交通、通水、通电、通信等要求，避开山体崩塌、滑坡、泥石流等地质灾害潜发区，并与高压线路、电磁干扰、污染废物排放工厂等危险区域保持一定安全距离。工地试验室房舍建造的规模应满足工程检测活动需要，相关建筑材料应符合坚固、安全、环保及保温要求。房舍大小与格局应充分考虑试验室的工作内容、各功能室特点和相关仪器设备安置要求进行合理布设。房舍外应建设完善的排水系统，预留通畅的安全消防通道或大型车辆交通道路，满足工地试验室排水、消防及交通需要。

结合本工程施工建设的实际情况，质量平行检测 01 标段项目试验室布置在珠江三角洲水资源配置工程土建施工 B2 标 GZ18#办公区营地内，该位置地势平坦、交通便利。试验室房舍采用钢结构板房建造，为最大限度满足工作生活和节约用地，试验室建筑物采用"L"形双层布局的轻钢防火棉彩钢瓦结构。其中 1 楼为功能区，为满足检测需求，一楼为加高楼层，布置工作间有现场仪器室、高温室、水泥室、砂石室、拌和间、养护室、力学室、耐久室、样品室、土工室、金属结构室等；2 楼为标准楼层，布置办公区（办公室、资料室、会议室、员工活动室）及员工宿舍区。具体试验室场所布置如图 1 所示。

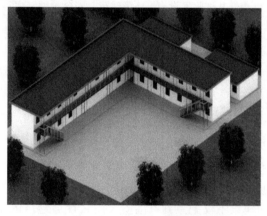

图 1　质量平行检测 01 标段项目试验室效果图和实景图

3.2　试验室人员配备

工地试验室应根据工程的规模、特点、涉及专业、施工进度等配备相应人员并明确进场时间，以确保检测工作正常开展，试验室人员一般包含项目负责人、技术负责人、质量负责人、检测员及辅助人员等。此外，为了积极发挥主观能动性和树立岗位责任意识，应对检测人员进行合理明确的分工，定人定岗定职责，如设立设备管理员、资料管理员、样品管理员等。为了保障本工地试验室检测项目正常开展，根据项目试验室运行情况和服务实际需要，目前，本工地试验室配备常驻试验人员 19 人，其中中高级职称以上人员 13 人，主要人员为取得水利工程质量检测员资格证书或具有水利水电工程及相关专业中级及以上技术职称资质的人员，试验室检测人员持证上岗率达到 80%。

3.3　仪器设备配备

工地试验室应配备满足项目检测内容及工作强度要求的仪器设备和辅助工具。结合珠江三角洲水资源配置工程 01 标检测工作内容规划和建设需要，本工地试验室按岩土、混凝土、金属结构等专业类别配备主要仪器设备工具 90 余台套，为了试验操作方便，检测操作互不干扰，功能室内各仪器设备应合理布局。

3.4　管理体系建设

管理体系即是将工地试验室的日常检测活动程序化、规范化，将影响检测结果的人员、仪器、材料、方法及环境条件等因素按规定的程序要求进行管理，并最终实现检测工作规范化、标准化。本工地试验室管理体系文件有质量手册、程序文件、质量手册附表、作业指导书，以及结合工程特点编制的简洁、适用、针对性和操作性强的管理制度、人员职责、操作规程等。

3.5　安全建设

近年来，水利工程项目建设与安全获得高度重视，对工地试验室的安全管理也做出更高要求。相对于土建工程项目，工地试验室发生一般以上安全事故的概率相对较低，但如果管理不善，也极容易产生消防安全、交通安全、漏电电击等伤亡及财产损失事故；相对于土建项目，低产值的工地试验室项目安全就是最大的效益，事故则是最大的浪费。因而如何建设和规范工地试验室的安全管理，杜绝伤亡事故及经济财产损失，越来越成为工地试验室不可缺少的管理要求。工地试验室是开展试验检测活动的重要场所，试验室运行期间涉及消防、安全用电、环境保护、设备安全使用等安全管理内容，为了确保试验室安全运行，以下为试验室安全建设中应着重考虑的内容：

（1）电气设施建设。用电安全是工地试验室常见的安全隐患和风险源之一。试验室在建设初期，应对试验室电气设施建设进行规划、设计及布置，工地试验室用电应根据仪器设备负荷情况，对各相接入负荷进行负荷平衡规划。试验室功能室、生活区、办公室之间应按三级配电及二级漏电保护系统的要求独立供电，并配备独立空气断路器开关和漏电保护器。工地试验室主要仪器设备应严格一机一闸/漏保接线，并确保接地，杜绝设备漏电对人员造成电击伤害。

（2）环保及减排建设。为了减少工地试验室的固体、液体、危险化学品等对环境的污染，试验室应对日常检测废弃物进行专门管理。试验室应在交通通畅的区域设置固体废弃物的废渣池，便于对固体废弃物的集中收集及清理。对于混凝土拌和室、胶凝材料室、土工室、混凝土标准养护室等易产生带有大量固体含量废水的功能室，应设置沉沙池，必要时增设一级或二级沉淀池，并经常清理，保证排污处理及排水通畅；对于化学室检测活动产生大量酸、碱、有毒有害废液，应采用专用设施或容器分类收集，并委托相关机构集中处理，严禁擅自排放。

（3）消防设施建设。根据消防安全管理需要，工地试验室应预留通畅的消防安全通道，并按相关规范要求设置应急标识，必要时安装消防应急灯，各功能室、生活区、办公室等区域应配备必要的消防设施和救援物资，并在适当位置布设消防砂箱、砂池、灭火器、消防水管等消防设施。对于重点区域如化学分析室、沥青室、档案室、配电室或配电柜等功能室，应在明显、易取用位置单独配备灭火器。

（4）管理体系建设。为了加强试验室安全管理，工地试验室应建设安全管理体系。管理体系建设内容包含成立安全管理领导小组，明确安全管理责任人，编制安全管理制度，明确管理内容、职责、检查及考核办法，编制相宜的专项应急预案和演练方案。

（5）宣传与标识。试验室的安全管理宣传一般包含安全管理主题宣传、安全文化宣传、危险源辨识及提醒警告标识等内容。对存在安全风险和环境保护管理要求的对象，应设置醒目的安全、环保警示标识。对限制人员进入的区域，应在其明显位置设置"限入提醒"标识，如混凝土标准养护室、化学分析室、涂料室等。对有安全提醒和警示要求的区域，应设置醒目的安全警戒线标识。对存在安全隐患的特殊设备，应对危险源进行标识警示，如对压力试验机、万能试验机、钢筋弯曲机、拌和机等应粘贴"防止物理打击"标识，高温炉、烘箱、砂浴等高温设备应粘贴"防止高温灼伤"标识，对有潮湿环境、开关箱等设备设施应粘贴"小心漏电"相关标识，对化学室有毒有害药品存放的储存柜、仓库应粘贴"有毒、有害"相关标识。

4　工地试验室安全管理

工地试验室安全管理应坚持"安全第一、预防为主、防管结合"的安全管理方针，根据工程项目建设要求制定安全管理目标，建立完善安全管理体系和管理制度，并落实安全管理责任。

4.1　落实安全管理制度及明确安全职责

工地试验室应建立严格的、有针对性的安全管理制度，安全管理制度的内容应包含设备设施安全、检测环境安全、检测操作安全等。此外，试验室应建立安全教育和培训制度，组织试验人员进行安全教育，提高安全意识。同时成立安全管理小组，安全管理小组是制度实施的监督者和执行者，应明确管理组各成员的安全管理范围和职责，坚持"既管生产又管安全，一岗双责"的原则，实行安全责任制，对主要责任人、主要检测人员应签订安全责任书。

4.2 加强设施与环境管理

工地试验室建设过程中，常常将重点放在仪器设备的配置、检测环境的改善等与试验检测活动相关的硬件设施上，而忽视了基础设施的安全性要求。为此提出，工地试验室在基础设施建造中还应考虑安全环境建设和安全设施配备。试验室应配备专门管理人员，定期对功能室水、电线路和检测设备的安全状态进行排查、检修并做好记录，确保功能室内采光、通风良好和内务整洁。试验检测过程必须严格按照试验方法标准和仪器设备操作规程进行，仪器设备运行时必须保证人员在场，不得擅自离岗。各功能室应在明显、易取用位置配备消防设施，在存在高温、高压、触电、打击等安全隐患的位置粘贴醒目的警示标示。此外，试验室应给检测人员配置合格的劳动保护用品和必要的应急救援物资，以保证检测人员的人身安全。

4.3 安全隐患及危险源的辨识

工地试验室常见的危险源有交通事故、漏电、消防、物理打击、高温、危化品、食物中毒、恶劣天气等。试验室建成后，应根据检测活动涉及的危险源或风险隐患编制《危险源辨识与风险评估清单》，根据 LECD 法则，评估每个危险源风险等级，并对存在一般以上风险进行重点标记、管理、宣贯及培训交底。通过对安全隐患和危险源的辨识培训教育，可减少因忘关电源、线路老化及超负荷运行等造成通电设备温度过高而起发的火灾事故，减少因违反操作规程或设备老化造成漏电、触电及电弧火花伤人事故，减少因操作不当或缺少防护造成的挤压、甩脱及碰撞的打击事故，减少因通风不畅或防护不足而造成有毒有害物质伤人事故等。同时，应加强现场检测作业的危险源辨识培训教育，如大型设备作业、涉电工作、交叉作业、高空临边临水作业等。

4.4 交通安全管理

交通安全是工地试验室安全管理的重点，是存在可能造成大型安全事故隐患的重要场所，所以试验室应加强交通安全管理，管理内容应包含交通工具的安全性能状态、定期检查车辆、指定专兼职驾驶员、指定交通安全管理制度、签订《驾驶员岗位责任书》等。日常管理中应对交通工具的性能状态、驾驶员的驾驶行为进行定期检查，并加强对酒驾、疲劳驾驶以及超速违法驾驶的管理。

4.5 安全交底、教育及培训

由于试验室从事的检测活动具有高度的专业性，且检测过程中可能存在安全隐患，因此开展试验检测必须是安全教育和专业培训合格的人员。通过安全教育提高检测人员安全意识和素质；通过培训机制增强试验室人员安全操作技能，降低检测活动中的安全风险。安全教育应包括项目管理、室内检测、现场检测及试验辅助人员的全体成员。试验室安全教育培训内容应包含新进人员安全培训、员工三级安全培训、专项安全培训、特殊检测项目安全交底等内容。教育和培训的内容应包括：安全生产政策、法律、法规及安全生产基本常识；安全生产操作规程，从业人员安全生产的权利和义务；工作环境的危险因素、危险源及安全隐患辨识；个人防险、避灾、自救方法及事故现场紧急疏散和应急处置；个人劳动防护用品的使用和维护及职业病防治；突发公共安全事件的应急救援等。同时检测人员在进入到工地施工现场从事现场检测，应学会对现场交叉作业、临边、临空、临水等风险源进行辨识，熟悉施工现场安全提醒、警告、禁止辨识，服从施工现场管理要求，规范现场检测施工活动。

4.6 应急预案及演练

试验室应根据检测活动及工作、生活安全管理需要，制定《消防安全应急预案》《防台风及恶劣天气应急预案》《防止食物中毒应急预案》《危化品管理应急预案》《防止特殊疾病感染应急预案》等检测安全管理涉及的风险预案，储备应急物资，必要时应举行桌面、现场应急演练，让全员熟悉应急预案内容和应急抢险处置程序。

4.7 安全隐患排查及整改

工地试验室应定期对试验室功能区、办公区、生活区、现场作业、交通管理等内容、区域进行安全检查，重点检查消防安全设施、用电安全、仪器设备状态、环境卫生、车辆状况、驾驶员工作状态、食堂卫生状况等，对发现的危险源、安全隐患及时整改，必要时通过专项安全会议、安全例会等形式进行通报。

5 结语与展望

工地试验室的检测活动是保障大型水利工程高品质建设的关键环节，而工地试验室的标准化建设和安全管理则是其发挥重要作用的前提，必须重视大型水利工程工地试验室标准化建设和安全管理。目前，我国的大型水利工程工地试验室建设和管理仍缺乏相应的标准和规范进行指导，导致各地、各项目工地试验室的建设和管理水平参差不齐，有时甚至会影响工程质量检测活动的开展。因此，建议国家、水利行业、地方或相关团体应尽快组织编制大型水利工程工地试验室建设与管理标准，促进工地试验室建设标准化、管理安全化。

参考文献

[1] 严振瑞. 珠江三角洲水资源配置工程关键技术问题思考 [J]. 水利规划与设计，2015，(11)：48-51.

[2] 王安林. 探析水利工程质量检测工作的必要性 [J]. 居舍，2020 (12)：195.

[3] 李喜云. 水利水电工程工地试验室的建设与管理 [J]. 黑龙江水利科技，2007，35 (3)：162-163.

[4] 兰洁. 交通建设工程项目工地试验室的标准化建设与管理 [J]. 长江师范学院学报，2015，31 (4)：117-120.

植生型多孔混凝土主要性能测试方法综述

吴光军[1]　李海峰[1,2]　吴　娟[1,2]

（1. 珠江水利委员会珠江水利科学研究院，广东广州　510000；
2. 水利部珠江河口海岸工程技术研究中心，广东广州　510610）

摘　要：鉴于植生型多孔混凝土主要性能指标尚未形成统一试验方法标准的现状，结合近年来这一领域的国内外研究情况，重点回顾了植生型多孔混凝土胶结浆体流动度、孔隙率、透水系数、植生孔径、抗压强度、抗冻性能、抗冲刷性能及孔隙环境 pH 值等指标的测试方法，对比分析并总结了相关试验方法的适用性和可操作性，为今后植生型多孔混凝土试验方法标准的编制提供参考。

关键词：植生型；多孔混凝土；试验方法

1　前言

植生型多孔混凝土兼具一定的结构稳定性与良好的生态环保性，除了具备良好的透水、透气性能，还能为绿色植物生长提供环境条件，是一种新兴的绿色环保材料，其在增强地面湿热交替、调节环境温湿度、改善地下水位、美化环境、修复生态等方面效益显著[1-2]。近年来，随着人民生活追求不断提升和绿色环保理念不断普及，国家经济社会发展也向绿色生态转变，推广植生型多孔混凝土技术符合绿色发展理念。目前，该项技术在吉林[3]、江苏[4-5]、上海[6]等地的道路护坡、河流护岸及湖岸带生态景观治理等工程中有多种应用，但针对植生型多孔混凝土技术指标缺少检测方法标准，不利于该技术的推广应用。

2　植生型多孔混凝土

植生型多孔混凝土是以一定孔径、一定孔隙率的多孔混凝土为骨架，并以植物生长营养土填充孔隙，使植物根系生长并穿透混凝土扎根下层土体所形成的有机结合体[7]。较传统密实混凝土，植生型多孔混凝土内部分布有大量孔洞，采用鲍罗米公式计算配合比的混凝土设计方法并不适用[8]，且在无砂低水胶比条件下，传统的坍落度、凝结时间已无法反映植生型多孔混凝土拌合物的可浇筑性，取而代之的是胶结浆体的流动度[9]和凝结时间。较路面透水混凝土，为满足植物根系生长需求，植生型多孔混凝土孔隙率要求不低于21%[10-11]，这也是导致其28 d抗压强度仅有10.0 MPa左右的主要原因[12-13]。为了保障工程的安全运行和生态效益发挥，抗压强度和孔隙率成为评价植生型多孔混凝土质量和应用价值的重要技术指标。同时，普通硅酸盐水泥的胶凝体系环境 pH 值高达12~13，而自然界植物生长环境 pH 值仅为3.5~8.5[8]，因此试验检测植生型多孔混凝土孔隙环境和填充营养土的pH 值对评价结构的植物适生性尤为重要。此外，鉴于植生型多孔混凝土的工程应用性和耐久性要求，抗水流冲刷[14-15]、抗冻融侵蚀[16]等指标也是影响其工程应用价值的关键。

3　试验方法综述

植生型多孔混凝土涉及工程学、园艺学、植物学、生态学和硅酸盐物理化学等学科[7]，本文主

作者简介：吴光军（1991—），男，硕士，主要从水工新材料及新技术研究和水利工程质量检测工作。

要对多孔混凝土骨架结构相关指标的试验方法进行回顾。

3.1　胶结浆体流动度试验方法

植生型多孔混凝土浇筑成型原理是裹浆法，即以粗骨料作为结构基本骨架，通过胶结浆体包裹骨料并提供连接纽带，从而形成具有一定强度的多孔混凝土结构。当胶结浆体流动性过大时，在重力自流作用下，试件成型初期容易造成混凝土底部集浆堵孔；流动度过小，则会导致胶结浆体不能均匀包裹在粗集料表面，影响混凝土结构孔隙，降低混凝土抗压强度[9]。因此，如何评价胶结浆体的流动性能，真实反映混凝土拌合物的可浇筑性极其重要。

目前，针对植生型多孔混凝土胶结浆体流动度的试验方法，相关学者主要参照《水泥胶砂流动度测定方法》（GB/T 2419）进行[17-18]。具体操作步骤为：按植生型多孔混凝土胶结浆体水胶比称量适量胶凝材料和拌和水拌制净浆；将胶结净浆分两层装入胶砂流动度试验试模，由边缘至中心分别均匀捣压 15 次和 10 次；再用小刀刮平去除多余浆体，取下试模，在 1 次/s 的振动频率下跳动 25 次，测量胶结浆体扩展范围。该方法能够较好反映胶结浆体自身的流动性能，可用以评价植生型多孔混凝土拌合物的可浇筑性。

3.2　孔隙率试验方法

孔隙率是植生型多孔混凝土的主要性能指标之一，在多孔混凝土复杂的微观结构中，孔隙可以从纳米尺度到宏观尺度出现，这也是导致其总孔隙率难以精确测定的原因。压汞法（MIP）是观察普通混凝土孔隙结构的有效方法，但由粗骨料相互堆砌形成的孔隙最大尺寸接近 10 mm，施加压力时会导致汞滴漏，因此多孔混凝土的压汞法（MIP）并不可行[19]。日本混凝土工协会生态混凝土研究委员会提供了一种多孔混凝土孔隙率测试方法——质量法[20]，通过测定多孔混凝土试件外观体积、浸水饱和水中质量、面潮无水（饱和面干）质量及烘干质量等计算得出孔隙率，总孔隙率 P_1 和连通孔隙率 P_2 的计算公式分别见式（1）、式（2）：

$$P_1 = \left(1 - \frac{M_2 - M_0}{V}\right) \times 100\% \tag{1}$$

$$P_2 = \left(1 - \frac{M_1 - M_0}{V}\right) \times 100\% \tag{2}$$

式中：V 为试件外观体积，cm^3；M_0 为浸水饱和试件水中质量，g；M_1 为饱和面干试件质量，g；M_2 为试件烘干质量，g。

Lian 等[19]利用排水体积法成功测得多孔混凝土试件孔隙率。首先将试件在 110 ℃的烘箱中烘干，然后在水中浸泡 24 h，通过测量样品浸泡前后的水位差，确定样品排出水的体积，孔隙率 P 的计算公式见式（3）：

$$P = \frac{V - S \times (H_2 - H_1)}{V} \times 100\% \tag{3}$$

式中：V 为试件外观体积，cm^3；S 为容器横截面面积，cm^2；H_1 为初始液面高度，cm；H_2 为加入试件后液面高度，cm。

Huang 等[21]认为准确测量试件外观体积是上述测试方法具有可行性的关键，并提出使用美国 CoreLok 真空密度仪来获取试件的真实体积。黄大伟等[22]认为该方法具有较好的测量精度，但测试过程复杂，对仪器设备要求较高，不具有普遍适用性。为了回避测量试件外观体积造成干扰，黄大伟等[22]提出了一种多孔混凝土孔隙率快速测试方法，即在试件成型未拆模状态下，称量多孔混凝土质量，然后通过向多孔混凝中注水填充孔隙排出空气，并称量充水多孔混凝土质量，最后采用质量密度体积换算即可求得孔隙率 P，计算过程见式（4）。

$$P = \frac{M_2 - M_1}{V\rho_T} \times 100\% \tag{4}$$

式中：V 为模具体积，cm^3；M_1 为多孔混凝土质量，g；M_2 为多孔混凝土+填充水质量，g；ρ_T 为 T ℃ 时水的密度，g/cm^3。

Bzeni 等[23] 和 Cosic 等[24] 在研究植生型多孔混凝土孔隙率时，通过 X 射线计算机断层扫描仪从不同视点抓拍 X 射线投影图像，再利用基于二维 X 射线图像的 Avizo Fire 三维图像分析软件建立试件孔隙空间度模型，从而计算得出试件孔隙率。Xu 等[25] 通过图像处理分析，首先将数字照片调整为灰度模式，将图像转换为 Max variance 进行二值分割，然后编写轮廓跟踪程序获得独立的孔隙图像，从而计算得出孔隙率。

由于植生型多孔混凝土表面分布有大量孔洞，在准确测量试件外观体积方面存在一定困难，造成测试结果无法反映结构真实的孔隙状态。同时，在此前报道的孔隙率测试试验中，试件尺寸以 150 mm×150 mm×150 mm 的立方体试件和 ϕ 100 mm×200 mm 的圆柱体试件为主，由于试件尺寸不统一，导致测试结果没有对比性。

3.3　透水系数

透水系数是反映植生型多孔混凝土雨水透过能力强弱的重要技术指标，与孔隙尺寸和分布、连通孔隙率大小等密切相关。目前，在进行透水系数测试时，主要是参考日本《透水性混凝土河川护堤施工手则》[26] 中提供的固定水头法。该方法的测试原理是通过测量单位时间内透过试件的水量来表征结构的透水性能，相关测试装置示意图如图 1（a）所示。同时，考虑到不同水温下水的动力黏滞性差异对测试结果的影响，提出了试件标准温度透水系数概念。测试时，需用水泥浆、石蜡等材料密封试件四周，并以试件成型面（朝上）和底面作为测试面。透水系数 k 可按式（5）、式（6）计算得出，不同水温下动力黏滞系数比见表 1。

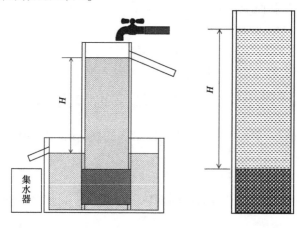

（a）固定水头法　　　　　（b）固定水量法

图 1　透水系数测定装置示意图

$$k_T = \frac{QL}{AHt} \tag{5}$$

$$k_{15} = k_T \frac{\eta_T}{\eta_{15}} \tag{6}$$

式中：k_T 为测试水温为 T ℃时试件的透水系数，cm/s；k_{15} 为标准温度时试件的透水系数，cm/s；η_T 为 T ℃时水的动力黏滞系数，kPa·s；η_{15} 为 15 ℃时水的动力黏滞系数，kPa·s；Q 时间 t 内渗出水量，mL；L 为试件厚度，cm；A 为试件垂直水流方向截面面积，cm^2；H 为水头差，cm；t 为测试时间，s。

在《透水路面砖和透水路面板》（GB/T 25993—2010）中规定的透水系数测试方法也是参考了固定水头法。然而，植生型多孔混凝土较透水路面结构孔隙尺寸大、孔隙率高，透水系数也更大，因此

表 1　T ℃水与 15 ℃水的动力黏滞系数比（η_T / η_{15}）

T/℃	0	1	2	3	4	5	6	7	8	9
0	1.575	1.521	1.470	1.424	1.378	1.336	1.295	1.255	1.217	1.181
10	1.149	1.116	1.085	1.055	1.027	1.000	0.975	0.950	0.925	0.903
20	0.880	0.859	0.839	0.819	0.800	0.782	0.764	0.748	0.731	0.715
30	0.700	0.685	0.671	0.657	0.645	0.632	0.620	0.607	0.596	0.584
40	0.574	0.564	0.554	0.544	0.535	0.525	0.517	0.507	0.498	0.490

在试验过程中很难稳定在规定的设计水头进行试验，系统误差较大[27]。

此外，徐仁崇等[28]在开展高透水性多孔混凝土透水系数测试时，采用了固定水量法。该方法的测试原理是通过测定一定水量透过试件的时间来反映结构的透水性能，相关试验装置示意图如图 1（b）所示。测试时，与上述固定水头法一样，需对试件非测试面进行密封，透水系数 k 可按式（7）计算得出。

$$k_T = \frac{H}{t} \tag{7}$$

式中：k_T 为测试水温为 T ℃时试件的透水系数，cm/s；H 为水头差，cm；t 为测试时间，s。

由于植生型多孔混凝土透水性较强，在短时间内透过的水量较大，采用固定水量法时如何判定测试终止时刻较难，较固定水头法测定水量的测试结果数据更离散，产生试验误差的可能性也更大。但是，固定水头法的测试时间较长，因此是需要的测试用水量较多，给试验过程中收集和称量透水量造成一定困难，所以建议增加试件厚度，减小直径，同时做好试件与装置间的密封。

3.4　抗压强度试验方法

抗压强度是植生型多孔混凝土工程性价值评定的关键指标。由于多孔混凝土内部分布有大量孔隙，其受压破坏机制与普通混凝土亦有较大差别。常规密实混凝土破坏主要是受水泥浆体-骨料界面黏结强度和气孔、裂缝等内部缺陷条件影响，在载荷作用下破坏（裂缝）先在强度薄弱区或缺陷分布区出现，并逐渐扩展至结构破坏（见图 2）。植生型多孔混凝土骨架结构是由水泥浆体包裹粗集料胶结形成的具有较大孔隙结构的整体，在外力载荷作用下，由于胶结方向和强度不同，极易在水泥石的桥接部位发生应力集中，在压力、拉力及剪切力作用下，强度薄弱区的水泥石上首先出现裂缝且很快破坏（见图 2）。徐仁崇等[28] 的研究发现，多孔混凝土内部的受剪面是结构的薄弱部位，也是决定结构强度的关键，当试件尺寸较大时，内部薄弱部位数量增加，因此采用大尺寸试件测试的抗压强度较低，并给出了多孔混凝土抗压强度试件的尺寸为 150 mm×150 mm×150 mm。澳大利亚[19]、韩国[20] 在进行同类试验时规定抗压强度试件直径为 100 mm、高度为 200 mm。

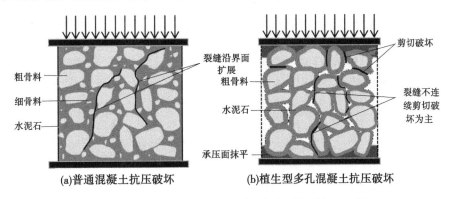

图 2　普通混凝土、植生型多孔混凝土受压破坏示意图

高建明教授认为，在进行植生型多孔混凝土抗压强度测试时，应对试件承压面进行抹平处理，方能获得具有参考价值的抗压力学性能数据，且宜采用坐浆法抹平，该方法能够较好保证抹平厚度一致，降低抹平处理过程对试验结果产生误差[17]。此外，应俊辉等[29]、吴光军等[9] 的研究发现载荷加载速率也会对试验结果造成影响，建议加载速率控制在 0.1~0.2 MPa/s。

3.5 抗冻性能

植生型多孔混凝土的工程性决定了其室外、临水的工作环境，因此对多孔混凝土及其制品的抗冻性能评价极其重要。目前，植生型多孔混凝土的抗冻性评价方法主要是参考普通混凝土抗冻融性能试验的慢冻法和快冻法[7]。徐荣进等[30] 在进行多孔植生混凝土抗冻性能测试时参考了《普通混凝土长期性能和耐久性能试验方法》（GB 50082—2009）提供的混凝土冻融侵蚀试验方法。但是，由于多孔混凝土骨料间水泥石的点黏结形式，导致骨料极易脱落，因此质量损失率的评价方式在此并不适用，加上粗糙多孔的表面和不连续的结构也无法满足动弹模量的测试[7]。为了评价多孔混凝土结构的抗冻性能，韩国的 ASTM C666/C666M-15 标准提供了一种方法：通过对试件进行反复冷冻和解冻处理，先由 4 ℃冷却至-18 ℃（4 h），然后升温至 4 ℃，循环 100 次，通过测定试件处理前后的抗压强度损失进行试件抗冻性能评价[20]。高建明等[31] 认为上述试验方法并不能真实反映结构的工作环境，将试件完全浸泡在水中进行冻融试验时，冰冻行为是一个由外而内的过程，结冰过程产生的膨胀压力无法释放，致使结构很快破坏，但是在实际工程中，多孔混凝土结构多用作护坡、护岸等结构，冰冻方向具有单向性（由水面向上下扩展），结冰压力能够在上、下两个方向得到释放，因此结构在实际应用中也会表现出更好的抗冻能力，所以提出了一种单向快速冻融试验方法，该方法通过试件的质量损失率和强度损失率进行综合评价。

3.6 抗冲刷性能

抗水流冲刷性能是决定多孔混凝土结构耐久性的重要指标之一，尤其是用作河流护岸结构材料，时常需要承受高能、携砂、携屑水流的冲刷。徐荣进[32] 根据《水工混凝土试验规程》（DL T 5150）中混凝土抗含沙水流冲刷试验（水下钢球法）进行多孔混凝土冲刷试验，通过测定多孔混凝土单位面积上被磨损单位质量所需要的时间来反映结构的抗冲刷能力，并以抗冲刷强度或质量磨损率作为评价指标。王桂玲等[7] 考虑到多孔混凝土的点黏结特性，认为普通混凝土的评价指标不宜直接用来评价多孔混凝土。闫滨等[33] 考虑到实际工况下多孔混凝土的冲刷情况，通过模拟河道水流纵向冲刷作用下，探究不同介质、流速等条件对多孔混凝土抗压强度、质量及动弹性模量的影响。

3.7 孔隙环境碱度

对于普通混凝土碱度测试的方法主要有压滤法、取出溶液法和原位置溶出法，其中，压滤法对仪器要求较高，而多孔混凝土结构的多孔性决定了取出溶液法不可行，所以目前的多孔混凝土孔隙环境碱度测试均为原位置溶出法，主要包括碱度释放法、固液萃取法和净浆试件浸泡法。

碱度释放法[29] 是将一定龄期的多孔混凝土试件浸泡在一定量的纯净水中，利用水溶出多孔混凝土孔隙中的碱性物质，通过测定浸泡水的碱度来反映试件孔隙的碱度。具体步骤如下：在直径为 20 cm 的盛水容器中加入约 6.0 kg 纯净水，将多孔植生混凝土试件放入容器中（水面浸没试件至少 5 cm）并用保鲜膜封住，然后移至 20 ℃恒温恒湿环境中静置 24 h，测定水溶液的 pH 值，取出试件换水，重复以上步骤，当前后两次浸泡水的 pH 值稳定不变时，最后一次测试结果即为该龄期该试件的孔隙碱度。

固液萃取法[34] 是将一定龄期的多孔混凝土破碎，充分研磨，过筛（0.08 mm 方孔筛），称取适量试样，加入 10 倍质量的蒸馏水，用橡皮塞塞紧以防碳化，每隔 5 min 震荡 1 次，2 h 后测定滤液 pH 值。

王伟等[35] 在植生混凝土研究中采用净浆试件浸泡法，通过制取 20 mm×20 mm×20 mm 的胶结浆体立方体试块，将试件成型标养至龄期后，置于盛有 2 500 mL 蒸馏水的广口瓶中密封浸泡，通过测试浸泡后水溶液的 pH 值来评价同胶结浆体多孔混凝土孔隙碱度。

4 结语

目前，植生型多孔混凝土的相关技术已较为成熟，开始进入工程推广应用阶段，但是由于缺乏统一的试验方法标准指导试验，在进行技术扩展研究或现有技术应用时，无法对多孔混凝土及其制品进行统一指标和方法的评价，严重制约了该技术的应用。

参考文献

[1] BHUTTA M A R, TSURUTA K, MIRZA J. Evaluation of high-performance porous concrete properties [J]. Construction and Building Materials, 2012, 31 (6): 67-73.

[2] ZHAO Z Q, ZHANG Z Q, ZHAO X J, et al. A review: research status of plant growing concrete [C] //International Conference on Architectural, Civil and Hydraulics Engineering, Guangzhou, 2015: 123-131.

[3] 董建伟, 朱菊明. 绿化混凝土概论 [J]. 吉林水利, 2004 (3): 40-42.

[4] 李海明. 生态混凝土在苏州城市水环境质量改善中的应用研究 [D]. 南京: 河海大学, 2006.

[5] 付为国. 镇江滨江堤岸生态护坡工程设计及植被效应研究 [J]. 中国农村水利水电, 2008 (12): 96-98.

[6] 陈杨辉, 吴义锋, 吕锡武. 生态混凝土在河道护坡中的应用 [J]. 中国水土保持, 2007 (6): 42-43.

[7] 王桂玲, 王龙志, 张海霞, 等. 植生混凝土的含义、技术指标及研究重点 [J]. 混凝土, 2013 (1): 110-114, 118.

[8] 蒋涛, 陈建国, 李林, 等. 植生混凝土制备及性能研究进展 [J]. 新型建筑材料, 2019, 46 (3): 12-16.

[9] 吴光军, 陈建国, 郭燕友, 等. 基于胶浆流动度的植生混凝土配制技术试验研究 [J]. 新型建筑材料, 2020, 47 (8): 65-68.

[10] 刘荣桂, 吴智仁, 陆春华, 等. 护堤植生型生态混凝土性能指标及耐久性概述 [J]. 混凝土, 2005 (2): 16-19, 28.

[11] Chen J, Tian L, Lv J, et al. Study on Physical Properties and Vegetative Adaptation of Eco-porous Concrete [J]. DEStech Transactions on Materials Science and Engineering, 2017 (ictim).

[12] Park S B, Tia M. An experimental study on the water-purification properties of porous concrete [J]. Cement & Concrete Research, 2004, 34 (2): 177-184.

[13] 田砾, 逢增铭, 全洪珠, 等. 植生型多孔混凝土物理性能及植生适应性研究 [J]. 硅酸盐通报, 2016, 35 (10): 3381-3386.

[14] Hwang-Hee K, Chan-Gi P. Performance Evaluation and Field Application of Porous Vegetation Concrete Made with By-Product Materials for Ecological Restoration Projects [J]. Sustainability, 2016, 8 (4): 294.

[15] 周海清, 李灿, 赵尚毅, 等. 植被混凝土边坡抗冲刷模型对比试验研究 [J]. 天津大学学报 (自然科学与工程技术版), 2019, 52 (S1): 132-138.

[16] 潘志峰, 高建明, 许国东, 等. 植生型多孔混凝土抗冻性试验研究 [J]. 混凝土与水泥制品, 2007 (1): 11-13.

[17] 高建明, 吉伯海, 吴春笃, 等. 植生型多孔混凝土性能的试验 [J]. 江苏大学学报 (自然科学版), 2005 (4): 345-349.

[18] 张朝辉. 多孔植被混凝土研究 [D]. 重庆: 重庆大学, 2006.

[19] Lian C, Zhuge Y, Beecham S. The relationship between porosity and strength for porous concrete [J]. Construction and Building Materials, 2011, 25 (11): 4294-4298.

[20] Kim H H, Park. Plant Growth and Water Purification of Porous Vegetation Concrete Formed of Blast Furnace Slag, Natural Jute Fiber and Styrene Butadiene Latex [J]. Sustainability-Basel, 2016, 8 (4): 386.

[21] Huang B, Hao W, Xiang S, et al. Laboratory evaluation of permeability and strength of polymer-modified pervious concrete [J]. Construction & Building Materials, 2010, 24 (5): 818-823.

[22] 黄大伟, 魏姗姗, 王原原, 等. 透水混凝土孔隙率快速检测方法 [J]. 建材发展导向, 2014 (12): 51-53.

[23] Bzeni D, Rasheed R, Mohammad A H. Porosity, pore size distribution and permeability evaluation of porous concrete using image analysis. 2012.

［24］Cosic K，Korat L，Ducman V，et al. Influence of aggregate type and size on properties of pervious concrete ［J］. Construction & Building Materials，2015，78（1）：69-76.

［25］Xu G，Shen W，Huo X，et al. Investigation on the properties of porous concrete as road base material ［J］. Construction & Building Materials，2017，158：141-148.

［26］冈本，享久，安田，et al. ポーラスコンクリートの製造・物性・試験方法 ［J］. Concrete Journal，1998，36：52-62.

［27］陈志山. 大孔混凝土的透水性及其测定方法 ［J］. 混凝土与水泥制品，2001（1）：19-20.

［28］徐仁崇，桂苗苗，黄洪财，等. 透水混凝土抗压强度及透水系数试验方法研究 ［C］// 中国土木工程学会混凝土质量专业委员会. 特种混凝土与沥青混凝土新技术及工程应用. 中国土木工程学会混凝土质量专业委员会，2012：5.

［29］应俊辉. 低碱度植生混凝土与植物的相容性研究 ［J］. 混凝土，2018（12）：67-71，80.

［30］徐荣进，刘荣桂，颜庭成. 植生型多孔混凝土的制备和性能试验研究 ［J］. 混凝土，2006（12）：18-21.

［31］高建明，薛宝法，李学红.《生态型多孔混凝土物理力学性能试验方法》标准制定中的试验验证 ［J］. 建筑砌块与砌块建筑，2003（4）：46-50.

［32］徐荣进. 考虑环境效应的多孔质生态混凝土侵蚀试验和损伤机理分析 ［D］. 镇江：江苏大学，2018.

［33］闫滨，张博，闫胜利，等. 多孔混凝土抗冲刷性能影响因素试验 ［J］. 沈阳农业大学学报，2020，51（2）：162-168.

［34］杨加，周锡玲，欧正蜂，等. 植生型多孔混凝土性能影响因素的试验研究 ［J］. 粉煤灰综合利用，2012（1）：31-35.

［35］王伟，王永海，周永祥，等. 植生混凝土中碱环境测试方法综述 ［C］// 中国土木工程学会混凝土质量专业委员会.“第四届全国特种混凝土技术”学术交流会暨中国土木工程学会混凝土质量专业委员会 2013 年年会论文集. 中国土木工程学会混凝土质量专业委员会，2013：5.

检验检测机构的七大风险

冷元宝[1,2]　杨　磊[1,2]　王　荆[1,2]

(1. 黄河水利委员会黄河水利科学研究院，河南郑州　450003；
2. 黄河水利委员会基本建设工程质量检测中心，河南郑州　450003)

摘　要：检验检测机构是国家质量基础设施的重要组成部分检验检测的实施主体，对水利高质量发展起到重要的基础支撑作用，有效识别其合规运营中的风险是十分重要的环节。对检验检测机构目前普遍存在的没有风险意识、人员能力不足、合同评审、检验检测方法、仪器设备计量溯源、检验检测样品、检验检测报告等七大风险进行了归纳总结分析，并给出了国家监督检查中发现的相关问题的案例，提出了规避、转移、减少或接受检验检测风险的三个建议和"七字两词"的工作主线和关键点。

关键词：检验检测；风险；识别；应对措施

1　引言

风险，指的是损失和危害发生的可能性，是结果与期望的可能偏离。通过资质认定的检验检测机构（以下简称机构）出具的数据和结果对社会具有证明作用，其检验检测结果的准确与否，直接关系到被检对象及其相关人财物的命运。不准确的检验检测数据和结果会影响使用检验检测报告的相关方的最终判断，给社会带来危害，给相关行政执法部门有效执法带来麻烦，使检验检测机构公信力受损，并承担连带法律责任，甚至连带经济责任。作为检验检测机构，应该主动识别检验检测活动中的风险并进行有效管控，确保能够出具准确、清晰、明确、客观的检验检测数据和结果的检验检测报告。

2　检验检测机构七大风险

2.1　没有风险意识的风险

没有风险意识的风险是所有风险中最致命的风险。迫于激烈的市场竞争压力或者处于垄断地位的没压力，机构全权负责的管理层及其相关检验检测人员疏于培训学习，对法律法规的认知十分有限，特别是第三方公司最高管理者，不太清楚法律法规的要求，认为擅自修改几个数据或为了维系与客户的经营关系做点变通仅是违规而已，殊不知已触碰法律法规的红线。如湖南某检测公司，检验检测人员明知委托方送检的混凝土试块数量不足，甚至委托方有时不提供混凝土试块，仍然收下委托方提供的芯片和委托单，通过伪造送检委托单上的信息，并用铁块或者高强度混凝土试块代替检测的办法，出具虚假的混凝土试块合格检验检测报告；为遮掩虚假检测行为，总经理还示意他人故意用铁架遮挡监控摄像头，以躲避监管；最终，法人、总经理和具体检验检测人员被判犯提供虚假证明文件罪，判处有期徒刑1年2个月。所以，识别相关法律法规并有效执行是十分重要的环节。

作为部门规章的《检验检测机构监督管理办法》（总局第39号令）主要对检验检测机构及其人员违反从业规范的行政法律责任进行具体规定，并明确界定了检验检测报告的"4种不实"和"5种虚假"情形。而依据《民法典》及《产品质量法》《食品安全法》《大气污染防治法》等规定，检验

作者简介：冷元宝（1963—），男，正高级工程师（二级），副总工程师，主要从事工程地球物理和检验检测技术的研究及管理工作。

检测机构及人员对其违法出具检验检测报告造成的损害应当依法承担连带的民事责任；根据《刑法》第二百二十九条"提供虚假证明文件罪""出具证明文件重大失实罪"的规定，对虚假检验检测行为要追究刑事责任；2020 年 12 月 26 日，十三届全国人大常委会通过的刑法修正案（十一），更是将环境监测虚假失实行为明确作为《刑法》第二百二十九条的适用对象；民事法律责任《民法典》第一千一百六十八条"二人以上共同实施侵权行为，造成他人损害的，应当承担连带责任"。我国现有法律法规中明确检验检测机构民事赔偿责任的规定有三种类型：一是明确食品检验机构因虚假检验行为造成损害承担连带责任，见《食品安全法》第一百三十八条第三款；二是明确机构因虚假或不实检验检测承担损害赔偿责任，见《产品质量法》第五十七条第二款、《消防法》第六十九条；三是机构涉及虚假宣传或虚假广告承担连带责任，见《产品质量法》第五十八条、《消费者权益保护法》第四十五条，等等。这些法律法规，作为机构的管理人员和相关检验检测人员必须认真辨识、学习和遵守，并树立起真正的风险意识。

2.2 人员能力不足的风险

人员能力不足的风险是很多风险产生的根源。因检验检测市场的"放、管、服"正处于深化调整期，许多机构一拥而上，导致熟练的、具有一定技术素养的检验检测人员满足不了需求，机构只有招收大量的实习生充数拿证。具体表现，一是部分检验检测人员专业基础不扎实，对标准和设备不了解或不熟练，实际动手能力差，对检验检测的数据和结果分析能力欠缺；二是对检验检测实习人员的监督和对在岗人员的监控措施不落地，实习生没有经过正规的培训和监督，更没有经过"真枪实弹"的能力确认，就匆忙上岗；三是有些检验检测人员主人翁意识、风险意识、法规意识、责任意识淡薄，急功近利，片面追求计件业务量和经济利益，忽视了检验检测工作质量。笔者在参加省级监督检查时，发现某机构的环境监测记录和报告漏洞百出，就把检验检测人员、报告审查人员和授权签字人召集在一起询问，结果是这几个岗位的人员根本没有经过真正的能力确认，从检验检测、审核到授权签字全面失守，也不知道当时是如何蒙混过关拿到证的。

2.3 合同评审的风险

要求、标书或合同是委托方和机构达成的约束性规定的表现形式，具有法律效力，机构应严格按其资格资质要求和能力范围进行评审，包括对分包单位的评审。如果风险控制不当，承接了超出资格资质和能力范围或者可能影响公正性或者分包不当的项目，将会给机构带来极大的风险。笔者今年在参加国家监督检查某知名机构时，发现该机构某几个项目多年来分包给某高校或该高校部级重点实验室，合同评审和出具的检验检测报告中分包对象主体均为该校或该校重点实验室，结果发现通过CMA 的单位是该高校下属的第三方公司，而不是该高校或重点实验室。

除此之外，随着社会对检验检测工作的认可度不断提升，职业打假人或其他有特殊目的委托方给机构带来的风险也需要引起关注。如果机构没进行准确识别并控制，可能会带来法律纠纷，影响机构的正常运行。

2.4 检验检测方法的风险

检验检测方法选择和验证的风险，在机构日常检验检测工作中是经常出现的。检验检测方法选择常见的风险，一是检验检测方法与委托方要求不一致；二是机构有时会忽略合同的要求，按照习惯对检验检测参数用机构常用的检验检测方法进行检验检测，但并不是委托方要求的检验检测方法；三是委托方要求的方法不适用却没有及时与委托方沟通，造成委托合同与检验检测报告的依据不一致；四是使用作废的检验检测方法进行试验并出具报告，同时存在因标准变更不及时而导致的超范围检验检测[2]。上述任何一种情况都会导致检验检测结果不被承认，甚至带来法律纠纷。笔者在 2020 年参加国家监督检查时，一家国字头的机构用作废检验检测方法出具了 100 余份检验检测报告，最后被判责令整改，整改期限不超过 3 个月，整改期间不得向社会出具具有证明作用的检验检测数据、结果。

检验检测方法验证的风险，主要表现，一是没有严格按照"人、机、料、法、环、测"等方面要求"真枪实弹"去实战演练；二是当资源条件能满足检验检测标准的要求下，还需要验证机构是否已经具备准确执行该检验检测标准的技术能力，需要通过技术试验，验证检验检测人员完成的方法检出限、标准曲线、精密度、准确度和回收率等指标是否已经达到检验检测标准的要求，现实中不少机构没开展这方面的工作；三是检验检测方法验证没留下"真枪实弹"演练的证实性材料。笔者今年在参加国家监督检查时，某国家中心直接变更的标准，其设备、试验步骤等都有实质性变化，但没按扩项办理，按《检验检测机构资质认定管理办法》修正案第三十五条第（一）项"未按照本办法第十四条规定办理变更手续的，由县级以上市场监督管理部门责令限期改正，逾期未改正或者改正后仍不符合要求的，处 1 万元以下罚款"。如果按该标准出具了检验检测报告，遇到纠纷和官司，结果是不言而喻的。

2.5 仪器设备计量溯源的风险

仪器设备计量溯源的风险是机构埋下"定时炸弹"最多的风险。主要体现，一是没识别出某台仪器设备到底有哪几个项目参数要用它，项目参数对应哪几个方法标准，每个方法标准对仪器设备的具体指标要求是什么；二是仪器设备周检计划的策划和实施缺失，没能把要用它的方法标准对其要求精准汇集在周检计划表中，任由计量溯源单位按他们的规矩主宰；三是没能对计量溯源结果进行有效确认，没弄清楚计量溯源和确认的目的是什么，部分机构花钱买了几张"废纸"，这些"废纸"还可能在法庭上成为打官司时对方的"呈堂供证"。笔者在评审和监督检查过程中，发现许多机构委托的第三方计量溯源单位没有相应的仪器设备校准的能力，也不在其能力表中，所出具的校准证书也没盖 CNAS 章，这就是很大的隐患，用这些仪器设备检验检测出具的数据和结果无法溯源到国家基准上，后果可想而知；计量溯源结果没能覆盖机构仪器设备量程范围和使用点或分段准确度发生变化不满足要求。如某机构 300 kN 微机控制恒加荷速率压力机校准证书，依据的校准方法是《拉力、压力和万能试验机检定规程》，而实际应该使用《恒定加荷速度建筑材料试验机检定规程》，校准方法错了，机构计量结果确认时竟然没有发现。另一机构压力机检定报告中未提供低于 60 kN 的数据，而机构用这台压力机检测出具水泥 3 d 强度报告多份，测试时力值低于 60 kN，数据和结果没有溯源资料。

2.6 检验检测样品的风险

检验检测结果取决于样品的真实性、有效性、样品状态以及它与检验检测的适配关系。样品管理存在诸多风险，主要表现，一是样品管理不规范，样品从进到出的流程中随时可能发生样品被替换（误用）的风险、样品作为商业秘密被泄漏的风险、样品在流转中被破坏和丢失的风险；二是抽样工作不规范，由于抽样人员的业务能力弱、程序错误等主、客观原因容易造成抽样样品不具代表性的风险；三是样品确认不符合，样品含有不符合检验检测的隐含特性没有发现导致责任界定纠纷风险；客户对检测不了解，对检测后样品的处理不了解所带来的官司风险；四是制样环节没按标准做，样品取制样过程不够规范或人员失误造成样品被污染，没有关注取样仪器的材质、取样的操作和样品放置的容器等风险；五是样品处置不合适，检验检测后样品处理环节处于检验检测报告完成之后，样品的管理容易被忽视的风险。不同的样品，不同的检验检测项目，最后遗留下来的样品不同，并且很多样品本身就带有毒性或者为生物类，未能妥善处理风险极大。笔者 2016 年参加国家监督检查时，某机构因留样样品混淆造成数据不可追溯而被处罚。

2.7 检验检测报告的风险

作为检验检测机构产品的载体，检验检测报告中可能汇集了检验检测各种各样的风险。一是报告信息不真实、不完整，出现影响结果准确性的数据、量值单位错误。未经检验检测直接出具报告，检验检测活动中原始记录不真实或不能提供原始记录。记录或报告不真实地描述或遗漏检验检测的地点、环境条件、主要仪器设备、操作人员和依据检验检测方法等必要信息。二是选择性使用部分原始数据，出现严重的结论性判定错误，影响检验检测报告的公信力。三是检验检测报告的审核和批准环节失控，授权签字人对检验检测技术和标准不熟悉，把错误的检验检测报告发放出去。四是违反资质认定管理规定，错误使用 CMA 标识等。笔者 2020 年参加国家监督检查时，某机构检验检测报告中螺栓的检测数量只有 3 根，标准规定应为 8 根；该报告检验检测依据 JT/T 281—2007，实际应为 GB/T

1231—2006；该报告签发不是授权签字人本人笔迹，签字时间正是该授权签字人在外地休假时间；报告页上委托单位是自己委托自己；还有其他一些问题。该单位被罚责令整改，整改期限不超过 3 个月，整改期间不得向社会出具具有证明作用的检验检测数据、结果。

2.8 其他风险

检验检测机构除上述七大风险外，还有但不限于如下风险：一是对资质认定部门的政策要求追踪不及时、理解不到位，应对外部监督检查不力，导致检验检测机构资格资质被暂停或撤销、取消和吊销；二是盲目走告知承诺程序进行复查或扩项评审，造成因资源或能力不足而导致客观不实或虚假承诺，被资质认定部门列入严重违法失信名单，上到国家企业信用信息公示平台；三是向资质认定部门报送的申请资料、检验检测报告数据等，出现可能影响检验检测机构诚信的虚假信息，或关键信息不完整；四是针对已获资质资格的检验检测能力，没参加管理部门要求的能力验证，有些能力不能持续维持且没及时按要求申报扩项或变更；五是对外部评审或监督检查中开具的不符合项，未能按要求及时有效完成整改等。

3 结语

要想规避、转移、减少或接受检验检测风险，一要提升检验检测机构全员风险意识，自觉自愿地合规运营；二要以目标为导向，用过程方法基于风险思维制修定符合检验检测机构自身实际的规章制度；三要用系统思维，落地执行发布实施的检验检测机构规章制度。在检验检测机构运营时，还要清晰检验检测机构基于 PDCA 循环基础上的"识—融—写—做—记—查—改"及"程序和标识"的工作主线[1]，即：识别出影响检验检测机构合规运营的法律、法规、规章、标准等要求，学习融会贯通这些要求，写出融会了这些要求的检验检测机构管理体系文件或叫系统化的规章制度，按这些规章制度的规定去做，把所做的都记录下来，运行过程中要对管理体系进行"体检"，发现问题要"治病"，对亚健康要进行"保健"调理。或者概括为：识别要求，融会贯通，写要做的，做所写的，记所做的，查所记的，改做错的。并且还要把握住"程序"和"标识"这两个贯穿检验检测全过程的关键点，充分运用 PDCA 循环这个国际上质量管理强有力的工具，让检验检测机构的技术和管理工作能够螺旋式上升、波浪式前进，真正为新阶段水利高质量发展做出应有的贡献。

参考文献

[1] 冷元宝. 检验检测机构资质认定内审员工作实务 [M]. 郑州：河南人民出版社，2018.

[2] 李元孝，李娟，于丹妮. 浅析检测机构在检测过程中存在的风险 [J]. 分析与测试，2018（10）：220.

示踪剂技术在小浪底水库大坝坝体隐患探测中的应用

潘淑改　刘钢钢

（水利部小浪底水利枢纽管理中心，河南郑州　450000）

摘　要： 水工建筑物在勘察设计、建设运营过程中，受外界因素的影响，都不同程度存在一定的隐患，依照标准要求，定期对工程进行安全检测和鉴定，及时发现存在的隐患，采取相应的工程措施消除隐患，保证工程的安全运行。某土石坝运行多年后，在大坝顶部下游侧出现了平行于坝轴线的裂缝，为了查明裂缝的深度，选择了地质雷达法和示踪剂结合的无损探测方法，取得了很好的效果，为下一步的处理提供了依据。

关键词： 水工建筑物；示踪剂；隐患；探测

1　引言

我国是农业大国，历来重视修建水利工程，水电作为一次投入持续受益的清洁能源，更为修建水利水电工程提供了动力。在新中国成立后兴建了一大批水利工程，中小型水利工程占近90%，为农作物的抗旱增收提供了有力的保障。随着我国建设能力的提高，一些大中型工程也纷纷上马，比较有代表性的是黄河小浪底水利枢纽工程、长江三峡工程等，一个个举世瞩目的水利水电工程的相继建成，在发电、电力调蓄、防洪减灾、水资源调配等方面为国民经济建设提供了强有力的支撑。

水工建筑物是水利工程绕不开的话题，随着工程勘察设计技术的进步，人们对工程的安全性认知也在变化，相应的标准也变得更加科学，早些年建成的工程可能不满足新修订的标准要求。另外，经过多年的运营，安全隐患也会逐渐显现，本文主要就堤坝隐患探测技术做简要的论述。

2　堤坝隐患类型

2.1　堤防隐患类型

堤防隐患包括了堤基、堤身、穿堤建筑物存在的隐患，往往因为沿线路较长、分布的区域广、管理经费不足等因素，一般的堤防或多或少存在些隐患。黄河大堤堤身是经过多年的累加形成的，一般就地取材，在均质性方面比较差。比较常见的隐患有裂缝、蚁穴、穿堤建筑物、老口门等，相对于整个堤防属于薄弱环节。

大堤的裂缝形成的原因主要有：黏性土失水形成干缩裂缝，新老堤身交接部位处理不当产生接头裂缝，堤身的密实度不均匀发生差异性沉陷形成裂缝。堤身裂缝是近年来黄河堤防上比较突出的问题，堤身裂缝多为纵向裂缝，少数为横向裂缝，一旦大水冲击浸泡堤防，横向裂缝直接形成渗漏通道，纵向裂缝则可能造成脱坡、崩岸，对大堤的安全极为不利。

黄河下游的老口门有几百处，在堵口的时候，用的材料有木桩、麻袋、铅丝笼、块石等，埋于堤身下成为老口门堤基，复杂多样的填料往往会产生渗漏，并导致堤身裂缝及塌陷的产生。老口门是相对薄弱的环节，历史上也曾发生过老口门再次决堤的情形，也是历来堤防隐患排查的重点。

作者简介： 潘淑改（1985—），女，工程师，主要从事水电站发电运行技术管理工作。

2.2 土石坝隐患

土石坝是目前国内最多的一种坝型，其隐患主要是防渗心墙防渗能力不满足要求，大坝主体存在碾压松散、密实度不达标等问题。土石坝建成后，经过长期的运营会出现自然的沉降和局部坍塌，工程设计允许有一定的变形，这个安全隐患从某个层面说不算大的问题。但土石坝的渗漏问题需要重点对待，需要摸清楚渗漏的原因和部位。一般的地基或绕坝渗漏仅仅是对水库的水量和储水功能有所影响，不会出现安全的问题。土石坝除了均质土坝，一般的防渗体系以黏土心墙防渗的居多，不管心墙是直立的还是倾斜的，都是大坝主体防渗的重要部分，如果心墙出现渗漏问题，会影响水库大坝安全运行[3]。

3 堤坝隐患检测技术

堤防裂缝、孔洞常被水或者空气填充，而水、空气与堤身填筑料之间有明显的电阻率和波速差异；老口门采用各种杂乱的填筑物，与周边堤身相对均匀的填筑土之间也有明显的电阻率和波速差异；土石坝在施工时一般为分层碾压，控制整体的均匀性，如果局部出现碾压不均匀或者在运行过程中出现隐患，往往会破坏这个均匀性，会在电性或波速上出现物性差异，这个物性差异是地球物理的方法应用的前提，可以采用的方法有以电性差异为应用前提的高密度电法、探地雷达法、瞬变电磁法等电磁类方法，也可以采用以波阻抗差异为应用前提的地震法进行隐患探测[1-4]。

4 大坝隐患探测

某土石坝在日常巡检中发现，大坝坝顶下游侧桩号 D0+727 以北，距下游侧路缘石内侧 40~60 cm 处有一条长约 100 m、最大开口宽度约 10 mm 的非连续纵向裂缝。为了进一步查明裂缝情况，开挖了 4 个探坑，发现裂缝基本平行于坝轴线，自桩号 D0+130 延续到桩号 D0+757，长约 627 m。大坝管理方对裂缝及探坑进行了临时防护性处理，2013 年做了无损探测工作，裂缝的深度为 5.2~6.75 m。

随着时间的推移，为了了解当前裂缝的发展状况，为下一步的处理设计提供支撑，于 2017 年开展了地球物理探测隐患工作。

4.1 地质雷达原理

地质雷达是利用高频窄脉冲电磁波探测介质分布的一种地球物理探测方法，其工作原理是发射天线向前方发射数十兆至数千兆赫兹的电磁波信号，在电磁波向前方传播的过程中，当遇到介电参数差异（主要为相对介电常数、电导率和磁导率）的目标体时，电磁波发生反射，由接收天线接收并记录，在对探地雷达数据进行处理和分析的基础上，根据雷达波形、电磁场强度、振幅、频谱特征和双程走时等参数来推断掌子面前方的地质情况，如图 1 所示，图中 h 为异常体或界面的深度，x 为两天线之间的距离，电磁波在介质中的传播速度 v 可由 $v=C/\sqrt{\varepsilon}$ 近似计算，其中 C 为电磁波在真空中的传播速度，ε 为介质的相对介电常数。

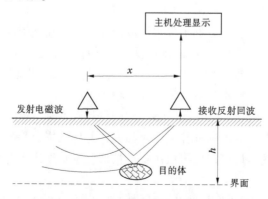

图 1 探地雷达工作原理

根据电磁波理论，电磁波在传播过程中遇到不同介电常数的介质，在界面处会发生反射和透射现象，界面处的反射和透射吸入可以表示如下：

$$R = \frac{\sqrt{\varepsilon_2} - \sqrt{\varepsilon_1}}{\sqrt{\varepsilon_1} + \sqrt{\varepsilon_2}} \qquad (1)$$

其中，ε_1 和 ε_2 分别表示第 1 层和第 2 层的介电数。介质之间的介电数差异越大，则反射信号的强度越强。

发射机与接收机的间距为 x，根据地质雷达接收的反射信号的双程走时 t 和介质中电磁波传播速度 v，可以得到反射界面的埋深：

$$h = \sqrt{\left(\frac{vt}{2}\right)^2 - \left(\frac{x}{2}\right)^2} \qquad (2)$$

4.2　示踪剂选择

由于该大坝为土石坝，裂缝属于较细小的隐患，特别是竖向的裂缝，引起的异常很微弱，如果不采取措施，很难精细化地探测发现隐患。同时，雷达探测深度有限，需要人为地增大异常，利于探测发现。

利用电磁波对铁磁性介质反应灵敏的特点，示踪剂选用铁粉、甘油悬浮液。甘油作为食品添加剂安全无毒，且甘油不易渗入完整土体中，因此不会造成裂缝的假象。由于铁粉、甘油悬浮液密度很大，在重力作用下，很容易渗漏到裂缝底部，所以能够更准确地探测裂缝深度。

4.3　现场布置

在拟探测断面位置采用地质雷达探测获得初步资料，然后在裂缝的 4 个断面位置挖 1 m 深的探坑，直到裂缝清晰地显露出来，向裂缝灌注示踪剂，探坑回填后再进行地质雷达二次探测。

4.4　数据处理

数据处理采用 RADAN 5.0 地质雷达专业处理软件，地质雷达资料处理的流程见图 2。主要处理步骤如下：

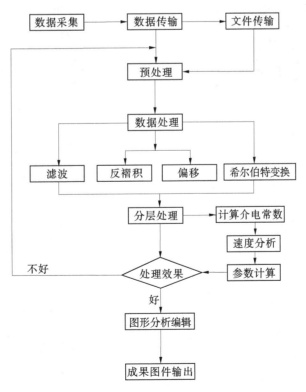

图 2　地质雷达资料数据处理流程

（1）扫描文件编辑：文件测量方向统一，切掉多余信息，编辑文件头。

（2）数据预处理：包括数据合并，测线方向归一化，漂移处理等。

（3）常规处理：包括各种数字滤波、反滤波等。

（4）图像增强：包括振幅恢复、道内均衡、道间平均等。

4.5 资料解释

探地雷达的探测原理是根据物体的介电性差异、吸收和反射电磁波的差别来确定被测物体的性质和位置，其检测深度和精度是成反比的。对于大坝填筑体这种非均匀材料，探地雷达只能检测到浅部裂缝或脱空区域，深部裂缝由于裂缝随深度加大而逐渐变窄以及回填沙卵石，雷达探测深度和水平分辨率达不到探测要求。示踪剂与坝体介质存在非常大的介电性差异，当示踪剂渗漏、沉积到裂缝底部后，应用雷达电磁波对示踪剂的强响应来确定坝体裂缝的底部位置。

图 3、图 4 是断面 D0+496 的测线成果图，2 幅图中裂缝位置清晰，剖面中浅部都有明显的漏斗状异常，2 处异常都是由于回填土石与原状土密实度不同引起的。裂缝底部响应明显，D0+495 剖面中裂缝深度 6.5 m，D0+496 剖面中裂缝深度 6.5 m。

图 5 和图 6 是断面 D0+705 的测线成果图，2 幅图中裂缝位置清晰。裂缝底部响应明显，D0+704 剖面中裂缝深度 6.2 m，D0+705 剖面中裂缝深度 6.4 m。

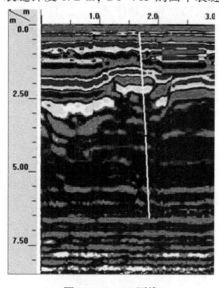

图 3　D0+495 测线

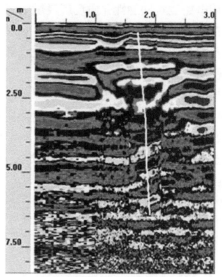

图 4　D0+496 测线

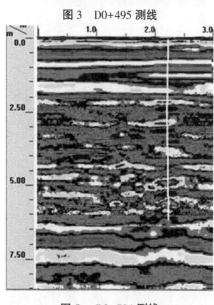

图 5　D0+704 测线

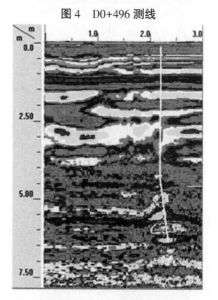

图 6　D0+705 测线

5　结论

由于各种因素影响，水工建筑物在运营阶段维护保养不到位、超年限使用、外界条件剧烈变化等因素，都会在工程中出现不同程度的隐患。采用地球物理无损检测技术手段，对工程进行隐患探测，可以发现问题，及时采取工程措施，确保工程安全运行。利用地质雷达和示踪剂相结合的方法，可以提高隐患探测的分辨能力。

参考文献

［1］徐轶，谭政，位敏．水库大坝渗漏常用探测技术及工程应用［J］．中国水利，2021（4）：48-51.

［2］李广超，朱培民，马若龙，等．高密度电法探查地质构造在赤道几内亚的应用［J］．工程勘察，2010（1）：84-88.

［3］李广超，朱培民，张腾．高密度电法在花岗岩地区跨河流探测中的应用［J］．人民黄河，2017，39（5）：109-111.

［4］黄真萍，胡艳，朱鹏超，等．高密度电阻率勘测方法分辨率研究与探讨［J］．工程地质学报，2014，22（5）：1015-1021.

浅议检验检测报告审核要点

盛春花　霍炜洁　李　琳　宋小艳

（中国水利水电科学研究院，北京　100038）

摘　要：检验检测报告是检验检测机构出具的具有证明作用的文件，检验检测报告的质量关系到检验检测机构的生存和发展，检验检测报告的审核是检验检测最后也是最关键的环节。为确保检验检测结果的准确性、有效性，本文结合工作实际，从检验检测报告格式、项目参数、标准规范、仪器设备、人员、报告信息量、检验检测数据等方面，详细介绍如何对检验检测报告进行审核，严格把关检验检测报告质量。

关键词：检验检测机构；检验检测报告；审核

1　引言

检验检测机构的产品是数据、结果，而数据、结果的载体是检验检测报告，检验检测报告是检验检测机构的生命线，检验检测报告的质量关系到检验检测机构的生存和发展，其重要性不言而喻。随着市场监管总局依法推进检验检测机构资质认定相关改革措施，充分释放改革红利和"双随机、一公开"监管要求的全面落实，市场监管总局对社会关注度高、风险等级高、投诉举报多、暗访问题多的领域实施重点监管，加大抽查比例等一系列措施的实施，各检验检测机构对检验检测报告质量的重视层度也上了一个新台阶。影响检验检测报告质量的因素是多方面的，如人员能力、仪器设备、样品管理、方法选择、环境控制和报告审核等。检验检测报告的审核是把控检验检测质量的最后一关，对检验检测机构来说非常重要。下面从检验检测报告总体审核、内容审核、数据审核三方面介绍如何做好检验检测报告审核，把控检验检测质量。

2　报告总体审核

检验检测报告总体审核主要从以下几方面进行：报告格式及编号、检验检测项目参数、检验检测标准规范、检验检测仪器设备、检验检测人员、检验检测报告内容、检验检测数据等，重点关注报告信息量及检验检测数据审核。

2.1　报告格式及编号

检验检测报告的格式是否是检验检测机构现行有效的文件要求，报告编号是否符合检验检测机构文件规定，使用的检验检测报告封面、声明页、内容及签字页等是否齐全并现行有效。

2.2　检验检测项目参数

检验检测报告中所列项目参数是否与委托方要求一致，是否在检验检测机构的资质认定能力范围内，如某次监督抽查发现某机构提供的水泥检测报告中，检测项目参数是"氯离子含量"，但在该机构获批的能力附表中没有此参数。根据《检验检测机构资质认定管理办法（修正案）》（第 163 号令）第三十六条（二）规定，该机构超范围出报告，责令限期改正，处 3 万元罚款。

作者简介：盛春花（1968—），女，高级工程师，主要从事检验检测机构资质认定管理工作。

2.3 检验检测标准规范

检验检测依据的方法标准是否与委托单或合同一致；是否在检验检测机构的资质认定能力范围内，检验检测报告中所使用的方法标准和评价标准是否现行有效。如抽查某机构天然砂检验检测报告中，检验检测项目参数是"含泥量、泥块含量、坚固性"，检验检测依据的方法标准是《水工混凝土试验规程》（SL 352—2006），检测日期是 2021 年 7 月 28 日。《水工混凝土试验规程》（SL 352—2006）已经于 2021 年 2 月 28 日作废，被《水工混凝土试验规程》（SL/T 352—2020）代替。根据《检验检测机构资质认定管理办法（修正案）》（第 163 号令）第三十五条（一）规定，该机构未按规定办理检验检测方法变更，责令限期改正，逾期不改或改正后仍不符合要求的处 1 万元罚款。

2.4 检验检测仪器设备

检验检测所使用的主要仪器设备（对结果有显著影响的设备）是自有还是租用，如果是租用，是否满足《检验检测机构资质认定能力评价 检验检测机构通用要求》（RB/T 214—2017）4.4.1 条款要求，仪器设备是否经过检定/校准并在有效期内，检定/校准结果是否经确认且满足检验检测要求[1]。如某检验检测机构提供的砂砾石含水率检验检测报告显示，检测主要仪器设备是：电子台秤（测量范围：0~5 kg）和自动控制烘箱（温控范围：0~200 ℃），查该电子台秤校准证书，显示校准范围是 0~2 kg，自动控制烘箱校准证书显示温度校准点最高是 80 ℃，该检验检测机构提供不出电子台秤和自动控制烘箱校准证书的确认记录。上述两台仪器校准范围均不能覆盖试验要求，也不满足采用的方法标准（GB/T 50123—2019）要求，检测结果的溯源性存疑。

2.5 检验检测人员

检验检测人员是否在本机构任职且经过培训、确认并持证上岗，检验检测报告所列检验检测项目参数是否在人员授权能力范围内。如编号××××水泥检验检测报告，检验检测项目参数是"凝结时间、标准稠度用水量"，检验检测人员是张某，查张某检测员上岗证，只有水质类的检验检测参数，没有水泥类的检验检测参数，张某人员档案中也没有相关参数培训记录，因此报告有效性待定。

2.6 检验检测报告内容

检验检测报告内容审核重点关注报告涵盖信息的全面性、检验检测项目的完整性、检验检测报告结论用语规范及准确性、检验检测报告合规性，详见"3 报告内容审核"。

2.7 检验检测数据

检验检测数据的审核涉及范围较广，在本文"4 数据的审核"中详细叙述。

3 报告内容审核

检验检测报告包含的信息量除了要满足委托方的要求，还需要满足相关标准规范要求，审核时重点关注以下几方面内容。

3.1 报告信息全面性

根据《检验检测机构资质认定能力评价 检验检测机构通用要求》（RB/T 214—2017），检验检测报告至少应包括该标准 4.5.20 a）~n）规定的内容；当需要对检验检测结果进行说明时，检验检测报告中还应包括该标准 4.5.21 a）~e）规定的内容；当检验检测任务包含抽样环节，检验检测报告还应有完整、充分的信息支撑，至少应包含该标准 4.5.22 规定的内容；当需要对检验检测报告做出意见和解释时，意见和解释的依据是否形成文件，意见和解释是否在检验检测报告中清晰标注，做出意见和解释的人员是否进行能力确认且经过授权；当检验检测报告包含了由分包方所出具的检验检测结果时，是否清晰标明分包项目及承担分包的另一检验检测机构的名称和资质认定许可编号，分包是否符合法律规定，是否经客户书面同意，分包方是否在合格分包方名录中[1]。

当检验检测报告中有来自客户或外部提供者提供的数据，是否有明确的标识及免责声明。

3.2 检验检测项目完整性

客户委托的检验检测项目参数是否均在检验检测报告中体现，是否存在拆分检验检测报告现象，即将合格项和不合格项分开出具检验检测报告或只报告合格的检验检测项目等。如某检验检测机构提供的粉煤灰检测报告中有"游离氧化钙、二氧化硅、三氧化二铁、细度"的检验检测结果，但查相应委托单发现，委托方要求检验检测参数是"游离氧化钙、二氧化硅、三氧化二铁、碱含量、细度"，查询为何报告中漏报"碱含量"的检测结果，检验检测人员给的原因是"碱含量"检验检测结果不合格，委托方要求只提供合格检验检测项目的报告，这种行为显然是违规的。

3.3 检验检测报告结论用语规范性

对检验检测结论的描述是否清晰、具体、规范、准确，会否引起歧义，如果对检验检测结果进行评价，评价结论用语是否规范、准确。如某混凝土用粉煤灰检验检测报告显示检验检测项目参数是"细度、烧失量、密度"，检验检测依据是《用于水泥和混凝土中的粉煤灰》（GB/T 1596—2017），结论是"该批粉煤灰合格"，很明显，此处结论错误。

3.4 检验检测报告合规性

检验检测报告是否与国家相关法律、法规、政策相悖，是否有充分的证据证明检验检测报告是经得起审查。如某检验检测机构给政府提供的监督抽检检测报告显示，该机构将政府委托的监督抽检任务中混凝土抗压强度检验检测项目分包给另一资质及能力均符合要求的检验检测机构，虽然报告看起来很完美，但该检验检测报告经不起审查，因为它违反了《产品质量监督抽查管理暂行办法》第十四条"抽样机构、检验机构不得有下列行为：（二）转包检验任务或者未经组织监督抽查的市场监督管理部门同意分包检验任务"。

4 数据的审核

检验检测数据是检验检测报告的灵魂，检验检测数据审核重点关注以下几个方面。

4.1 委托单/合同、检验检测报告、原始记录三者的一致性

委托单/合同中委托方信息、委托日期、样品信息、检验检测项目参数、检验检测方法标准等与检验检测报告及原始记录中是否一致。如 2018 年度国家认监委组织开展的检验检测机构资质认定监督检查时，给某机构下达的不符合事实确认单中的问题事实描述：①"检测报告 JB-ZX-W-005-2017 的检测依据（为证书附表内的检测方法）与客户委托书约定的方法（非证书附表内的检测方法）不一致"；②"检测编号 17072 的转子式流速仪证书，检测日期为 2018 年 7 月 2 日，溯源样品 17072 的接样记录中没有接样日期"。这些本该在报告审核环节纠正的错误在飞检时被发现，对该机构是个不小的冲击。

4.2 记录中保留小数位数和数字修约的符合性

原始记录、检验检测报告中保留小数位数和数字修约是否符合相关标准规定。如某机构出具的高分子防水卷材检测报告中检验检测项目参数是"厚度、单位面积质量"，检验检测依据是《建筑防水卷材试验方法 第 5 部分 高分子防水卷材 厚度、单位面积质量》（GB/T 328.5—2007），检验检测报告中给出"单位面积质量"的实测平均值是 4 134.1 g/m^2，原始记录和检验检测报告中给出的"厚度"实测平均值均是 3.5 mm，而该标准中明确要求单位面积质量取计算的平均值，单位 g/m^2，修约至 5 g/m^2，厚度的结果精确至 0.01 mm，显然此检验检测报告和原始记录中保留小数位数及数字修约均不符合标准要求，这样的检验检测结果给机构埋下了安全隐患。

4.3 计算公式及有效数字的正确性

原始记录、检验检测报告中采用的计算公式及数据计算、处理是否正确，检验检测结果汇总的检

测值与原始记录是否一致，结果计算及有效数字位数是否符合相关标准、规范规定。

4.4 检验检测环境条件符合性

检验检测样品保存、流转是否对环境条件有要求，原始记录、检验检测报告中记录的环境条件是否满足相关检验检测项目参数标准、规范要求。

4.5 检验检测时效性

是否按委托方要求完成检验检测并出具检验检测报告，是否在样品失效前完成检验检测。如某水泥的检验检测报告显示，委托日期是 2020 年 7 月 8 日，检测日期是 2021 年 5 月 6 日，查委托单上备注中显示：水泥的生产日期是 2020 年 6 月 24 日，有效期 3 个月。该机构在做该水泥检验检测时，水泥就已经成为"过期水泥"了，结果可想而知。

4.6 数据可追溯性和完整性

检验检测仪器设备的使用记录、样品出入库记录、原始记录、检验检测报告等相关数据的关联性是否合理，是否符合溯源性要求，所有记录是否均使用法定计量单位。如 2017 年度国家认监委组织开展的检验检测机构资质认定飞行检查时发现：某检验检测机构"编号为 SJC-BG-2016 启闭机检验报告中，10#启闭机的巡视检查缺原始记录，启闭机的外观与现状检验检测原始记录中除减速器外，其他检验检测结果均未填写且该检验检验报告与原始记录之间没有可追溯的关联编号"，飞行检查组给该机构下达不符合事实确认单令其整改。

4.7 可疑数值或异常数据的处理是否正确

可疑数据是指测量数据过高或过低，偏离约定值或估计值，也称异常值。任何检验检测对象都不是孤立存在的，均有其规律可循，当检验检测结果不符合规律，出现可疑数据时，需要对检验检测过程进行逐项核查，分析可能出现可疑数据的原因，必要时进行复检。如果经核查无误，不能随意将可疑数值剔除，应按数理统计的方法判定真伪，决定取舍，实事求是地报告检验检测结果。如某份水泥（规格型号 P·O 42.5）抗压强度检验检测报告中显示，28 d 抗压强度检验检测结果是 45.9 MPa，查看数据处理过程：6 个测定值中有 1 个超出 6 个平均值的±10%，被正常剔除，是以剩下 5 个的平均数为结果，且确定剩下的 5 个测定值中再没有超过它们平均数±10%的了，此项数据处理符合检验检测依据的方法标准《水泥胶砂强度检验方法（ISO 法）》（GB/T 17671—1999）要求。

4.8 临界数据的处理是否正确

临界数据是指测量得到的任意值非常接近标准规定的值，就是"临近不合格边界"的数据。检验检测数据中如果存在临界数据，是否依据《测量不确定度评定程序》对检验检测结果进行测量不确定度评定，然后根据测量不确定度的大小程度来判定临界数据合格与否。

4.9 偏离的处理是否正确

偏离指一定的允许范围、一定的数量和一定的时间段等条件下的书面许可。如果存在方法偏离，是否有文件规定且经技术判断和批准，并征得客户同意。偏离是否详细记录并可追溯，客户要求的偏离不应影响检验检测机构的诚信和结果的有效性，如果客户要求的偏离影响到检验检测结果，是否在报告中做出了声明。

4.10 外来数据审核

当检验检测报告中含有外部（含分包方、客户、其他）提供者提供的数据，需确定数据来源的可靠性、可信度、可追溯性，是否有明确的外部提供者标识及免责声明。同时确定检验检测报告中引入外来数据不会影响检验检测数据结果的真实、客观、准确和可追溯。如 2017 年度检验检测机构资质认定飞行检查时发现，某机构检验检测报告中，材料检验检测项目分包给浙江某公司，但该机构未保存委托方的书面同意书、分包方资质和分包合同，也未在报告中明确标注分包项目及承担分包检验检测机构的名称和资质认定许可编号，最后飞行检查组给该机构下达不符合事实确认单令其整改。

5 结语

近年来，随着国家市场监管总局加大了检验检测机构事中、事后监管，被处罚的检验检测机构越来越多，2021 年国家市场监管总局飞检核查表八部分 40 条，其中记录和报告条款就占 14 条，可见加强对检验检测机构报告的审核力度，对保证检验检测机构的检验检测质量、降低检验检测风险至关重要，只有掌握了检验检测报告审核要点，才能严把检验检测质量关。

参考文献

［1］检验检测机构资质认定能力评价 检验检测机构通用要求：RB/T 214—2017［S］.

水质分析标准方法验证报告要点探讨
——以紫外分光光度法测定水中石油类为例

霍炜洁[1] 李 琳[1] 盛春花[1] 刘洪林[2] 徐 红[1] 刘 彧[1]

(1. 中国水利水电科学研究院 标准化中心，北京 100038；
2. 山东省水文中心，山东济南 250002)

摘 要：水质分析标准方法验证是水环境监测实验室在实施标准方法前验证是否具备正确运用该标准方法的能力，并确保获得准确的检测结果的过程。标准方法验证的过程即形成标准方法验证报告，本文以《水质 石油类的测定 紫外分光光度法（试行）》（HJ 970—2018）为例，探讨标准方法验证报告的编制要点，旨为水环境监测实验室开展标准方法验证提供参考。

关键词：水质分析；标准方法；验证；分光光度法

1 前言

当前水质分析技术迅猛发展，检测新方法、新标准层出不穷。实验室采用新的标准方法开展检测前，需要对标准方法要求的技术能力进行验证，验证能否正确运用该标准方法开展实验，获得满意的实验结果。《检测和校准实验室能力的通用要求》（ISO/IEC 17025：2017）[1]、《检验检测机构资质认定能力评价 检验检测机构通用要求》（RB/T 214—2017）[2] 均提出实验室引入标准方法前，需按照要求完成方法验证。

标准方法验证是实验室检测分析系统性的能力确认，不仅需要确认相应的人员、仪器设备、环境设施等资源是否满足要求，而且需要对标准方法的技术指标进行验证，如检出限、定量限、标准曲线、正确度、精密度等。必要时还需要进行能力验证和实验室间比对，以证明具备该标准方法所要求的检测能力。方法验证是考量实验室技术能力的重要手段。

方法验证的记录即形成方法验证报告，方法验证报告是方法验证过程的总结。本文以《水质 石油类的测定 紫外分光光度法（试行）》（HJ 970—2018）为例，探讨水质分析标准方法验证报告的要点，以期为水环境监测实验室进行标准方法验证提供参考。

2 人员能力验证

根据《检验检测机构资质认定能力评价 检验检测机构通用要求》（RB/T 214—2017）[2]，需要依据标准方法确定实施方法的人员的能力，其中包括采样人员、检测人员、仪器设备操作人员等。首先根据技术要求选择人员，然后组织人员进行新方法的宣贯和培训，培训后依次对人员进行能力确认、监督、授权，并保存相关记录。人员能力经验证后，可将人员验证内容列于方法验证报告中，具体如表1所示。

作者简介：霍炜洁（1980—），女，高级工程师，主要从事水质监测、水生态修复以及实验室资质认定管理工作。

表 1　方法验证人员情况表

验证人员	人员 1	人员 2	人员…
姓名			
性别			
年龄			
职务或职称			
所学专业			
从事相关分析工作年限			
培训时间			
培训考核结果			
授权日期			

3　仪器设备验证

实验室应对照标准方法的要求准备相应的仪器、标准物质、软件、试剂、参考物质、辅助设备如前处理装置等。对检测结果有影响或计量溯源性有要求的仪器，按照检定规程、校准规范或检测方法完成检定、校准或核查，并对计量溯源结果是否满足检测要求进行确认。仪器设备信息表如表 2 所示，方法验证过程中使用的标准物质须为有证标准物质，验证报告要求的相关信息见表 3。《水质 石油类的测定 紫外分光光度法（试行）》（HJ 970—2018）需配备有计量溯源要求的仪器设备为紫外分光光度计，应选择有相应资质和能力的检定或校准机构进行检定或校准，并对检定或校准结果进行确认后使用。符合该标准方法要求的标准物质目前已有国家二级标准物质。

表 2　仪器设备信息表

设备名称/型号					
技术参数					
验证记录	仪器编号	检定/校准日期	有效期	确认日期	确认结果

表 3　标准物质信息表（以证书为准）

名称	规格	批号	浓度值	有效日期

4　环境设施验证

核查方法要求的环境条件，包括样品采集、保存和运输环境要求以及检测过程环境要求，是否需配备通风、防震、降噪、无菌、控温、控湿设备设施等。如标准方法对环境条件有要求或环境条件会影响检验检测结果，描述实验室对环境条件的控制措施和记录情况，确认实验室环境条件满足标准方法及相关规范的要求。

石油类测定过程中试样的前处理过程有正己烷的萃取过程，需要在通风橱中进行，因此环境要求需要配备通风橱。

5 方法性能指标验证

分析所需的人员能力、仪器设备、环境条件等资源性要素确认满足要求后，可以开始标准方法的技术指标验证。定量水质分析标准方法的典型技术指标包括检出限、定量限、灵敏度、选择性、线性范围、测量区间、精密度（重复性和再现性）、正确度等[3-4]。

5.1 方法检出限验证

方法检出限指用特定方法可靠地将分析物测试信号从特定基质背景中识别或区分出来时分析物的最低浓度或量，确定检出限时，应考虑到所有基质的干扰[4]。

方法检出限的计算方法主要包括空白平行测定标准差的倍数、逐步稀释法、最小检测能力计算等。测定方法、测定仪器设备、空白样品目标组分检出情况不同，方法检出限的计算方法和表达方式也不同。

水中石油类的测定可利用空白平行测定标准差的倍数方法计算检出限，该方法演化自美国 EPA 方法，是计算检出限最常采用的方法。根据《环境监测 分析方法标准制修订技术导则》（HJ 168—2020）[5] 中方法检出限一般确定方法计算当空白试验中检测出目标物，重复 7 次以上，即 n 大于等于 7 次空白试验，可按下式进行计算：

$$\mathrm{MDL} = t_{(n-1,\,0.99)} \times S \tag{1}$$

式中：MDL 为方法检出限；n 为样品的平行测定次数；t 自由度为 $n-1$、置信度为 99% 时的 t 分布值（单侧）；S 为 n 次平行测定的标准偏差。

使用该方法的前提是空白试验中能检出目标组分，若空白试验中未能检出目标组分，则需要预估检出限，向空白样品中加入估计方法检出限 3~5 倍的目标组分，重新测定，按式（1）计算检出限，判断检出限的合理性。如果目标组分浓度不在计算出的方法检出限 3~5 倍范围内，则需调整样品浓度，重新测定。此外，检出限的测定应在尽量相同的试验条件下，在尽可能集中的时间间隔内完成，而且样品分析、标准曲线制定和空白测定亦应同步进行[6]。测定下限为方法检出限的 4 倍数值。方法验证得出的检出限和检出下限结果与标准方法进行比较，须不大于标准方法中的数值才满足标准方法要求。测试验证数据表如表 4 和表 5 所示。

表 4 方法检出限、测定下限测试数据表

平行样品编号		试样
测定结果/（mg/L）	1	
	2	
	3	
	4	
	5	
	6	
	7	
	…	
平均值 x/（mg/L）		
标准偏差 S/（mg/L）		
t 值		
检出限/（mg/L）		
测定下限/（mg/L）		

表 5　方法检出限、测定下限验证结果表

验证确认内容	标准方法	测试结果	是否满足
方法检出限/（mg/L）			
测定下限/（mg/L）			

5.2　校准曲线验证

校准曲线通常以测得的待测物浓度或含量为横坐标，以各浓度点对应的如吸光度、峰高、积分峰面积等仪器响应信号值为纵坐标绘制标准曲线。用线性回归方程计算校准曲线的相关系数、截距和斜率。

通常按照标准方法校准曲线设定的浓度点进行验证，标准方法中有明确要求的，验证应以满足标准方法要求为主。《水质 石油类的测定 紫外分光光度法（试行）》（HJ 970—2018）中没有对标准曲线浓度点进行规定，则按标准中 0.00 mg/L、1.00 mg/L、2.00 mg/L、4.00 mg/L、8.00 mg/L、16.00 mg/L 系列浓度配置标准曲线，测定后拟合标准曲线相关系数。《水环境监测规范》（SL 219—2013）[7] 中规定相关系数绝对值宜大于 0.999，使用校准曲线时，测试样品浓度宜控制在曲线的 20%～80% 范围内。校准曲线的确认除了相关系数外，必要时还需要进行斜率和截距的检验（见表 6），如果标准方法要求校准曲线通过零点，还应进行是否通过零点的检验。

表 6　标准曲线检验结果表

浓度值/（mg/L）	0.00	1.00	2.00	4.00	8.00	16.00
吸光度						
标准曲线						
线性相关系数 r						
标准曲线检验结果	截距检验		斜率检验		线性相关系数检验	

5.3　正确度

正确度指无穷多次重复测量所得量值的平均值与一个参考量值间的一致程度[8]。正确度的高低体现了试验过程中系统误差的大小。实验室验证正确度，通常采用有证标准物质或标准样品核查，以及回收率测定的方式，也可采用参加能力验证、与经典方法或公认方法进行比对的方式。

关于采用有证标准物质验证正确度是最便捷的方法，通常选择浓度值在标准曲线范围内的低、中、高浓度标准物质。关于验证正确度是否满足要求，通常使用统计分析方法，比较检测结果平均值与参考值是否有显著差异，确认这种差异是否可以被接受[3]。

加标回收试验不是采用空白样品进行加标回收，而是选取有代表性的实际样品进行加标回收。《水质 石油类的测定 紫外分光光度法（试行）》（HJ 970—2018）的适用范围包括地表水、地下水和海水，宜选择方法适用范围内的地表水样、地下水样和海水水样，添加不同石油类组分浓度，来测定回收率，设定的加标浓度宜覆盖整个测试范围的目标组分浓度。而且实际水体中的内容物可能对回收率产生影响，通常先加入少量的标准样品，待有检出后，再做加标回收试验。

5.3.1　有证标准物质/标准样品的测定

通常选择低、中、高至少 3 种浓度的标准物质，对浓度为（＊＊＊±＊）mg/L、（＊＊＊±＊＊）mg/L、（＊＊＊±＊＊）mg/L 的有证标准物质/标准样品平行测定不少于 6 次，计算其平均值，测定及判定结果见表 7。

表 7　有证标准物质/标准样品测定及统计结果表

平行样品编号		有证标准物质/标准样品			
		浓度 1	浓度 2	浓度 3	浓度…
测定结果/（mg/L）	1				
	2				
	3				
	4				
	5				
	6				
	…				
平均值$\bar{x}$/（mg/L）					
标准样品浓度 μ/（mg/L）					
结果判定					

5.3.2　实际样品加标测试

选择至少一种水类别的实际样品，在实际样品中分别加入浓度为＊＊＊mg/L 的标准溶液＊＊mL、＊＊mL 和＊＊mL（包含测试范围的高、中、低以及方法中测试的浓度值），平行测定不少于 6 次，计算其加标回收率，测定及判定结果见表 8。

表 8　加标回收率测试及统计结果表

平行样品编号		实际样品							
		样品 1		样品 2		样品 3		样品…	
		样品	加标样品	样品	加标样品	样品	加标样品	样品	加标样品
测定结果/（mg/L）	1								
	2								
	3								
	4								
	5								
	6								
	…								
平均值$\bar{x}$、$\bar{y}$/（mg/L）									
加标量 μ/（mg/L）									
加标回收率 P									
方法要求									
结果判定									

在本方法的验证过程中，对原始数据进行了如实记录。

5.4　精密度

精密度大小体现了试验过程中随机误差的大小。不同样品基质以及不同分析物浓度，精密度可能会存在差异。因此，精密度评估如果必要，宜选择适用范围内每种典型样品进行测定，而且宜在不同浓度点进行精密度的验证。通常在做正确度验证时，正确度的浓度设定满足精密度验证要求，通常正确度的平行样品数据可用来计算精密度。精密度测试及统计结果见表 9，精密度验证结果见表 10。

表 9　精密度测试及统计结果表

平行样品编号		试样			
		浓度 1	浓度 2	浓度 3	浓度…
测定结果/（mg/L）	1				
	2				
	3				
	4				
	5				
	6				
	…				
平均值 $\bar{x}$/（mg/L）					
标准偏差 S/（mg/L）					
相对标准偏差 RSD					

表 10　精密度验证结果表

验证确认内容	精密度			
	浓度 1	浓度 2	浓度 3	浓度…
方法要求				
测试结果				
是否满足				

6　总结

水质分析标准方法验证是实验室获取新的检测能力，正确实施标准方法进行检测，获取合格数据的自我确认过程，整理验证过程即形成了标准方法验证报告。通常在方法验证报告中需要说明的内容建议如下：

（1）实验室人员能力、仪器设备、标准物质、试剂、环境条件、样品管理等实验条件是否均满足标准方法要求，该标准方法是否适用于本实验室。

（2）方法技术指标方法检出限、测定下限、精密度、正确度等是否满足标准方法要求。

（3）实验室是否有能力满足开展《标准方法名称》（标准编号）检测的各项要求，能否开展此项检测工作。

参考文献

［1］ ISO/IEC 17025 General requirements for the competence of testing and calibration laboratories ［S］. ISO/CASCO Committee on conformity assessment. 2017-11.

［2］检验检测机构资质认定能力评价 检验检测机构通用要求：RB/T 214—2017 ［S］. 北京：中国标准出版社，2017.

［3］化学分析方法验证确认和内部质量控制要求：GB/T 32465—2015 ［S］. 北京：中国标准出版社，2016.

［4］合格评定 化学分析方法确认和验证指南：GB/T 27417—2017 ［S］. 北京：中国标准出版社，2017.

［5］环境监测 分析方法标准制修订技术导则：HJ 168—2020 ［S］. 北京：中国环境出版集团，2021.

［6］祝旭初. 空白批内标准偏差和方法检出限的计算 ［J］. 化学分析计量，2014，23 （3）：96-98.

［7］水环境监测规范：SL 219—2013 ［S］. 北京：中国水利水电出版社，2014.

［8］通用计量术语及定义：JJF 1001—2011 ［S］. 北京：中国质检出版社，2012.

水利国家级检验检测机构资质认定现状及展望

李 琳 霍炜洁 宋小艳 徐 红 盛春花

（中国水利水电科学研究院，北京 100038）

摘 要： 检验检测是国家质量基础设施的重要组成部分，检验检测机构资质认定是我国的一项行政许可事项。水利检验检测行业正处于蓬勃发展期，直接服务于水利高质量发展。本文对水利行业取得国家级资质认定证书的检验检测机构的基本情况和管理情况进行分析，指出了水利国家级检验检测机构资质认定存在的问题，并从外部环境、检验检测机构方面和资质认定管理方面提出了水利检验检测机构资质认定的发展趋势。

关键词： 检验检测机构；检验检测机构资质认定；国家质量基础设施

近年来，检验检测作为国家质量基础设施的重要组成部分[1]，服务我国高质量发展的作用日益凸显。检验检测服务业先后被国家列为高技术服务业、生产性服务业、科技服务业，事关国计民生、国家经济安全以及产业安全[2]。我国检验检测行业已成为全世界发展最快、增长最快、规模最大且最具潜力的检验检测市场。从 2013 年至 2020 年，连续 8 年对检验检测行业统计调查显示，我国检验检测市场从业机构主体数量每年都呈现出非常高的增长数据，新兴检验检测领域也呈现出更高速的增长。至 2020 年底，我国通过检验检测机构资质认定的机构共有 48 919 家，有从业人员 141.19 万人，拥有各类仪器设备 808.01 万台套，全部仪器设备资产原值 4 118.91 亿元，检验检测机构面积 9 092.76 万 m^2，向社会出具检验检测报告 5.67 亿份，实现营业收入 3 585.92 亿元[3]。

国家检验检测行业主管部门是国家市场监督管理总局。依照国家规定，对社会出具具有证明作用的数据和结果的检验检测机构必须通过国家市场监督管理总局（或省级市场监督部门）组织的技术评审，获得检验检测机构资质认定证书，这是我国的一项行政许可事项。从 2013 年始，国家检验检测行业管理部门建立了《检验检测统计调查制度》，每年组织全行业通过检验检测机构资质认定的机构进行检验检测服务业统计数据填报工作。各检验检测机构按要求填报《检验检测统计直报系统》，经国家市场监督管理总局审核后汇入国家统计局检验检测行业监管大数据平台，为全国检验检测行业分析提供数据支撑。本文提到的涉及检验检测的数据均来自《检验检测统计直报系统》。

1 水利行业国家级检验检测机构现状

1.1 水利行业国家级检验检测机构情况

截至 2020 年底，水利行业检验检测机构共 484 家，其中，通过国家级检验检测机构资质认定的机构数量为 94 家，通过省级检验检测机构资质认定的机构数量为 390 家。水利行业通过国家级检验检测机构资质认定的机构所拥有的仪器设备 3.5 万台套，实验室面积已达到 45 万 m^2，全年出具的检验检测报告 26.7 万份，全年实现营业收入 11.9 亿元。按机构类型统计，水利行业通过国家级检验检测机构资质认定的机构中独立法人机构 27 家，授权法人机构 67 家。事业类型机构 76 家，企业类型机构 18 家。按人员统计，水利行业通过国家级检验检测机构资质认定的检验检测从业人员约 7 000 人，其中，本科及以上人员占比 80.2%，中级以上职称人员占比 64.2%。检验检测技术人员约 5 800 人，占总人数的 83.0%。按检验检测报告情况统计，2020 年全年为省（自治区、直辖市）外出具检

作者简介： 李琳（1979—），女，高级工程师，主要从事标准化研究、计量、检验检测机构资质认定工作。

验检测报告数 8.0 万份，为行政执法或政府委托检验检测报告份数 0.6 万份，社会委托检验检测报告份数 21.4 万份，在水利检验检测领域影响日趋显著。

1.2 水利行业国家级检验检测机构资质认定管理情况

水利行业国家级检验检测机构资质认定工作主管部门是水利部国际合作与科技司，由国家计量认证水利评审组负责检验检测机构资质认定管理工作，国家计量认证水利评审组设在水利部国际合作与科技司，日常工作委托中国水利水电科学研究院承担。水利行业检验检测机构管理工作在国家检验检测主管部门的总体工作部署下，结合水利行业检验检测机构的特点，采取了如下管理措施：

（1）建立国家计量认证水利评审组工作管理体系。一是规范国家计量认证水利评审组管理工作流程。依据国家级检验检测机构资质认定有关要求编制了《国家计量认证水利评审组检验检测机构资质认定工作程序》，明确管理工作的组织机构、工作内容、流程和要求等。二是重点加强检验检测机构评审过程管理。针对评审工作编制《检验检测机构评审申请指南》《检验检测机构变更申请指南》等指导文件，明确工作要求。从 1991 年起建立国家计量水利评审组评审档案，对评审过程重要节点留存纸质记录。

（2）建立制度标准体系。一是在国家资质认定规章制度的总体要求下，结合水利行业检验检测机构特点，出台了《水利行业检验检测机构资质认定现场评审细则》（国科〔2016〕15 号）、《水利行业检验检测机构资质认定评审员管理细则》（国科〔2016〕16 号）及《关于印发计量认证需规范和统一的有关问题的通知》（国科综函〔2012〕5 号）。这些规章制度的制定和实施，对水利行业检验检测机构资质认定工作的规范、有序深入开展起到了重要的作用。二是针对水利工程类和水环境类仪器设备，编制并发布了专用仪器设备校验方法标准 60 多个，为水利行业检验检测工作提供标准支撑。三是水利行业现已研制国家一级标准物质 1 种和国家二级标准物质 78 种，其中包括 31 种无机标准物质和 48 种有机标准物质，这些标准物质在开展水环境监测业务的检验检测机构的质量控制工作中发挥重要作用。

（3）建立人才培养体系。截至目前，水利行业评审员队伍由 95 名国家级资质认定评审员组成，培养了一支 3 550 余人的资质认定内审员队伍。一是通过组织检验检测机构评审员和从业人员的业务培训，不断提升检验检测机构资质认定人员业务水平。2002—2020 年共举办 41 期水利行业检验检测机构资质认定业务培训班，至今共培训学员 5 500 余人次。二是不断加强评审员队伍能力建设。结合水利行业资质认定实际需求，从年龄结构、专业布局、评审员地区分布等方面，对现有评审员队伍进行优化和补充，并为每位评审员订阅《水利技术监督》杂志，扩展评审员的业务学习渠道。三是组织检验检测专业人员开展业务调研和研讨。围绕水利行业检验检测机构资质认定工作中重点难点等问题开展调研和研讨，通过调研和研讨寻求解决方案，也发现并培养检验检测人才。

（4）建立服务体系。一是通过组织检验检测机构资质认定业务培训班、研讨会和现场评审观摩会等多种形式，持续提高资质认定评审员和从业人员业务水平。针对资质认定工作需求，组织开展水利行业常用检测参数-标准对照工作、资质认定评审需要规范和统一的有关问题等研讨活动。二是依托水利行业资质认定评审员和技术专家队伍，持续为检验检测机构提供义务技术咨询。三是针对水利工程类和水环境类机构，按季度更新水环境、水利工程领域新颁资质认定常用标准目录，并及时在水利部国际合作与科技司网上发布，持续为检验检测机构提供标准信息服务。

（5）建立监督机制。建立水利行业检验检测机构资质认定专项监督检查工作机制，由水利部国际合作与科技司牵头开展水利行业检验检测机构资质认定监督检查。此外，针对近期在国家市场监督管理总局组织的专项监督检查中检查结果为"责令改正"或"责令整改并处罚款"的机构，以及社会反响不良的、资质认定评审中评审组反馈较差的机构进行重点监督，有必要时与总局联合组织监督检查。

2 水利国家级检验检测机构资质认定存在的问题

（1）涉及资质认定改革的问题。目前正处在资质认定管理改革关键期，对于新出台的资质认定政策文件各行业间、行业和省间存在理解和把握不一致情况，导致了对同样的问题不同行业和省份处理结果可能不同，不利于资质认定政策执行的统一性。

（2）业务培训不足问题。目前受到国家及水利部政策要求的限制，对水利行业检验检测机构资质认定业务培训的期数和人数受到了限制，远远不能满足水利行业培训的需求。参加其他培训机构组织的培训培训针对性不强，效果受到很大的影响。

（3）现场试验室问题。目前很多工程类实验室对现场实验室有很大的需求，目前资质认定管理部门对现场实验室的评审规定和要求还不够具体和明确。

（4）资质认定评审一致性问题。目前在资质认定评审中尚有资质认定的具体规定和要求不明确和不易把握，评审尺度把握不一致问题，需要进一步统一评审要求，提高资质认定评审的一致性和有效性。

3 水利国家级业检验检测机构资质认定发展趋势

3.1 外部环境方面

（1）检验检测是国家高质量发展的基础支撑，是国家质量基础的重要组成部分，被列为高技术服务业，国家高质量发展要求助推检验检测行业的发展，也助推水利检验检测资质认定发展。

（2）资质认定改革决定水利资质认定发展方向。在国务院"放管服"改革的要求下，国家市场监督管理总局采取了一系列措施来落实加快资质认定改革。出台了"界定范围""告知承诺""优化服务""一家一证""以法人单位取证"等资质认定改革措施，水利行业积极落实总局的改革要求，沿着改革要求稳步开展资质认定工作。

（3）"互联网+行政许可"促进水利资质认定管理规范化发展。随着国家推行"互联网+"战略，市场监管总局花大力气建立资质认定信息化系统，目前有检验检测机构资质认定网上审批系统、检验检测机构综合监管服务平台等，对资质认定评审等活动流程、时限进行全程电子化管理，极大地规范了资质认定活动流程。这些系统的建立极大了地提升了资质认定管理的规范化。

3.2 检验检测机构方面

（1）申请资质认定的专业领域不断扩展。随着检验检测行业市场化进程的加速，在国家机构改革影响下，更多的水利检验检测机构依据市场需求来不断扩展检测能力。近年来，水利行业检验检测机构对于水生生物、环境监测、建筑产品、公路检测等专业领域申请检验检测机构资质认定能力扩项的需求增长迅速。

（2）检验检测机构专业化水平不断提升。检验检测行业高质量发展的要求引导水利检验检测机构进行专业化提升。近5年从业人员本科以上学历占比逐渐提高。精通专业知识，掌握新方法、新设备的高精尖的人才队伍不断壮大。对于新型高精度仪器设备的使用不断增加，随着水利行业对质量检测的重视程度的提升，部分单位投资了大量资金购置新型仪器，有效地提升了检测效率和准确性。原子吸收光谱仪、原子荧光光度计、气相色谱质谱仪等新型高精度专业仪器设备的研发层出不穷、应用广泛。专业化已经成为水利检验检测机构高质量发展的必然趋势。

（3）"互联网+检验检测"逐渐推广应用。在水环境类机构、水工程类机构中，实验室管理信息系统（LIMS）的应用在不断增加，极大地提高了机构的管理效率；目前很多水利专业高精尖仪器设备、专业化软件也对检验检测机构信息化水平提出了更高的要求；"智能检测"已经在部分大型水利工程开始应用。例如白鹤滩水利工程已经开展智能检测。总之，应用信息化手段更加智能、高效地开展检验检测工作已经成为水利行业检验检测机构发展的趋势。

3.3 资质认定管理方面

（1）管理与服务齐头并进。管理上力求规范化、文件化、信息化，按照国家资质认定的政策文件要求，不断完善管理流程，提升管理效率。管理与服务是相辅相成的。服务上力求精细化、多元化，积极发挥水利评审组在机构与总局的纽带作用，及时落实新政策措施的上传和下达，不断扩展培训方式，拓宽服务渠道。

（2）监督"常态化"。积极配合"双随机 一公开"检查、"互联网+监督"。按照国家"事中事后监管"要求，积极配合国家市场监督管理总局组织的检验检测机构资质认定"双随机 一公开"监督抽查工作，指导机构按季度填报有效证书编号等工作。建立水利行业资质认定监督机制，逐步开展对检验检测机构能力和从业情况的调查和评价，配合国家市场监管总局完成机构分级和诚信档案建设，适时开展水利行业资质认定监督检查。

（3）持续提升资质认定评审质量。不断加强评审员队伍建设，持续优化评审员队伍结构，加强对评审员的培训和管理，提升评审员队伍整体素质，提升资质认定评审的技术支撑；加强对资质认定评审各环节质量的管控，在总局对资质认定的总体要求下，明确各个环节具体细化的要求，加强对评审上报材料的审查；逐步统一资质认定评审尺度。不断搜集整理资质认定工作需规范和统一有关问题，为资质认定评审提供依据和技术支撑。

（4）持续推进信息化建设。指导机构用好资质认定信息化系统，提升资质认定申请和审批效率；同时针对水利行业资质认定情况，加强对水利行业资质认定信息的统计和分析，完善水利资质认定机构基础信息数据库建设，进行精细化科学管理，提高水利资质认定管理工作效率。与水利部相关部门协商适时建立资质认定信息管理系统。

参考文献

[1] 国家认证认可监督管理委员会.认证认可检验检测基本情况[EB/OL].[2019-02-27].http://www.cnca.gov.cn/rdzt/2019/qgh/hyzl/201902/t20190227_57090.shtml.

[2] 许欢.检验检测能力验证助力我国高质量发展[J].中国纤检,2020(10):46-48.

[3] 找我测.2020年度全国认可与检验检测服务业行业发展最新数据[EB/OL].[2021-06-15].https://www.sohu.com/a/472182874_120452394.